Markov Processes in Random Environments

随机环境中的马尔可夫过程

SUIJI HUANJING ZHONGDE MAERKEFU GUOCHENG

胡迪鹤 著

高等教育出版社·北京
HIGHER EDUCATION PRESS BEIJING

内容简介

本书是在测度论、泛函分析、点集拓扑和随机过程基础等预备知识的基础上展开讨论的。全书共十章, 第一章用以承前启后, 对经典 (确定性环境) 的马尔可夫过程作了简单的回顾。后面九章对随机环境中的马尔可夫过程作了系统研究, 包括依时的随机环境中的马尔可夫过程, 依空的随机环境中的马尔可夫过程和既依时又依空的随机环境中的马尔可夫过程。对几类重要的特殊的随机环境中的马尔可夫过程 —— 随机环境中的随机徘徊, 随机环境中的分支过程, 随机环境中的生灭过程也进行了相当的论述。本书就其研究的主题而言, 含有状态的分类、状态空间的分解、遍历极限与不变测度、大数定律、中心极限定理、不变原理、大偏差原理、Q 过程的构造理论等。

本书可供概率论与数理统计的理论研究者和应用研究者参考, 亦可用于研究生教学用书。

图书在版编目 (CIP) 数据

随机环境中的马尔可夫过程 / 胡迪鹤著. — 北京: 高等教育出版社, 2011. 3

ISBN 978-7-04-031537-0

I. ①随··· II. ①胡··· III. ①马尔可夫过程 – 研究 IV. ①O211.62

中国版本图书馆 CIP 数据核字 (2011) 第 007478 号

出版发行	高等教育出版社	**购书热线**	010-58581118
社　　址	北京市西城区德外大街 4 号	**咨询电话**	400-810-0598
邮政编码	100120	**网　　址**	http://www.hep.edu.cn
			http://www.hep.com.cn
经　　销	蓝色畅想图书发行有限公司	**网上订购**	http://www.landraco.com
印　　刷	涿州市京南印刷厂		http://www.landraco.com.cn
		畅想教育	http://www.widedu.com
开　　本	787×1092　1/16	**版　　次**	2011 年 3 月第 1 版
印　　张	28.75	**印　　次**	2011 年 3 月第 1 次印刷
字　　数	490 000	**定　　价**	69.00 元

本书如有缺页、倒页、脱页等质量问题, 请到所购图书销售部门联系调换。

物料号　31537–00

作者谨以此书纪念
恩師許寶騄先生百岁誕辰，
并勉填一词，申诚達敬。

望海潮

物华天宝，地杰人灵，钱塘沃土育英。
汇文初露，清华基成，西渡万里英伦。
四载苦耕耘，跻身众魁元，桂冠双赢。(注一)
西南傳道，京師授業，炳千秋。宗師一代
清新。谙京昆韓柳，才调无伦。
加州讲学，北卡建系，扬我泱泱豪情。
卧榻稿尚温，英年驾鹤去，佟府无声。
濺淚丁香遥送，垂柳依依行。(注二)

注一．先生四载，获伦敦大学学院两个博士。
注二．先生佟府病逝，佟府周边，遍植
垂柳，丁香。

迪鶴恭筆，2010年8月。

前言

本书是作者及其助手们近八年来, 对随机环境中的马尔可夫过程研究成果的一个小结, 为了全书的系统性, 也介绍了少量的其他作者的部分结果。

作者期望阅读本书的读者, 最好具备测度论、泛函分析、点集拓扑和随机过程的基本知识。

本书系统地研究了随机环境中的马尔可夫过程, 包括几类重要的特例, 如随机环境中的随机徘徊、随机环境中的分支过程和随机环境中的生灭过程。由于随机环境中的马尔可夫过程是近 20 多年来才发展起来的, 其理论成果还不能说很成熟完备, 故此书更难说成熟和完备。作者能以此书引起国人对此研究方向的兴趣和重视, 则作者足以自慰矣! 故期望读者不吝批评和指教。

本书是为纪念恩师许宝騄先生百岁诞辰而创作的。愿先生在我国创建的概率统计伟业长盛不衰, 青春永驻!

最后, 感谢国家自然科学基金委员会的资助 (项目批准号为: 10771185)。

胡迪鹤

2008 年 8 月

常用符号表

$\mathbf{R}^d$ (黑正体) 表 d 维欧氏空间, $\mathbf{R} = \mathbf{R}^1, \mathbf{R}_+ = [0, \infty)$.

$\mathbf{Z}^d$ (黑正体) 表 d 维整数格子点集, $\mathbf{Z} = \mathbf{Z}^1, \mathbf{Z}_+ = \mathbf{N}$ 为非负整数集.

$\mathbf{1}$ (黑正体) 表分量为 1 的列向量, 维数视具体情况而定.

$\mathbf{1}_A$ (黑正体) 表集合 A 上的示性函数.

$\mathscr{B}(\mathscr{G})$ (花体) 表拓扑空间 $\mathscr{G}$ 中的 Borel σ 代数, 即 $\mathscr{G}$ 中一切开集所产生的 σ 代数.

$(\Omega, \mathscr{F}, P)$ 常表概率空间.

$\boldsymbol{E}$ (斜黑体) 表期望算子, $\boldsymbol{E}(\cdot|\widetilde{\mathscr{F}})$ 表关于 σ 代数 $\widetilde{\mathscr{F}}$ 的条件期望算子, $P(A|\widetilde{\mathscr{F}})$ 表集合 A 关于 σ 代数 $\widetilde{\mathscr{F}}$ 的条件概率.

var 表示方差.

cov 表示协方差.

R.V. 表示随机变量.

d.f. 表示分布函数.

c.f. 表示特征函数.

$\bigvee\limits_{r \in \Gamma} \mathscr{F}_r$ 表示 σ 代数族 $\{\mathscr{F}_r, r \in \Gamma\}$ 取并后以它产生的 σ 代数.

$a \wedge b$ 表示取 a, b 中的最小者, $a \vee b$ 表示取 a, b 中的最大者.

$f \in \mathscr{E}_1/\mathscr{E}_2$ 表示 f 关于 σ 代数 $\mathscr{E}_1$ 和 $\mathscr{E}_2$ 可测, 即是 $f^{-1}(\mathscr{E}_2) \subset \mathscr{E}_1$, 特别地, $f \in \mathscr{E}_1$ 表示 $f \in \mathscr{E}_1/\mathscr{B}(R)$.

$\xrightarrow{\text{w}}$ 表示测度的弱收敛.

$\xrightarrow{\text{a.s}}$ 表示函数的几乎处处收敛.

$\xrightarrow{P}$ 表示函数的依概率收敛.

$\xrightarrow{L^p}$ 表示函数的 L^p 收敛.

MPRE 表示随机环境中的马尔可夫过程.

MCRE 表示随机环境中的马尔可夫链.

MCSTRE 表示依时依空的随机环境中的马尔可夫链.

MCSRE 表示依空的随机环境中的马尔可夫链.

MCTRE 表示依时的随机环境中的马尔可夫链.

MPTRE 表示依时的随机环境中的马尔可夫过程.

SKPMC 表示绕积马尔可夫链.

RTM 表示连续时间的可数状态的随机转移矩阵.

R.T.M. 表示离散时间的可数状态的随机转移矩阵.

RWSTRE 表示依时依空的随机环境中的随机徘徊.

RWSRE 表示依空的随机环境中的随机徘徊.

M.K. 表示马尔可夫核.

R.M.K. 表示随机马尔可夫核.

$\overline{m}$ 表示随机环境的分布.

$\overline{m}_i$ 表示随机环境的第 i 个随机变量的分布.

$\overline{m}_{mg}$ 表示随机环境中单个随机变量的公共分布.

$\widehat{P}((x,\overrightarrow{\theta}),F)$ 表示绕积马尔可夫链的马尔可夫核.

$x\rightarrow y$ 表示 x 可达 y.

$x\xrightarrow{\min}$ 表示 x 可极小达 y.

$x\xrightarrow{p}y$ 表示 x 可正概率达 y.

$x\longleftrightarrow y$ 表示 x 与 y 互通.

$x\xleftrightarrow{\min}y$ 表示 x 与 y 极小互通.

$x\xleftrightarrow{p}y$ 表示 x 与 y 以正概率互通.

$P(\theta)$ 表示随机转移矩阵, 其元素用 $p(\theta;x,y)$ 表示.

$P^{(n)}(\overrightarrow{\theta})\stackrel{\text{def}}{=\!=}P(\theta_0)P(\theta_1)\cdots P(\theta_{n-1})$ 表示 n 步随机转移矩阵, 其中的元素用 $p^{(n)}(\overrightarrow{\theta};x,y)$ 表示, $p^{(1)}(\overrightarrow{\theta};x,y)=p(\theta_0;x,y)$, $\overrightarrow{\theta}=(\theta_i,i\in\mathbf{Z})$.

$\mu_1\ll\mu_2$ 表示测度 μ_1 关于 μ_2 绝对连续.

R.S.T.F. 表示随机半转移函数.

R.T.F. 表示随机转移函数.

R–K–C 表示随机 Kolmogorov–Chapmann 方程.

RMTF 表示随机的马尔可夫转移函数.

RMG 表示随机的马尔可夫生成元.

目　录

第一章

经典马尔可夫过程的简单回顾

马尔可夫过程是随机过程中历史最悠久且至今仍充满活力的一个分支. 自 1916 年俄罗斯数学家 A. A. MapkoB 发表那篇有关马尔可夫过程的奠基性论文以来，数学家们对马尔可夫过程的研究就经久不衰. 特别是 20 世纪 30 年代末, A. Kolmogorov 等人奠定了概率论的公理化系统以后, 随机过程论, 特别是马尔可夫过程得到了长足的发展. 它有极为深厚的理论基础, 涉及数学的诸多领域, 如拓扑学、泛函分析、函数论、近世代数及几何学等; 它又有极为广泛的应用, 如近代物理、分子生物学、分子化学、随机服务系统、电子信息、网络理论、计算科学、数理金融及保险事业等.

为了区别于本书所研究的主要课题 —— 随机环境中的马尔可夫过程, 我们称马尔可夫过程为经典马尔可夫过程.

在讲述随机环境中的马尔可夫过程之前, 对经典马尔可夫过程作一个简单的回顾, 其目的有四个.

第一, 为今后讲述随机环境中的马尔可夫过程提供一个较为简单的背景;

第二, 凸显出随机环境中的马尔可夫过程与经典马尔可夫过程的本质差异及前者的难点;

第三, 借鉴经典马尔可夫过程对问题的提法、工具和技巧, 来研究随机环境中的马尔可夫过程;

第四, 对于不太熟悉经典马尔可夫过程的读者, 也可从中知道经典马尔可夫过程的一些基本内容.

作者希望本书的读者对测度论、概率论、泛函分析、点集拓扑、随机过程初步等内容有一定的了解.

首先介绍本书一些常用的符号. 例如, $\mathbf{R}^d$ 表示 d 维欧氏空间, $\mathbf{R}=\mathbf{R}^1$, $\mathbf{R}_+=[0,\infty)$; $\mathscr{B}(\mathscr{G})$ 表示拓扑空间 $\mathscr{G}$ 中的 Borel σ 代数, 即 $\mathscr{G}$ 中一切开集所产生的 σ 代数; $\mathbf{Z}$ (如不特别声明) 表示整数集, $\mathbf{Z}_+$ 表示非负整数集; $\boldsymbol{E}$ 表示期望算子; $\boldsymbol{E}(X|\mathscr{F})$ 表示随机变量 X 对 σ 代数 $\mathscr{F}$ 的条件期望; $\mathbf{1}_A$ 表示集合 A 上的示性函数; 当 A 为可测集时, $P(A|\mathscr{F})\overset{\text{def}}{=\!=}\boldsymbol{E}(\mathbf{1}_A|\mathscr{F})$ 表示集合 A 对 σ 代数 $\mathscr{F}$ 的条件概率; 若 E_1 和 E_2 是两个集合, 由 E_1 到 E_2 的算子 f 常用 $f:E_1\mapsto E_2$ 表示, 特别地, 若 $(E_1,\mathscr{E}_1),(E_2,\mathscr{E}_2)$ 是两个可测空间, 即 $\mathscr{E}_i$ 是 E_i 上的 σ 代数, $f:E_1\to E_2, f\in\mathscr{E}_1/\mathscr{E}_2$ 表示 f 关于 σ 代数 $\mathscr{E}_1,\mathscr{E}_2$ 可测, 即是 $f^{-1}(\mathscr{E}_2)\subset\mathscr{E}_1$, 更特别地, 若 $(E_2,\mathscr{E}_2)=(\mathbf{R},\mathscr{B}(\mathbf{R}))$, 则 $f\in\mathscr{E}_1/\mathscr{B}(\mathbf{R})$ 简记为 $f\in\mathscr{E}_1$, 并简称 f 是 $\mathscr{E}_1$ 可测的, 这时, 记 $b\mathscr{E}_1$ 为全部 $\mathscr{E}_1$ 可测的有界实值函数; $(\Omega,\mathscr{F},P)$ 常表示概率空间, 即 Ω 是任一集合, $\mathscr{F}$ 是 Ω 上的 σ 代数, P 是 $\mathscr{F}$ 上的概率测度; 若 $(E,\mathscr{E})$ 是可测空间, $X:\Omega\mapsto E, X\in\mathscr{F}/\mathscr{E}$, 则称 X 为 E 值随机元 (或 E 值随机变量), 实值随机变量简称为随机变量, 随机变量常用 R.V. 表示. var、cov 分别表示方差和协方差算子. d.f. 和 c.f. 分别表示分布函数与特征函数. $\mathbf{1}$ 表示诸分量恒为 1 的列向量 (维数视具体情况而定).

本书正文前列有本书中的常用符号表.

§1 马尔可夫过程的基本概念及分类

本节恒设 $(\Omega,\mathscr{F},P)$ 是一个概率空间, 即 Ω 是一个抽象的集合, 称之为样本空间, $\mathscr{F}$ 是 Ω 上的一个 σ 代数, 对每个 $A\in\mathscr{F}$, 称 A 为可测集 (或通俗地称之为随机事件), P 是 $\mathscr{F}$ 上的一个概率测度.

从概率论发展的历史看, 最初人们研究的是所谓的古典概型, 即研究与有限的样本空间 Ω 所涉及的随机事件 A 的概率 $P(A)$. 随着科学的进步, 样本空间 Ω 逐步拓广到可数无穷集或任一抽象集合, 研究的对象也不仅是单个随机事件 A 的概率 $P(A)$, 而是 Ω 上的随机变量 X 的概率规律性, 甚至是 Ω 上的一列随机变量 $X_0,X_1,X_2,\cdots$ 的概率规律性. 首先研究的是易于处理的较为简单的随机变量序列 $\{X_n,n=0,1,2,\cdots\}$, 即相互独立的随机变量序列 $\{X_n,n\geqslant 0\}$. "相互独立性" 的假设, 多半是为了简单和易于处理. 其实, 客观世界的事物多是相互联系、互相影响的. 这就有必要研究相互依赖的即并不相互独立的随机变量序列 $\{X_n, n \geqslant 0\}$. 比较简单也近乎符合实际的相互依赖性是所谓的"马尔可夫性", 即是,"知道现在","过去"与"将来"是相互独立的, 也就是说,"知道现在的信息"与"知道现在以及此前的历史的全部信息", 对将来的预测是等效的.

下面给出马尔可夫过程的严格定义.

设 Ω 是任一抽象集合, $\mathscr{M}$ 是 Ω 中的某些子集构成的集合系, 记 $\sigma(\mathscr{M})$ 为包含 $\mathscr{M}$ 的最小 σ 代数, 称之为由 $\mathscr{M}$ 产生的 σ 代数. 若$\{\mathscr{F}_t, t \in \Gamma\}$ 是Ω 上的一族 σ 代数, $\bigvee\limits_{t \in \Gamma} \mathscr{F}_t$ 定义为 $\sigma(\bigcup\limits_{t \in \Gamma} \mathscr{F}_t)$, 此处 Γ 是任意一个指标集.

注意: $\bigcup\limits_{t \in \Gamma} \mathscr{F}_t$ 未必为 σ 代数, 但 $\bigvee\limits_{t \in \Gamma} \mathscr{F}_t$ 必为 σ 代数.

设 $(E_1, \mathscr{E}_1), (E_2, \mathscr{E}_2)$ 是两个可测空间, Γ 是任一指标集, 对任何 $t \in \Gamma$, $f_t \in \mathscr{E}_1/\mathscr{E}_2$, 记

$\sigma(f_t, t \in \Gamma) = \bigvee\limits_{t \in \Gamma} \sigma(f_t), \sigma(f_t) = f_t^{-1}(\mathscr{E}_2)$, 称 $\sigma(f_t, t \in \Gamma)$ 是由 $\{f_t, t \in \Gamma\}$ 所产生的 σ 代数.

注意: $b\sigma(f_t, t \in \Gamma) = \{f\colon E_1 \mapsto \mathbf{R}, f$ 有界, 且 $f \in \sigma(f_t, t \in \Gamma)/\mathscr{B}(\mathbf{R})\}$.

设 $(\Omega, \mathscr{F}, P)$ 是一个概率空间, $\mathbf{T} \subset \mathbf{R}, \{\mathscr{F}_t, t \in \mathbf{T}\}$ 是 $\mathscr{F}$ 中的一族单调非降子 σ 代数族, 即对任何 $t \in \mathbf{T}, \mathscr{F}_t$ 是 $\mathscr{F}$ 的一个子 σ 代数, 而对任何 $t_1, t_2 \in \mathbf{T}$, 只要 $t_1 < t_2$, 必有 $\mathscr{F}_{t_1} \subset \mathscr{F}_{t_2}$.

定义 1.1 设 $(E, \mathscr{E})$ 为一可测空间, $(\Omega, \mathscr{F}, P)$ 是概率空间, $\{X(t), t \in \mathbf{T}\}$ 是一族 E 值随机变量, 即对任何 $t \in \mathbf{T}, X(t) \in \mathscr{F}/\mathscr{E}$, 则称 $\{X(t), t \in \mathbf{T}\}$ 是一个以 $\mathbf{T}$ 为时间参数集以 $(E, \mathscr{E})$ 为状态空间的随机过程, E 中每一点均称为一个状态. 若还有 $\mathscr{F}$ 中的一族单调非降的子 σ 代数 $\{\mathscr{F}_t, t \in \mathbf{T}\}$, 使得对每个 $t \in \mathbf{T}$, 都有

$$X(t) \in \mathscr{F}_t/\mathscr{E},$$

即 $X(t)$ 关于 $\mathscr{F}_t/\mathscr{E}$ 可测, 则称 $\{X(t), t \in \mathbf{T}\}$ 是 $(\Omega, \mathscr{F}, P)$ 上的适应于 $\{\mathscr{F}_t, t \in \mathbf{T}\}$ 的随机过程. 有时记 $X(t)$ 为 X_t.

对任何 $\Gamma \subset \mathbf{T}$, 记 $\sigma(X(t), t \in \Gamma)$ 为由 $\{X(t), t \in \Gamma\}$ 所产生的 σ 代数, 即 $\sigma(X(t), t \in \Gamma) = \bigvee\limits_{t \in \Gamma} \sigma(X(t)), \sigma(X(t)) = (X(t))^{-1}(\mathscr{E})$. 而简记 $\mathbf{E}(Y/\sigma(X(t), t \in \Gamma))$ 为 $\mathbf{E}(Y/X(t), t \in \Gamma)$.

定义 1.2 设 $\{\mathscr{F}_t : t \in \mathbf{T}\}$ 是 $\mathscr{F}$ 中一族单调非降子 σ 代数族, $\{X(t) :$

$t \in \mathbf{T}\}$ 是 $(\Omega, \mathscr{F}, P)$ 上的适应于 $\{\mathscr{F}_t : t \in \mathbf{T}\}$ 的以 $(E, \mathscr{E})$ 为状态空间的随机过程. 如果对每个 $t \in \mathbf{T}, \sigma$ 代数 $\mathscr{F}_t$ 与 $\mathscr{G}^t \overset{\text{def}}{=\!=} \sigma(X(s), s \geqslant t, s \in \mathbf{T})$ 关于 $\sigma(X(t))$ 条件独立, 即对任何 $A \in \mathscr{F}_t, B \in \mathscr{G}^t$, 有

$$P(A \bigcap B | X(t)) = P(A|X(t))P(B|X(t)),$$

则称 $\{X(t) : t \in \mathbf{T}\}$ 是关于 $\{\mathscr{F}_t : t \in \mathbf{T}\}$ 的马尔可夫过程. 特别地, 若 $\mathscr{F}_t = \mathscr{G}_t \overset{\text{def}}{=\!=} \sigma(X(s), s \leqslant t, s \in \mathbf{T})$, 则简称 $\{X(t) : t \in \mathbf{T}\}$ 是马尔可夫过程.

若 E 是可数集, $\mathscr{E}$ 是 E 的全体子集构成的 σ 代数, 则称以 $(E, \mathscr{E})$ 为状态空间的马尔可夫过程为可数状态的马尔可夫过程. 对于可数状态的马尔可夫过程而言, 对 E 中每一个单点集 $\{i\} \in \mathscr{E}$, 必有 $\mathscr{E}$ 含 E 的一切子集, 所以, 今后言及可数状态的马尔可夫过程, 其状态空间只需说明 E 是什么即可, 而 $\mathscr{E}$ 就不再提及了.

定理 1.1 设 $\{X(t) : t \in \mathbf{T}\}$ 是 $(\Omega, \mathscr{F}, P)$ 上的以 $(E, \mathscr{E})$ 为状态空间的适应于 $\{\mathscr{F}_t : t \in \mathbf{T}\}$ 的随机过程, 则下列陈述等价:

(0) $\{X(t) : t \in \mathbf{T}\}$ 是关于 $\{\mathscr{F}_t : t \in \mathbf{T}\}$ 的马尔可夫过程;

(i) $P(A \bigcap B|X(t)) = P(A|X(t))P(B|X(t))$

$$(A \in \mathscr{F}_t, \quad B \in \mathscr{G}^t \overset{\text{def}}{=\!=} \sigma(X(s), \quad s \geqslant t, \quad s \in \mathbf{T}), \quad t \in \mathbf{T}); \tag{1.1}$$

(ii) $P(X(u) \in \Lambda|\mathscr{F}_t) = P(X(u) \in \Lambda|X(t))$

$$(\Lambda \in \mathscr{E}, u \geqslant t, t, u \in \mathbf{T}); \tag{1.2}$$

(iii) $\boldsymbol{E}(\xi|\mathscr{F}_t) = \boldsymbol{E}(\xi|X(t))$

$$(\xi \in b\sigma(X(u)), \quad u \geqslant t, \quad t, u \in \mathbf{T}); \tag{1.3}$$

(iv) $\boldsymbol{E}(\xi|\mathscr{F}_t) = \boldsymbol{E}(\xi|X(t))$

$$(\xi \in \sigma(X(u)), \quad \boldsymbol{E}(|\xi|) < \infty, \quad u \geqslant t, \quad t, u \in \mathbf{T}); \tag{1.4}$$

(v) 对任意 $t \leqslant u_1 \leqslant \cdots \leqslant u_m, t, u_i \in \mathbf{T}, \Lambda_i \in \mathscr{E}(i = 1, \cdots, m)$, 有

$$P\left(\bigcap_{i=1}^{m} \{X(u_i) \in \Lambda_i\} | \mathscr{F}_t\right) = P\left(\bigcap_{i=1}^{m} \{X(u_i) \in \Lambda_i\} | X(t)\right); \tag{1.5}$$

(vi) $\boldsymbol{E}(\xi|\mathscr{F}_t) = \boldsymbol{E}(\xi|X(t)) \quad (\xi \in b\mathscr{G}^t, t \in \mathbf{T});$ (1.6)

(vii) $\boldsymbol{E}(\xi|\mathscr{F}_t) = \boldsymbol{E}(\xi|X(t))$

$$(\xi \in \mathscr{G}^t, \boldsymbol{E}(|\xi|) < \infty, t \in \mathbf{T}); \tag{1.7}$$

(viii) $\boldsymbol{E}(\xi \cdot \eta|X(t)) = \boldsymbol{E}(\xi|X(t)) \cdot \boldsymbol{E}(\eta|X(t))$

$$(\xi \in b\mathscr{F}_t, \eta \in b\mathscr{G}^t, t \in \mathbf{T}). \tag{1.8}$$

证明可参考文献 [115] P.255.

本定理中的 (i)~(viii) 是马尔可夫过程的八种等价描述.

在定理 1.1 中, 特别地, 取 $\mathscr{F}_t = \mathscr{G}_t \stackrel{\text{def}}{=\!=} \sigma(X(u), u \leqslant t, u \in \mathbf{T})$ 时, 我们有如下定理.

定理 1.1′ 设 $\{X(t) : t \in \mathbf{T}\}$ 是以 $(E, \mathscr{E})$ 为状态空间的随机过程, 则下列陈述等价:

(i) $\{X(t) : t \in \mathbf{T}\}$ 是马尔可夫过程;

(ii) 对任何正整数 n, 任何 $u \geqslant t_n \geqslant \cdots \geqslant t_1, t_j, u \in \mathbf{T}$, 以及任何 $A \in \mathscr{E}$, 都有

$$P(X(u) \in A|X(t_1), \cdots, X(t_n)) = P(X(u) \in A|X(t_n)); \tag{1.9}$$

(iii) 对任何正整数 n, 任何 $u \geqslant t_n \geqslant \cdots \geqslant t_1, t_j, u \in \mathbf{T}$, 任何 $f \in b\mathscr{E}$, 有

$$\boldsymbol{E}(f(X(u))|X(t_1), \cdots, X(t_n)) = \boldsymbol{E}(f(X(u))|X(t_n)). \tag{1.10}$$

证明可参考文献 [115] P.257.

附注 1.1 定理 1.1 和定理 1.1′ 中的马尔可夫过程是存在的, 只需对它们的状态空间 $(E, \mathscr{E})$ 中 E 的拓扑略加限制即可. 证明可参考文献 [115] P.263.

定义 1.3 设 $(E, \mathscr{E})$ 为任一可测空间, $\mathbf{T} \subset \mathbf{R}$, 称 $P(s,t,x,A)(s < t, s, t \in \mathbf{T}, x \in E, A \in \mathscr{E})$ 为 $(E, \mathscr{E})$ 上的准转移函数, 简称准转移函数, 如果:

(1) 固定 $s, t, x, P(s,t,x,\cdot)$ 是 $\mathscr{E}$ 上的测度, 而且 $P(s,t,x,E) \leqslant 1$;

(2) 固定 $s, t, A, P(s,t,\cdot,A) \in \mathscr{E}$;

(3) 对任何 $s < t < u, s, t, u \in \mathbf{T}, x \in E, A \in \mathscr{E}$, 恒有

$$P(s,u,x,A) = \int_E P(s,t,x,\mathrm{d}y)P(t,u,y,A), \tag{1.11}$$

(1.11) 式称为 Kolmogorov–Chapmann 方程式, 简称 K–C 方程式.

满足 $P(s,t,x,E)\equiv 1$ 的准转移函数称为转移函数. 如果存在函数 $P(t,x,A)$ 使 (准) 转移函数

$$P(s,t,x,A)=P(t-s,x,A)\quad (s,t,t-s\in \mathbf{T},x\in E,A\in \mathscr{E}), \tag{1.12}$$

则称 $P(t,x,A)$ 是时齐的 (准) 转移函数. 这时 K–C 方程式变为

$$P(s+t,x,A)=\int_E P(s,x,\mathrm{d}y)P(t,y,A)$$
$$(s,t,s+t\in \mathbf{T},x\in E,A\in \mathscr{E}). \tag{1.13}$$

定义 1.4 设 $\{X(t),t\in \mathbf{T}\}$ 是以 $(E,\mathscr{E})$ 为状态空间的适应于 $\{\mathscr{F}_t,t\in \mathbf{T}\}$ 的随机过程, $P(s,t,x,A)$ 是 $(E,\mathscr{E})$ 上的转移函数, 定义算子

$$P_{t,u}(x,f)=\int_E P(t,u,x,\mathrm{d}y)f(y)$$
$$(t,u\in \mathbf{T},t<u,x\in E,f\in b\mathscr{E}), \tag{1.14}$$

如果

$$\boldsymbol{E}(f(X(u))|\mathscr{F}_t)=P_{t,u}(X(t),f)\quad (t,u\in \mathbf{T},t<u,f\in b\mathscr{E}), \tag{1.15}$$

则称 $\{X(t),t\in \mathbf{T}\}$ 是关于 $\{\mathscr{F}_t,t\in \mathbf{T}\}$ 的以 $P(s,t,x,A)$ 为转移函数的马尔可夫过程, 或称之为规则的马尔可夫过程.

附注 1.2 定义 1.2 与定义 1.4 是相容的, 即关于 $\{\mathscr{F}_t,t\in \mathbf{T}\}$ 的规则的马尔可夫过程必为定义 1.2 中的关于 $\{\mathscr{F}_t,t\in \mathbf{T}\}$ 的马尔可夫过程.

事实上, 把 (1.15) 式两边对 σ 代数 $\sigma(X(t))$ 取条件期望即得 (注意 $\mathscr{F}_t\supset\sigma(X(t))$)

$$\boldsymbol{E}(f(X(u))|X(t))=P_{t,u}(X(t),f)\quad (t<u,t,u\in \mathbf{T},f\in b\mathscr{E}), \tag{1.16}$$

由 (1.15) 式、(1.16) 式和定理 1.1 中的 (iii) 即知 $\{X(t),t\in \mathbf{T}\}$ 是关于 $\{\mathscr{F}_t,t\in \mathbf{T}\}$ 的马尔可夫过程.

定义 1.5 具有转移函数 $P(s,t,x,A)$ 的马尔可夫过程 $\{X(t),t\in \mathbf{T}\}$ 称为时齐的, 如果其转移函数是时齐的.

转移函数 $P(s,t,x,A)$ 的直观概率意义是: 给定 $X(s)=x$ 时, $\{X(t)\in A\}$ 的条件概率, 或者说, 在时刻 s, 过程处于状态 x 的条件下, 到时刻 t, 过程转

移到状态集合 A 的条件概率. 转移函数是刻画马尔可夫过程的概率特性的最重要工具.

下面对具有转移函数 $P(s,t,x,A)$ 的以 $(E,\mathscr{E})$ 为状态空间且以 $\mathbf{T}$ 为时间参数集的马尔可夫过程 $\{X(t),t\in\mathbf{T}\}$ 进行分类.

(1) 按时间参数集 $\mathbf{T}$ 进行分类

(A) $\mathbf{T}$ 是离散集, 最重要的场合是 $\mathbf{T}=\{0,1,2,\cdots\}$, 这时, $\{X(t),t\in\mathbf{T}\}$ 可写为 $\{X_n,n=0,1,2,\cdots\}$, $P(s,t,x,A)$ 可写为 $P(m,m+n,x,A)$, 称之为 n 步转移函数. 由于它满足 K–C 方程式, 它由一步转移函数 $P(m,m+1,x,A)$ 所唯一确定. 具有离散时间参数集 $\mathbf{T}$ 的马尔可夫过程通常称为马尔可夫链.

(B) $\mathbf{T}$ 是连续集, 最重要的场合是 $\mathbf{T}=[0,\infty)$, 这时称之为具有连续时间参数集的马尔可夫过程.

如不特别声明, 不管是连续时间参数集的马尔可夫过程, 或具有离散时间参数集的马尔可夫链, 有时统称为马尔可夫过程.

(2) 按状态空间 $(E,\mathscr{E})$ 进行分类

(A) E 是可数集, 不失一般性可设 $E=\{0,1,2,\cdots\}$, 这时, 转移函数 $P(s,t,x,A)$ 由 $P(s,t,i,\{j\})$ 所唯一确定 (因为 $P(s,t,x,\cdot)$ 是概率测度), $i,j=0,1,2,\cdots$. 若简单记 $P(s,t,i,\{j\})=P(s,t,i,j)$, $P(s,t)=(P(s,t,i,j),i,j=0,1,2,\cdots)$ 为矩阵, 则可数状态的马尔可夫过程的概率特性主要由转移矩阵 $P(s,t)$ 来决定.

(B) E 是一般的集合, 有时是某种拓扑空间. 这时, 马尔可夫过程称为一般状态的马尔可夫过程, 其概率特性主要由转移函数 $P(s,t,x,A)$ 所决定.

(3) 按转移函数 $P(s,t,x,A)$ 来分类

(A) $P(s,t,x,A)$ 是时齐的, 即存在函数 $P(t,x,A)=P(u,u+t,x,A)$ (对一切 $t,u,u+t\in\mathbf{T},x\in E,A\in\mathscr{E}$), 这时, 马尔可夫过程称为时齐的马尔可夫过程.

(B) $P(s,t,x,A)$ 是非时齐的, 则亦称马尔可夫过程是非时齐的马尔可夫过程.

按照上述三个标准, 可以把马尔可夫过程分为八类.

(1) 非时齐的一般状态的连续时间参数的马尔可夫过程, 它的概率特性主要由转移函数 $P(s,t,x,A)$ 决定;

(2) 非时齐的一般状态的离散时间参数的马尔可夫链, 它的概率特性主要由一步转移函数 $P(m,m+1,x,A)$ 决定;

(3) 非时齐的可数状态的连续时间参数的马尔可夫过程, 它的概率特性主要由转移矩阵 $P(s,t)=(P(s,t,i,j),i,j\in E)$ 决定;

(4) 非时齐的可数状态的离散时间参数的马尔可夫链, 它的概率特性主要由一步转移矩阵 $P(m,m+1)=(P(m,m+1,i,j),i,j\in E)$ 决定，其中 $m\in\mathbf{Z}_+$;

(5) 时齐的一般状态的连续时间参数的马尔可夫过程; 它的概率特性主要由它对应的时齐的转移函数 $P(t,x,A)$ 决定;

(6) 时齐的一般状态的离散时间参数的马尔可夫链, 它的概率特性主要由它的一步转移函数 $K(x,A)\overset{\text{def}}{=\!=}P(m,m+1,x,A)$ 决定, 通常称 $K(x,A)$ 为马尔可夫核 (Markov 核, 记为 M.K.);

(7) 时齐的可数状态的连续时间参数的马尔可夫过程, 它的概率特性主要由它对应的转移矩阵 $P(t)=(P(t,i,j),i,j\in E)$ 决定, 其中 $P(t,i,j)=P(s,s+t,i,\{j\})\quad(s,t,s+t\in\mathbf{T},i,j\in E)$;

(8) 时齐的可数状态的离散时间参数的马尔可夫链, 它的概率特性主要由一步转移矩阵 $P=(P(i,j),i,j\in E)$ 决定, 其中 $P(i,j)=P(m,m+1,i,\{j\})\quad(m\in\mathbf{Z}_+,i,j\in E)$.

附注 1.3 今后如不特别声明, 本书所讨论的马尔可夫过程均为规则的马尔可夫过程, 即它有对应的转移函数 $P(s,t,x,A)$, 如上面分类中的八种, 对每一种特例, $P(s,t,x,A)$ 均有特殊的形式.

对于概率空间 $(\Omega,\mathscr{F},P)$ 上的以 $(E,\mathscr{E})$ 为状态空间的随机过程 $\{X(t),t\in\mathbf{T}\}$, 若记 $X=\{X(t),t\in\mathbf{T}\}$ (注意, 有时记 $X(t)=X_t$), 我们有几种观点来看待它.

(1) $X=\{X(t),t\in\mathbf{T}\}$, 是一族 $(\Omega,\mathscr{F},P)$ 上的 E 值随机变量, 即对每个 $t\in\mathbf{T},X_t=X(t)$ 是一个 E 值随机变量, 亦即对每个 $t\in\mathbf{T},X_t^{-1}(\mathscr{E})\in\mathscr{F}$, 即 $X_t\in\mathscr{F}/\mathscr{E}$.

(2) $X=\{X(t),t\in\mathbf{T}\}$ 是一个下述的二元算子:

$$X(\cdot,\cdot):\mathbf{T}\times\Omega\mapsto E,$$

对每个固定的 $t\in\mathbf{T},X(t,\cdot)\in\mathscr{F}/\mathscr{E}$,

对每个固定的 $\omega\in\Omega,X(\cdot,\omega)$ 称为对应于 ω 的一条轨道, $X(\cdot,\omega):\mathbf{T}\mapsto E$. 一般都假定它有某种可测性.

(3) $X=\{X(t),t\in\mathbf{T}\}$ 是由 $(\Omega,\mathscr{F},P)$ 到 $(E^{\mathbf{T}},\mathscr{E}^{\mathbf{T}})$ 的可测算子 (此处 $E^{\mathbf{T}}=\prod\limits_{t\in\mathbf{T}}E_t(E_t\equiv E)$ 是乘积空间, $\mathscr{E}^{\mathbf{T}}=\prod\limits_{t\in\mathbf{T}}\mathscr{E}_t(\mathscr{E}_t\equiv\mathscr{E})$ 是乘积 σ 代数. 乘积空间与乘积 σ 代数有时也记为 $E^{\mathbf{T}}=\mathop{\times}\limits_{t\in\mathbf{T}}E_t,\mathscr{E}^{\mathbf{T}}=\mathop{\times}\limits_{t\in\mathbf{T}}\mathscr{E}_t.$), 即对任何

$A \in \mathscr{E}^{\mathbf{T}}$, 有 $X^{-1}(A) = \{\omega \in \Omega : X(\omega) \in A\} \in \mathscr{F}$, 显然, 这时有: 对任何正整数 n, 任何 $t_1, t_2, \cdots, t_n \in \mathbf{T}, A_1, \cdots, A_n \in \mathscr{E}$, 有

$$\{\omega \in \Omega : X(t_1, \omega) \in A_1, \cdots, X(t_n, \omega) \in A_n\} \in \mathscr{F}.$$

定义 1.6 设 $X = \{X(t), t \in \mathbf{T}\}$ 是上述随机过程, 对任何 $A \in \mathscr{E}^{\mathbf{T}}$, 记

$$(P \circ X^{-1})(A) = P(\{\omega \in \Omega : X(\omega) \in A\}), \tag{1.17}$$

称 $P \circ X^{-1}$ 是 X 的 P 分布, 在无混淆的情况下, 简称 $P \circ X^{-1}$ 为 X 的分布, 而称

$$\begin{aligned} &\{P(\{\omega \in \Omega : X(t_1) \in A_1, \cdots, X(t_n) \in A_n\}), \\ &n \geqslant 1, t_1, \cdots, t_n \in \mathbf{T}, A_1, \cdots, A_n \in \mathscr{E}\} \end{aligned} \tag{1.18}$$

是 X 的有限维分布族.

特别地, 当 X 是实值随机过程, 即其状态空间 $(E, \mathscr{E}) = (\mathbf{R}, \mathscr{B}(\mathbf{R}))$ 时, 对任何正整数 n, 以及任何 $t_1, \cdots, t_n \in \mathbf{T}, x_1, \cdots, x_n \in \mathbf{R}$, 令

$$F_{t_1, \cdots, t_n}(x_1, \cdots, x_n) = P\left(\bigcap_{i=1}^{n} \{X_{t_i} \leqslant x_i\}\right),$$

则称 $\{F_{t_1, \cdots, t_n}, n \geqslant 1, t_1, \cdots, t_n \in \mathbf{T}\}$ 为随机过程 X 的有限维分布函数族, 其所产生之 Lebesgue–Stieltjes 测度族 $\{F_{t_1, \cdots, t_n}(A), A \in \mathscr{B}(\mathrm{R}^n), n \geqslant 1, t_1, \cdots, t_n \in \mathbf{T}\}$ 即为 X 的有限维分布族. Lebesgue–Stieltjes 测度简称为 L–S 测度.

随机元 (特别地, 随机变量) X 的分布, 也用 $\mathscr{L}(X)$ 表示. 这里并未指明概率测度是什么, 不如符号 $P \circ X^{-1}$ 明确. 但在不引起混淆的情况下, 可用 $\mathscr{L}(X)$ 这一符号.

§2 可数状态的马尔可夫链的状态分类及遍历性

本节仅讨论时齐的可数状态的马尔可夫链的状态分类及遍历性. 沿袭 §1 的符号. 本节恒设 $X = \{X_n, n = 0, 1, 2, \cdots\}$ 为概率空间 $(\Omega, \mathscr{F}, P)$ 上的, 其状态空间 $(E, \mathscr{E})$ 中的 E 为可数集 (通常取为 $\{0, 1, 2, \cdots\}$ 或 $\{0, \pm 1, \pm 2, \cdots\}$, $\mathscr{E}$ 为 E 中全体子集构成的 σ 代数) 的时齐的马尔可夫链, 即它满足如下两个条件:

(1) 马尔可夫性, 即对任何 $n \geqslant 2$, 以及任何 $0 \leqslant t_1 < t_2 < \cdots < t_n, i_1, i_2, \cdots, i_n \in E$, 均有

$$
\begin{aligned}
&P(X_{t_n} = i_n | X_{t_1} = i_1, \cdots, X_{t_{n-1}} = i_{n-1}) \\
=& P(X_{t_n} = i_n | X_{t_{n-1}} = i_{n-1}),
\end{aligned} \tag{2.1}
$$

当 (2.1) 式左边有意义时;

(2) 时齐性, 即存在一个转移矩阵 $P = (p_{i,j}, i, j \in E)$, 对任何 $m \geqslant 1, i, j \in E$, 均有

$$
P(X_m = j | X_{m-1} = i) = p_{i,j}, \tag{2.2}
$$

当 (2.2) 式左边有意义时.

注意: 对任何 $A, B \in \mathscr{F}, P(A|B)$ 表示集合 A 对 B 的条件概率, 只要 $P(B) > 0, P(A|B) = P(AB)/P(B)$ 总有定义.

附注 2.1 本章恒设时齐的可数状态的马尔可夫链的状态空间 $(E, \mathscr{E})$ 是极小状态空间, 即对任何状态 $i \in E$, 总存在 $n_0 \geqslant 0$, 使 $P(X_{n_0} = i) > 0$. 又由于 $\mathscr{E}$ 为 E 的全体子集构成的 σ 代数, 故言及状态空间, 就只写 E 了.

附注 2.2 等式 (2.1) 中的马尔可夫性与定理 1.1′ 中的马尔可夫性是相容的. 等式 (2.2) 中的时齐性与 §1 中的时齐性概念也是相容的.

附注 2.3 在本章讨论的时齐的可数状态的马尔可夫链 $X = \{X_n, n = 0, 1, 2, \cdots\}$ 的状态空间 $(E, \mathscr{E})$ 中, 把 E 为有限集也纳入其中, 若要强调 E 为无穷集时, 就指明 E 是无穷可数集.

本节恒设 $X = \{X_n, n = 0, 1, 2, \cdots\}$ 为概率空间 $(\Omega, \mathscr{F}, P)$ 上的时齐的可数状态的马尔可夫链, 其状态空间为 $(E, \mathscr{E})$, 其 (一步) 转移矩阵为 $P = (p_{i,j}, i, j \in E)$, 即

$$
p_{i,j} = P(X_{m+1} = j | X_m = i) \quad (m \geqslant 0, i, j \in E). \tag{2.3}
$$

再令

$$
P^{(n)} = (p_{i,j}^{(n)}, i, j \in E), \quad n \geqslant 1, \tag{2.4}
$$

由 X 满足 K–C 方程式易证

$$
P^{(n)} = P^n \quad (n \geqslant 1) \tag{2.5}
$$

即

$$p_{i,j}^{(n)}=\begin{cases}p_{i,j}, & \text{当 } n=1, i,j\in E,\\ \sum\limits_{i_1\in E}\cdots\sum\limits_{i_{n-1}\in E}p_{i,i_1}p_{i_1,i_2}\cdots p_{i_{n-2},i_{n-1}}p_{i_{n-1},j}, & \text{当 } n\geqslant 2, i,j\in E.\end{cases} \tag{2.6}$$

定义 2.1 对 $X=\{X_n,n=0,1,2,\cdots\}$ 中的任意两个状态 $i,j\in E$, 令

$$f_{i,j}^{(n)}=P(X_{n+m}=j,X_{k+m}\neq j,1\leqslant k<n|X_m=i) \tag{2.7}$$

$$(n\geqslant 1,i,j\in E),$$

$$f_{i,j}^{*}=\sum_{n=1}^{\infty}f_{i,j}^{(n)},\quad f_{i,j}^{(0)}=\begin{cases}1, & i=j,\\ 0, & i\neq j,\end{cases}\ i,j\in E, \tag{2.8}$$

$$m_{j,j}=\begin{cases}\sum\limits_{n=1}^{\infty}nf_{j,j}^{(n)}, & \text{当 } f_{j,j}^{*}=1,\\ \infty, & \text{当 } f_{j,j}^{*}<1,\end{cases}\quad j\in E. \tag{2.9}$$

$f_{i,j}^{(n)}$ 的概率意义是在时刻 m, X 处于状态 i, 而经过 n 步转移后首次到达状态 j 的条件概率; $f_{i,j}^{*}$ 是 X 从状态 i 出发经过有限步转移到达状态 j 的条件概率; $m_{j,j}$ 是 X 从状态 j 出发. 再返回 j 的时间的数学期望.

定义 2.2 称状态 i 可达 j (记之为 $i\sim j$), 如果存在正整数 n, 使 $p_{i,j}^{(n)}>0$; 若 $i\sim j$, 且 $j\sim i$, 则称 i 和 j 是互通的 (记之为 $i\sim j$). 如果 $f_{j,j}^{*}=1$, 则称 j 是常返的, 全部常返状态记为 $\mathscr{R}$; 若 $j\in\mathscr{R}$ 且 $m_{j,j}<\infty$, 则称 j 是正常返的, 全部正常返状态记为 $\mathscr{R}_{+}$; 若 $j\in\mathscr{R}$ 且 $m_{j,j}=\infty$, 则称 j 是零常返的或零状态, 全部零常返状态记为 $\mathscr{R}_0$; 若 $f_{j,j}^{*}<1$, 则称 j 为暂留状态, 全部暂留状态记为 $\mathscr{N}$, 于是状态空间 E 可分解为

$$E=\mathscr{N}\bigcup\mathscr{R}=\mathscr{N}\bigcup\mathscr{R}_0\bigcup\mathscr{R}_{+}. \tag{2.10}$$

定义 2.3 设 $Q=(q_{i,j},i,j\in E)$ 是 E 上之矩阵 $E_1\subset E$, 称 $Q_1=(q_{i,j},i,j\in E_1)$ 为 Q on E_1. 对于行 (列) 向量, 亦有类似的定义.

下面对状态空间 E 中的子集 $\mathscr{R}_0(\mathscr{R}_{+}$ 亦类似) 进行分解.

显然, 定义 2.2 中的互通关系 $\sim$ 是定义在 $\mathscr{R}_0$ 上的一个等价关系 (即具有自返性、对称性、传递性), 从而按此关系可以把 $\mathscr{R}_0$ 分解成一些互不相交的等价类:

$$\mathscr{R}_0=\mathscr{R}_0(1)\bigcup\mathscr{R}_0(2)\bigcup\cdots \tag{2.11}$$

易证:

若 $i,j \in \mathscr{R}_0(n)$, 则 $f^*_{i,j}=1$;

若 $i \in \mathscr{R}_0(n), j \in \mathscr{R}_0(m), n \neq m$, 则 $f^*_{i,j}=0$.

对 $\mathscr{R}_+$ 亦有上述类似的结果. 所以有下列定理.

定理 2.1 对于时齐的可数状态的马尔可夫链 $X=\{X_0,X_1,X_2,\cdots\}$, 其状态空间 E 和其转移矩阵 P 有下述分解:

$$\begin{aligned} E &= \mathscr{N}\bigcup\mathscr{R} = \mathscr{N}\bigcup\mathscr{R}_0\bigcup\mathscr{R}_+ \\ &= \mathscr{N}\bigcup\left(\bigcup_m \mathscr{R}_0(m)\right)\bigcup\left(\bigcup_n \mathscr{R}_+(n)\right); \end{aligned} \tag{2.12}$$

P 具有下述形状:

	$\mathscr{N}$	$\mathscr{R}_0(1)$	$\mathscr{R}_0(2)$	$\cdots$	$\mathscr{R}_+(1)$	$\mathscr{R}_+(2)$	$\cdots$
$\mathscr{N}$	Q	$Q_{0,1}$	$Q_{0,2}$	$\cdots$	$Q_{+,1}$	$Q_{+,2}$	$\cdots$
$\mathscr{R}_0(1)$	0	$P_{0,1}$	0	$\cdots$	0	0	$\cdots$
$\mathscr{R}_0(2)$	0	0	$P_{0,2}$	$\cdots$	0	0	$\cdots$
$\vdots$	$\vdots$	$\vdots$	$\vdots$		$\vdots$	$\vdots$	
$\mathscr{R}_+(1)$	0	0	0	$\cdots$	$P_{+,1}$	0	$\cdots$
$\mathscr{R}_+(2)$	0	0	0	$\cdots$	0	$P_{+,2}$	$\cdots$
$\vdots$	$\vdots$	$\vdots$	$\vdots$		$\vdots$	$\vdots$	$\vdots$

(2.13)

上述矩阵中 0 表示零矩阵 (一切元素皆为零的矩阵), $(P \text{ on } \mathscr{N}) = Q$, $(P \text{ on } \mathscr{R}_0(m)) = P_{0,m}, (P \text{ on } \mathscr{R}_+(n)) = P_{+,n}, Q_{0,m} = (p_{i,j}, i \in \mathscr{N}, j \in \mathscr{R}_0(m)), Q_{+,n} = (p_{i,j}, i \in \mathscr{N}, j \in \mathscr{R}_+(n))$, 且

$$p_{i,j}=0\begin{cases} \text{当 } i \in \mathscr{R}_0(m) \text{ 且 } j \notin \mathscr{R}_0(m), \\ \qquad \text{或者} \\ \text{当 } i \in \mathscr{R}_+(n) \text{ 且 } j \notin \mathscr{R}_+(n). \end{cases}$$

$P_{0,m}$ 是 $\mathscr{R}_0(m)$ 上的转移矩阵, $P_{+,n}$ 是 $\mathscr{R}_+(n)$ 上的转移矩阵. 每一个 $\mathscr{R}_0(m)(\mathscr{R}_+(n))$ 都称为一个零 (正) 类, 零类和正类都称为常返类, $\mathscr{N}$ 中每一个状态自成一个类.

证明可参考文献 [115] 第六章定理 2.2.

上面我们完成了状态的分类、状态空间 E 的分解和转移矩阵 P 的分解. 下面将讨论 X 的遍历理论. 首先引入如下定义.

定义 2.4 称 X 的状态空间 E (或转移矩阵 P) 是不可约的, 如果对任何 $i,j\in E$, 都有 $f_{i,j}^*>0$.

定义 2.5 设 $i\in E, i\sim i$, 称 $\{n:p_{i,i}^{(n)}>0,n\geqslant 1\}$ 的最大公因子

$$\text{G.C.D.}\{n:p_{i,i}^{(n)}>0,n\geqslant 1\}$$

为状态 i 的周期, 记之为 d_i, 当 $d_i=1$ 时, 称 i 是无周期的. 易证如下命题.

命题 2.1 若 $i,j\in E, i\sim j$ 则 $d_i(d_j)$ 有定义, 而且

$i\in\mathscr{N}, f_{i,i}^*>0\Longrightarrow d_i$ 有定义;

$i\in\mathscr{R}\Longrightarrow d_i$ 有定义;

i,j 同属于 $\mathscr{R}_0(m)$ (或 $\mathscr{R}_+(n)$) $\Longrightarrow d_i,d_j$ 有定义且相等.

由上述讨论, 可以用 $d_0(m)(d_+(n))$ 表示 $\mathscr{R}_0(m)(\mathscr{R}_+(n))$ 中的状态的公共周期.

定义 2.6 称 X 的状态空间 E (或 X 的转移矩阵 P) 是不可约的, 如果对任何 $i,j\in E$, 都有 $f_{i,j}^*>0$; 否则称 E (或 P) 是可约的.

下面还要用周期概念把 E 和 P 进一步地分解.

定理 2.2 设 X 的状态空间 E 是不可约的, 其状态的公共周期为 d, 则 E 可以分解为 d 个互不相交的循环子类: $E=\bigcup\limits_{i=1}^{d}C_i$, 这时 X 的转移矩阵 P 有如下形式 (当 $d>1$):

$$\begin{array}{c|cccccc} & C_1 & C_2 & C_3 & \cdots & C_{d-1} & C_d \\ \hline C_1 & 0 & \widetilde{P}_1 & 0 & \cdots & 0 & 0 \\ C_2 & 0 & 0 & \widetilde{P}_2 & \cdots & 0 & 0 \\ \vdots & \vdots & \vdots & \vdots & & \vdots & \vdots \\ C_{d-1} & 0 & 0 & 0 & \cdots & 0 & \widetilde{P}_{d-1} \\ C_d & \widetilde{P}_d & 0 & 0 & \cdots & 0 & 0 \end{array} \tag{2.14}$$

若记 $P^d \stackrel{\text{def}}{=} \widetilde{P} = (\widetilde{p}_{i,j}, i,j \in E)$，则 $\widetilde{P}$ 具有如下形式:

$$\begin{array}{c|ccccc} & C_1 & C_2 & C_3 & \cdots & C_d \\ \hline C_1 & \widetilde{P}_1 & 0 & 0 & \cdots & 0 \\ C_2 & 0 & \widetilde{P}_2 & 0 & \cdots & 0 \\ C_3 & 0 & 0 & \widetilde{P}_3 & \cdots & 0 \\ \vdots & \vdots & \vdots & \vdots & & \vdots \\ C_d & 0 & 0 & 0 & \cdots & \widetilde{P}_d \end{array} \tag{2.15}$$

其中

$\widetilde{P}_a = \widetilde{P}$ on $C_a, \widetilde{P}_a$ 是转移矩阵 $(a = 1, 2, \cdots, d)$, 此外, $\widetilde{P}_a$ 还是不可约且无周期的.

证明可参考文献 [115] 第六章定理 2.3.

下面研究 X 的遍历性理论, 即研究 X 的 n 步转移矩阵 $P^{(n)} = P^n = (p_{i,j}^{(n)}, i,j \in E)$ 的极限问题. 今后言及矩阵列的极限 (类似地两个矩阵比较大小), 均指逐元意义, 即矩阵列 $\{Q_n = (q_{i,j}^{(n)}, i,j \in E), n \geqslant 1\}$ 收敛到矩阵 $Q = (q_{i,j}, i,j \in E)$, $\lim\limits_{n\to\infty} Q_n = Q$ 意即

$$\lim_{n\to\infty} q_{i,j}^{(n)} = q_{i,j} \quad (\text{对一切 } i,j \in E).$$

定理 2.3 对 X 的 n 步转移矩阵 $P^{(n)} = P^n$ 来说, 恒有:

(1) 存在准转移矩阵 $\Pi = (\pi_{i,j}, i,j \in E)$, 使

$$\lim_{n\to\infty} \frac{1}{n} \sum_{k=1}^{n} P^{(k)} = \Pi; \tag{2.16}$$

(2)
$$\lim_{n\to\infty} P^{(n)} = \Pi \tag{2.17}$$

的充分必要条件是 E 中的每一个正常返状态 i 的周期 d_i 都是 1, 即正常返状态都是无周期的;

(3) 更详细地说, Π 具有下列结构:

$$\begin{array}{c|ccccc} & \mathscr{N} & \mathscr{R}_0 & \mathscr{R}_+(1) & \mathscr{R}_+(2) & \cdots \\ \hline \mathscr{N} & 0 & 0 & A(1) & A(2) & \cdots \\ \mathscr{R}_0 & 0 & 0 & 0 & 0 & \cdots \\ \mathscr{R}_+(1) & 0 & 0 & B(1) & 0 & \cdots \\ \mathscr{R}_+(2) & 0 & 0 & 0 & B(2) & \cdots \\ \vdots & \vdots & \vdots & \vdots & \vdots & \cdots \end{array} \tag{2.18}$$

即

$$\pi_{i,j} = 0, \quad (\text{对一切 } i \in E, j \in \mathscr{N} \bigcup \mathscr{R}_0);$$

$B(n) = \Pi$ on $\mathscr{R}_+(n)$, 它是行行一样且每个元素都大于 0 的转移矩阵, 每行都是 $\pi'(n) = \left(\dfrac{1}{m_{j,j}}, i \in \mathscr{R}_+(n)\right)$;

$$A(m) = (\pi_{i,j}, i \in \mathscr{N}, j \in \mathscr{R}_+(m)),$$

且

$A(m) = a(m)\pi'(m)$, 其中 $\pi'(m)$ 如上面已有定义, 而 $a(m)$ 是下述列向量:

$$a(m) = \begin{pmatrix} f^*_{i,\mathscr{R}_+(m)} \\ i \in \mathscr{N} \end{pmatrix}, \tag{2.19}$$

$$f^*_{i,\mathscr{R}_+(m)} = P\left(\bigcup_{n=1}^{\infty} \{X_n \in \mathscr{R}_+(m)\} | X_0 = i\right\}.$$

注意: $m_{j,j}$ 是由状态 j 出发重返 j 的平均时间, 即 "平均再现" 时间, 当 j 是正常返状态时, $1 \leqslant m_{j,j} < \infty$.

关于定理 2.3 之结论 (1)、(2)、(3) 的证明可参考文献 [115] 的第六章定理 3.3、定理 3.4 和定理 3.5.

上述定理之结论 (1)、(2)、(3) 分别称为: 平均遍历定理、遍历定理和极限矩阵的 Π 结构.

定理 2.4 沿用定理 2.3 的符号, 恒有:

(1) $P\Pi = \Pi P = \Pi^2 = \Pi$; (2.20)

(2) 对任何 $i \in E, j \in \mathscr{R}_+(m)$($\mathscr{R}_0(n)$ 亦类似), 有

$$f^*_{i,\mathscr{R}_+(m)} = f^*_{i,j}. \tag{2.21}$$

证明可参考文献 [115] 第六章命题 3.2 和命题 3.1.

定义 2.7 沿用定理 2.3 的符号, 令

$$\gamma = \Pi \mathbf{1}. \tag{2.22}$$

(本书恒用 $\mathbf{1}$ 表示诸分量皆为 1 的列向量, 其维数是多少视具体情况而定, 原则是使式中的运算有意义, 例如此处其维数与 E 的维数相同.) 若 $\gamma = \mathbf{1}$, 即 Π 是转移矩阵, 则称转移矩阵 P 是无耗损的.

命题 2.2 沿用前面的符号, 下列陈述等价:

(1) P 是无耗损的;

(2) Π 是转移矩阵;

(3) $\mathscr{R}_0 = \varnothing, f^*_{i,\mathscr{R}_+} = 1$ (对一切 $i \in \mathscr{N}$);

(4) $\inf\{e'_i\gamma : i \in E\} > 0$,

其中 e'_i 是对应 i 的坐标为 1 其他坐标为 0 的行向量, 即对应于 i 的单位坐标向量.

证明可参考文献 [115] 第六章命题 3.7.

关于平均遍历极限 Π 的算法, 有许多定理与技巧, 有兴趣的读者可参考文献 [118].

§3 可数状态的马尔可夫链的极限定理

对于相互独立的随机变量序列 $X = \{X_n, n = 0, 1, 2, \cdots\}$, 其极限定理, 如大数定律、中心极限定理、重对数律、不变原理, 都有十分丰富的结果 (可参考文献 [116]、[71]、[121]).

甚至对随机阵

$$\begin{pmatrix} X_{1,1}, & X_{1,2} & \cdots, & X_{1,k_1} \\ X_{2,1}, & X_{2,2} & \cdots, & X_{2,k_2} \\ \vdots & \vdots & & \vdots \\ X_{n,1}, & X_{n,2} & \cdots, & X_{n,k_n} \\ \vdots & \vdots & & \vdots \end{pmatrix}, \tag{3.1}$$

当它满足 u.a.n. (一致渐近可略) 条件时 (u.a.n. 条件之定义可参考文献 [116] 第四章定义 1.1), 其行和 $\sum_{i=1}^{k_n} X_{n,i}$ 的极限分布, 均有极完美的结果, 这就是无穷可分律理论 (详情可参考文献 [116] 第四、五、六章).

对于马尔可夫过程, 其极限理论, 较相互独立的随机变量序列来说, 结果就少一些. 本节仅介绍一个时齐的可数状态的马尔可夫链的不变原理, 希望让读者从中体会到马尔可夫性与相互独立性之不同及它们的相互转化.

本节恒设 $X = \{X_0, X_1, X_2, \cdots\}$ 是概率空间 $(\Omega, \mathscr{F}, P)$ 上的一个时齐的可数状态的马尔可夫链, 而且其状态空间 $E = \mathscr{R}_+(1)$ 由一个正常返类构成, 其转移矩阵为 P.

首先介绍不变原理的概念.

定义 3.1 令

$$p(x_1, \cdots, x_d) \overset{\text{def}}{=\!=} \frac{1}{(\sqrt{2\pi})^d|\Sigma|^{\frac{1}{2}}} \exp\left(-\frac{1}{2}(x-\mu)\Sigma^{-1}(x-\mu)'\right), \tag{3.2}$$

其中, d 为正整数, Σ 为 d 维对称正定方阵, $|\Sigma|$ 是 Σ 的行列式, Σ^{-1} 是 Σ 之逆矩阵, $x=(x_1, \cdots, x_d), \mu=(\mu_1, \cdots, \mu_d)$ 均为 d 维实元素之行向量, x' 表示由 x 之转置而得到的列向量. 易证 $p(x_1, \cdots, x_d)$ 是 d 维概率密度函数, 称之为 d 维正态密度函数, 其对应的分布函数记之为 $N_d(\mu, \Sigma)$, 它产生的 Lebesgue-Stieltjes 测度亦用它表示. 当 $d=1$ 时, 简记 $N_1(\mu, \Sigma)=N(\mu, \Sigma)$, 这时 μ 是一个实数, $\Sigma=\sigma^2$ 是一个正数.

命题 3.1 若 d 维随机变量 $X=(X_1, \cdots, X_d)$ 服从正态分布 $N_d(\mu, \Sigma)$, 则

$$\boldsymbol{E}(X)=\mu, \quad \boldsymbol{E}((X-\mu)'(X-\mu))=\Sigma,$$

X 的特征函数为

$$f(t_1, \cdots, t_d)=\exp\left\{it\mu'-\frac{1}{2}t\Sigma t'\right\}, \tag{3.3}$$

其中, $t=(t_1, \cdots, t_d), \mu=(\mu_1, \cdots, \mu_d), t'$ 和 μ' 分别为 t 和 μ 转置而得之列向量.

证明甚易, 读者可作习题补证之.

下面引进 Wiener 测度,Wiener 概率空间和 Wiener 过程. 令

$$C[0,1] \overset{\text{def}}{=\!=} \{\omega: \omega(\cdot):[0,1] \to \mathbf{R}^d, \omega(0)=0, \omega(\cdot) \text{ 在 } [0,1] \text{ 上连续.}\}, \tag{3.4}$$

取 $\omega^{(1)}, \omega^{(2)} \in C[0,1]$, 再令

$$\rho(\omega^{(1)}, \omega^{(2)})=\sup_{t \in [0,1]} \|\omega^{(1)}(t)-\omega^{(2)}(t)\|_d, \tag{3.5}$$

其中, $\|\cdot\|_d$ 是 $\mathbf{R}^d$ 中的欧氏范数.

于是

$(C[0,1], \rho)$ 是一个可分且完备的距离空间. 再在 $C[0,1]$ 上定义两个 σ 代数:

$\mathscr{B}(C[0,1]) \overset{\text{def}}{=\!=} \sigma(\mathscr{G})$ 是 $C[0,1]$ 上的 Borel σ 代数, 即其中的 $\mathscr{G}$ 是由 ρ 产生的距离拓扑, 亦即 $\mathscr{G}$ 是由一切开球 $B(\omega, \varepsilon) \overset{\text{def}}{=\!=} \{\omega^* \in C[0,1]: \rho(\omega, \omega^*)<\varepsilon\}(\omega \in C[0,1], \varepsilon>0)$ 为基产生的拓扑;

$\mathscr{F}(C[0,1]) \stackrel{\text{def}}{=\!=} \sigma(\{\omega \in C[0,1] : \omega(t) \in A\}, t \in [0,1], A \in \mathscr{B}(\mathbf{R}^d))$ 为一切柱集产生的 σ 代数, 即是使一切坐标函数 $x_t(\omega) = \omega(t), \omega \in C[0,1]$ 为可测的最小 σ 代数, 亦即

$$\mathscr{F}(C[0,1]) = \bigvee_{t \in [0,1]} x_t^{-1}(\mathscr{B}(\mathbf{R}^d)). \tag{3.6}$$

命题 3.2 上面定义的两个 σ 代数相等:

$$\mathscr{B}(C[0,1]) = \mathscr{F}(C[0,1]). \tag{3.7}$$

证 对任何固定的 $t \in [0,1]$, 坐标函数

$$x_t(\omega) : C[0,1] \mapsto \mathbf{R}^d$$

是连续函数, 所以对 $\mathbf{R}^d$ 中任一开集 G, 有

$$x_t^{-1}(G) \in \mathscr{G} \subset \sigma(\mathscr{G}) = \mathscr{B}(C[0,1]), \tag{3.8}$$

从而 $x_t^{-1}(\mathscr{B}(\mathbf{R}^d)) \subset \mathscr{B}(C[0,1])$. 所以

$$\mathscr{F}(C[0,1]) = \bigvee_{t \in [0,1]} x_t^{-1}(\mathscr{B}(\mathbf{R}^d)) \subset \mathscr{B}(C[0,1]). \tag{3.9}$$

下面再证 (3.9) 的反向包含关系. 由于

$$(C[0,1], \sigma(\mathscr{G}), \rho)$$

是可分的距离空间, 所以其拓扑 $\mathscr{G}$ 有可数基:

$$\left\{B\left(\omega, \frac{1}{n}\right) : \omega \in D, n \geqslant 1\right\},$$

其中, D 是 $C[0,1]$ 中的一个可数稠子集 (证明可参考文献 [115] 第一章定理 6.3.). 所以, 为证

$$\mathscr{B}(C[0,1]) = \sigma(\mathscr{G}) \subset \mathscr{F}(C[0,1]), \tag{3.10}$$

只需证 $\mathscr{G} \subset \mathscr{F}(C[0,1])$, 为此又只需证明每个闭球

$$\overline{B(\omega, \varepsilon)} \stackrel{\text{def}}{=\!=} \{\omega^* \in C[0,1] : \rho(\omega^*, \omega) \leqslant \varepsilon\}$$

均属于 $\mathscr{F}(C[0,1])$. 事实上,

$$\begin{aligned}\overline{B(\omega, \varepsilon)} &= \lim_{n \to \infty} \bigcap_{i=1}^{2^n} \left\{\omega^* \in C[0,1] : \left\|\omega\left(\frac{i}{2^n}\right) - \omega^*\left(\frac{i}{2^n}\right)\right\|_d \leqslant \varepsilon\right\}. \\ &\in \mathscr{F}(C[0,1]).\end{aligned}$$

命题 3.2 得证.

现在在 $\mathscr{B}(C[0,1]) = \mathscr{F}(C[0,1])$ 上定义一个概率测度 W 满足: 对任何正整数 m, 任何 $0 = t_0 < t_1 < \cdots < t_m \leqslant 1, B_i \in \mathscr{B}(\mathbf{R}^d), i = 1, 2, \cdots, m$, 有

$$W\left(\bigcap_{i=1}^{m}\{\omega \in C[0,1] : (\omega(t_i) - \omega(t_{i-1})) \in B_i\}\right)$$
$$= \prod_{i=1}^{m}\int_{B_i}\left[\exp\left(\frac{-\|y\|_d^2}{2(t_i - t_{i-1})\sigma^2}\right) \Big/ (2\pi\sigma^2(t_i - t_{i-1}))^{\frac{d}{2}}\right] \mathrm{d}y, \qquad (3.11)$$

其中, $y = (y_1, \cdots, y_d) \in \mathbf{R}^d$, $\mathrm{d}y = \mathrm{d}y_1 \cdots \mathrm{d}y_d$.

注意: 上面的概率测度 W 是存在的 (证明可参考文献 [121] 第九章定义 4.1).

(3.11) 式右方之被积函数是 d 维正态分布 $N_d(0, (t_i - t_{i-1})\sigma^2 I)$ 的概率密度函数 (参见 (3.2) 式). I 是单位矩阵.

上面定义的 $(C[0,1], \mathscr{B}(C[0,1]), W)$ 称为 d 维 Wiener 概率空间, W 为 d 维 Wiener 测度, 坐标过程 $\{x_t(\omega), t \in [0,1]\}$ 称为 d 维 Wiener 过程. 当 $\sigma^2 = 1$ 时, 称它们为标准的 d 维 Wiener 过程也是文献 [121] 中的 d 维 Brown 运动, 用符号 B^d.M.O. 记之. 当 $\sigma^2 = 1$ 时, 它是文献 [121] 中的 S.B^d.M.O.

附注 3.1 命题 3.2 的证明是必要的, 因为积拓扑的 σ 代数并不一定等于因子空间中的 Borel σ 代数之乘积 σ 代数, 若要相等, 必须附加条件.

下面介绍一些不变原理的概念, 主要介绍一个时齐的可数状态的马尔可夫链的不变原理. 首先介绍不变原理.

为避免不必要的符号上的麻烦, 仅考虑一维标准 Wiener 空间

$$(C[0,1], \mathscr{B}(C[0,1]), W).$$

定义其上的距离:

$$\rho(x, y) = \sup_{t \in [0,1]} |x(t) - y(t)|.$$

再考虑另一可测空间

$$(\mathscr{X}[0,1], \mathscr{B}(\mathscr{X}[0,1])), \qquad (3.12)$$

其中, $\mathscr{X}[0,1]$ 是全部定义在 $[0,1]$ 上的除有限个间断点外在其他地方均连续的实值函数, 在其上仍可定义上述的距离 $\rho, \mathscr{B}(\mathscr{X}[0,1])$ 是 ρ 决定的距离拓扑所产生的 σ 代数, 即是 $\mathscr{X}[0,1]$ 上的 Borel σ 代数.

设 $C_1 \subset C([0,1]), W(C_1) = 1,$

$F: \mathscr{X}[0,1] :\to \mathbf{R}$, 且关于 $\mathscr{B}(\mathscr{X}[0,1])$ 可测, 而且在 C_1 上连续.

设 $H_n = \{H_n(t), t \in [0,1]\}$ 是概率空间 $(\Omega, \mathscr{F}, P)$ 上的实值随机过程 $(n \geqslant 1)$, 其轨道: $H_n(\omega) \stackrel{\text{def}}{=\!=} H_n(\cdot, \omega) \in \mathscr{X}[0,1], (\omega \in \Omega)$.

若对 W 的任一连续集 A (即 $A \in \mathscr{B}(C[0,1]), A$ 的闭包 $\overline{A}$ 与 A 的开核 A^0 的 W 测度是一样的) 都有

$$(P \circ H_n^{-1})(A) \stackrel{\text{def}}{=\!=} P(\{\omega \in \Omega : H_n(\omega) \in A\}) \to W(A), \tag{3.13}$$

即

$$P \circ H_n^{-1} \stackrel{\text{w}}{\Longrightarrow} W \quad (\text{当 } n \to \infty, \stackrel{\text{w}}{\Longrightarrow} \text{ 表示弱收敛}), \tag{3.14}$$

则称 $\{H_n, n \geqslant 1\}$ 服从不变原理.

若对 $W \circ F^{-1}$ 的任一连续集 $B \in \mathscr{B}(\mathbf{R})$, 有

$$\begin{aligned} &P \circ F(H_n)^{-1}(B) = P(\{\omega \in \Omega : F(H_n(\omega)) \in B) \\ &\to W(\{x \in C[0,1] : F(x) \in B\}) \quad (\text{当 } n \to \infty), \end{aligned} \tag{3.15}$$

即

$$P \circ F(H_n)^{-1} \stackrel{\text{w}}{\Longrightarrow} W \circ F^{-1} \quad (\text{当 } n \to \infty), \tag{3.16}$$

则称 $\{H_n, n \geqslant 1\}$ 服从关于泛函 F 的不变原理.

关于距离空间中的测度列的弱收敛 ($\stackrel{\text{w}}{\Longrightarrow}$) 的概念及性质可参考文献 [121] 第三章 §3.

下面介绍一些时齐的可数状态的马尔可夫链的极限定理.

设 $X = \{X_n, n = 0, 1, 2, \cdots\}$ 是概率空间 $(\Omega, \mathscr{F}, P)$ 上的时齐的可数状态的马尔可夫链, 其状态空间 $E = \mathscr{R}_+(1)$ 由一个正常返类构成. f 是定义在 E 上的任一实值函数. 令

$$y_i = f(X_i), \quad S_n = \sum_{i=0}^{n} y_i \quad (n \geqslant 0), \tag{3.17}$$

取 $j \in E$ 固定 (从而以后出现 j 的地方省去 j 不写), 令

τ_n 是 $\{X_0, X_1, \cdots\}$ 第 n 次返回状态 j 的时刻, 再令 $\rho_n = \tau_{n+1} - \tau_n$, 而 $l(n)$ 是由下列关系

$$\tau_{l(n)} \leqslant n < \tau_{l(n)+1} \tag{3.18}$$

所决定的唯一的非负整数值的随机变量. 令

$$Y' = \sum_{k=0}^{\tau_1 - 1} y_k, \quad Y_n'' = \sum_{k=n+1}^{\tau_{l(n)+1}-1} y_k, \tag{3.19}$$

$$Y_\nu = \sum_{k=\tau_\nu}^{\tau_{\nu+1}-1} y_k, \tag{3.20}$$

则

$$S_n = Y' + \sum_{\nu=1}^{l(n)} Y_\nu + Y''(n). \tag{3.21}$$

再设

$$\boldsymbol{E}(|Y_\nu|) < \infty, \mu = \boldsymbol{E}(Y_\nu)/\boldsymbol{E}(\rho_\nu), \overline{f} = f - \mu, z_k = y_k - \mu = \overline{f}(X_k).$$

再令

$$Z_\nu = \sum_{k=\tau_\nu}^{\tau_{\nu+1}-1} z_k, \quad U_\nu = \sum_{k=\tau_\nu}^{\tau_{\nu+1}-1} |z_k|, \tag{3.22}$$

则有

$$\begin{aligned} S_n - \mu n &= \sum_{k=1}^{\tau_1 - 1} z_k + \sum_{\nu=1}^{l(n)} Z_\nu - \sum_{k=n+1}^{\tau_{l(n)+1}-1} z_k \\ &\overset{\text{def}}{=\!=} Z' + \sum_{\nu=1}^{l(n)} Z_\nu - Z''(n). \end{aligned} \tag{3.23}$$

又设

$$\boldsymbol{E}(U_\nu^2) < \infty, 0 < \boldsymbol{E}(Z_\nu^2) = \mathrm{var}(Z_\nu) \overset{\text{def}}{=\!=} \sigma^2 < \infty,$$

$\varPi = (\pi_{i,j}, i, j \in E)$ 是 $\{X_n, n = 0, 1, 2, \cdots\}$ 的转移矩阵 P 的平均遍历极限矩阵 (参见定理 2.3), 由于假定了 E 由一个正常返类构成, 所以 $\varPi$ 是 E 上的转移矩阵, 且 $\pi_{j,j} > 0$. 再令

$$B = \sigma^2 \pi_{j,j} \quad (\text{注意 } j \text{ 是前面固定的状态}), \tag{3.24}$$

$$S_r^*(n) = \frac{S_r - r\mu}{\sqrt{nB}}, \quad W_\nu = \frac{Z_\nu}{\sigma}, \tag{3.25}$$

则由文献 [48] P.78 定理 3 得知: $\{W_\nu, \nu \geqslant 1\}$ 是相互独立的随机变量序列, 且 $\boldsymbol{E}(W_\nu) = 0, \mathrm{var}(W_\nu) = 1$.

定理 3.1 设 $X=\{X_n, n=0,1,\cdots\}$ 是概率空间 $(\Omega,\mathscr{F},P)$ 上的时齐的可数状态的马尔可夫链, 其状态空间 $E=\mathscr{R}_+(1)$ 由一个正常返类所构成. 再设 $(C[0,1],\mathscr{B}(C[0,1]),W)$ 是一维标准 Wiener 空间 $(\mathscr{X}[0,1],\mathscr{B}(\mathscr{X}[0,1])$ 如 (3.12) 所定义. $C_1\subset C[0,1]\subset \mathscr{X}[0,1], W(C_1)=1, F:\mathscr{X}[0,1]\mapsto \mathbf{R}$, 且 F 是关于 $\mathscr{B}(\mathscr{X}[0,1])$ 可测且在 C_1 上连续的泛函, $S_r^*(n)$ 如 (3.25) 所定义, 再令

$$u_n(t;\lambda_1,\cdots,\lambda_n)=\begin{cases}\lambda_1, & \text{当 } t=0,\\ \lambda_k, & \text{当 } t\in\left(\dfrac{k-1}{n},\dfrac{k}{n}\right], k=1,\cdots,n.\end{cases} \tag{3.26}$$

显然, 对任意固定的实数序列 $\{\lambda_1,\lambda_2,\cdots\}$, 任意固定的正整数 $n, u_n(\cdot;\lambda_1,\cdots,\lambda_n)\in\mathscr{X}[0,1]$, 故 $F(u_n(\cdot;S_1^*(n),\cdots,S_n^*(n)))$ 是 $(\Omega,\mathscr{F},P)$ 上的随机变量. 再设 $\boldsymbol{E}(U_\nu^2)<\infty, 0<\boldsymbol{E}(Z_\nu^2)<\infty$, 则

$$\begin{aligned}&P(\{\omega\in\Omega: F(u_n(\cdot;S_1^*(n),\cdots,S_n^*(n)))\leqslant\lambda\})\\ &\to W(\{x\in C[0,1]: F(x)\leqslant\lambda\}),\end{aligned} \tag{3.27}$$

在 $W(F\leqslant\lambda)$ 的任一连续点上成立, 即

$$P\circ F(u_n(\cdot;S_1^*(n),\cdots,S_n^*(n)))^{-1}\overset{\mathrm{w}}{\Longrightarrow} W\circ F^{-1}. \tag{3.28}$$

证明可参见文献 [155].

注意: 满足定理 3.1 中的条件的泛函 F 很多, 所以定理 3.1 包含了马尔可夫链 X 的许多极限定理. 例如, 取

$$F(x)=x(1),\quad \text{当 } x\in\mathscr{X}[0,1],$$

则 (3.27) 变成:

$$\lim_{n\to\infty}P\left(S_n^*(n)\leqslant\lambda\right)=\frac{1}{\sqrt{2\pi}}\int_{-\infty}^{\lambda}\mathrm{e}^{-\frac{1}{2}t^2}\,\mathrm{d}t. \tag{3.29}$$

这就是马尔可夫链 X 的中心极限定理.

再如, 取

$$\begin{aligned}F^{(1)}(x)&=\sup_{t\in[0,1]}x(t),\quad x\in\mathscr{X}[0,1];\\ F^{(2)}(x)&=\sup_{t\in[0,1]}|x(t)|,\quad x\in\mathscr{X}[0,1];\\ F^{(3)}(x)&=\int_0^1 x^2(t)\,\mathrm{d}t,\quad x\in\mathscr{X}[0,1];\\ F^{(4)}(x)&=\int_0^1 |x(t)|\,\mathrm{d}t,\quad x\in\mathscr{X}[0,1],\end{aligned}$$

可分别得到

$$P \circ \left(\max_{1 \leqslant k \leqslant n} S_k^*(n)\right)^{-1} \xrightarrow{\text{w}} W_0(F^{(1)})^{-1};$$

$$P \circ \left(\max_{1 \leqslant k \leqslant n} |S_k^*(n)|\right)^{-1} \xrightarrow{\text{w}} W_0(F^{(2)})^{-1};$$

$$P \circ \left(\sum_{k=1}^{n} \frac{S_k^*(n)^2}{n}\right)^{-1} \xrightarrow{\text{w}} W_0(F^{(3)})^{-1};$$

$$P \circ \left(\sum_{k=1}^{n} \frac{|S_k^*(n)|}{n}\right)^{-1} \xrightarrow{\text{w}} W_0(F^{(4)})^{-1}.$$

§4 可数状态的马尔可夫链的位势

马尔可夫过程的位势理论, 是马尔可夫过程的一个重要分支. 有兴趣的读者可参考文献 [30] 及该书的参考文献.

本节只简单地介绍一下概率位势, 且恒设 $X = \{X_0, X_1, X_2, \cdots\}$ 是概率空间 $(\Omega, \mathscr{F}, P)$ 上的、时齐的、可数状态的马尔可夫链, 其状态空间为 E, 转移矩阵 $P = (p_{i,j}, i, j \in E)$. 本节恒记

$V(V')$ 为定义在 E 上的全体实值列 (行) 向量, $V_+ \stackrel{\text{def}}{=\!=} \{h : h \in V, h \geqslant 0\}$, V'_+ 之定义类似.

定义 4.1 设 $P = (p_{i,j}, i, j \in E)$ 是转移矩阵, $h \in V_+$, 若 $Ph \leqslant h$, 则称 h 是一个 $P-$ 盈函 (或上调和函数), 特别地, 若 $Ph = h$, 则称 h 是一个 $P-$ 谐函 (或调和函数). 更特别地, 称 $P-$ 谐函 h 是 $P-$ 极端谐函, 如果:

"$g \leqslant h, g$ 是 $P-$ 谐函 $\Longrightarrow g = \lambda h, \lambda$ 是实数."

任取 $\alpha' \in V'_+$, 若 $\alpha' P \leqslant \alpha'$, 则称 α' 是一个 $P-$ 盈测, 特别地, 若 $\alpha' P = \alpha'$, 则称 α' 是一个 $P-$ 谐测 (不变测度), 更特别地, 称 $P-$ 谐测 α' 是一个 $P-$ 极端谐测, 如果:

"β' 是 $P-$ 谐测, $\beta' \leqslant \alpha' \Longrightarrow \beta' = \lambda \alpha', \lambda$ 是实数."

在无混淆的情况下, 简称 $P-$ 盈函为盈函, 其他类似.

当 $h \in V(\alpha' \in V')$ 时, 其对应于 i 的分量用 $h(i)(\alpha'(i))$ 表示.

定义 4.2 设 P 是转移矩阵, 则称 $G\overset{\text{def}}{=\!=}\sum_{n=0}^{\infty}P^n$ 为 P 的势核, 简称势核. 若 $h\in V_+,g\in V_+,h=Gg$, 则称 h 是 g 的位势, 也称为 $P-$ 势函, 简称势函. 类似地, 若 $\alpha'\in V_+',\beta'\in V_+',\beta'=\alpha'G$, 则称 β' 是 α' 的位势, 也称为 $P-$ 势测, 简称势测.

约定 $\infty\cdot 0=0$.

定理 4.1 (盈函的分解定理) 设 P 是转移矩阵, f 是 $P-$ 盈函, 则存在唯一一对 $h,g\in V_+$, 使 $f=h+Gg$, 其中 G 是定义 4.2 中之势核, h 是 $P-$ 谐函.

这说明: 盈函可唯一地分解成一个谐函加势函.

定理 4.1′ (盈测的分解定理) 对转移矩阵 P 的任一盈测 α', 皆存在唯一一个 $P-$ 谐测 γ' 和唯一一个 $\beta'\in V_+'$, 使

$$\alpha'=\gamma'+\beta'G,$$

即盈测可以唯一地分解成一个谐测加势测.

上述两个定理之证明可参见文献 [118] P.59 至 P.60.

附注 4.1 在定义 4.1 和定义 4.2, 以及定理 4.1 和定理 4.1′ 中, P 换为准转移矩阵时, 仍然成立.

定义 4.3 设 $X=\{X_0,X_1,\cdots\}$ 的转移矩阵为 $P=(p_{i,j},i,j\in E),E=E_1\bigcup E_2,E_1\bigcap E_2=\varnothing$, 称 E_2 是 X (或 P) 的必离集, 如果

$$P\left(\bigcap_{n=1}^{\infty}\{X_n\in E_2\}|X_0=i\right)=0\quad(\text{对一切 } i\in E).\tag{4.1}$$

在无混淆的情况下, 简称 E_2 是必离集.

定理 4.2 设 $P=(p_{i,j},i,j\in E)$ 是 X 的转移矩阵, $E=E_1\bigcup E_2$, $E_1\bigcap E_2=\varnothing,E_2$ 是必离集. 令

$$_Hp_{i,j}^{(n)}=P(\bigcap_{k=1}^{n-1}\{X_k\overline{\in}H,X_n=j\}|X_0=i),\tag{4.2}$$

$$_Hp_{i,j}^{*}=\sum_{n=1}^{\infty}{}_Hp_{i,j}^{(n)}\quad(i,j\in E,H\subset E,n\geqslant 1),\tag{4.3}$$

${}_Hp_{i,j}^{(n)}$ 的概率意义是: X 从状态 i 出发, 经过 n 步达状态 j, 但在时刻 1 到时刻 $n-1$ 从未进入状态集合 H 的条件概率.

如果方程组

$$\ll f(i) = \sum_{j\in E_1} {}_{E_1}p_{i,j}^{*} f(j) : \begin{array}{l} f\in V_+ \\ f(i)\in[0,1], i\in E_1 \end{array} \gg \tag{4.4}$$

只有常数解, 则

$$\ll Ph = h : h\in V_+, \quad 0\leqslant h\leqslant \mathbf{1} \gg \tag{4.5}$$

也只有常数解, 即 P 的界于 0 和 $\mathbf{1}$ 的谐函必为常数. $\mathbf{1}$ 为诸分量皆为 1 的列向量.

证明可参见文献 [118] P.62.

定理 4.3 设 P 是 X 的转移矩阵, 表示 X 的状态空间 $E=\mathscr{N}\bigcup\mathscr{R}=\mathscr{N}\bigcup\left(\bigcup\limits_n\mathscr{R}_n\right)$, $\mathscr{N}$ 是全体暂留状态, $\mathscr{R}$ 是全体常返状态, $\{\mathscr{R}_n\}$ 是全体两两不交的常返状态类, 从而由定理 2.1, P 可表示为:

$$P = \begin{array}{c} \\ \mathscr{N} \\ \mathscr{R}_1 \\ \mathscr{R}_2 \\ \vdots \end{array} \begin{array}{c} \begin{array}{cccc} \mathscr{N} & \mathscr{R}_1 & \mathscr{R}_2 & \cdots \end{array} \\ \begin{pmatrix} P_{0,0} & P_{0,1} & P_{0,2} & \cdots \\ 0 & P_1 & 0 & \cdots \\ 0 & 0 & P_2 & \cdots \\ \vdots & \vdots & \vdots & \end{pmatrix} \end{array}, \tag{4.6}$$

这时, 全体 $P-$ 盈函为一切下述形式的 h:

$$h = \begin{array}{c} \mathscr{N} \\ \mathscr{R}_1 \\ \mathscr{R}_2 \\ \vdots \end{array} \begin{pmatrix} f \\ b_1\mathbf{1} \\ b_2\mathbf{1} \\ \vdots \end{pmatrix}, \tag{4.7}$$

其中 f 和 $\{b_n\}$ 满足下列条件:

$f\geqslant 0$ 且满足 $f\geqslant P_{0,0}f+\sum\limits_n b_nP_{0,n}\mathbf{1}, b_n$ 为非负实数.

特别地, $E=\mathscr{R}_1$ 由一个常返类所构成的充要条件是全体 $P-$ 盈函为: $\{c\mathbf{1} : c$ 为非负实数$\}$. 易见, 这时全体 $P-$ 谐函也是这些.

证明可参见文献 [118] P.64—P.65.

定理 4.4　设 $X=\{X_0,X_1,\cdots\}$ 的转移矩阵为 $P,\mathscr{F}_n=\sigma(X_0,X_1,\cdots,X_n)\ (n\geqslant 0)$, 令 $bV_+=\{f\in V_+: f$ 有界$\}, Q_i(\cdot)=P(\cdot|X_0=i)(i\in E)$, 任取 $h\in bV_+$, 则 h 是 $P-$ 盈 (谐) 函的充要条件是:

$$\{h(X_n),\mathscr{F}_n,n\geqslant 0\}$$

是概率空间 $(\Omega,\mathscr{F},Q_i)$ 上的上鞅 (鞅).

证明可参见文献 [118] P.59.

关于鞅和上鞅的定义及基本知识可参见文献 [115] 第九章.

定理 4.5　设 $X=\{X_0,X_1,X_2,\cdots\}$ 是概率空间 $(\Omega,\mathscr{F},P)$ 上的时齐的可数状态的以 $P=(p_{i,j},i,j\in E)$ 为转移矩阵的马尔可夫链, Q_i 定义如定理 4.4, $E=E_1\bigcup E_2, E_1\bigcap E_2=\varnothing, E_2$ 是必离集, E_1 是某个常返类中的一部分且存在正整数 d, 使 $Q_i(\tau=d)=1$ (对一切 $i\in E_1$), 其中

$$\tau=\inf\{n\geqslant 1: X_n\in E_1\},$$

则

$$\ll Ph=h, 0\leqslant h\leqslant \mathbf{1}\gg$$

以且仅以 $c\mathbf{1}$ 为其解, 其中 $c\in[0,1]$.

证明可参见文献 [118] P.65.

定理 4.6　设 X 以 P 为转移矩阵, 且有常返状态, 则 $\ll Ph=h,0\leqslant h\leqslant\mathbf{1}\gg$ 以且仅以 $c\mathbf{1}(0\leqslant c\leqslant 1)$ 为其解的充要条件是: X 的状态空间 E 可表示为:

$$E=\mathscr{N}\bigcup\mathscr{R}_1,$$

其中 $\mathscr{R}_1$ 是一个常返类, $\mathscr{N}$ 是全体暂留状态且是必离集 ($\mathscr{N}$ 可以是空集, 空集当然可视为特殊的必离集).

证明可参见文献 [118] P.66.

§5　可数状态的马尔可夫过程的分析理论

本节恒设 $X=\{X(t),t\in[0,\infty)\}$ 是概率空间 $(\Omega,\mathscr{F},P)$ 上的时齐的可数状态的马尔可夫过程, 其状态空间为 E, 其转移矩阵为 $P(t)=(p_{i,j}(t),i,j\in$

E). 由于本节只讨论分析理论, 即 $P(t)$ 关于 t 的分析性质而不涉及轨道, 故 $X=\{X(t),t\in[0,\infty)\},(\Omega,\mathscr{F},P)$ 可隐去不现.

本节所讨论的转移矩阵 $P(t)$ 的分析性质, 可以毫不困难地推广到一类更广泛的矩阵 —— 准转移矩阵上去.

定义 5.1 称矩阵 $P(t)=(p_{i,j}(t),i,j\in E)(t\in[0,\infty))$ 是一个准转移矩阵, 如果满足:

(1) $p_{i,j}(t)\geqslant 0$ (对一切 $i,j\in E,t\in[0,\infty)$);

(2) $\sum\limits_{j\in E}p_{i,j}(t)\leqslant 1$ (对一切 $i\in E,t\in[0,\infty)$);

(3) (K–C) 方程式: $P(s)P(t)=P(s+t)$ (对一切 $s,t\in[0,\infty)$).

称准转移矩阵 $P(t)$ 是转移矩阵, 若条件 (2) 换为

(2)′
$$\sum_{j\in E}p_{i,j}(t)=1\ (\text{对一切 } i\in E,t\in[0,\infty)).$$

称准转移矩阵 $P(t)$ 是标准的, 若还满足:

(4)
$$\lim_{t\to 0+}p_{i,j}(t)=\delta_{i,j}\stackrel{\text{def}}{=\!=}\begin{cases}0, & i\neq j,\\ 1, & i=j.\end{cases}$$

如不特别声明, 本节所讨论的 (准) 转移矩阵都是标准的, 故 "标准的" 三字略去不写.

仍如以前所约定的, 我们言及两矩阵比较大小、一列矩阵的极限, 矩阵 $P(t)$ 的连续性、矩阵 $P(t)$ 的微商 $P'(t)$, 均是逐元意义下的. 例如, 若 $P(t)=(p_{i,j}(t),i,j\in E)$,

$$P'(t)=(p'_{i,j}(t),i,j\in E),$$
$$p'_{i,j}(t)=\lim_{\Delta t\to 0}\frac{p_{i,j}(t+\Delta t)-p_{i,j}(t)}{\Delta t}.$$

定理 5.1 设 $P(t)=(p_{i,j}(t),i,j\in E)$ 是准转移矩阵, 对任何 $J\subset E$, 令

$$p_{i,J}(t)=\sum_{j\in J}p_{i,j}(t),\quad i\in E,t\in[0,\infty), \tag{5.1}$$

则有

(1) $|p_{i,J}(s)-p_{i,J}(t)|\leqslant 1-p_{i,i}(|s-t|)$ (对一切 $i\in E,s,t\in[0,\infty)$); (5.2)

从而 $p_{i,J}(\cdot)$ 在 $[0,\infty)$ 上一致连续,

(2)
$$\lim_{t\to\infty} P(t) = \Pi \tag{5.3}$$

存在, 且

$$\Pi P(t) = P(t)\Pi = \Pi^2 = \Pi \quad (t \in [0,\infty)); \tag{5.4}$$

(3) $\lim\limits_{t\to 0+} \dfrac{1-p_{i,i}(t)}{t}$ 存在 (记之为 q_i 或 $-q_{ii}$), (5.5)

而且 q_i 满足:

$$0 \leqslant q_i \leqslant \infty, \quad p_{i,i}(t) \geqslant \mathrm{e}^{-q_i t} \quad (i \in E, t \in [0,\infty)) \tag{5.6}$$

($\mathrm{e}^{-\infty} \overset{\text{def}}{=\!=} 0$), 特别地, 若 $q_i = 0$, 则

$$p_{i,i}(t) \equiv 1, \quad p_{i,j}(t) \equiv 0 \quad (i,j \in E, i \neq j); \tag{5.7}$$

(4) 令 $\mathscr{M} = \{J \subset E : \lim\limits_{t\to 0+} \sup\limits_{j\in J}(1 - p_{j,j}(t)) = 0\}$, (5.8)

再固定 $i \in E, J \in \mathscr{M}, i \notin J$, 均有

(i) 当 $K \subset J$ 时, $\lim\limits_{t\to 0+} \dfrac{p_{i,k}(t)}{t}$ 存在, (5.9)

记此极限为 $q_{i,K}$, 必有 $0 \leqslant q_{i,K} < \infty$, 而且上述极限对 $K \subset J$ 是一致成立的;

(ii) $q_{i,K}$ 对 $K \subset J$ 来说, 有完全可加性, 即对任何 $K_n \subset J (n \geqslant 1)$, $\{K_n, n \geqslant 1\}$ 两两不交, 就有

$$\sum_{n=1}^{\infty} q_{i,K_n} = q_{i,\bigcup\limits_{n=1}^{\infty} K_n}. \tag{5.10}$$

证明可参见文献 [118] P.127.

推论 5.1 若 $i, j \in E, i \neq j$, 则

$$\lim_{t\to 0+} \frac{p_{i,j}(t)}{t} \quad \text{存在, 记此极限为 } q_{i,j},$$

必有

$$\sum_{j\neq i} q_{i,j} \leqslant q_i. \tag{5.11}$$

定理 5.2 沿用定理 5.1 的符号, 下面两个条件是等价的:

(i) $\sup\limits_{i\in E} q_i < \infty$; (5.12)

(ii) $\lim\limits_{t\to 0+} \sup\limits_{i\in E}(1-p_{i,i}(t)) = 0$, (5.13)

如果上述两个条件有一个成立, 则

$$\lim_{t\to 0+} \frac{1-p_{i,i}(t)}{t} = q_i \text{ 对 } i\in E \text{ 一致成立}, \tag{5.14}$$

而且还有:

$$\sum_{j\in E-\{i\}} q_{i,j} = \lim_{t\to 0+} \frac{1}{t} \sum_{j\in E-\{i\}} p_{i,j}(t) \quad (i\in E). \tag{5.15}$$

证明可参见文献 [118].P.128.

定理 5.3 沿用上面两定理之符号. 若 $0 < q_i < \infty$, 则 $p_{i,j}(t)$ 在 $(0,\infty)$ 内有连续微商 $p'_{i,j}(t)$, 它满足:

(i) $\sum\limits_{j\in E} |p'_{i,j}(t)| \leqslant 2q_i \ (t\geqslant 0)$; (5.16)

(ii) $\sum\limits_{j\in E} p'_{i,j}(t) \leqslant 0 \ (t>0)$; (5.17)

(iii) $\sum\limits_{k\in E} p'_{i,k}(s)p_{k,j}(t) = p'_{i,j}(s+t) \ (j\in E, s>0, t\geqslant 0)$; (5.18)

(iv) $\lim\limits_{t\to 0+} p'_{i,j}(t) = p'_{i,j}(0) = q_{i,j} \ \ (j\in E)$; (5.19)

(v) $\lim\limits_{t\to\infty} p'_{i,j}(t) = 0 \ (j\in E)$. (5.20)

证明可参见文献 [118] P.120.

定义 5.2 称 $Q=(q_{i,j}, i,j\in E)$ 是转移强度矩阵 (或称转移密度矩阵), 如果

$$-\infty < q_{i,i} \leqslant 0, \quad 0\leqslant q_{i,j} < \infty \ (i,j\in E, i\neq j), \quad Q\mathbf{1}\leqslant 0.$$

特别地, 满足 $Q\mathbf{1}=0$ 的转移强度矩阵 Q 称为保守的.

定理 5.4 设 $P(t)$ 是准转移矩阵, $q_{i,j}$ 如定理 5.1 中的 (5.5) 式和 (5.11) 式所定义的, $q_i \overset{\text{def}}{=\!=} -q_{i,i} \ (i,j\in E)$. 若

$$\sup_{i\in E} q_i < \infty, \tag{5.21}$$

则 $Q=(q_{i,j},i,j\in E)$ 是一个转移强度矩阵而且满足:

$$\text{(i) } P'(t)=QP(t)=P(t)Q\ (t\geqslant 0); \tag{5.22}$$

$$\text{(ii) } P(t)=\mathrm{e}^{Qt}\ (t\geqslant 0)\quad \left(\mathrm{e}^{Qt}\overset{\text{def}}{=\!=}\sum_{n=0}^{\infty}\frac{1}{n!}Q^n t^n\right); \tag{5.23}$$

$$\text{(iii) } \Pi Q=Q\Pi=0 \tag{5.24}$$

(其中 $\Pi\overset{\text{def}}{=\!=}\lim\limits_{t\to\infty}P(t)$).

反之, 任意给定一个转移强度矩阵 $Q=(q_{i,j},i,j\in E)$, 若 $\sup\limits_{i\in E}(-q_{i,i})<\infty$, 则 e^{Qt} 是一个准转移矩阵.

证明可参见文献 [118] P.131.

附注 5.1 (5.23) 式中的矩阵的级数的收敛性可参见文献 [117] P.21, (5.23) 式中的矩阵的级数是那里的有界线性算子的级数的特例. 注意现在我们假设了: $\sup\limits_{i\in E}(-q_{i,i})<\infty$.

定义 5.3 设 $Q=(q_{i,j},i,j\in E)$ 是一个转移强度矩阵, $P(t)=(p_{i,j}(t),i,j\in E)$ 是一个准转移矩阵, 如果 $P'(0)=Q$, 则称 $P(t)$ 是一个 Q 过程, 特别地, 满足 $P(t)\mathbf{1}\equiv\mathbf{1}$ 的 Q 过程 $P(t)$ 称为诚实的 (或不间断的). 分别称

$$P'(t)=P(t)Q; \tag{F}$$

$$P'(t)=QP(t) \tag{B}$$

为前进方程式和倒退方程式.

设 $P(t)=(p_{i,j}(t),i,j\in E)$ 是一个准转移矩阵, 由定理 5.1 和推论 5.1 知: 只要

$$\lim_{t\to 0+}\frac{1-p_{i,i}(t)}{t}=q_i<\infty\ (\text{对一切 } i\in E),$$

则

$$P'(0)=Q \text{ 存在且 } Q \text{ 是转移强度矩阵}.$$

现在我们要研究前述理论的反问题, 即给定一个转移强度矩阵 Q, Q 过程是否永远存在? 如果恒存在, 那么存在唯一一个 Q 过程的充要条件是什么? 如果 Q 过程不唯一, 如何构造出全部 Q 过程? 由于本章的主要任务是对经典马尔可夫过程的简单回顾, 不可能对上面诸问题做较全面的介绍, 故着重介绍 Q 过程的存在性和 Q 过程唯一的充要条件.

定理 5.5 (Q 过程的存在性) 任给一个转移强度矩阵 $Q=(q_{i,j},i,j\in E)$, 必存在一个 Q 过程 $\overline{P}(t)$, 它满足 (F) 和 (B), 而且对任何 Q 过程 $P(t)$, 总有 $P(t)\geqslant\overline{P}(t)$ (对一切 $t\geqslant 0$). 通常称 $\overline{P}(t)$ 是最小 Q 过程.

事实上, 若令

$$\begin{aligned}
&D_q=\operatorname{diag}(q_i,i\in E),\quad q_i=-q_{i,i},\\
&S=Q+D_q,\\
&\Delta(t)=\operatorname{diag}(\mathrm{e}^{-q_it},i\in E),\\
&P_0(t)=\Delta(t),\\
&P_n(t)=\int_0^t\Delta(t-s)SP_{n-1}(s)\,\mathrm{d}s\quad(n\geqslant 1),\\
&\overline{P}(t)=\sum_{n=0}^{\infty}P_n(t),
\end{aligned}$$

则 $\overline{P}(t)$ 即为所求.

证明可参看文献 [118]P.135 定理 4.3.

注意: 此定理中关于 $P_n(t)$ 的定义中矩阵的积分也是逐元意义下的. 例如若 $U(t)=(u_{i,j}(t),i,j\in E)$,

$$\int_s^t U(v)\,\mathrm{d}v\overset{\text{def}}{=\!=}\left(\int_s^t u_{i,j}(v)\,\mathrm{d}v,i,j\in E\right).$$

下面将研究 Q 过程唯一性的充要条件.

首先我们引进几个概念.

定义 5.4 设 $P(t)=(p_{i,j}(t),i,j\in E)$ 是准转移矩阵, 称

$$R(\lambda)\overset{\text{def}}{=\!=}\int_0^{\infty}\mathrm{e}^{-\lambda t}P(t)\,\mathrm{d}t\quad(\lambda>0),\tag{5.25}$$

为 $P(t)$ 的 Laplace 变换. 由于 $p_{i,j}(\cdot)$ 是有界连续函数, (5.25) 式右方之积分恒存在且有限.

易证: $R(\lambda)$ 满足下列预解方程式:

$$R(\lambda)-R(\mu)+(\lambda-\mu)R(\lambda)R(\mu)=0\quad(\lambda,\mu>0).\tag{5.26}$$

下面再引进两个空间.

定义 5.5 设 Q 是一个转移强度矩阵. 令

$$(\mathrm{l}) \stackrel{\text{def}}{=\!=} \{\alpha' = \{\alpha_i, i \in E\} : \sum_{i \in E} |\alpha_i| < \infty\} \tag{5.27}$$

为其分量的绝对值之和收敛的行向量全体;

$$(\mathrm{m}) \stackrel{\text{def}}{=\!=} \left\{ y = \begin{pmatrix} y_i \\ i \in E \end{pmatrix} : \sup_{i \in E} |y_i| < \infty \right\} \tag{5.28}$$

为其分量的绝对值有界的列向量全体.

再设

$$\mathscr{L}_\lambda \stackrel{\text{def}}{=\!=} \{\alpha' \in (\mathrm{l}) : \alpha' \geqslant 0, \quad \alpha'(\lambda I - Q) = 0\}, \quad \lambda > 0; \tag{5.29}$$

$$\mathscr{M}_\lambda \stackrel{\text{def}}{=\!=} \{y \in (\mathrm{m}) : y \geqslant 0, \quad (\lambda I - Q)y = 0\}, \quad \lambda > 0. \tag{5.30}$$

(I 是单位矩阵.)

定理 5.6 $\mathscr{L}_\lambda(\mathscr{M}_\lambda)$ 的维数不依赖 $\lambda > 0$, 故可记 $\mathscr{L}_\lambda(\mathscr{M}_\lambda)$ 的维数为 $l^+(m^+)$.

注意, 此处维数的概念, 即通常线性空间中之维数, 即是线性空间中的极大线性无关向量组中的向量的个数.

证明可参见文献 [118] P.142.

记 $\overline{R}(\lambda)$ 为最小 Q 过程 $\overline{P}(t)$ (见定理 5.5) 之 Laplace 变换.

定理 5.7 对任何转移强度矩阵 Q 而言, 其 Q 过程唯一的充要条件是:

(1) $\inf\limits_{i \in E}(e_i' \lambda \overline{R}(\lambda) \mathbf{1}) \stackrel{\text{def}}{=\!=} f(\lambda) > 0$ (对一切 $0 < \lambda < \infty$); (5.31)

(2) $l^+ = 0$, 或者 $\overline{P}(t)$ 是诚实的, 即 $\overline{P}(t)\mathbf{1} = \mathbf{1}$.

证明可参见文献 [113].

注意, 条件 (1) 中之 e_i' 是第 i 个单位坐标行向量, 即对应于 i 的分量为 1 其他分量为 0 的行向量.

附注 5.2 定理 5.7 的条件 (1) 蕴含了: $m^+ = 0$, 此外, 条件 (1) 还与下面看似较弱的条件 $(1)'$ 等价:

$(1)'$ 对某个 $\lambda_0 \in (0, \infty)$, 有

$$\inf_{i \in E}(\mathrm{e}_i' \lambda_0 \overline{R}(\lambda_0) \mathbf{1}) \stackrel{\text{def}}{=\!=} f(\lambda_0) > 0. \tag{5.31$'$}$$

证明可参看文献 [118] P.164.

对于保守的转移强度矩阵 Q, Q 过程唯一的充要条件要简单一些.

定理 5.8 设 Q 是一个保守的转移强度矩阵, 则 Q 过程唯一的充要条件是: $m^+=0$. 此外, 当 $m^+>0$ 时, 有无穷多个满足 (B) 的间断的 Q 过程; 也有无穷多个满足 (B) 的不间断的 Q 过程.

证 由于现在的 Q 是保守的. 由文献 [118] 第二篇定理 4.12 知: 当 $m^+=0$ 时, Q 过程是唯一的. 又由文献 [118] 第二篇命题 4.12 知: 当 $m^+>0$ 时, 有无穷多个满足 (B) 的间断的 Q 过程, 也有无穷多个满足 (B) 的不间断的 Q 过程. 当然 $m^+>0$ 时, Q 过程不唯一. 定理证毕.

在 §2 中, 我们发现对时齐的可数状态的马尔可夫链 $X=\{X_0, X_1, \cdots\}$, 其平均遍历极限矩阵

$$\varPi=\lim_{n\to\infty}\frac{1}{n}\sum_{k=1}^{n}P^k\ (P\text{ 是 }X\text{ 的转移矩阵})$$

满足

$$\varPi P=P\varPi=\varPi^2=\varPi.$$

当 X 的状态空间 $E=\mathscr{R}_+(1)$ 由 1 个正常返类构成时, $\varPi$ 是转移矩阵, 且行行一样, 所以任取 $\varPi$ 的一行 $(\pi_{i,j}, j\in E)$, 它都是 P 的不变测度 (谐测). 若取之为 X 的初始分布, 则 X 有平稳性. 因此, $\varPi$ 满足什么方程组以及如何求解, 都是有意义的. 下面介绍有关时齐的可数状态的马尔可夫过程的相应的遍历极限 $\varPi$ 的定理.

定理 5.9 设 Q 是任一转移强度矩阵, $\overline{P}(t)$ 是最小 Q 过程, $\overline{\varPi}=\lim\limits_{t\to\infty}\overline{P}(t)$, 则

$$Q\overline{\varPi}=\overline{\varPi}Q=0. \tag{5.32}$$

证明可参见文献 [118] P.171.

本定理说明: 虽然 $\overline{\varPi}$ 是 $\overline{P}(t)$ 之极限, 但并不通过解有关 $\overline{P}(t)$ 的方程组来求 $\overline{\varPi}$, 而直接通过解有关 Q 的方程组来求 $\overline{\varPi}$. 这在实际应用中是有效的, 因为往往事先不知道 $\overline{P}(t)$ 而只知道 Q.

有关求 $\overline{\varPi}$ 的各种技巧, 有兴趣的读者可参阅文献 [118] 第二篇.

§6 一般状态的马尔可夫过程的分析理论

本节恒设 $X=\{X(t),t\in[0,\infty)\}$ 是概率空间 $(\Omega,\mathscr{F},P)$ 上的以 $(E,\mathscr{E})$ 为状态空间的、时齐的、以 $P(t,x,A)(t\geqslant 0,x\in E,A\in\mathscr{E})$ 为转移函数的马尔可夫过程. $(E,\mathscr{E})$ 仅为一般的可测空间, 并不考虑 E 中是否赋有拓扑, 但通常假定 E 中单点集 $\{x\}\in\mathscr{E}$. 对于这类马尔可夫过程, 算子半群理论是很重要的数学工具之一.

与 §5 类似, 本节亦讨论分析性质, $(\Omega,\mathscr{F},P)$ 和 X 可隐而不现. X 的转移函数 $P(t,x,A)$ 亦可代之以准转移函数来展开讨论.

定义 6.1 由 Banach 空间 $\mathbf{B}$ 到 $\mathbf{B}$ 的有界线性算子族 $\{F_t:t\in[0,\infty)\}$ 称为一个半群, 如果

$F_{s+t}=F_s\circ F_t,(s,t\in[0,\infty),F_0=I$ 是恒等算子, $F_s\circ F_t$ 表复合算子). 特别地, 如果还有正实数 β, 使

$$\|F_t\|\leqslant \mathrm{e}^{\beta t}\ (t\in[0,\infty)),$$

则称此半群是标准型的, 更特别地, 若

$$\|F_t\|\leqslant 1\ (t\in[0,\infty)),$$

则称此半群是压缩型的 (此处 $\|F_t\|$ 表示算子 F_t 的范数).

下面给出两个 Banach 空间, 并给出由准转移函数所产生的两个半群.

(1) $\mathscr{M}=\{f:f\in b\mathscr{E}\}$, 在 $\mathscr{M}$ 中按函数的普通加法与数量乘法来定义线性运算, 并定义范数 $\|f\|=\sup\limits_{x\in E}|f(x)|(f\in\mathscr{M})$, 则 $\mathscr{M}$ 构成 Banach 空间.

(2) $\mathscr{L}=\{\varphi:\varphi$ 是 $\mathscr{E}$ 上完全可加的实值的集合函数 $\}$. 在 $\mathscr{L}$ 中定义线性运算如下:

$$\begin{aligned}&(c_1\varphi_1+c_2\varphi_2)(A)=c_1\varphi_1(A)+c_2\varphi_2(A)\\&(\varphi_1,\varphi_2\in\mathscr{L},c_1,c_2\ \text{是实数},A\in\mathscr{E}).\end{aligned}$$

再定义范数

$$\begin{aligned}&\|\varphi\|=|\varphi|(E),\quad(\varphi\in\mathscr{L}),\\&|\varphi|=\varphi^++\varphi^-,\varphi^+(A)=\varphi(AF),\varphi^-(A)=-\varphi(AG)\\&(A\in\mathscr{E},(F,G)\ \text{是}\ \varphi\ \text{的一组 Hahn 分解}),\end{aligned}$$

则 $\mathscr{L}$ 亦为一 Banach 空间.

下面从准转移函数 $P(t,x,A)$ 出发, 在 $\mathscr{M}$ 和 $\mathscr{L}$ 上分别构造两个算子半群.

(1) $\{P_t : t\in[0,\infty)\}$

任取 $f\in\mathscr{M}$, 定义

$$(P_tf)(x)=\int_E P(t,x,\mathrm{d}y)f(y)\quad (t\in[0,\infty),x\in E).$$

显然, P_t 是定义在 $\mathscr{M}$ 上取值于 $\mathscr{M}$ 中的有界线性算子. 由 $P(t,x,A)$ 满足 K–C 方程式可知: $P_s\circ P_t=P_t\circ P_s=P_{s+t}(s,t\in[0,\infty))$, 再注意 $P(t,x,E)\leqslant 1$ $(t\in[0,\infty),x\in E)$, 可知 $\{P_t : t\in[0,\infty)\}$ 是压缩型的半群.

(2) $\{V_t : t\in[0,\infty)\}$

任取 $\varphi\in\mathscr{L}$, 定义

$$(V_t\varphi)(A)=\int_E \varphi(\mathrm{d}x)P(t,x,A),\quad (t\in[0,\infty),A\in\mathscr{E}).$$

显然, V_t 是定义在 $\mathscr{L}$ 上取值于 $\mathscr{L}$ 中的有界线性算子, 而由 $P(t,x,A)$ 满足 K–C 方程式可得:

$$\begin{aligned}(V_{s+t}\varphi)(A)&=\int_E \varphi(\mathrm{d}x)P(s+t,x,A)\\&=\int_E \varphi(\mathrm{d}x)\int_E P(s,x,\mathrm{d}y)P(t,y,A)\\&=(V_t\circ V_s\varphi)(A)\ (s,t\in[0,\infty),A\in\mathscr{E}).\end{aligned}$$

显然 $\|V_t\varphi\|\leqslant\|\varphi\|(\varphi\in\mathscr{L},t\in[0,\infty))$, 所以 $\{V_t : t\in[0,\infty)\}$ 是压缩型半群.

命题 6.1 任取 $f\in\mathscr{M},\varphi\in\mathscr{L}$, 定义

$$(f,\varphi)=\int_E \varphi(\mathrm{d}x)f(x),$$

则 $(P_tf,\varphi)=(f,V_t\varphi)$.

证 $(P_tf,\varphi)=\displaystyle\int_E \varphi(\mathrm{d}x)\int_E P(t,x,\mathrm{d}y)f(y)=(f,V_t\varphi)$.

由命题 6.1 看出: $\{P_t : t\in[0,\infty)\}$ 与 $\{V_t : t\in[0,\infty)\}$ 相互唯一决定. 事实上, 若令 $\mathbf{1}_A(x)$ 是 A 上的示性函数, ε_x 是 $\mathscr{E}$ 上的测度值集中在 $\{x\}$ 的概率测度, 则

$$(V_t\varphi)(A)=(\mathbf{1}_A,V_t\varphi)=(P_t\mathbf{1}_A,\varphi),$$

$$(P_tf)(x)=(P_tf,\varepsilon_x)=(f,V_t\varepsilon_x).$$

现在来看一个特殊情形. 若 E 是非负整数集, 记 $p_{i,j}(t) = P(t, i, \{j\})$, 则 $P(t, x, A)$ 由 $p_{i,j}(t)$ 所唯一决定. 这时, $\mathscr{M}$ 为

$$(\mathrm{m}) = \left\{ y : y = \begin{pmatrix} y_0 \\ y_1 \\ \vdots \end{pmatrix}, \sup_{j\geqslant 0} |y_j| < \infty \right\},$$

$\mathscr{L}$ 为

$$(\mathrm{l}) = \left\{ \alpha' : \alpha' = (\alpha_0, \alpha_1, \alpha_2, \cdots), \sum_{j=0}^{\infty} |\alpha_j| < \infty \right\}.$$

而 $\{P_t : t \in [0, \infty)\}$ 和 $\{V_t : t \in [0, \infty)\}$ 分别由下式决定:

$$P_t y = P(t) y \ (t \in [0, \infty), y \in (\mathrm{m})),$$

$$V_t \alpha' = \alpha' P(t) \ (t \in [0, \infty), \alpha' \in (\mathrm{l})),$$

其中 $P(t) = (p_{i,j}(t), i, j \geqslant 0)$ 是由 $p_{i,j}(t)$ 为元素构成的矩阵, 而上述两式右端是普通的矩阵乘法.

自此至定理 6.1 恒设 $\{F_t, t \in [0, \infty)\}$ 是 Banach 空间 $\mathbf{B}$ 上的压缩型半群. 而所考虑的极限、连续、导数都是依范数收敛的强极限、强连续、强导数, 所考虑的积分都是 Bochner 积分 (除明显可辨者外), 因此, 在极限号、积分号等前面的 (s) 都略去不写了, 强极限、强连续、强导数之 “强” 字亦略去.

令

$$\mathbf{B}_0 = \left\{ f : f \in \mathbf{B}, \lim_{t \to 0+} F_t f = f \right\}.$$

命题 6.2 (1) $\mathbf{B}_0$ 是 $\mathbf{B}$ 的闭线性子空间;

(2) $f \in \mathbf{B}_0 \Longrightarrow F_t f$ 对 t 连续.

证明 显然, 故略去.

定义 6.2 令

$\mathscr{D}_A = \left\{ f : f \in \mathbf{B}_0, \text{且存在 } g \in \mathbf{B}_0, \text{使 } g = \lim\limits_{h \to 0+} \dfrac{F_h f - f}{h} \right\}$, 在 $\mathscr{D}_A$ 上定义算子 $\mathbf{A}$ 如下: 任取 $f \in \mathscr{D}_A$, 定义

$$\mathbf{A} f = \lim_{h \to 0+} \frac{F_h f - f}{h},$$

称 $\mathbf{A}$ 为 $\{F_t : t \in [0, \infty)\}$ 的无穷小算子.

定义 6.3 固定任一 $\lambda > 0$, 定义算子 $\mathbf{R}_\lambda : \mathbf{B}_0 \to \mathbf{B}_0$ 如下:

$$\mathbf{R}_\lambda f = \int_{[0,\infty)} \mathrm{e}^{-\lambda t} F_t f \, \mathrm{d}t \ (f \in \mathbf{B}_0), \tag{6.1}$$

称 $\mathbf{R}_\lambda$ 是 $\{F_t : t \in [0,\infty)\}$ 的预解算子, $\{\mathbf{R}_\lambda : \lambda > 0\}$ 称为 $\{F_t : t \in [0,\infty)\}$ 的预解式.

注意: (1) (6.1) 式右端的积分是 Bochner 可积的. 因为 $f \in \mathbf{B}_0$, 故 $F_t f$ 对 t 连续, 故 $\mathrm{e}^{-\lambda t} F_t f$ 亦然. 又因为

$$\int_{[0,\infty)} \|\mathrm{e}^{-\lambda t} F_t f\| \, \mathrm{d}t < \infty,$$

所以, 由文献 [117] 知 $\mathrm{e}^{-\lambda t} F_t f$ 在 $[0,\infty)$ 上是 Bochner 可积的.

(2) $\{\mathbf{R}_\lambda : \lambda > 0\}$ 是一族有界线性算子, 而且

$$\|\mathbf{R}_\lambda\| \leqslant \frac{1}{\lambda}, \quad \mathbf{R}_\lambda f \in \mathbf{B}_0 \quad (\lambda > 0, f \in \mathbf{B}_0).$$

下面介绍一个 Banach 空间中的闭线性子空间上的线性算子是某个半群的无穷小算子的充要条件.

定理 6.1 设 $\mathbf{B}_0$ 是 Banach 空间 $\mathbf{B}$ 的一个闭线性子空间, $\mathscr{D}_A \subset \mathbf{B}_0, \mathbf{A} : \mathscr{D}_A \longmapsto \mathbf{B}_0, \mathbf{A}$ 是线性算子, 则 $\mathbf{A}$ 决定唯一一个 $\mathbf{B}_0$ 上的强连续的压缩型的半群使其无穷小算子就是 $\mathbf{A}$ 的充要条件是:

(1) $\mathscr{D}_A$ 在 $\mathbf{B}_0$ 中稠;

(2) 任取 $f \in \mathbf{B_0}$, 方程式

$$\begin{cases} (\lambda I - \mathbf{A}) g = f (\lambda > 0), \\ g \in \mathscr{D}_A, \end{cases}$$

恰有唯一一个解, 它就是 $(\lambda I - \mathbf{A})^{-1} f$, 或记之为 $\mathbf{R}_\lambda f$;

(3) $\mathbf{R}_\lambda$ 是有界线性算子, 且 $\|\mathbf{R}_\lambda\| \leqslant \dfrac{1}{\lambda} (\lambda > 0)$.

证明可参见文献 [117] P.29.

上面从准转移函数 $P(t, x, A)$ 导出了两个压缩型半群.

(1) $\mathscr{M}$ 上的半群 $\{P_t, t \in [0,\infty)\}$;

(2) $\mathscr{L}$ 上的半群 $\{V_t, t \in [0,\infty)\}$,

它们都是压缩型的, 且分别满足:

$$(P_t f)(x) = \int_E P(t, x, \mathrm{d}y) f(y) \quad (f \in \mathscr{M}, t \in [0, \infty), x \in E), \tag{6.2}$$

$$(V_t \varphi)(\mathbf{A}) = \int_E \varphi(\mathrm{d}x) P(t, x, A) \quad (\varphi \in \mathscr{L}, t \in [0, \infty), A \in \mathscr{E}). \tag{6.3}$$

而且 $\{P_t\}$ 与 $\{V_t\}$ 相互唯一决定, 此外它们还是正半群, 即

$$f \in \mathscr{M}, f \geqslant 0 \Longrightarrow P_t f \geqslant 0; \tag{6.4}$$

$$\varphi \in \mathscr{L}, \varphi \geqslant 0 \Longrightarrow V_t \varphi \geqslant 0. \tag{6.5}$$

下面介绍一个逆命题.

定理 6.2 设 $\{P_t, t \in [0, \infty)\}$ 是 Banach 空间 $\mathscr{M}$ 上的一个压缩型半群, 则它决定唯一一个准转移函数 $P(t, x, A)$ 满足 (6.2) 的充要条件是:

(1) $\{P_t, t \in [0, \infty)\}$ 是正半群;

(2) 对任何 $f_n \in \mathscr{M}, (n \geqslant 1), \sup\limits_{n \geqslant 1} \|f_n\| < \infty, \lim\limits_{n \to \infty} f_n(x) = 0$ (对一切 $x \in E$), 均有

$$\lim_{n \to \infty} (P_t f_n)(x) = 0 \quad (\text{对一切 } t \in [0, \infty), x \in E).$$

证明可参见文献 [117].P.30.

关于准转移函数 $P(t, x, A)$ 对 t 的分析性质, 有许多类似于可数状态的准转移矩阵 $P(t) = (p_{i,j}(t), i, j \in E)$ 对 t 的分析性质.

定义 6.4 称准转移函数 $P(t, x, A)$ 是标准的, 如果

$$\lim_{t \to 0+} P(t, x, A) = \mathbf{1}_A(x) \quad (\text{对一切 } x \in E, A \in \mathscr{E}), \tag{6.6}$$

其中 $\mathbf{1}_A$ 是集合 A 上的示性函数.

定理 6.3 设 $P(t, x, A)$ 是标准的准转移函数, 则

(1) $P(t, x, \{x\}) > 0$ (对一切 $t \in [0, \infty), x \in E$);

(2) $|P(t, x, A) - P(u, x, A)| \leqslant 1 - P(|t - u|, x, \{x\})$

(对一切 $t, u \in [0, \infty), x \in E, A \in \mathscr{E}$),

从而对每个固定的 $x \in E, A \in \mathscr{E}, P(\cdot, x, A)$ 作为 t 的函数在 $[0, \infty)$ 上一致连续, 而且对 $A \in \mathscr{E}$ 来说还是等度的.

证明可参见文献 [117] P.34.

定理 6.4 设 $P(t,x,A)$ 是标准的准转移函数, 则对任何 $x\in E$, 有

$$\lim_{t\to 0+}\frac{1}{t}(1-P(t,x,\{x\}))$$

存在且等于

$$q(t)\overset{\text{def}}{=\!=}\sup_{t>0}\frac{1}{t}f(t,x), \tag{6.7}$$

$$f(t,x)\overset{\text{def}}{=\!=}-\log P(t,x,\{x\}), \tag{6.8}$$

$q(x)$ 可为 ∞, 且 $q(\cdot)$ 是广义实值 $\mathscr{E}$ 可测函数, 而且还有:

(1) $1-P(t,x,\{x\})\leqslant 1-\mathrm{e}^{-q(x)t}$; (6.9)

(2) $|P(u,x,A)-P(v,x,A)|\leqslant 1-\mathrm{e}^{-q(x)|u-v|}$ (6.10)

($\mathrm{e}^{-\infty}$ 理解为 0).

证明可参见文献 [117] P.45.

记

$$\mathscr{E}(u)\overset{\text{def}}{=\!=}\left\{A\in\mathscr{E}:\lim_{t\to 0+}\sup_{x\in E}(1-P(t,x,\{x\}))=0\right\}. \tag{6.11}$$

易见: $\mathscr{E}(u)$ 是一个环, 而且 “$A\in\mathscr{E},B\subset A\Longrightarrow B\in\mathscr{E}$”.

定理 6.5 若 $A\in\mathscr{E}(u),x\notin A$, 则

$$\lim_{t\to 0+}\frac{1}{t}P(t,x,A)\overset{\text{记作}}{=\!=}q(x,A) \tag{6.12}$$

存在, 且 $0\leqslant q(x,A)<\infty$.

证明可参见文献 [117] P.47.

上述 $q(x,A)$ 只对 $A\in\mathscr{E}(u),x\in E-A$ 才有定义, 可以用下述办法把它的定义范围扩展到 $A\in\mathscr{E}(u),x\in E$: 定义

$q(x,A)=q(x,A-\{x\})$ 对一切 $A\in\mathscr{E}(u),x\in E$. 这样扩展后, 我们有如下定理.

定理 6.6 对上述 $q(x,A)$ $(x\in E,A\in\mathscr{E}(u))$ 有下述诸性质:

(1) $q(x,\{x\})=0,q(x,A)\leqslant q(x)$ $(x\in E,A\in\mathscr{E}(u))$;

(2) 固定任一 $x\in E,q(x,\cdot)$ 是 $\mathscr{E}(u)$ 上的有限测度;

(3) 固定任一 $A\in\mathscr{E}(u),q(\cdot,A)$ 是 x 的 $\mathscr{E}$ 可测函数.

证明可参见文献 [117].P.51.

定理 6.7 若 $q(x) < \infty$ (对一切 $x \in E$), 则对任何固定的 $x \in E, q(x,\cdot)$ 可以从 $\mathscr{E}(u)$ 唯一地扩展到 $\mathscr{E}$ 去而得一有限测度, 仍记之为 $q(x,\cdot)$. 若还有 $q(x) = q(x,E)$ (对一切 $x \in E$), 则还有

$$(1)\quad \frac{\mathrm{d}}{\mathrm{d}t}(P(t,x,A))_{t=0} = q(x,A) - q(x)\mathbf{1}_A(x) \quad (x \in E, A \in \mathscr{E}); \tag{6.13}$$

$$(2)\quad \frac{\mathrm{d}}{\mathrm{d}t}P(t,x,A) = \int_E q(x,\mathrm{d}y)P(t,y,A) - q(x)P(t,x,A) \quad (t \geqslant 0, x \in E, A \in \mathscr{E}). \tag{6.14}$$

(6.14) 式称为 Kolmogorov 倒退方程式.

证明可参见文献 [117] P.53 和 P.55.

定理 6.8 若 $\sup\limits_{x\in E} q(x) \leqslant M < \infty, q(x) = q(x,E)$ (对一切 $x \in E$), 则

$$\frac{\mathrm{d}}{\mathrm{d}t}P(t,x,A) = \int_E P(t,x,\mathrm{d}y)(-q(y)\mathbf{1}_A(y) + q(y,A)) \quad (\text{对一切 } t \in [0,\infty), x \in E, A \in \mathscr{E}). \tag{6.15}$$

(6.15) 式称为 Kolmogorov 前进方程式.

前面我们讨论了: 标准的准转移函数 $P(t,x,A)$ 对 t 的连续性及可微性. 对它在点 0 求导数得到一个 q 函数对 $(q(x), q(x,A))$. 在 $q(x)$ 满足某些条件时 $P(t,x,A)$ 分别满足如 (6.14) 和 (6.15) 式的 Kolmogorov 倒退方程式和 Kolmogorov 前进方程式.

与可数状态类似, 我们亦可研究上面一些理论的反问题, 即给定满足某些条件的 q 函数对 $(q(x), q(x,A))$, 是否恒存在一个标准的准转移函数 $P(t,x,A)$ 使 (6.13) 成立? (回答是肯定的) 满足 (6.13) 的标准的准转移函数是否唯一?(回答是不一定的) 当这种标准的准转移函数不一定唯一时, 它唯一的充要条件是什么? 已知这种标准的准转移函数不唯一时, 如何构造满足 (6.13) 的全体标准的准转移函数? 这些问题不在本章介绍了. 有兴趣的读者可参看文献 [117] 的第二编和文献 [47].

§7 Lévy 过程

Lévy 过程是马尔可夫过程的一个重要特例, 而它又以稳定过程 (Stable 过程) 作其特例, 稳定过程又包含了概率论中一类十分重要且应用极广的一类随机过程 —— Brown 运动作其特例. 因此, Lévy 过程在马尔可夫过程中担负着一种 "承上启下" 的作用. 那么, 究竟什么是 Lévy 过程?

定义 7.1 称概率空间 $(\Omega, \mathscr{F}, P)$ 上的实值随机过程 $X=\{X_t, t\in[0,\infty)\}$ 是 Lévy 过程, 如果它具有平稳的相互独立的增量, 即对于任何正整数 $n\geqslant 2$, 以及任何 $0\leqslant t_0<t_1<\cdots<t_n, (X_{t_1}-X_{t_0}), (X_{t_2}-X_{t_1}), \cdots, (X_{t_n}-X_{t_{n-1}})$ 相互独立; 而且对任何 $h>0, 0\leqslant s<t, (X_{h+t}-X_{h+s})$ 与 (X_t-X_s) 的分布相同.

对于 Lévy 过程, 不妨设 $X_0\equiv 0$. 称 X_1 是 Lévy 过程的基本元.

下面只讨论取值于 $\mathbf{R}$ 的 Lévy 过程, 这只不过为了符号简单起见, 其实对于取值于 $\mathbf{R}^d$ 的 Lévy 过程的研究, 并无本质性的区别.

Lévy 过程与每行内部独立的随机阵列的极限理论和无穷可分性有紧密关系 (参见文献 [116] 和 [120]).

定义 7.2 称随机阵列

$$\{X_{n,k}\}=\left\{\begin{matrix} X_{1,1}, \cdots, X_{1,k_1} \\ X_{2,1}, \cdots, X_{2,k_2} \\ \vdots \qquad\quad \vdots \end{matrix}\right\} \tag{7.1}$$

是一个**渐近可忽略体系** (简称 u.a.n. 体系), 如果对每个固定的 $n\geqslant 1$, $\{X_{n,1},\cdots,X_{n,k_n}\}$ 是相互独立的随机变量 (即 $\{X_{n,k}\}$ 中每一行内部的随机变量是相互独立的, 但行与行之间未必独立), $\lim\limits_{n\to\infty}k_n=\infty$, 且

$$\lim_{n\to\infty}X_{n,k}=0, \quad \text{P}. \tag{7.2}$$

对 k 一致成立, 即对任何 $\varepsilon>0$ 有

$$\lim_{n\to\infty}\max_{1\leqslant k\leqslant k_n}P(|X_{n,k}|\geqslant\varepsilon)=0. \tag{7.3}$$

定义 7.3 称 R.V. (随机变量) X 是**无穷可分的** (记之为 i.d.R.V.), 如果对任何正整数 $n\geqslant 1$, 都存在相互独立的具有公共分布的 R.V. $X_1,\cdots,X_n$, 使 $X=X_1+\cdots+X_n$;

仿之, 称 c.f. $f(t)$ 是**无穷可分的** (记之为 i.d.c.f.), 如果对任何正整数 $n \geqslant 1$, 都存在 c.f. $f_n(t)$, 使 $f(t)=(f_n(t))^n$;

称 d.f. $F(x)$ 是**无穷可分的** (记之为 i.d.d.f.), 如果对任何正整数 $n \geqslant 1$, 都存在 d.f. $F_n(x)$, 使 $F(x)=(F_n * F_n * \cdots * F_n)(x) \stackrel{\text{def}}{=\!=} F_n^{n*}(x)$, 其中 $*$ 是卷积符号, F_n^{n*} 表 $F_n(x)$ 产生的 L–S 测度的 n 重卷积.

显然 i.d.R.V. X 的 d.f. 和 c.f. 都是无穷可分的.

附注 7.1 如果随机变量阵列 $\{X_{n,k}\}$ 是 u.a.n. 体系, 其相应的特征函数阵列 $\{f_{n,k}(t)\}$ 或相应的分布函数阵列 $\{F_{n,k}(x)\}$ 分别称为 u.a.n.c.f. 体系或 u.a.n.d.f. 体系, 简称 u.a.n. 体系.

下面介绍 Lévy 过程的无穷可分性和它的特征函数的 Lévy-Khinchin 公式.

命题 7.1 Lévy 过程 $\{X_t, t\in[0,\infty)\}$ 的每一个随机变量 X_t 都是 i.d.R.V..

证明甚易, 读者可作为习题验证之.

下面引进四族特征函数.

$$\mathscr{D}_1=\left\{\begin{array}{c}\text{一切}\ \exp\left(\mathrm{i}\alpha t+\displaystyle\int_{\mathbf{R}}\left(\mathrm{e}^{\mathrm{i}tx}-1-\frac{\mathrm{i}tx}{1+x^2}\right)\frac{1+x^2}{x^2}\,\mathrm{d}\Psi(x),\right.\\ \text{其中}\ \alpha\ \text{是实数},\Psi(x)=\sigma^2F(x),\sigma^2\geqslant 0,F(x)\ \text{是 d.f.}\end{array}\right\};$$

$$\mathscr{D}_2=\{\text{一切 i.d.c.f.}\};$$

$$\mathscr{D}_3=\left\{f(t)=\prod_{k=1}^{k_n}f_{n,k}(t):\{f_{n,k}(t)\}\ \text{是任一 u.a.n.c.f. 体系}\right\};$$

$$\mathscr{D}_4=\left\{\begin{array}{c}f(t)=\displaystyle\lim_{n\to\infty}\mathrm{e}^{\mathrm{i}A_nt}\prod_{k=1}^{k_n}f_{n,k}(t):\{A_n\}\ \text{是任一实数列},\\ \{f_{n,k}(t)\}\ \text{是任一 u.a.n.c.f. 体系.}\end{array}\right\}.$$

注意: $\mathscr{D}_2,\mathscr{D}_3,\mathscr{D}_4$ 是三族特征函数是显然的, 但 $\mathscr{D}_1$ 是一族特征函数却需要证明.

由于 $\mathscr{D}_1$ 中的函数是由 α 和 $\Psi(x)$ 决定的, 所以 $\mathscr{D}_1$ 中的函数 f 用 $\{\alpha,\Psi(x)\}$ 表示.

Ψ 表示 $\Psi(x)$ 所产生的 L–S 测度.

定理 7.1 $\mathscr{D}_1=\mathscr{D}_2=\mathscr{D}_3=\mathscr{D}_4$.

证明可参见文献 [121] 第十章定理 2.1 和定理 4.1.

定理 7.2 设 $\{X_t, t \in [0,\infty)\}$ 是 Lévy 过程, 则
(1) 存在 $\{\alpha_1, \Psi_1(x)\} \in \mathscr{D}_1$, 使 X_1 的 c.f. 为 $\boldsymbol{E}(\mathrm{e}^{\mathrm{i}tX_1}) = \{\alpha_1, \Psi_1(x)\}$;
(2) 对任何 $u \geqslant 0, X_u$ 的 c.f. 为 $\boldsymbol{E}(\mathrm{e}^{\mathrm{i}tX_u}) = \{u\alpha_1, u\Psi_1(x)\}$.

证 (1) 由于 X_1 是 i.d.R.V., 所以 (1) 成立.
(2) 由 $\{X_t, t \in [0,\infty)\}$ 具有平稳独立增量及有理数集在 $\mathbf{R}$ 中稠可得.

由定理 7.2 知: 对 Lévy 过程 $\{X_t, t \in [0,\infty)\}, X_1$ 的 c.f. 为

$$f_1(t) = \exp\left(\mathrm{i}\alpha_1 t + \int_{\mathbf{R}} \left(\mathrm{e}^{\mathrm{i}tx} - 1 - \frac{\mathrm{i}tx}{1+x^2}\right) \frac{1+x^2}{x^2}\,\mathrm{d}\Psi_1(x)\right), \tag{7.4}$$

(7.4) 式亦可表示为

$$f_1(t) = \mathrm{e}^{-\psi(t)}, \tag{7.5}$$

其中

$$\psi(t) = -\mathrm{i}\alpha_1 t + \frac{1}{2}t^2 + \int_{\mathbf{R}} \left(1 - \mathrm{e}^{\mathrm{i}tx} + \frac{\mathrm{i}tx}{1+x^2}\right) \nu(\mathrm{d}x), \tag{7.6}$$

ν 是 $\mathbf{R}$ 上的 Borel 测度, 满足

$$\int_{\mathbf{R}} \frac{x^2}{1+x^2} \nu(\mathrm{d}x) < \infty, \quad \nu(\{0\}) = 0. \tag{7.7}$$

由定理 7.2 还知: X_u 的 c.f. 为

$$f_u(t) = \exp\left(\mathrm{i}\alpha_1 u t + \int_{\mathbf{R}} u \left(\mathrm{e}^{\mathrm{i}tx} - 1 - \frac{\mathrm{i}tx}{1+x^2}\right) \frac{1+x^2}{x^2}\,\mathrm{d}\Psi_1(x)\right), \tag{7.8}$$

或

$$f_u(t) = \mathrm{e}^{-u\psi(t)}, \quad \psi(t) \text{ 由 (7.6) 式定义}. \tag{7.9}$$

(7.8) 和 (7.9) 都称为 Lévy–Khinchin 公式.

附注 7.2 设 $X = \{X_t, t \in [0,\infty)\}$ 是 Lévy 过程, 则 X 的分布由 X_1 的分布唯一决定, 或由 X_1 的 c.f. $\{\alpha_1, \Psi_1(x)\}$ 或 $\mathrm{e}^{-\psi(t)}$ 唯一决定, 即是由实数 α_1 与 $\Psi_1(x)$ 唯一决定, 或 α_1 与测度 ν 唯一决定, ν 称为 Lévy 测度.

证 由公式 (7.8)、(7.9), X_u 的分布由 α_1 与 $\Psi_1(x)$ 或 α_1 与 ν 唯一决定. 再用 X 具有平稳独立增量易证 X 的有限维分布

$$P((X_{u_1}, \cdots, X_{u_n}) \in A_n)$$

由 $X_{u_i}(i=1,\cdots,n)$ 所唯一决定, 从而由 X_1 的分布唯一决定, 故 X 的分布由 X_1 的分布唯一决定.

由此附注 7.2 看出 Lévy 测度 ν 是何等重要, 它是刻画 Lévy 过程的概率规律的特征量.

定理 7.3 设 $\{f_{n,k}(t)\}$ 为 u.a.n.c.f. 体系, $\{\alpha, \Psi(x)\} \in \mathscr{D}_1$, 则

$$\lim_{n\to\infty} \mathrm{e}^{-\mathrm{i}A_n t} \prod_k f_{n,k}(t) = \{\alpha, \Psi(x)\} \tag{7.10}$$

的充要条件是:

(Ⅰ) ① $\displaystyle\lim_{n\to\infty} \sum_k F_{n,k}(x) = \int_{(-\infty,x)} \frac{1+y^2}{y^2}\,\mathrm{d}\Psi(y) \quad (x<0, x\in C(\Psi)),$

② $\displaystyle\lim_{n\to\infty} \sum_k (1-F_{n,k}(x)) = \int_{[x,\infty)} \frac{1+y^2}{y^2}\,\mathrm{d}\Psi(y) \quad (x>0, x\in C(\Psi));$

(Ⅱ) $$\lim_{n\to\infty} \sum_k \left\{\int_{|y|<x} y^2\,\mathrm{d}F_{n,k}(y) - \left(\int_{|y|<x} y\,\mathrm{d}F_{n,k}(y)\right)^2\right\}$$

$$= \int_{|y|<x} (1+y^2)\,\mathrm{d}\Psi(y) \begin{pmatrix} \text{对一切 } x>0, \pm x\in C(\Psi) \\ \text{或一个这样的 } x \end{pmatrix};$$

(Ⅲ) $$\lim_{n\to\infty} \left[-A_n + \sum_k a_{n,k}(\tau) - \int_{|y|<\tau} y\,\mathrm{d}\Psi(y) + \int_{|y|\geqslant\tau} \frac{1}{y}\,\mathrm{d}\Psi(y)\right]$$

$$= \alpha \begin{pmatrix} \text{对一切 } \tau>0, \pm\tau\in C(\Psi), \\ \text{或一个这样的 } \tau \end{pmatrix},$$

其中 $F_{n,k}(x)$ 是 c.f. $f_{n,k}(t)$ 的 d.f., $C(\Psi)$ 为 $\Psi(x)$ 的全体连续点,

$$a_{n,k}(\tau) = \int_{|x|<\tau} x\,\mathrm{d}F_{n,k}(x). \tag{7.11}$$

证明可参见文献 [116] 第四章定理 4.3.

附注 7.3 退化分布、正态分布、Poisson 分布都是无穷可分的, 它们的特征函数都属于 $\mathscr{D}_i(i=1,2,3,4)$. 上述 $\sum\limits_k$ (或 $\prod\limits_k$) 都是对 k 从 1 到 k_n 求和 (求积).

§8 分支过程

分支过程是一类应用面很广的随机过程. 众多研究集中在具有马尔可夫性的分支过程, 即把分支过程作为马尔可夫过程的特例加以研究.

分支过程有很悠久的历史, 人们很早就从物种的繁衍, 细胞的分裂抽象出一种分支过程的数学模型, 这就是所谓的 Golton–Watson 过程. 由于本章是作为全书的导引来写的, 所以本节只介绍一类最简单的分支链 (过程) ——具有时齐的马尔可夫性的单物种的分支链 (过程).

定义 8.1 称时齐的具有状态空间 $E=\{0,1,2,\cdots\}$ 的以 $P=(p_{i,j},i,j\in E)$ 为转移矩阵的马尔可夫链 $X=\{X_0,X_1,\cdots\}$ 为分支链, 如果

$$p_{i,j}=\begin{cases}\displaystyle\sum_{\sum\limits_{s=1}^{i}j_s=j}\prod_{s=1}^{i}p_{1,j_s}, & \text{当 } i>0,j\geqslant 0,\\ \delta_{0,j}, & \text{当 } i=0,j\geqslant 0.\end{cases}\tag{8.1}$$

定义 8.2 设 $\{\xi_i^{(n)},i=1,2,\cdots,n=1,2,\cdots\}$ 是概率空间 $(\Omega,\mathscr{F},P)$ 上的相互独立的、具有公共分布的、取非负整值的随机变量, 其公共分布为 $\{p_m,m\geqslant 0\}$. 若 $X_0\equiv n_0$,

$$X_n=\sum_{i=1}^{X_{n-1}}\xi_i^{(n)}\quad(n\geqslant 1),\tag{8.2}$$

则称

$$X=\{X_0,X_1,X_2,\cdots\}$$

是一个典范的分支链. 或称 X 是一个 Galton–Watson 分支链.

容易证明: 典范的分支链必为分支链, 当然更是时齐的可数状态的马尔可夫链.

本节恒设 $X=\{X_n,n\geqslant 0\}$ 是典范的分支链, $\{p_m,m\geqslant 0\}$ 是 $\{\xi_i^{(n)},i=1,2,\cdots,n=1,2,\cdots\}$ 的公共分布, $X_0\equiv n_0$. “典范” 二字略去. 令

$$f(s)\overset{\text{def}}{=\!=}\sum_{m=0}^{\infty}p_m s^m,(|s|\leqslant 1)\ \text{为}\ \{p_m\}\ \text{之母函数;}\tag{8.3}$$

$$p_{i,j}^{(k)}\overset{\text{def}}{=\!=}P(X_{n+k}=j|X_n=i)\tag{8.4}$$

是 X 的 k 步转移概率. 有时称 f 为 X 的本原母函数. 令

$$P^{(k)}=(p_{i,j}^{(k)},i,j\geqslant 0) \tag{8.5}$$

是其 k 步 (阶) 转移矩阵, 则有

$$\begin{cases} p_{i,j}^{(k)}=\displaystyle\sum_{\sum\limits_{s=1}^{i}j_s=j}\prod_{s=1}^{i}p_{1,j_s}^{(k)}, & \text{当 } i>0,j,k\geqslant 0,\\ p_{0,j}^{(k)}=\delta_{0,j}, & \text{当 } j,k\geqslant 0,\end{cases} \tag{8.6}$$

其中 $\delta_{i,j}=0$ 或 1 视 $i\neq j$ 或 $i=j$ 而定.

显然 $p_{1,m}\stackrel{\text{def}}{=\!=}p_{1,m}^{(1)}=p_m$, 而且对任何 $i\geqslant 0,k\geqslant 1,\{p_{i,m}^{(k)}:m\geqslant 0\}$ 是一个概率分布. 令 $g_{k,i}(s)=\displaystyle\sum_{m=0}^{\infty}p_{i,m}^{(k)}s^m$ 为其母函数 $(|s|\leqslant 1)$.

对于分支链 $\{X_n\}$, 研究它的矩、分布、极限分布, 特别是极限分布中的两个特例

$$P\left(\lim_{n\to\infty}X_n=\infty\right)\quad \text{与}\quad P\left(\lim_{n\to\infty}X_n=0\right),$$

有着重要的意义. 前者意味着该系统要 "爆炸" 的概率, 而后者是该系统要 "熄灭" 的概率. 如果 X_n 代表某一患者在时刻 n 癌细胞的个数, 前者就是 "病情急剧恶化" 的概率, 而后者正是该患者终将 "治愈" 的概率.

对分支链 $\{X_n\}$ 的研究, 母函数 $f(s)$ 扮演着一个重要角色.

定理 8.1 设 $\{X_n:n\geqslant 0\}$ 是分支链. 若 $X_0\equiv n_0$ 是一正整数, $f_n(s)$ 是 X_n 的母函数, $\mu_n=\boldsymbol{E}(X_n),\sigma_n^2=\operatorname{var}(X_n)(n\geqslant 0),f(s)$ 是 $\{X_n\}$ 的本原母函数, 则

(1) $f_1(s)=f(s)^{n_0}$;

(2) $f_{n+1}(s)=f_n(f(s)),n\geqslant 0$;

(3) $\mu_n=n_0\mu^n(n\geqslant 1,\mu=f'(1))$;

(4) $\sigma_n^2=\begin{cases}\dfrac{n_0\sigma^2\mu^n(\mu^n-1)}{\mu^2-\mu}, & \text{当 } \mu\neq 1,\\ n_0n\sigma^2, & \text{当 } \mu=1\end{cases}\quad (n\geqslant 1)$,

其中 $\sigma^2=f''(1)+f'(1)-(f'(1))^2$.

证明可参见文献 [121] 第七章定理 4.1.

定义 8.3 设 $\{X_n : n \geqslant 0\}$ 是一个分支链, 称

$$\rho \stackrel{\text{def}}{=\!=} \lim_{n\to\infty} P(X_n = 0) \tag{8.7}$$

为 $\{X_n\}$ 的**绝灭概率**.

由于 $\{X_n = 0\} \subset \{X_{n+1} = 0\}$, 所以

$$\begin{aligned}\rho &= \lim_{n\to\infty} P(X_n = 0) = P\left(\lim_{n\to\infty}\{X_n = 0\}\right)\\ &= P\left(\lim_{n\to\infty} X_n = 0\right).\end{aligned}$$

定理 8.2 设 $\{X_n : n = 0, 1, \cdots\}$ 是分支链, $X_0 \equiv 1, f(s) = \sum\limits_{m=0}^{\infty} p_m s^m$ 是其本原母函数, $\mu = f'(1), \rho$ 是其绝灭概率, 则

(1) $\rho = f(\rho)$;

(2) 当 $\mu \leqslant 1$ 且 $p_1 < 1$ 时, 有 $\rho = 1$;

(3) 当 $\infty \geqslant \mu > 1$ 时, ρ 是方程式

$$\ll f(s) = s, 0 \leqslant s < 1 \gg \tag{8.8}$$

的唯一解.

证明可参见文献 [121] 第七章定理 4.2.

推论 8.1 设 $\{X_n, n \geqslant 0\}$ 是分支链, $X_0 \equiv n_0, f(s)$ 是其本原母函数, $\mu = f'(1)$. 令

$$\overline{\rho} \stackrel{\text{def}}{=\!=} P\left(\lim_{n\to\infty} X_n = 0\right) \tag{8.9}$$

是其绝灭概率, 再令

$$f_1(s) = f(s), \quad f_{n+1}(s) = f(f_n(s)) \quad (n \geqslant 1), \tag{8.10}$$

$$\rho = \lim_{n\to\infty} f_n(0) \quad (\text{注意: 由定理 8.2 有}\rho = f(\rho)), \tag{8.11}$$

则 $\overline{\rho} = \rho^{n_0}$.

定理 8.3 设 $\{X_n, n \geqslant 0\}$ 是分支链, $X_0 \equiv n_0, f(s) = \sum\limits_{m=0}^{\infty} p_m s^m$ 是其本原母函数, $\mu = f'(1) \geqslant 1, p_0 + p_1 < 1, \sigma^2 \stackrel{\text{def}}{=\!=} f''(1) + f'(1) - (f'(1))^2 > 0$, 令

$$M_n = \boldsymbol{E}(X_n | X_n > 0), \tag{8.12}$$

$$\zeta_n = \frac{X_n}{\boldsymbol{E}(X_n)}, \quad \eta_n = \frac{X_n}{M_n}, \tag{8.13}$$

则

$$(1)\ \lim_{n\to\infty} P(\eta_n \leqslant x|\eta_n > 0) = \begin{cases} G_1(x), & \text{当}\ \mu = 1, f''(1) \neq 0, f'''(1)\ \text{有限}, \\ G(x), & \text{当}\ \mu > 1, \sigma^2 > 0, \end{cases}$$

其中 $G_1(x)$ 是强度为 1 的负指数分布, $G(x)$ 是连续型分布函数, 其特征函数 $\varphi(t)$ 满足

$$\begin{cases} f((1-\rho)\varphi(t)+\rho) = (1-\rho)\varphi(\mu t)+\rho, \\ \varphi'(0) = i, \end{cases} \tag{8.14}$$

其中 ρ 如推论 8.1 中所定义;

(2) $\lim\limits_{n\to\infty} \zeta_n = \zeta$ (当 $\mu > 1$),

其中 ζ 的分布函数 $H(x)$ 在 0 有跃度 ρ, 在其他地方均连续;

$$(3)\ \lim_{n\to\infty} P\left(\frac{X_n - \mu X_{n-1}}{\sigma\sqrt{X_{n-1}}} < x\right) = \frac{1}{\sqrt{2\pi}}\int_{-\infty}^{x} \mathrm{e}^{-\frac{1}{2}t^2}\,\mathrm{d}t \quad (x \in \mathbf{R}). \tag{8.15}$$

证明参见文献 [151] P.20~21, 这里的 μ, ρ, X_n 分别是那里的 a, λ, ξ_n.

该定理部分地解决了分支链的极限分布的问题, 而推论 8.1 解决了分支链的绝灭问题. 定理 8.1 解决了分支链的爆炸问题, 因为在定理 8.1(3) 中有 $\mu_n \overset{\text{def}}{=\!=} \boldsymbol{E}(X_n) = n_0\mu^n \to \infty$ (当 $\mu > 1$ 时).

下面再简单地介绍一下连续时间参数的分支过程 $X = \{X(t), t \in [0,\infty)\}$.

定义 8.4 称时齐的以 $E = \{0, 1, 2, \cdots\}$ 为状态空间的马尔可夫过程 $X = \{X(t), t \in [0,\infty)\}$ 为分支过程, 如果 X 的转移矩阵 $P(t) = (p_{i,j}(t), i, j \geqslant 0)$ 满足:

$$\begin{cases} p_{i,j}(t) = \sum\limits_{\sum_{s=1}^{i} j_s = j} \prod\limits_{s=1}^{i} p_{1,j_s}(t) \quad (t \geqslant 0, i > 0, j \geqslant 0); \\ p_{0,j}(t) = \delta_{0,j} \quad (j \geqslant 0, t \geqslant 0, \delta_{0,j}\ \text{之定义如前}). \end{cases} \tag{8.16}$$

纯分析地说, 任何一个满足条件 (8.16) 的 (准) 转移矩阵 $P(t)$ 都称为一个分支 (准) 转移矩阵.

定理 8.4 对任何一个标准的分支准转移矩阵 $P(t) = (p_{i,j}(t), i, j \geqslant 0)$, 记 $P'(0) = Q = (q_{i,j}, i, j \geqslant 0)$, 则

$$q_{i,j} = \begin{cases} 0, & \text{当}\ j < i-1; \\ iq_{1,j-i+1}, & \text{当}\ j \geqslant i-1, \end{cases} \tag{8.17}$$

此处 $q_i \overset{\text{def}}{=\!=} -q_{i,i}$ 可为 ∞.

证 由 (8.16) 式直接计算可推出 (8.17) 式.

定义 8.5 称转移强度矩阵 $Q=(q_{i,j},i,j\geqslant 0)$ (自然要求 $-q_{i,i}<\infty,\forall i\geqslant 0$) 是一个分支转移强度矩阵, 如果 Q 满足条件 (8.17) 式.

对于分支转移强度矩阵 Q, 亦有类似 §5 中的 Q 过程理论. 在此不多介绍, 只介绍 Q 过程的一个遍历极限定理.

定理 8.5 设 $Q=(q_{i,j},i,j\geqslant 0)$ 是一个分支转移强度矩阵, 令

$$\varphi(s)=\sum_{j=0}^{\infty}q_{1,j}s^j\quad(|s|\leqslant 1),\tag{8.18}$$

$P(t)$ 是一个分支 Q 过程, 则

(1) 若 $\varphi(s)\equiv 0\ (\forall|s|\leqslant 1)$, 则 $P(t)=I$ 是单位矩阵, 更有 $\varPi=\lim\limits_{t\to\infty}P(t)=I$;

(2) 若 $\varphi(s)\not\equiv 0\ (|s|\leqslant 1)$, 从而 $q_{1,1}<0$, 则

$$\varPi=\lim_{t\to\infty}P(t)=\begin{pmatrix}1&0&0&\cdots\\\rho&0&0&\cdots\\\rho^2&0&0&\cdots\\\vdots&\vdots&\vdots&\end{pmatrix},\tag{8.19}$$

其中 ρ 是 $\varphi(s)=0$ 的那个最靠近 0 的非负根, 而且 $\varphi'(1)>0$ 时 $\rho<1$; 特别地, 当 $\varphi(1)=0$, 即 Q 是保守的, 则 $\rho=1$ 的充要条件是:

$$\varphi'(1)\overset{\text{def}}{=\!=}\sum_{j=1}^{\infty}jq_{1,j}\leqslant 0.\tag{8.20}$$

证明可参见文献 [118] 第二编定理 6.4.

§9 随机徘徊

随机徘徊是可数状态的马尔可夫链中的一个重要特例. 它在统计学中的序贯抽样和物理中有许多应用. 本节仅简单介绍一下随机徘徊的三个问题:

(1) 与序贯抽样的关系;

(2) 遍历极限 $\varPi$ 的求法;

(3) 极限分布函数族的性质及收敛的充要条件.

首先给出随机徘徊的定义.

定义 9.1 设 $\{\xi_n, n \geqslant 1\}$ 是概率空间 $(\Omega, \mathscr{F}, P)$ 上的一列相互独立的具有公共分布 $\{p_k, k \in \mathbf{Z}\}$ 的随机变量, X_0 亦为取值于 $\mathbf{Z}$ 的与 $\{\xi_n\}$ 相互独立的随机变量.

令

$$X_n = X_0 + \sum_{i=1}^{n} \xi_i \quad (n \geqslant 1), \tag{9.1}$$

则称 $\{X_n, n \geqslant 0\}$ 为直线上的整数格子点上的随机徘徊.

易证: $\{X_n, n \geqslant 0\}$ 是时齐的以 $\mathbf{Z}$ 为状态空间的可数状态的马尔可夫链. 若令

$$P = (p_{i,j}, i, j \in \mathbf{Z}) \tag{9.2}$$

是其转移矩阵, 易证

$$p_{i,j} = p_{j-i} \quad (i, j \in \mathbf{Z}). \tag{9.3}$$

(9.3) 式的直观意义是: $\{X_n, n \geqslant 0\}$ (或者说其转移矩阵 P) 具有 "空齐性". 所以说, 随机徘徊 $\{X_n, n \geqslant 0\}$ 是时齐且空齐的可数状态的马尔可夫链.

特别地, 若直线上的整数格子点上的随机徘徊 $\{X_n, n \geqslant 0\}$ 的转移矩阵 $P = (p_{i,j}, i, j \in \mathbf{Z})$ 满足

$$p_{i,j} = \begin{cases} p, & \text{当 } j = i+1, \\ q, & \text{当 } j = i-1, \quad (p, q \geqslant 0, p+q=1), \\ 0, & \text{当 } |j-i| > 1 \end{cases} \tag{9.4}$$

则称 $\{X_n, n \geqslant 0\}$ 是 Bernoulli 随机徘徊, 更特别地, 当 $p = q = \dfrac{1}{2}$ 时, 则称之为对称的 Bernoulli 随机徘徊.

在统计学中, 传统的统计推断中抽取的样本的大小是事先给定的, 比如样本大小为 n. 当抽取一个样本的单项花费很昂贵, 而当抽取进行到第 $m(< n)$ 个单项时, 就能对统计推断下结论时, 又何必再继续抽样而浪费时间呢! 这就是序贯分析最原始的简单思想. 那么, 序贯分析如何与随机徘徊联系起来呢?

如果把第 k 次抽样的结果用随机变量 ξ_k 来刻画, 假定若取出的是废品, 就令 $\xi_k = 1$; 若取出的是合格品, 就令 $\xi_k = -1$. 再设抽样是相互独立的, 且 $P(\xi_k = 1) = p > 0, P(\xi_k = -1) = q > 0, p + q = 1$, 但 p, q 事先是不知道的. 令

$$X_0 \equiv a, a \text{ 为大于等于 } 1 \text{ 的整数},$$

$$X_n = \sum_{k=1}^{n} \xi_k + X_0 \quad (n \geqslant 1),$$

于是 $\{X_n, n \geqslant 0\}$ 是一个 Bernoulli 随机徘徊.

假设 $H_0 : q \leqslant 0.9$ (合格率 $\leqslant 0.9$).

若 $\xi_1 = \xi_2 = \cdots = \xi_n = -1$, 即前 n 次都取到合格品, 而

$$\rho_n \overset{\text{def}}{=\!=} P(X_n = a - n) = P\left(\sum_{k=1}^{n} \xi_k = -n\right) = q^n, \tag{9.5}$$

所以只要 n_0 稍大, ρ_{n_0} 就很小, 从而抽取到 n_0 个样品时, 就可以停止抽样而判定: $q \leqslant 0.9$ "在实际上" 是不合理的, 故可认定合格率> 0.9.

从上面的分析看出: 这种序贯的抽样方式, 通俗地说, 就是 "边走边看", 抽到第 n_0 次时能下结论就停止抽样; 不能下结论就继续抽样. 当然序贯分析绝不是这么简单的, 它有其成套的理论, 随机徘徊也有它本身丰富的理论.

下面介绍随机徘徊中的一个稍显一般的命题, 它在物理学和统计学中是有实际背景的.

命题 9.1 沿用定义 9.1 的符号. 设 $\{X_n, n \geqslant 0\}$ 是 Bernoulli 随机徘徊, 且对应的 p 和 q 无一为 0, 从 a 出发 (即 $X_0 \equiv a$), a 和 b 都是正整数, 记 $c = a + b$. 求此随机徘徊到达 c 以前到达 0 的概率 ρ_0.

解 令 u_j 为此随机徘徊从 j 出发, 到达 c 以前先到达 0 的概率, 即

$$u_j = P\left(\begin{array}{l}\text{存在一个 } n \geqslant 0, \text{ 使 } X_{n+m} = 0, \\ \text{但对一切 } m \leqslant k < n+m, X_k \neq c\end{array}\middle| X_m = j\right) \quad (0 \leqslant j \leqslant c), \tag{9.6}$$

由 $\{X_0, \xi_1, \xi_2, \cdots\}$ 相互独立, $\{\xi_k\}$ 有公共分布 $P(\xi_k = 1) = p, P(\xi_k = -1) = q$, 再利用全概公式可得差分方程式:

$$\begin{cases} u_j = p u_{j+1} + q u_{j-1} \quad (1 \leqslant j \leqslant c-1), \\ u_0 = 1, u_c = 0, \end{cases} \tag{9.7}$$

解差分方程式 (9.7), 令 $r = \dfrac{q}{p}$, 得

$$u_j = \begin{cases} \dfrac{r^j - r^c}{1 - r^c} & (0 \leqslant j \leqslant c, r \neq 1), \\ \dfrac{c - j}{c} & (0 \leqslant j \leqslant c, r = 1); \end{cases} \tag{9.8}$$

特别地,

$$\rho_0 = u_a = \begin{cases} \dfrac{r^a(1 - r^b)}{1 - r^c} & (r \neq 1), \\ \dfrac{b}{c} & (r = 1). \end{cases} \tag{9.9}$$

令 $b \to \infty$ (等价地, $c \to \infty$), 可得如下推论.

推论 9.1 对命题 9.1 中的随机徘徊, 它迟早要处于位置 0 的概率为

$$\rho_0^* = \begin{cases} \left(\dfrac{q}{p}\right)^a, & \text{当 } q < p, \\ 1, & \text{当 } q \geqslant p. \end{cases} \tag{9.10}$$

下面介绍随机徘徊的 n 步转移矩阵 P^n 的遍历极限

$$\varPi = \lim_{n\to\infty} \frac{1}{n} \sum_{k=1}^{n} P^k \tag{9.11}$$

的求法.

首先介绍有关时齐的可数状态的马尔可夫链的平均遍历极限 $\varPi$ 的求法. 沿用 §2 的符号.

令 $X = \{X_n, n \geqslant 0\}$ 是时齐的可数状态的马尔可夫链, 状态空间为 E, 转移矩阵为 $P = (p_{i,j}, i, j \in E)$. E 可分解为

$$\begin{aligned} E &= \mathscr{N} \bigcup \mathscr{R} = \mathscr{N} \bigcup \mathscr{R}_0 \bigcup \mathscr{R}_+ \\ &= \mathscr{N} \bigcup \left(\bigcup_m \mathscr{R}_0(m) \right) \bigcup \left(\bigcup_n \mathscr{R}_+(n) \right). \end{aligned}$$

令

$$(l) = \left\{ x' : x' = (x_i, i \in E), \sum_{i\in E} |x_i| < \infty \right\},$$

即 (l) 是分量绝对值之和收敛的行向量全体.

称

$$\ll x' = x'P, x' \geqslant 0, x' \in (l) \gg \tag{9.12}$$

为 "左方程式".

定理 9.1 设 P 是不可约的 (即 E 中任何两个状态 i 和 j 都是互通的), 则

(1) 若左方程式只有零解, 则 $\varPi = 0$;

(2) 若左方程式有非零解, 则 $\varPi = 1\pi', \pi' = \left(\dfrac{1}{x'\mathbf{1}}\right) x', x'$ 是左方程式之唯一非零解 (常因子除外), $E = \mathscr{R}_+(1)$, 且 x' 是 P 的唯一谐测度 (不变测度).

证明可参见文献 [118] 第一编定理 4.9.

附注 9.1 若 P 是可约的, 文献 [118] 第一编 §4 亦有求 Π 的方法, 而且结果是显式的. 有兴趣的读者可参看文献 [118] 第一编定理 4.5 和定理 4.10.

例 9.1 设 $\{X_n, n \geqslant 0\}$ 是定义 9.1 中的随机徘徊, 其状态空间 $E = \mathbf{Z} = \{0, \pm 1, \pm 2, \cdots\}$, 其转移矩阵 $P = (p_{i,j}, i, j \in E)$ 满足:

$$p_{i,i-1} = q_i, \quad p_{i,i+1} = p_i, \quad p_i > 0, q_i > 0, \quad p_i + q_i \equiv 1 \quad (i \in E), \tag{9.13}$$

$$p_{i,j} = 0 \quad (\text{当 } i, j \in E, |i-j| > 1, \text{ 或 } i = j). \tag{9.14}$$

显然 P 是不可约的, 周期 $d = Z$. 解左方程式:

$$\ll x'P = x', \quad x' \geqslant 0, \quad x' \in (l) \gg,$$

发现其通解 $x' = (\cdots, x_{-i}, \cdots, x_{-1}, x_0, x_1, \cdots, x_i, \cdots)$ 满足:

$$x_i = \frac{p_0 p_1 \cdots p_{i-1}}{q_1 q_2 \cdots q_i} x_0 \quad (i > 0), \tag{9.15}$$

$$x_{-i} = \frac{q_0 q_{-1} \cdots q_{-i+1}}{p_{-1} p_{-2} \cdots p_{-i}} x_0 \quad (i > 0). \tag{9.16}$$

令

$$\delta = \sum_{i=1}^{\infty} \left(\frac{p_0 p_1 \cdots p_{i-1}}{q_1 q_2 \cdots q_i} + \frac{q_0 q_{-1} \cdots q_{-i+1}}{p_{-1} p_{-2} \cdots p_{-i}} \right), \tag{9.17}$$

由左方程式之通解满足 (9.15) 式和 (9.16) 式可看出:

(1) 当 $\delta = \infty$ 时, 左方程式只有零解, 故 $\Pi = 0$;

(2) 当 $\delta < \infty$ 时, 左方程式有非零解:

$$x' = (\cdots, x_{-i}, \cdots, x_{-1}, 1, x_1, \cdots, x_i, \cdots), \tag{9.18}$$

其中

$$x_i = \frac{p_0 p_1 \cdots p_{i-1}}{q_1 q_2 \cdots q_i}, \quad x_{-i} = \frac{q_0 q_{-1} \cdots q_{-i+1}}{p_{-1} p_{-2} \cdots p_{-i}}, (i > 0), \tag{9.19}$$

所以

$$\Pi = \left(\frac{1}{x'\mathbf{1}} \right) (\mathbf{1}x') = \left(\frac{1}{1+\delta} \right) \mathbf{1}x', \tag{9.20}$$

即 Π 行行一样, 都是行向量 $\left(\dfrac{1}{1+\delta} \right) x'$, 其中 x' 由 (9.18) 式和 (9.19) 式所定义. 而且这时 $E = \mathscr{R}_+(1)$ 由一个正常返类构成.(注意: 上面的黑体**1**代表每个分量都是 1 的无穷维列向量.)

例 9.2 (在 0 处有反射壁的随机徘徊) 设 $\{X_n, n \geqslant 0\}$ 是定义 9.1 中的满足下述条件的随机徘徊:

$$X_n = X_0 + \xi_1 + \xi_2 + \cdots + \xi_n \quad (n \geqslant 1),$$

X_0 和 ξ_k 只取非负整值, 而且其转移矩阵 $P = (p_{i,j}, i, j = 0, 1, 2, \cdots)$ 还满足:

$$p_{0,0} = a_0, \quad p_{0,1} = b_0, \quad p_{0,j} = 0 \quad (\text{当 } j > 1);$$

当 $i \geqslant 1$ 时, 有

$$p_{i,i-1} = a_i, \quad p_{i,i+1} = b_i, \quad p_{i,j} = 0 \quad \big(\text{当 } i = j \text{ 或 } |i-j| > 1\big),$$

其中

$$a_i > 0 \quad (\text{当 } i \geqslant 1), \quad b_i > 0 \quad (\text{当 } i \geqslant 0),$$
$$a_i + b_i = 1 \quad (\text{对一切 } i \geqslant 0).$$

即转移矩阵 P 为

$$P = \begin{pmatrix} a_0 & b_0 & 0 & 0 & \cdots \\ a_1 & 0 & b_1 & 0 & \cdots \\ 0 & a_2 & 0 & b_2 & \cdots \\ \vdots & \vdots & \vdots & \vdots & \end{pmatrix}.$$

显然, P 是不可约的. 解左方程式发现其通解为 $x' = (x_0, x_1, x_2, \cdots)$, 满足

$$x_{n+1} = \frac{b_n b_{n-1} \cdots b_0}{a_{n+1} a_n \cdots a_1} x_0 \quad (n \geqslant 0). \tag{9.21}$$

令

$$\delta = \sum_{n=0}^{\infty} \frac{b_n b_{n-1} \cdots b_0}{a_{n+1} a_n \cdots a_1}, \tag{9.22}$$

则

(1) 当 $\delta = \infty$ 时 $\mathit{\Pi} = 0$;

(2) 当 $\delta < \infty$ 时 $\mathit{\Pi} = \mathbf{1}\pi'$, 其中

$$\pi' = (\pi_0, \pi_1, \pi_2, \cdots), \quad \pi_0 = \frac{1}{1+\delta},$$
$$\pi_{n+1} = \frac{1}{1+\delta} \left(\frac{b_n b_{n-1} \cdots b_0}{a_{n+1} a_n \cdots a_1} \right) \quad (n \geqslant 0). \tag{9.23}$$

而且这时状态空间由一个正常返类构成.

附注 9.2 在定义 9.1 中, 我们定义了整数格子点 $\mathbf{Z}$ 上的随机徘徊:

$$X_n = X_0 + \xi_1 + \cdots + \xi_n \quad (n \geqslant 0),$$

其中 $\{X_0, \xi_1, \xi_2, \cdots\}$ 相互独立取值于 $\mathbf{Z}$, 且 $\{\xi_k\}$ 具有公共分布. 若把 $\{X_0, \xi_1, \xi_2, \cdots\}$ 取值于 $\mathbf{Z}$ 改为取值于 $\mathbf{R}$, 就得到了取值于实数的随机徘徊. 下面将讨论这类随机徘徊的极限定理. 为了符号简单起见, 不妨设 $X_0 \equiv 0$. 即本节剩余部分只讨论下述随机徘徊:

$$\left\{X_n = \sum_{k=1}^{n} \xi_k, \quad n \geqslant 1\right\},$$

$\{\xi_k\}$ 是独立同分布的实值随机变量列, ξ_k 有公共的特征函数 (分布函数) $f(t)$ $(F(x))$.

利用 §7 的思想, 取正数列 $\{B_n\}$, 由上述随机徘徊可以得到一个随机阵列:

$$\{\xi_{n,k}\} = \begin{pmatrix} \dfrac{\xi_1}{B_1} & & \\ \dfrac{\xi_1}{B_2} & \dfrac{\xi_2}{B_2} & \\ \dfrac{\xi_1}{B_3} & \dfrac{\xi_2}{B_3} & \dfrac{\xi_3}{B_3} \\ \vdots & \vdots & \vdots \end{pmatrix}$$

及相应的特征函数阵列和分布函数阵列如下:

$$\{f_{n,k}\} = \begin{pmatrix} f\left(\dfrac{t}{B_1}\right) & & \\ f\left(\dfrac{t}{B_2}\right) & f\left(\dfrac{t}{B_2}\right) & \\ f\left(\dfrac{t}{B_3}\right) & f\left(\dfrac{t}{B_3}\right) & f\left(\dfrac{t}{B_3}\right) \\ \vdots & \vdots & \vdots \end{pmatrix},$$

$$\{F_{n,k}\} = \begin{pmatrix} F(B_1 x) & & \\ F(B_2 x) & F(B_2 x) & \\ F(B_3 x) & F(B_3 x) & F(B_3 x) \\ \vdots & \vdots & \vdots \end{pmatrix}$$

与 §7 的符号对应, 那里的 $X_{n,k}$ 是此处的 $\xi_{n,k}, k_n = n, f_{n,k}(t)$ 是此处的 $f\left(\dfrac{t}{B_n}\right), F_{n,k}(x)$ 是此处的 $F(B_n x)$ $(1 \leqslant k \leqslant k_n = n)$.

用 $\mathscr{L}(Y)$ 表示随机变量 Y 的分布. 下面讨论 $\mathscr{L}\left(\dfrac{X_n}{B_n}\right)$ $\Bigg($或等价地 $\boldsymbol{E}(\mathrm{e}^{\mathrm{i}tX_n/B_n}) = f\left(\dfrac{t}{B_n}\right)^n\Bigg)$ 的极限理论.

定义 9.2 称特征函数 $f(t)$ 是稳定的, 如果对任何常数 $a>0, b>0$, 都存在常数 $c>0$ 和常数 d, 使

$$f(at)f(bt) = f(ct)\mathrm{e}^{\mathrm{i}dt}, \tag{9.24}$$

全部稳定特征函数构成的函数族用 S 表示.

显然,

(1) 退化特征函数、正态特征函数属于 S;

(2) $f \in S \Longrightarrow \mathrm{e}^{\mathrm{i}ut}f(vt) \in S$ $(\forall u \geqslant 0, v > 0)$.

定理 9.2 下面三族特征函数重合:

(1) S;

(2) $S_1 = \left\{\widetilde{f}(t) : \begin{array}{l} \widetilde{f}(t) = \mathrm{e}^{-\mathrm{i}A_n t} f\left(\dfrac{t}{B_n}\right)^n \quad (n \geqslant 1), \\ \widetilde{f} \text{ 是 c.f., } \{B_n\} \text{ 是正数列, } \{A_n\} \text{ 是} \\ \text{实数列, } \{f_{n,k}(t) \overset{\text{def}}{=\!=} f\left(\dfrac{t}{B_n}\right), \\ 1 \leqslant k \leqslant n, n \geqslant 1\} \text{ 是 u.a.n. 体系.} \end{array}\right\};$

(3) $S_2 = \left\{\widetilde{f}(t) : \begin{array}{l} \widetilde{f}(t) = \lim\limits_{n\to\infty} \mathrm{e}^{-\mathrm{i}A_n t} f\left(\dfrac{t}{B_n}\right)^n \text{ 是 c.f.,} \\ \{B_n\} \text{ 是正数列, } \{A_n\} \text{ 是实数列,} \\ \left\{f_{n,k}(t) \overset{\text{def}}{=\!=} f\left(\dfrac{t}{B_n}\right), 1 \leqslant k \leqslant n, n \geqslant 1\right\} \\ \text{是 u.a.n. 体系.} \end{array}\right\}.$

证明可参见文献 [116] 第六章定理 2.1.

以上定理告诉我们随机徘徊在适当的正则化以后, 其极限特征函数必为稳定特征函数. 上面关于稳定特征函数是定性的. 其实稳定特征函数必是无穷可分的, 它的 Lévy–Hinchin 公式有更具体的显式表示.

定理 9.3 对任何稳定特征函数 $f(t) \in S$, 恒有:

$$f(t) = \mathrm{e}^{\psi(t)}, \tag{9.25}$$

$$\psi(t) = \mathrm{i}ct - \frac{\sigma^2|t|^\alpha}{2}(1 + \mathrm{i}\beta \operatorname{sgn}(t)\omega(t, \alpha)), \tag{9.26}$$

$$\omega(t,\alpha)=\begin{cases}\tan\dfrac{\pi\alpha}{2}, & 当\ \alpha\neq 1,\\ \dfrac{2}{\pi}\log|t|, & 当\ \alpha=1\end{cases}\quad(0<\alpha\leqslant 2), \tag{9.27}$$

$$\sigma\geqslant 0,\quad |\beta|\leqslant 1, c\in\mathbf{R}. \tag{9.28}$$

证明可参见文献 [116] 第六章定理 2.2 至定理 2.3 前.

关于随机徘徊

$$\left\{X_n=\sum_{k=1}^{n}\xi_k, n\geqslant 1\right\}$$

的分布 $\mathscr{L}\left(\dfrac{X_n}{B_n}\right)$ 分别以退化分布、正态分布、非退化且非正态的稳定分布为极限分布的情况, 均有充要条件, 分别见文献 [116] 第四章定理 5.5、定理 5.2 和第六章定理 2.3. 文献 [116] 那里讨论的是一般的情况, 我们在此对随机徘徊的分布 $\mathscr{L}\left(\dfrac{X_n}{B_n}\right)$ 以各种稳定分布为极限分布的充要条件, 是文献 [116] 的相应的充要条件的特款. 限于篇幅, 我们不能在此详细讨论.

当然, 对于随机徘徊的其他类型的极限定理, 还有许多优秀的结果.

§10 生灭过程

前两节介绍了时齐的可数状态的马尔可夫链的两个重要特例 —— 分支链和随机徘徊. 本节要介绍时齐的可数状态的马尔可夫过程的一个重要特例 —— 生灭过程. 首先介绍生灭过程的一个在概率论中特别重要的特例 —— Poisson 过程.

定义 10.1 称概率空间 $(\Omega,\mathscr{F},P)$ 上的取值于 $E=\{0,1,2,\cdots\}$ 的随机过程 $X=\{X(t),t\in[0,\infty)\}$ 是始于 0 的标准 Poisson 过程, 记之为 S.P.P.O., 如果

(I) $X(0)\equiv 0$;

(II) 对每个 $\omega\in\Omega, X(\cdot,\omega)$ 是非负整值的单增的右连续函数, 且在每个间断点上之跃度为 1;

(III) X 具有平稳独立增量;

(IV) 存在正实数 $\lambda>0$, 使

$$P(X(t)=k)=\mathrm{e}^{-\lambda t}\frac{(\lambda t)^k}{k!}$$
$$(k=0,1,2,\cdots,t\in[0,\infty)).$$

称 λ 为 X 之强度.

附注 10.1 S.P.P.O. 恒存在.

证明可参见文献 [115] 第五章定理 1.1.

附注 10.2 只要定义 10.1 的 (I)、(II)、(III) 成立, 且存在 $s>0$, 使 $P(X_s=0)<1$, 则 X 是 S.P.P.O..

证明可参见文献 [115] 第五章定理 1.2.

附注 10.3 S.P.P.O. 既是最简的随机过程之一, 又是一个十分重要的随机过程. 这有两方面的原因.

(1) S.P.P.O. $X=\{X(t),t\in[0,\infty)\}$ 中 $X(t)$ 的特征函数为

$$\mathrm{e}^{\lambda t(\mathrm{e}^{\mathrm{i}t}-1)}$$

是无穷可分的, 即 X 是 Lévy 过程. 本节后半部分还要说明它是一种特殊的"纯生过程", 所以它在理论上很重要, 而模式又简单;

(2) S.P.P.O. 的应用很广, 因为许多实际问题出现的随机过程, 可近似地纳入 S.P.P.O. 的模式.

定义 10.2 设 $X=\{X_t:t\in[0,\infty)\}$ 是一个以 $E=\{0,1,2,\cdots\}$ 为状态空间以 $P(t)=(p_{i,j}(t),i,j\in E)$ 为转移矩阵的时齐的马尔可夫过程. $Q=(q_{i,j},i,j\in E)=P'(0)$ 是其转移强度矩阵, 如果

$$Q=\begin{bmatrix}-\lambda_0 & \lambda_0 & 0 & 0 & \cdots\\ \mu_1 & -(\lambda_1+\mu_1) & \lambda_1 & 0 & \cdots\\ 0 & \mu_2 & -(\lambda_2+\mu_2) & \lambda_2 & \cdots\\ \vdots & \vdots & \vdots & \vdots & \end{bmatrix}, \tag{10.1}$$

其中 $\lambda_0\geqslant 0;\lambda_1,\lambda_2,\cdots>0;\mu_1,\mu_2,\cdots>0$ (即 $q_{0,0}=-\lambda_0,q_{0,1}=\lambda_0,q_{0,j}=0$ (当 $j\geqslant 2$). 而当 $i\geqslant 1$ 时, $q_{i,i}=-(\lambda_i+\mu_i),q_{i,i+1}=\lambda_i,q_{i,i-1}=\mu_i,q_{i,j}=0$ (当 $|i-j|>1$)), 则称 X 是一个**生灭过程**.

撇开概率背景, 纯分析地说, 任意一个形如 (10.1) 式的矩阵都称为一个生灭转移强度矩阵. 显然它是保守的.

下面结合随机服务系统来看一个生灭过程的例子.

例 10.1 设有一轮船码头, 在 $[0,t)$ 时间区间内来到码头要求装卸货物的轮船数为 $X_t, \{X_t : t \in [0,\infty)\}$ 构成一个以 λ 为强度的 Poisson 过程, 再设每条轮船装卸货物的时间 T 服从参数为 μ 的负指数分布, 而且各条轮船装卸货物的时间相互独立, 且与到来的轮船亦相互独立. 令 η_t 是时刻 t 码头内之轮船数. 则 $\{\eta_t : t \geqslant 0\}$ 是一个生灭过程, 其转移强度矩阵 $P'(0)$ 是一个形如 (10.1) 式的生灭转移强度矩阵.

定义 10.3 若 Q 是形如 (10.1) 式的生灭转移强度矩阵, 当 $\mu_i \equiv 0$ $(\forall i \geqslant 1)$ 时, 则称 Q 是**纯生转移强度矩阵**; 当 $\lambda_i \equiv 0 (\forall i \geqslant 0)$ 时, 则称 Q 是**纯灭转移强度矩阵**. 如果马尔可夫过程的转移强度矩阵是纯生 (纯灭) 转移强度矩阵时, 则称此马尔可夫过程是**纯生 (纯灭) 过程**.

定理 10.1 设 Q 是一个形如 (10.1) 式的生灭转移强度矩阵, 则下列陈述等价:

(1) $\overline{P}(t)$ 是标准的转移矩阵 (此处 $\overline{P}(t)$ 是第 5 节定理 5.5 中所定义的最小的 Q 过程), 从而 Q 过程是唯一的;

(2)《$(\lambda I - Q)y = 0, y \geqslant 0, \sup\limits_{i \geqslant 0} y_i < \infty$》只有零解 ($\lambda$ 为任一大于 0 之实数);

(3)
$$\sum_{n=1}^{\infty}\sum_{k=1}^{n}\frac{\mu_{k+1}\mu_{k+2}\cdots\mu_n}{\lambda_k\lambda_{k+1}\lambda_{k+2}\cdots\lambda_n} = \infty. \tag{10.2}$$

证明参见文献 [118] 第二编定理 5.1.

这个定理说明: 对生灭过程来说, 只要其转移强度矩阵 Q 满足 (10.2) 式, 其 Q 过程是唯一的, 所以此生灭过程的概率规律性, 完全由 Q 所决定. (转移强度矩阵又称转移密度矩阵.)

推论 10.1 若 $Q = (q_{i,j}, i, j \geqslant 0)$ 是一个纯生转移强度矩阵, 即 $q_{i,i} = -\lambda_i, q_{i,i+1} = \lambda_i, q_{i,j} = 0$ (当 $j \neq i, j \neq i+1$), $\lambda_0 \geqslant 0, \lambda_i > 0 (i \geqslant 1)$, 则下列陈述等价:

(1) 最小 Q 过程 $\overline{P}(t)$ 是标准的转移矩阵;

(2)《$(\lambda I - Q)y = 0, y \geqslant 0, \sup\limits_{i \geqslant 0} y_i < \infty$》只有零解 (其中 λ 为任一正实数);

(3)
$$\sum_{i=1}^{\infty}\frac{1}{\lambda_i} = \infty. \tag{10.3}$$

推论 10.2 设 $X=\{X_t: t\in[0,\infty)\}$ 是满足推论 10.1 中条件 (10.3) 的纯生过程, $P(t)=(p_{i,j}(t),i,j\geqslant 0)$ 是其转移矩阵, 则

$$p_{i,j}(t)=\begin{cases}0, & \text{当 } j<i,\\ \mathrm{e}^{-\lambda_i t}, & \text{当 } j=i,\\ \mathrm{e}^{-\lambda_j t}\displaystyle\int_0^t \mathrm{e}^{\lambda_j s}\lambda_{j-1}p_{i,j-1}(s)\,\mathrm{d}s, & \text{当 } j>i.\end{cases}$$

推论 10.3 设 X 是推论 10.2 中的纯生过程, 若 $\lambda_i\equiv\lambda>0(\forall i\geqslant 0)$, 则 X 必为强度为 λ 的 Poisson 过程, 反之亦真.

定理 10.2 设 $X=\{X_t: t\in[0,\infty)\}$ 是一个生灭过程, 其转移强度矩阵 $Q=(q_{i,j},i,j\geqslant 0)$ 由 (10.1) 式所给出. $\overline{P}(t)=(\overline{p}_{i,j}(t),i,j\geqslant 0)$ 是第 5 节定理 5.5 中所定义的最小 Q 过程, $P(t)=(p_{i,j}(t),i,j\geqslant 0)$ 是 X 的转移矩阵, ($P(t)$ 和 $\overline{P}(t)$ 并未给出, 而 Q 却是已知的) 令

$$\pi_{i,j}=\lim_{t\to\infty}p_{i,j}(t)\quad (i,j\geqslant 0),$$
$$\overline{\pi}_{i,j}=\lim_{t\to\infty}\overline{p}_{i,j}(t)\quad (i,j\geqslant 0).$$

(甲) 设 $\lambda_0>0$, 令

$$\rho_0=1,\quad \rho_n=\frac{\lambda_0\lambda_1\cdots\lambda_{n-1}}{\mu_1\mu_2\cdots\mu_n}\quad (n\geqslant 1).$$

(1) 若 $\sum\limits_{n=0}^{\infty}\rho_n=\infty$, 则 $\overline{\pi}_{i,j}=0\quad (\forall i,j\geqslant 0)$.

(2) 若 $\sum\limits_{n=0}^{\infty}\rho_n<\infty, \sum\limits_{n=0}^{\infty}\dfrac{1}{\lambda_n\rho_n}=\infty$, 则

$$\overline{\pi}_{i,j}=\frac{\rho_j}{\sum\limits_{n=0}^{\infty}\rho_n}\quad (i\geqslant 0,j\geqslant 0).$$

(3) 若 $\sum\limits_{n=0}^{\infty}\rho_n<\infty, \sum\limits_{n=0}^{\infty}\dfrac{1}{\lambda_n\rho_n}<\infty$, 则

$$\overline{\pi}_{i,j}=0\quad (i\geqslant 0,j\geqslant 0).$$

(乙) 设 $\lambda_0=0$, 令

$$\gamma=1+\frac{\mu_1}{\lambda_1}+\frac{\mu_1\mu_2}{\lambda_1\lambda_2}+\cdots,$$
$$y_0^{(0)}=1,\quad y_n^{(0)}=\frac{1}{\gamma}\sum_{k=n}^{\infty}\frac{\mu_1\cdots\mu_k}{\lambda_1\cdots\lambda_k}\quad (n\geqslant 1).$$

(1) 若 $\gamma=\infty$, 则

$$\overline{\pi}_{i,0}=1,\quad \overline{\pi}_{i,j}=0\quad (i\geqslant 0, j\geqslant 1).$$

(2) 若 $\gamma<\infty$, 则

$$\overline{\pi}_{i,0}=y_i^{(0)},\quad \overline{\pi}_{i,j}=0\quad (i\geqslant 0, j\geqslant 1).$$

特别地, 若 (10.2) 式成立, 则 Q 过程是唯一的, 从而 $P(t)=\overline{P}(t)$, 所以

$$\pi_{i,j}=\lim_{t\to\infty}p_{i,j}(t)=\lim_{t\to\infty}\overline{p}_{i,j}(t)=\overline{\pi}_{i,j}\quad (i,j\geqslant 0).$$

于是 $\pi_{i,j}$ 亦由定理 10.2 中诸款而计算出来了.

证明参见 [118] 第二编定理 5.7 与定理 5.8.

定理 10.2 告诉我们: 只要知道生灭过程的转移强度矩阵 Q (不必知道中间对象 $P(t)=(p_{i,j}(t),i,j\geqslant 0)$), 就可以直接算出

$$\pi_{i,j}=\lim_{t\to\infty}p_{i,j}(t).$$

这在实际问题中是非常有用的.

第二章

随机环境中的马尔可夫过程 (MPRE) 导引

在第一章 §1 中, 我们介绍了经典马尔可夫过程的基本概念及分类. 由于此类随机过程的马尔可夫性 (第一章 §1 中的定理 1.1 中的 (1.1)、(1.2)、$\cdots$、(1.8) 都是马尔可夫性的等价描述), 此类过程的概率规律主要由其转移函数 $P(s,t,x,A)$ 所决定. 也是在那一节中, 我们按时间参数集 (离散的或连续的)、状态空间 (可数的或一般的) 和转移函数的性质 (时齐的或非时齐的) 进行了分类, 一共分了 8 类. 最一般的转移函数是 $P(s,t,x,A)$ (其中 $0 \leqslant s < t, x \in E, A \in \mathscr{E}, (E,\mathscr{E})$ 是一个可测空间), 最简单的是第一章 §9 中定义的 Bernoulli 随机徘徊的转移函数, 它由一个数 $p \in (0,1)$ 所决定.

从经典马尔可夫过程的研究看出: 如果有一个随机因素 (从数学上看, 它可能是随机场, 或简单一些, 随机过程) 干扰原随机过程的转移概率, 原随机过程未必还有经典的马尔可夫性, 其概率规律可能主要由一个 "随机转移函数" 来决定. 例如此随机干扰是一个随机过程, 经典马尔可夫过程的转移函数 $P(s,t,x,A)$ 可能被 "随机转移函数" $P(\xi[s,t);x,A)$ 来替代, 其中 $\xi = \{\xi(t), t \in [0,\infty)\}$ 是一个随机过程, $\xi[s,t)$ 是 ξ 在 $[s,t)$ 上的一段 "轨道".

上面的引言是务虚性质的, 过于抽象, 对于未接触过随机环境中的马尔可夫过程的读者, 这些内容可能不易理解. 下面先从一个最简单的例子开始本章的内容.

§1 例子

例 1.1 (依时依空的随机环境中的 Bernoulli 随机徘徊) 在第一章 §9 中, 我们研究过 Bernoulli 随机徘徊, 即它是下述随机过程:

$$X_0 \equiv 0,$$
$$X_n = \sum_{k=1}^{n} \xi_k \quad (n \geqslant 1),$$

其中 $\{\xi_k, k \geqslant 1\}$ 相互独立且具有下述公共分布:

$$P(\xi_k = 1) = q > 0, \quad P(\xi_k = -1) = 1 - q > 0 \quad (k = 1, 2, \cdots),$$

如果 q 不是一个介于 0 和 1 之间的常数, 而代之以一个随机场 $q = \{q(x, n), x \in \mathbf{Z}, n \in \mathbf{Z}_+\}$, Bernoulli 随机徘徊 $\{X_n, n \geqslant 0\}$ 代之以下述随机过程 $\{S_n, n \geqslant 0\}$ 满足:

$$\begin{aligned} &P(S_{n+1} = x + 1 | S_n = x, q) = q(x, n), \\ &P(S_{n+1} = x - 1 | S_n = x, q) = 1 - q(x, n), \end{aligned} \tag{1.1}$$

其中, $n \geqslant 0, x \in \mathbf{Z}, q = \{q(x, n), x \in \mathbf{Z}, n \in \mathbf{Z}_+\}$ 是一个取值于 $(0, 1)$ 的随机场. 此随机过程 $\{S_n, n \geqslant 0\}$ 称为依时依空的随机环境中的 Bernoulli 随机徘徊.

附注 1.1 (1.1) 式中之 $P(S_{n+1} = x + 1 | S_n = x, q) \stackrel{\text{def}}{=\!=} P_q(S_{n+1} = x + 1 | S_n = x)$, 其中 $P_q(\cdot) \stackrel{\text{def}}{=\!=} P(\cdot | q)$.

例 1.2 (依时随机环境中的一维分支链) 设 $(\Theta, \mathscr{B})$ 是一个可测空间, $\overrightarrow{\xi} = \{\xi_n, n \in \mathbf{Z}\}$ 是概率空间 $(\Omega, \mathscr{F}, P)$ 上的以 $(\Theta, \mathscr{B})$ 为状态空间的随机序列, $(\Theta^{\mathbf{Z}}, \mathscr{B}^{\mathbf{Z}})$ 为乘积可测空间, 即 $\Theta^{\mathbf{Z}} = \prod\limits_{i \in \mathbf{Z}} \Theta_i, \Theta_i \equiv \Theta, \mathscr{B}^{\mathbf{Z}} = \prod\limits_{i \in \mathbf{Z}} \mathscr{B}_i, \mathscr{B}_i \equiv \mathscr{B}$. $\overline{m}$ 是 $\overrightarrow{\xi}$ 的 P 分布, 即 $(P \circ \overrightarrow{\xi})(A) \stackrel{\text{def}}{=\!=} P(\overrightarrow{\xi} \in A) \stackrel{\text{def}}{=\!=} \overline{m}(A)$ (对一切 $A \in \mathscr{B}^{\mathbf{Z}}$).

令

$$\{Y_k^{(n)}, n \geqslant 1, k \geqslant 1\}$$

是 $(\Omega,\mathscr{F},P)$ 上的取值于 $\mathbf{Z}_+$ 的关于 $\overrightarrow{\xi}$ 条件独立的具有条件分布 (对任意 $\overrightarrow{\theta}=(\theta_n,n\in\mathbf{Z})$):

$$\{p_j(\theta_n)\overset{\text{def}}{=\!=}P(Y_k^{(n+1)}=j|\overrightarrow{\xi}=\overrightarrow{\theta}),j\geqslant 0\} \tag{1.2}$$

的随机变量族, 其中 $p_j(\cdot)$ 对任一固定的 $j\geqslant 0$ 关于 $\mathscr{B}$ 可测 (注意: (1.2) 式右方之条件概率假定它不依赖于 k). 再令

$X_0\equiv a$ 是一正整数,

$$X_{n+1}=\sum_{k=1}^{X_n}Y_k^{(n+1)}(n\geqslant 0),\quad \overrightarrow{X}=\{X_n,n\geqslant 0\}, \tag{1.3}$$

则称 $(\overrightarrow{X},\overrightarrow{\xi})$ 是典范的依时的随机环境中的分支链, 称 $\overrightarrow{\xi}$ 为其随机环境, 称 $\overrightarrow{X}$ 为其本原随机过程, 称 $\overline{m}$ 为 $\overrightarrow{\xi}$ 的 P 边缘分布.

注意: (1) 如果 $\overline{m}$ 是退化分布, 亦即 $\overrightarrow{\xi}$ 概率为 1 地取一常值向量 $\overrightarrow{a}=(\cdots,a,a,a,\cdots)$, 则例 1.2 中的典范的依时的随机环境中的一维分支链就变成了第一章 §8 中经典的一维分支链.

(2) 例 1.1 和例 1.2 中的随机环境有本质差异, 前者既依赖时间 n 又依赖空间位置 x, 而后者只依赖时间 n.

例 1.3 (依时的随机环境中的更新链) 设 $\Theta=[0,1],\mathscr{B}=\mathscr{B}([0,1])$ 为 $[0,1]$ 上的 Borel σ 代数, $(\Theta^{\mathbf{Z}},\mathscr{B}^{\mathbf{Z}})$ 如例 1.2 为乘积可测空间. $\mathscr{L}$ 是 $[0,1]$ 上的 Lebesgue 测度, $\overline{m}=\mathscr{L}^{\mathbf{Z}}$ 是乘积概率测度. 设 $\overrightarrow{X}=\{X_n,n\geqslant 0\}$ 是概率空间 $(\Omega,\mathscr{F},P)$ 上的取非负整值的随机变量序列, $\overrightarrow{\xi}=\{\xi_n,n\in\mathbf{Z}\}$ 是以 $(\Theta,\mathscr{B})$ 为状态空间的 $(\Omega,\mathscr{F},P)$ 上的随机变量序列, $\overrightarrow{\xi}$ 的 P 分布 $P\circ\overrightarrow{\xi}$ 是 $\overline{m}$. 令函数矩阵

$$P(\theta)=(p(\theta;x,y),x,y=0,1,2,\cdots),\quad \theta\in\Theta=[0,1],$$

$$p(\theta;x,y)=\begin{cases}q_x\theta, & \text{当 } y=x+1,x\geqslant 0,\\ 1-q_x\theta, & \text{当 } y=0,x\geqslant 0,\\ 0, & \text{当 } y\notin\{0,x+1\},x\geqslant 0.\end{cases} \tag{1.4}$$

如果

$$\begin{aligned}&P(X_{n+1}=y,\xi_{n+1}\in B|\overrightarrow{X}_0^n,\overrightarrow{\xi}_{-\infty}^n)\\ &=p(\xi_n;X_n,y)P(\xi_{n+1}\in B|\overrightarrow{\xi}_{-\infty}^n),\end{aligned} \tag{1.5}$$

其中 $n \geqslant 0, y \in \mathbf{Z}_+, B \in \mathscr{B}$, 而且

$$\overrightarrow{X}_k^n \overset{\text{def}}{=\!=} \{X_m, k-1 < m < n+1\}, 0 \leqslant k < \infty, k \leqslant n \leqslant \infty, \tag{1.6}$$

$$\overrightarrow{\xi}_k^n \overset{\text{def}}{=\!=} \{\xi_m : k-1 < m < n+1\}, -\infty \leqslant k \leqslant n \leqslant \infty, \tag{1.7}$$

则称 $(\overrightarrow{X}, \overrightarrow{\xi})$ 为依时的随机环境中的更新链.

附注 1.2 (1.5) 式称为随机环境中的马尔可夫性, 因为当 $\overrightarrow{\xi} \equiv (\cdots, a, a, a, \cdots)$ 是常值随机序列时, 在 (1.5) 式中取 $B = \Theta$ 为全空间时, (1.5) 式就变成了经典的马尔可夫性.

附注 1.3 为什么称 $(\overrightarrow{X}, \overrightarrow{\xi})$ 是依时的随机环境中的更新链呢? 若取 $B = \Theta$, $\overrightarrow{\xi}$ 是上述常值随机序列, 则由 (1.5) 和 (1.4) 式知: (取 $a \in (0,1), aq_x \in (0,1)$)

$$\begin{aligned} &P(X_{n+1} = y | \overrightarrow{X}_0^n) = p(a; X_n, y) \\ &= \begin{cases} aq_{X_n}, & \text{当 } y = X_n + 1; \\ 1 - aq_{X_n}, & \text{当 } y = 0; \\ 0, & \text{当 } y \neq 0 \neq X_{n+1}. \end{cases} \end{aligned} \tag{1.8}$$

考虑设备的更新模型: 当某一设备在时刻 0 装上使用. 每隔一个单位时间就观察一次, 若设备坏了, 就更换一个同类型的新设备. 设 X_n 代表时刻 n 所观察到的设备的年龄, 则 $\overrightarrow{X} = \{X_0, X_1, \cdots\}$ 的转移概率就会形如 (1.7) 式.

例 1.4 设 $(\Omega, \mathscr{F}, P), (\Theta, \mathscr{B}), \overrightarrow{X}, \overrightarrow{\xi}$ 如例 1.3, 而函数矩阵 $P(\theta) = (p(\theta; x, y), x, y \geqslant 0)$ 的定义由 (1.4) 改为: $p(\theta; 0, x) = p(\theta; 1, x) = k_x\theta (x \geqslant 1, \theta \in \Theta), p(\theta; 0, 0) = p(\theta; 1, 0) = 1 - \sum\limits_{x=1}^{\infty} k_x\theta (\theta \in \Theta), p(\theta; n, x) = 0 (\theta \in \Theta, n \geqslant 2, x < n-1), p(\theta; n, x) = p(\theta; 1, x-n+1), (\theta \in \Theta, n \geqslant 2, x \geqslant n-1)$. 此处 $k_x \geqslant 0, k_2 + k_3 + \cdots > 0, \sum\limits_{x=1}^{\infty} k_x < 1, \sum\limits_{x=0}^{\infty} k_x = 1$.

若 $(\overrightarrow{X}, \overrightarrow{\xi})$ 也满足 (1.5) 式, 则称 $(\overrightarrow{X}, \overrightarrow{\xi})$ 为依时的随机环境中的队长过程. 因为 $\overrightarrow{\xi}$ 是常值随机序列时, $\{X_n, n \geqslant 0\}$ 是排队论中的某一类队长过程, 详细情况在此不予讨论了.

§2 MPRE 的几个要素

对经典马尔可夫过程 $X=\{X_t, t\in[0,\infty)\}$ 来说, 从第一章中可看出: 其基本要素有:

(1) 时间参数集 $D=[0,\infty)$;

(2) 状态空间 $(E,\mathscr{E})$ 通常是一个可测空间且对任何 $x\in E$, 有 $\{x\}\in\mathscr{E}$, 即 σ 代数 $\mathscr{E}$ 包含 E 中一切单点集;

(3) 转移函数 $P(s,t,x,A)$ $(0\leqslant s<t, x\in E, A\in\mathscr{E})$.

此外, 在第一章 §1 中, 还根据这三个要素, 把经典马尔可夫过程分成了八类.

对随机环境中的马尔可夫过程 (MPRE) 来说, 其基本要素是什么呢? 在 §1 中一开始, 我们就提到, MPRE 与经典马尔可夫过程比较, 其本质差异在于有一个随机过程干扰其转移函数 $P(s,t,x,A)$. 因此在 MPRE 的要素中, 必然会出现两个随机过程, 其中一个干扰原来的转移函数 $P(s,t,x,A)$. 于是 MPRE 的要素中至少会出现以下几种情况.

(1) 两个时间参数集 D_1, D_2, 前者为原过程之时间参数集, 通常取 $D_1=[0,\infty)$, 后者为随机环境的时间参数集, 通常取 $D_2=(-\infty,\infty)$.

(2) 两个状态空间 $(\mathscr{X},\mathscr{A}),(\varTheta,\mathscr{B})$, 它们都是一般的可测空间, 前者取为原过程的状态空间, 后者取为随机环境的状态空间, 一般假定 $\mathscr{A}$ 包含了 $\mathscr{X}$ 中的全部单点集 $\{x\}$ $(x\in\mathscr{X})$.

(3) 两个乘积可测空间 $(\mathscr{X}^*\overset{\text{def}}{=\!=}\mathscr{X}^{D_1},\mathscr{A}^*\overset{\text{def}}{=\!=}\mathscr{A}^{D_1}),(\varTheta^*\overset{\text{def}}{=\!=}\varTheta^{D_2},\mathscr{B}^*=\mathscr{B}^{D_2})$, 有时还需要 $(\mathscr{X}^*,\mathscr{A}^*)$、$(\varTheta^*,\mathscr{B}^*)$ 的部分乘积可测空间, 例如

$$(\varTheta^*[s,s+t),\mathscr{B}^*[s,s+t))\quad(s,t\in D_2, t>0),$$

其中

$$\varTheta^*[s,s+t)\overset{\text{def}}{=\!=}\varTheta^{[s,s+t)},\quad \mathscr{B}^*[s,s+t)\overset{\text{def}}{=\!=}\mathscr{B}^{[s,s+t)},\tag{2.1}$$

$\varTheta^*[s,s+t)$ 可视为定义在 $[s,s+t)$ 上取值于 $\varTheta$ 的函数全体, 其中的函数用 $\theta^*[s,s+t)$ 表示.

$$\varTheta^*(re)\overset{\text{def}}{=\!=}\bigcup_{\substack{s\geqslant 0\\ t>0}}\varTheta^*[s,s+t).\tag{2.2}$$

(4) 把原过程和随机环境过程 (简称随机环境耦合起来的随机转移函数.

定义 2.1 令 $p(\cdot;\cdot,\cdot):\varTheta^*(re)\times\mathscr{X}\times\mathscr{A}\mapsto[0,1]$, 如果

(1) 对于任意固定的 $\theta^*[s,s+t)\in\Theta^*(re)$ 和 $x\in\mathscr{X}$, $p(\theta^*[s,s+t);x,\cdot)$ 是一个测度;

(2) 对于任意固定的 $s\geqslant 0, t>0$ 和 $A\in\mathscr{A}$, $p(\theta^*[s,s+t);x,A)$ 作为 $(\theta^*[s,s+t),x)$ 的函数, 关于 $\mathscr{X}^*[s,s+t)\times\mathscr{A}$ 是可测的;

(3) p 满足随机 Kolmogorov-Chapmann 方程式

$$p(\theta^*[s,s+t+u);x,A)=\int_{\mathscr{X}}p(\theta^*[s,s+t);x,\mathrm{d}y)p(\theta^*[s+t,s+t+u);y,A),\quad(2.3)$$

其中, $\theta^*\in\Theta^*, s\geqslant 0, t,u>0, x\in\mathscr{X}, A\in\mathscr{A}$, 则称 p 是 Θ^* 中的随机准转移函数 (R.S.T.F). 一个 R.S.T.F. p 称为一个随机转移函数 (R.T.F), 如果 $p(\theta^*[s,s+t);x,\mathscr{X})\equiv 1$.

定义 2.2 令 $p(\cdot,\cdot):\mathscr{X}\times\mathscr{A}\mapsto[0,1]$, 如果对于每个固定的 $A\in\mathscr{A}$, $p(\cdot,A)$ 关于 $\mathscr{A}$ 是可测的, 而且对每个固定的 $x\in\mathscr{X}$, $p(x,\cdot)$ 是测度, 则称 p 是准马尔可夫核 (S.M.K.). 一个 S.M.K. p 称为马尔可夫核 (M.K.), 如果 $p(x,\mathscr{X})\equiv 1$. 全部马尔可夫核记为 MK $(\mathscr{X},\mathscr{A})$.

(5) 两个随机过程通过 R.T.F. p 来耦合.

下面给出一个依时的随机环境中的马尔可夫过程的定义.

定义 2.3 令 $X^*=\{X_t,t\in[0,\infty)\}$ 和 $\xi^*=\{\xi_t,t\in\mathbf{R}\}$ 为定义在概率空间 $(\Omega,\mathscr{F},P)$ 上且分别取值于 $\mathscr{X}$ 和 Θ 上的两个随机过程, $p(\theta^*[s,s+t);x,A)$ 是随机转移函数. 如果

$$\begin{aligned}&(\mathrm{M}):P(X_{s+t}\in A,\xi_{s+t}\in B|X_u,u\in[0,s],\xi_v,v\in(-\infty,s+t))\\=&\,p(\xi^*[s,s+t);X_s,A)P(\xi_{s+t}\in B|\xi_v,\quad v\in(-\infty,s+t)),\text{a.s.},\end{aligned}\quad(2.4)$$

其中, $A\in\mathscr{A}, B\in\mathscr{B}, t>0, s,s+t\in[0,\infty)$, 则称 (X^*,ξ^*) 是依时的随机环境中的马尔可夫过程 (MPTRE). 如果 (M) 替换为

$$\begin{aligned}&(\mathrm{UM}):P(X_{s+t}\in A,\xi^*[s+t,\infty)\in B^{[s+t,\infty)}\\&|X_u,u\in[0,s],\xi_v,v\in(-\infty,s+t))\\=&\,p(\xi^*[s,s+t);X_s,A)P(\xi^*[s+t,\infty)\in B^{[s+t,\infty)}|\xi_v,\\&v\in(-\infty,s+t)),\text{a.s.},\end{aligned}\quad(2.5)$$

其中, $A\in\mathscr{A}, B^{[s+t,\infty)}\in\mathscr{B}^*[s+t,\infty), t>0, s,s+t\in[0,\infty)$, 则称 (X^*,ξ^*) 是一致的依时的随机环境中的马尔可夫过程 (UMPTRE), 其中

$$\xi^*[s,s+t)\overset{\text{def}}{=\!=}\{\xi_u,s\leqslant u<s+t\}$$

是随机过程 $\xi^* = \{\xi_u, u \in \mathbf{R}\}$ 在 $[s, s+t)$ 的子过程.

(6) MPTRE 的推移算子族 $\{T^t, t \in \mathbf{R}\}$.

定义 2.4 沿用以上的符号. 设 (X^*, ξ^*) 是一个 MPTRE. 定义算子

$$T^t : \Theta^* \mapsto \Theta^* \quad \text{如下:}$$

对任何 $\theta^* \in \Theta^*$, 定义

$$(T^t\theta^*)(s) = \theta^*(s+t),$$

称

$\{T^t, t \in \mathbf{R}\}$ 是 Θ^* 上的推移算子族, 有时也称之为 (X^*, ξ^*) 的推移算子族.

(7) MPTRE 的三个分布.

对一个 MPTRE(X^*, ξ^*) 来说, 下面三个分布各从不同的角度刻画了它的概率规律性, 也是研究它的各种问题的重要工具:

(i) (X^*, ξ^*) 的联合分布 (简称分布)

$$P \circ (X^*, \xi^*)^{-1}(C) \overset{\text{def}}{=\!=} P((X^*, \xi^*) \in C), \tag{2.6}$$

其中 $C \in \mathscr{A}^* \times \mathscr{B}^*$;

(ii) X^* 的边缘分布

$$P \circ (X^*)^{-1}(A) \overset{\text{def}}{=\!=} P(X^* \in A), \quad (A \in \mathscr{A}^*); \tag{2.7}$$

(iii) ξ^* 的边缘分布

$$P \circ (\xi^*)^{-1}(B) \overset{\text{def}}{=\!=} P(\xi^* \in B), \quad (B \in \mathscr{B}^*). \tag{2.8}$$

上面三个分布均由 X^* 的初始分布. R.T.F. p 和 $P \circ (\xi^*)^{-1}$ 三者来决定. 这种情况在以后会遇到.

以后言及随机环境中的马尔可夫过程 (MPRE), 可能是依时的随机环境中的马尔可夫过程 (MPTRE), 也可能是依空的随机环境中的马尔可夫过程 (MPSRE), 还可能是依时依空的马尔可夫过程 (MPSTRE). 本书重点研究 MPTRE.

当随机环境是常值的而无随机性时, 以后称这种退化的随机环境中的马尔可夫链 (或过程) 为经典的马尔可夫链 (或过程).

§3 离散时间的 MPRE–MCRE 的几个要素

本节中的几个要素与 §2 基本类似, 只不过把连续时间参数集换成离散时间参数集而已.

下面是随机环境中的马尔可夫链 (MCRE) 的几个要素.

(1) 两个时间参数集 D_1, D_2, 前者为原过程之时间参数集, 通常取 $D_1 = \mathbf{Z}_+ = \{0,1,2,\cdots\}$, 后者为随机环境之时间参数集, 通常取 $D_2 = \mathbf{Z} = \{0,\pm1,\pm2,\cdots\}$.

(2) 两个状态空间 $(\mathscr{X},\mathscr{A})$ 和 $(\Theta,\mathscr{B})$ 如 §2, 不过, 本书对 MCRE 来说, 主要研究的问题都假定 $\mathscr{X}$ 是可数集.

(3) 两个乘积可测空间 $(\overrightarrow{\mathscr{X}} \overset{\text{def}}{=\!=} \mathscr{X}^{\mathbf{Z}_+}, \overrightarrow{\mathscr{A}} \overset{\text{def}}{=\!=} \mathscr{A}^{\mathbf{Z}_+}), (\overrightarrow{\Theta} \overset{\text{def}}{=\!=} \Theta^{\mathbf{Z}}, \overrightarrow{\mathscr{B}} \overset{\text{def}}{=\!=} \mathscr{B}^{\mathbf{Z}})$, 有时还需要 $(\overrightarrow{\mathscr{X}},\overrightarrow{\mathscr{A}})$ 和 $(\overrightarrow{\Theta},\overrightarrow{\mathscr{B}})$ 的部分乘积可测空间, 例如,

$$\overrightarrow{\mathscr{X}}_k^n \overset{\text{def}}{=\!=} \prod_{k-1<m<n+1} \mathscr{X}_m, \mathscr{X}_m \equiv \mathscr{X}, \quad 0 \leqslant k \leqslant n \leqslant \infty, \tag{3.1}$$

$$\overrightarrow{\mathscr{A}}_k^n \overset{\text{def}}{=\!=} \prod_{k-1<m<n+1} \mathscr{A}_m, \mathscr{A}_m \equiv \mathscr{A}, \quad 0 \leqslant k \leqslant n \leqslant \infty, \tag{3.2}$$

$$\overrightarrow{\Theta}_k^n \overset{\text{def}}{=\!=} \prod_{k-1<m<n+1} \Theta_m, \Theta_m \equiv \Theta, \quad -\infty \leqslant k \leqslant n \leqslant \infty, \tag{3.3}$$

$$\overrightarrow{\mathscr{B}}_k^n \overset{\text{def}}{=\!=} \prod_{k-1<m<n+1} \mathscr{B}_m, \mathscr{B}_m \equiv \mathscr{B}, \quad -\infty \leqslant k \leqslant n \leqslant \infty. \tag{3.4}$$

(4) 把本原过程与随机环境耦合起来的随机马尔可夫核 (R.M.K.).

定义 3.1 沿用前面的符号. 设 $\mathrm{MK}(\mathscr{X},\mathscr{A})$ 是定义 2.2 中的全部马尔可夫核, 再设

$$p(\cdot;\cdot,\cdot): \Theta \times \mathscr{X} \times \mathscr{A} \mapsto [0,1], \tag{3.5}$$

若固定任何 $\theta \in \Theta, p(\theta;\cdot,\cdot) \in \mathrm{MK}(\mathscr{X},\mathscr{A})$, 以及任何 $A \in \mathscr{A}, p(\cdot;\cdot,A)$ 是 $\mathscr{B}\times\mathscr{A}$ 可测的实值函数, 则称 $p(\theta;x,A)$ 为一个随机马尔可夫核, 用符号 R.M.K. 记之. 全部 R.M.K. 用 $\mathrm{RMK}(\mathscr{X},\mathscr{A})$ 记之.

特别地, 若 $\mathscr{X}$ 是可数集, 则任何一个 M.K. $p(x,A)$ 由矩阵

$$P \overset{\text{def}}{=\!=} (p(x,y), x, y \in \mathscr{X}) \tag{3.6}$$

决定, 其中 $p(x,y) = p(x,\{y\})$. 这时

$$p(x,A) = \sum_{y\in A} p(x,y). \tag{3.7}$$

而任何一个 R.M.K. $p(\theta;x,A)$ 由随机矩阵

$$P(\theta)\stackrel{\text{def}}{=\!=}(p(\theta;x,y),x,y\in\mathscr{X}) \tag{3.8}$$

决定, 其中 $p(\theta;x,y)=p(\theta;x,\{y\})$, 这时

$$p(\theta;x,A)=\sum_{y\in A}p(\theta;x,y). \tag{3.9}$$

附注 3.1 (3.6) 式定义的矩阵 P 就是第一章中经典的时齐的可数状态的马尔可夫链中的 (一步) 转移矩阵, 而称 (3.8) 式定义的随机矩阵 $P(\theta)$ 为随机转移矩阵, 用符号 R.T.M. 记之.

R.T.M. $P(\theta)$, 在研究原过程 $\overrightarrow{X}$ 具有可数状态的 MCRE 中起着非常重要的作用. 由于 $\mathscr{X}$ 是可数集, $P(\theta)$ 的可测性只要求 $p(\cdot;x,y)\mathscr{B}$ 可测就够了.

(5) 两个随机过程通过 R.M.K. $p(\theta;x,A)$ 来耦合.

下面给出依时的随机环境中的马尔可夫链的定义

定义 3.2 设 $\overrightarrow{X}=\{X_n,n\in\mathbf{Z}_+\}$ 和 $\overrightarrow{\xi}=\{\xi_m,m\in\mathbf{Z}\}$ 是定义在概率空间 $(\varOmega,\mathscr{F},P)$ 上分别取值于 $\mathscr{X}$ 和 $\varTheta$ 的两个随机序列, $p(\theta;x,A)$ 是一个 R.M.K., 如果

$$\begin{aligned}(\mathrm{M_T}[d]):\ &P(X_{n+1}\in A,\xi_{n+1}\in B|\overrightarrow{X}_0^n,\overrightarrow{\xi}_{-\infty}^n)\\&=p(\xi_n;X_n,A)P(\xi_{n+1}\in B|\overrightarrow{\xi}_{-\infty}^n),\text{a.s.},\\&(n\geqslant 0,A\in\mathscr{A},B\in\mathscr{B}),\end{aligned} \tag{3.10}$$

则称 $(\overrightarrow{X},\overrightarrow{\xi})$ 是一个依时的随机环境中的马尔可夫链, 用符号 MCTRE 表示之.

特别地, 若 $\mathscr{X}$ 是可数集, $(\mathrm{M_T}[d])$ 代之以

$$\begin{aligned}(\mathrm{M_T}[d,d]):\ &P(X_{n+1}=y,\xi_{n+1}\in B|\overrightarrow{X}_0^n,\overrightarrow{\xi}_{-\infty}^n)\\&=p(\xi_n;X_n,y)P(\xi_{n+1}\in B|\overrightarrow{\xi}_{-\infty}^n),\text{a.s.},\\&(n\geqslant 0,y\in\mathscr{X},B\in\mathscr{B}),\end{aligned} \tag{3.11}$$

其中

$$P(\theta)\stackrel{\text{def}}{=\!=}(p(\theta;x,y),x,y\in\mathscr{X})$$

是一个 R.T.M., 则称 $(\overrightarrow{X},\overrightarrow{\xi})$ 是一个依时的随机环境中的可数的可尔可夫链, 仍用符号 MCTRE 表示. (注意, 不另用其他符号以避免符号过多, 如特别强

调 $\mathscr{X}$ 是可数集时, 就给予说明, 并在用 R.M.K. $p(\theta; x, A)$ 时代之用 R.T.M. $P(\theta)$.)

(6) MCTRE 的推移算子族 $\{T^n, n \geqslant 0\}$.

定义 3.3 沿用以上的符号. 设 $(\vec{X}, \vec{\xi})$ 是一个 MCTRE, 定义算子

$T^0 = I$ 是恒等算子,

$T : \vec{\Theta} \mapsto \vec{\Theta}$, 如下:

对任何 $\vec{\theta} = \{\theta_n, n \in \mathbf{Z}\} \in \vec{\Theta}$, 定义

$$(T\vec{\theta})_m \stackrel{\text{def}}{=\!=} \theta_{m+1}, (\forall m \in \mathbf{Z}), \tag{3.12}$$

$$T^{n+1} = T \circ T^n, \quad (n \geqslant 0). \tag{3.13}$$

称 $\{T^n, n \geqslant 0\}$ 是 $\vec{\Theta}$ 或者 $(\vec{X}, \vec{\xi})$ 的推移算子族.

(7) MCTRE 的三个分布.

(i) $(\vec{X}, \vec{\xi})$ 的联合分布 $P \circ (\vec{X}, \vec{\xi})^{-1}$;

(ii) $\vec{X}$ 的边缘分布 $P \circ (\vec{X})^{-1}$;

(iii) $\vec{\xi}$ 的边缘分布 $P \circ (\vec{\xi})^{-1}$.

它们都是用 $\vec{X}$ 的初始分布、R.M.K. $p(\theta; x, A)$ 和 $P \circ (\vec{\xi})^{-1}$ 来决定的, 并且在研究 MCTRE 时, 起着非常重要的作用.

§4 MCRE 的分类 (MCSTRE, MCTRE, MCSRE)

本节要对随机环境中的马尔可夫链 (MCRE) 以随机环境为标准来进行分类. 本节恒设 $(\Omega, \mathscr{F}, P), (\mathscr{X}, \mathscr{A}), (\vec{\mathscr{X}} \stackrel{\text{def}}{=\!=} \mathscr{X}^{\mathbf{Z}_+}, \vec{\mathscr{A}} \stackrel{\text{def}}{=\!=} \mathscr{A}^{\mathbf{Z}_+}), (\vec{\mathscr{X}}^n_k, \vec{\mathscr{A}}^n_k)$, $\vec{X} = \{X_n, n \geqslant 0\}, \vec{X}^n_k$ 如 §3 中所定义.

1. 依时依空的随机环境中的马尔可夫链 (MCSTRE)

所谓 MCSTRE, 就是其随机环境是一个既依赖时间参数又依赖空间位置的随机场.

下面首先给出这种随机环境的数学模型. 令 $(\Gamma, \mathscr{D})$ 是任一可测空间, Θ 是一族定义在 $\mathscr{X}$ 上取值于 Γ 的 $\mathscr{A}/\mathscr{D}$ 可测函数, $\mathscr{B}$ 是 Θ 上的一个 σ 代数.

固定任意 $m \in \mathbf{Z}$, 定义

$\xi_{m,x}(\omega):\mathscr{X}\times\Omega\mapsto\Gamma$, 且关于 $\mathscr{A}\times\mathscr{F}/\mathscr{D}$ 可测, 即

$$\overrightarrow{\xi}\overset{\text{def}}{=}\{\xi_{m,x},m\in\mathbf{Z},x\in\mathscr{X}\}\text{ 是 }\mathscr{A}\times\mathscr{F}/\mathscr{D}\text{ 可测随机场},\tag{4.1}$$

$$\xi_n\overset{\text{def}}{=}\{\xi_{n,x},x\in\mathscr{X}\},\quad \xi_{(x)}\overset{\text{def}}{=}\{\xi_{m,x},m\in\mathbf{Z}\},\tag{4.2}$$

$$\overrightarrow{\xi}_k^n\overset{\text{def}}{=}\{\xi_m,k-1<m<n+1\},\quad -\infty\leqslant k\leqslant n\leqslant\infty,\tag{4.3}$$

显然

$$\overrightarrow{\xi}=\overrightarrow{\xi}_{-\infty}^{\infty}.\tag{4.4}$$

再令

$$\overrightarrow{\Theta}=\Theta^{\mathbf{Z}},\quad \overrightarrow{\mathscr{B}}=\mathscr{B}^{\mathbf{Z}},\quad p(\gamma;x,A)\in\text{RMK}(\mathscr{X},\mathscr{A})$$

是 $(\mathscr{X},\mathscr{A})$ 上的一个随机马尔可夫核 (R.M.K.). (定义见定义 3.1, 这里的 $(\Gamma,\mathscr{D})$ 相当那里的 $(\Theta,\mathscr{B})$.)

定义 4.1 设 $(\Omega,\mathscr{F},P),(\mathscr{X},\mathscr{A}),(\Gamma,\mathscr{D})$、$(\Theta,\mathscr{B})$、$\overrightarrow{X}$、$\overrightarrow{\xi}$、$\overrightarrow{X}_k^n$、$\overrightarrow{\xi}_k^n$ 如上所定义, $p(\gamma;x,A)$ 是 $(\mathscr{X},\mathscr{A})$ 上的一个 R.M.K. $(\gamma\in\Gamma)$, 如果下面的条件成立:

$$\begin{aligned}&(\text{M}_{\text{ST}}[d]):P(X_{n+1}\in A,\xi_{n+1}\in B|\overrightarrow{X}_0^n,\overrightarrow{\xi}_{-\infty}^n)\\&=p(\xi_{n,X_n};X_n,A)P(\overrightarrow{\xi}_{n+1}\in B|\overrightarrow{\xi}_{-\infty}^n),\text{ a.s.},\end{aligned}\tag{4.5}$$

其中 $n\geqslant 0,A\in\mathscr{A},B\in\mathscr{B}$, 则称

$$(\overrightarrow{X},\overrightarrow{\xi})$$

是一个依时依空的随机环境中的马尔可夫链 (MCSTRE), 称 $p(\gamma;x,A)$ 为其随机马尔可夫核, $\overrightarrow{X}$ 称为原过程, $\overrightarrow{\xi}$ 称为随机环境.

如果 $(\overrightarrow{X},\overrightarrow{\xi}_0^{\infty})$ 满足

$$\begin{aligned}(\text{M}_{\text{ST}}^{+}[d])\ &:P(X_{n+1}\in A,\xi_{n+1}\in B|\overrightarrow{X}_0^n,\overrightarrow{\xi}_0^n)\\&=p(\xi_{n,X_n};X_n,A)P(\xi_{n+1}\in B|\overrightarrow{\xi}_0^n),\text{ a.s.},\end{aligned}\tag{4.6}$$

其中 $n\geqslant 0,A\in\mathscr{A},B\in\mathscr{B}$, 则称

$$(\overrightarrow{X},\overrightarrow{\xi}_0^{\infty})$$

是一个正依时依空的随机环境中的马尔可夫链 (MCSTRE(+)), 亦称 $\overrightarrow{X}$ 为原过程, $\overrightarrow{\xi}_0^{\infty}$ 为随机环境, $p(\gamma;x,A)$ 为其 R.M.K..

附注 4.1 MCSTRE 和 MCSTRE(+) 是两个不同的概念. $(\overrightarrow{X}, \overrightarrow{\xi})$ 是 MCSTRE, $(\overrightarrow{X}, \overrightarrow{\xi}_0^\infty)$ 可以不是 MCSTRE(+); $(\overrightarrow{X}, \overrightarrow{\xi}_0^\infty)$ 是 MCSTRE(+), $(\overrightarrow{X}, \overrightarrow{\xi})$ 可以不是 MCSTRE. 反例如下:

取 $\mathscr{X} = \Gamma = \Theta = \{-1, 1\}, \eta$ 和 τ 是两个相互独立且具有公共分布 $P(\eta=-1)=P(\tau=-1)=P(\tau=1)=P(\eta=1)=\dfrac{1}{2}$ 的随机变量.

例 4.1 令

$$X_n = \begin{cases} \eta, & \text{当 } n = 2k, k \geqslant 0, \\ \tau, & \text{当 } n = 2k+1, k \geqslant 0, \end{cases}$$

$$\xi_{n,x} = \xi_{-n,x} = X_{n+1}, \text{ 对一切 } n \geqslant 0, x \in \mathscr{X},$$

$$p(\gamma; x, A) = \delta(\gamma, A), \text{ 对一切 } \gamma \in \Gamma, A \subset \mathscr{A}.$$

则 $(\overrightarrow{X}_0^\infty, \overrightarrow{\xi}_{-\infty}^\infty)$ 是一个以 $p(\gamma; x, A)$ 为 R.M.K. 的 MCSTRE, 但 $(\overrightarrow{X}_0^\infty, \overrightarrow{\xi}_0^\infty)$ 不是一个以 $p(\gamma; x, A)$ 为 R.M.K. 的 MCSTRE(+).

事实上, X_n 只能取 -1 或 1, ξ_n 只能取 $(1,1)$ 或 $(-1,1)$, 而

$$\begin{aligned}
& p(\xi_{n,X_n}; X_n, y) P(\xi_{n+1} = (\theta, \theta) | \overrightarrow{\xi}_{-\infty}^n) \\
= & p(X_{n+1}, X_n, y) P(X_{n+2} = \theta | \tau, \eta) \\
= & \mathbf{1}_{\{X_{n+1}=y\}} \mathbf{1}_{\{X_{n+2}=\theta\}} \\
= & P(X_{n+1} = y, \xi_{n+1} = (\theta, \theta) | \tau, \eta) \\
= & P(X_{n+1} = y, \xi_{n+1} = (\theta, \theta) | \overrightarrow{X}_0^n, \overrightarrow{\xi}_{-\infty}^n)
\end{aligned}$$

(对一切 $n \geqslant 0, y \in \mathscr{X}, \theta \in \mathscr{X}$), 所以 $(\overrightarrow{X}, \overrightarrow{\xi})$ 是 MCSTRE. 但是

$$\begin{aligned}
& P(X_1 = 1, \xi_1 = (-1, -1) | X_0, \xi_0) \\
= & P(X_1 = 1, X_2 = -1 | X_0, X_1) \\
= & P(\tau = 1, \eta = -1 | \eta, \tau) \\
= & \mathbf{1}_{\{\tau=1\}} \mathbf{1}_{\{\eta=-1\}} \\
\neq & \mathbf{1}_{\{\tau=1\}} \frac{1}{2} \\
= & p(\xi_{0,X_0}; X_0, \{1\}) P(\eta = -1 | \tau) \\
= & p(\xi_{0,X_0}; X_0, \{1\}) P(\xi_1 = (-1, -1) | \xi_0)
\end{aligned}$$

所以 $(\overrightarrow{X}_0^\infty, \overrightarrow{\xi}_0^\infty)$ 不是 MCSTRE(+).

例 4.2 令 $\mathscr{X}=\Gamma=\Theta=\{-1,1\},\tau,\eta$ 如前. 取 $X_0=\eta, X_n\equiv 1\ (\forall n\geqslant 1)$, $\xi_{m,x}=\tau\ (\forall m>0,x\in\mathscr{X})$, $\xi_{m,x}=\eta+\tau\ (\forall m<0,x\in\mathscr{X})$, $\xi_{0,x}=1\ (\forall x\in\mathscr{X})$, $p(\gamma;x,A)=\delta(1,A)$. 则 $(\overrightarrow{X}_0^\infty,\overrightarrow{\xi}_0^\infty)$ 是 MCSTRE(+), 具有 R.M.K. $p(\gamma;x,A)$, 但 $(\overrightarrow{X}_0^\infty,\overrightarrow{\xi}_{-\infty}^\infty)$ 不是具有 R.M.K. $p(\gamma;x,A)$ 的 MCSTRE.

证明仿例 4.1.

附注 4.2 在定义 4.1 中, 对任何固定的 $A\in\mathscr{A},\theta\in\Theta,p(\theta(x);x,A)$ 是 x 的 $\mathscr{A}$ 可测实值函数.

2. 依时的随机环境中的马尔可夫链 (MCTRE)

定义 4.2 设 $(\Omega,\mathscr{F},P),(\mathscr{X},\mathscr{A}),(\overrightarrow{\mathscr{X}},\overrightarrow{\mathscr{A}}),\overrightarrow{X},\overrightarrow{\mathscr{X}}_k^n,\overrightarrow{\mathscr{A}}_k^n,\overrightarrow{X}_k^n$ 如定义 4.1 所示, $(\Gamma,\mathscr{D})=(\Theta,\mathscr{B})$ 是任一可测空间. $p(\theta;x,A)$ 如定义 4.1 所示, $\xi_{m,x}$ 不依赖 $x\in\mathscr{X}$, 于是定义 4.1 中的可测随机场

$$\overrightarrow{\xi}=\{\xi_{m,x},m\in\mathbf{Z},x\in\mathscr{X}\}$$

变成了随机序列

$$\overrightarrow{\xi}\stackrel{\text{def}}{=\!=}\{\xi_n,n\in\mathbf{Z}\},\quad \xi_n:\Omega\mapsto\Theta,\ \text{且}\ \mathscr{F}/\mathscr{B}\ \text{可测}.$$

仍按惯例记 $(\overrightarrow{\Theta}\stackrel{\text{def}}{=\!=}\Theta^{\mathbf{Z}},\overrightarrow{\mathscr{B}}\stackrel{\text{def}}{=\!=}\mathscr{B}^{\mathbf{Z}})$, 这时 (4.5) 式中的条件 $(\mathrm{M}_{\mathrm{ST}}[d])$ 变为 (3.10) 式中的 $(\mathrm{M}_{\mathrm{T}}[d])$, 即满足定义 4.1 的上述特殊形式的 $(\mathrm{M}_{\mathrm{ST}}[d])$, 亦即满足 $(\mathrm{M}_{\mathrm{T}}[d])$ 的 $(\overrightarrow{X},\overrightarrow{\xi})$ 称为依时的随机环境中的马尔可夫链 (MCTRE).

由此看出: 定义 4.1 是定义 3.2 之推广, 定义 4.2 与定义 3.2 是一致的. 类似于定义 4.1 的另一部分, 也可以定义 MCTRE(+).

定义 4.3 设 $(\Omega,\mathscr{F},P),(\mathscr{X},\mathscr{A}),(\Theta,\mathscr{B}),(\overrightarrow{\Theta},\overrightarrow{\mathscr{B}}),\overrightarrow{X}_0^\infty,\overrightarrow{X}_k^n,\overrightarrow{\xi}_0^\infty,\overrightarrow{\xi}_0^n$, $p(\theta;x,A)$ 均如定义 4.2 所示, 若下列条件成立:

$$\begin{aligned}(\mathrm{M}_{\mathrm{T}}^+[d])\ :\ &P(X_{n+1}\in A,,\xi_{n+1}\in B|\overrightarrow{X}_0^n,\overrightarrow{\xi}_0^n)\\ &=p(\xi_n,X_n,A)P(\xi_{n+1}\in B|\overrightarrow{\xi}_0^n),\text{a.s.},\end{aligned}\tag{4.7}$$

则称 $(\overrightarrow{X}_0^\infty,\overrightarrow{\xi}_0^\infty)$ 是一个正依时随机环境中的马尔可夫链, 用符号 MCTRE(+) 表示之.

附注 4.3 MCTRE 和 MCTRE(+) 也是两个不同的概念, 即 MCTRE 未必是 MCTRE(+); MCTRE(+) 也未必是 MCTRE. 例 4.1 和例 4.2 就可以作为上述论断的例证.

3. 依空随机环境中的马尔可夫链 (MCSRE)

定义 4.4 设 $(\Omega,\mathscr{F},P),(\mathscr{X},\mathscr{A}),(\Theta,\mathscr{B}),(\overrightarrow{\mathscr{X}},\overrightarrow{\mathscr{A}})$、$\overrightarrow{X},\overrightarrow{\mathscr{X}}_k^n,\overrightarrow{\mathscr{A}}_k^n,\overrightarrow{X}_k^n,p(\theta;x,A)$ 如定义 4.2 所示. 设

$$\xi_x(\omega):\mathscr{X}\times\Omega\mapsto\Theta,\ 且\ \mathscr{A}\times\mathscr{F}/\mathscr{B}\ 可测,$$

即 $\xi^{\mathscr{X}}\overset{\text{def}}{=\!=}\{\xi_x,x\in\mathscr{X}\}$ 是一个取值于 Θ 的 $\mathscr{A}\times\mathscr{F}/\mathscr{B}$ 可测的随机场. 按惯例, 记 $(\Theta^{\mathscr{X}},\mathscr{B}^{\mathscr{X}})$ 为乘积可测空间, 此处 $\Theta^{\mathscr{X}}$ 为定义在 $\mathscr{X}$ 取值于 Θ 的函数的全体. 取定义 4.1 中的 $\xi_n\equiv\xi^{\mathscr{X}}$ 对一切 $n\in\mathbf{Z}$, 则 (4.5) 式中的条件 $(\mathrm{M_{ST}}[d])$ 变为

$$\begin{aligned}(\mathrm{M_S}[d])\ :&\ P(X_{n+1}\in A,\xi^{\mathscr{X}}\in B|\overrightarrow{X}_0^n,\xi^{\mathscr{X}})\\ &=p(\xi_{X_n};X_n,A)P(\xi^{\mathscr{X}}\in B|\xi^{\mathscr{X}})\\ &=p(\xi_{X_n};X_n,A)\mathbf{1}_{\{\xi^{\mathscr{X}}\in B\}},\text{a.s.}\\ &(n\geqslant 0,A\in\mathscr{A},B\in\mathscr{B}^{\mathscr{X}}).\end{aligned}\tag{4.8}$$

现在定义满足 (4.8) 式中的条件 $(\mathrm{M_S}[d])$ 的 $(\overrightarrow{X},\xi^{\mathscr{X}})$ 为依空的随机环境中的马尔可夫链, 用符号 MCSRE 表示.

附注 4.4 (4.8) 式中的条件 $(\mathrm{M_S}[d])$ 等价于

$$\begin{aligned}(\mathrm{M_S}[d])^*:&\ P(X_{n+1}\in A|\overrightarrow{X}_0^n,\xi^{\mathscr{X}})\\ &=p(\xi_{X_n};X_n,A),\text{a.s.}\\ &(n\geqslant 0,A\in\mathscr{A}).\end{aligned}\tag{4.9}$$

事实上, 只需注意: $\{\xi^{\mathscr{X}}\in B\}$ 属于 σ 代数 $\sigma(\xi^{\mathscr{X}})$ 即可.

附注 4.5 Cogburn 在文献 [49]—[52] 中的随机环境中的马尔可夫链就是这里的依时的随机环境中的马尔可夫链, 而 Zeitouni 在文献 [310] 中的随机环境中的随机徘徊, 就是这里的依空的随机环境中的马尔可夫链的特例 —— 依空的随机环境中的随机徘徊.

§5 一个存在性定理 —— 从 $P-\Phi$ 链到 MCTRE

从第 2 节到第 4 节, 我们引进了依时随机环境中的马尔可夫过程、多种随机环境中的马尔可夫链以及它们的一系列相关概念. 读者或许会问: 这些

随机过程在数学上是否存在? 能否构造出来? 本节就介绍 MCTRE 的一个构造性的存在定理.

本节恒设 $\mathscr{X}$ 是一个可数集, $\mathscr{A}$ 是由 $\mathscr{X}$ 的全体子集构成的 σ 代数, $(\Theta,\mathscr{B})$ 是一个可测空间. 如前定义:

$$(\overrightarrow{\mathscr{X}}=\mathscr{X}^{\mathbf{Z}_+},\overrightarrow{\mathscr{A}}=\mathscr{A}^{\mathbf{Z}_+}),\quad (\overrightarrow{\Theta}=\Theta^{\mathbf{Z}},\overrightarrow{\mathscr{B}}=\mathscr{B}^{\mathbf{Z}})$$

为乘积可测空间, $\overrightarrow{\mathscr{X}}{}_k^n,\overrightarrow{\mathscr{A}}{}_k^n,\overrightarrow{\Theta}{}_k^n,\overrightarrow{\mathscr{B}}{}_k^n$ 亦如 §4 中所定义. $P(\theta)=(p(\theta;x,y),x,y\in\mathscr{X})$ 为 $\mathscr{X}$ 上的随机转移矩阵 $(\theta\in\Theta)$. $\overrightarrow{\mathscr{X}}$ 和 $\overrightarrow{\Theta}$ 中的元素分别用

$$\overrightarrow{x}=(x_0,x_1,x_2,\cdots)\quad 和\quad \overrightarrow{\theta}=(\theta_m,m\in\mathbf{Z})\ 表示.$$

定义

$$\begin{aligned}&P^{(n)}(\overrightarrow{\theta})\overset{\text{def}}{=\!=}P_n(\theta_0,\theta_1,\cdots,\theta_{n-1})\\&\overset{\text{def}}{=\!=}P(\theta_0)P(\theta_1)\cdots P(\theta_{n-1})\quad(\overrightarrow{\theta}=(\theta_k,k\in\mathbf{Z}),n\geqslant 1).\end{aligned}\tag{5.1}$$

注意: (5.1) 式右方是矩阵的乘积. 再记上面两矩阵为

$$\begin{aligned}&P^{(n)}(\overrightarrow{\theta})=(p^{(n)}(\overrightarrow{\theta};x,y),\quad x,y\in\mathscr{X}),\\&P_n(\theta_0,\theta_1,\cdots,\theta_{n-1})=(p_n(\theta_0,\theta_1,\cdots,\theta_{n-1};x,y),\quad x,y\in\mathscr{X})\\&\overset{\text{def}}{=\!=}\Bigg(\sum_{x_1\in\mathscr{X}}\sum_{x_2\in\mathscr{X}}\cdots\sum_{x_{n-1}\in\mathscr{X}}p(\theta_0;x,x_1)p(\theta_1;x_1,x_2)\\&\qquad\cdots p(\theta_{n-2};x_{n-2},x_{n-1})p(\theta_{n-1};x_{n-1},y),\ x,y\in\mathscr{X}\Bigg)\\&(n\geqslant 1,\overrightarrow{\theta}=(\theta_m,m\in\mathbf{Z})\in\overrightarrow{\Theta}).\end{aligned}\tag{5.2}$$

定义 5.1 沿用上述符号. 再设 Φ 是 $\mathscr{A}\times\overrightarrow{\mathscr{B}}$ 上的一个概率测度 (有时简记 $\Phi(\{x\}\times B)$ 为 $\Phi(x,B)$ 或 $\Phi(\{x\},B)$), 则称

$$V=(\mathscr{X},\mathscr{A};\Theta,\mathscr{B};P(\theta),\Phi)\tag{5.3}$$

是一个 $P-\Phi$ 链.

定理 5.1 任给一个 $P-\Phi$ 链 $V=(\mathscr{X},\mathscr{A};\Theta,\mathscr{B};P(\theta),\Phi)$, 恒存在一个概率空间 $(\Omega,\mathscr{F},P_\Phi)$ 及定义在其上的取值于 $(\overrightarrow{\mathscr{X}},\overrightarrow{\Theta})$ 的 MCTRE$(\overrightarrow{X},\overrightarrow{\xi})$:

$$(\overrightarrow{X},\overrightarrow{\xi}):\Omega\mapsto(\overrightarrow{\mathscr{X}},\overrightarrow{\Theta}),\tag{5.4}$$

使

(1)
$$P_\Phi((\overrightarrow{X},\overrightarrow{\xi})\in C)$$
$$=\int_{\mathscr{X}\times\overrightarrow{\Theta}}\Phi(\mathrm{d}x,\mathrm{d}\overrightarrow{\theta})\int_{\overrightarrow{\mathscr{X}}}P^x_{\overrightarrow{\theta}}(\mathrm{d}\overrightarrow{x})\mathbf{1}_C(\overrightarrow{x},\overrightarrow{\theta}),\tag{5.5}$$

其中 $C\in\overrightarrow{\mathscr{A}}\times\overrightarrow{\mathscr{B}}, P^x_{\overrightarrow{\theta}}(x\in\mathscr{X},\overrightarrow{\theta}\in\overrightarrow{\Theta})$ 是由下述方式定义的 $\overrightarrow{\mathscr{A}}$ 上的概率测度.

首先定义 $(\overrightarrow{\mathscr{X}},\overrightarrow{\mathscr{A}}),(\overrightarrow{\Theta},\overrightarrow{\mathscr{B}})$ 上的两类可测柱集:

$$L(\overrightarrow{\mathscr{X}}:x_0,x_1,\cdots,x_n)\overset{\text{def}}{=\!=}\{\overrightarrow{x}\in\overrightarrow{\mathscr{X}}:(\overrightarrow{x})_i=x_i,\ 0\leqslant i\leqslant n\}$$
$$(n\geqslant 0,x_i\in\mathscr{X},0\leqslant i\leqslant n);\tag{5.6}$$
$$L(\overrightarrow{\Theta}:B_k,B_{k+1},\cdots,B_l)\overset{\text{def}}{=\!=}\{\overrightarrow{\theta}\in\overrightarrow{\Theta}:(\overrightarrow{\theta})_i\in B_i,\ k\leqslant i\leqslant l\}$$
$$(-\infty<k\leqslant l<\infty,B_i\in\mathscr{B},k\leqslant i\leqslant l).\tag{5.7}$$

定义 $P^x_{\overrightarrow{\theta}}$ 在柱集 $L(\overrightarrow{\mathscr{X}}:x_0,x_1,\cdots,x_n)$ 上的值

$$P^x_{\overrightarrow{\theta}}(L(\overrightarrow{\mathscr{X}}:x_0,x_1,\cdots,x_n))=\delta_{x,x_0}\prod_{i=0}^{n-1}p(\theta_i;x_i,x_{i+1})$$
$$(x,x_i\in\mathscr{X},\overrightarrow{\theta}=(\theta_i,i\in\mathbf{Z})\in\overrightarrow{\Theta},n\geqslant 0).\tag{5.8}$$

易证上述定义在可测柱集上的集合函数可唯一地扩张到 $\overrightarrow{\mathscr{A}}$ 上去而得一概率测度, 扩张后的概率测度仍用 $P^x_{\overrightarrow{\theta}}$ 表示. 由 (5.8) 式再用测度论中的单调类定理 (参看文献 [115] 第二章 §1) 易证: $P^x_{\overrightarrow{\theta}}(A)$ 对每个固定的 $x\in\mathscr{X},A\in\overrightarrow{\mathscr{A}}$, 是 $\overrightarrow{\theta}$ 的 $\overrightarrow{\mathscr{B}}$ 可测函数, 所以 (5.5) 式右方之积分是有意义的.

(2) $\overrightarrow{X}$ 的 P_Φ 边缘分布为

$$P_\Phi\circ(\overrightarrow{X})^{-1}(A)\overset{\text{def}}{=\!=}P_\Phi(\overrightarrow{X}\in A)=\int_{\mathscr{X}\times\overrightarrow{\Theta}}\Phi(\mathrm{d}x,\mathrm{d}\overrightarrow{\theta})P^x_{\overrightarrow{\theta}}(A)\quad(A\in\overrightarrow{\mathscr{A}}),\tag{5.9}$$

特别地, $\overrightarrow{X}$ 的 P_Φ初始分布为

$$P_\Phi(X_0=x_0)=\int_{\mathscr{X}\times\overrightarrow{\Theta}}\Phi(\mathrm{d}x,\mathrm{d}\overrightarrow{\theta})P^x_{\overrightarrow{\theta}}(L(\overrightarrow{\mathscr{X}}:x_0))$$
$$=\int_{\mathscr{X}\times\overrightarrow{\Theta}}\Phi(\mathrm{d}x,\mathrm{d}\overrightarrow{\theta})\delta_{x,x_0}=\Phi(\{x_0\}\times\overrightarrow{\Theta}).\tag{5.10}$$

(3) $\overrightarrow{\xi}$ 的 P_Φ 边缘分布 (记为 $\overline{m}$) 为

$$\overline{m}(B)\overset{\text{def}}{=\!=}P_\Phi\circ(\overrightarrow{\xi})^{-1}(B)=P_\Phi(\overrightarrow{\xi}\in B)=\Phi(\mathscr{X}\times B),\quad B\in\overrightarrow{\mathscr{B}}.\tag{5.11}$$

特别地, ξ_i 的 P_Φ 边缘分布 (记为 $\overline{m}_i$) 为

$$\overline{m}_i(A_i) = \Phi(\mathscr{X} \times (A_i \times \mathop{\times}_{s\neq i} \Theta_s)), \quad A_i \in \mathscr{B}, \Theta_s \equiv \Theta; \tag{5.11$'$}$$

当 $\overline{m}_i$ 不依赖 i 时, 即 $\{\xi_i, i \in \mathbf{Z}\}$ 同分布, 则统记 $\overline{m}_i$ 为 $\overline{m}_{mg}$.

(4) 若 $\overrightarrow{\xi}$ 是经典的时齐的马尔可夫链, 且具有 M.K. $K(\theta, B)$, $(\theta \in \Theta, B \in \mathscr{B})$, 则二重链 $\overrightarrow{Y} = \{Y_n \overset{\text{def}}{=\!=} (X_n, \xi_n), n \geqslant 0\}$ 是一个经典的时齐的马尔可夫链, 且具有 M.K.:

$$\begin{aligned}&J((x,\theta); \{y\} \times B) \overset{\text{def}}{=\!=} P_\Phi((X_{n+1}, \xi_{n+1}) \in \{y\} \times B | (X_n, \xi_n) = (x,\theta)) \\ &= p(\theta; x, y) K(\theta; B)(\theta \in \Theta, x, y \in \mathscr{X}, B \in \mathscr{B}).\end{aligned} \tag{5.12}$$

证 令 $\Omega = \overrightarrow{\mathscr{X}} \times \overrightarrow{\Theta}, \mathscr{F} = \overrightarrow{\mathscr{A}} \times \overrightarrow{\mathscr{B}}$, 任取 $C \in \mathscr{F}$, 令

$$P_\Phi(C) = \int_{\mathscr{X} \times \overrightarrow{\Theta}} \Phi(\mathrm{d}x, \mathrm{d}\overrightarrow{\theta}) \int_{\overrightarrow{\mathscr{X}}} P^x_{\overrightarrow{\theta}}(\mathrm{d}\overrightarrow{x}) \mathbf{1}_C(\overrightarrow{x}, \overrightarrow{\theta}), \tag{5.13}$$

$$(\overrightarrow{X}(\omega), \overrightarrow{\xi}(\omega)) = (\overrightarrow{X}(\overrightarrow{x}, \overrightarrow{\theta}), \overrightarrow{\xi}(\overrightarrow{x}, \overrightarrow{\theta})) = (\overrightarrow{x}, \overrightarrow{\theta}) = \omega \quad (\omega \in \Omega), \tag{5.13$'$}$$

即 $\overrightarrow{X}$ 和 $\overrightarrow{\xi}$ 都是坐标过程.

下面首先证明 $(\overrightarrow{X}, \overrightarrow{\xi})$ 是 $(\Omega, \mathscr{F}, P_\Phi)$ 上的一个 MCTRE. 令 $\Theta_n : \overrightarrow{\Theta} \to \Theta$ 是 $\overrightarrow{\Theta}$ 上的坐标函数, 即 $\Theta_n(\overrightarrow{\theta}) = \theta_n$ 对任何 $\overrightarrow{\theta} = (\theta_n, n \in \mathbf{Z}) \in \overrightarrow{\Theta}, \mathscr{B}^l_k$ 是 $\{\Theta_n, k-1 < n < l+1\}$ 所产生的 σ 代数, 则

$$\begin{aligned}&\sigma(\xi_n, k-1 < n < l+1) = \{\overrightarrow{\mathscr{X}} \times B : B \in \mathscr{B}^l_k\} \\ &(-\infty \leqslant k \leqslant l \leqslant \infty).\end{aligned} \tag{5.14}$$

对任何 $B_i \in \mathscr{B}, k \leqslant i \leqslant l \leqslant n$, 任何 $\{x_0, x_1, \cdots, x_{n+1}\} \subset \mathscr{X}$, 由 (5.14)、(5.13) 和 (5.8) 式有

$$\begin{aligned}&\int_{L(\overrightarrow{\mathscr{X}}: x_0, x_1, \cdots, x_n) \times L(\overrightarrow{\Theta}: B_k, \cdots, B_l)} \mathrm{d}P_\Phi \\ &\cdot [p(\xi_n; X_n, x_{n+1}) P_\Phi(\xi_{n+1} \in B_{n+1} | \overrightarrow{\xi}^n_{-\infty})] \\ =& \int_{\mathscr{X} \times \overrightarrow{\Theta}} \Phi(\mathrm{d}x, \mathrm{d}\overrightarrow{\theta}) [P^x_{\overrightarrow{\theta}}(L(\overrightarrow{\mathscr{X}} : x_0, x_1, \cdots, x_n, x_{n+1})) \\ &\cdot \overline{m}(L(\overrightarrow{\Theta} : B_k, \cdots, B_l, M_{l+1}, \cdots, M_n, B_{n+1}) | \mathscr{B}^n_{-\infty})],\end{aligned} \tag{5.15}$$

此处 $M_i \equiv \Theta$. 但是对任何固定的 $x_0, x_1, \cdots, x_{n+1}, x$, 有

$$P^x_{\overrightarrow{\theta}}(L(\overrightarrow{\mathscr{X}} : x_0, x_1, \cdots, x_n, x_{n+1})) = \delta_{x,x_0} \prod_{i=0}^{n} p(\theta_i; x_i, x_{i+1}),$$

它作为 $\overrightarrow{\theta}$ 的函数对 σ 代数 $\mathscr{B}_0^n$ 是可测的, 又 $\mathscr{B}_0^n \subset \mathscr{B}_{-\infty}^n$, 所以若令 $\boldsymbol{E}_{\overline{m}}$ 是关于 $\overline{m}$ 的期望算子, 则 (5.15) 式右方等于

$$\begin{aligned}
&\int_{\mathscr{X}\times\overrightarrow{\Theta}} \Phi(\mathrm{d}x, \mathrm{d}\overrightarrow{\theta})[\boldsymbol{E}_{\overline{m}}(P_{\overrightarrow{\theta}}^x(L(\overrightarrow{\mathscr{X}}: x_0, x_1, \cdots, x_n, x_{n+1})) \\
&\qquad \cdot \mathbf{1}_{L(\overrightarrow{\Theta}:B_k,\cdots,B_l,M_{l+1},\cdots,M_n,B_{n+1}^{(\overrightarrow{\theta})})}|\mathscr{B}_{-\infty}^n)] \\
&= P_\Phi\left(\bigcap_{i=0}^{n+1}\{X_i = x_i\}\bigcap\left(\bigcap_{j=k}^{l}\{\xi_j \in B_j\}\bigcap\{\xi_{n+1}\in B_{n+1}\}\right)\right) \qquad (5.16)\\
&\quad (\text{对一切 } x_i \in \mathscr{X},\ 0 \leqslant i \leqslant n+1,\ B_j \in \mathscr{B}, l \leqslant j \leqslant k, B_{n+1} \in \mathscr{B}),
\end{aligned}$$

所以 (3.11) 中的条件: $(\mathrm{M_T}[d,d])$ 成立, 从而 $(\overrightarrow{X}, \overrightarrow{\xi})$ 是一个 MCTRE, 且其 P_Φ 分布为: $P_\Phi \circ (\overrightarrow{X}, \overrightarrow{\xi})^{-1}$, 它由 (5.5) 式所定义. 由 (5.5) 式立即可得 $\overrightarrow{X}$ 和 $\overrightarrow{\xi}$ 的 P_Φ 边缘分布分别如 (5.9) 式与 (5.11) 式所定义. 至此, 定理 5.1 中的论断 (1)、(2)、(3) 证毕.

最后证明定理 5.1(4). 记 $\boldsymbol{E}_\Phi$ 为关于 P_Φ 的期望算子.

设 $\overrightarrow{\xi} = \{\xi_n, n \in \mathbf{Z}\}$ 是经典的时齐的马尔可夫链, 且以 $K(\theta, B)$ 为其 M.K., 则二重链 $Y = \{Y_n = (X_n, \xi_n), n \geqslant 0\}$ 必满足:

$$\begin{aligned}
&P_\Phi((X_{n+1}, \xi_{n+1}) \in \{y\}\times B|(X_0,\xi_0),\cdots,(X_n,\xi_n)) \\
&= P_\Phi(X_{n+1} = y, \xi_{n+1} \in B|\overrightarrow{X}_0^n, \overrightarrow{\xi}_0^n) \\
&= \boldsymbol{E}_\Phi(P_\Phi(X_{n+1} = y, \xi_{n+1} \in B|\overrightarrow{X}_0^n, \overrightarrow{\xi}_{-\infty}^n)|\overrightarrow{X}_0^n, \overrightarrow{\xi}_0^n) \\
&= \boldsymbol{E}_\Phi(p(\xi_n; X_n, y)P_\Phi(\xi_{n+1} \in B|\overrightarrow{\xi}_{-\infty}^n)|\overrightarrow{X}_0^n, \overrightarrow{\xi}_0^n) \\
&= \boldsymbol{E}_\Phi(p(\xi_n; X_n, y)P_\Phi(\xi_{n+1} \in B|\xi_n)|\overrightarrow{X}_0^n, \overrightarrow{\xi}_0^n) \\
&= p(\xi_n; X_n, y)K(\xi_n, B) \qquad (5.17)
\end{aligned}$$

对任何 $y \in \mathscr{X}, B \in \mathscr{B}, n \geqslant 0$ 成立.(4) 获证. 定理证毕.

附注 5.1 若 $(\overrightarrow{X}_0^\infty, \overrightarrow{\xi}_0^\infty)$ 是 MCTRE(+), $\overrightarrow{\xi}_0^\infty$ 是经典的时齐的马尔可夫链, 则定理 5.1 中的结论 (4) 更易成立 (从 (5.17) 式的证明中即可看出.).

§6 MCTRE 的衍生链 —— SKPMC 和 $p-\overrightarrow{\theta}$ 链

设 $(\mathscr{X},\mathscr{A}), (\Theta,\mathscr{B}), P(\theta), P^{(n)}(\overrightarrow{\theta}), (\overrightarrow{\mathscr{X}},\overrightarrow{\mathscr{A}}), (\overrightarrow{\Theta},\overrightarrow{\mathscr{B}}), \Phi(x,B), p_{\overrightarrow{\theta}}^x$ 如 §5 所定义. $V = (\mathscr{X},\mathscr{A};\Theta,\mathscr{B};P(\theta),\Phi)$ 是 $P-\Phi$ 链, $(\Omega,\mathscr{F},P_\Phi)$ 是定理 5.1 中所

构造的概率空间, $(\vec{X}, \vec{\xi})$ 是定理 5.1 中的构造的 MCTRE. 在 §5 中, 我们已经看到由 $(\vec{X}, \vec{\xi})$ 衍生出的第一个衍生链.

(1) 二重链 $Y = \{Y_n = (X_n, \xi_n), n \geqslant 0\}$.

若 $\vec{\xi}$ 是经典的时齐的马尔可夫链, 且具有 M.K.

$$K(\theta, B) \stackrel{\text{def}}{=\!=} P_\Phi(\xi_{n+1} \in B | \xi_n = \theta), \quad n \geqslant 0, \theta \in \Theta, B \in \mathscr{B},$$

则 Y 也是 $(\Omega, \mathscr{F}, P_\Phi)$ 上的具有 M.K.

$$J((x, \theta), \{y\} \times B) = p(\theta; x, y) K(\theta, B) \tag{6.1}$$

的经典的时齐的马尔可夫链.

下面介绍由 $(\vec{X}, \vec{\xi})$ 衍生出的第二个衍生链.

(2) SKPMC.

设 T 是由 $\vec{\Theta}$ 到 $\vec{\Theta}$ 的推移算子, 即对任何 $\vec{\theta} = (\theta_n, n \in \mathbf{Z}), (T\vec{\theta})_n \stackrel{\text{def}}{=\!=} \theta_{n+1}$ $(n \in \mathbf{Z})$.

定义 6.1 设 $(\vec{X}, \vec{\xi})$ 是上面定义的 MCTRE, 称 $\{(X_n, T^n\vec{\xi}), n \geqslant 0\}$ 为 $(\vec{X}, \vec{\xi})$ 的绕积马尔可夫链 (SKPMC).

定理 6.1 SKPMC 是 $(\Omega, \mathscr{F}, P_\Phi)$ 上的经典的时齐的马尔可夫链, 其初始分布为

$$P_\Phi((X_0, \vec{\xi}) \in \{x\} \times B) = \Phi(\{x\} \times B) \quad (x \in \mathscr{X}, B \in \vec{\mathscr{B}}), \tag{6.2}$$

其 M.K. 为

$$\begin{aligned} &\widehat{P}((x, \vec{\theta}), F) \stackrel{\text{def}}{=\!=} P_\Phi((X_1, T\vec{\xi}) \in F (X_0, \vec{\xi}) = (x, \vec{\theta})) \\ =& \sum_{y \in \mathscr{X}} p(\theta_0; x, y) \mathbf{1}_{(F)_y}(T\vec{\theta}) \\ &(x \in \mathscr{X}, \vec{\theta} \in \vec{\Theta}, F \in \mathscr{A} \times \vec{\mathscr{B}}, (F)_y = \{\vec{\theta} \in \vec{\Theta} : (y, \vec{\theta}) \\ &\in F\} \text{ 是 } F \text{在 } y \text{ 处的截口集}). \end{aligned} \tag{6.3}$$

证 (6.2) 式由 P_Φ 的定义 (见 (5.13) 式) 立即可得.

下证 (6.3) 式. 如 §4, 定义

$$P(\theta) = (p(\theta; x, y), x, y \in \mathscr{X}), \tag{6.4}$$

$$\begin{aligned}P^{(n)}(\overrightarrow{\theta}) &\overset{\text{def}}{=\!=} (p^{(n)}(\overrightarrow{\theta};x,y),x,y\in\mathscr{X})\\ &\overset{\text{def}}{=\!=} P(\theta_0)P(\theta_1)\cdots P(\theta_{n-1})\quad(n\geqslant 1).\end{aligned}\tag{6.5}$$

再定义

$$\widehat{P}^{(n)}((x,\overrightarrow{\theta}),F)\overset{\text{def}}{=\!=}\sum_{y\in\mathscr{X}}p^{(n)}(\overrightarrow{\theta};x,y)\mathbf{1}_{(F)_y}(T^n\overrightarrow{\theta}).\tag{6.6}$$

注意: 由 $P(\theta),P^{(n)}(\overrightarrow{\theta}),\widehat{P}((x,\overrightarrow{\theta}),F),\widehat{P}^{(n)}((x,\overrightarrow{\theta}),F)$ 之定义有:

$$\begin{aligned}P^{(1)}(\overrightarrow{\theta}) &= P(\theta_0)=(p(\theta_0;x,y),x,y\in\mathscr{X})\\ &=(p^{(1)}(\overrightarrow{\theta};x,y),x,y\in\mathscr{X}),\end{aligned}\tag{6.7}$$

$$P^{(n+k)}(\overrightarrow{\theta})=P^{(n)}(\overrightarrow{\theta})P^{(k)}(T^n\overrightarrow{\theta})\quad(n,k\geqslant 1,\overrightarrow{\theta}\in\overrightarrow{\Theta}),\tag{6.8}$$

$$\widehat{P}^{(1)}((x,\overrightarrow{\theta}),F)=\widehat{P}((x,\overrightarrow{\theta}),F)\quad(x\in\mathscr{X},\overrightarrow{\theta}\in\overrightarrow{\Theta},F\in\mathscr{A}\times\overrightarrow{\mathscr{B}}),\tag{6.9}$$

$$\widehat{P}^{(n)}((x,\overrightarrow{\theta}),\{y\}\times\overrightarrow{\Theta})=p^{(n)}(\overrightarrow{\theta};x,y)\ (n\geqslant 1,\overrightarrow{\theta}\in\overrightarrow{\Theta},x,y\in\mathscr{X}).\tag{6.10}$$

由 (6.6) 式及单调类定理可证: 对任何有界的 $\mathscr{A}\times\overrightarrow{\mathscr{B}}$ 可测的实值函数 $f(x,\overrightarrow{\theta})$, 有

$$\begin{aligned}&\int_{\mathscr{X}\times\overrightarrow{\Theta}}\widehat{P}^{(n)}((x,\overrightarrow{\theta}),\mathrm{d}(y,\overrightarrow{\tau}))f(y,\overrightarrow{\tau})\\ &=\sum_{y\in\mathscr{X}}p^{(n)}(\overrightarrow{\theta};x,y)f(y,T^n\overrightarrow{\theta}).\end{aligned}\tag{6.11}$$

事实上, 当 $f(x,\overrightarrow{\theta})=\mathbf{1}_A(x)\mathbf{1}_B(\overrightarrow{\theta})$ 时,

$$\begin{aligned}&\int_{\mathscr{X}\times\overrightarrow{\Theta}}\widehat{P}^{(n)}((x,\overrightarrow{\theta}),\mathrm{d}(y,\overrightarrow{\tau})f(y,\overrightarrow{\tau}))\\ &=\widehat{P}^{(n)}((x,\overrightarrow{\theta}),A\times B)\\ &=\sum_{y\in\mathscr{X}}p^{(n)}(\overrightarrow{\theta};x,y)\mathbf{1}_A(y)\mathbf{1}_B(T^n\overrightarrow{\theta})\\ &=\sum_{y\in\mathscr{X}}p^{(n)}(\overrightarrow{\theta};x,y)f(y,T^n\overrightarrow{\theta}),\end{aligned}\tag{6.12}$$

由 (6.12) 式并用单调类定理可知 (6.11) 式成立.

注意: 对任何 $n\geqslant 1,\widehat{P}^{(n)}(\cdot,\cdot)$ 是 $(\mathscr{X}\times\overrightarrow{\Theta},\mathscr{A}\times\overrightarrow{\mathscr{B}})$ 上的 M.K., 由 (6.6)、(6.8) 式知: 下述 (K–C) 方程式成立:

$$\begin{aligned}&(\text{K–C}):\int_{\mathscr{X}\times\overrightarrow{\Theta}}\widehat{P}^{(n)}((x,\overrightarrow{\theta}),\mathrm{d}(y,\overrightarrow{\tau}))\widehat{P}^{(k)}((y,\overrightarrow{\tau}),F)\\ &=\widehat{P}^{(n+k)}((x,\overrightarrow{\theta}),F).\end{aligned}\tag{6.13}$$

但是, 由 (6.6) 和 (6.9) 式有

$$\int_{\{x_1\}\times B_1} \widehat{P}((x, \overrightarrow{\theta}), \mathrm{d}(y_1, \overrightarrow{\theta}_1))\widehat{P}((y_1, \overrightarrow{\theta}_1), \{y_2\} \times B_2)$$

$$= P^x_{\overrightarrow{\theta}}(L(\overrightarrow{\mathscr{X}} : x_1, x_2)) \prod_{i=1}^{2} \mathbf{1}_{B_i}(T^i \overrightarrow{\theta}). \tag{6.14}$$

用归纳法可证:

$$\int_{\mathscr{X}\times\overrightarrow{\Theta}} \widehat{P}((x, \overrightarrow{\theta}), \mathrm{d}(y_1, \overrightarrow{\theta}_1)) \int_{\mathscr{X}\times\overrightarrow{\Theta}} \widehat{P}((y_1, \overrightarrow{\theta}_1), \mathrm{d}(y_2, \overrightarrow{\theta}_2))$$

$$\cdots \int_{\mathscr{X}\times\overrightarrow{\Theta}} \widehat{P}((y_{n-1}, \overrightarrow{\theta}_{n-1}), \mathrm{d}(y_n, \overrightarrow{\theta}_n)) \prod_{i=1}^{n} \mathbf{1}_{B_i}(T^i \overrightarrow{\theta})$$

$$= P^x_{\overrightarrow{\theta}}(L(\overrightarrow{\mathscr{X}} : x_1, \cdots, x_n)) \prod_{i=1}^{n} \mathbf{1}_{B_i}(T^i \overrightarrow{\theta}) \tag{6.15}$$

$$(n \geqslant 1, x_i \in \mathscr{X}, B_i \in \overrightarrow{\mathscr{B}},\ 1 \leqslant i \leqslant n).$$

而由 (5.13) 式 P_Φ 的定义可知:

$$P_\Phi\left(\bigcap_{i=0}^{n}\{X_i = x_i, T^i \overrightarrow{\xi} \in B_i\}\right)$$

$$= \int_{\mathscr{X}\times\overrightarrow{\Theta}} \Phi(\mathrm{d}x, \mathrm{d}\overrightarrow{\theta}) P^x_{\overrightarrow{\theta}}(L(\overrightarrow{\mathscr{X}}; x_0, x_1, \cdots, x_n)) \prod_{i=0}^{n} \mathbf{1}_{B_i}(T^i \overrightarrow{\theta}). \tag{6.16}$$

由 (6.16)、(6.15) 式知 $\{(X_n, T^n \overrightarrow{\xi}), n \geqslant 0\}$ 是 $(\Omega, \mathscr{F}, P_\Phi)$ 上的以 $\widehat{P}((x, \overrightarrow{\theta}), F)$ 为 M.K. 的以 $\Phi(\{x\}, B)$ 为初始分布的经典的时齐的马尔可夫链.

推论 6.1 由 (6.8) 式有

$$p^{(u+v)}(\overrightarrow{\theta}, x, z) = \sum_{y\in\mathscr{X}} p^{(u)}(\overrightarrow{\theta}; x, y) p^{(v)}(T^u \overrightarrow{\theta}; y, z) \tag{6.17}$$

$$(u, v \geqslant 1, \overrightarrow{\theta} \in \overrightarrow{\Theta}, x, y \in \mathscr{X},)$$

(3) $p - \overrightarrow{\theta}$ 链.

定义 6.2 设 $(\mathscr{X}, \mathscr{A}), (\Theta, \mathscr{B}), P(\theta), P^{(n)}(\overrightarrow{\theta})$ 如前所定义, 即 $(\mathscr{X}, \mathscr{A})$ 是可数的可测空间, $(\Theta, \mathscr{B})$ 是任意可测空间, $P(\theta) = (p(\theta; x, y), x, y \in \mathscr{X})$ 是随机转移矩阵,

$$P^{(n)}(\overrightarrow{\theta}) = P(\theta_0)P(\theta_1)\cdots P(\theta_{n-1}) \quad (n \geqslant 1, \overrightarrow{\theta} \in \overrightarrow{\Theta}).$$

称概率空间 $(\Omega^*, \mathscr{F}^*, P^*)$ 上的以 $(\mathscr{X}, \mathscr{A})$ 为状态空间的经典的马尔可夫链 $\{\beta_k, k \geqslant 0\}$ 是一个 $p-\overrightarrow{\theta}$ 链, 如果

$$\begin{aligned}
&P^*(\beta_{n+k} = y|\beta_k = x) = P^{(n)}(T^k\overrightarrow{\theta})(x,y)\\
&= P(\theta_k)P(\theta_{k+1})\cdots P(\theta_{k+n-1})(x,y)\\
&= \sum_{x_1\in\mathscr{X}}\sum_{x_2\in\mathscr{X}}\cdots\sum_{x_{n-1}\in\mathscr{X}} p(\theta_k;x,x_1)p(\theta_{k+1};x_1,x_2)\\
&\quad\cdots p(\theta_{k+n-1};x_{n-1},y) = p^{(n)}(T^k\overrightarrow{\theta};x,y).
\end{aligned}\tag{6.18}$$

注意: $p-\overrightarrow{\theta}$ 链是非时齐的马尔可夫链, 它从时刻 k 到 $k+n$ 的 n 步转移矩阵是 $P^{(n)}(T^k\overrightarrow{\theta})$.

定理 6.2 沿用本节前面的符号. $(\overrightarrow{X}, \overrightarrow{\xi})$ 是定理 5.1 中的 MCTRE. 对任何 $C \in \overrightarrow{\mathscr{A}} \times \overrightarrow{\mathscr{B}}$, 定义

$$\begin{aligned}
P_{(x,\overrightarrow{\theta})}(C) &\stackrel{\text{def}}{=} P_\Phi(C|(X_0, \overrightarrow{\xi}) = (x, \overrightarrow{\theta}))\\
&= P_\Phi((\overrightarrow{X}, \overrightarrow{\xi}) \in C|(X_0, \overrightarrow{\xi}) = (x, \overrightarrow{\theta}))\\
&= \int_{\overrightarrow{\mathscr{X}}} P^x_{\overrightarrow{\theta}}(\mathrm{d}\overrightarrow{x})\mathbf{1}_C(\overrightarrow{x}, \overrightarrow{\theta}).
\end{aligned}\tag{6.19}$$

再定义

$$\varphi(x, \overrightarrow{\theta}) \stackrel{\text{def}}{=} P_\Phi(X_0 = x|\overrightarrow{\xi} = \overrightarrow{\theta}) \quad (x \in \mathscr{X}, \overrightarrow{\theta} \in \overrightarrow{\Theta}),\tag{6.20}$$

$$\overline{\mu}(\overrightarrow{\theta})(C) \stackrel{\text{def}}{=} \sum_{x\in\mathscr{X}} \varphi(x, \overrightarrow{\theta})P_{(x,\overrightarrow{\theta})}(C), \quad C \in \overrightarrow{\mathscr{A}} \times \overrightarrow{\mathscr{B}},\tag{6.21}$$

则

$\overrightarrow{X} = \{X_n, n \geqslant 0\}$ 是概率空间 $(\Omega, \mathscr{F}, \overline{\mu}(\overrightarrow{\theta}))$ 上的以 $\varphi(x, \overrightarrow{\theta}) = \overline{\mu}(\overrightarrow{\theta})(X_0 = x)$ 为初始分布的 $p-\overrightarrow{\theta}$ 链, 其中 $\Omega, \mathscr{F}$ 亦如定理 5.1 中所构造. 于是由 (6.21)、(6.20)、(6.19) 及 (5.8) 式得

$$\begin{aligned}
&\overline{\mu}(\overrightarrow{\theta})(X_0 = x_0, X_1 = x_1, \cdots, X_n = x_n)\\
&= \overline{\mu}(\overrightarrow{\theta})(L(\overrightarrow{\mathscr{X}} : x_0, x_1, \cdots, x_n) \times \overrightarrow{\Theta})\\
&= \sum_{x\in\mathscr{X}} \varphi(x, \overrightarrow{\theta})P^x_{\overrightarrow{\theta}}(L(\overrightarrow{\mathscr{X}} : x_0, x_1, \cdots, x_n))\\
&\stackrel{(5.8)}{=} \varphi(x_0, \overrightarrow{\theta})\prod_{i=1}^n p(\theta_{i-1}; x_{i-1}, x_i),
\end{aligned}\tag{6.22}$$

所以, $\overrightarrow{X}$ 是概率空间 $(\Omega, \mathscr{F}, \overline{\mu}(\overrightarrow{\theta}))$ 上以 $\varphi(x, \overrightarrow{\theta}) = \overline{\mu}(\overrightarrow{\theta})(X_0 = x)$ 为初始分布的 $p - \overrightarrow{\theta}$ 链.

附注 6.1 分别称 $(\overrightarrow{X}, \overrightarrow{\xi}), Y = \{(X_n, \xi_n), n \geqslant 0\}, \{(X_n, T^n \overrightarrow{\xi}), n \geqslant 0\}$, $\overrightarrow{X}$ 为 $P - \Phi$ 链 $V = (\mathscr{X}, \mathscr{A}; \Theta, \mathscr{B}; P(\theta), \Phi)$ 所产生的 MCTRE、二重链、SKPMC、$p - \overrightarrow{\theta}$ 链, 其中前三者定义在概率空间 $(\Omega, \mathscr{F}, P_\Phi)$ 上, 后者定义在概率空间 $(\Omega, \mathscr{F}, \overline{\mu}(\overrightarrow{\theta}))$ 上. 再在 $(\overrightarrow{\mathscr{X}}, \overrightarrow{\mathscr{A}})$ 上定义一个概率测度 —— $\overrightarrow{X}$ 的 $\overline{\mu}(\overrightarrow{\theta})$ 分布 $\overline{\mu}(\overrightarrow{\theta}) \circ (\overrightarrow{X})^{-1} \stackrel{\text{def}}{=\!=} \mu(\overrightarrow{\theta})$ 如下:

$$\mu(\overrightarrow{\theta})(A) \stackrel{\text{def}}{=\!=} \overline{\mu}(\overrightarrow{\theta}) \circ (\overrightarrow{X})^{-1}(A) = \overline{\mu}(\overrightarrow{\theta})(A \times \overrightarrow{\Theta}), \quad A \in \overrightarrow{\mathscr{A}}. \tag{6.23}$$

第三章

MCTRE 的状态分类及状态空间的分解

§1 MCTRE 的等价描述

设 $(\Omega,\mathscr{F},P)$ 是任一概率空间, $(\Theta,\mathscr{B})$ 和 $(\mathscr{X},\mathscr{A})$ 是两个可测空间, 并设单点集 $\{x\}\in\mathscr{A}$ $(\forall x\in\mathscr{X})$. $(\overrightarrow{\Theta}\overset{\text{def}}{=\!=}\Theta^{\mathbf{Z}},\overrightarrow{\mathscr{B}}\overset{\text{def}}{=\!=}\mathscr{B}^{\mathbf{Z}})$、$(\overrightarrow{\mathscr{X}}\overset{\text{def}}{=\!=}\mathscr{X}^{\mathbf{Z}_+},\overrightarrow{\mathscr{A}}\overset{\text{def}}{=\!=}\mathscr{A}^{\mathbf{Z}_+})$ 都是乘积可测空间, $\overrightarrow{X}=\{X_n,n\in\mathbf{Z}_+\}$ 和 $\overrightarrow{\xi}=\{\xi_k,k\in\mathbf{Z}\}$ 为 $(\Omega,\mathscr{F},P)$ 上的分别以 $(\mathscr{X},\mathscr{A})$ 和 $(\Theta,\mathscr{B})$ 为状态空间的随机序列.

$$\overrightarrow{\mathscr{X}}_k^n,\overrightarrow{\mathscr{A}}_k^n\quad(0\leqslant k\leqslant n\leqslant\infty)$$

和
$$\overrightarrow{\Theta}_k^n,\overrightarrow{\mathscr{B}}_k^n\quad(-\infty\leqslant k\leqslant n\leqslant\infty)$$

如第二章 (3.1)—(3.4) 式所定义, (现在并不要求 $\mathscr{X}$ 是可数集),

$$\overrightarrow{X}_k^n=\{X_l,k-1<l<n+1\},\quad 0\leqslant k\leqslant n\leqslant\infty,$$
$$\overrightarrow{\xi}_k^n=\{\xi_l,k-1<l<n+1\},\quad -\infty\leqslant k\leqslant n\leqslant\infty.$$

再设 $p(\theta;x,A)$ $(\theta\in\Theta,x\in\mathscr{X},A\in\mathscr{A})$ 是一个 R.M.K. (定义见第二章定义 3.1).

定理 1.1 应用上述符号. 下列诸陈述等价:

(1) $(\overrightarrow{X}, \overrightarrow{\xi})$ 是 $(\Omega, \mathscr{F}, P)$ 上的以 $p(\theta; x, A)$ 为其 R.M.K. 的 MCTRE;

(2) 下面的条件 $(\mathrm{M_T}[d])$ 成立:

$$
\begin{aligned}
(\mathrm{M_T}[d]) : & P(X_{n+1} \in A, \xi_{n+1} \in B | \overrightarrow{X}_0^n, \overrightarrow{\xi}_{-\infty}^{\,n}) \\
& = p(\xi_n; X_n, A) P(\xi_{n+1} \in B | \overrightarrow{\xi}_{-\infty}^{\,n}), \text{a.s.} \\
& (n \geqslant 0, A \in \mathscr{A}, B \in \mathscr{B});
\end{aligned}
\tag{1.1}
$$

(3) 下面的条件 $(\mathrm{M_T}[d])^u$ 成立:

$$
\begin{aligned}
(\mathrm{M_T}[d])^u : & P(X_{n+1} \in A, \overrightarrow{\xi}_{n+1}^{\,\infty} \in B | \overrightarrow{X}_0^n, \overrightarrow{\xi}_{-\infty}^{\,n}) \\
& = p(\xi_n; X_n, A) P(\overrightarrow{\xi}_{n+1}^{\,\infty} \in B | \overrightarrow{\xi}_{-\infty}^{\,n}), \text{a.s.} \\
& (n \geqslant 0, A \in \mathscr{A}, B \in \overrightarrow{\mathscr{B}}_{n+1}^{\infty});
\end{aligned}
\tag{1.2}
$$

(4) 下面两个条件成立:

$$
(\mathrm{M_T}[d])^h : P(X_{n+1} \in A | \overrightarrow{X}_0^n, \overrightarrow{\xi}) = p(\xi_n; X_n, A), \text{a.s.}, \quad (n \geqslant 0, A \in \mathscr{A}), \tag{1.3}
$$

$$
(\mathrm{M_T}[d])^i : P(X_0 \in A | \overrightarrow{\xi}) = P(X_0 \in A | \overrightarrow{\xi}_{-\infty}^{\,0}) \text{ a.s.} \quad (A \in \mathscr{A}). \tag{1.4}
$$

附注 1.1 (1) (1.4) 式的概率意义是: X_0 与将来的环境 $\overrightarrow{\xi}_1^{\,\infty}$ 关于过去的环境 $\overrightarrow{\xi}_{-\infty}^{\,0}$ 条件独立, 等价地, 可以说 $\sigma(X_0)$ 与 $\sigma(\overrightarrow{\xi}_1^{\,\infty})$ 关于 $\sigma(\overrightarrow{\xi}_{-\infty}^{\,0})$ 条件独立. (对条件独立的概念不熟的读者, 可参看文献 [115] 第二章定义 4.5 和定理 4.3.)

(2) $(\mathrm{M_T}[d])^h \Longrightarrow$ “$P(X_{n+1} \in A | \overrightarrow{X}_0^n, \overrightarrow{\xi}_{-\infty}^{\,k}) = p(\xi_n; X_n, A)$ 对一切 $k \geqslant n \geqslant 0, A \in \mathscr{A}$ 成立”.

证 若 $\mathscr{G}_1 \supset \mathscr{G}_2$, 它们都是 $\mathscr{F}$ 的子 σ 代数, $\Lambda \in \mathscr{F}$, 且 $P(\Lambda|\mathscr{G}_1) = f$ 关于 $\mathscr{G}_2$ 可测, 则 $f = P(\Lambda|\mathscr{G}_2)$. 再注意 $\sigma(\overrightarrow{X}_0^n, \overrightarrow{\xi}_{-\infty}^{\,k}) \subset \sigma(\overrightarrow{X}_0^n, \overrightarrow{\xi}), p(\xi_n; X_n, A)$ 关于 $\sigma(\overrightarrow{X}_0^n, \overrightarrow{\xi}_{-\infty}^{\,k})$ 可测 (当 $k \geqslant n \geqslant 0$). 故附注 1.1(2) 成立.

证明定理以前, 先证一个引理.

引理 1.1 设 $(E_i, \mathscr{E}_i)$ 为可测空间, W_i 是概率空间 $(\Omega, \mathscr{F}, P)$ 上的 E_i 值随机元 $(i = 1, 2, 3)$, f_i 是 E_i 上的有界可测实值函数 $(i = 1, 2, 3)$, $\mathscr{G}$ 是 $\mathscr{F}$ 中的子 σ 代数, W_1 与 W_2 关 $\mathscr{G}$ 条件独立, W_3 关于 $\mathscr{G}/\mathscr{E}_3$ 可测, f_3 是

$(E_2\times E_3,\mathscr{E}_2\times\mathscr{E}_3)$ 上的有界可测实值函数, 则

$$\begin{aligned}&\boldsymbol{E}(f_1(W_1)f_2(W_2)f_3(W_2,W_3)|\mathscr{G})\\&=\boldsymbol{E}(f_1(W_1)|\mathscr{G})\boldsymbol{E}(f_2(W_2)f_3(W_2,W_3)|\mathscr{G}).\end{aligned}\tag{1.5}$$

证 令 $\mathscr{H}\overset{\text{def}}{=\!=}\{h:\boldsymbol{E}(f_1(W_1)f_2(W_2)h(W_2,W_3)|\mathscr{G})$

$$=\boldsymbol{E}(f_1(W_1)|\mathscr{G})\boldsymbol{E}(f_2(W_2)h(W_2,W_3)|\mathscr{G})\}.$$

$$\mathscr{M}\overset{\text{def}}{=\!=}\{A_2\times A_3:A_2\in\mathscr{E}_2,A_3\in\mathscr{E}_3\}.$$

显然, $\sigma(\mathscr{M})=\mathscr{E}_2\times\mathscr{E}_3$ 且 $\mathscr{M}$ 是 Π 系 (即对集合的有限交运算封闭的集合系.), 而且 $h\equiv 1$ 时属于 $\mathscr{H}$, 还有当 $\{h_n\}$ 是有界 $\mathscr{E}_2\times\mathscr{E}_3$ 可测的单增的实值函数列, $h_n\in\mathscr{H},h_n\uparrow h$, h 也是 $\mathscr{E}_2\times\mathscr{E}_3$ 可测的有界实值函数时, 必有 $h\in\mathscr{H}$. 因此, 由文献 [115] 第二章定理 1.3 的单调类定理, 为证引理 1.1, 只需证: $\mathbf{1}_{A_2\times A_3}\in\mathscr{H}(A_2\in\mathscr{E}_2,A_3\in\mathscr{E}_3)$. 显然, 由 W_1 与 W_2 关于 $\mathscr{G}$ 条件独立, W_3 关于 $\mathscr{G}$ 可测有:

$$\begin{aligned}&\boldsymbol{E}(f_1(W_1)f_2(W_2)\mathbf{1}_{A_2\times A_3}(W_2,W_3)|\mathscr{G})\\&=\mathbf{1}_{A_3}(W_3)\boldsymbol{E}(f_1(W_1)|\mathscr{G})\boldsymbol{E}(f_2(W_2)\mathbf{1}_{A_2}(W_2)|\mathscr{G})\\&=\boldsymbol{E}(f_1(W_1)|\mathscr{G})\boldsymbol{E}(f_2(W_2)\mathbf{1}_{A_2\times A_3}(W_2,W_3)|\mathscr{G}).\end{aligned}$$

引理 1.1 得证.

定理 1.1 之证明.

(1) $\Longleftrightarrow$ (2) 是显然的 (参见第二章定义 3.2.)

(2) $\Longleftrightarrow$ (3). 设 $(\mathrm{M_T}[d])$ 成立. 令

$\mathscr{F}_{n,k}=\sigma(\overrightarrow{X}_0^k,\overrightarrow{\xi}_{-\infty}^n),\mathscr{F}_n=\mathscr{F}_{n,n}$, 要证:

$$\begin{aligned}&P(\xi_{n+1}\in B_1,\cdots,\xi_{n+k}\in B_k|\mathscr{F}_n)\\&=P(\xi_{n+1}\in B_1,\cdots,\xi_{n+k}\in B_k|\overrightarrow{\xi}_{-\infty}^n)\\&(B_i\in\mathscr{B},1\leqslant i\leqslant k,n\geqslant 0);\end{aligned}\tag{1.6}$$

$$\begin{aligned}&P(X_{n+1}\in A,\xi_{n+1}\in B_1,\cdots,\xi_{n+k}\in B_k|\mathscr{F}_n)\\&=p(\xi_n;X_n,A)P(\xi_{n+1}\in B_1,\cdots,\xi_{n+k}\in B_k|\mathscr{F}_n)\\&(A\in\mathscr{A},B_i\in\mathscr{B},1\leqslant i\leqslant k,n\geqslant 0).\end{aligned}\tag{1.7}$$

对 k 用归纳法来证明 (1.6) 和 (1.7) 式. 当 $k=1$ 时, 在 (1.1) 式中取 $A=\mathscr{X}$ 得知 (1.6) 式对 $k=1$ 成立. 以 $k=1$ 时的 (1.6) 式代入 (1.1) 式得知 (1.7) 式

对 $k=1$ 成立. 设 (1.6)、(1.7) 式对 k 成立, 往证 (1.6) 式和 (1.7) 式对 $k+1$ 也成立. 事实上

$$
\begin{aligned}
& P(X_{n+1}\in A,\xi_{n+1}\in B_1,\cdots,\xi_{n+k}\in B_k,\xi_{n+k+1}\in B_{k+1}|\mathscr{F}_n)\\
=\ & \boldsymbol{E}(P(X_{n+1}\in A,\xi_{n+1}\in B_1,\cdots,\xi_{n+k}\in B_k,\xi_{n+k+1}\in B_{k+1}|\mathscr{F}_{k+n})|\mathscr{F}_n)\\
=\ & \boldsymbol{E}[\mathbf{1}_{\{X_{n+1}\in A\}}\cdot\mathbf{1}_{\{\xi_{n+1}\in B_1,\cdots,\xi_{n+k}\in B_k\}}\cdot P(\xi_{n+k+1}\in B_{k+1}|\mathscr{F}_{k+n})|\mathscr{F}_n]\\
\overset{(1.1)}{=\!=}\ & \boldsymbol{E}[\mathbf{1}_{\{X_{n+1}\in A\}}\cdot\mathbf{1}_{\{\xi_{n+1}\in B_1,\cdots,\xi_{n+k}\in B_k\}}\cdot P(\xi_{n+k+1}\in B_{k+1}|\overrightarrow{\xi}{}^{n+k}_{-\infty})|\mathscr{F}_n]. \quad (1.8)
\end{aligned}
$$

由 (1.1) 式和附注 1.1(2) 还有:

$$
p(\xi_n;X_n,A)=P(X_{n+1}\in A|\mathscr{F}_n). \tag{1.9}
$$

由 (1.6) 式对 k 成立可知:

$$
\{\xi_{n+1},\cdots,\xi_{n+k}\}\text{ 与 }\{X_0,\cdots,X_n\}\text{ 关于 }\overrightarrow{\xi}{}^{n}_{-\infty}\text{ 条件独立.}
$$

由 (1.7) 式对 k 成立及 (1.9) 式可知:

$\{\xi_{n+1},\cdots,\xi_{n+k}\}$ 与 X_{n+1} 关于 $\mathscr{F}_n$ 条件独立. 又若视 X_{n+1} 为引理 1.1 中之 W_1, $(\xi_{n+1},\cdots,\xi_{n+k})$ 为 W_2, $\overrightarrow{\xi}{}^{n}_{-\infty}$ 为 W_3, 视 $\mathscr{F}_n$ 为引理 1.1 中之 $\mathscr{G}$, 用引理 1.1 可知: (1.8) 式右方等于

$$
\begin{aligned}
& \boldsymbol{E}(\mathbf{1}_{\{X_{n+1}\in A\}}|\mathscr{F}_n)\\
& \cdot\boldsymbol{E}[\mathbf{1}_{\{\xi_{n+1}\in B_1,\cdots,\xi_{n+k}\in B_k\}}P(\xi_{n+k+1}\in B_{k+1}|\overrightarrow{\xi}{}^{n+k}_{-\infty})|\mathscr{F}_n]\\
\overset{(1.10)}{=\!=}\ & p(\xi_n;X_n,A)\boldsymbol{E}\left[P\left(\bigcap_{i=1}^{k+1}\{\xi_{n+i}\in B_i\}|\overrightarrow{\xi}{}^{n+k}_{-\infty}\right)|\mathscr{F}_n\right].
\end{aligned} \tag{1.10}
$$

令

$$
P\left(\bigcap_{i=1}^{k+1}\{\xi_{n+i}\in B_i\}|\overrightarrow{\xi}{}^{n+k}_{-\infty}\right)=h(\overrightarrow{\xi}{}^{n}_{-\infty},\overrightarrow{\xi}{}^{n+k}_{n+1}). \tag{1.11}
$$

由于 $\overrightarrow{\xi}{}^{n}_{-\infty}$ 关于 $\mathscr{F}_n$ 可测, $\overrightarrow{\xi}{}^{n+k}_{n+1}$ 与 $\overrightarrow{X}{}^{n}_{0}$ 关于 $\overrightarrow{\xi}{}^{n}_{-\infty}$ 条件独立, 再一次用引理 1.1, 可知 (1.10) 式右方等于

$$
\begin{aligned}
& p(\xi_n;X_n,A)\boldsymbol{E}\left[P\left(\bigcap_{i=1}^{k+1}\{\xi_{n+i}\in B_i\}|\overrightarrow{\xi}{}^{n+k}_{-\infty}\right)|\overrightarrow{\xi}{}^{n}_{-\infty}\right]\\
=\ & p(\xi_n;X_n,A)P\left(\bigcap_{i=1}^{k+1}\{\xi_{n+i}\in B_i\}|\overrightarrow{\xi}{}^{n}_{-\infty}\right).
\end{aligned} \tag{1.12}
$$

由 (1.8)、(1.10)、(1.11)、(1.12) 式可知

$$P\left(X_{n+1}\in A,\bigcap_{i=1}^{k+1}\{\xi_{n+i}\in B_i\}|\mathscr{F}_n\right)$$
$$=p(\xi_n;X_n,A)P\left(\bigcap_{i=1}^{k+1}\{\xi_{n+i}\in B_i\}\Big|\overrightarrow{\xi}_{-\infty}^{n}\right). \tag{1.13}$$

在 (1.13) 式中取 $A=\mathscr{X}$ 得 (1.6) 式对 $k+1$ 成立. 把 (1.6) 式对 $k+1$ 成立的等式代入 (1.13) 式知: (1.7) 式对 $k+1$ 也成立. 归纳法完成. 所以 (1.6)、(1.7) 式对任何 $k\geqslant 1$ 都成立.

综合 (1.6) 和 (1.7) 式可知: 对 $\overrightarrow{\mathscr{B}}_{n+1}^{\infty}$ 中的一切柱集 B, 以及一切 $n\geqslant 0, A\in\mathscr{A}$, $(\mathrm{M_T}[d])^u$ 成立. 由于 $\overrightarrow{\mathscr{B}}_{n+1}^{\infty}$ 中的全体柱集 $\mathscr{M}$ 是一个 Π 系, 且 $\sigma(\mathscr{M})=\overrightarrow{\mathscr{B}}_{n+1}^{\infty}$, 又因为 $\overrightarrow{\mathscr{B}}_{n+1}^{\infty}$ 中使 $(\mathrm{M_T}[d])^u$ 成立的全体 B 构成一个 d 系 (Π 系及 d 系之定义请参见文献 [115] 第二章定义 1.1), 所以由文献 [115] 第二章定理 1.2 知: 对任何 $n\geqslant 0$, 任何 $A\in\mathscr{A}, B\in\overrightarrow{\mathscr{B}}_{n+1}^{\infty}$, $(\mathrm{M_T}[d])^u$ 成立. (2) $\Longrightarrow$ (3) 证毕.

(3) $\Longrightarrow$ (4). 设 (3) 成立, 即 $(\mathrm{M_T}[d])^u$ 对一切 $n\geqslant 0, A\in\mathscr{A}, B\in\overrightarrow{\mathscr{B}}_{n+1}^{\infty}$ 成立, 即对任何 $n\geqslant 0$, X_{n+1} 与 $\overrightarrow{\xi}_{n+1}^{\infty}$ 关于 $\mathscr{F}_n$ 条件独立. 所以

$$P(X_{n+1}\in A|X_0,\cdots,X_n,\overrightarrow{\xi})=P(X_{n+1}\in A|\mathscr{F}_n,\overrightarrow{\xi}_{n+1}^{\infty})$$
$$=P(X_{n+1}\in A|\mathscr{F}_n)\quad(n\geqslant 0, A\in\mathscr{A}). \tag{1.14}$$

在 $(\mathrm{M_T}[d])^u$ 中取 $B=\overrightarrow{\Theta}_{n+1}^{\infty}$, 得

$$P(X_{n+1}\in A|\mathscr{F}_n)=p(\xi_n,X_n,A)\quad(n\geqslant 0, A\in\mathscr{A}). \tag{1.15}$$

由 (1.14) 和 (1.15) 式知 $(\mathrm{M_T}[d])^h$ 成立.

在 $(\mathrm{M_T}[d])^u$ 中取 $n=0, A=\mathscr{X}$ 可知 X_0 与 $\overrightarrow{\xi}_1^{\infty}$ 关于 $\overrightarrow{\xi}_{-\infty}^{0}$ 条件独立, 从而 $(\mathrm{M_T}[d])^i$ 成立. (3) $\Longrightarrow$ (4) 证毕.

(4) $\Longrightarrow$ (2). 设 (4) 成立, 即 $(\mathrm{M_T}[d])^h$ 和 $(\mathrm{M_T}[d])^i$ 成立. 对任何 $k<n$, 任何由 $\Theta^{(-\infty,n-1]}$ 到 $\mathbf{R}$ 的有界 $\mathscr{B}_{-\infty}^{n-1}$ 可测函数 f, 由 $(\mathrm{M_T}[d])^h$ 并用单调类定理有:

$$\boldsymbol{E}[f(\cdots,\xi_{n-2},\xi_{n-1},X_{k+1}|\mathscr{F}_{n+1,k}]$$
$$=\int_{\mathscr{X}}f(\cdots,\xi_{n-2},\xi_{n-1},x)p(\xi_k,X_k,\mathrm{d}x)$$
$$=\boldsymbol{E}[f(\cdots,\xi_{n-2},\xi_{n-1},X_{k+1})|\mathscr{F}_{n,k}]. \tag{1.16}$$

把 $\prod_{k=0}^{n}\mathbf{1}_{\{X_k\in A_k\}}$ 依次对单调下降 σ 代数列 $\mathscr{F}_{n+1,n-1}\mathscr{F}_{n+1,n-2},\cdots,\mathscr{F}_{n+1,0}$ 取条件期望, 并应用 (1.16) 式和附注 1.1(2) 可知:
取 1 次后有结果:

$$
\begin{aligned}
&\boldsymbol{E}\left(\prod_{k=0}^{n}\mathbf{1}_{\{X_k\in A_k\}}\Big|\mathscr{F}_{n+1,n-1}\right)\\
&=\boldsymbol{E}(\mathbf{1}_{\{X_n\in A_n\}}|\mathscr{F}_{n+1.n-1})\prod_{k=0}^{n-1}\mathbf{1}_{\{X_0\in A_k\}}\\
&\overset{(1.16)}{=\!=\!=}\boldsymbol{E}(\mathbf{1}_{\{X_n\in A_n\}}|\mathscr{F}_{n,n-1})\prod_{k=0}^{n-1}\mathbf{1}_{\{X_k\in A_k\}}\\
&=\boldsymbol{E}\left(\prod_{k=0}^{n}\mathbf{1}_{\{X_k\in A_k\}}\Big|\mathscr{F}_{n,n-1}\right).
\end{aligned}
$$

把 $\prod_{k=0}^{n}\mathbf{1}_{\{X_k\in A_k\}}$ 对 $\mathscr{F}_{n+1,n-1},\mathscr{F}_{n+1,n-2}$ 依次取二次条件期望, 并用 (1.16) 式和附注 1.1(2) 有

$$
\begin{aligned}
&\boldsymbol{E}\left(\boldsymbol{E}\left(\prod_{k=0}^{n}\mathbf{1}_{\{X_k\in A_k\}}\Big|\mathscr{F}_{n+1,n-1}\right)\Big|\mathscr{F}_{n+1,n-2}\right)\\
&=\boldsymbol{E}[\boldsymbol{E}(\mathbf{1}_{\{X_n\in A_n\}}|\mathscr{F}_{n,n-1})\mathbf{1}_{\{X_{n-1}\in A_{n-1}\}}|\mathscr{F}_{n+1,n-2}]\prod_{k=0}^{n-2}\mathbf{1}_{\{X_k\in A_k\}}\\
&\overset{\text{附注 }1.1(2)}{=\!=\!=\!=\!=}\boldsymbol{E}[p(\xi_{n-1};X_{n-1},A_n)\mathbf{1}_{\{X_{n-1}\in A_{n-1}\}}|\mathscr{F}_{n+1,n-2}]\prod_{k=0}^{n-2}\mathbf{1}_{\{X_k\in A_k\}}\\
&\overset{(1.16)}{=\!=\!=}\boldsymbol{E}\left[\boldsymbol{E}\left(\prod_{k=0}^{n}\mathbf{1}_{\{X_k\in A_k\}}\Big|\mathscr{F}_{n,n-1}\right)\Big|\mathscr{F}_{n,n-2}\right].
\end{aligned}
$$

....

把 $\prod_{k=0}^{n}\mathbf{1}_{\{X_k\in A_k\}}$ 对 $\mathscr{F}_{n+1,n-1},\mathscr{F}_{n+1,n-2},\cdots,\mathscr{F}_{n+1,0}$ 依次取 n 次条件期望, 并把 $\prod_{k=0}^{n}\mathbf{1}_{\{X_k\in A_k\}}$ 对 $\mathscr{F}_{n,n-1},\mathscr{F}_{n,n-2},\cdots,\mathscr{F}_{n,0}$ 依次取 n 次条件期望, 它们的结果是一样的, 后者等于 $P\left(\bigcap_{k=0}^{n}\{X_k\in A_k\}|\mathscr{F}_{n,0}\right)$, 前者形式上是

$P\left(\bigcap_{k=0}^{n}\{X_k\in A_k\}|\mathscr{F}_{n+1,0}\right)$. 如前所述, 它们相等, 故得:

$$P\left(\bigcap_{k=0}^{n}\{X_k\in A_k\}|\mathscr{F}_{n+1,0}\right)\equiv P\left(\bigcap_{k=0}^{n}\{X_k\in A_k\}|\mathscr{F}_{n,0}\right). \tag{1.17}$$

任取分别由 $\Theta^{(-\infty,n]}$ 和 $\mathscr{X}$ 到 $\mathbf{R}$ 的实值有界可测函数 g 和 h, 由 $(\mathrm{M_T}[d])^i$ 可知:

$$\begin{aligned}&\boldsymbol{E}(g(\overrightarrow{\xi}{}^{n}_{-\infty})h(X_0)\big|\overrightarrow{\xi}{}^{n+1}_{-\infty})\\&=g(\overrightarrow{\xi}{}^{n}_{-\infty})\boldsymbol{E}(h(X_0)\big|\overrightarrow{\xi}{}^{0}_{-\infty})\\&\overset{(1.4)}{=\!=}\boldsymbol{E}(g(\overrightarrow{\xi}{}^{n}_{-\infty})h(X_0)\big|\overrightarrow{\xi}{}^{n}_{-\infty}).\end{aligned} \tag{1.18}$$

由 (1.18) 式和单调定理可知: 对任何由 $\Theta^{(-\infty,n]}\times\mathscr{X}$ 到 $\mathbf{R}$ 的有界可测实值函数 f, 有

$$\begin{aligned}&\boldsymbol{E}(f(\overrightarrow{\xi}{}^{n}_{-\infty},X_0)\big|\overrightarrow{\xi}{}^{n+1}_{-\infty})\\&=\boldsymbol{E}(f(\overrightarrow{\xi}{}^{n}_{-\infty},X_0)\big|\overrightarrow{\xi}{}^{n}_{-\infty}).\end{aligned} \tag{1.19}$$

视 (1.17) 式右方为 (1.19) 式中之 $f(\overrightarrow{\xi}{}^{n}_{-\infty},X_0)$ [注意 $\mathscr{F}_{n,0}=\sigma(\overrightarrow{\xi}{}^{n}_{-\infty},X_0)$], 把 (1.17) 式左右两边对 σ 代数 $\sigma(\overrightarrow{\xi}{}^{n+1}_{-\infty})$ 取条件期望得:

$$P\left(\bigcap_{k=0}^{n}\{X_k\in A_k\}\big|\overrightarrow{\xi}{}^{n+1}_{-\infty}\right)=P\left(\bigcap_{k=0}^{n}\{X_k\in A_k\}\big|\overrightarrow{\xi}{}^{n}_{-\infty}\right). \tag{1.20}$$

(注意: 当 (1.17) 式左方对 $\sigma(\overrightarrow{\xi}{}^{n+1}_{-\infty})$ 取条件期望时, 显然由 $\mathscr{F}_{n+1,0}\supset\sigma(\overrightarrow{\xi}{}^{n+1}_{-\infty})$ 可知它等于 (1.19) 式左方, 而当 (1.17) 式右方对 $\sigma(\overrightarrow{\xi}{}^{n+1}_{-\infty})$ 取条件期望时, 由 (1.19) 式可知其等于 (1.19) 式之右方.)

(1.20) 式说明 $\{X_0,X_1,\cdots,X_n\}$ 与 ξ_{n+1} 关于 $\overrightarrow{\xi}{}^{n}_{-\infty}$ 条件独立, 从而

$$P(\xi_{n+1}\in B|\mathscr{F}_n)=P(\xi_{n+1}\in B\big|\overrightarrow{\xi}{}^{n}_{-\infty}). \tag{1.21}$$

因此, 由 $(\mathrm{M_T}[d])^h$. 附注 1.1(2) 和 (1.21) 式得:

$$\begin{aligned}&P(X_{n+1}\in A,\xi_{n+1}\in B|\mathscr{F}_n)\\&=\boldsymbol{E}[\mathbf{1}_{\{\xi_{n+1}\in B\}}P(X_{n+1}\in A|\mathscr{F}_{n+1,n})|\mathscr{F}_n]\\&=p(\xi_n;X_n,A)P(\xi_{n+1}\in B\big|\overrightarrow{\xi}{}^{n}_{-\infty})\quad(A\in\mathscr{A},n\geqslant0,B\in\mathscr{B},),\end{aligned} \tag{1.22}$$

此即 $(\mathrm{M_T}[d])$ 成立. 故 (4) $\Longrightarrow$ (2). 定理证毕.

§2 MCTRE 的概率特性函数及其性质

设 $V=(\mathscr{X},\mathscr{A};\Theta,\mathscr{B};P,\Phi)$ 是 $P-\Phi$ 链 (见第二章定义 5.1).

$$\overrightarrow{\mathscr{X}}=\mathscr{X}^{\mathbf{Z}_+},\overrightarrow{\mathscr{A}}=\mathscr{A}^{\mathbf{Z}_+},\overrightarrow{\Theta}=\Theta^{\mathbf{Z}},\overrightarrow{\mathscr{B}}=\mathscr{B}^{\mathbf{Z}}.\quad(\Omega,\mathscr{F},P_{\Phi}),$$

$(\overrightarrow{X},\overrightarrow{\xi})$ 是第二章定理 5.1 所构造的概率空间和 MCTRE.

$$\begin{aligned}P^{(n)}(\overrightarrow{\theta})&\overset{\text{def}}{=\!=}(p^{(n)}(\overrightarrow{\theta};x,y),x,y\in\mathscr{X})\\&\overset{\text{def}}{=\!=}P(\theta_0)P(\theta_1)\cdots P(\theta_{n-1})\quad(n\geqslant 1,\overrightarrow{\theta}\in\overrightarrow{\Theta}).\end{aligned}$$

对于 $F\in\mathscr{A}\times\overrightarrow{\mathscr{B}}$, 令 $(F)_y$ 和 $(F)^{\overrightarrow{\theta}}$ 分别为 F 在 y 的截口集和在 $\overrightarrow{\theta}$ 的截口集, 即 $(F)_y=\{\overrightarrow{\theta}:(y,\overrightarrow{\theta})\in F\},(F)^{\overrightarrow{\theta}}=\{y:(y,\overrightarrow{\theta})\in F\}$.

再设 $\eta=\{\eta_k=(X_k,T^k\overrightarrow{\xi}),k\geqslant 0\}$ 是 $(\overrightarrow{X},\overrightarrow{\xi})$ 衍生的 SKPMC, T 是 $\overrightarrow{\Theta}$ 上的推移算子, $[F]_x=\{x\}\times(F)_x,[F]^{\overrightarrow{\theta}}=(F)^{\overrightarrow{\theta}}\times\{\overrightarrow{\theta}\}$.

$$\widehat{P}^{(n)}((x,\overrightarrow{\theta}),F)\overset{\text{def}}{=\!=}\sum_{y\in\mathscr{X}}p^{(n)}(\overrightarrow{\theta};x,y)\mathbf{1}_{(F)_y}(T^n\overrightarrow{\theta})$$
$$(n\geqslant 1,F\in\mathscr{A}\times\overrightarrow{\mathscr{B}},x\in\mathscr{X},\overrightarrow{\theta}\in\overrightarrow{\Theta})$$

是 η 的 n 步转移函数. 记 $\widehat{P}((x,\overrightarrow{\theta}),F)=\widehat{P}^{(1)}((x,\overrightarrow{\theta}),F)$.

$$P_{(x,\overrightarrow{\theta})}(\cdot)\overset{\text{def}}{=\!=}P_{\Phi}(\cdot|X_0=x,\overrightarrow{\xi}=\overrightarrow{\theta})\quad(x\in\mathscr{X},\overrightarrow{\theta}\in\overrightarrow{\Theta}).$$

显然

$$p^{(n)}(\overrightarrow{\theta};x,y)=\widehat{P}^{(n)}((x,\overrightarrow{\theta}),\{y\}\times\overrightarrow{\Theta}).$$

再定义下列 8 个函数:

$$f^{(n)}(\overrightarrow{\theta};x,F)=P_{(x,\overrightarrow{\theta})}(\eta_k\notin F,1\leqslant k<n,\eta_n\in F)$$
$$(n\geqslant 1,\overrightarrow{\theta}\in\overrightarrow{\Theta},x\in\mathscr{X},F\in\mathscr{A}\times\overrightarrow{\mathscr{B}}),$$

$$f^*(\overrightarrow{\theta};x,F)=\sum_{n=1}^{\infty}f^{(n)}(\overrightarrow{\theta};x,F),$$

$$f^{(n)}(\overrightarrow{\theta};x,y)=f^{(n)}(\overrightarrow{\theta};x,\{y\}\times\overrightarrow{\Theta})\quad(n\geqslant 1,\overrightarrow{\theta}\in\overrightarrow{\Theta},x,y\in\mathscr{X}),$$

$$f^*(\overrightarrow{\theta};x,y)=\sum_{n=1}^{\infty}f^{(n)}(\overrightarrow{\theta};x,y),$$

$$g(\overrightarrow{\theta};x,F)=P_{(x,\overrightarrow{\theta})}\left(\bigcap_{k=1}^{\infty}\bigcup_{n=k}^{\infty}\{\eta_n\in F\}\right)\quad(\overrightarrow{\theta}\in\overrightarrow{\Theta},x\in\mathscr{X},F\in\mathscr{A}\times\overrightarrow{\mathscr{B}}),$$

$$g(\overrightarrow{\theta};x,y)=g(\overrightarrow{\theta};x,\{y\}\times\overrightarrow{\Theta})\quad(\overrightarrow{\theta}\in\overrightarrow{\Theta},x,y\in\mathscr{X}),$$

$$G(\overrightarrow{\theta};x,F)=\sum_{n=0}^{\infty}P_{(x,\overrightarrow{\theta})}(\eta_n\in F)\quad(\overrightarrow{\theta}\in\overrightarrow{\Theta},x\in\mathscr{X},F\in\mathscr{A}\times\overrightarrow{\mathscr{B}}),$$

$$G(\overrightarrow{\theta};x,y)=G(\overrightarrow{\theta};x,\{y\}\times\overrightarrow{\Theta})\quad(\overrightarrow{\theta}\in\overrightarrow{\Theta},x,y\in\mathscr{X}).$$

因为 $p(\cdot;x,y);\Theta\mapsto[0,1]$ 可测, 故上述函数是 $\overrightarrow{\theta}$ 的可测函数. 令

$$\Gamma(x)=\#\{n\geqslant 1:X_n=x\}\quad(x\in\mathscr{X}),$$

$$e(\overrightarrow{\theta};x,x)=\begin{cases}\infty, & f^*(\overrightarrow{\theta};x,x)<1,\\ \sum_{n=1}^{\infty}nf^{(n)}(\overrightarrow{\theta};x,x), & f^*(\overrightarrow{\theta};x,x)=1\end{cases}$$

显然, Green 函数

$$G(\overrightarrow{\theta};x,y)=\sum_{n=1}^{\infty}P_{(x,\overrightarrow{\theta})}(X_n=y)=\sum_{n=1}^{\infty}\boldsymbol{E}_{(x,\overrightarrow{\theta})}(\boldsymbol{1}_{\{y\}}(X_n))=\boldsymbol{E}_{(x,\overrightarrow{\theta})}(\Gamma(y)).\tag{2.1}$$

此处 $\boldsymbol{E}_{(x,\overrightarrow{\theta})}$ 是关于概率测度 $P_{(x,\overrightarrow{\theta})}$ 的期望算子. 本节恒设 $\overline{m}\overset{\text{def}}{=\!=}P_\Phi\circ(\overrightarrow{\xi})^{-1}$ 是 $\overrightarrow{\xi}$ 的 P_Φ 边缘分布.

命题 2.1 我们恒有

$$g(\overrightarrow{\theta};x,y)=\sum_{r=1}^{\infty}f^{(r)}(\overrightarrow{\theta};x,y)g(T^r\overrightarrow{\theta};y,y)\quad(x,y\in\mathscr{X}).\tag{2.2}$$

证 由 $\{(X_n,T^n\overrightarrow{\xi}),n\geqslant 0\}$ 的马氏性可得

$$\begin{aligned}&g(\overrightarrow{\theta};x,y)\\
&=P_{(x,\overrightarrow{\theta})}\left(\bigcap_{n=1}^{\infty}\bigcup_{k=n}^{\infty}\{X_k=y\}\right)=P_{(x,\overrightarrow{\theta})}\left(\bigcap_{n=1}^{\infty}\bigcup_{k=n}^{\infty}\{\eta_k=(y,T^k\overrightarrow{\theta})\}\right)\\
&=\sum_{r=1}^{\infty}P_{(x,\overrightarrow{\theta})}\Bigg(\{\eta_s\neq(y,T^s\overrightarrow{\theta}),1\leqslant s<r,\eta_r=(y,T^r\overrightarrow{\theta})\}\\
&\quad\cap\left(\bigcap_{n=1}^{\infty}\bigcup_{k=n}^{\infty}\{\eta_{k+r}=(y,T^kT^r\overrightarrow{\theta})\}\right)\Bigg)\\
&=\sum_{r=1}^{\infty}f^{(r)}(\overrightarrow{\theta};x,y)P_{(x,\overrightarrow{\theta})}\left(\bigcap_{n=1}^{\infty}\bigcup_{k=n}^{\infty}\{\eta_{k+r}=(y,T^kT^r\overrightarrow{\theta})\}\middle|\eta_r=(y,T^r\overrightarrow{\theta})\right)\\
&=\sum_{r=1}^{\infty}f^{(r)}(\overrightarrow{\theta};x,y)g(T^r\overrightarrow{\theta};y,y).\end{aligned}$$

命题 2.2 对任何 $n \geqslant 1, x, y \in \mathscr{X}, \overrightarrow{\theta} \in \overrightarrow{\Theta}$, 恒有

$$
\begin{aligned}
p^{(n)}(\overrightarrow{\theta}; x, y) &= \sum_{k=1}^{n} f^{(k)}(\overrightarrow{\theta}; x, y) p^{(n-k)}(T^k \overrightarrow{\theta}; y, y) \\
&= f^{(n)}(\overrightarrow{\theta}; x, y) + \sum_{k=1}^{n-1} p^{(k)}(\overrightarrow{\theta}; x, y) f^{(n-k)}(T^k \overrightarrow{\theta}; y, y). \quad (2.3)
\end{aligned}
$$

证
$$
\begin{aligned}
p^{(n)}(\overrightarrow{\theta}; x, y) &= P_{(x, \overrightarrow{\theta})}(X_n = y) = P_{(x, \overrightarrow{\theta})}(\eta_n = (y, T^n \overrightarrow{\theta})) \\
&= \sum_{k=1}^{n} P_{(x, \overrightarrow{\theta})}(\eta_n \neq (y, T^s \overrightarrow{\theta}), 1 \leqslant s < k, \eta_k = (y, T^k \overrightarrow{\theta})) \\
&\quad \cdot P_{(x, \overrightarrow{\theta})}(\eta_n = (y, T^n \overrightarrow{\theta}) | \eta_k = (y, T^k \overrightarrow{\theta})) \\
&= \sum_{k=1}^{n} f^{(k)}(\overrightarrow{\theta}; x, y) p^{(n-k)}(T^k \overrightarrow{\theta}; y, y).
\end{aligned}
$$

类似地可证 (2.3) 式的第二个等式.

再定义两个母函数

$$
GP(\overrightarrow{\theta}; x, y; \lambda) = \sum_{n=0}^{\infty} p^{(n)}(\overrightarrow{\theta}; x, y) \lambda^n, \quad |\lambda| \leqslant 1,
$$

$$
GF(\overrightarrow{\theta}; x, y; \lambda) = \sum_{n=1}^{\infty} f^{(n)}(\overrightarrow{\theta}; x, y) \lambda^n, \quad |\lambda| \leqslant 1.
$$

命题 2.3 我们恒有

(1) $$GP(\overrightarrow{\theta}; x, y; \lambda) = \delta_{x,y} + \sum_{k=1}^{\infty} f^{(k)}(\overrightarrow{\theta}; x, y) \lambda^k (GP(T^k \overrightarrow{\theta}; y, y; \lambda)); \quad (2.4)$$

(2) $$\lim_{\lambda \to 1-0} GF(\overrightarrow{\theta}; x, y; \lambda) = GF(\overrightarrow{\theta}; x, y, 1) = f^*(\overrightarrow{\theta}; x, y); \quad (2.5)$$

(3) $$\lim_{\lambda \to 1-0} GP(\overrightarrow{\theta}; x, y; \lambda) = \sum_{n=0}^{\infty} p^{(n)}(\overrightarrow{\theta}; x, y) = G(\overrightarrow{\theta}; x, y). \quad (2.6)$$

此处 $\delta_{x,y} = 0$ 或 1 根据 $x \neq y$ 或 $x = y$ 而定

证 命题 2.3 由命题 2.2 立得.

令

$$
\begin{aligned}
f^*_{\min}(\overrightarrow{\theta}; x, y) &= \inf_{k \in \mathbf{Z}} f^*(T^k \overrightarrow{\theta}; x, y), \\
g_{\min}(\overrightarrow{\theta}; x, y) &= \inf_{k \in \mathbf{Z}} g(T^k \overrightarrow{\theta}; x, y), \\
G_{\min}(\overrightarrow{\theta}; x, y) &= \inf_{k \in \mathbf{Z}} G(T^k \overrightarrow{\theta}; x, y).
\end{aligned}
$$

命题 2.4 若 $f^*_{\min}(\overrightarrow{\theta};x,y)>0$, 则 $g(\overrightarrow{\theta};x,y)\geqslant g(\overrightarrow{\theta};x,x)$.

证 令

$$l_{(x,\overrightarrow{\theta})}(s,n)=P_{(x,\overrightarrow{\theta})}\left(\bigcup_{t=s}^{\infty}\{X_t=x\},\bigcap_{k=n}^{\infty}\{X_k\neq y\}\right)\quad(s>n),$$

则

$$\begin{aligned}
g(\overrightarrow{\theta};x,y)&=P_{(x,\overrightarrow{\theta})}\left(\bigcap_{n=1}^{\infty}\bigcup_{k=n}^{\infty}\{X_k=y\}\right)\\
&\geqslant P_{(x,\overrightarrow{\theta})}\left(\bigcap_{n=1}^{\infty}\bigcup_{k=n}^{\infty}\{X_k=y\},\bigcap_{s=1}^{\infty}\bigcup_{t=s}^{\infty}\{X_t=x\}\right)\\
&=P_{(x,\overrightarrow{\theta})}\left(\bigcap_{s=1}^{\infty}\bigcup_{t=s}^{\infty}\{X_t=x\}\right)-\\
&\quad P_{(x,\overrightarrow{\theta})}\left(\bigcap_{s=1}^{\infty}\bigcup_{t=s}^{\infty}\{X_t=x\},\bigcup_{n=1}^{\infty}\bigcap_{k=n}^{\infty}\{X_k\neq y\}\right)\\
&=g(\overrightarrow{\theta};x,x)-\lim_{n\to\infty}\lim_{s\to\infty}l_{(x,\overrightarrow{\theta})}(s,n).
\end{aligned}\tag{2.7}$$

用马氏性可得

$$\begin{aligned}
&l_{(x,\overrightarrow{\theta})}(s,n)\\
\leqslant&\sum_{t=s}^{\infty}P_{(x,\overrightarrow{\theta})}\left(X_u\neq x,s\leqslant u<t,X_t=x,\bigcap_{k=n}^{\infty}\{X_k\neq y\}\right)\\
\leqslant&\sum_{t=s}^{\infty}P_{(x,\overrightarrow{\theta})}\left(X_v\neq y,n\leqslant v<s,X_u\neq x,s\leqslant u<t,X_t=x,\bigcap_{k=t+1}^{\infty}\{X_k\neq y\}\right)\\
=&\sum_{t=s}^{\infty}P_{(x,\overrightarrow{\theta})}\Big(\eta_t\neq(y,T^v\overrightarrow{\theta}),n\leqslant v<s,\eta_u\neq(x,T^u\overrightarrow{\theta}),\\
&s\leqslant u<t,\eta_t=(x,T^t\overrightarrow{\theta}),\bigcap_{k=t+1}^{\infty}\{\eta_k\neq(y,T^k\overrightarrow{\theta})\}\Big)\\
=&\sum_{t=s}^{\infty}P_{(x,\overrightarrow{\theta})}\left(\bigcap_{v=n}^{s-1}\{X_v\neq y\},\bigcap_{u=s}^{t-1}\{X_u\neq x\},X_t=x\right)\\
&\cdot P_{(x,\overrightarrow{\theta})}\left(\bigcap_{k=t+1}^{\infty}\{X_k\neq y\}|X_t=x\right)
\end{aligned}$$

$$
\begin{aligned}
&= \sum_{t=s}^{\infty} P_{(x,\overrightarrow{\theta})}\left(\bigcap_{v=n}^{s-1}\{X_v \neq y\}, \bigcap_{u=s}^{t-1}\{X_u \neq x\}, X_t = x\right) \cdot (1 - f^*(T^t\overrightarrow{\theta}; x, y)) \\
&\leqslant (1 - f^*_{\min}(\overrightarrow{\theta}; x, y)) P_{(x,\overrightarrow{\theta})}\left(\bigcap_{v=n}^{s-1}\{X_v \neq y\}, \bigcup_{t=s}^{\infty}\{X_t = x\}\right). \qquad (2.8)
\end{aligned}
$$

在 (2.8) 式中先令 $s \to \infty$ 再令 $n \to \infty$ 可得

$$
\lim_{n\to\infty}\lim_{s\to\infty} l_{(x,\overrightarrow{\theta})}(s,n) \leqslant (1 - f^*_{\min}(\overrightarrow{\theta}; x, y)) \lim_{n\to\infty}\lim_{s\to\infty} l_{(x,\overrightarrow{\theta})}(s,n). \qquad (2.9)
$$

因为 $(1 - f^*_{\min}(\overrightarrow{\theta}; x, y)) < 1$, 所以

$$
\lim_{n\to\infty}\lim_{s\to\infty} l_{(x,\overrightarrow{\theta})}(s,n) = 0. \qquad (2.10)
$$

由 (2.7) 和 (2.10) 式即得命题 2.4.

命题 2.5 若 $f^*_{\min}(\overrightarrow{\theta}; x, x) = 1$, 则 $g(\overrightarrow{\theta}; y, x) = f^*(\overrightarrow{\theta}; y, x)$ $(\forall y \in \mathscr{X})$, 且 $g_{\min}(\overrightarrow{\theta}; x, x) = 1$.

证 设 $f^*_{\min}(\overrightarrow{\theta}; x, x) = 1$. 令

$$
\begin{aligned}
\tau_x(1) &= \inf\{n \geqslant 1 : X_u \neq x, 1 \leqslant u < n, X_n = x\}, \\
\tau_x(k) &= \inf\{n > \tau_x(k-1) : X_u \neq x, 1 \leqslant u < n, X_n = x\} \quad (k \geqslant 2), \\
\varGamma_x &= \#\{n \geqslant 1 : X_n = x\},
\end{aligned}
$$

则

$$
P_{(x,T^s\overrightarrow{\theta})}(\tau_x(1) < \infty) = f^*(T^s\overrightarrow{\theta}; x, x) = 1 \quad (\forall s \geqslant 0).
$$

若 $P_{(x,T^s\overrightarrow{\theta})}(\tau_x(k) < \infty) = 1$ $(\forall s \geqslant 0)$, 则

$$
\begin{aligned}
P_{(x,T^s\overrightarrow{\theta})}(\tau_x(k+1) < \infty) &= \sum_{n=1}^{\infty} f^{(n)}(T^s\overrightarrow{\theta}; x, x) P_{(x,T^{s+n}\overrightarrow{\theta})}(\tau_x(k) < \infty) \\
&= \sum_{n=1}^{\infty} f^{(n)}(T^s\overrightarrow{\theta}; x, x) = f^*(T^s\overrightarrow{\theta}; x, x) = 1 \quad (\forall s \geqslant 0).
\end{aligned}
$$

由归纳法可知 $P_{(x,T^s\overrightarrow{\theta})}(\tau_x(k) < \infty) = 1$ $(\forall k \geqslant 1, s \geqslant 0)$.

$$
\begin{aligned}
g(T^n\overrightarrow{\theta}; x, x) &= \lim_{k\to\infty} P_{(x,T^n\overrightarrow{\theta})}(\varGamma_x \geqslant k) \\
&= \lim_{k\to\infty} P_{(x,T^n\overrightarrow{\theta})}(\tau_x(k) < \infty) = 1 \quad (\forall n \geqslant 0),
\end{aligned}
$$

故

$$g(\overrightarrow{\theta};y,x)=\sum_{n=1}^{\infty}f^{(n)}(\overrightarrow{\theta};y,x)g(T^n\overrightarrow{\theta};x,x)=f^*(\overrightarrow{\theta};y,x).$$

命题 2.6 若 $f^*_{\min}(\overrightarrow{\theta};x,x)=1$, 且 $f^*_{\min}(\overrightarrow{\theta};x,y)>0$, 则

$$f^*_{\min}(\overrightarrow{\theta};x,y)=g_{\min}(\overrightarrow{\theta};x,y)=g_{\min}(\overrightarrow{\theta};x,x)=1. \tag{2.11}$$

证 由定义知 $f^*_{\min}(\overrightarrow{\theta};x,y)\geqslant g_{\min}(\overrightarrow{\theta};x,y)$. 因为 $f^*_{\min}(\overrightarrow{\theta};x,y)>0$, 所以由命题 2.4 有 $g_{\min}(\overrightarrow{\theta};x,y)\geqslant g_{\min}(\overrightarrow{\theta};x,x)$.

但是 $f^*_{\min}(\overrightarrow{\theta};x,x)=1$, 故由命题 2.5 得 $g_{\min}(\overrightarrow{\theta};x,x)=f^*_{\min}(\overrightarrow{\theta};x,x)=1$. 命题得证.

命题 2.7 对任何 $\overrightarrow{\theta}\in\overrightarrow{\Theta},x,y\in\mathscr{X}$, 总有

$$f^*(\overrightarrow{\theta};x,y)=p^{(1)}(\overrightarrow{\theta};x,y)+\sum_{u\neq y}p^{(1)}(\overrightarrow{\theta};x,u)f^*(T\overrightarrow{\theta};u,y). \tag{2.12}$$

证 用绕积马尔可夫链的马氏性可直接证明此命题.

命题 2.8 对任何 $x\in\mathscr{X},\overrightarrow{\theta}\in\overrightarrow{\Theta},F\in\mathscr{A}\times\overrightarrow{\mathscr{B}}$, 有

$$\begin{aligned}g(\overrightarrow{\theta};x,F)=f^*(\overrightarrow{\theta};x,F)-\sum_{n=1}^{\infty}\sum_{y\in\mathscr{X}}p^{(n)}(\overrightarrow{\theta};x,y)\\ \cdot\mathbf{1}_{(F)_y}(T^n\overrightarrow{\theta})(1-f^*(T^n\overrightarrow{\theta};y,F)).\end{aligned} \tag{2.13}$$

证 记 $\boldsymbol{E}_{(x,\overrightarrow{\theta})}$ 为关于 $P_{(x,\overrightarrow{\theta})}$ 之期望算子, 则 $g(\overrightarrow{\theta};x,F)$

$$\begin{aligned}&=1-P_{(x,\overrightarrow{\theta})}\left(\bigcup_{n=1}^{\infty}\bigcap_{k=n}^{\infty}\{(X_k,T^k\overrightarrow{\theta})\notin F\}\right)\\&=1-P_{(x,\overrightarrow{\theta})}\left(\bigcap_{k=1}^{\infty}\{(X_k,T^k\overrightarrow{\theta})\notin F\}\right)\\&\quad-\sum_{n=1}^{\infty}P_{(x,\overrightarrow{\theta})}((X_n,T^n\overrightarrow{\theta})\in F,(X_k,T^k\overrightarrow{\theta})\notin F,k>n)\\&=f^*(\overrightarrow{\theta};x,F)-\sum_{n=1}^{\infty}\boldsymbol{E}_{(x,\overrightarrow{\theta})}[\mathbf{1}_F(X_n,T^n\overrightarrow{\theta})P_{(x,\overrightarrow{\theta})}((X_n,T^k\overrightarrow{\theta})\notin F,\\&\quad k>n|(X_n,T^n\overrightarrow{\theta}))]\end{aligned}$$

$$= f^*(\vec{\theta};x,F) - \sum_{n=1}^{\infty} \boldsymbol{E}_{(x,\vec{\theta})}[\mathbf{1}_F(X_n, T^n\vec{\theta})(1 - f^*(T^n\vec{\theta};X_n,F))]$$

$$= f^*(\vec{\theta};x,F) - \sum_{n=1}^{\infty}\sum_{y\in\mathscr{X}} \boldsymbol{E}_{(x,\vec{\theta})}[\mathbf{1}_{\{y\}}(X_n)\mathbf{1}_{(F)_y}(T^n\vec{\theta})(1 - f^*(T^n\vec{\theta};y,F))]$$

$$= f^*(\vec{\theta};x,F) - \sum_{n=1}^{\infty}\sum_{y\in\mathscr{X}} p^{(n)}(\vec{\theta};x,y)\mathbf{1}_{(F)_y}(T^n\vec{\theta})(1 - f^*(T^n\vec{\theta};y,F)).$$

注意, 在 (2.13) 式中取 $F = \{y\}\times\vec{\Theta}$, 有

$$g(\vec{\theta};x,y) = f^*(\vec{\theta};x,y) - \sum_{n=1}^{\infty} p^{(n)}(\vec{\theta};x,y)(1 - f^*(T^n\vec{\theta};y,y)). \qquad (2.13)'$$

命题 2.9 对任何 $\vec{\theta}\in\vec{\Theta}, x\in\mathscr{X}, B\in\vec{\mathscr{B}}$, 有

$$f^*(\vec{\theta};x,\mathscr{X}\times\mathscr{B}) = \delta\left(\vec{\theta};\bigcup_{n=1}^{\infty}T^{-n}B\right) \quad (\delta(\vec{\theta},F) = \mathbf{1}_F(\vec{\theta})). \qquad (2.14)$$

证 由 (1.8) 式知 $P_{(x,\vec{\theta})}(\vec{\xi}\in F) = \delta(\vec{\theta},F)$, 故

$$\begin{aligned} f^*(\vec{\theta};x,\mathscr{X}\times B) &= P_{(x,\vec{\theta})}\left(\bigcup_{n=1}^{\infty}\{(X_n, T^n\vec{\xi})\in\mathscr{X}\times B\}\right) \\ &= P_{(x,\vec{\theta})}\left(\bigcup_{n=1}^{\infty}\{\vec{\xi}\in T^{-n}B\}\right) \\ &= P_{(x,\vec{\theta})}\left(\vec{\xi}\in\bigcup_{n=1}^{\infty}\{T^{-n}B\}\right) \\ &= \delta\left(\vec{\theta},\bigcup_{n=1}^{\infty}\{T^{-n}B\}\right). \end{aligned}$$

命题 2.10 若 $\overline{m} = \overline{m}\circ T^{-1}$, 则下列陈述等价:

(1) $\overline{m}(\{\vec{\theta};f^*(\vec{\theta};x,x) = 1\}) = 1$;

(2) $\overline{m}(\{\vec{\theta};g(\vec{\theta};x,x) = 1\}) = 1$;

(3) $\overline{m}(\{\vec{\theta}:f^*_{\min}(\vec{\theta};x,x) = 1\}) = 1$;

(4) $\overline{m}(\{\vec{\theta}:g_{\min}(\vec{\theta};x,x) = 1\}) = 1$.

证 (1) $\Longrightarrow$ (2) 和 (3). 设 (1) 成立, 可取 $A\in\vec{\mathscr{B}}$, 使 $\overline{m}(A) = 0$ 且 $f^*(\vec{\theta};x,x) = 1(\forall\vec{\theta}\notin A)$. 令 $B = \bigcup_{n\in\mathbf{Z}}T^{-n}A$, 则 $\overline{m}(B) = 0$, 且由 (2.13)′ 式,

有 $g(\overrightarrow{\theta};x,x)=1(\forall\overrightarrow{\theta}\notin B)$, 此即 (2) 成立, 但

$$\overline{m}(\{\overrightarrow{\theta}:f^*_{\min}(\overrightarrow{\theta};x,x)=1\})=\overline{m}\left(\bigcap_{n\in\mathbf{Z}}\{f^*(T^n\overrightarrow{\theta};x,x)=1\}\right)=1,$$

这说明 (3) 成立. 因 $f^*(\overrightarrow{\theta};x,x)\geqslant\max\{g(\overrightarrow{\theta};x,x),f^*_{\min}(\overrightarrow{\theta};x,x)\}$, 故由命题 2.5 可证: $(2)\Longrightarrow(1),(3)\Longrightarrow(1),(3)\Longrightarrow(4)$.

命题 2.11 若 $\overline{m}\circ T^{-1}=\overline{m},\overline{m}(\{\overrightarrow{\theta}:f^*(\overrightarrow{\theta};x,y)>0\})=1,\overline{m}(\{\overrightarrow{\theta}:f^*(\overrightarrow{\theta};x,x)=1\})=1$, 则

$$\overline{m}(\{\overrightarrow{\theta}:f^*(\overrightarrow{\theta};y,x)=1\})=1.$$

证 令

$$\overrightarrow{\Theta}_0=\bigcap_{j,k\in\mathbf{Z}}\left\{\overrightarrow{\theta}:\begin{array}{c}f^*(T^j\overrightarrow{\theta};x,y)>0\\f^*(T^k\overrightarrow{\theta};x,x)=1\\g(\overrightarrow{\theta};x,x)=1\end{array}\right\},$$

则由 $\overline{m}\circ T^{-1}=\overline{m}$ 得 $\overline{m}(\overrightarrow{\Theta}_0)=1$. 对任何 $\overrightarrow{\theta}\in\overrightarrow{\Theta}_0$, 存在

$$M=M(\overrightarrow{\theta})\widehat{=}\min\{n:f^{(s)}(\overrightarrow{\theta};x,y)=0,1\leqslant s<n,f^{(n)}(\overrightarrow{\theta};x,y)>0\}$$

使 $M(\cdot)$ 可测, 且

$$\begin{aligned}
0<\alpha(\overrightarrow{\theta})&=f^{(M)}(\overrightarrow{\theta};x,y)=P_{(x,\overrightarrow{\theta})}(X_s\neq y,1\leqslant s<M,X_M=y)\\
&\leqslant P_{(x,\overrightarrow{\theta})}\left(X_s\neq y,1\leqslant s<M,X_M=y,\bigcup_{n>M}\{X_n=x\}\right)\\
&\quad+P_{(x,\overrightarrow{\theta})}\left(X_M=y,\bigcap_{n>M}\{X_n\neq x\}\right)\\
&\leqslant f^{(M)}(\overrightarrow{\theta};x,y)f^*(T^M\overrightarrow{\theta};y,x)+P_{(x,\overrightarrow{\theta})}\left(\bigcup_{k=1}^{\infty}\bigcap_{n=k}^{\infty}\{X_n\neq x\}\right)\\
&=\alpha(\overrightarrow{\theta})f^*(T^M\overrightarrow{\theta};y,x)+(1-g(\overrightarrow{\theta};x,x))\\
&=\alpha(\overrightarrow{\theta})f^*(T^M\overrightarrow{\theta};y,x).
\end{aligned}$$

所以

$$f^*(T^M\overrightarrow{\theta};y,x)=1\quad(\forall\overrightarrow{\theta}\in\overrightarrow{\Theta}_0).$$

但是对每个 $\vec{\theta} \in \vec{\Theta}$,

$$T^{M(\vec{\theta})}\vec{\Theta}_0 \supset \bigcap_{k\in\mathbf{Z}} T^k\vec{\Theta}_0, \quad T^{-1}(T\vec{\Theta}_0) \supset \vec{\Theta}_0,$$

故

$$\overline{m}(T^k\vec{\Theta}_0) = \overline{m}(T^{-k}(T^k\vec{\Theta}_0)) \geqslant \overline{m}(\vec{\Theta}_0) = 1.$$

所以 $\overline{m}(I^{M(\vec{\theta})}(\vec{\Theta}_0)) = 1$ 对每个 $\vec{\theta} \in \vec{\Theta}$ 皆成立, 命题得证.

现在引进零一律条件 (A):

(A): $\overline{m}\{\vec{\theta} : p^{(n)}(\vec{\theta}; x, y) > 0\}$ 非 0 即 1 ($\forall n \geqslant 0, x, y \in \mathscr{X}$).

命题 2.12 若 $\overline{m}\{\vec{\theta} : G(\vec{\theta}; x, y) = \infty\} = 1$, 则存在一个可测函数 $s = s(\vec{\theta})$, 使

$$p^{(s(\vec{\theta}))}(\vec{\theta}; x, y) > 0, \quad \overline{m} - \text{a.s. } \vec{\theta};$$

特别地, 若条件 (A) 成立, 则存在正整数 v,

$$p^{(v)}(\vec{\theta}; x, y) > 0, \quad \overline{m} - \text{a.s. } \vec{\theta}.$$

证 因为 $\overline{m}\left\{\vec{\theta} : \sum_{n=0}^{\infty} p^{(n)}(\vec{\theta}; x, y) = \infty\right\} = 1, p^{(n)}(\vec{\theta}; x, y)$ 是 $\vec{\theta}$ 的可测函数, 若令

$$s(\vec{\theta}) = \min\{n \geqslant 1 : p^{(u)}(\vec{\theta}; x, y) = 0, 1 \leqslant u < n, p^{(n)}(\vec{\theta}; x, y) > 0\},$$

则 $s(\vec{\theta})$ 是取值于 $\{1, 2, \cdots\}$ 的可测函数. 且 $p^{(s(\vec{\theta}))}(\vec{\theta}; x, y) > 0, \overline{m} - \text{a.s.} \vec{\theta}$. 但是

由于 $1 = \overline{m}\{\vec{\theta} : p^{(s(\vec{\theta}))}(\vec{\theta}; x, y) > 0\}$

$$= \overline{m}\left\{\vec{\theta} : \bigcup_{v\geqslant 1}\{s(\vec{\theta}) = v, p^{(v)}(\vec{\theta}; x, y) > 0\}\right\},$$

由条件 (A) 可知存在正整数 v, 使 $p^{(v)}(\vec{\theta}; x, y) > 0, \overline{m} - \text{a.s.} \vec{\theta}$.

附注 2.1 若 $\overline{m} \circ T^{-1} = \overline{m}$,由命题 2.10 和 Borel-Cantelli 引理,有

$$\overline{m}(\{\vec{\theta} : f^*(\vec{\theta}; x, x) = 1\}) = 1 \Leftrightarrow \overline{m}(\{\vec{\theta} : g(\vec{\theta}; x, x) = 1\}) = 1$$
$$\Rightarrow \overline{m}(\{\vec{\theta} : G(\vec{\theta}; x, x) = \infty\}) = 1,$$

但是 $\overline{m}(\{\vec{\theta} : G(\vec{\theta}; x, x) = \infty\}) = 1$ 并不蕴含 $\overline{m}(\{\vec{\theta} : f^*(\vec{\theta}; x, x) = 1\}) = 1$.

例 2.1 设 $P-\Phi$ 链 $V=(\mathscr{X},\mathscr{A};\Theta,\mathscr{B};P,\Phi)$ 定义如下

$$\mathscr{X}=\{a,b\},\quad a\neq b,\quad \Theta=\{0,1\},$$
$$p(0;a,a)=p(0;b,b)=0,\quad p(0;a,b)=p(0;b,a)=1,\quad p(1;x,y)\equiv\frac{1}{2};$$
$$\overline{m}=q^{\mathbf{Z}},\quad q(\{0\})=q(\{1\})=\frac{1}{2}.$$

则 $f^*(\overrightarrow{\theta};a,a)<1,\overline{m}-\text{a.s.}\overrightarrow{\theta},\overline{m}\circ T^{-1}=\overline{m},\overline{m}(\{\overrightarrow{\theta}:G(\overrightarrow{\theta};a,a)=\infty\})=1.$

定理 2.1 若 $\overline{m}\circ T^{-1}=\overline{m},\overline{m}(\{\overrightarrow{\theta}:f^*_{\min}(\overrightarrow{\theta};x,y)>0\}=1,\overline{m}(\{\overrightarrow{\theta}:f^*(\overrightarrow{\theta};x,x)=1\})=1$, 则

(1) $\overline{m}(\{\overrightarrow{\theta}:f^*_{\min}(\overrightarrow{\theta};x,x)=1\})=1;$

(2) $\overline{m}(\{\overrightarrow{\theta}:f^*_{\min}(\overrightarrow{\theta};y,x)=1\})=1;$

(3) $\overline{m}(\{\overrightarrow{\theta}:f^*_{\min}(\overrightarrow{\theta};x,y)=1\})=1;$

(4) $\overline{m}(\{\overrightarrow{\theta}:f^*_{\min}(\overrightarrow{\theta};y,y)=1\})=1;$

(5)
$$\begin{aligned}\overline{m}(\{\overrightarrow{\theta}:g_{\min}(\overrightarrow{\theta};x,y)=1\})&=\overline{m}(\{\overrightarrow{\theta}:g_{\min}(\overrightarrow{\theta};y,x)=1\})\\&=\overline{m}(\{\overrightarrow{\theta}:g_{\min}(\overrightarrow{\theta};x,x)=1\})\\&=\overline{m}(\{\overrightarrow{\theta}:g_{\min}(\overrightarrow{\theta};y,y)=1\})=1.\end{aligned}$$

证 因为

$$\{\overrightarrow{\theta}:f^*_{\min}(\overrightarrow{\theta};u,v)=1\}=\bigcap_{k\in\mathbf{Z}}\{\overrightarrow{\theta}:f^*(T^k\overrightarrow{\theta};u,v)=1\},$$

所以 (1) 可由 $\overline{m}\circ T^{-1}=\overline{m}$ 而得.

(2) 可由命题 2.11 和 $\overline{m}\circ T^{-1}=\overline{m}$ 而得.

(3) 由命题 2.4 知 $f^*(\overrightarrow{\theta};x,y)\geqslant g(\overrightarrow{\theta};x,y)\geqslant g(\overrightarrow{\theta};x,x)$ $(\overline{m}-\text{a.s.}\overrightarrow{\theta})$, 由命题 2.10,

$$\begin{aligned}\overline{m}(\{\overrightarrow{\theta}:f^*(\overrightarrow{\theta};x,y)=1\})&\geqslant\overline{m}(\{\overrightarrow{\theta}:g(\overrightarrow{\theta};x,x)=1\})\\&=\overline{m}(\{\overrightarrow{\theta}:f^*(\overrightarrow{\theta};x,x)=1\})=1.\end{aligned}$$

仿 (2), 用 $\overline{m}\circ T^{-1}=\overline{m}$ 可证: $\overline{m}(\{\overrightarrow{\theta}:f^*_{\min}(\overrightarrow{\theta};x,y)=1\})=1.$

(4) $f^*(\overrightarrow{\theta};y,y)\geqslant P_{(y,\overrightarrow{\theta})}\left(\bigcup_{s=1}^{\infty}\{X_s=y\},\bigcup_{n=1}^{\infty}\{X_n=x\}\right)$

$$
\begin{aligned}
&= P_{(y,\overrightarrow{\theta})}\left(\bigcup_{n=1}^{\infty}\{X_n = x\}\right) - P_{(y,\overrightarrow{\theta})}\left(\bigcup_{n=1}^{\infty}\{X_n = x\}, \bigcap_{s=1}^{\infty}\{X_s \neq y\}\right) \\
&\geqslant f^*(\overrightarrow{\theta}; y, x) - \sum_{n=1}^{\infty} P_{(y,\overrightarrow{\theta})}\left(X_k \neq x, 1 \leqslant k < n, X_n = x, \bigcap_{s=n+1}^{\infty}\{X_s \neq y\}\right) \\
&= f^*(\overrightarrow{\theta}; y, x) - \sum_{n=1}^{\infty} f^{(n)}(\overrightarrow{\theta}; y, x)[1 - f^*(T^n\overrightarrow{\theta}; x, y)] \\
&= f^*(\overrightarrow{\theta}; y, x) = 1, \quad \overline{m} - \text{a.s.}\,\overrightarrow{\theta}.
\end{aligned}
$$

所以由 $\overline{m}\circ T^{-1} = \overline{m}$ 得到 $\overline{m}(\{\overrightarrow{\theta} : f^*_{\min}(\overrightarrow{\theta}; y, y) = 1\}) = 1$. (4) 得证.

(5) 用 (1)—(4) 和 $(2.13)'$ 可证 (5).

推论 2.1 在定理 2.1 的条件下, 有

$$
\begin{aligned}
\overline{m}(\{\overrightarrow{\theta} : G_{\min}(\overrightarrow{\theta}; x, y) = \infty\}) &= \overline{m}(\{\overrightarrow{\theta} : G_{\min}(\overrightarrow{\theta}; y, x) = \infty\}) \\
&= \overline{m}(\{\overrightarrow{\theta} : G_{\min}(\overrightarrow{\theta}; x, x) = \infty\}) \\
&= \overline{m}(\{\overrightarrow{\theta} : G_{\min}(\overrightarrow{\theta}; y, y) = \infty\}) = 1. \qquad (2.15)
\end{aligned}
$$

证 由 Borel-Cantelli 引理知: "$g(\overrightarrow{\theta}; x, y) > 0$ 蕴含了

$$
G(\overrightarrow{\theta}; x, y) = \sum_{k=0}^{\infty} P_{(x,\overrightarrow{\theta})}(X_k = y) = \infty\text{''}.
$$

所以, 由定理 2.1(5) 和 $\overline{m} = \overline{m}\circ T^{-1}$ 可知 (2.15) 式成立.

命题 2.13 引进条件 (A′)、条件 (F*) 和条件 (F):

(A′): 对任何 $x, y \in \mathscr{X}, \overline{m}\{\overrightarrow{\theta} : p^{(1)}(\overrightarrow{\theta}; x, y) > 0\}$ 非 0 即 1;

(F*): 对任何 $x, y \in \mathscr{X}, \overline{m}\{\overrightarrow{\theta} : f^*(\overrightarrow{\theta}; x, y) > 0\}$ 非 0 即 1;

(F): 对任何 $n \geqslant 1, x, y \in \mathscr{X}, \overline{m}\{\overrightarrow{\theta} : f^{(n)}(\overrightarrow{\theta}; x, y) > 0\}$ 非 0 即 1.

则 (A′)$\Longleftrightarrow$(A)$\Longleftrightarrow$(F)$\Longrightarrow$(F*).

证 设条件 (A′) 成立. 对任何 $n \geqslant 1, x_0, x_n \in \mathscr{X}$, 有

$$
p^{(n)}(\overrightarrow{\theta}; x_0, x_n) = \sum_{\substack{x_i \in \mathscr{X} \\ 0 < i < n}} \prod_{i=0}^{n-1} p^{(1)}(T^i\overrightarrow{\theta}; x_i, x_{i+1}). \qquad (2.16)
$$

固定任一正整数 n, 有下列两种情况.

(a) 存在一条路径: $x_0^* \to x_1^* \cdots \to x_n^*$ $(x_i^* \in \mathscr{X}, 0 \leqslant i \leqslant n)$, 使

$$\overline{m}\left\{\overrightarrow{\theta}: \prod_{i=0}^{n-1} p^{(1)}(T^i\overrightarrow{\theta}; x_i^*, x_{i+1}^*) > 0\right\} = 1, \tag{2.17}$$

则由 (2.16)、(2.17) 式知: 对任何 $x_0^* \in \mathscr{X}, x_n^* \in \mathscr{X}$, 有

$$\overline{m}\{\overrightarrow{\theta}: p^{(n)}(\overrightarrow{\theta}; x_0^*, x_n^*) > 0\} = 1.$$

(b) 对任一条固定的路径 $x_0 \to x_1 \to \cdots \to x_n$ $(x_i \in \mathscr{X}, 0 \leqslant i \leqslant n)$, 都有

$$\overline{m}\left\{\overrightarrow{\theta}: \prod_{i=0}^{n-1} p^{(1)}(T^i\overrightarrow{\theta}; x_i, x_{i+1}) > 0\right\} < 1. \tag{2.18}$$

故存在一对 x_i, x_{i+1}, 使

$$\overline{m}\{\overrightarrow{\theta}: p^{(1)}(T^i\overrightarrow{\theta}; x_i, x_{i+1}) > 0\} < 1 \tag{2.19}$$

由 (2.19) 式和 (A′) 成立可知

$$\overline{m}\{\overrightarrow{\theta}: p^{(1)}(T^i\overrightarrow{\theta}; x_i, x_{i+1}) > 0\} = 0, \tag{2.20}$$

即

$$\overline{m}\{\overrightarrow{\theta}: p^{(1)}(T^i\overrightarrow{\theta}; x_i, x_{i+1}) = 0\} = 1. \tag{2.21}$$

由 (2.21)、(2.16) 式及 $x_0 \to x_1 \to \cdots \to x_n$ 的任意性知

$$\overline{m}\{\overrightarrow{\theta}: p^{(n)}(\overrightarrow{\theta}; x_0, x_n) > 0\} = 0 \quad (\forall n \geqslant 1, x_0, x_n \in \mathscr{X}),$$

此即 (A) 成立, 而 (A)$\Longrightarrow$(A′) 是显然的. 再证明 (A)$\Longrightarrow$(F*).

固定任意一对 $x, y \in \mathscr{X}$. 由 (A) 成立, 有两种可能:

(1) 存在正整数 n_0, 使 $\overline{m}\{\overrightarrow{\theta}: p^{(n_0)}(\overrightarrow{\theta}; x, y) > 0\} = 1$;

(2) 对一切正整数 n, 有 $\overline{m}\{\overrightarrow{\theta}: p^{(n)}(\overrightarrow{\theta}; x, y) > 0\} = 0$.

对于情况 (1), 有

$$\overline{m}\{\overrightarrow{\theta}: f^*(\overrightarrow{\theta}; x, y) > 0\} \geqslant \overline{m}\{\overrightarrow{\theta}: p^{(n_0)}(\overrightarrow{\theta}; x, y) > 0\} = 1;$$

对于情况 (2), 有

$$\overline{m}\{\overrightarrow{\theta}: f^*(\overrightarrow{\theta}; x, y) > 0\} = \overline{m}\left(\overrightarrow{\theta}: \sum_{n=1}^{\infty} f^{(n)}(\overrightarrow{\theta}; x, y) > 0\right\}$$

$$\leqslant \sum_{n=1}^{\infty} \overline{m}\{\overrightarrow{\theta}: f^{(n)}(\overrightarrow{\theta}; x, y) > 0\}$$

$$\leqslant \sum_{n=1}^{\infty} \overline{m}\{\overrightarrow{\theta}: p^{(n)}(\overrightarrow{\theta}; x, y) > 0\} = 0.$$

这就证明了 $\overline{m}\{\overrightarrow{\theta}: f^*(\overrightarrow{\theta};x,y)>0\}$ 非 0 即 1, 即 (F*) 成立.

(F)⟹(A′) 是显然的. 最后证明 (A′)⟹(F). 注意:

$$f^{(n)}(\overrightarrow{\theta};x_0,x_n)=\sum_{\substack{x_i\neq x_n\\0<i<n}}\prod_{i=0}^{n-1}p^{(1)}(T^i\overrightarrow{\theta};x_i,x_{i+1}),\tag{2.22}$$

在利用 (2.16) 式的地方代之用 (2.22) 式, 仿 (A′)⟹(A) 的证明, 可证 (A′)⟹(F). 命题证毕.

推论 2.2　若 $\overline{m}\circ T^{-1}=\overline{m},\overline{m}(\{\overrightarrow{\theta}: f^*(\overrightarrow{\theta};x,x)=1\})=1$, 且存在 $\varepsilon>0$, 使

$$\overline{m}(\{\overrightarrow{\theta}; f^*(\overrightarrow{\theta};x,y)\geqslant\varepsilon\})=1,$$

则定理 2.1 和 (2.15) 式的结论都成立.

证　用 $\overline{m}\circ T^{-1}=\overline{m}$ 可证

$$\overline{m}(\{\overrightarrow{\theta}: f^*(\overrightarrow{\theta};x,y)\geqslant\varepsilon\})=1$$

蕴含了

$$\overline{m}(\{\overrightarrow{\theta}: f^*_{\min}(\overrightarrow{\theta};x,y)>0\})=1.$$

因此推论 2.2 可由定理 2.1 和推论 2.1 而得.

附注 2.2　定义

$$\begin{aligned}&p_{n,k}(\theta_k,\theta_{k+1},\cdots,\theta_{k+n-1};x,y)=p^{(n)}(T^k\overrightarrow{\theta};x,y)\\&(\overrightarrow{\theta}=(\theta_u,u\in\mathbf{Z})\in\overrightarrow{\Theta},n\geqslant1,k\in\mathbf{Z},x,y\in\mathscr{X}),\end{aligned}\tag{2.23}$$

则由第二章 (6.5)—(6.7) 式有

$$\begin{aligned}&p_{n,k}(\theta_k,\theta_{k+1},\cdots,\theta_{k+n-1};x,y)=p^{(n)}(T^k\overrightarrow{\theta};x,y)\\&\quad=\widehat{P}^{(n)}((x,T^k\overrightarrow{\theta}),\{y\}\times\overrightarrow{\Theta})=\sum_{x_1\in\mathscr{X}}\cdots\sum_{x_{n-1}\in\mathscr{X}}p(\theta_k;x,x_1)\\&\qquad\cdot p(\theta_{k+1},x_1,x_2)\cdots,p(\theta_{k+n-1};x_{n-1},y).\end{aligned}\tag{2.24}$$

其中

$$P(\theta)=(p(\theta;x,y),x,y\in\mathscr{X}),\quad \theta\in\Theta.\tag{2.25}$$

注意:

$$P(\theta_0)=(p^{(1)}(\overrightarrow{\theta};x,y),x,y\in\mathscr{X})=(p(\theta_0;x,y),x,y\in\mathscr{X}).\qquad(2.26)$$

$p_{n,0}(\theta_0,\theta_1,\cdots,\theta_{n-1};x,y)=p^{(n)}(\overrightarrow{\theta};x,y)$ 就是第二章 (5.2) 式中的 $p_n(\theta_0,\theta_1,\cdots,\theta_n;x,y)$, 故可简记为

$$p_{n,0}(\theta_0,\theta_1,\cdots,\theta_{n-1};x,y)=p_n(\theta_0,\theta_1,\cdots,\theta_{n-1};x,y).\qquad(2.27)$$

§3 状态分类

本节沿用 §2 之符号, 恒设

$$\overline{m}=\overline{m}\circ T^{-1}.$$

定义 3.1 对 $\mathscr{X}$ 中任意两个状态 x 和 y, 称 x 可达 y, 若 $\overline{m}(\{\overrightarrow{\theta}:f^*(\overrightarrow{\theta};x,y)>0\})=1$, 记之为 $x\to y$; 称 x 可极小达 y, 如果 $\overline{m}(\{\overrightarrow{\theta}:f^*_{\min}(\overrightarrow{\theta};x,y)>0\})=1$, 记之为 $x\xrightarrow{\min}y$; 称 x 可正概率达 y, 如果存在 $\varepsilon>0$, 使 $\overline{m}(\{\overrightarrow{\theta}:f^*(\overrightarrow{\theta};x,y)\geqslant\varepsilon\})=1$, 记之为 $x\xrightarrow{p}y$.

命题 3.1 对于上述三种可达的定义, 恒有下述蕴含关系:

$$x\xrightarrow{p}y\Longrightarrow x\xrightarrow{\min}y\Longrightarrow x\to y.$$

证 设 $x\xrightarrow{p}y$, 则存在 $\varepsilon>0$, 使

$$\overline{m}(\{\overrightarrow{\theta}:f^*(\overrightarrow{\theta};x,y)\geqslant\varepsilon\})=1.$$

但是 $\overline{m}=\overline{m}\circ T^{-1}$, 所以

$$\overline{m}(\{\overrightarrow{\theta}:f^*(T^k\overrightarrow{\theta};x,y)\geqslant\varepsilon\})=1\quad(\forall k\in\mathbf{Z}),$$

从而

$$\begin{aligned}&\overline{m}(\{\overrightarrow{\theta}:f^*_{\min}(\overrightarrow{\theta};x,y)>0\})\\ \geqslant\ &\overline{m}(\{\overrightarrow{\theta}:f^*_{\min}(\overrightarrow{\theta};x,y)\geqslant\varepsilon\})\\ =\ &\overline{m}\left(\bigcap_{k\in\mathbf{Z}}\{\overrightarrow{\theta}:f^*(T^k\overrightarrow{\theta};x,y)\geqslant\varepsilon\}\right)=1,\end{aligned}$$

所以 $x\xrightarrow{\min}y$.

而 "$x\xrightarrow{\min}y\Longrightarrow x\to y$" 是显然的.

命题 3.2 上述三种可达性均具有“传递性”, 即

(1) $x \to y, y \to z \Longrightarrow x \to z$;

(2) $x \xrightarrow{\min} y, y \xrightarrow{\min} z \Longrightarrow x \xrightarrow{\min} z$;

(3) $x \xrightarrow{p} y, y \xrightarrow{p} z \Longrightarrow x \xrightarrow{p} z$.

证 (1) 设 $x \to y, y \to z$, 即

$$\overline{m}(\{\overrightarrow{\theta} : f^*(\overrightarrow{\theta}; x, y) > 0\}) = \overline{m}(\{\overrightarrow{\theta} : f^*(\overrightarrow{\theta}, y, z) > 0\}) = 1.$$

若令

$$\overrightarrow{\Theta}_0 = \bigcap_{j,k \in \mathbf{Z}} \{\overrightarrow{\theta} : f^*(T^j \overrightarrow{\theta}; x, y) f^*(T^k \overrightarrow{\theta}; y, z) > 0\},$$

则由 $\overline{m} = \overline{m} \circ T^{-1}$ 可知

$$\overline{m}(\overrightarrow{\Theta}_0) = 1.$$

任取固定的 $\overrightarrow{\theta} \in \overrightarrow{\Theta}_0$, 必有 $u = u(\overrightarrow{\theta}), v = v(\overrightarrow{\theta})$, 使

$$f^{(u)}(\overrightarrow{\theta}; x, y) > 0, \quad f^{(v)}(T^u \overrightarrow{\theta}; y, z) > 0.$$

更有

$$p^{(u)}(\overrightarrow{\theta}; x, y) > 0, \quad p^{(v)}(T^u \overrightarrow{\theta}; y, z) > 0 \quad (\forall \overrightarrow{\theta} \in \overrightarrow{\Theta}_0).$$

由第二章推论 6.1 有

$$\begin{aligned} p^{(u+v)}(\overrightarrow{\theta}; x, z) &= \sum_{w \in \mathscr{X}} p^{(u)}(\overrightarrow{\theta}; x, w) p^{(v)}(T^u \overrightarrow{\theta}; w, z) \\ &\geqslant p^{(u)}(\overrightarrow{\theta}; x, y) p^{(v)}(T^u \overrightarrow{\theta}; y, z) > 0 \quad (\forall \overrightarrow{\theta} \in \overrightarrow{\Theta}_0). \end{aligned}$$

所以, 由命题 2.2 可知: 存在一个 $k = k(\overrightarrow{\theta})$ 使 $k \leqslant u + v, f^{(k)}(\overrightarrow{\theta}; x, z) > 0$, $(\forall \overrightarrow{\theta} \in \overrightarrow{\Theta}_0)$. 故

$$x \to z.$$

(2) 设 $x \xrightarrow{\min} y, y \xrightarrow{\min} z$. 令

$$\overrightarrow{\Theta}_0 = \{\overrightarrow{\theta} : f^*_{\min}(\overrightarrow{\theta}; x, y) f^*_{\min}(\overrightarrow{\theta}; y, z) > 0\},$$

则 $\overline{m}(\overrightarrow{\Theta}_0) = 1$, 且对任何 $\overrightarrow{\theta} \in \overrightarrow{\Theta}_0$, 存在一个 $\varepsilon = \varepsilon(\overrightarrow{\theta}) > 0$, 使

$$f^*(T^j \overrightarrow{\theta}; x, y) > \varepsilon \quad (\forall j \in \mathbf{Z}), \quad f^*(T^k \overrightarrow{\theta}; y, z) > \varepsilon \quad (\forall k \in \mathbf{Z}).$$

但是对任何 $r \in \mathbf{Z}$, 有

$$
\begin{aligned}
& f^*(T^r\vec{\theta}; x, z) \geqslant P_{(x,T^r\vec{\theta})}\left(\bigcup_{s=1}^{\infty}\{X_s = y\}, \bigcup_{n=1}^{\infty}\{X_n = z\}\right) \\
= & \lim_{t\to\infty}\lim_{k\to\infty} P_{(x,T^r\vec{\theta})}\left(\bigcup_{s=1}^{t}\{X_s = y\}, \bigcup_{n=1}^{k}\{X_n = z\}\right) \\
\geqslant & \lim_{t\to\infty}\lim_{k\to\infty}\sum_{s=1}^{t} P_{(x,T^r\vec{\theta})}\left(X_u \neq y, 1 \leqslant u < s, X_s = y, \bigcup_{n=s+1}^{k}\{X_n = z\}\right) \\
= & \lim_{t\to\infty}\lim_{k\to\infty}\sum_{s=1}^{t} f^{(s)}(T^r\vec{\theta}; x, y)\sum_{n=1}^{k-s} f^{(n)}(T^{s+r}\vec{\theta}; y, z) \\
\geqslant & \lim_{t\to\infty}\sum_{s=1}^{t} f^{(s)}(T^r\vec{\theta}; x, y)\varepsilon \\
\geqslant & \varepsilon^2 \quad (\forall \vec{\theta} \in \vec{\Theta}_0).
\end{aligned}
$$

所以

$$
f^*_{\min}(\vec{\theta}; x, z) \geqslant \varepsilon^2 > 0 \quad (\forall \vec{\theta} \in \vec{\Theta}_0).
$$

因此

$$
x \xrightarrow{\min} z.
$$

(3) 设 $x \xrightarrow{p} y, y \xrightarrow{p} z$, 则存在一个 $\varepsilon > 0$ 不依赖 $\vec{\theta}$ 使

$$
\overline{m}(\{\vec{\theta} : f^*(\vec{\theta}; x, y) \geqslant \varepsilon, f^*(\vec{\theta}; y, z) \geqslant \varepsilon\}) = 1.
$$

令

$$
\vec{\Theta}_1 = \bigcap_{j,k\in\mathbf{Z}}\{f^*(T^j\vec{\theta}; x, y) \geqslant \varepsilon, f^*(T^k\vec{\theta}; y, z) \geqslant \varepsilon\},
$$

则由 $\overline{m} = \overline{m} \circ T^{-1}$ 可知 $\overline{m}(\vec{\Theta}_1) = 1$. 而对任何 $\vec{\theta} \in \vec{\Theta}_1$, 存在一个 $u = u(\vec{\theta})$ 和一个 $v = v(\vec{\theta})$ 使

$$
\begin{aligned}
& P_{(x,\vec{\theta})}\left(\bigcup_{s=1}^{u}\{X_s = y\}\right) \geqslant \frac{\varepsilon}{2}; \\
& P_{(y,T^s\vec{\theta})}\left(\bigcup_{t=1}^{v}\{X_t = z\}\right) \geqslant \frac{\varepsilon}{2} \quad (1 \leqslant s \leqslant u).
\end{aligned}
$$

因此用 SKPMC $\{(X_n, T^n \overrightarrow{\xi}), n \geqslant 0\}$ 的马氏性可证:

$$
\begin{aligned}
& P_{(x,\overrightarrow{\theta})}\left(\bigcup_{l=1}^{u+v}\{X_l = z\}\right) \\
\geqslant & P_{(x,\overrightarrow{\theta})}\left(\bigcup_{s=1}^{u}\{X_s = y\}, \bigcup_{l=1}^{u+v}\{X_l = z\}\right) \\
= & \sum_{s=1}^{u} P_{(x,\overrightarrow{\theta})}\left(X_k \neq y, 1 \leqslant k < s, X_s = y, \bigcup_{l=1}^{u+v}\{X_l = z\}\right) \\
\geqslant & \sum_{s=1}^{u} P_{(x,\overrightarrow{\theta})}\left(X_k \neq y, 1 \leqslant k < s, X_s = y, \bigcup_{l=s+1}^{u+v}\{X_l = z\}\right) \\
= & \sum_{s=1}^{u} f^{(s)}(\overrightarrow{\theta}; x, y) P_{(y, T^s \overrightarrow{\theta})}\left(\bigcup_{l=1}^{u+v-s}\{X_l = z\}\right) \\
\geqslant & \sum_{s=1}^{u} f^{(s)}(\overrightarrow{\theta}; x, y) P_{(y, T^s \overrightarrow{\theta})}\left(\bigcup_{l=1}^{v}\{X_l = z\}\right) \\
\geqslant & \frac{\varepsilon^2}{4} \quad (\forall \overrightarrow{\theta} \in \overrightarrow{\Theta}_1).
\end{aligned}
$$

所以

$$
\overline{m}\left(\left\{\overrightarrow{\theta} : f^*(\overrightarrow{\theta}; x, z) \geqslant \frac{\varepsilon^2}{4}\right\}\right) \geqslant \overline{m}(\overrightarrow{\Theta}_1) = 1,
$$

故 $x \xrightarrow{p} z$.

命题证毕.

定义 3.2 对于任意两个状态 $x, y \in \mathscr{X}$, 称它们是互通的, 如果 $x \to y$ 且 $y \to x$, 记之为 $x \leftrightarrow y$. 类似地, 可定义 $x \xleftrightarrow{\min} y$ 和 $x \xleftrightarrow{p} y$.

定义 3.3 称 $F \in \mathscr{A} \times \overrightarrow{\mathscr{B}}$ 是非本质集, 如果对每个 $x \in \mathscr{X}$, 都有

$$
g(\overrightarrow{\theta}; x, F) = 0, \quad \overline{m} - \text{a.s.} \overrightarrow{\theta};
$$

否则, 称 F 是本质集.

如果一个本质集 F 可表示为至多可数个非本质集之并, 则称此本质集 F 是非完全本质的, 反之称此本质集 F 是完全本质集.

称 $\mathscr{X}$ 中的一个状态 x 是非本质的 (或本质的, 或非完全本质的, 或完全本质的), 如果 $\{x\} \times \overrightarrow{\Theta}$ 是非本质集 (或本质集, 或非完全本质集, 或完全本质集).

称状态 x 是常返的, 如果 $\overline{m}\{\overrightarrow{\theta}: g(\overrightarrow{\theta}; x, x) = 1\} = 1$, 否则, 称 x 是暂留的. 称常返状态 x 是正常返的, 如果: $\overline{m}(\{\overrightarrow{\theta}: \liminf\limits_{\lambda\uparrow 1}(1-\lambda)GP(T^k\overrightarrow{\theta}; x, x; \lambda) > 0\}) = 1$ $(\forall k \geqslant 0)$, 否则称 x 是零常返的.

令 κ 是 $\mathscr{X}$ 上的计数测度, 即对任何 $A \subset \mathscr{X}$, $\kappa(A) \stackrel{\text{def}}{=\!=} \#A$, 再令 $\mu = \kappa \times \overline{m}$ (注意, 本节恒设 $\overline{m} \circ T^{-1} = \overline{m}$, 即 $\overline{m}$ 是 $\overrightarrow{\mathscr{B}}$ 上的平稳测度). 考虑两个空间: $L_\infty(\mathscr{X} \times \overrightarrow{\Theta}, \mathscr{A} \times \overrightarrow{\mathscr{B}}, \mu)$ 和 $L_1(\mathscr{X} \times \overrightarrow{\Theta}, \mathscr{A} \times \overrightarrow{\mathscr{B}}, \mu)$. 设 $\widehat{P}^{(n)}((x, \overrightarrow{\theta}), F)$ 如第二章 (6.6) 式所定义 $(\forall n \geqslant 1)$, 再补充定义 $\widehat{P}^{(0)}((x, \overrightarrow{\theta}), F) = \mathbf{1}_F(x, \overrightarrow{\theta})$.

对 $\widehat{P}^{(n)}((x, \overrightarrow{\theta}), F)$ $(n \geqslant 0)$, 按常规定义三个算子:

$\widehat{P}^{(n)}: L_\infty \mapsto L_\infty$, 对任何 $f \in L_\infty$, 定义

$$(\widehat{P}^{(n)} f)(x, \overrightarrow{\theta}) = \int_{\mathscr{X} \times \overrightarrow{\Theta}} \widehat{P}^{(n)}((x, \overrightarrow{\theta}), \mathrm{d}(y, \overrightarrow{\tau})) f(y, \overrightarrow{\tau}); \tag{3.1}$$

$\widehat{P}^{(n)}: L_1 \mapsto L_1$, 对任何 $\varphi \in L_1$, 定义

$(\varphi\widehat{P}^{(n)})(x, \overrightarrow{\theta})$ 为 Radon–Nikodym 导数:

$\dfrac{\mathrm{d}(\nu\widehat{P}^{(n)})}{\mathrm{d}\mu}$, 其中赋号测度 ν 定义如下:

$$\nu(F) = \int_F \varphi(x, \overrightarrow{\theta})\mu(\mathrm{d}x, \mathrm{d}\overrightarrow{\theta}) \quad (F \in \mathscr{A} \times \overrightarrow{\mathscr{B}}), \tag{3.2}$$

$$(\nu\widehat{P}^{(n)})(F) = \int_{\mathscr{X} \times \overrightarrow{\Theta}} \nu(\mathrm{d}x, \mathrm{d}\overrightarrow{\theta})\widehat{P}^{(n)}((x, \overrightarrow{\theta}), F) \quad (F \in \mathscr{A} \times \overrightarrow{\mathscr{B}}). \tag{3.3}$$

引理 3.1 对任何 $\varphi \in L_1$, 有

$$\begin{aligned}(\varphi\widehat{P}^{(n)})(x, \overrightarrow{\theta}) &\stackrel{\text{def}}{=\!=} \frac{\mathrm{d}(\nu\widehat{P}^{(n)})}{\mathrm{d}\mu} \\ &= \sum_{y \in \mathscr{X}} \varphi(y, T^{-n}\overrightarrow{\theta}) p_{n,-n}(\theta_{-n}, \cdots, \theta_{-1}; y, x) \\ &= \sum_{y \in \mathscr{X}} \varphi(y, T^{-n}\overrightarrow{\theta}) p^{(n)}(T^{-n}\overrightarrow{\theta}; y, x).\end{aligned} \tag{3.4}$$

证 $\displaystyle\int_F \sum_{y \in \mathscr{X}} \varphi(y, T^{-n}\overrightarrow{\theta}) p_{n,-n}(\theta_{-n}, \cdots, \theta_{-1}; y, x)\,\mathrm{d}\mu$

$$\stackrel{(2.15)}{=\!=} \int_{\mathscr{X} \times \overrightarrow{\Theta}} \sum_{y \in \mathscr{X}} \varphi(y, T^{-n}\overrightarrow{\theta}) p^{(n)}(T^{-n}\overrightarrow{\theta}; y, x) \mathbf{1}_F(x, \overrightarrow{\theta}) \kappa(\mathrm{d}x) \overline{m}(\mathrm{d}\overrightarrow{\theta})$$

$$
\begin{aligned}
&= \int_{\overrightarrow{\Theta}} \sum_{y\in\mathscr{X}} \varphi(y, T^{-n}\overrightarrow{\theta}) \sum_{x\in\mathscr{X}} p^{(n)}(T^{-n}\overrightarrow{\theta}; y, x)\mathbf{1}_{(F)_x}(\overrightarrow{\theta})\overline{m}(\mathrm{d}\overrightarrow{\theta})\\
&\xlongequal{\overline{m}=\overline{m}\circ T^{-1}} \int_{\overrightarrow{\Theta}} \sum_{y\in\mathscr{X}} \varphi(y, \overrightarrow{\theta}) \sum_{x\in\mathscr{X}} p^{(n)}(\overrightarrow{\theta}; y, x)\mathbf{1}_{(F)_x}(T^n\overrightarrow{\theta})\overline{m}(\mathrm{d}\overrightarrow{\theta})\\
&= \int_{\overrightarrow{\Theta}} \sum_{y\in\mathscr{X}} \varphi(y, \overrightarrow{\theta})\widehat{P}^{(n)}((y, \overrightarrow{\theta}), F)\overline{m}(\mathrm{d}\overrightarrow{\theta})\\
&= \int_{\mathscr{X}} \kappa(\mathrm{d}y) \int_{\overrightarrow{\Theta}} \varphi(y, \overrightarrow{\theta})\widehat{P}^{(n)}((y, \overrightarrow{\theta}), F)\overline{m}(\mathrm{d}\overrightarrow{\theta})\\
&= \int_{\mathscr{X}\times\overrightarrow{\Theta}} \varphi(y, \overrightarrow{\theta})\widehat{P}^{(n)}((y, \overrightarrow{\theta}), F)\,\mathrm{d}\mu\\
&= (\nu\widehat{P}^{(n)})(F).
\end{aligned} \tag{3.5}
$$

由 (3.5) 式知引理 3.1 成立.

定义 3.4 取 $\varphi\in L_1, \varphi>0$, 称

$$
C^* \stackrel{\text{def}}{=\!=} \{(x, \overrightarrow{\theta}) \in \mathscr{X}\times\overrightarrow{\Theta} : (\varphi\widehat{P}^{(n)})(x, \overrightarrow{\theta}) = \infty\} \tag{3.6}
$$

为 $(\overrightarrow{X}, \overrightarrow{\xi})$ (或其 SKPMC $\{(X_n, T^n\overrightarrow{\xi}), n\geqslant 0\}$) 的保守集, 而称 C^* 的补集 $D^* = \mathscr{X}\times\overrightarrow{\Theta} - C^*$ 为耗损集.

注意: (3.6) 式中定义的 C^* 不依赖 $\varphi>0, \varphi\in L_1$ 的选取 (参见文献 [92] P.11. 我们把诸如相差一个 μ 零测集这样的事物视为是无区别的.).

定义 3.5 称 $\mathscr{A}\times\overrightarrow{\mathscr{B}}$ 中的集合 E 是闭集, 如果 $\mu(E)>0$ 且 $\widehat{P}((x, \overrightarrow{\theta}), E)\geqslant \mathbf{1}_E(x, \overrightarrow{\theta})$, 对一切 $(x, \overrightarrow{\theta})\in\mathscr{X}\times\overrightarrow{\Theta}$. 称闭集 E 是最小闭集, 如果对任何闭集 E_1, 都有 $E_1\supset E$.

引理 3.2 对任何 $F\in\mathscr{A}\times\overrightarrow{\mathscr{B}}$, F 是完全本质集的充要条件是 $\mu(F\bigcap C^*)>0$. 若此条件成立, 还有: 对 $\overline{F}$ 中的 $\mu-\text{a.s.}(x, \overrightarrow{\theta})$, 有 $g(\overrightarrow{\theta}; x, F)=1$, 其中 $\overline{F}$ 是 C^* 中的包含 $F\bigcap C^*$ 的最小闭集.

证明可参见文献 [50] 定理 2.2.

沿用 §2 的符号有如下结论.

定理 3.1 (1) 下列诸陈述等价:

(i) 状态 x 是完全本质的;

(ii) $\overline{m}((C^*)_x)>0$, (3.7)

$(C^*)_x \overset{\text{def}}{=\!=} \{\overrightarrow{\theta} : (x, \overrightarrow{\theta}) \in C^*\}$ 是 C^* 在 x 的截口集;

(iii) $\overline{m}\left(\left\{\overrightarrow{\theta} : \sum_{n=1}^{\infty} p^{(n)}(T^{-n}\overrightarrow{\theta}; x, x) = \infty\right\}\right) > 0;$ (3.8)

(iv) 存在一个 $\varepsilon > 0$, 使 $\overline{m}(B) > 1 - \varepsilon$ 蕴含了

$$\overline{m}(\{\overrightarrow{\theta} : g(\overrightarrow{\theta}; x, \{x\} \times B) = 1\}) > 0; \tag{3.9}$$

(v) 存在一个 $\varepsilon > 0$, 使 $\overline{m}(B) > 1 - \varepsilon$ 蕴含了

$$\overline{m}(\{\overrightarrow{\theta} : g(\overrightarrow{\theta}; x, \{x\} \times B) > 0\}) > 0; \tag{3.10}$$

(vi) 存在一个 $\varepsilon > 0$, 使 $\overline{m}(B) > 1 - \varepsilon$ 蕴含了

$$\overline{m}\left(\left\{\overrightarrow{\theta} : \sum_{n=0}^{\infty} p^{(n)}(\overrightarrow{\theta}; x, x)\mathbf{1}_B(T^{n+1}\overrightarrow{\theta}) = \infty\right\}\right) > 0. \tag{3.11}$$

(2) 若 x 是非完全本质的, 则对每个 $y \in \mathscr{X}$, $p^{(n)}(\overrightarrow{\theta}; x, y)$ 当 $n \to \infty$ 时概率收敛到 0(关于概率测度 $\overline{m}$).

(3) 若

$$G(\overrightarrow{\theta}; x, x) \overset{\text{def}}{=\!=} \sum_{n=0}^{\infty} p^{(n)}(\overrightarrow{\theta}; x, x) < \infty, \quad \overline{m} - \text{a.s.} \overrightarrow{\theta},$$

则 x 是非本质的.

(4) 下列诸陈述等价:

(i) x 是常返的;

(ii) $\overline{m}(\{\overrightarrow{\theta} : f^*(\overrightarrow{\theta}; x, x) = 1\}) = 1;$

(iii) $\overline{m}(\{\overrightarrow{\theta} : g(\overrightarrow{\theta}; x, x) = 1\}) = 1;$

(iv) $\overline{m}(\{\overrightarrow{\theta} : f^*_{\min}(\overrightarrow{\theta}; x, x) = 1\}) = 1;$

(v) $\overline{m}(\{\overrightarrow{\theta} : g_{\min}(\overrightarrow{\theta}; x, x) = 1\}) = 1.$

(5) 下列诸陈述等价:

(i) x 是非本质的;

(ii) $\overline{m}\left(\bigcap_{y \in \mathscr{X}} \{\overrightarrow{\theta} : g(\overrightarrow{\theta}; y, x) = 0\}\right) = 1;$

(iii) $\overline{m}(\{\overrightarrow{\theta} : g(\overrightarrow{\theta}; x, x) = 0\}) = 1.$

(6) 若 x 是非本质的, 则 x 是暂留的.

证 (1) 在引理 3.2 中取 $F=\{x\}\times\overrightarrow{\Theta}$ 即得 (i)$\Longleftrightarrow$(ii).

下证 (1) 中 (ii)$\Longleftrightarrow$(iii). 由 C^* 的定义不依赖 φ 的取法 (只要 $\varphi\in L_1(\mathscr{X}\times\overrightarrow{\Theta},\mathscr{A}\times\overrightarrow{\mathscr{B}},\mu),\varphi>0$) 及引理 3.1 即可推得 (ii)$\Longleftrightarrow$(iii). 事实上, 若记可数集 $\mathscr{X}=\{x,x_1,x_2,\cdots\}$, 并取 $\varphi(x,\overrightarrow{\theta})\equiv 1\ (\forall\overrightarrow{\theta}\in\overrightarrow{\Theta}),\varphi(x_k,T^{-n}\overrightarrow{\theta})=\dfrac{1}{2^k}\cdot\dfrac{1}{2^n}$, 则 $\varphi>0,\varphi\in L_1$, 所以

$$
\begin{aligned}
(C^*)_x&=\left\{\overrightarrow{\theta}:\sum_{n=0}^{\infty}\sum_{y\in\mathscr{X}}\varphi(y,T^{-n}\overrightarrow{\theta})p^{(n)}(T^{-n}\overrightarrow{\theta};y,x)=\infty\right\}\\
&=\left\{\overrightarrow{\theta}:\sum_{n=1}^{\infty}p^{(n)}(T^{-n}\overrightarrow{\theta};x,x)\right.\\
&\qquad\left.+\sum_{n=1}^{\infty}\sum_{k=1}^{\infty}\varphi(x_k,T^{-n}\overrightarrow{\theta})p^{(n)}(T^{-n}\overrightarrow{\theta};x_k,x)=\infty\right\},
\end{aligned}
$$

但由

$$
\begin{aligned}
0&\leqslant\sum_{n=1}^{\infty}\sum_{k=1}^{\infty}\varphi(x_k,T^{-n}\overrightarrow{\theta})p^{(n)}(T^{-n}\overrightarrow{\theta};x_k,x)\\
&=\sum_{k=1}^{\infty}\frac{1}{2^k}\sum_{n=1}^{\infty}\frac{1}{2^n}p^{(n)}(T^{-n}\overrightarrow{\theta};x_k,x)\\
&\leqslant\sum_{k=1}^{\infty}\frac{1}{2^k}=1
\end{aligned}
$$

可知

$$
(C^*)_x=\left\{\overrightarrow{\theta}:\sum_{n=1}^{\infty}p^{(n)}(T^{-n}\overrightarrow{\theta};x,x)=\infty\right\}.
$$

故 (ii)$\Longleftrightarrow$(iii) 得证.

"(ii)$\Longrightarrow$(iv)" 由引理 3.2 立即可得.

(iv)$\Longrightarrow$(i). 若 (iv) 成立, 则 $\{x\}\times\overrightarrow{\Theta}$ 不可能是可数个非本质集之并, 故 $\{x\}\times\overrightarrow{\Theta}$ 必为完全本质集, 即 x 是完全本质状态.

"(iv)$\Longrightarrow$(v)$\Longrightarrow$(vi)" 是显然的.

又如果 (ii) 不成立, 即 $\overline{m}((D^*)_x)=1$, 则 (vi) 不可能成立. 所以 (vi)$\Longrightarrow$(ii). (1) 的 6 种陈述的等价性证毕.

(2) 由 x 是非完全本质的可取 $B_n\in\overrightarrow{\mathscr{B}}\ (n\geqslant 1),B_n\uparrow\overrightarrow{\Theta}$ 且 $\{x\}\times B_n$ 是非本质的 $(\forall n\geqslant 1)$, 则对每个 $n\geqslant 1$, 有

$$
g(\overrightarrow{\theta},x,\{x\}\times B_n)=0,\quad \mu-\text{a.s.}\ (x,\overrightarrow{\theta}).
$$

显然

$$p^{(k)}(\overrightarrow{\theta};y,x)\leqslant p^{(k)}(\overrightarrow{\theta};y,x)\mathbf{1}_{B_n}(T^{k+1}\overrightarrow{\theta})+\mathbf{1}_{B_n^{\mathrm{c}}}(T^{k+1}\overrightarrow{\theta}),$$

其中, $B_n^{\mathrm{c}}=\overrightarrow{\Theta}-B_n$ 是 B_n 之补集.

任给 $\varepsilon>0$, 可选取一个 B_n, 使 $\overline{m}(B_n^{\mathrm{c}})<\varepsilon$ 且

$$\limsup_{k\to\infty}\overline{m}(\{\overrightarrow{\theta}:p^{(k)}(\overrightarrow{\theta};y,x)>\varepsilon\})<\varepsilon.$$

(2) 证毕.

(3) 若

$$\overline{m}\left(\left\{\overrightarrow{\theta}:\sum_{n=0}^{\infty}p^{(n)}(\overrightarrow{\theta};x,x)<\infty\right\}\right)=1,$$

则由 Borel–Cantelli 引理非本质状态之定义立即可知 x 是非本质的.

(4) 由命题 2.10 立即可知 (4) 成立.

(5) 为证 (5), 只需证明:

"$\overline{m}(\{\overrightarrow{\theta}:g(\overrightarrow{\theta};x,x)=0\})=1$

$\Longrightarrow\overline{m}(\{\overrightarrow{\theta}:g(\overrightarrow{\theta};y,x)=0\})=1,\forall y\in\mathscr{X}$".

设

$$\overline{m}(\{\overrightarrow{\theta}:g(\overrightarrow{\theta};x,x)=0\})=1,$$

由命题 2.1 中的 (2.2) 式有

$$\begin{aligned}&\overline{m}(\{\overrightarrow{\theta}:g(\overrightarrow{\theta};y,x)=0\})\\ \geqslant{}&\overline{m}\left(\bigcap_{r=1}^{\infty}\{\overrightarrow{\theta}:f^{(r)}(\overrightarrow{\theta};y,x)g(T^r\overrightarrow{\theta};x,x)=0\}\right),\end{aligned}$$

但是, 由 $\overline{m}=\overline{m}\circ T^{-1}$ 有

$$\begin{aligned}&\overline{m}(\{\overrightarrow{\theta}:f^{(r)}(\overrightarrow{\theta};y,x)g(T^r\overrightarrow{\theta};x,x)=0\})\\ \geqslant{}&\overline{m}(\{\overrightarrow{\theta}:g(T^r\overrightarrow{\theta};x,x)=0\})\\ ={}&\overline{m}(\{\overrightarrow{\theta}:g(\overrightarrow{\theta};x,x)=0\})=1.\end{aligned}$$

(5) 得证.

(6) 由 (4) 和 (5) 立即可知 (6) 成立.

定理证毕.

下面再引进一个条件 (Min).

条件 (Min): “$x \to y \Longleftrightarrow x \stackrel{\min}{\longrightarrow} y$” ($\forall$ 一切 $x, y \in \mathscr{X}$).

附注 3.1 设 $(\Omega^*, \mathscr{F}^*, \mu^*)$ 是任一测度空间, $\varphi : \Omega \mapsto \Omega$, 称 φ 是**保测变换**, 如果

(i) $A \in \mathscr{F}^* \Longrightarrow \varphi^{-1}(A) \in \mathscr{F}^*$;

(ii) $\mu^*(\varphi^{-1}(A)) = \mu^*(A)$ $(A \in \mathscr{F}^*)$.

显然 $\mathscr{I} \equiv \{A : A \in \mathscr{F}^*, A = \varphi^{-1}(A)\}$ 是 σ 代数, 称 $\mathscr{I}$ 为 φ 的**不变 $\boldsymbol{\sigma}$ 代数**, 称 $\mathscr{I}$ 中之元素 A 为 **$\boldsymbol{\varphi}$ 不变集**, 在无混淆的情况下, 简称 $\mathscr{I}$ 为不变 σ 代数, A 为不变集. 称保测变换 φ 是**遍历的**, 如果 “$A \in \mathscr{I} \Longrightarrow \mu^*(A)$ 或 $\mu^*(\Omega^* - A)$ 中至少有一个为 0”.

称 $\mathscr{F}^*$ 可测的实值函数 g 是 φ 不变函数, 如果 $g(\varphi) = g$. 易证: g 是 φ 不变函数的充要条件是 g 关于 $\mathscr{I}$ 可测. (证明可参见文献 [115] P.476.)

设 $\widetilde{X} = \{\widetilde{X}_t : t \in D\}$ 是概率空间 $(\Omega^*, \mathscr{F}^*, P^*)$ 上以 $(E, \mathscr{B})$ 为状态空间的随机过程. 若对任意正整数 n, 任何 $s, t_i, s + t_i \in D, B_i \in \mathscr{B}(1 \leqslant i \leqslant n)$, 都有

$$P^*\left(\bigcap_{i=1}^{n} \widetilde{X}_{t_i}^{-1}(B_i)\right) = P^*\left(\bigcap_{i=1}^{n} \widetilde{X}_{s+t_i}^{-1}(B_i)\right), \tag{3.12}$$

则称 X 是 **(严) 平稳过程** (时间参数集 $D \subset \mathbf{R}$).

设 $\widetilde{X}_0$ 是概率空间 $(\Omega^*, \mathscr{F}^*, P^*)$ 上的一个随机变量, φ 是保测变换, 令 $\widetilde{X}_n = \widetilde{X}_0 \circ \varphi^n (n \geqslant 0)$, 则 $\widetilde{X} = \{\widetilde{X}_n : n = 0, 1, 2, \cdots\}$ 是平稳过程. 由于 $\widetilde{X}$ 是由 φ 及 $\widetilde{X}_0$ 所决定, 故亦称 $\widetilde{X}$ 为 $(\widetilde{X}_0, \varphi)$ 平稳过程. 易证: 任一平稳过程 $\{\widetilde{X}_n, n \geqslant 0\}$ 依分布等价于一个 $(\widetilde{X}_0, \varphi)$ 平稳过程, 所以任一平稳过程的保测变换 φ 是存在的.

称平稳过程是遍历的, 意即其保测变换 φ 是遍历的, 亦即不变 σ 代数 $\mathscr{I}$ 中的集合的概率非 0 即 1.

显然, 当 $\overline{m} = \overline{m} \circ T^{-1}$ 时, 坐标过程 $\{\theta_i, i \in \mathbf{Z}\}$ 是概率空间 $(\overrightarrow{\Theta}, \overrightarrow{\mathscr{B}}, \overline{m})$ 上的以推移算子 T 为保测变换的平稳过程.

命题 3.3 设 $\{\theta_i, i \in \mathbf{Z}\}$ 是概率空间 $(\overrightarrow{\Theta}, \overrightarrow{\mathscr{B}}, \overline{m})$ 上的以 T 为推移算子的遍历的严平稳过程. $P^{(n)}(\overrightarrow{\theta}), p^{(n)}(\overrightarrow{\theta}; x, y), f^{(n)}(\overrightarrow{\theta}; x, y), f^*(\overrightarrow{\theta}; x, y), f^*_{\min}(\overrightarrow{\theta}; x, y)$ 亦如前所定义. 若对任何 $x, y \in \mathscr{X}, p^{(1)}(\cdot; x, y)$ 都是不变函数 (即关于 $\mathscr{I}$ 可测), 则:

(1) 对任何 $n\geqslant 1, x,y\in\mathscr{X}, p^{(n)}(\cdot;x,y)$ 也是不变函数, 从而零一律条件 (A) 成立;

(2) 对任何 $n\geqslant 1, x,y\in\mathscr{X}, f^{(n)}(\cdot;x,y)$ 也是不变函数, 从而 $f^*(\cdot;x,y)$ 也是不变函数;

(3) 对任何 $x,y\in\mathscr{X}, f^*_{\min}(\cdot;x,y)$ 也是不变函数, 而且 $f^*(\cdot;x,y)$ 和 $f^*_{\min}(\cdot;x,y)$ 的分布函数一样, 从而对任何 $x,y\in\mathscr{X}$, 有

$$x\xrightarrow{\min}y\Longleftrightarrow x\leftrightarrow y\quad(\text{即条件 (Min) 成立}).\tag{3.13}$$

证 (1) 设对任何 $x,y\in\mathscr{X}, p^{(1)}(\overrightarrow{\theta};x,y)$ 作为 $\overrightarrow{\theta}$ 的函数关于 $\mathscr{I}$ 可测, 由 $\mathscr{I}$ 之定义知 $p^{(1)}(T^i\overrightarrow{\theta};x,y)$ 亦然. 而对任何 $x_0,x_n\in\mathscr{X}$, 又有

$$\begin{aligned}&p^{(n)}(\overrightarrow{\theta};x_0,x_n)\\=&\sum_{\substack{x_i\in\mathscr{X},\\0<i<n}}\prod_{i=0}^{n-1}p^{(1)}(T^i\overrightarrow{\theta};x_i,x_{i+1}),\end{aligned}\tag{3.14}$$

所以 $p^{(n)}(\overrightarrow{\theta};x_0,x_n)$ 作为 $\overrightarrow{\theta}$ 的函数也是 $\mathscr{I}$ 可测的. (1) 得证.

(2) 由命题假设及 $f^{(1)}(\overrightarrow{\theta};x,y)\equiv p^{(1)}(\overrightarrow{\theta};x,y)$ 得知: 对任何 $x,y\in\mathscr{X}, f^{(1)}(\cdot;x,y)$ 是 $\mathscr{I}$ 可测的. 我们用归纳法证明对任何 $n\geqslant 1$, 以及任何 $x,y\in\mathscr{X}, f^{(n)}(\cdot;x,y)$ 是 $\mathscr{I}$ 可测的. 事实上, 设对任何 $x,y\in\mathscr{X}, 1\leqslant k\leqslant K$,

$$f^{(k)}(\cdot;x,y)\text{ 是 }\mathscr{I}\text{ 可测的}.$$

则对任何 x_0,x_{K+1}, 有

$$\begin{aligned}&f^{(K+1)}(\overrightarrow{\theta};x_0,x_{K+1})\\=&P_{(x_0,\overrightarrow{\theta})}(X_k\neq x_{K+1},1\leqslant k\leqslant K,X_{K+1}=x_{K+1})\\=&\sum_{\substack{x_k\neq x_{K+1}\\1\leqslant k\leqslant K}}\left(\prod_{k=0}^{K}p^{(1)}(T^k\overrightarrow{\theta};x_k,x_{k+1})\right).\end{aligned}\tag{3.15}$$

由 (3.15) 式知对任何 $x_0,x_{K+1}\in\mathscr{X}, f^{(K+1)}(\cdot;x_0,x_{K+1})$ 是 $\mathscr{I}$ 可测的. 归纳法完成. 再注意:

$$f^*(\overrightarrow{\theta};x,y)\equiv\sum_{n=1}^{\infty}f^{(n)}(\overrightarrow{\theta};x,y),$$

则 (2) 获证.

(3) 由 (2) 知: 对任何 $x,y\in\mathscr{X},n\geqslant 1, f^*(T^n\overrightarrow{\theta};x,y)$ 作为 $\overrightarrow{\theta}$ 的函数是 $\mathscr{I}$ 可测的, 而对任何 $\varepsilon>0$,

$$\begin{aligned}&\{\overrightarrow{\theta}:f^*_{\min}(\overrightarrow{\theta};x,y)\leqslant\varepsilon\}\\ \cong&\bigcup_{n=1}^{\infty}\{\overrightarrow{\theta}:f^*(T^n\overrightarrow{\theta};x,y)\leqslant\varepsilon\}\\ \in&\mathscr{I}\end{aligned}\tag{3.16}$$

所以再注意 $f^*_{\min}(\overrightarrow{\theta};x,y), f^*(\overrightarrow{\theta};x,y)$ 是非负函数可知: $f^*_{\min}(\overrightarrow{\theta};x,y)$ 作为 $\overrightarrow{\theta}$ 的函数是 $\mathscr{I}$ 可测的. 再注意

$$\{\overrightarrow{\theta}:f^*(T^n\overrightarrow{\theta};x,y)\leqslant\varepsilon\}\in\mathscr{I}\ \text{是不变集合}.$$

由 (3.16) 式可知

$$\begin{aligned}&\overline{m}\{\overrightarrow{\theta}:f^*_{\min}(\overrightarrow{\theta};x,y)\leqslant\varepsilon\}\\ =&\overline{m}\{\overrightarrow{\theta}:f^*(\overrightarrow{\theta};x,y)\leqslant\varepsilon\}.\end{aligned}$$

再次因为 $f^*_{\min}(\overrightarrow{\theta};x,y)$ 和 $f^*(\overrightarrow{\theta};x,y)$ 是非负函数, 所以, $f^*_{\min}(\overrightarrow{\theta};x,y)$ 与 $f^*(\overrightarrow{\theta};x,y)$ 之分布函数相同, 更有

$$\overline{m}\{\overrightarrow{\theta}:f^*_{\min}(\overrightarrow{\theta};x,y)>0\}=\overline{m}\{\overrightarrow{\theta}:f^*(\overrightarrow{\theta};x,y)>0\},$$

故 "$x\xrightarrow{\min}y\Longleftrightarrow x\to y$".

命题证毕.

定义 3.6 称随机转移矩阵 $P(\theta)=(p(\theta;x,y),x,y\in\mathscr{X})$ 是时齐的, 如果

$$p(\theta_i;x,y)=p(\theta_0;x,y)\quad(\forall\overrightarrow{\theta}=(\theta_k,k\in\mathbf{Z}),x,y\in\mathscr{X},i\in\mathbf{Z}).\tag{3.17}$$

显然 (3.17) 式等价于

$$P^{(1)}(\overrightarrow{\theta})=P^{(1)}(T^k\overrightarrow{\theta})\quad(\forall k\in\mathbf{Z},\overrightarrow{\theta}\in\overrightarrow{\Theta}).\tag{3.18}$$

附注 3.2 若 $P(\theta)$ 是时齐的随机转移矩阵, 则

$$P^{(n)}(\overrightarrow{\theta})=P^{(n)}(T^k\overrightarrow{\theta})=P(\theta_k)^n\tag{3.19}$$

$$(\text{对任何 } n\geqslant 1,k\geqslant 0,\overrightarrow{\theta}=(\theta_k,k\in\mathbf{Z})\in\overrightarrow{\Theta}).$$

特别地条件 (Min) 成立.

当然条件 (Min) 未必蕴含 $P(\theta)$ 的时齐性.

在 §5 中, 我们将举例说明满足条件 (A) 和条件 (Min) 的非不足道的随机转移矩阵是存在的. 但这些满足条件 (A) 和条件 (Min) 的随机转移矩阵 $P(\theta)$ 未必是时齐的.

§4 状态的周期和状态空间的分解

本节沿用 §2 和 §3 的符号. 在 §3 中, 我们引进了非本质状态和本质状态的概念, 又在本质状态集合中引进了完全本质状态和非完全本质状态的概念; 特别地, 还引进了常返状态和暂留状态的概念, 这两类状态是互斥的, 而且在马尔可夫过程的理论与应用中特别重要, 因此有必要进行更深入的研究. 为此, 首先引进 "周期" 的概念, 以便于进一步讨论常返状态和暂留状态以及状态空间的分解. 本节恒设 $\overline{m} = \overline{m} \circ T^{-1}$ 及条件 (A) 成立.

定义 4.1 设状态 x 满足条件:

$$\overline{m}(\{\overrightarrow{\theta} : G(\overrightarrow{\theta}; x, x) = \infty\}) = 1 \tag{4.1}$$

(注意常返状态必满足上述条件, 请见附注 2.1.), 称

$$d_x \stackrel{\text{def}}{=\!=} \text{G.C.D.}\{n \geqslant 1 : \overline{m}(\{\overrightarrow{\theta} : p^{(n)}(\overrightarrow{\theta}; x, x) > 0\}) = 1\} \tag{4.2}$$

为状态 x 的周期, 其中 G.C.D. 表示最大公因子.

注意: 由 (4.1) 式和条件 (A), (4.2) 式右方之集合非空, 故 d_x 有定义.

定理 4.1 设 x 是常返状态, 若 $x \stackrel{\min}{\longrightarrow} y$, 则

$$d_x = d_y. \tag{4.3}$$

证 由于 x 是常返状态, $x \stackrel{\min}{\longrightarrow} y$, 由定理 2.1, y 也是常返状态, 故 d_x 和 d_y 都是有定义的.

如果能证明

$$m(\{\overrightarrow{\theta} : p^{(n)}(\overrightarrow{\theta}; y, y) > 0\}) = 1 \Longrightarrow d_x | n \tag{4.4}$$

($k|n$ 代表 k 能整除 n), 则 $d_x|d_y$, 从而利用 x, y 的对称性 (注意, 上面已知 y 和 x 都是常返状态, 由 $x \stackrel{\min}{\longrightarrow} y$ 可推出 $y \stackrel{\min}{\longrightarrow} x$, 所以 x, y 是对称的), 有 $d_y|d_x$, 从而 $d_x = d_y$. 下面证明 (4.4) 式. 设

$$\overline{m}\{\overrightarrow{\theta} : p^{(n)}(\overrightarrow{\theta}; y, y) > 0\} = 1. \tag{4.5}$$

由 $\overline{m}=\overline{m}\circ T^{-1}$ 及 (4.5) 式知

$$p^{(2n)}(T^k\overrightarrow{\theta};y,y)\geqslant p^{(n)}(\overrightarrow{\theta};y,y)p^{(n)}(T^{n+k}\overrightarrow{\theta};y,y)>0,\\ \overline{m}-\text{a.s.}\overrightarrow{\theta}\quad(\forall k\in\mathbf{Z}).\tag{4.6}$$

由 x 是常返状态及 $x\overset{\min}{\longrightarrow}y$ 和定理 2.1 可知: y 是常返状态且 $y\overset{\min}{\longrightarrow}x$. 所以由推论 2.1 及条件 (A) 知: 存在正整数 s,t, 使

$$p^{(s)}(\overrightarrow{\theta};x,y)>0\quad 且\quad p^{(t)}(T^{s+in}\overrightarrow{\theta};y,x)>0,\quad \overline{m}-\text{a.s.}\overrightarrow{\theta}.\tag{4.7}$$

由 (4.7)、(4.6)、(4.5) 式和 $\overline{m}=\overline{m}\circ T^{-1}$ 知

$$\begin{aligned}&p^{(s+n+t)}(\overrightarrow{\theta};x,x)\\ \geqslant\ &p^{(s)}(\overrightarrow{\theta};x,y)p^{(n)}(T^s\overrightarrow{\theta};y,y)p^{(t)}(T^{s+n}\overrightarrow{\theta};y,x)>0,\quad \overline{m}-\text{a.s.}\overrightarrow{\theta}.\end{aligned}\tag{4.8}$$

类似地,

$$\begin{aligned}&p^{(s+2n+t)}(\overrightarrow{\theta};x,x)\\ \geqslant\ &p^{(s)}(\overrightarrow{\theta};x,y)p^{(2n)}(T^s\overrightarrow{\theta};y,y)p^{(t)}(T^{s+2n+t}\overrightarrow{\theta};y,x)>0,\quad m-\text{a.s.}\overrightarrow{\theta}.\end{aligned}\tag{4.9}$$

由 (4.8) 和 (4.9) 式及 d_x 之定义分别有

$$d_x|(s+n+t),\tag{4.10}$$

$$d_x|(s+2n+t);\tag{4.11}$$

由 (4.10)、(4.11) 式得

$$d_x|n.$$

定理证毕.

命题 4.1 设 $P(\theta)$ 是时齐的随机转移矩阵, 即

$$P^{(n)}(\overrightarrow{\theta})=P^{(n)}(T^k\overrightarrow{\theta})\quad(n\geqslant 1,\overrightarrow{\theta}\in\overrightarrow{\Theta},k\in\mathbf{Z}),\tag{4.12}$$

则

$$GP(\overrightarrow{\theta};x,y;\lambda)=\delta_{x,y}+GF(\overrightarrow{\theta};x,y;\lambda)GP(\overrightarrow{\theta};y,y;\lambda)\\ (\forall\overrightarrow{\theta}\in\overrightarrow{\Theta}_0,x,y\in\mathscr{X},|\lambda|<1),\tag{4.13}$$

从而对 $\overrightarrow{\theta} \in \overrightarrow{\Theta}_0$ 有:

$$\liminf_{\lambda \uparrow 1} GP(\overrightarrow{\theta}; x, x, \lambda) = e(\overrightarrow{\theta}; x, x)^{-1}, \tag{4.14}$$

其中 GP, GF 之定义见命题 2.3 前面所定义之母函数, $e(\overrightarrow{\theta}; x, x)$ 见命题 2.1 前面之定义, 它的概率意义是: 从状态 x 出发再返回 x 的平均时间.

证 由 (4.12) 式和命题 2.3 即得 (4.13) 式.

再证 (4.14) 式. 由 (4.13) 式

$$\begin{aligned}
&\liminf_{\lambda \uparrow 1}(1-\lambda) GP(\overrightarrow{\theta}; x, x; \lambda) \\
&= \liminf_{\lambda \uparrow 1} \frac{1-\lambda}{1 - GF(\overrightarrow{\theta}; x, x; \lambda)} \\
&= \left(\frac{\mathrm{d}}{\mathrm{d}\lambda} GF(\overrightarrow{\theta}; x, x; \lambda)\bigg|_{\lambda=1} \right)^{-1} \\
&= \left(\sum_{n=1}^{\infty} n f^{(n)}(\overrightarrow{\theta}; x, x) \right)^{-1} = e(\overrightarrow{\theta}; x, x)^{-1}.
\end{aligned} \tag{4.15}$$

推论 4.1 在命题 4.1 的条件下, 任何常返状态 x 是正常返状态的充要条件是:

$$\overline{m}(\{\overrightarrow{\theta} : e(\overrightarrow{\theta}; x, x) < \infty\}) = 1. \tag{4.16}$$

证 由 $\overline{m} = \overline{m} \circ T^{-1}$ 和 (4.12) 式有

$$\begin{aligned}
&\overline{m}(\{\overrightarrow{\theta} : \liminf_{\lambda \uparrow 1} GP(T^k \overrightarrow{\theta}; x, x; \lambda) > 0\}) \\
&= \overline{m}(\{\overrightarrow{\theta} : \liminf_{\lambda \uparrow 1} GP(\overrightarrow{\theta}; x, x; \lambda) > 0\}) \\
&= \overline{m}(\{\overrightarrow{\theta} : e(\overrightarrow{\theta}; x, x) < \infty\}).
\end{aligned} \tag{4.17}$$

由正 (零) 常返的定义和 (4.17) 式得知推论 4.1 成立.

命题 4.2 若 x 是正常返状态, $x \xrightarrow{\min} y$, 则 y 也是正常返状态.

证 若 x 是正常返状态且 $x \xrightarrow{\min} y$, 由定理 2.1 知 y 是常返状态且 $y \xrightarrow{\min} x$. 故由命题 2.12(注意本节恒设 $\overline{m} = \overline{m} \circ T^{-1}$ 及条件 (A) 成立) 易证: 存在正整数 s, t, 使

$$p^{(s)}(T^r \overrightarrow{\theta}; y, x) > 0, \overline{m} - \text{a.s.} \overrightarrow{\theta} \quad (\forall r \in \mathbf{Z}), \tag{4.18}$$

$$p^{(t)}(T^j \overrightarrow{\theta}; x, y) > 0, \overline{m} - \text{a.s.} \overrightarrow{\theta} \quad (\forall j \in \mathbf{Z}). \tag{4.19}$$

由 (4.18)、(4.19) 式和 x 是正常返状态得

$$
\begin{aligned}
&\liminf_{\lambda\uparrow 1}[(1-\lambda)GP(T^k\overrightarrow{\theta};y,y;\lambda)]\\
&=\liminf_{\lambda\uparrow 1}\left[(1-\lambda)\sum_{u=0}^{\infty}p^{(u)}(T^k\overrightarrow{\theta};y,y)\lambda^u\right]\\
&\geqslant\liminf_{\lambda\uparrow 1}\left[(1-\lambda)\sum_{u=s+t}^{\infty}p^{(u)}(T^k\overrightarrow{\theta};y,y)\lambda^u\right]\\
&\geqslant\liminf_{\lambda\uparrow 1}\left[(1-\lambda)\sum_{n=0}^{\infty}(p^{(s)}(T^k\overrightarrow{\theta};y,x)\lambda^s\right.\\
&\left.\cdot p^{(n)}(T^{s+k}\overrightarrow{\theta};x,x)\lambda^n p^{(t)}(T^{s+n+k}\overrightarrow{\theta};x,y)\lambda^t\right]\\
&=p^{(s)}(T^k\overrightarrow{\theta};y,x)\cdot\left[\liminf_{\lambda\uparrow 1}(1-\lambda)\sum_{n=0}^{\infty}p^{(n)}(T^{s+k}\overrightarrow{\theta};x,x)\lambda^n\right.\\
&\left.\cdot\ p^{(t)}(T^{s+n+k}\overrightarrow{\theta};x,y)\lambda^t\right]\\
&>0,\overline{m}-\text{a.s.}\overrightarrow{\theta}\quad(\forall k\in\mathbf{Z}).
\end{aligned}
\tag{4.20}
$$

命题证毕.

定义 4.2 设 J 是 $\mathscr{X}$ 中的非空子集.

(1) 称 J 是闭集, 如果

$$\overline{m}(\{\overrightarrow{\theta}:G(\overrightarrow{\theta};x,y)=0\})=1\quad(\forall x\in J,y\notin J);\tag{4.21}$$

(2) 称 J 是弱闭集, 如果

$$\overline{m}(\{\overrightarrow{\theta}:G(\overrightarrow{\theta};x,y)=0\})>0\quad(\forall x\in J,y\notin J);\tag{4.22}$$

(3) 称 J 是 $M-$ 闭集, 如果

$$\overline{m}(\{\overrightarrow{\theta}:f^*_{\min}(\overrightarrow{\theta};x,y)=0\})>0,\quad(\forall x\in J,y\notin J).\tag{4.23}$$

命题 4.3 我们恒有:

(1) J 是闭集 $\Longrightarrow$ J 是弱闭集 $\Longrightarrow$ J 是 $M-$ 闭集;

(2) 下列陈述等价:

(i) $J\times\overrightarrow{\Theta}$ 是 $\mathscr{A}\times\overrightarrow{\mathscr{B}}$ 中之闭集 (见定义 3.5),

(ii) J 是闭集 ($\mathscr{X}$ 中的闭集),

(iii) 存在 $\overrightarrow{\Theta}_1, \overline{m}(\overrightarrow{\Theta}_1)=1$, 使

$$p^{(n)}(T^k\overrightarrow{\theta};x,y)=0 \quad (\forall n\geqslant 0, k\in\mathbf{Z}, \overrightarrow{\theta}\in\overrightarrow{\Theta}_1, x\in J, y\notin J), \tag{4.24}$$

(iv) 存在 $\overrightarrow{\Theta}_1, \overline{m}(\overrightarrow{\Theta}_1)=1$, 使

$$f^*(T^k\overrightarrow{\theta};x,y)=0 \quad (\forall k\in\mathbf{Z}, \overrightarrow{\theta}\in\overrightarrow{\Theta}_1, x\in J, y\notin J); \tag{4.25}$$

(3) 下列陈述等价:

(i) J 是弱闭集,

(ii) 对任何 $x\in J, y\notin J, x\to y$ 都不成立;

(4) J 是 $M-$ 闭集 $\Longleftrightarrow$ 对任何 $x\in J, y\notin J, x\overset{\min}{\longrightarrow}y$ 都不成立.

证 (1) 由定义立即可知 (1) 成立.

(2) 注意: 由定义 3.5, $F\in\mathscr{A}\times\overrightarrow{\mathscr{B}}$ 是闭集的充要条件是 $\mu(F)>0$, 且 $\widehat{P}\mathbf{1}_F\geqslant\mathbf{1}_F$, 其中 $\mu=\kappa\times\overline{m}, \kappa$ 是计数测度. 而且在 §3 中曾申明有时对 $\overline{m}-$a.s. 省略不写. 而 $\widehat{P}^{(n)}\mathbf{1}_F(x,\overrightarrow{\theta})=\sum\limits_{y\in\mathscr{X}}p^{(n)}(\overrightarrow{\theta};x,y)\mathbf{1}_{(F)_y}(T^{n+1}\overrightarrow{\theta})$, 且

$$\widehat{P}f\geqslant f\Longleftrightarrow\widehat{P}^{(n)}f\geqslant f \quad (\forall n\geqslant 1, f\in L_\infty), \tag{4.26}$$

$$\mu(F)>0\Longleftrightarrow\int_{\mathscr{X}}\kappa(\mathrm{d}x)\int_{(F)_x}\overline{m}(\mathrm{d}\overrightarrow{\theta})>0$$

$$\Longleftrightarrow\sum_{x\in\mathscr{X}}\overline{m}((F)_x)>0, \tag{4.27}$$

所以

$J\times\overrightarrow{\Theta}$ 是 $\mathscr{A}\times\overrightarrow{\mathscr{B}}$ 中之闭集 $\Longleftrightarrow$

$$\begin{cases}\sum\limits_{y\in J}p^{(n)}(\overrightarrow{\theta};x,y)\geqslant\mathbf{1}_J(x) \quad (n\geqslant 1), & (4.28)\\ J \text{ 非空集}. & (4.29)\end{cases}$$

而 (4.28) 式 $\Longleftrightarrow p^{(n)}(\overrightarrow{\theta};x,y)=0\ (\forall n\geqslant 0, x\in J, y\notin J, \overrightarrow{\theta}\in\overrightarrow{\Theta})$. 所以 (2) 中的 (i)$\Longleftrightarrow$(ii).

由 $\overline{m}=\overline{m}\circ T^{-1}$ 和 $G(\overrightarrow{\theta};x,y)$ 之定义知 (2) 中的 (ii)$\Longleftrightarrow$(iii).

由命题 2.2 知 (2) 中的 (iii)$\Longleftrightarrow$(iv).

(2) 证毕.

(3) 由 G 和 f^* 的定义知: $G(\overrightarrow{\theta};x,y)=0$ 的充要条件是 $f^*(\overrightarrow{\theta};x,y)=0$, 所以 (3) 成立.

(4) 显然成立.

定理 4.2 记 $\mathscr{N},\mathscr{R},\mathscr{R}_0,\mathscr{R}_+$ 分别为 $\mathscr{X}$ 中的全部暂留状态、全部常返状态、全部零常返状态、全部正常返状态, 则

$$\mathscr{X}=\mathscr{N}\bigcup\mathscr{R}=\mathscr{N}\bigcup(\mathscr{R}_0\bigcup\mathscr{R}_+), \tag{4.30}$$

而且 $\mathscr{N}\bigcap\mathscr{R}=\varnothing,\mathscr{R}_0\bigcap\mathscr{R}_+=\varnothing$. 此外还有:

(1) $x\in\mathscr{R},y\in\mathscr{N}\Longrightarrow x\overset{\min}{\longrightarrow}y$ 不能成立; (4.31)

(2) $x\in\mathscr{R}_+,y\in\mathscr{R}_0\Longrightarrow x\overset{\min}{\longrightarrow}y$ 和 $y\overset{\min}{\longrightarrow}x$ 都不成立. (4.32)

证 (1) 由定理 2.1 知: $x\in\mathscr{R}$, 且 $x\overset{\min}{\longrightarrow}y\Longrightarrow y\in\mathscr{R}$. 所以 (1) 成立.

(2) 由命题 4.2 知: $x\in\mathscr{R}_+$, 且 $x\overset{\min}{\longrightarrow}y\Longrightarrow y\in\mathscr{R}_+$. 所以 $x\in\mathscr{R}_+,y\in\mathscr{R}_0$ 时 $x\overset{\min}{\longrightarrow}y$ 不能成立.

而由定理 2.1 知: $y\in\mathscr{R}_0,y\overset{\min}{\longrightarrow}x\Longrightarrow x\overset{\min}{\longrightarrow}y$. 但是现在 $x\in\mathscr{R}_+$, 因此由命题 4.2 知 $y\in\mathscr{R}_+$, 与假设矛盾, 所以 $y\overset{\min}{\longrightarrow}x$ 不能成立.

命题 4.4 关系 $\leftrightarrow$ 是 $\mathscr{R}_0$($\mathscr{R}_+$ 也一样) 中的等价关系.

证 对任何 $x\in\mathscr{R}_0$, 由常返状态的定义有: $x\leftrightarrow x$. 由命题 3.2(1) 有: $x,y,z\in\mathscr{R}_0$ $x\leftrightarrow y,y\leftrightarrow z\Rightarrow x\leftrightarrow z$. 而 "$x,y\in\mathscr{R}_0,x\leftrightarrow y\Rightarrow y\leftrightarrow x$" 是显然的. 故关系 $\leftrightarrow$ 具有自返性、传递性和对称性. 命题证毕.

由命题 4.4, 关系 $\leftrightarrow$ 可以把 $\mathscr{R}_0(\mathscr{R}_+)$ 分成下列的两两不交的等价类之并:

$$\mathscr{R}_0=\bigcup_{i\in\Gamma_0}\mathscr{R}_0(i), \tag{4.33}$$

$$\mathscr{R}_+=\bigcup_{j\in\Gamma_+}\mathscr{R}_+(j), \tag{4.34}$$

其中 Γ_0 和 Γ_+ 都是可数指标集, 且 x,y 同属于一个 $\mathscr{R}_0(i)$ (或 $\mathscr{R}_+(j)$) 的充要条件是 $x\leftrightarrow y$.

本节剩余部分恒设条件 (A) 和条件 (Min) 成立.

附注 4.1 令 $P_{0,i}(\theta)=P(\theta)$ on $\mathscr{R}_0(i),P_{+,j}(\theta)=P(\theta)$ on $\mathscr{R}_+(j)$, 则对 $\overline{m}_{mg}-\text{a.s.}\theta,P_{0,i}(\theta)$ 和 $P_{+,j}(\theta)$ 都是转移矩阵.

证 设 $x\in\mathscr{R}_+(m),y\in\mathscr{R}_+(n),n\neq m$, 则 $x\not\leftrightarrow y$. 不妨设 $x\not\to y(y\not\to x$ 也类似可证), 即 $\overline{m}\{\overrightarrow{\theta}:f^*(\overrightarrow{\theta};x,y)>0\}<1$, 由命题 2.13 和条件 (A) 知 $\overline{m}\{f^*(\overrightarrow{\theta};x,y)=0\}=1$. 又由条件 (A)、条件 (Min) 和定理 4.2 知: 对任何 $u\in\mathscr{R}_0\bigcup\mathscr{N}$, 有 $x\not\to u$. 总之对任何 $w\notin\mathscr{R}_+(m),\overline{m}\{\overrightarrow{\theta}:f^*(\overrightarrow{\theta};x,w)=0\}=1$, 此即对 $\overline{m}_{mg}-\text{a.s.}\theta,P_{+,m}(\theta)$ 是转移矩阵 ($\overline{m}_{mg}$ 之定义见第二章定理 5.1.).

附注 4.2 由定理 4.1 知, 周期 d_x 是依赖状态 x 所在的子类 $\mathscr{R}_+(j)$ (或 $\mathscr{R}_0(i)$) 的, 故可用 $d_+(j)(d_0(i))$ 表示 $\mathscr{R}_+(j)$ (或 $\mathscr{R}_0(i)$) 中的状态的共同的周期, 称之为类周期.

下面要用另一种关系, 把 $\mathscr{R}_0(i)(\mathscr{R}_+(j))$ 再分成一些互不相交的循环子类.

定义 4.3 对任何 $x,y\in\mathscr{R}_0(i)$, 令

$$H_{x,y}\overset{\text{def}}{=\!=}\text{G.C.D.}\{n\geqslant 1:\overline{m}(\{\overrightarrow{\theta}:p^{(n)}(\overrightarrow{\theta};x,y)>0\})=1\}. \tag{4.35}$$

如果 $d_0(i)|H_{x,y}$, 则称 x 和 y 具有关系 $\approx$, 记之为

$$x\approx y.$$

命题 4.5 关系 $\approx$ 是 $\mathscr{R}_0(i)(\mathscr{R}_+(j))$ 中的一个等价关系.

证 (1) 因为对任何 $x\in\mathscr{R}_0(i)$, 有 $d_0(i)|H_{x,x}$, 所以有自返性 $x\approx x$.

(2) 对任何 $x,y\in\mathscr{R}_0(i)$, 若有 $x\approx y$, 则

$$\overline{m}\{\overrightarrow{\theta}:p^{(k)}(\overrightarrow{\theta};x,y)>0\}=1\Longrightarrow d_0(i)|k.$$

假定

$$\overline{m}\{\overrightarrow{\theta}:p^{(l)}(\overrightarrow{\theta};y,x)>0\}=1,$$

由第二章推论 6.1(马氏性) 和 $\overline{m}=\overline{m}\circ T^{-1}$ 有

$$p^{(l+k)}(\overrightarrow{\theta};x,x)\geqslant p^{(k)}(\overrightarrow{\theta};x,y)p^{(l)}(T^k\overrightarrow{\theta};y,x)>0,\quad \overline{m}-\text{a.s.}\overrightarrow{\theta}, \tag{4.36}$$

所以

$$d_0(i)|(l+k).$$

再注意 $d_0(i)|k$ 知 $d_0(i)|l$. 所以 $d_0(i)|H_{y,x}$, 此即 $y\approx x$. 所以关系 $\approx$ 具有对称性.

(3) 设 $x,y,u\in\mathscr{R}_0(i),x\approx y,y\approx u$, 则存在正整数 s 和 t 使:

$$p^{(s)}(\overrightarrow{\theta};x,u)>0,\quad p^{(t)}(\overrightarrow{\theta};y,x)>0,\quad \overline{m}-\text{a.s.}\overrightarrow{\theta}. \tag{4.37}$$

若有任意 w, 也满足

$$p^{(w)}(\overrightarrow{\theta};x,u)>0,\quad \overline{m}-\text{a.s.}\overrightarrow{\theta}, \tag{4.38}$$

则由 $\overline{m}=\overline{m}\circ T^{-1}$ 知, 对任何 $k\in\mathbf{Z}$, 均有

$$p^{(w)}(T^k\overrightarrow{\theta};x,u)>0,\quad \overline{m}-\text{a.s.}\,\overrightarrow{\theta}, \tag{4.39}$$

用第二章推论 6.1 和 (4.37)、(4.39) 式有

$$\begin{aligned}&p^{(w+t)}(\overrightarrow{\theta};y,u)\geqslant p^{(t)}(\overrightarrow{\theta};y,x)p^{(w)}(T^t\overrightarrow{\theta};x,u)\\&>0,\quad \overline{m}-\text{a.s.}\,\overrightarrow{\theta}.\end{aligned} \tag{4.40}$$

由 $y\approx u$ 知 $d_0(i)|(w+t)$, 并且由 $x\approx y$ 和 (4.37) 式知 $d_0(i)|t$, 所以 $d_0(i)|w$. 这就证明了只要 (4.38) 式成立, 就有 $d_0(i)|w$, 此即 $x\approx u$. 关系 $\approx$ 的传递性得证. 故 $\approx$ 是 $\mathscr{R}_0(i)$ 中的一个等价关系. 完全类似地, 可证 $\approx$ 是 $\mathscr{R}_+(j)$ 中的一个等价关系. 命题证毕.

命题 4.6 对任何 $x,y\in\mathscr{R}_0(i)$ (或 $x,y\in\mathscr{R}_+(j)$), 恒有:

(1) $\overline{m}(\{\overrightarrow{\theta}:p^{(l)}(\overrightarrow{\theta};x,y)p^{(k)}(\overrightarrow{\theta};y,x)>0\})=1$
$\Longrightarrow d_x|(l+k)$;

(2) $\overline{m}(\{\overrightarrow{\theta}:p^{(n_1)}(\overrightarrow{\theta};x,y)p^{(n_2)}(\overrightarrow{\theta};x,y)>0\})=1$
$\Longrightarrow d_x|(n_1-n_2)$;

(3) 存在正整数 $M(x)$, 使

$$\overline{m}(\{\overrightarrow{\theta}:p^{(kd_x)}(\overrightarrow{\theta};x,x)>0\})=1\qquad(\forall k\geqslant M(x));$$

(4) 存在正整数 r_y, 使

$$\overline{m}(\{\overrightarrow{\theta}:p^{(n)}(\overrightarrow{\theta};x,y)>0\})=1\Longrightarrow n=r_y(\text{mod }d_x);$$

(5) 存在正整数 $K(x)$, 使

$$n\geqslant K(x)\Longrightarrow\overline{m}(\{\overrightarrow{\theta}:p^{(nd_x+r_y)}(\overrightarrow{\theta};x,y)>0\})=1.$$

证 (1) 由第二章推论 6.1 有

$$p^{(l+k)}(\overrightarrow{\theta};x,x)\geqslant p^{(l)}(\overrightarrow{\theta};x,y)p^{(k)}(T^l\overrightarrow{\theta};y,x),\qquad \overline{m}-\text{a.s.}\,\overrightarrow{\theta}.$$

所以由 $\overline{m}=\overline{m}\circ T^{-1}$ 及 (1) 之假设知

$$\overline{m}\{\overrightarrow{\theta}:p^{(l)}(\overrightarrow{\theta};x,y)>0\}=\overline{m}\{\overrightarrow{\theta}:p^{(k)}(T^l\overrightarrow{\theta};y,x)>0\}=1,\text{ 故}$$
$$\overline{m}\{\overrightarrow{\theta}:p^{(l+k)}(\overrightarrow{\theta};x,x)>0\}=1.$$

故由 d_x 之定义知 $d_x|(l+k)$.

(2) 用命题 2.12 及推论 2.1 知: 存在正整数 v, 使

$$\overline{m}(\{\overrightarrow{\theta}:p^{(v)}(\overrightarrow{\theta};y,x)>0\})=1.$$

因此, 由 $\overline{m}=\overline{m}\circ T^{-1}$ 得知:

$$\begin{aligned}&p^{(n_i+v)}(\overrightarrow{\theta};x,x)\\&\geqslant p^{(n_i)}(\overrightarrow{\theta};x,y)p^{(v)}(T^{n_i}\overrightarrow{\theta};y,x)>0\quad(i=1,2),\overline{m}-\text{a.s.}\overrightarrow{\theta}.\end{aligned}$$

所以 $d_x|(n_1+v),d_x|(n_2+v)$, 从而 $d_x|(n_1-n_2)$.

(3) 由 d_x 的定义可知存在 $n_1,\cdots,n_u$, 使

$$\overline{m}(\{\overrightarrow{\theta}:p^{(n_s)}(\overrightarrow{\theta};x,x)>0\})=1\quad(1\leqslant s\leqslant u),\tag{4.41}$$

且

$$d_x=\text{G.C.D.}\{n_1,n_2,\cdots,n_u\}.\tag{4.42}$$

用初等数论中一个定理知: 存在正整数 $M(x)$ 使

$$k\geqslant M(x)\Longrightarrow kd_x=\sum_{s=1}^{u}C_sn_s\quad(C_s\text{ 是正整数}).$$

因此, 由 $\overline{m}=\overline{m}\circ T^{-1}$ 和 (4.41) 式及第二章推论 6.1 有

$$\begin{aligned}p^{(kd_x)}(\overrightarrow{\theta};x,x)&=p^{\left(\sum\limits_{s=1}^{u}C_sn_s\right)}(\overrightarrow{\theta};x,x)\\&\geqslant\prod_{s=1}^{u}p^{(C_sn_s)}\left(T^{\sum\limits_{t=1}^{s-1}C_tn_t}\overrightarrow{\theta};x,x\right)\\&>0\quad(\forall k\geqslant M(x)),\quad\overline{m}-\text{a.s.}\overrightarrow{\theta}.\end{aligned}\tag{4.43}$$

(4) 因为 x,y 同属于一个 $\mathscr{R}_0(i)$, 故 $x\leftrightarrow y$, 由条件 (A) 知: 存在 n' 使 $\overline{m}(\{\overrightarrow{\theta}:p^{(n')}(\overrightarrow{\theta};x,y)>0\})=1$. 取 $r_y=n'$, 由 (2) 有 $d_x|(n-r_y)$, 即 $n=r_y(\text{mod }d_x)$.

(5) 由 $x,y\in\mathscr{R}_0(i)$ 和定理 2.1 有

$$\overline{m}(\{\overrightarrow{\theta}:f^*_{\min}(\overrightarrow{\theta};x,y)>0\})=1.$$

再由 (4) 可知: 存在 $(k'd_x+r_y)$ 使

$$\overline{m}(\{\overrightarrow{\theta}:p^{(k'd_x+r_y)}(\overrightarrow{\theta};x,y)>0\})=1.$$

取 $K(x)=k'+M(x)$, 利用 (3), 则当 $n\geqslant K(x)$ 时有

$$\overline{m}(\{\overrightarrow{\theta}:p^{(nd_x+r_y)}(\overrightarrow{\theta};x,y)>0\})=1.$$

(5) 得证.

命题证毕.

命题 4.7 对于任何 $x,y\in\mathscr{R}_0(i)$ (或 $x,y\in\mathscr{R}_+(j)$), 如果 $x\approx y$, 则 $d_x=H_{x,y}$.

证 由命题 2.12, 可取正整数 t, 使

$$\overline{m}(\{\overrightarrow{\theta}:p^{(t)}(\overrightarrow{\theta};x,y)>0\})=1.$$

由命题 4.6(3), 可取 k_0, 使

$$\overline{m}(\{\overrightarrow{\theta}:p^{(k_0d_x)}(\overrightarrow{\theta};x,x)p^{(k_0+1)d_x}(\overrightarrow{\theta};x,x)>0\})=1,$$

再由 $\overline{m}=\overline{m}\circ T^{-1}$、第二章推论 6.1 及上述二式可得

$$\overline{m}(\{\overrightarrow{\theta}:p^{(k_0d_x+t)}(\overrightarrow{\theta};x,y)>0\})=1,$$
$$\overline{m}(\{\overrightarrow{\theta}:p^{((k_0+1)d_x+t)}(\overrightarrow{\theta};x,y)>0\})=1.$$

所以 $H_{x,y}|d_x$. 但是 “$x\approx y\Longrightarrow d_x|H_{x,y}$”.
所以 $H_{x,y}=d_x$.

命题证毕.

命题 4.8 设 $x,y,z\in\mathscr{R}_0(i)$ (或 $x,y,z\in\mathscr{R}_+(j)$). 若

$$\overline{m}(\{\overrightarrow{\theta}:p^{(k_1)}(\overrightarrow{\theta};x,y)>0\})=1,$$
$$\overline{m}(\{\overrightarrow{\theta}:p^{(k_2)}(\overrightarrow{\theta};x,z)>0\})=1,\quad k_1=k_2\ (\mathrm{mod}\ d_x),$$

则 $y\approx z$.

证 设命题中之条件成立. 若

$$\overline{m}(\{\overrightarrow{\theta}:p^{(n)}(\overrightarrow{\theta};y,z)>0\})=1,$$

则

$$\overline{m}(\{\overrightarrow{\theta}:p^{(n+k_1)}(\overrightarrow{\theta};x,z)>0\})=1.$$

由命题 4.6(2) 知

$$(n+k_1)=k_2 \pmod{d_x}.$$

但是 $k_1=k_2 \pmod{d_x}$, 所以 $n=0 \pmod{d_x}$, 故 $y\approx z$. 命题证毕.

命题 4.9 根据等价关系 $\approx$, $\mathscr{R}_0(i)$ (相应地, $\mathscr{R}_+(j)$) 可以分解成 $d_0(i)$ (相应地, $d_+(j)$) 个非空的两两不交的循环子类:

$$\mathscr{R}_0(i)=\bigcup_{s=1}^{d_0(i)}\mathscr{R}_0(i,s)$$

$$\left(\mathscr{R}_+(j)=\bigcup_{t=1}^{d_+(j)}\mathscr{R}_+(j,t)\right)$$

$$x,y \text{ 同属于一个 } \mathscr{R}_0(i,s) \text{ (或 } \mathscr{R}_+(j,t)) \text{ 的充要条件是 } x\approx y,$$

其中 $d_0(i)$ 是常返类 $\mathscr{R}_0(i)$ 的类周期, $d_+(j)$ 是常返类 $\mathscr{R}_+(j)$ 的类周期. 此外,

$$\begin{aligned}&x\in\mathscr{R}_0(i,r),\ \text{且}\ y\notin\mathscr{R}_0(i,r+1)\Longrightarrow\\&\overline{m}\{\overrightarrow{\theta}:p^{(1)}(\overrightarrow{\theta};x,y)=0\}=1;\end{aligned}\tag{4.44}$$

$$\begin{aligned}&x\in\mathscr{R}_+(j,r),\ \text{且}\ y\notin\mathscr{R}_+(j,r+1)\Longrightarrow\\&\overline{m}\{\overrightarrow{\theta}:p^{(1)}(\overrightarrow{\theta};x,y)=0\}=1.\end{aligned}\tag{4.45}$$

证 由于 $\approx$ 是 $\mathscr{R}_0(i)(\mathscr{R}_+(j))$ 中的等价关系, 所以 $\mathscr{R}_0(i)(\mathscr{R}_+(j))$ 可分解成 $d_0^*(i)(d_+^*(j))$ 个非空不交的子类. 由于这些子类还具有命题中的性质 (4.44)、(4.45) 式 (下面将会证明). 故称之为循环子类.

首先证明: $d_0^*(i)\leqslant d_0(i), d_+^*(j)\leqslant d_+(j)$.

为简单计, 记 $Q=\mathscr{R}_0(i), Q_r=\mathscr{R}_0(i,r), d_0^*(i)=d^*, d_0(i)=d$.

谬设 $d^*>d$, 则存在 $\{x_0,x_1,\cdots,x_d\}\subset Q$, 使 $x_s\approx x_t$ 不成立 (对一切 $s\neq t, 0\leqslant s,t\leqslant d$).

但是, 由命题 2.12 (注意: $x_0,x_1,\cdots,x_d$ 同属于一个常返类 $\mathscr{R}_0(i)$) 可知, 有正整数 $n_1,n_2,\cdots,n_d$, 使

$$\overline{m}\{\overrightarrow{\theta}:p^{(n_k)}(\overrightarrow{\theta};x_0,x_k)>0\}=1\quad(k=1,\cdots,d).\tag{4.46}$$

所以, 由命题 4.8, 必有

$$n_j\neq n_k \pmod d\quad(\text{对一切 } j\neq k, 1\leqslant j,k\leqslant d).\tag{4.47}$$

然而由命题 4.6(3) 可取正整数 n_0, 使

$$\overline{m}\{\overrightarrow{\theta}:p^{(n_0 d)}(\overrightarrow{\theta};x_0,x_0)>0\}=1. \tag{4.48}$$

再次由命题 4.8 可得

$$n_k\neq n_0 d\ (\mathrm{mod}\ d)\quad (k=1,\cdots,d). \tag{4.49}$$

(4.49) 和 (4.47) 式说明: d 个正整数都不能被 d 整除, 又互不同余, 这是不可能的, 所以 $d^*>d$ 的假设不对, 故 $d^*\leqslant d$.

其次, 证明 $d^*\geqslant d$.

若 $d=1$, 则 $d^*\geqslant d$ 显然成立. 设 $d\geqslant 2$.

又由命题 4.7 可知: 当 x 和 y 同属于一个循环子类 Q_r, 即 $x\approx y$ 时有 $d=H_{x,y}$. 而现在已设 $d\geqslant 2$, 故由 $H_{x,y}$ 之定义知

$$\overline{m}\{\overrightarrow{\theta}:p^{(1)}(\overrightarrow{\theta};x,y)>0\}=1 \tag{4.50}$$

不能成立. 再由零一律条件 (A) 可知, (4.50) 式不成立必可推出:

$$\overline{m}\{\overrightarrow{\theta}:p^{(1)}(\overrightarrow{\theta};x,y)=0\}=1\quad(\forall x,y\in Q_r) \tag{4.51}$$

成立.

由于 Q 是一个常返类, 所以由附注 4.1 知: 对任何 $x_1\in Q_1\subset Q$, 有 $\sum\limits_{y\in Q}p(\theta;x_1,y)=1,\overline{m}_{mg}-\text{a.s.}\ \theta$.

再注意由 $p^{(1)}(\overrightarrow{\theta};x,y)=p(\theta_0;x,y)$ $(\forall x,y\in\mathscr{X},\overrightarrow{\theta}=(\theta_k,k\in\mathbf{Z}))$ 可知:

$$\overline{m}\left\{\overrightarrow{\theta}:\sum_{y\in Q}p^{(1)}(\overrightarrow{\theta};x_1,y)=1\right\}=1. \tag{4.52}$$

利用 (4.51) 和 (4.52) 式并注意 $x_1\in Q_1$ 可得:

$$\sum_{y\in Q-Q_1}p^{(1)}(\overrightarrow{\theta};x_1,y)=1,\quad \overline{m}-\text{a.s.}\overrightarrow{\theta}. \tag{4.53}$$

因此, 由上式及条件 (A), 必有 $x_2\in Q-Q_1$, 使

$$p^{(1)}(\overrightarrow{\theta};x_1,x_2)>0,\quad \overline{m}-\text{a.s.}\overrightarrow{\theta}. \tag{4.54}$$

不失普遍性可认为 $x_2\in Q_2$. 故 $d^*\geqslant 2$.

如果 $d=2$, 由第一步的证明知: $d^* \leqslant d=2$, 故 $d^*=d=2$.

若 $d>2$, 仿 (4.51) 式可证:

$$p^{(2)}(\overrightarrow{\theta};x_1,y)=0,\ \overline{m}-\text{a.s.}\overrightarrow{\theta}\quad (\forall y\in Q_1). \tag{4.55}$$

由 SKPMC(绕积马氏链) 的马氏性可知:

$$p^{(2)}(\overrightarrow{\theta};x_1,y)\geqslant p^{(1)}(\overrightarrow{\theta};x_1,x_2)p^{(1)}(T\overrightarrow{\theta};x_2,y). \tag{4.56}$$

由 (4.54)、(4.55)、(4.56) 式及 $\overline{m}=\overline{m}\circ T^{-1}$ 知

$$p^{(1)}(\overrightarrow{\theta};x_2,y)=0\quad (\forall y\in Q_1),\overline{m}-\text{a.s.}\overrightarrow{\theta}. \tag{4.57}$$

但是

$$p^{(1)}(\overrightarrow{\theta};x_2,u)=0\quad (\forall u\in Q_2),\overline{m}-\text{a.s.}\overrightarrow{\theta}.$$

所以

$$0<\sum_{y\in Q}p^{(1)}(\overrightarrow{\theta};x_2,y)=\sum_{y\in Q-Q_1-Q_2}p^{(1)}(\overrightarrow{\theta};x_2,y),\ \overline{m}-\text{a.s.}\overrightarrow{\theta}.$$

因此, 存在 $x_3\in Q-Q_1-Q_2$, 使

$$p^{(1)}(\overrightarrow{\theta};x_2,x_3)>0,\ \overline{m}-\text{a.s.}\overrightarrow{\theta}.$$

谬设 $d>d^*$, 反复应用上述推论得知存在 $\{x_1,x_2,\cdots,x_{d^*}\}$, 使

$$\prod_{k=1}^{d^*-1}p^{(1)}(\overrightarrow{\theta};x_k,x_{k+1})>0,\ \overline{m}-\text{a.s.}\overrightarrow{\theta}. \tag{4.58}$$

而且

$$p^{(1)}(\overrightarrow{\theta};x_{d^*},y)=0,\ m-\text{a.s.}\ \overrightarrow{\theta}\quad (\forall y\in Q). \tag{4.59}$$

从而

$$\sum_{y\in Q}p^{(1)}(\overrightarrow{\theta};x_{d^*},y)=0,\ \overline{m}-\text{a.s.}\overrightarrow{\theta}. \tag{4.60}$$

而今 Q 是一个常返类, (4.60) 式是不可能的. 这就证明了恒有 $d=d^*$.

最后, 证明:

$$\text{“}x\in Q_\alpha,y\in Q_\beta,p^{(1)}(\overrightarrow{\theta};x,y)>0,\ \overline{m}-\text{a.s.}\overrightarrow{\theta}\text{”}\Longrightarrow$$
$$\text{“}\beta=(\alpha+1)\ (\text{mod}\ d)\text{”}.$$

不妨设 $\beta \geqslant \alpha$.

设上述蕴含关系左方成立, 则由 $x, x_\alpha \in Q_\alpha, y, x_\beta \in Q_\beta$, 即 $x \approx x_\alpha, y \approx x_\beta$, 可知 (注意命题 4.6 和命题 4.7): 存在 n 及 n' 使

$$p^{(nd)}(\overrightarrow{\theta}; x, x_\alpha) > 0, p^{(n'd)}(\overrightarrow{\theta}; x_\beta, y) > 0,\ \overline{m} - \text{a.s.}\overrightarrow{\theta}.$$

所以

$$\begin{aligned}
&p^{(nd+\beta-\alpha+n'd)}(\overrightarrow{\theta}; x, y) \geqslant \\
&p^{(nd)}(\overrightarrow{\theta}; x, x_\alpha)\left(\prod_{s=\alpha}^{\beta-1} p^{(1)}(T^{nd+s-\alpha}\overrightarrow{\theta}; x_s, x_{s+1})\right) \\
&\cdot p^{(n'd)}(T^{nd+\beta-\alpha-1}\overrightarrow{\theta}; x_\beta, y) \\
&> 0, \qquad \overline{m} - \text{a.s.}\overrightarrow{\theta}.
\end{aligned} \tag{4.61}$$

但是, 已假定了

$$p^{(1)}(\overrightarrow{\theta}; x, y) > 0,\ \overline{m} - \text{a.s.}\overrightarrow{\theta}, \tag{4.62}$$

故由 (4.61)、(4.62) 式和命题 4.6(2) 有:

$$nd + (\beta - \alpha) + n'd = 1, (\text{mod } d),$$

所以 $\beta = (\alpha + 1), (\text{mod } d)$. 命题证毕.

注意: 在此只证了 $\mathscr{R}_0(i)$ 的分解, 而 $\mathscr{R}_+(j)$ 的分解的证明完全类似.

由命题 4.9、定理 4.2、附注 4.1 及 $\leftrightarrow$ 是等价关系可得如下分解定理.

定理 4.3 在条件 (A) 和条件 (Min) 下, 状态空间 $\mathscr{X}$ 可分解为

$$\begin{aligned}
\mathscr{X} &= \mathscr{N} \bigcup \mathscr{R} = \mathscr{N} \bigcup (\mathscr{R}_0 \bigcup \mathscr{R}_+) \\
&= \mathscr{N} \bigcup \left(\bigcup_{i \in \Gamma_0} \mathscr{R}_0(i)\right) \bigcup \left(\bigcup_{j \in \Gamma_1} \mathscr{R}_+(j)\right) \\
&= \mathscr{N} \bigcup \left(\bigcup_{i \in \Gamma_0} \bigcup_{s=1}^{d_0(i)} \mathscr{R}_0(i, s)\right) \left(\bigcup_{j \in \Gamma_1} \bigcup_{t=1}^{d_+(j)} \mathscr{R}_+(j, t)\right),
\end{aligned} \tag{4.63}$$

其中 $\mathscr{N}$ 是全体暂留状态, $\mathscr{R}$ 是全体常返状态, $\mathscr{R}_0(\mathscr{R}_+)$ 是全体零 (正) 常返状态, $\{\mathscr{R}_0(i), i \in \Gamma_0\}(\{\mathscr{R}_+(j), j \in \Gamma_1\})$ 是全体零 (正) 常返类, Γ_0 和 Γ_1 都是可数指标集, $d_0(i)(d_+(j))$ 是 $\mathscr{R}_0(i)(\mathscr{R}_+(j))$ 的类周期, $\{\mathscr{R}_0(i, s), se\{1, \cdots,$

$d_0(i)\}\}(\{\mathscr{R}_+(j,t), t \in \{1,\cdots,d_+(j)\}\})$ 是 $\mathscr{R}_0(i)(\mathscr{R}_+(j))$ 的全体循环子类. $\mathscr{N}\bigcap\mathscr{R}=\varnothing, \mathscr{R}_0\bigcap\mathscr{R}_+=\varnothing, \{\mathscr{R}_0(i), i\in\Gamma_0\}(\{\mathscr{R}_+(j), j\in\Gamma_1\})$ 两两不交, $\{\mathscr{R}_0(i,s), 1\leqslant s\leqslant d_0(i)\}(\{\mathscr{R}_+(j,t), t\in\{1,\cdots,d_+(j)\}\})$ 两两不交. 此外, 还有:

(1) 对任何 $i\in\Gamma_0, j\in\Gamma_1, \mathscr{R}_0(i)$ 和 $\mathscr{R}_+(j)$ 都是闭的, 令 $P_{0,i}(\theta)\stackrel{\text{def}}{=\!=}(p(\theta;x,y),x,y\in\mathscr{R}_0(i)), P_{+,j}(\theta)\stackrel{\text{def}}{=\!=}(p(\theta;x,y),x,y\in\mathscr{R}_+(j))$, 则 $P_{0,i}(\theta)\mathbf{1}=\mathbf{1}, P_{+,j}(\theta)=\mathbf{1}, \overline{m}_{mg}-\text{a.s.}\theta$;

(2) x 和 y 属于同一个常返类 $\mathscr{R}_0(i)$ (或 $\mathscr{R}_+(j)$) 的充要条件是 $x\leftrightarrow y$;

(3) x 和 y 属于同一个循环子类 $\mathscr{R}_0(i,s)$ (或 $\mathscr{R}_+(j,t)$) 的充要条件是 $x\approx y$;

(4) 对任何 $x,y\in\mathscr{R}_0(i)$ (或 $\mathscr{R}_+(j)$) 都存在正整数 $M(x),K(x),r_y$, 使

(i) $\overline{m}\{\overrightarrow{\theta}: p^{(kd_x)}(\overrightarrow{\theta};x,x)>0\}=1\ (\forall k\geqslant M(x))$,

(ii) $\overline{m}\{\overrightarrow{\theta}: p^{(n)}(\overrightarrow{\theta};x,y)>0\}=1\Longrightarrow n=r_y\ (\text{mod}\ d_x)$,

(iii) $\overline{m}\{\overrightarrow{\theta}: p^{(nd_x+r_y)}(\overrightarrow{\theta};x,y)>0\}=1\ (\forall n\geqslant K(x))$;

(5) 对任何 $x\in\mathscr{R}_0(i,s), y\in\mathscr{R}_0(i,t)$ (或 $x\in\mathscr{R}_+(j,s), y\in\mathscr{R}_+(j,t)$), 存在正整数 $K(x)$, 使

(i) $\overline{m}\{\overrightarrow{\theta}: p^{(nd_x+(t-s))}(\overrightarrow{\theta};x,y)>0\}=1\ (\forall n\geqslant K(x))$,

(ii) $\overline{m}\{\overrightarrow{\theta}: p^{(n)}(\overrightarrow{\theta};x,y)>0\}=1\Longrightarrow n=(t-s)\ (\text{mod}\ d_x)$.

证 (1) 由命题 4.4 和命题 4.1 即得.

(2) 由 $\mathscr{R}_0(i)$ 的定义和命题 3.1 可得.

(3) 是等价关系 $\approx$ 的定义.

(4) 由命题 4.6 即得.

(5) 中之 (i) 的证明. 由 (4)(iii) 有

$$\overline{m}\{\overrightarrow{\theta}: p^{(nd_x+r_y)}(\overrightarrow{\theta};x,y)>0\}=1\ (\forall n\geqslant K(x)).$$

而今 $x\in\mathscr{R}_0(i,s), y\in\mathscr{R}_0(i,t)$, 由命题 4.9 知:

$$(nd_x+r_y)=(t-s)\quad(\text{mod}\ d_x),\ \text{从而}\ r_y=(t-s).$$

(5) 中之 (ii) 可由 (5)(i) 和 (4)(ii) 而得. 定理证毕.

§5 例子

例 5.1 随机环境中的 Bernoulli 随机徘徊.

设 MCTRE$(\overrightarrow{X}, \overrightarrow{\xi})$ 涉及的诸要素如下:

状态空间 $\mathscr{X} = \{0, \pm 1, \pm 2, \cdots\}$;

$\mathscr{A}$ 是 $\mathscr{X}$ 的一切子集所组成的 σ 代数;

$\Theta = (0,1), \overrightarrow{\Theta} = \Theta^{\mathbf{Z}}$;

$\mathscr{B}$ 是 Θ 中的一切 Borel 子集所组成的 σ 代数, $\overrightarrow{\mathscr{B}} = \mathscr{B}^{\mathbf{Z}}$; 随机转移矩阵 (R.T.M.)$P(\theta) = (p(\theta; x, y), x, y \in \mathscr{X})$ 定义如下: $p(\theta; x, x+1) = \theta, p(\theta; x, x-1) = 1-\theta$; $\overline{m}$ ($\overrightarrow{\xi}$ 的边缘分布) $= \mathscr{L}^{\mathbf{Z}}, \mathscr{L}$ 是一维 Lebesgue 测度, $\mathscr{L}^{\mathbf{Z}}$ 是按常规定义的乘积测度.

再令

$$\theta_i \text{ 是 } \overrightarrow{\Theta} \to \Theta \text{ 的坐标算子},$$

从而 $\{\theta_i, i \in \mathbf{Z}\}$ 是概率空间 $(\overrightarrow{\Theta}, \overrightarrow{\mathscr{B}}, \mathscr{L}^{\mathbf{Z}})$ 上的 i.i.d. 随机变量列, 其公共分布是 $(0,1)$ 上的均匀分布且 $\boldsymbol{E}_m(\theta_i) = \boldsymbol{E}_m(1-\theta_i) = \dfrac{1}{2}(\forall i \in \mathbf{Z}), \boldsymbol{E}_m$ 表示关于 $\overline{m}$ 的期望算子.

易见: $\overline{m} = \overline{m} \circ T^{-1}$. 令 $\mu_j = 1 - \theta_j$.

显然, $\overline{m}\{\overrightarrow{\theta} : p^{(1)}(\overrightarrow{\theta}; x, y) > 0\}$ 非 0 即 $1(\forall x, y \in \mathscr{X})$, 所以由命题 2.13 知条件 (A) 成立.

现在考虑一个经典的 (确定性环境的) 对称的 $\mathbf{Z}$ 上的 Bernoulli 随机徘徊, 其转移概率为

$$p(x, x+1) = p(x, x-1) = \frac{1}{2} \quad (\forall x \in \mathbf{Z}).$$

令 $f^{(t)}(x, y)$ 是由 x 出发经 t 步转移后初达 y 的概率, C_t 是此类转移的轨道的条数, 则

$$f^{(t)}(x, x) = C_t \left(\frac{1}{2}\right)^t. \tag{5.1}$$

注意: 当 t 为奇数时, (5.1) 式左右两边都是 0.

现在, 我们回过来研究上述一些参量决定的 MCTRE 的状态分类、周期和状态空间 $\mathscr{X}$ 的分解.

设从时刻 0 到 t 的 C_t 条轨道的第 k 条为

$$(x_0^{(k)}, x_1^{(k)}, \cdots, x_t^{(k)}) \quad (k = 1, 2, \cdots, C_t),$$

此处

$$\begin{aligned}&x_0^{(k)}=x_t^{(k)}=x \quad (k=1,2,\cdots,C_t),\\&x_i^{(k)}\neq x \quad (1\leqslant i<t,k=1,2,\cdots,C_t),\\&(x_0^{(k)},x_1^{(k)},\cdots,x_t^{(k)})\neq(x_0^{(j)},x_1^{(j)},\cdots,x_t^{(j)}) \quad (j\neq k).\end{aligned}$$

令

$$\begin{aligned}&\mathit{\Gamma}_k(1)=\{i\in\{0,1,\cdots,t-1\}:x_i^{(k)}<x_{i+1}^{(k)}\},\\&\mathit{\Gamma}_k(2)=\{i\in\{0,1,\cdots,t-1\}:x_i^{(k)}>x_{i+1}^{(k)}\}\\&(k=1,2,\cdots,C_t),\end{aligned}$$

则

$$\{\theta_i,i\in\mathit{\Gamma}_k(1),\mu_j\overset{\text{def}}{=\!=}(1-\theta_j),j\in\mathit{\Gamma}_k(2)\}$$

是相互独立的随机变量族. 因此, 由 $f^{(t)}(\overrightarrow{\theta};x,x)$ 的定义有:

$$\begin{aligned}f^{(t)}(\overrightarrow{\theta};x,x)&=\sum_{k=1}^{C_t}\prod_{i=0}^{t-1}p(\theta_i;x_i^{(k)},x_{i+1}^{(k)})\\&=\sum_{k=1}^{C_t}\left(\prod_{i\in\mathit{\Gamma}_1(k)}\theta_i\right)\left(\prod_{j\in\mathit{\Gamma}_2(k)}\mu_j\right),\end{aligned}\tag{5.2}$$

注意:

$$\mathit{\Gamma}_k(1)\bigcap\mathit{\Gamma}_k(2)=\varnothing,(\#\mathit{\Gamma}_k(1))+(\#\mathit{\Gamma}_k(2))=t,$$

所以

$$\begin{aligned}\boldsymbol{E}_m(f^{(t)}(\overrightarrow{\theta};x,x))&=\sum_{k=1}^{C_t}\left(\prod_{i\in\mathit{\Gamma}_k(1)}\boldsymbol{E}_m(\theta_i)\right)\left(\prod_{j\in\mathit{\Gamma}_k(2)}\boldsymbol{E}_m(\mu_j)\right)\\&=C_t\left(\frac{1}{2}\right)^t=f^{(t)}(x,x).\end{aligned}\tag{5.3}$$

众所周知 (请参见文献 [118] P.45—46), 对经典的对称的 Bernoulli 随机徘徊而言,

$$\sum_{n=1}^{\infty}f^{(2n)}(x,x)=1,\quad \sum_{n=1}^{\infty}2nf^{(2n)}(x,x)=\infty,\tag{5.4}$$

由 (5.3)、(5.4) 式知

$$\boldsymbol{E}_m(f^*(\overrightarrow{\theta};x,x))=1,\tag{5.5}$$

此即 x 是常返状态.

由命题 2.3 有

$$GP(\overrightarrow{\theta};x,x;\lambda)=1+\sum_{k=1}^{\infty}f^{(k)}(\overrightarrow{\theta};x,x)\lambda^k GP(T^k\overrightarrow{\theta};x,x;\lambda). \tag{5.6}$$

但是 $f^{(k)}(\overrightarrow{\theta};x,x)$ 只依赖 $\theta_0,\theta_1,\cdots,\theta_{k-1}, GP(T^k\overrightarrow{\theta};x,x;\lambda)$ 只依赖 θ_k, $\theta_{k+1},\cdots$, 所以

$$\begin{aligned}\boldsymbol{E}_m(GP(\overrightarrow{\theta};x,x;\lambda))&=1+\sum_{k=1}^{\infty}\boldsymbol{E}_m(f^{(k)}(\overrightarrow{\theta};x,x)\lambda^k)\boldsymbol{E}_m(GP(T^k\overrightarrow{\theta};x,x;\lambda))\\&=1+\left(\sum_{k=1}^{\infty}f^{(k)}(x,x)\lambda^k\right)\boldsymbol{E}_m(GP(T^k\overrightarrow{\theta};x,x;\lambda)).\end{aligned}$$

因此, 由 (5.4) 式得

$$\begin{aligned}\lim_{\lambda\uparrow 1}(1-\lambda)\boldsymbol{E}_m(GP(\overrightarrow{\theta};x,x;\lambda))&=\lim_{\lambda\uparrow 1}\frac{(1-\lambda)}{1-\sum_{k=1}^{\infty}f^{(k)}(x,x)\lambda^k}\\&=\left[\sum_{k=1}^{\infty}kf^{(k)}(x,x)\right]^{-1}=0.\end{aligned}$$

由上式并用 Fatou 引理可知:

$$\boldsymbol{E}_m\left(\liminf_{\lambda\uparrow 1}(1-\lambda)GP(\overrightarrow{\theta};x,x;\lambda)\right)=0,$$

所以 x 是零常返状态.

利用与 (5.3) 式中的类似推理可证:

$$\boldsymbol{E}_m(f^{(t)}(\overrightarrow{\theta};x,x+k))=f^{(t)}(x,x+k)$$
$$(\forall t\geqslant 1, x\in\mathscr{X}, k\in\mathscr{X}).$$

但是 (参见文献 [118] 第一章命题 3.3), 对一切 $x,k\in\mathscr{X}$, 有

$$\sum_{t=1}^{\infty}f^{(t)}(x,x+k)=1.$$

所以

$$\boldsymbol{E}_m(f^{*}(\overrightarrow{\theta};x,x+k))=1\quad(\forall x,k\in\mathscr{X}).$$

所以由 $\overline{m}=\overline{m}\circ T^{-1}$ 可知

$$\overline{m}\{\overrightarrow{\theta}:f^*(T^n\overrightarrow{\theta};x,x+k)=1\}=1\quad(\forall n\geqslant 0,x,k\in\mathscr{X}).$$

所以对任何 $x,y\in\mathscr{X}$, 有 $x\overset{\min}{\longleftrightarrow}y$, 故条件 (Min) 成立.

显然, 对任何 $x\in\mathscr{X}$, 其周期 $d_x=2$. 所以

$$\mathscr{X}=\mathscr{R}_0(1)=\bigcup_{s=1}^{2}\mathscr{R}_0(1,s).$$

例 5.2 随机环境中的更新过程.

令 $\mathscr{X}=\{0,1,2,\cdots\},\Theta=0,1,p(\theta;x,0)=1-p(\theta;x,x+1)=q_x\theta,0<q_x<1(\forall x\in\mathscr{X},\theta\in\Theta)$. 再令 $\mathscr{L},\mathscr{A},\mathscr{B},\{\theta_i,i\in\mathbf{Z}\}$ 如例 5.1 所定义. 显然, $\overline{m}=\overline{m}\circ T^{-1},\boldsymbol{E}_m(\theta_i)=\dfrac{1}{2}$, 条件 (A) 成立.

考虑一个具有下述转移概率的以 $\mathscr{X}$ 为状态空间的时齐的经典的马尔可夫链:

$$p(x,0)=1-p(x,x+1)=\frac{1}{2}q_x\quad(\forall x\in\mathscr{X}).$$

仍令 $f^{(n)}(x,y)$ 是此马尔可夫链由 x 出发经过 n 步转移初达 y 的转移概率, 则必存在正整数 $C_n(x)$ 及两个集合 $\Gamma_k(0)$ 和 $\Gamma_k(+)(k=1,\cdots,n)$, 使

$$(\#\Gamma_k(0))+(\#\Gamma_k(+))=n,\quad \Gamma_k(0)\bigcap\Gamma_k(+)=\varnothing\quad(\forall 1\leqslant k\leqslant n)$$

(取 $\Gamma_k(0)=\{1\leqslant i<n:x_{i+1}^{(k)}=0\},\Gamma_k(+)=\{1\leqslant i<n:x_{i+1}^{(k)}=x_i^{(k)}+1\}$ 即可, 其中 $\{x_1^{(k)},\cdots,x_n^{(k)}\}$ 是第 k 条轨道.),

$$f^{(n)}(x,x)=\sum_{k=1}^{C_n(x)}\left(\prod_{i\in\Gamma_k(0)}\frac{1}{2}q_i\right)\left(\prod_{j\in\Gamma_k(+)}\left(1-\frac{1}{2}q_j\right)\right).$$

(注意: $C_n(x)$ 是此经典的马尔可夫过程 —— 一般称为更新过程 —— 从 x 出发经过 n 步转移初返 x 的轨道的条数.)

现在再返回上述 $(\mathscr{X},\mathscr{A})$、$(\Theta,\mathscr{B})$、$p(\theta;x,y)$、$\overline{m}$ 所决定的 MCTRE (通常称之为随机环境中的更新过程).

仍用 $f^{(n)}(\overrightarrow{\theta};x,y)$ 表示它在环境 $\overrightarrow{\theta}$ 下从状态 x 出发经 n 步转移初达 y 的概率, 则

$$f^{(n)}(\overrightarrow{\theta};x,x)=\sum_{k=1}^{C_n(x)}\left(\prod_{i\in\Gamma_k(0)}q_{i(n,x)}\theta_i\right)\left(\prod_{j\in\Gamma_k(+)}(1-q_{j(n,x)}\theta_j)\right),$$

因为 $\Gamma_k(0)\bigcap\Gamma_k(+)=\varnothing,\{\theta_i,i\in\mathbf{Z}\}$ 相互独立、具有相同分布且为 $[0,1]$ 上的均匀分布, 故

$$\begin{aligned}\boldsymbol{E}_m(f^{(n)}(\overrightarrow{\theta};x,x))&=\sum_{k=1}^{C_n(x)}\left(\prod_{i\in\Gamma_k(0)}\frac{1}{2}q_{i(n,x)}\right)\prod_{j\in\Gamma_k(+)}\left(1-\frac{1}{2}q_{j(n,x)}\right)\\&=f^{(n)}(x,x).\end{aligned}$$

令

$$\delta=\sum_{i=0}^{\infty}\prod_{t=0}^{i}\left(1-\frac{1}{2}q_t\right),\quad \gamma=\prod_{i=0}^{\infty}\left(1-\frac{1}{2}q_i\right),$$

易证 (参见文献 [118] P.50):

(1) $\delta<\infty\Longrightarrow f^*(x,x)\overset{\text{def}}{=\!=}\sum_{n=1}^{\infty}f^{(n)}(x,x)=1$, 且

$$\sum_{n=1}^{\infty}f^{(n)}(x,x)n<\infty;$$

(2) $\delta=\infty,\gamma=0\Longrightarrow f^*(x,x)=1,\sum_{n=1}^{\infty}nf^{(n)}(x,x)=\infty;$

(3) $\delta=\infty,\gamma>0\Longrightarrow f^*(x,x)\leqslant 1.$

对本例而言, $f^*(x,y)>0\ (\forall x,y\in\mathscr{X})$. 故 "$f^*(x_0,x_0)=1\Longrightarrow f^*(x,y)=1\ (\forall x,y\in\mathscr{X})$" (见文献 [118] P.14). 故对情况 (1) 和 (2) 仿例 5.1 的推理有 $f^*_{\min}(\overrightarrow{\theta};x,y)=1,\overline{m}-\text{a.s.}\overrightarrow{\theta}$, 故条件 (Min) 成立. 显然 $d_x\equiv 1$. 再仿例 5.1 对正常返状态之判别有

(1) 当 $\delta<\infty$ 时, 条件 (Min) 成立, 且 $\mathscr{X}=\mathscr{R}_+(1)$;

(2) 当 $\delta=\infty,\gamma=0$ 时, 条件 (Min) 成立, 且 $\mathscr{X}=\mathscr{R}_0(1)$;

(3) 当 $\delta=\infty,\gamma>0$ 时, $\mathscr{X}=\mathscr{N}$ (此时不存在状态分类的问题).

例 5.3 随机环境中的排队过程.

考虑 MCTRE$(\overrightarrow{X},\overrightarrow{\xi})$, 其相应的 $\mathscr{X}=\{0,1,2,\cdots\}$, $\mathscr{A}$ 是 $\mathscr{X}$ 中一切子集所组成的 σ 代数, $\Theta=(0,1)$, $\mathscr{B}$ 是 Θ 中一切 Borel 子集所组成的 σ 代数, 随机转移矩阵 $P(\theta)=(p(\theta;x,y),x,y\in\mathscr{X})$ 定义如下:

$$p(\theta;0,x)=p(\theta;1,x)=k_x\theta\quad(\theta\in\Theta,x\geqslant 1);$$

$$p(\theta;0,0)=p(\theta;1,0)=1-\sum_{x=1}^{\infty}k_x\theta\quad(\theta\in\Theta);$$

$$p(\theta;n,x)=0,(\theta\in\Theta,n\geqslant 2,x<n-1);$$
$$p(\theta;n,x)=p(\theta;1,x-n+1)\quad(\theta\in\Theta,n\geqslant 2,x\geqslant n-1),$$

其中 $k_2+k_3+\cdots>0,k_x\geqslant 0,\sum\limits_{x=1}^{\infty}k_x<1,\sum\limits_{x=0}^{\infty}k_x=1.\mathscr{L},\overline{m},\{\theta_i,i\in\mathbf{Z}\}$ 如例 5.2 所定义. 显然条件 (A) 成立且 $\{\theta_i,i\in\mathbf{Z}\}$ 相互独立且有相同分布, $\boldsymbol{E}_m(\theta_i)=\dfrac{1}{2}$.

考虑一个经典的时齐的具有下列转移矩阵 $P=(p(x,y),x,y\in\mathscr{X})$ 的马尔可夫链:

$$p(x,y)=p\left(\frac{1}{2};x,y\right)\quad(x,y\in\mathscr{X}).$$

则

$$P=\begin{pmatrix}k_0' & k_1' & k_2' & k_3' & \cdots\\ k_0' & k_1' & k_2' & k_3' & \cdots\\ 0 & k_0' & k_1' & k_2' & \cdots\\ 0 & 0 & k_0' & k_1' & \cdots\\ \vdots & \vdots & \vdots & \vdots & \ddots\end{pmatrix},$$

其中 $k_x'=\dfrac{1}{2}k_x\ (x\geqslant 1),k_0'=1-\dfrac{1}{2}\sum\limits_{x=1}^{\infty}k_x,k_0'>0,k_2'+k_3'+\cdots>0,\sum\limits_{x=0}^{\infty}k_x'=1.$

仍令 $f^{(n)}(x,x)$ 为经典马尔可夫链从状态 x 出发经 n 步转移后初返 x 的概率, $f^*_{(x,x)}\overset{\text{def}}{=\!=}\sum\limits_{n=1}^{\infty}f^{(n)}(x,x)$,

$$K(\lambda)=\sum_{x=0}^{\infty}k_x'\lambda^x,$$

易证 (参见文献 [118] P.51—53):

(1) $\lim\limits_{\lambda\uparrow 1}\dfrac{\mathrm{d}K(\lambda)}{\mathrm{d}\lambda}<1\Longrightarrow f^*(x,x)=1,\sum\limits_{n=1}^{\infty}nf^{(n)}(x,x)=\infty;$

(2) $\lim\limits_{\lambda\uparrow 1}\dfrac{\mathrm{d}K(\lambda)}{\mathrm{d}\lambda}=1\Longrightarrow f^*(x,x)=1,\sum\limits_{n=1}^{\infty}nf^{(n)}(x,x)=\infty;$

(3) $\lim\limits_{\lambda\uparrow 1}\dfrac{\mathrm{d}K(\lambda)}{\mathrm{d}\lambda}>1\Longrightarrow f^*(x,x)<1.$

仿例 5.2 的推理, 可证此 MCTRE $(\overrightarrow{X},\overrightarrow{\xi})$ 的状态空间具有下列性质 (显然对任何常返状态 x, 其 $d_x=1$):

(1) 当 $\lim\limits_{\lambda\uparrow 1}\dfrac{\mathrm{d}K(\lambda)}{\mathrm{d}\lambda}>1$ 时, $\mathscr{X}=\mathscr{N}$;

(2) 当 $\lim\limits_{\lambda\uparrow 1}\dfrac{\mathrm{d}K(\lambda)}{\mathrm{d}\lambda}=1$ 时, 条件 (Min) 成立, $\mathscr{X}=\mathscr{R}_0(1)$;

(3) 当 $\lim\limits_{\lambda\uparrow 1}\dfrac{\mathrm{d}K(\lambda)}{\mathrm{d}\lambda}<1$ 时, 条件 (Min) 成立, $\mathscr{X}=\mathscr{R}_+(1)$.

对情况 (1) 无需研究状态再分类, 故条件 (Min) 是否成立也无关紧要了.

§6 位势理论初探

本节沿袭 §4 中之符号. $(\overrightarrow{X},\overrightarrow{\xi})$ 是第二章定理 5.1 中的概率空间 $(\Omega,\mathscr{F},P_\Phi)$ 上的一个 MCTRE, $\overrightarrow{X}$ 之状态空间为 $(\mathscr{X},\mathscr{A})$, $\mathscr{X}$ 是可数集, $\overrightarrow{\xi}$ 之状态空间为 $(\Theta,\mathscr{B})$, $(\Theta,\mathscr{B})$ 是任一抽象的可测空间, $\overline{m}$ 是 $\overrightarrow{\xi}$ 的 P_Φ 边缘分布, 即 $\overline{m}=P_\Phi\circ(\overrightarrow{\xi})^{-1}$,

$$P(\theta)=(p(\theta;x,y),x,y\in\mathscr{X})$$

是 $(\overrightarrow{X},\overrightarrow{\xi})$ 的随机转移矩阵 (R.T.M.), 仍记

$$\begin{aligned}P^{(n)}(\overrightarrow{\theta})&=(p^{(n)}(\overrightarrow{\theta};x,y),x,y\in\mathscr{X})\\&=P(\theta_0)P(\theta_1)\cdots P(\theta_{n-1})\quad(n\geqslant 1,\overrightarrow{\theta}=(\theta_i,i\in\mathbf{Z})\in\Theta^{\mathbf{Z}}).\end{aligned}$$

仍记 $\overrightarrow{\mathscr{X}}=\mathscr{X}^{\mathbf{Z}_+},\overrightarrow{\mathscr{A}}=\mathscr{A}^{\mathbf{Z}_+},\overrightarrow{\Theta}=\Theta^{\mathbf{Z}},\overrightarrow{\mathscr{B}}=\mathscr{B}^{\mathbf{Z}}$. 再记 $\mathbf{1}$ (相应地 $\mathbf{0}$) 为定义在 $\mathscr{X}$ 上的取值恒为 1 (相应地 0) 的函数 (实为维数与 $\mathscr{X}$ 之维数相同之列向量).

记全体随机转移矩阵为 $\mathrm{RTM}(\Theta,\mathscr{X})$.

仍记 T 是 $\overrightarrow{\Theta}\to\overrightarrow{\Theta}$ 的推移算子.

定义 6.1 设 $P(\theta)\in\mathrm{RTM}(\Theta,\mathscr{X})$,

$h:\overrightarrow{\Theta}\mapsto\mathbf{R}_+^{\mathscr{X}}$, ($\mathbf{R}_+^{\mathscr{X}}$ 是定义在 $\mathscr{X}$ 上的非负实值函数空间), 即 h 是一个定义在 $\overrightarrow{\Theta}$ 上的取值于 "$\mathscr{X}$ 上的非负实值函数 (列向量)" 的算子, 称 h 是 $P^{(1)}(\overrightarrow{\theta})$ 的 "上随机调和函数", 如果

(1) 对任何 $x\in\mathscr{X}$,

$$h(x,\overrightarrow{\theta})\overset{\mathrm{def}}{=\!=}h(\overrightarrow{\theta})(x)$$

是 $\overrightarrow{\theta}$ 的 $\overrightarrow{\mathscr{B}}$ 可测的非负实值函数;

(2) $P^{(1)}(\overrightarrow{\theta})h(T\overrightarrow{\theta})\leqslant h(\overrightarrow{\theta}),\overline{m}-\mathrm{a.s.}\overrightarrow{\theta}$.

特别地, 若 (2) 中的 $\leqslant$ 换为 $=$, 则称 $h(\overrightarrow{\theta})$ 是 $P^{(1)}(\overrightarrow{\theta})$ 的随机调和函数.

(注意: $P(\theta_0) = P^{(1)}(\overrightarrow{\theta})$ ($\forall \overrightarrow{\theta} = (\theta_i, i \in \mathbf{Z})$).)

更特别地, 若 $h(\overrightarrow{\theta})$ 是 $P^{(1)}(\overrightarrow{\theta})$ 随机调和函数, 且对任何小于等于 $h(\overrightarrow{\theta})$ 的 $P^{(1)}(\overrightarrow{\theta})$ 随机调和函数 $g(\overrightarrow{\theta})$, 都有 $\overrightarrow{\mathscr{B}}$ 可测的非负实值函数 $\lambda(\overrightarrow{\theta})$, 使 $\lambda(\overrightarrow{\theta}) = \lambda(T\overrightarrow{\theta})$ 和 $g(\overrightarrow{\theta}) = \lambda(\overrightarrow{\theta})h(\overrightarrow{\theta})$, 则称 $h(\overrightarrow{\theta})$ 是 $P^{(1)}(\overrightarrow{\theta})$ 极端随机调和函数. 显然恒 0 函数 $\mathbf{0}$ 是极端随机调和函数.

附注 6.1 由文献 [162], 非恒 0 的 $P^{(1)}(\overrightarrow{\theta})$ 极端随机调和函数是存在的.

为方便起见, 记

$$\Phi^* \stackrel{\text{def}}{=\!=} \{\varphi : \varphi : \overrightarrow{\Theta} \mapsto \mathbf{R}_+, \text{ 且 } \varphi \in \overrightarrow{\mathscr{B}}/\mathscr{B}(\mathbf{R}_+), \varphi(\overrightarrow{\theta}) = \varphi(T\overrightarrow{\theta}), \forall \overrightarrow{\theta} \in \overrightarrow{\Theta}.\},$$

并约定: 对任何 $c(\overrightarrow{\theta}) \in \overrightarrow{\mathscr{B}}/\mathscr{B}(\mathbf{R})$, 都称 $c(\overrightarrow{\theta})\mathbf{1}$ 为常向量 (函数).

仍记 $\eta = \{\eta_n \stackrel{\text{def}}{=\!=} (X_n, T^n\overrightarrow{\xi}), n \geqslant 0\}$ 为 $(\overrightarrow{X}, \overrightarrow{\xi})$ 衍生的 SKPMC, $P_{(x,\overrightarrow{\theta})} = P(\cdot|\eta_0 = (x, \overrightarrow{\theta}))$.

对任何 $J \subset \mathscr{X}$, 令 J^{c} 表 J 之补集, 且令

$$f^*_{(x,\overrightarrow{\theta}),J} = P_{(x,\overrightarrow{\theta})}\left(\bigcup_{n=1}^{\infty}\{(X_n, T^n\overrightarrow{\xi}) \in J_x\overrightarrow{\Theta}\}\right)$$

是 $\eta = \{\eta_n, n \geqslant 0\}$ 从 $(x, \overrightarrow{\theta})$ 出发, X_n 迟早要进入状态集合 J 的概率. 若 $J = \{y\}$ 是单点集, 则记 $f^*_{(x,\overrightarrow{\theta}),\{y\}} = f^*_{(x,\overrightarrow{\theta}),y}$.

注意: $f^*_{(x,\overrightarrow{\theta}),y}$ 就是前面诸章节中的 $f^*(\overrightarrow{\theta}; x, y)$.

定义 6.2 设 $(\overrightarrow{X}, \overrightarrow{\xi})$ 是概率空间 $(\Omega, \mathscr{F}, P_\Phi)$ 上的以 $P(\theta)$ 为随机转移矩阵的 MCTRE, $\overline{m}, P_{(x,\overrightarrow{\theta})}, f^*_{(x,\overrightarrow{\theta}),J}$ 如前所定义

(1) 如果 $\overline{m}\{\overrightarrow{\theta} : \bigcap\limits_{x\in\mathscr{X}}\{f^*_{(x,\overrightarrow{\theta}),J^{\mathrm{c}}} = 1\}\} = 1$, 则称 J 是 $\overrightarrow{X}$ 的必离集;

(2) 如果 $\overline{m}\{\overrightarrow{\theta} : \bigcap\limits_{x\in\mathscr{X}}\{f^*_{(x,\overrightarrow{\theta}),J^{\mathrm{c}}} = 1\}\} > 0$, 则称 J 是 $\overrightarrow{X}$ 的弱必离集;

(3) 如果 $\overline{m}\{\overrightarrow{\theta} : \bigcap\limits_{x\in\mathscr{X}}\{f^*_{(x,\overrightarrow{\theta}),y} = 1\}\} = 1, (\forall y \in J^{\mathrm{c}})$, 则称 J 是 $\overrightarrow{X}$ 的强必离集.

命题 6.1 强必离集一定是必离集, 必离集一定是弱必离集.

证 只需注意它们的定义及

$$f^*_{(x,\overrightarrow{\theta}),J^{\mathrm{c}}} \geqslant f^*_{(x,\overrightarrow{\theta}),y}, \quad (\forall x \in \mathscr{X}, y \in J^{\mathrm{c}}, \overrightarrow{\theta} \in \overrightarrow{\Theta})$$

即可证明命题 6.1.

命题 6.2 任取 $J \subset \mathscr{X}, J \neq \varnothing$, 令

$$A(\theta) = (p(\theta; x, y), x, y \in J) \stackrel{\text{def}}{=\!=} P(\theta) \text{ on } J$$

为 $P(\theta)$ 在 $J \times J$ 上之局限,

再令

$$A^{(n)}(\overrightarrow{\theta}) = A(\theta_0)A(\theta_1)\cdots A(\theta_{n-1}) \quad (n \geqslant 1, \overrightarrow{\theta} = (\theta_i, i \in \mathbf{Z}) \in \overrightarrow{\Theta}),$$

则存在 $\#J$ 维列向量 $a(\overrightarrow{\theta})$, 使

(1) $\lim\limits_{n\to\infty} A^{(n)}(\overrightarrow{\theta})\mathbf{1} = a(\overrightarrow{\theta})$;

(2) $a(\overrightarrow{\theta})$ 是下述方程式的最大解:

$$\ll A^{(1)}(\overrightarrow{\theta})g(T\overrightarrow{\theta}) = g(\overrightarrow{\theta}), \mathbf{0} \leqslant g(\overrightarrow{\theta}) \leqslant \mathbf{1} \gg; \tag{6.1}$$

(3) 对任何 $x \in J, \overrightarrow{\theta} \in \overrightarrow{\Theta}$, 恒有

$$a_x(\overrightarrow{\theta}) \stackrel{\text{def}}{=\!=} e'_x a(\overrightarrow{\theta}) = 1 - f^*_{(x,\overrightarrow{\theta}),J^c},$$

(e'_x 是 x 轴上的单位坐标行向量);

(4) 若令

$$\overline{a}_x(\overrightarrow{\theta}) = \begin{cases} a_x(\overrightarrow{\theta}), & \text{当 } x \in J, \overrightarrow{\theta} \in \overrightarrow{\Theta}, \\ 0, & \text{当 } x \in J^c, \overrightarrow{\theta} \in \overrightarrow{\Theta}, \end{cases}$$

则

$$e'_x P^{(1)}(\overrightarrow{\theta})\overline{a}(T\overrightarrow{\theta}) = 1 - f^*_{(x,\overrightarrow{\theta}),J^c} \quad (\forall x \in \mathscr{X}, \overrightarrow{\theta} \in \overrightarrow{\Theta}).$$

证 (1) 由第二章 (5.6)、(5.8)、(6.19) 式得:

$$P_{(x,\overrightarrow{\theta})}\left(\bigcap_{k=1}^{n}\{(X_k, T^k\overrightarrow{\xi}) \in J \times \overrightarrow{\Theta}\}\right) = e'_x A^{(n)}(\overrightarrow{\theta})\mathbf{1}. \tag{6.2}$$

故 $\{e'_x A^{(n)}(\overrightarrow{\theta})\mathbf{1}, n \geqslant 1\}$ 是单调非降的, 从而 (1) 得证.

(2) 应用 (1) 和 Lebesgue 控制收敛定理可得

$$\begin{aligned} A^{(1)}(\overrightarrow{\theta})a(T\overrightarrow{\theta}) &= A^{(1)}(\overrightarrow{\theta})\lim_{n\to\infty} A^{(n)}(T\overrightarrow{\theta})\mathbf{1} \\ &= \lim_{n\to\infty} A^{(1)}(\overrightarrow{\theta})A^{(n)}(T\overrightarrow{\theta})\mathbf{1} \\ &= \lim_{n\to\infty} A(\theta_0)[A(\theta_1)\cdots A(\theta_n)]\mathbf{1} \\ &= \lim_{n\to\infty} A^{(n+1)}(\overrightarrow{\theta})\mathbf{1} = a(\overrightarrow{\theta}). \end{aligned}$$

此即 $a(\overrightarrow{\theta})$ 是方程式 (6.1) 的一个解.

再设 $g(\overrightarrow{\theta})$ 是方程式 (6.1) 的任一个解, 则

$$g(\overrightarrow{\theta}) = A^{(1)}(\overrightarrow{\theta})g(T\overrightarrow{\theta}), \quad \mathbf{0} \leqslant g(\overrightarrow{\theta}) \leqslant \mathbf{1}.$$

反复利用上述关系得:

$$\begin{aligned} g(\overrightarrow{\theta}) &= A^{(1)}(\overrightarrow{\theta})g(T\overrightarrow{\theta}) = A^{(1)}(\overrightarrow{\theta})A^{(1)}(T\overrightarrow{\theta})g(T^2\overrightarrow{\theta}) \\ &= \cdots = A^{(1)}(\overrightarrow{\theta})A^{(1)}(T\overrightarrow{\theta})\cdots A^{(1)}(T^n\overrightarrow{\theta})g(T^{n+1}\overrightarrow{\theta}) \\ &= A^{(n+1)}(\overrightarrow{\theta})g(T^{n+1}\overrightarrow{\theta}) \leqslant A^{(n+1)}(\overrightarrow{\theta})\mathbf{1}, \end{aligned}$$

在上式中令 $n \to \infty$ 即得:

$$g(\overrightarrow{\theta}) \leqslant a(\overrightarrow{\theta}).$$

(2) 证毕.

(3) 由 (2) 立即可得 (3).

(4) 由 $P^{(1)}(\overrightarrow{\theta}), A^{(1)}(\overrightarrow{\theta}), \overline{a}(\overrightarrow{\theta})$ 之定义可得

$$P^{(1)}(\overrightarrow{\theta})\overline{a}(T\overrightarrow{\theta}) \text{ 在 } J \times J \text{ 上之局限为 } A^{(1)}(\overrightarrow{\theta})a(T\overrightarrow{\theta}),$$

再用 SKPMC $\eta = \{\eta_n, n \geqslant 0\}$ 之马氏性可证:

$$\begin{aligned} 1 - f^*_{(x,\overrightarrow{\theta}),J^c} &= P_{(x,\overrightarrow{\theta})}\left(\bigcap_{n=1}^{\infty}\{X_n \in J\}\right) \\ &= \sum_{y\in J} P_{(x,\overrightarrow{\theta})}(X_1 = y)P_{(y,T\overrightarrow{\theta})}\left(\bigcap_{n=1}^{\infty}\{X_n \in J\}\right) \\ &= \sum_{y\in J} p^{(1)}(\overrightarrow{\theta}; x, y)(1 - f^*_{(y,T\overrightarrow{\theta}),J^c}) \\ &= \sum_{y\in J} p^{(1)}(\overrightarrow{\theta}; x, y)a_y(T\overrightarrow{\theta}) \\ &= e'_x P^{(1)}(\overrightarrow{\theta})\overline{a}(T\overrightarrow{\theta}). \end{aligned}$$

命题证毕.

命题 6.3 任取 $J \subset \mathscr{X}$, 下述诸陈述等价:

(1) J 是必离集;

(2) $\overline{m}\{\overrightarrow{\theta} \in \overrightarrow{\Theta} : f^*_{(x,\overrightarrow{\theta}),J^c} = 1\} = 1 \ (\forall x \in J)$;

(3) $\lim\limits_{n\to\infty} A^{(n)}(\overrightarrow{\theta})\mathbf{1} = \mathbf{0}, \overline{m} - \text{a.s.}\,\overrightarrow{\theta}$;

(4) 对 $\overline{m} - \text{a.s.}\,\overrightarrow{\theta}, \ll A^{(1)}(\overrightarrow{\theta})\mu(T\overrightarrow{\theta}) = \mu(\overrightarrow{\theta})$,

$\mathbf{0} \leqslant \mu(\overrightarrow{\theta}) \leqslant \mathbf{1} \gg$ 只有零解.

其中 $A^{(n)}(\overrightarrow{\theta})$ 如命题 6.2 所定义.

证 (1)$\Longrightarrow$(2) 显然成立.

(2)$\Longrightarrow$(3). 设 (2) 成立, 由命题 6.2(1) 知:

$$\lim_{n\to\infty} A^{(n)}(\overrightarrow{\theta}) = a(\overrightarrow{\theta}) \text{ 存在} \quad (\forall \overrightarrow{\theta} \in \overrightarrow{\Theta}).$$

由命题 6.2(3) 有

$$e'_x a(\overrightarrow{\theta}) = 1 - f^*_{(x,\overrightarrow{\theta}),J^c} \quad (\forall x \in J, \overrightarrow{\theta} \in \overrightarrow{\Theta}).$$

所以由 (2) 立得 (3).

(3)$\Longrightarrow$(4). 由命题 6.2 (2), $\lim\limits_{n\to\infty} A^{(n)}(\overrightarrow{\theta})\mathbf{1}$ 是

$$\ll A^{(1)}(\overrightarrow{\theta})g(T\overrightarrow{\theta}) = g(\overrightarrow{\theta}), \quad \mathbf{0} \leqslant g(\overrightarrow{\theta}) \leqslant \mathbf{1} \gg \tag{6.3}$$

之最大解. 而今 (3) 成立, 即

$$a(\overrightarrow{\theta}) \overset{\text{def}}{=\!=} \lim_{n\to\infty} A^{(n)}(\overrightarrow{\theta})\mathbf{1} = \mathbf{0}, \overline{m} - \text{a.s.}\,\overrightarrow{\theta},$$

所以, 对 $\overline{m} - \text{a.s.}\,\overrightarrow{\theta}$, (6.3) 式只有零解, 即 (4) 成立.

(4)$\Longrightarrow$(1). 设 (4) 成立. 用命题 6.2, 对任何 $x \in \mathscr{X}$, 有

$$\begin{aligned} 1 - f^*_{(x,\overrightarrow{\theta}),J^c} &= e'_x P^{(1)}(\overrightarrow{\theta})\overline{a}(T\overrightarrow{\theta}) \\ &= e'_x A^{(1)}(\overrightarrow{\theta})a(T\overrightarrow{\theta}) \\ &= a_x(\overrightarrow{\theta}) = 0, \quad \overline{m} - \text{a.s.}\,\overrightarrow{\theta}. \end{aligned}$$

但 $\mathscr{X}$ 是可数集, 所以

$$\overline{m}\{\overrightarrow{\theta} \in \overrightarrow{\Theta} : f^*_{(x,\overrightarrow{\theta}),J^c} = 1, \ \forall x \in \mathscr{X}\} = 1,$$

此即 J 是必离集. 命题证毕.

命题 6.4 对任何随机转移矩阵 $P(\theta)$, 恒有

(1) "$\mathbf{1}$ 是 $P^{(1)}(\overrightarrow{\theta})$ 的极端随机调和函数"等价于: 对 $\overline{m} - \text{a.s.}\,\overrightarrow{\theta}$,

$$\ll P^{(1)}(\overrightarrow{\theta})g(T\overrightarrow{\theta}) = g(\overrightarrow{\theta}), \ \mathbf{0} \leqslant g(\overrightarrow{\theta}) \leqslant \mathbf{1} \gg$$

只有常向量解;

(2) 若 $h(\overrightarrow{\theta})$ 是 $P^{(1)}(\overrightarrow{\theta})$ 的极端随机调和函数, 则对任何 $c(\overrightarrow{\theta}) \in \Phi^*$, $c(\overrightarrow{\theta})h(\overrightarrow{\theta})$ 也是 $P^{(1)}(\overrightarrow{\theta})$ 的极端随机调和函数;

(3) 固定 $x \in \mathscr{X}$, 若 $h_0(\overrightarrow{\theta})$ 是方程式:

$$(\mathrm{U}_x) : \ll P^{(1)}(\overrightarrow{\theta})h(T\overrightarrow{\theta}) = h(\overrightarrow{\theta}), \mathbf{0} \leqslant h(\overrightarrow{\theta}) \leqslant \mathbf{1}, e'_x h(\overrightarrow{\theta}) = 1 \gg$$

的最小解, 则任何满足:

$$f(\overrightarrow{\theta})(x) = f(T\overrightarrow{\theta})(x) \neq 0 \quad (\forall \overrightarrow{\theta} \in \overrightarrow{\Theta})$$

的函数 $f(\overrightarrow{\theta})$, 当 $f(\overrightarrow{\theta})$ 是 $P^{(1)}(\overrightarrow{\theta})$的极端随机调和函数时, $f(\overrightarrow{\theta})$ 总可表示为

$$f(\overrightarrow{\theta}) = c(\overrightarrow{\theta})h_0(\overrightarrow{\theta}), \quad \text{其中 } c(\overrightarrow{\theta}) \in \Phi^*.$$

证 (1) 设 $\mathbf{1}$ 是 $P^{(1)}(\overrightarrow{\theta})$ 的极端随机调和函数. 若 $h(\overrightarrow{\theta})$ 是方程式

$$\ll P^{(1)}(\overrightarrow{\theta})g(T\overrightarrow{\theta}) = g(\overrightarrow{\theta}), \mathbf{0} \leqslant g(\overrightarrow{\theta}) \leqslant \mathbf{1} \gg$$

的一个解, 则必有 $\lambda(\overrightarrow{\theta}) \in \Phi^*, \mathbf{0} \leqslant \lambda(\overrightarrow{\theta}) \leqslant \mathbf{1}$, 使

$$h(\overrightarrow{\theta}) = \lambda(\overrightarrow{\theta})\mathbf{1}, \quad \overline{m} - \text{a.s.}\overrightarrow{\theta},$$

此即对 $\overline{m} - \text{a.s.}\overrightarrow{\theta}$, 方程式

$$\ll P^{(1)}(\overrightarrow{\theta})g(T\overrightarrow{\theta}) = g(\overrightarrow{\theta}),\ \mathbf{0} \leqslant g(\overrightarrow{\theta}) \leqslant \mathbf{1} \gg$$

只有常向量解.

反之, 若对 $\overline{m} - \text{a.s.}\overrightarrow{\theta}$, 上述方程式只有常向量解, 则对其任一个解 $h(\overrightarrow{\theta})$, 必有 $\lambda(\overrightarrow{\theta}) \in \Phi^*, \mathbf{0} \leqslant \lambda(\overrightarrow{\theta}) \leqslant \mathbf{1}$, 使

$$h(\overrightarrow{\theta}) = \lambda(\overrightarrow{\theta})\mathbf{1},\ \overline{m} - \text{a.s.}\overrightarrow{\theta}.$$

显然,

$$P^{(1)}(\overrightarrow{\theta})\mathbf{1} = \mathbf{1} \geqslant h(\overrightarrow{\theta}),\ \overline{m} - \text{a.s.}\overrightarrow{\theta},$$

此即 $\mathbf{1}$ 是 $P^{(1)}(\overrightarrow{\theta})$ 的极端随机调和函数.

(2) 若 $h(\overrightarrow{\theta})$ 是 $P^{(1)}(\overrightarrow{\theta})$ 的极端随机调和函数, 往证: 对任何 $c(\overrightarrow{\theta}) \in \Phi^*, c(\overrightarrow{\theta})h(\overrightarrow{\theta})$ 亦然.

事实上, 若注意 $c(\overrightarrow{\theta}) \equiv c(T\overrightarrow{\theta})$ 及 $P^{(1)}(\overrightarrow{\theta})h(T\overrightarrow{\theta}) = h(\overrightarrow{\theta})$ 立即可得

$$P^{(1)}(\overrightarrow{\theta})c(T\overrightarrow{\theta})h(T\overrightarrow{\theta}) = c(\overrightarrow{\theta})h(\overrightarrow{\theta}),\ \overline{m} - \text{a.s.}\overrightarrow{\theta},$$

此即 $c(\overrightarrow{\theta})h(\overrightarrow{\theta})$ 是 $P^{(1)}(\overrightarrow{\theta})$ 的随机调和函数.

再任取一个小于或等于 $c(\overrightarrow{\theta})h(\overrightarrow{\theta})$ 的 $P^{(1)}(\overrightarrow{\theta})$ 的随机调和函数 $g(\overrightarrow{\theta})$, 即对任何 $x \in \mathscr{X}, g(\overrightarrow{\theta})(x)$ 是 $\overrightarrow{\theta}$ 的 $\overrightarrow{\mathscr{B}}$ 可测的函数, 且

$$\begin{aligned} &P^{(1)}(\overrightarrow{\theta})g(T\overrightarrow{\theta}) = g(\overrightarrow{\theta}), \\ &\mathbf{0} \leqslant g(\overrightarrow{\theta}) \leqslant c(\overrightarrow{\theta})h(\overrightarrow{\theta}). \end{aligned}$$

令

$$\overline{g}(\overrightarrow{\theta}) = \begin{cases} \mathbf{0}, & \text{当 } c(\overrightarrow{\theta}) = 0, \\ g(\overrightarrow{\theta})/c(\overrightarrow{\theta}), & \text{当 } c(\overrightarrow{\theta}) > 0 \end{cases}$$

则 $\overline{g}(\overrightarrow{\theta})(x)$ 是 $\overrightarrow{\theta}$ 的 $\overrightarrow{\mathscr{B}}$ 可测的函数, 且 $\mathbf{0} \leqslant \overline{g}(\overrightarrow{\theta}) \leqslant h(\overrightarrow{\theta})$. 注意由 $c(\overrightarrow{\theta}) = c(T\overrightarrow{\theta})$ 可见:

$$P^{(1)}(\overrightarrow{\theta})\overline{g}(T\overrightarrow{\theta}) = \overline{g}(\overrightarrow{\theta}).$$

所以 $\overline{g}(\overrightarrow{\theta})$ 是小于等于 $h(\overrightarrow{\theta})$ 的 $P^{(1)}(\overrightarrow{\theta})$ 的随机调和函数, 而 $h(\overrightarrow{\theta})$ 是 $P^{(1)}(\overrightarrow{\theta})$ 的极端随机调和函数, 所以存在 $\overline{\lambda}(\overrightarrow{\theta}) \in \Phi^*$, 使

$$\overline{g}(\overrightarrow{\theta}) = \overline{\lambda}(\overrightarrow{\theta})h(\overrightarrow{\theta}).$$

再令

$$\lambda(\overrightarrow{\theta}) = \begin{cases} \overline{\lambda}(\overrightarrow{\theta}), & \text{当 } c(\overrightarrow{\theta}) > 0, \\ 0, & \text{当 } c(\overrightarrow{\theta}) = 0, \end{cases}$$

并注意 $c(T\overrightarrow{\theta}) = c(\overrightarrow{\theta}), \overline{\lambda}(T\overrightarrow{\theta}) = \overline{\lambda}(\overrightarrow{\theta})$ 可得

$$\lambda(\overrightarrow{\theta}) \in \Phi^*,\ \text{且}\ \overline{g}(\overrightarrow{\theta}) = \lambda(\overrightarrow{\theta})h(\overrightarrow{\theta}).$$

再用 $\overline{g}(\overrightarrow{\theta})$ 之定义可得

$$g(\overrightarrow{\theta}) = \lambda(\overrightarrow{\theta})(c(\overrightarrow{\theta})h(\overrightarrow{\theta})),$$

所以 $c(\overrightarrow{\theta})h(\overrightarrow{\theta})$ 也是 $P^{(1)}(\overrightarrow{\theta})$ 的极端随机调和函数.

(3) 设 $f(\overrightarrow{\theta})$ 是 $P^{(1)}(\overrightarrow{\theta})$ 的极端随机调和函数, 且满足:

$$f(\overrightarrow{\theta})(x) = f(T\overrightarrow{\theta})(x) \neq 0 \quad (\forall \overrightarrow{\theta} \in \overrightarrow{\Theta}).$$

(注意: 此处 x 是 $\mathscr{X}$ 中任一固定的点, $\overrightarrow{\theta}$ 是变元.)
由 (2) 知

$f(\overrightarrow{\theta})/f(\overrightarrow{\theta})(x)$ 也是 $P^{(1)}(\overrightarrow{\theta})$ 的极端随机调和函数, 且是方程式 (U_x) 的一个解. 由 $h_0(\overrightarrow{\theta})$ 是 (U_x) 的最小解知

$$h_0(\overrightarrow{\theta}) \leqslant f(\overrightarrow{\theta})/f(\overrightarrow{\theta})(x), \quad \forall \overrightarrow{\theta} \in \overrightarrow{\Theta}.$$

再注意由 $h_0(\overrightarrow{\theta})$ 是 $P^{(1)}(\overrightarrow{\theta})$ 的随机调和函数, $f(\overrightarrow{\theta})/f(\overrightarrow{\theta})(x)$ 是 $P^{(1)}(\overrightarrow{\theta})$ 的极端随机调和函数知:

存在 $\lambda(\overrightarrow{\theta}) \in \Phi^*$, 使

$$h_0(\overrightarrow{\theta}) = \lambda(\overrightarrow{\theta})f(\overrightarrow{\theta})/f(\overrightarrow{\theta})(x) \quad (\forall \overrightarrow{\theta} \in \overrightarrow{\Theta}).$$

由 $h_0(\overrightarrow{\theta})(x) = 1$ $(\forall \overrightarrow{\theta} \in \overrightarrow{\Theta})$ 可知: 存在 $\lambda(\overrightarrow{\theta}) \neq 0$ $(\forall \overrightarrow{\theta} \in \overrightarrow{\Theta})$. 所以可令

$$c(\overrightarrow{\theta}) = f(\overrightarrow{\theta})(x)/\lambda(\overrightarrow{\theta}) \quad (\overrightarrow{\theta} \in \overrightarrow{\Theta}).$$

由 $\lambda(\overrightarrow{\theta}) \in \Phi^*$ 及

$$f(\overrightarrow{\theta})(x) = f(T\overrightarrow{\theta})(x) \quad (\forall \overrightarrow{\theta} \in \overrightarrow{\Theta})$$

可知 $c(\overrightarrow{\theta}) \in \Phi^*$ 且 $f(\overrightarrow{\theta}) = c(\overrightarrow{\theta})h_0(\overrightarrow{\theta})$. 结论 (3) 得证. 命题 6.4 证毕.

下面给出本节的主要定理.

定理 6.1 设 $(\overrightarrow{X}, \overrightarrow{\xi})$ 是 $(\Omega, \mathscr{F}, P_\Phi)$ 上的以 $P(\theta)$ 为随机转移矩阵的 MC-TRE, 沿用以前的符号. 再设 $\mathscr{X} = \mathscr{X}_1 \bigcup \mathscr{X}_2$, $\mathscr{X}_1 \bigcap \mathscr{X}_2 = \varnothing$, $\mathscr{X}_2$ 是 $\overrightarrow{X}$ 之必离集. 令

$$\begin{aligned}
&{}_Af^{(n)}_{(x,\overrightarrow{\theta}),y} = P_{(x,\overrightarrow{\theta})}(X_k \notin A, 1 \leqslant k < n, X_n = y)\\
&(A \subset \mathscr{X}, x \in \mathscr{X}, \overrightarrow{\theta} \in \overrightarrow{\Theta}, y \in \mathscr{X}, n \geqslant 1),\\
&{}_Af^{*}_{(x,\overrightarrow{\theta}),y} = \sum_{n=1}^{\infty} {}_Af^{(n)}_{(x,\overrightarrow{\theta}),y} \quad (A \subset \mathscr{X}, x, y \in \mathscr{X}, \overrightarrow{\theta} \in \overrightarrow{\Theta}),\\
&F^{(n)}_A(\overrightarrow{\theta}) = ({}_Af^{(n)}_{(x,\overrightarrow{\theta}),y}, x, y \in A)\\
&(n \geqslant 1, A \subset \mathscr{X}, \overrightarrow{\theta} \in \overrightarrow{\Theta}),
\end{aligned}$$

由 $\mathscr{X}_2$ 是必离集易证:

$$\left(\sum_{n=1}^{\infty} F^{(n)}_{\mathscr{X}_1}(\overrightarrow{\theta})\right) \in \mathrm{RTM}(\Theta, \mathscr{X}_1).$$

假设对 $\overline{m}-\text{a.s.}\overrightarrow{\theta}$, 方程式

$$\ll \varphi(\overrightarrow{\theta})=\sum_{n=1}^{\infty}F_{\mathscr{X}_1}^{(n)}(\overrightarrow{\theta})\varphi(T^n\overrightarrow{\theta}),\mathbf{0}\leqslant\varphi(\overrightarrow{\theta})\leqslant\mathbf{1}\gg \tag{6.4}$$

只有常向量解. (注意: 方程式 (6.4) 中的列向量 $\varphi(\overrightarrow{\theta}),\mathbf{0},\mathbf{1}$ 的维数与集合 $\mathscr{X}_1$ 的势相同,) 则对 $\overline{m}-\text{a.s.}\overrightarrow{\theta}$, 方程式

$$\ll h(\overrightarrow{\theta})=P^{(1)}(\overrightarrow{\theta})h(T\overrightarrow{\theta}),\mathbf{0}\leqslant h(\overrightarrow{\theta})\leqslant\mathbf{1}\gg \tag{6.5}$$

亦只有常向量解. (注意, (6.5) 中之列向量 $h(\overrightarrow{\theta}),\mathbf{0},\mathbf{1}$ 的维数与 $\mathscr{X}$ 的势相同.)

为证此定理, 先证一个引理.

引理 6.1 设定理 6.1 的条件成立. 再令 $\{\mathscr{F}_n\overset{\text{def}}{=\!=}\sigma(\eta_k,k=1,2,\cdots,n),n\geqslant 0\}$ 为对 n 单调上升的 σ 代数列. 若 $h(\overrightarrow{\theta})$ 是方程式 (6.5) 的一个解, 则

$$\{e'_{X_n}h(T^n\overrightarrow{\xi}),\mathscr{F}_n,n\geqslant 0\}$$

是概率空间 $(\Omega,\mathscr{F},P_{(x,\overrightarrow{\theta})})$ 上的实值鞅.

证 注意: 对函数 (列向量) $h(\overrightarrow{\theta}),h(\overrightarrow{\theta})(x),e'_xh(\overrightarrow{\theta})$ 都代表同一个意义, 即 $h(\overrightarrow{\theta})$ 在 x 的函数值 (列向量 $h(\overrightarrow{\theta})$ 对应于 x 的分量). 记

$$e'_{X_n}h(T^n\overrightarrow{\xi})=\widetilde{h}(X_n,T^n\overrightarrow{\xi})=\widetilde{h}(\eta_n).$$

为证 $\{\widetilde{h}(\eta_n),\mathscr{F}_n,n\geqslant 0\}$ 为概率空间 $(\Omega,\mathscr{F},P_{(x,\overrightarrow{\theta})})$ 上的实值鞅, 只需证明下面两点:

(1) $\boldsymbol{E}_{(x,\overrightarrow{\theta})}(|\widetilde{h}(\eta_n)|)<\infty\quad(\forall n\geqslant 0)$;

(2) $\boldsymbol{E}_{(x,\overrightarrow{\theta})}(\widetilde{h}(\eta_{n+1})|\mathscr{F}_n)=\widetilde{h}(\eta_n)\quad(\forall n\geqslant 1)$,

其中 $\boldsymbol{E}_{(x,\overrightarrow{\theta})}$ 代表关于概率测度 $P_{(x,\overrightarrow{\theta})}$ 的期望算子.

而 (1) 显然成立. 只证 (2), 为此, 又只需证明对任何 $C\in\mathscr{F}_n$,

$$\int_C\widetilde{h}(\eta_{n+1})\,\mathrm{d}P_{(x,\overrightarrow{\theta})}=\int_C\widetilde{h}(\eta_n)\,\mathrm{d}P_{(x,\overrightarrow{\theta})}.$$

利用单调类定理, 为证上述事实, 又只需证明对任何 $\{x_1,x_2,\cdots,x_n\}\subset\mathscr{X}$, $\{A_0,A_1,\cdots,A_n\}\subset\overrightarrow{\mathscr{B}}$, 有

$$\int_{\bigcap\limits_{i=0}^{n}\{\eta_i\in\{x_i\}\times A_i\}}\widetilde{h}(\eta_{n+1})\,\mathrm{d}P_{(x,\overrightarrow{\theta})}=\int_{\bigcap\limits_{i=0}^{n}\{\eta_i\in\{x_i\}\times A_i\}}\widetilde{h}(\eta_n)\,\mathrm{d}P_{(x,\overrightarrow{\theta})},$$

其中 $x_0=x$.

任取 $\Gamma\in\overrightarrow{\mathscr{B}}$, 令 $\delta(\overrightarrow{\theta};\Gamma)=\mathbf{1}_\Gamma(\overrightarrow{\theta})$ 为 Γ 上的示性函数. 注意

$x_0=x, P_{(x,\overrightarrow{\theta})}(T^i\overrightarrow{\xi}=T^i\overrightarrow{\theta})=1, \widetilde{h}(\eta_n)=\widetilde{h}(X_n,T^n\overrightarrow{\xi})$ 和 $\{\eta_n,n\geqslant 0\}$ 是概率空间 $(\Omega,\mathscr{F},P_\Phi)$ 上的经典的时齐的马尔可夫链, 由此可知:

$$
\begin{aligned}
&\int_{\bigcap\limits_{i=0}^{n}\{\eta_i\in\{x_i\}\times A_i\}}\widetilde{h}(\eta_{n+1})\,\mathrm{d}P_{(x,\overrightarrow{\theta})}\\
=&\left[\int_{\bigcap\limits_{i=1}^{n}\{X_i=x_i\}}\widetilde{h}(X_{n+1},T^{n+1}\overrightarrow{\theta})\,\mathrm{d}P_{(x,\overrightarrow{\theta})}\right]\cdot\left[\prod_{i=0}^{n}\delta(T^i\overrightarrow{\theta},A_i)\right]\\
=&\sum_{x_{n+1}\in\mathscr{X}}\widetilde{h}(x_{n+1},T^{n+1}\overrightarrow{\theta})\cdot P_{(x,\overrightarrow{\theta})}\left(\bigcap_{i=1}^{n+1}\{X_i=x_i\}\right)\cdot\prod_{i=0}^{n}\delta(T^i\overrightarrow{\theta},A_i)\\
=&\sum_{x_{n+1}\in\mathscr{X}}\widetilde{h}(x_{n+1},T^{n+1}\overrightarrow{\theta})P_\Phi\left(\bigcap_{i=1}^{n}\{X_i=x_i\}|\eta_0=(x,\overrightarrow{\theta})\right)\\
&\cdot P_\Phi(X_{n+1}=x_{n+1}|\eta_n=(x_n,T^n\overrightarrow{\theta}))\prod_{i=0}^{n}\delta(T^i\overrightarrow{\theta},A_i)\\
=&P_\Phi\left(\bigcap_{i=1}^{n}\{X_i=x_i\}|\eta_0=(x,\overrightarrow{\theta})\right)\cdot\left(\prod_{i=0}^{n}\delta(T^i\overrightarrow{\theta},A_i)\right)\\
&\cdot\sum_{x_{n+1}\in\mathscr{X}}\widetilde{h}(x_{n+1},T^{n+1}\overrightarrow{\theta})P_\Phi(X_1=x_{n+1}|\eta_0=(x_n,T^n\overrightarrow{\theta}))\\
=&P_\Phi\left(\bigcap_{i=1}^{n}\{X_i=x_i\}|\eta_0=(x_0,\overrightarrow{\theta})\right)\cdot\left(\prod_{i=0}^{n}\delta(T^i\overrightarrow{\theta},A_i)\right)\\
&\cdot\sum_{x_{n+1}\in\mathscr{X}}\widetilde{h}(x_{n+1},T^{n+1}\overrightarrow{\theta})P_{(x_n,T^n\overrightarrow{\theta})}(X_1=x_{n+1})\\
=&P_{(x,\overrightarrow{\theta})}\left(\bigcap_{i=1}^{n}\{X_i=x_i\}\right)\cdot\left(\prod_{i=0}^{n}\delta(T^i\overrightarrow{\theta},A_i)\right)\\
&\cdot\boldsymbol{E}_{(x_n,T^n\overrightarrow{\theta})}\widetilde{h}(X_1,T^{n+1}\overrightarrow{\theta}).
\end{aligned}
$$

(注意: 上面推导中, 倒数第 2、第 3 个等式都用到了 $\{\eta_n,n\geqslant 0\}$ 是概率空间 $(\Omega,\mathscr{F},P_\Phi)$ 上的经典的时齐的马尔可夫链.)

再用 $P^{(1)}(\overrightarrow{\theta})h(T\overrightarrow{\theta}) = h(\overrightarrow{\theta})$ 有

$$
\begin{aligned}
&\boldsymbol{E}_{(x_n, T^n\overrightarrow{\theta})}(\widetilde{h}(X_1, T^{n+1}\overrightarrow{\theta}))\\
&= \sum_{x_{n+1}\in\mathscr{X}} \widetilde{h}(x_{n+1}, T^{n+1}\overrightarrow{\theta})P_{\Phi}(X = x|X_0 = x_n, \overrightarrow{\xi} = T^{n+1}\overrightarrow{\theta})\\
&= \sum_{x_{n+1}\in\mathscr{X}} p^{(1)}(T^n\overrightarrow{\theta}; x_n, x_{n+1})\widetilde{h}(x_{n+1}, T^{n+1}\overrightarrow{\theta})\\
&= e'_{x_n}P^{(1)}(T^n\overrightarrow{\theta})h(T^{n+1}\overrightarrow{\theta})\\
&= e'_{x_n}h(T^n\overrightarrow{\theta}) = \widetilde{h}(x_n, T^n\overrightarrow{\theta}).
\end{aligned}
$$

以此式代入上式并注意 $x = x_0, P_{(x,\overrightarrow{\theta})}(X_0 = x) = 1$ 得

$$
\begin{aligned}
&\int_{\bigcap\limits_{i=0}^{n+1}\{\eta_i\in\{x_i\}\times A_i\}} \widetilde{h}(\eta_{n+1})\,\mathrm{d}P_{(x,\overrightarrow{\theta})}\\
&= P_{(x,\overrightarrow{\theta})}\left(\bigcap_{i=1}^{n}\{X_i = x_i\}\right)\left(\prod_{i=0}^{n}\delta(T^i\overrightarrow{\theta}, A_i)\right)\cdot\widetilde{h}(x_n, T^n\overrightarrow{\theta})\\
&= \int_{\bigcap\limits_{i=0}^{n}\{\eta_i\in\{x_i\}\times A_i\}} \widetilde{h}(\eta_n)\,\mathrm{d}P_{(x,\overrightarrow{\theta})}.
\end{aligned}
$$

引理 6.1 证毕.

现在, 用引理 6.1 来证明定理 6.1.

设 $h(\overrightarrow{\theta})$ 是方程式 (6.5) 的一个解. 用矩阵的分块表示:

$$
P^{(1)}(\overrightarrow{\theta}) = \begin{array}{c} \begin{matrix}\ \ \mathscr{X}_1 & \qquad\mathscr{X}_2\end{matrix} \\ \begin{pmatrix} P_{11}^{(1)}(\overrightarrow{\theta}) & P_{12}^{(1)}(\overrightarrow{\theta}) \\ P_{21}^{(1)}(\overrightarrow{\theta}) & P_{22}^{(1)}(\overrightarrow{\theta}) \end{pmatrix} \end{array} \begin{matrix}\mathscr{X}_1\\ \mathscr{X}_2\end{matrix},
$$

即 $P_{i,j}^{(1)}(\overrightarrow{\theta}) = (p_{ij}^{(1)}(\overrightarrow{\theta}; x, y), x\in\mathscr{X}_i, y\in\mathscr{X}_j)(1\leqslant i, j\leqslant 2)$.

类似地, 把向量也分段表示:

$$
h(\overrightarrow{\theta}) = \begin{pmatrix} \varphi(\overrightarrow{\theta}) \\ g(\overrightarrow{\theta}) \end{pmatrix} \begin{matrix}\mathscr{X}_1\\ \mathscr{X}_2\end{matrix},
$$

即列向量 $\varphi(\overrightarrow{\theta})$ 是 $h(\overrightarrow{\theta})$ 在 $\mathscr{X}_1$ 上的局限, $g(\overrightarrow{\theta})$ 是 $h(\overrightarrow{\theta})$ 在 $\mathscr{X}_2$ 上的局限.

往证: $h(\overrightarrow{\theta})$ 是常向量.

首先证明 $\varphi(\overrightarrow{\theta})$ 是方程式 (6.4) 之解. 由 $h(\overrightarrow{\theta})$ 是方程式 (6.5) 之解知:

$$\mathbf{0} \leqslant \varphi(\overrightarrow{\theta}) \leqslant \mathbf{1}, \quad \varphi(\cdot) \in (\overrightarrow{\mathscr{B}}/\mathscr{B}(\mathbf{R}^{\mathscr{X}_1})).$$

若令

$$\tau = \inf\{n \geqslant 0 : X_n \in \mathscr{X}_1\} \quad (\text{约定令 } \inf\ \varnothing = \infty).$$

则由 $\mathscr{X}_2$ 是必离集可知

$$P_{(x,\overrightarrow{\theta})}(\tau < \infty) = 1, \quad \overline{m} - \text{a.s.}\overrightarrow{\theta}.$$

显然 τ 是 $\{\mathscr{F}_n, n \geqslant 0\}$ 停时 (停时之定义可参见文献 [115] 第七章 §3).

任取 $x \in \mathscr{X}_1$, 由 $\varphi(\overrightarrow{\theta})$ 是 $h(\overrightarrow{\theta})$ 在 $\mathscr{X}_1$ 上之局限及 $P_{(x,\overrightarrow{\theta})}(X_0 = x, \overrightarrow{\xi} = \overrightarrow{\theta}) = 1$, 再用引理 6.1 和 Doob 停时定理可得:

$$\begin{aligned}
& e'_x\varphi(\overrightarrow{\theta}) = e'_x h(\overrightarrow{\theta}) = \boldsymbol{E}_{(x,\overrightarrow{\theta})}(e'_{X_0} h(\overrightarrow{\xi}))\\
&= \boldsymbol{E}_{(x,\overrightarrow{\theta})}(e'_{X_\tau}(h(T^\tau \overrightarrow{\xi}))\\
&= \sum_{y\in\mathscr{X}_1}\sum_{n=1}^{\infty} P_{(x,\overrightarrow{\theta})}(\tau = n, X_n = y) e'_y h(T^n \overrightarrow{\theta})\\
&= \sum_{y\in\mathscr{X}_1}\sum_{n=1}^{\infty} \mathscr{X}_1 f^{(n)}_{(x,\overrightarrow{\theta}),y} \cdot e'_y \varphi(T^n \overrightarrow{\theta})\\
&= e'_x \sum_{n=1}^{\infty} F^{(n)}_{\mathscr{X}_1}(\overrightarrow{\theta})\varphi(T^n \overrightarrow{\theta}) \quad (\forall x \in \mathscr{X}_1).
\end{aligned}$$

这就证明了 $\varphi(\overrightarrow{\theta})$ 是方程式 (6.4) 的一个解.

由定理的假设知: 必存在 $c(\overrightarrow{\theta}) \in \varPhi^*, 0 \leqslant c(\overrightarrow{\theta}) \leqslant 1$, 使

$$\varphi(\overrightarrow{\theta}) = c(\overrightarrow{\theta})\mathbf{1}, \quad \overline{m} - \text{a.s.}\overrightarrow{\theta}.$$

若还能证明 $g(\overrightarrow{\theta}) = c(\overrightarrow{\theta})\mathbf{1}$, 则定理 6.1 得证. 事实上, 由 $P^{(1)}_{ij}(\overrightarrow{\theta}), \varphi(\overrightarrow{\theta})$, $g(\overrightarrow{\theta})$ 的定义及 $h(\overrightarrow{\theta})$ 是方程式 (6.5) 的一个解可得

$$P^{(1)}_{21}(\overrightarrow{\theta})\varphi(T\overrightarrow{\theta}) + P^{(1)}_{22}(\overrightarrow{\theta})g(T\overrightarrow{\theta}) = g(\overrightarrow{\theta}). \tag{6.6}$$

对 n 作归纳法可证:

$$\begin{aligned}
g(\overrightarrow{\theta}) = & \sum_{k=0}^{n-1} P^{(k)}_{22}(\overrightarrow{\theta})P^{(1)}_{21}(T^k\overrightarrow{\theta})\varphi(T^{k+1}\overrightarrow{\theta})\\
& + P^{(n)}_{22}(\overrightarrow{\theta})g(T^n\overrightarrow{\theta}) \quad (\forall n \geqslant 1).
\end{aligned} \tag{6.7}$$

但是,

$$c(\overrightarrow{\theta}) = c(T^l\overrightarrow{\theta}) \quad (\forall l \geqslant 0), c(\overrightarrow{\theta})\mathbf{1} = \varphi(\overrightarrow{\theta}),$$

所以

$$\varphi(T^l\overrightarrow{\theta}) = c(\overrightarrow{\theta})\mathbf{1} \quad (\forall l \geqslant 0). \tag{6.8}$$

而 $\mathscr{X}_2$ 是必离集, 由命题 6.3 并注意 $\mathbf{0} \leqslant g(T^n\overrightarrow{\theta}) \leqslant \mathbf{1}$ 再用 Lebesgue 控制收敛定理得

$$\lim_{n\to\infty} P_{22}^{(n)}(\overrightarrow{\theta})g(T^n\overrightarrow{\theta}) = 0. \tag{6.9}$$

在 (6.7) 中令 $n\to\infty$ 并利用 (6.8)、(6.9) 式得

$$g(\overrightarrow{\theta}) = c(\overrightarrow{\theta})\sum_{k=0}^{\infty} P_{22}^{(k)}(\overrightarrow{\theta})P_{21}^{(1)}(T^k\overrightarrow{\theta})\mathbf{1}. \tag{6.10}$$

但是任取 $x \in \mathscr{X}_2$, 有

$$\begin{aligned}
&e_x' P_{22}^{(k)}(\overrightarrow{\theta})P_{21}^{(1)}(T^k\overrightarrow{\theta})\mathbf{1}\\
=&\sum_{y\in\mathscr{X}_1}\sum_{z\in\mathscr{X}_2} P_\Phi(X_k = z, X_l \in \mathscr{X}_2, 1\leqslant l\leqslant k|\eta_0 = (x, \overrightarrow{\theta}))\\
&\cdot P_\Phi(X_{k+1} = y|\eta_k = (z, T^k\overrightarrow{\theta}))\\
=&\sum_{y\in\mathscr{X}_1} P_\Phi(X_{k+1} = y, X_l \in \mathscr{X}_2, 1\leqslant l\leqslant k|\eta_0 = (x, \overrightarrow{\theta}))\\
=&P_\Phi(X_{k+1} \in \mathscr{X}_1, X_l \notin \mathscr{X}_1, 1\leqslant l\leqslant k|\eta_0 = (x, \overrightarrow{\theta})).
\end{aligned} \tag{6.11}$$

但是 $\mathscr{X}_2$ 是必离集, 所以, 由 (6.11) 式得

对任何 $x \in \mathscr{X}_2$, 对 $\overline{m}$ − a.s.$\overrightarrow{\theta}$ 有

$$\begin{aligned}
&e_x'\sum_{k=0}^{\infty} P_{22}^{(k)}(\overrightarrow{\theta})P_{21}^{(1)}(T^k\overrightarrow{\theta})\mathbf{1}\\
=&P_\Phi\left(\bigcup_{n=1}^{\infty}\{X_n \in \mathscr{X}_1\}\eta_0 = (x, \overrightarrow{\theta})\right)\\
=&1.
\end{aligned} \tag{6.12}$$

由 (6.10) 和 (6.12) 式可知对 $\overline{m}$ − a.s.$\overrightarrow{\theta}$ 有: $g(\overrightarrow{\theta}) = c(\overrightarrow{\theta})\mathbf{1}$. 定理证毕.

第四章

MCTRE 的遍历极限和不变测度

§1 随机转移矩阵 (R.T.M.) 的分块形式

本节沿用第三章的符号. 例如 $(\Theta,\mathscr{B})$ 是任一可测空间, $(\mathscr{X},\mathscr{A})$ 是可数的可测空间, $\overrightarrow{\Theta}=\Theta^{\mathbf{Z}},\overrightarrow{\mathscr{B}}=\mathscr{B}^{\mathbf{Z}},\overrightarrow{\mathscr{X}}=\mathscr{X}^{\mathbf{Z}_+},\overrightarrow{\mathscr{A}}=\mathscr{A}^{\mathbf{Z}_+}$. T 是由 $\overrightarrow{\Theta}$ 到 $\overrightarrow{\Theta}$ 的推移算子, $(\overrightarrow{X},\overrightarrow{\xi})$ 是概率空间 $(\Omega,\mathscr{F},P_\Phi)$ 上的 MCTRE, $\overline{m}$ 是 $\overrightarrow{\xi}$ 的 P_Φ 分布, $P(\theta)$ 是 $(\overrightarrow{X},\overrightarrow{\xi})$ 的 R.T.M.. 仍记

$$
\begin{aligned}
&P(\theta)=(p(\theta;x,y),x,y\in\mathscr{X}),\theta\in\Theta;\\
&P^{(1)}(\overrightarrow{\theta})=(p(\theta_0;x,y),x,y\in\mathscr{X}),\ \overrightarrow{\theta}=(\theta_k,k\in\mathbf{Z})\in\overrightarrow{\Theta};\\
&P^{(n)}(\overrightarrow{\theta})=(p^{(n)}(\overrightarrow{\theta};x,y),x,y\in\mathscr{X}),n\geqslant 1,\overrightarrow{\theta}\in\overrightarrow{\Theta},\ \text{其中}\\
&P^{(n)}(\overrightarrow{\theta})\stackrel{\text{def}}{=\!=}P^{(1)}(\overrightarrow{\theta})P^{(1)}(T\overrightarrow{\theta})\cdots P^{(1)}(T^{n-1}\overrightarrow{\theta}),
\end{aligned}
$$

所以

$$
\begin{aligned}
&p^{(n)}(\overrightarrow{\theta};x_0,x_n)\\
=&\sum_{\substack{x_i\in\mathscr{X}\\1\leqslant i\leqslant n-1}}\prod_{i=0}^{n-1}p^{(1)}(T^i\overrightarrow{\theta};x_i,x_{i+1})\\
=&\sum_{\substack{x_i\in\mathscr{X}\\1\leqslant i\leqslant n-1}}\prod_{i=0}^{n-1}p(\theta_i;x_i,x_{i+1})\quad(n\geqslant 1,\overrightarrow{\theta}\in\overrightarrow{\Theta},x_0,x_n\in\mathscr{X}).
\end{aligned}
$$

附注 1.1 有时也称 $P^{(1)}(\vec{\theta})$ 为 R.T.M., 称 $P^{(n)}(\vec{\theta})$ 为 n 阶 R.T.M..

本节恒设 $\overline{m} = \overline{m} \circ T^{-1}$ (从而 ξ_i 的 P_Φ 分布 m_i 不依赖 i, 记此统一的 $\overline{m}_i$ 为 $\overline{m}_{mg}$. 注意: $\overline{m}_i$ 是可测空间 $(\Theta, \mathscr{B})$ 上的概率测度.)

定理 1.1 当 $\overline{m} = \overline{m} \circ T^{-1}$ 且条件 (A) 和条件 (Min) 成立时, MCTRE$(\vec{X}, \vec{\xi})$ 的状态空间 $\mathscr{X}$ 有如下分解:

$$\begin{aligned}\mathscr{X} &= \mathscr{N} \bigcup \mathscr{R} = \mathscr{N} \bigcup (\mathscr{R}_0 \bigcup \mathscr{R}_+) \\ &= \mathscr{N} \bigcup \left(\bigcup_{i \in \Gamma_0} \mathscr{R}_0(i) \right) \bigcup \left(\bigcup_{j \in \Gamma_1} \mathscr{R}_+(j) \right) \\ &= \mathscr{N} \bigcup \left(\bigcup_{i \in \Gamma_0} \bigcup_{s=1}^{d_0(i)} \mathscr{R}_0(i, s) \right) \bigcup \left(\bigcup_{j \in \Gamma_1} \bigcup_{t=1}^{d_+(j)} \mathscr{R}_+(j, t) \right). \end{aligned} \tag{1.1}$$

(1.1) 中诸量之定义见第三章定理 4.3.

$(\vec{X}, \vec{\xi})$ 的随机转移矩阵 $P(\theta)$ 有下列分块表示形式:

$$P(\theta) = \begin{array}{c} \begin{matrix} \mathscr{N} & \mathscr{R}_0(1) & \mathscr{R}_0(2) & \cdots & \mathscr{R}_+(1) & \mathscr{R}_+(2) & \cdots \end{matrix} \\ \begin{pmatrix} N_{0,0}(\theta) & Q_{0,1}(\theta) & Q_{0,2}(\theta) & \cdots & Q_{+,1}(\theta) & Q_{+,2}(\theta) & \cdots \\ 0 & P_{0,1}(\theta) & 0 & \cdots & 0 & 0 & \cdots \\ 0 & 0 & P_{0,2}(\theta) & \cdots & 0 & 0 & \cdots \\ \vdots & \vdots & \vdots & & \vdots & \vdots & \\ 0 & 0 & 0 & \cdots & P_{+,1}(\theta) & 0 & \cdots \\ 0 & 0 & 0 & \cdots & 0 & P_{+,2}(\theta) & \cdots \\ \vdots & \vdots & \vdots & & \vdots & \vdots & \end{pmatrix} \end{array} \begin{matrix} \mathscr{N} \\ \mathscr{R}_0(1) \\ \mathscr{R}_0(2) \\ \vdots \\ \mathscr{R}_+(1) \\ \mathscr{R}_+(2) \\ \vdots \end{matrix}$$

$$\overline{m}_{mg} - \text{a.s. } \theta, \tag{1.2}$$

其中

$$P_{0,i}(\theta) = P(\theta) \text{ on } \mathscr{R}_0(i), P_{0,i}(\theta)\mathbf{1} = \mathbf{1}, \overline{m}_{mg} - \text{a.s. } \theta, i \in \Gamma_0, \tag{1.3}$$

$$P_{+,j}(\theta) = P(\theta) \text{ on } \mathscr{R}_+(j), P_{+,j}(\theta)\mathbf{1} = \mathbf{1}, \overline{m}_{mg} - \text{a.s. } \theta, j \in \Gamma_1, \tag{1.4}$$

或者等价地, 有

$$
P^{(n)}(\vec{\theta}) = \begin{array}{c} \begin{array}{cccccccc} \mathscr{N} & \mathscr{R}_0(1) & \mathscr{R}_0(2) & \cdots & \mathscr{R}_+(1) & \mathscr{R}_+(2) & \cdots & \end{array} \\ \left(\begin{array}{ccccccc} N_{0,0}^{(n)}(\vec{\theta}) & Q_{0,1}^{(n)}(\vec{\theta}) & Q_{0,2}^{(n)}(\vec{\theta}) & \cdots & Q_{+,1}^{(n)}(\vec{\theta}) & Q_{+,2}^{(n)}(\vec{\theta}) & \cdots \\ 0 & P_{0,1}^{(n)}(\vec{\theta}) & 0 & \cdots & 0 & 0 & \cdots \\ 0 & 0 & P_{0,2}^{(n)}(\vec{\theta}) & \cdots & 0 & 0 & \cdots \\ \vdots & \vdots & \vdots & & \vdots & \vdots & \\ 0 & 0 & 0 & \cdots & P_{+,1}^{(n)}(\vec{\theta}) & 0 & \cdots \\ 0 & 0 & 0 & \cdots & 0 & P_{+,2}^{(n)}(\vec{\theta}) & \cdots \\ \vdots & \vdots & \vdots & & \vdots & \vdots & \end{array}\right) \begin{array}{c} \mathscr{N} \\ \mathscr{R}_0(1) \\ \mathscr{R}_0(2) \\ \vdots \\ \mathscr{R}_+(1) \\ \mathscr{R}_+(2) \\ \vdots \end{array} \end{array}
$$

$$
\overline{m} - \text{a.s.}\,\vec{\theta}, n \geqslant 1, \tag{1.5}
$$

其中

$$
P_{0,i}^{(n)}(\vec{\theta}) = P^{(n)}(\vec{\theta}) \text{ on } \mathscr{R}_0(i), P_{0,i}^{(n)}(\vec{\theta})\mathbf{1} = \mathbf{1}, \overline{m} - \text{a.s.}\,\vec{\theta}, i \in \Gamma_0, \tag{1.6}
$$

$$
P_{+,j}^{(n)}(\vec{\theta}) = P^{(n)}(\vec{\theta}) \text{ on } \mathscr{R}_+(j), P_{+,j}^{(n)}(\vec{\theta})\mathbf{1} = \mathbf{1}, \overline{m} - \text{a.s.}\,\vec{\theta}, i \in \Gamma_1. \tag{1.7}
$$

矩阵 $P_{0,i}(\theta)(P_{+,j}(\theta))$ 还可以按 $\mathscr{R}_0(i)(\mathscr{R}_+(j))$ 中的循环子类进一步写成下述分块形式:

$$
P_{0,i}(\theta) = \begin{array}{c} \begin{array}{ccccc} \mathscr{R}_0(i,1) & \mathscr{R}_0(i,2) & \mathscr{R}_0(i,3) & \cdots & \mathscr{R}_0(i,d_0(i)) \end{array} \\ \left(\begin{array}{ccccc} 0 & P_{0,i,1}(\theta) & 0 & \cdots & 0 \\ 0 & 0 & P_{0,i,2}(\theta) & \cdots & 0 \\ \vdots & \vdots & \vdots & & \vdots \\ P_{0,i,d_0(i)}(\theta) & 0 & 0 & \cdots & 0 \end{array}\right) \begin{array}{c} \mathscr{R}_0(i,1) \\ \mathscr{R}_0(i,2) \\ \vdots \\ \mathscr{R}_0(i,d_0(i)) \end{array} \end{array}
$$

$$
\overline{m}_{mg} - \text{a.s. } \theta. \tag{1.8}
$$

$P_{+,j}(\theta)$ 的分块表示法与 (1.8) 类似.

证 为证定理 1.1, 应用第三章定理 4.3 和命题 2.13 及命题 4.9 中的 (4.45) 式有

(1) 对任何 $x \in \mathscr{R}_0(i)$,

$$
\overline{m}\{\vec{\theta} : f^*(\vec{\theta}; x, y) = 0\} = 1 \quad (\forall y \notin \mathscr{R}_0(i));
$$

(2) 对任何 $x \in \mathscr{R}_+(j)$,

$$
\overline{m}\{\vec{\theta} : f^*(\vec{\theta}; x, y) = 0\} = 1 \quad (\forall y \notin \mathscr{R}_+(j));
$$

(3) $x \in \mathscr{R}_0(i,r), y \notin \mathscr{R}_0(i,r+1) \Longrightarrow$

$$\overline{m}\{\overrightarrow{\theta}: p^{(1)}(\overrightarrow{\theta}; x, y) = 0\} = 1;$$

(4) $x \in \mathscr{R}_+(j,r), y \notin \mathscr{R}_+(j,r+1) \Longrightarrow$

$$\overline{m}\{\overrightarrow{\theta}: p^{(1)}(\overrightarrow{\theta}; x, y) = 0\} = 1.$$

注意: θ_i 是由 $\overrightarrow{\Theta}$ 到 Θ 的坐标算子, 由 $\overline{m} = \overline{m} \circ T^{-1}$ 及 $\overline{m}, \overline{m}_i$、$\overline{m}_{mg}$ 的定义, 对任何 $x, y \in \mathscr{X}$, 有

$$\begin{aligned}
&\overline{m}\{\overrightarrow{\theta}: p^{(1)}(\overrightarrow{\theta}; x, y) \leqslant \lambda\} \\
=\ &\overline{m}\{\overrightarrow{\theta}: p(\theta_0; x, y) \leqslant \lambda\} \\
=\ &\overline{m}_0\{\theta_0: p(\theta_0; x, y) \leqslant \lambda\} \\
=\ &\overline{m}_{mg}\{\theta: p(\theta; x, y) \leqslant \lambda\} \quad (\forall \lambda \in \mathbf{R}).
\end{aligned}$$

此即

(5) $p^{(1)}(\overrightarrow{\theta}; x, y)$ 关于 $\overrightarrow{\theta}$ 的 $\overline{m}$ 分布与 $p(\theta; x, y)$ 关于 θ 的 $\overline{m}_{mg}$ 分布是一样的.

综上五点, 即知定理 1.1 成立.

§2 R.T.M. 的遍历极限的存在性

本节沿用第三章的符号.

引理 2.1 设条件 (A) 成立, $\overline{m} = \overline{m} \circ T^{-1}$. 若 x 是常返状态, 则其周期 d_x 等于

$$\begin{aligned}
d_x &\stackrel{\text{def}}{=\!=} \text{G.C.D.}\{n \geqslant 1: \overline{m}(\{\overrightarrow{\theta}: p^{(n)}(\overrightarrow{\theta}; x, x) > 0\}) = 1\} \\
&= \text{G.C.D.}\{n \geqslant 1: \overline{m}(\{\overrightarrow{\theta}: f^{(n)}(\overrightarrow{\theta}; x, x) > 0\}) = 1\}. \qquad (2.1)
\end{aligned}$$

证 首先注意, 由第三章命题 2.2 有

$$p^{(n)}(\overrightarrow{\theta}; x, y) = \sum_{k=1}^{n} f^{(k)}(\overrightarrow{\theta}; x, y) p^{(n-k)}(T\overrightarrow{\theta}; y, y). \tag{2.2}$$

令

$$s = \min\{n \geqslant 1: \overline{m}(\{\overrightarrow{\theta}: f^{(n)}(\overrightarrow{\theta}; x, x) > 0\}) = 1\}, \tag{2.3}$$

则由条件 (A) 与 $\overline{m} = \overline{m} \circ T^{-1}$ 易证:

$$s = \min\{n \geqslant 1 : \overline{m}(\{\overrightarrow{\theta} : p^{(n)}(\overrightarrow{\theta}; x, x) > 0\}) = 1\}. \tag{2.4}$$

再由 $N \geqslant s$ 令

$$d'_x(N) \stackrel{\text{def}}{=\!=} \text{G.C.D.}\{s \leqslant n \leqslant N : \overline{m}(\{\overrightarrow{\theta} : f^{(n)}(\overrightarrow{\theta}; x, x) > 0\}) = 1\}, \tag{2.5}$$

$$d''_x(N) \stackrel{\text{def}}{=\!=} \text{G.C.D.}\{s \leqslant n \leqslant N : \overline{m}(\{\overrightarrow{\theta} : p^{(n)}(\overrightarrow{\theta}; x, x) > 0\}) = 1\}. \tag{2.6}$$

由 (2.3)、(2.4) 知:

$$d'_x(s) = d''_x(s) = s.$$

下面用归纳法证明 $d'_x(N) = d''_x(N)$ 对一切 $N \geqslant s$ 成立. 若能如此, 则引理得证.

设 $d'_x(N) = d''_x(N)$, 往证 $d'_x(N+1) = d''_x(N+1)$. 事实上, 已设 $d'_x(s) = d''_x(s)$. 显然

$$p^{(N+1)}(\overrightarrow{\theta}; x, x) = f^{(N+1)}(\overrightarrow{\theta}; x, x) + \sum_{k=1}^{N} f^{(k)}(\overrightarrow{\theta}; x, x) p^{(N+1-k)}(T^k \overrightarrow{\theta}; x, x). \tag{2.7}$$

(1) 若 $\overline{m}(\{\overrightarrow{\theta} : f^{(N+1)}(\overrightarrow{\theta}; x, x) > 0\}) = 1$, (2.8)

则

$$\overline{m}(\{\overrightarrow{\theta} : p^{(N+1)}(\overrightarrow{\theta}; x, x) > 0\}) = 1.$$

所以由归纳法假设有

$$\begin{aligned} d'_x(N+1) &= \text{G.C.D.}\{d'_x(N), N+1\} \\ &= \text{G.C.D.}\{d''_x(N), N+1\} = d''_x(N+1). \end{aligned}$$

(2) 若 (2.8) 式不成立, 且

$$\overline{m}(\{\overrightarrow{\theta} : p^{(N+1)}(\overrightarrow{\theta}; x, x) = 0\}) = 1. \tag{2.9}$$

用条件 (A), (2.8) 式不成立可推出:

$$\overline{m}(\{\overrightarrow{\theta} : f^{(N+1)}(\overrightarrow{\theta}; x, x) = 0\}) = 1. \tag{2.10}$$

由 (2.9)、(2.10) 式及归纳法假设可推出

$$d'_x(N+1) = d'_x(N) = d''_x(N) = d''_x(N+1).$$

(3) 若 (2.8) 式不成立, 则 (2.9) 式也不成立. 仍用条件 (A) 可证:

$$\overline{m}(\{\overrightarrow{\theta}: f^{(N+1)}(\overrightarrow{\theta}; x, x) = 0\}) = 1, \tag{2.11}$$

$$\overline{m}(\{\overrightarrow{\theta}: p^{(N+1)}(\overrightarrow{\theta}; x, x) > 0\}) = 1. \tag{2.12}$$

于是, 由 (2.7)、(2.11)、(2.12) 式得知: 存在 $1 \leqslant k \leqslant N$, 使

$$\overline{m}(\{\overrightarrow{\theta} f^{(k)}(\overrightarrow{\theta}; x, x) p^{(N+1-k)}(T^k \overrightarrow{\theta}; x, x) > 0\}) > 0.$$

再用条件 (A) 由上式可推出:

$$\overline{m}(\{\overrightarrow{\theta}: f^{(k)}(\overrightarrow{\theta}; x, x) p^{(N+1-k)}(T^k \overrightarrow{\theta}; x, x) > 0\}) = 1. \tag{2.13}$$

因此, 由周期之定义及 (2.13) 式知

$$d'_x(N)|k, \quad d''_x(N)|(N+1-k),$$

从而, 由 $d'_x(N) = d''_x(N)$ 和上式得

$$d'_x(N)|(N+1), \quad d''_x(N)|(N+1).$$

所以 $d'_x(N+1) = d'_x(N) = d''_x(N) = d''_x(N)$.

总之, 在上述三种情况下, 均有 $d'_x(N+1) = d''_x(N+1)$. 但是上述三种情况包含了所有的可能情况. 归纳法完成. 引理得证.

推论 2.1 若条件 (A) 成立, x 是常返状态, 则 $l \neq 0 \pmod{d_x}$ 时有 $\overline{m}\{\overrightarrow{\theta}: f^{(l)}(\overrightarrow{\theta}; x, x) = 0\} = \overline{m}\{\overrightarrow{\theta}: p^{(l)}(\overrightarrow{\theta}; x, x) = 0\} = 1$.

定理 2.1 设 $\overline{m} = \overline{m} \circ T^{-1}$, 条件 (A) 成立且 $P(\theta)$ 是时齐的 R.T.M. (定义见第三章定义 3.6), 即 $P^{(1)}(\overrightarrow{\theta}) = P^{(1)}(T\overrightarrow{\theta})$. 若 x 是常返状态, d_x 是 x 的周期, 则

$$\lim_{n\to\infty} p^{(nd)}(\overrightarrow{\theta}; x, x) = \frac{d_x}{e(\overrightarrow{\theta}; x, x)}, \overline{m} - \text{a.s.} \overrightarrow{\theta}, \tag{2.14}$$

证 首先注意: 在此定理的条件下, 定理 1.1 中之条件均满足, 故前述之 R.T.M. 之分块表示法成立. 定理 2.1 就解决了遍历极限存在性的关键.

其次, 注意

$$e(\overrightarrow{\theta}; x, x) \stackrel{\text{def}}{=\!=} \sum_{n=1}^{\infty} n f^{(n)}(\overrightarrow{\theta}; x, x)$$

是从 x 出发初返 x 的平均时间, 即所谓的平均再现时间. 我们总约定 $\frac{a}{\infty}=0$, 其中 a 为任一实数.

由于状态 x 是固定的, 所以可分别简记 $p^{(n)}(\overrightarrow{\theta};x,x), f^{(n)}(\overrightarrow{\theta};x,x), d_x$ 和 $e(\overrightarrow{\theta};x,x)$ 为 $p^{(n)}(\overrightarrow{\theta}), f^{(n)}(\overrightarrow{\theta}), d, e(\overrightarrow{\theta})$.

令

$$r_n(\overrightarrow{\theta})=\sum_{k=n+1}^{\infty} f^{(k)}(\overrightarrow{\theta}) \quad (n\geqslant 0, \overrightarrow{\theta}\in\overrightarrow{\Theta}),$$

由 $r_n(\overrightarrow{\theta})$ 之定义和 x 是常返状态, 再用第三章命题 2.2 和 $P(\theta)$ 的时齐性有

$$\begin{aligned} r_0(\overrightarrow{\theta})p^{(n)}(\overrightarrow{\theta}) = p^{(n)}(\overrightarrow{\theta}) &= \sum_{\nu=1}^{n} f^{(\nu)}(\overrightarrow{\theta})p^{(n-\nu)}(T^{\nu}\overrightarrow{\theta}) \\ &= \sum_{\nu=1}^{n} f^{(\nu)}(\overrightarrow{\theta})p^{(n-\nu)}(\overrightarrow{\theta}) \\ &= \sum_{\nu=1}^{n}(r_{\nu-1}(\overrightarrow{\theta})-r_{\nu}(\overrightarrow{\theta}))p^{(n-\nu)}(\overrightarrow{\theta}), \quad \overline{m}-\text{a.s.}\overrightarrow{\theta}, \end{aligned} \tag{2.15}$$

从而

$$\sum_{\nu=0}^{n} r_{\nu}(\overrightarrow{\theta})p^{(n-\nu)}(\overrightarrow{\theta})=\sum_{\nu=0}^{n-1} r_{\nu}(\overrightarrow{\theta})p^{(n-1-\nu)}(\overrightarrow{\theta}), \quad \overline{m}-\text{a.s.}\overrightarrow{\theta}$$

不依赖 $n\geqslant 0$.

但是

$$r_0(\overrightarrow{\theta})p^{(0)}(\overrightarrow{\theta})=1, \quad \overline{m}-\text{a.s.}\overrightarrow{\theta}, \tag{2.16}$$

所以

$$\sum_{\nu=0}^{n} r_{\nu}(\overrightarrow{\theta})p^{(n-\nu)}(\overrightarrow{\theta})=1 \quad (\forall n\geqslant 0, \overline{m}-\text{a.s.}\overrightarrow{\theta}). \tag{2.17}$$

由 $p^{(l)}(\overrightarrow{\theta})=0$ $(\forall l\neq 0(\text{mod } d), \overline{m}-\text{a.s.}\overrightarrow{\theta})$, 可得:

$$\lambda(\overrightarrow{\theta})\overset{\text{def}}{=\!=}\limsup_{n\to\infty} p^{(nd)}(\overrightarrow{\theta})=\limsup_{n\to\infty} p^{(n)}(\overrightarrow{\theta}), \quad \overline{m}-\text{a.s.}\overrightarrow{\theta}. \tag{2.18}$$

于是存在子序列 $\{n_k(\overrightarrow{\theta}), k\geqslant 1\}$ 使

$$\lambda(\overrightarrow{\theta})=\lim_{k\to\infty} p^{(n_k(\overrightarrow{\theta})d)}(\overrightarrow{\theta}), \quad \overline{m}-\text{a.s.}\overrightarrow{\theta}. \tag{2.19}$$

往证: 对任何正整数 s, 任何子序列 $\{q_k(\overrightarrow{\theta}), k \geqslant 1\}$, 有

$$\text{“}\overline{m}\{\overrightarrow{\theta} : f^{(s)}(\overrightarrow{\theta}) > 0, \lim_{k\to\infty} p^{(q_k(\overrightarrow{\theta}))}(\overrightarrow{\theta}) = \lambda(\overrightarrow{\theta})\} = 1$$
$$\Longrightarrow \overline{m}\{\overrightarrow{\theta} : \lim_{k\to\infty} p^{(q_k(\overrightarrow{\theta})-s)}(\overrightarrow{\theta}) = \lambda(\overrightarrow{\theta})\} = 1\text{”}. \tag{2.20}$$

事实上, 设论断 (2.20) 左方成立. 由 $P(\theta)$ 的时齐性再用 Fatou 引理有

$$\begin{aligned}
\lambda(\overrightarrow{\theta}) &= \limsup_{k\to\infty} p^{(q_k(\overrightarrow{\theta}))}(\overrightarrow{\theta}) \\
&= \limsup_{k\to\infty} \sum_{\nu=1}^{q_k(\overrightarrow{\theta})} f^{(\nu)}(\overrightarrow{\theta}) p^{(q_k(\overrightarrow{\theta})-\nu)}(\overrightarrow{\theta}) \\
&\leqslant \sum_{\nu=1}^{\infty} f^{(\nu)}(\overrightarrow{\theta}) \limsup_{k\to\infty} p^{(q_k(\overrightarrow{\theta})-\nu)}(\overrightarrow{\theta}) \\
&\leqslant f^{(s)}(\overrightarrow{\theta}) \limsup_{k\to\infty} p^{(q_k(\overrightarrow{\theta})-s)}(\overrightarrow{\theta}) \\
&\quad + \sum_{\nu\neq s} f^{(\nu)}(\overrightarrow{\theta}) \limsup_{n\to\infty} p^{(n)}(\overrightarrow{\theta}) \\
&= f^{(s)}(\overrightarrow{\theta}) \limsup_{k\to\infty} p^{(q_k(\overrightarrow{\theta})-s)}(\overrightarrow{\theta}) \\
&\quad + \sum_{\nu\neq s} f^{(\nu)}(\overrightarrow{\theta}) \lambda(\overrightarrow{\theta}), \quad \overline{m} - \text{a.s.} \overrightarrow{\theta}.
\end{aligned} \tag{2.21}$$

显然,

$$\limsup_{k\to\infty} p^{(q_k(\overrightarrow{\theta})-s)}(\overrightarrow{\theta}) \leqslant \limsup_{n\to\infty} p^{(n)}(\overrightarrow{\theta}) = \lambda(\overrightarrow{\theta}), \ \overline{m} - \text{a.s.} \overrightarrow{\theta}.$$

假设

$$\overline{m}\{\overrightarrow{\theta} : \limsup_{k\to\infty} p^{(q_k(\overrightarrow{\theta})-s)}(\overrightarrow{\theta}) < \lambda(\overrightarrow{\theta})\} > 0,$$

由于 $f^{(s)}(\overrightarrow{\theta}) > 0, \overline{m} - \text{a.s.} \overrightarrow{\theta}$, 所以

$$\overline{m}\{\overrightarrow{\theta} : f^{(s)}(\overrightarrow{\theta}) \limsup_{k\to\infty} p^{(q_k(\overrightarrow{\theta})-s)}(\overrightarrow{\theta}) < f^{(s)}(\overrightarrow{\theta}) \lambda(\overrightarrow{\theta})\} > 0. \tag{2.22}$$

由 x 是常返状态知

$$\sum_{\nu=1}^{\infty} f^{(\nu)}(\overrightarrow{\theta}) = 1, \quad \overline{m} - \text{a.s.} \overrightarrow{\theta}. \tag{2.23}$$

由 (2.21)、(2.22)、(2.23) 得

$$\overline{m}\{\overrightarrow{\theta} : \lambda(\overrightarrow{\theta}) < \lambda(\overrightarrow{\theta})\} > 0,$$

这是不可能的, 所以

$$\limsup_{k\to\infty} p^{(q_k(\overrightarrow{\theta})-s)}(\overrightarrow{\theta}) = \lambda(\overrightarrow{\theta}),\ \overline{m}-\text{a.s.}\overrightarrow{\theta}. \tag{2.24}$$

仿之可证: 由论断 (2.20) 左方成立可推出

$$\liminf_{k\to\infty} p^{(q_k(\overrightarrow{\theta})-s)}(\overrightarrow{\theta}) = \lambda(\overrightarrow{\theta}),\ \overline{m}-\text{a.s.}\overrightarrow{\theta}. \tag{2.25}$$

由 (2.24)、(2.25) 知论断 (2.20) 右方成立. 论断 (2.20) 证毕.

注意 (2.19) 式并反复应用 (2.20) 的推理可得:

$$\text{“}t = \sum_{j=1}^{l} c_j s_j, c_j, s_j \text{ 都是正整数}, f^{(s_j)}(\overrightarrow{\theta}) > 0,\ \overline{m}-\text{a.s.}\overrightarrow{\theta} \quad (1 \leqslant j \leqslant l)$$

$$\Longrightarrow \lim_{k\to\infty} p^{(n_k(\overrightarrow{\theta})d-t)}(\overrightarrow{\theta}) = \lambda(\overrightarrow{\theta}),\ \overline{m}-\text{a.s.}\overrightarrow{\theta}.\text{”} \tag{2.26}$$

用 d 之定义并应用引理 2.1 得知:

存在正整数 $s_1,\cdots,s_l$, 使 $f^{(s_j)}(\overrightarrow{\theta}) > 0, \overline{m}-\text{a.s.}\overrightarrow{\theta}, (1 \leqslant j \leqslant l)$ 且 $d = \text{G.C.D.}\ \{s_1, s_2, \cdots, s_l\}$. 所以用数论中的一条初等定理得知: 存在正整数 s_0, 使

$$\text{“}s \geqslant s_0 \Longrightarrow \text{存在正整数 } c_1,\cdots,c_l,\ \text{使 } sd = \sum_{j=1}^{l} c_j s_j,\text{”} \tag{2.27}$$

因此存在 $\overrightarrow{\Theta}_1 \in \overrightarrow{\mathscr{B}}, \overline{m}(\overrightarrow{\Theta}_1) = 1$ 使

$$\lim_{k\to\infty} p^{(n_k(\overrightarrow{\theta})-s)}(\overrightarrow{\theta}) = \lambda(\overrightarrow{\theta}) \quad (\forall s \geqslant s_0, \overrightarrow{\theta} \in \overrightarrow{\Theta}_1). \tag{2.28}$$

以 $n = (n_k(\overrightarrow{\theta}) - s_0)$ 代入 (2.17) 式并注意:

$$p^{(k)}(\overrightarrow{\theta}) = 0,\ (\text{当 } k \neq 0, \text{mod}(d)), \quad \overline{m}-\text{a.s.}\ \overrightarrow{\theta},$$

可知存在 $\overrightarrow{\Theta}_0 \in \overrightarrow{\mathscr{B}}, m(\overrightarrow{\Theta}_0) = 1$, 且

$$\sum_{\nu=0}^{n_k(\overrightarrow{\theta})-s_0} r_{\nu d}(\overrightarrow{\theta}) p^{((n_k(\overrightarrow{\theta})-s_0-\nu)d)}(\overrightarrow{\theta}) = 1 \quad (\forall \overrightarrow{\theta} \in \overrightarrow{\Theta}_0). \tag{2.29}$$

(1) 任取 $\overrightarrow{\theta} \in \overrightarrow{\Theta}_0 \bigcap \overrightarrow{\Theta}_1$, 当 $\sum\limits_{\nu=1}^{\infty} r_{\nu d}(\overrightarrow{\theta}) < \infty$ 时, 在 (2.29) 式中令 $k \to \infty$ 并应用 Lebegue 控制收敛定理可得.

$$\lambda(\overrightarrow{\theta}) \sum_{\nu=0}^{\infty} r_{\nu d}(\overrightarrow{\theta}) = 1.$$

(2) 任取 $\overrightarrow{\theta} \in \overrightarrow{\Theta}_0 \bigcap \overrightarrow{\Theta}_1$, 当 $\sum_{\nu=0}^{\infty} r_{\nu d}(\overrightarrow{\theta}) = \infty$ 时, 由 (2.17) 式及 $\lambda(\overrightarrow{\theta})$ 之定义易证:

$$\lambda(\overrightarrow{\theta}) = 0.$$

由上面 (1)、(2) 可知:

$$\lambda(\overrightarrow{\theta}) = \frac{1}{\sum_{\nu=0}^{\infty} r_{\nu d}(\overrightarrow{\theta})}, \quad \overline{m} - \text{a.s.}\overrightarrow{\theta}. \tag{2.30}$$

又因为

$$f^{(\nu)}(\overrightarrow{\theta}) = 0, \quad (\forall \nu \neq 0 \ (\text{mod } d), \overline{m} - \text{a.s.}\overrightarrow{\theta}),$$

所以

$$r_{\nu d}(\overrightarrow{\theta}) = \frac{1}{d} \sum_{j=\nu d}^{\nu d+d-1} r_j(\overrightarrow{\theta}), \quad \overline{m} - \text{a.s.}\overrightarrow{\theta},$$

从而

$$\sum_{\nu=0}^{\infty} r_{\nu d}(\overrightarrow{\theta}) = \frac{1}{d} \sum_{\nu=0}^{\infty} r_\nu(\overrightarrow{\theta}) = \frac{\sum_{n=1}^{\infty} n f^{(n)}(\overrightarrow{\theta})}{d} = \frac{e(\overrightarrow{\theta})}{d}, \quad \overline{m} - \text{a.s.}\overrightarrow{\theta}. \tag{2.31}$$

由 (2.30)、(2.31) 得

$$\lambda(\overrightarrow{\theta}) = \frac{d}{e(\overrightarrow{\theta})}, \quad \overline{m} - \text{a.s.}\overrightarrow{\theta}. \tag{2.32}$$

若令

$$\beta(\overrightarrow{\theta}) = \liminf_{n\to\infty} p^{(nd)}(\overrightarrow{\theta}),$$

仿前述推理, 亦可得:

$$\beta(\overrightarrow{\theta}) = \frac{d}{e(\overrightarrow{\theta})}. \tag{2.33}$$

定理证毕.

定理 2.2 在定理 2.1 的条件下, 若 x, y 同属于一个常返类 $\mathscr{R}_0(i)$ (或 $\mathscr{R}_+(j)$), $x \in \mathscr{R}_0(i,s), y \in \mathscr{R}_0(i,t)$ (或 $x \in \mathscr{R}_+(j,s), y \in \mathscr{R}_+(j,t)$), $d_0(i)$ (或 $d_+(j)$) 是 $\mathscr{R}_0(i)(\mathscr{R}_+(j))$ 的类周期, 则

$$\begin{aligned}&\lim_{n\to\infty} p^{(nd_0(i)+r)}(\overrightarrow{\theta}; x, y) \\ &= \begin{cases} 0, & \text{当 } r \neq (t-s), (\text{mod } d_0(i)), \\ d_0(i)/e(\overrightarrow{\theta}; y, y), & \text{当 } r = (t-s), (\text{mod } d_0(i)), \end{cases} \quad \overline{m} - \text{a.s.}\overrightarrow{\theta}.\end{aligned} \tag{2.34}$$

$\Big($在 $x \in \mathscr{R}_+(j,s), y \in \mathscr{R}_+(j,t)$ 时 (2.34) 代之以

$$\lim_{n\to\infty} p^{(nd_+(j)+r)}(\overrightarrow{\theta};x,y) = \begin{cases} 0, & \text{当 } r \neq (t-s), (\text{mod } d_+(j)), \\ d_+(j)/e(\overrightarrow{\theta};y,y), & \text{当 } r = (t-s), (\text{mod } d_+(j)), \end{cases} \quad \overline{m} - \text{a.s.}\overrightarrow{\theta}. \tag{2.34$'$}$$
$\Big)$

证 简记 $d_0(i)$ 为 d.

(1) 当 $r \neq (t-s), (\text{mod } d)$ 时, 由第三章定理 4.3(5) 中的 (ii) 及条件 (A) 立得 (2.34) 第一式.

(2) 当 $r = (t-s), (\text{mod } d)$ 时, 再用第三章定理 4.3(5) (ii) 知:

$$\sum_{\nu=1}^{\infty} f^{(\nu d+r)}(\overrightarrow{\theta};x,y) = \sum_{n=1}^{\infty} f^{(n)}(\overrightarrow{\theta};x,y) = 1, \ \overline{m} - \text{a.s.}\overrightarrow{\theta}. \tag{2.35}$$

再注意 $P(\theta)$ 的时齐性及

$$p^{(n)}(\overrightarrow{\theta};y,y) = 0, \ \overline{m} - \text{a.s.}\overrightarrow{\theta} \quad (\forall n \neq 0 \ (\text{mod } d))$$

可得:

$$p^{(nd+r)}(\overrightarrow{\theta};x,y) = \sum_{\nu=0}^{n} f^{(\nu d+r)}(\overrightarrow{\theta};x,y) p^{(nd-\nu d)}(\overrightarrow{\theta};y,y), \ \overline{m} - \text{a.s.}\overrightarrow{\theta}. \tag{2.36}$$

在 (2.36) 中令 $n \to \infty$, 由 (2.35) 和定理 2.1 及 Lebesgue 控制收敛定理即得 (2.34) 的第二式. 定理证毕.

定理 2.3 在定理 2.1 的条件下,

(1) 若 y 不是正常返状态, 则对任何 $x \in \mathscr{X}$, 有

$$\lim_{n\to\infty} p^{(n)}(\overrightarrow{\theta};x,y) = 0, \ \overline{m} - \text{a.s.}\overrightarrow{\theta}; \tag{2.37}$$

(2) 若 y 是正常返状态, d_y 是 y 之周期, $e(\overrightarrow{\theta};y,y)$ 是 y 的平均再现时间, 则

a. "x 是常返状态, 但与 y 不在同一个常返类中

$$\Longrightarrow p^{(n)}(\overrightarrow{\theta};x,y) = 0, \ \overline{m} - \text{a.s.}\overrightarrow{\theta}, (\forall n \geqslant 1)\text{"};$$

b. "x 与 y 属于同一个正常返状态类中, 且 $x \in \mathscr{R}_+(j,s), y \in \mathscr{R}_+(j,t) \Longrightarrow$

$$\lim_{n\to\infty} p^{(nd_y+r)}(\overrightarrow{\theta};x,y) = \frac{d_y}{e(\overrightarrow{\theta};y,y)},\ \overline{m}-\text{a.s.}\overrightarrow{\theta}$$

(当 $r=(t-s), (\text{mod } d_y)$,

$p^{(n)}(\overrightarrow{\theta};x,y)=0,\ \overline{m}-\text{a.s.}\overrightarrow{\theta}$ (当 $n \neq (t-s), (\text{mod } d_y)$);

c. "x 是暂留状态 $\Longrightarrow$ 对一切正整数 $1 \leqslant r \leqslant d_y$, 有

$$\lim_{n\to\infty} p^{(nd_y+r)}(\overrightarrow{\theta};x,y) = f^*(\overrightarrow{\theta};x,y;r)\frac{d_y}{e(\overrightarrow{\theta};y,y)},\ \overline{m}-\text{a.s.}\overrightarrow{\theta},$$

其中

$$f^*(\overrightarrow{\theta};x,y;r) = \sum_{\substack{n=1\\ n=r(\text{mod } d_y)}}^{\infty} f^{(n)}(\overrightarrow{\theta};x,y)$$

$$\overset{\text{def}}{=\!=} \sum_{\nu=0}^{\infty} f^{(\nu d_y+r)}(\overrightarrow{\theta};x,y)."$$

在证明定理 2.3 以前先证明一个引理.

引理 2.2 设 $\{a_n, n \geqslant 0\}$ 是非全 0 的非负实数列, 且满足:

$$\lim_{n\to\infty} \frac{a_n}{\sum\limits_{\nu=0}^{n} a_\nu} = 0,$$

$\{b_n, n \geqslant 0\}$ 有极限 b (可以是 $\pm\infty$), 则

$$\lim_{n\to\infty} \left(\sum_{\nu=0}^{n} a_\nu b_{n-\nu}\right) \Big/ \sum_{\nu=0}^{n} a_\nu = b. \tag{2.38}$$

证 由假设恒有

$$\lim_{n\to\infty} \frac{\sum\limits_{\nu=n-N+1}^{n} a_\nu}{\sum\limits_{\nu=0}^{n} a_\nu} = 0 \quad (\text{对一切 } N). \tag{2.39}$$

(1) 先设 b 是有限实数, 则对任何 $\varepsilon > 0$, 总存在 $N(\varepsilon)$ 及 B, 使

$$|b_n - b| < \varepsilon \quad (\forall n \geqslant N), \qquad |b_n - b| < B \quad (\forall n \geqslant 0).$$

所以

$$\left|\sum_{\nu=0}^{n} a_\nu(b_{n-\nu}-b)\right| \leqslant \left(\sum_{\nu=0}^{n-N} a_\nu\right)\varepsilon + \left(\sum_{\nu=n-N+1}^{n} a_\nu\right)B \quad (\forall n \geqslant N).$$

将上式除以 $\sum\limits_{\nu=0}^{n} a_\nu$ 再令 $n\to\infty$ 并用 (2.39) 式可得:

$$\limsup_{n\to\infty}\left|\frac{\sum\limits_{\nu=0}^{n} a_\nu b_{n-\nu}}{\sum\limits_{\nu=0}^{n} a_\nu} - b\right| \leqslant \varepsilon.$$

由 ε 之任意性立得 (2.38) 式.

(2) 再设 b 为无穷大, 不妨令 $b=\infty$, 于是任给 $M>0$, 存在 $N=N(M)$, 使 $b_n > M(\forall n \geqslant N)$. 因此

$$\sum_{\nu=0}^{n} a_\nu b_{n-\nu} \geqslant \left(\sum_{\nu=0}^{n-N} a_\nu\right)M + \left(\sum_{\nu=n-N+1}^{n} a_\nu\right)\min_{0\leqslant n\leqslant N} b_n.$$

将上式除以 $\sum\limits_{\nu=0}^{n} a_\nu$ 再令 $n\to\infty$ 并用 (2.39) 式可得:

$$\liminf_{n\to\infty}\frac{\sum\limits_{\nu=0}^{n} a_\nu b_{n-\nu}}{\sum\limits_{\nu=0}^{n} a_\nu} \geqslant M.$$

由 M 之任意性即得 (2.38) 式. 引理证毕.

现在证明定理 2.3.

(1) 设 y 不是正常返状态.

a. 若 y 是零常返状态, 则由定理 2.2 中 (2.34) 式和第三章命题 2.2 及 Lebesgue 控制收敛定理并注意 $P(\theta)$ 的时齐性有

$$\begin{aligned}\lim_{n\to\infty} p^{(n)}(\overrightarrow{\theta};x,y) &= \lim_{n\to\infty}\sum_{\nu=1}^{n} f^{(\nu)}(\overrightarrow{\theta};x,y)p^{(n-v)}(\overrightarrow{\theta};y,y)\\ &= \left[\sum_{\nu=1}^{\infty} f^{(\nu)}(\overrightarrow{\theta};x,y)\right]\lim_{n\to\infty} p^{(n)}(\overrightarrow{\theta};y,y)\\ &= f^*(\overrightarrow{\theta};x,y)\frac{d_y}{e(\overrightarrow{\theta};y,y)} = 0 \quad (\forall x \in \mathscr{X}), \overline{m}-\text{a.s.}\,\overrightarrow{\theta}.\end{aligned}$$

b. 设 y 是暂留状态, 则 $\sum_{n=0}^{\infty} p^{(n)}(\overrightarrow{\theta};y,y) < \infty, \overline{m}-\text{a.s.}\overrightarrow{\theta}$, 从而

$$\lim_{n\to\infty} p^{(n)}(\overrightarrow{\theta};y,y) = 0, \quad \overline{m}-\text{a.s.}\overrightarrow{\theta}.$$

仿上述 a 亦有:

$$\lim_{n\to\infty} p^{(n)}(\overrightarrow{\theta};x,y) = 0 \quad (\forall x \in \mathscr{X}), \ \overline{m}-\text{a.s.}\overrightarrow{\theta}.$$

故 (1) 证毕.

(2) 设 y 是正常返状态.

由定理 1.1 立得 (2)a.

由定理 2.2 中 (2.34)′ 立得 (2)b.

最后证明 (2)c. 由 (2.36)、引理 2.2 和定理 2.1 有

$$\begin{aligned}\lim_{n\to\infty} p^{(nd_y+r)}(\overrightarrow{\theta};x,y) &= \lim_{n\to\infty}\sum_{\nu=0}^{n} f^{(\nu d_y+r)}(\overrightarrow{\theta};x,y)p^{(nd_y-\nu d_y)}(\overrightarrow{\theta};y,y)\\ &= \sum_{\nu=0}^{\infty} f^{(\nu d_y+r)}(\overrightarrow{\theta};x,y)\lim_{k\to\infty} p^{(kd_y)}(\overrightarrow{\theta};y,y)\\ &= f^*(\overrightarrow{\theta};x,y;r)\frac{d_y}{e(\overrightarrow{\theta};y,y)}.\end{aligned}$$

定理证毕.

定理 2.4 在定理 2.1 的条件下, 对任何 $x,y\in\mathscr{X}$, 恒有

$$\lim_{n\to\infty}\frac{1}{n}\sum_{k=1}^{n} p^{(k)}(\overrightarrow{\theta};x,y) = \pi(\overrightarrow{\theta},x,y), \overline{m}-\text{a.s.}\overrightarrow{\theta}\ 存在, \tag{2.40}$$

其中

$\pi(\overrightarrow{\theta};x,y) = f^*(\overrightarrow{\theta};x,y)/e(\overrightarrow{\theta};y,y)$, 当 $f^*(\overrightarrow{\theta};y,y)<1$ 时, 约定 $e(\overrightarrow{\theta};y,y)=\infty$, $\dfrac{a}{\infty}$ 约定为 0 (对任何实数 a). 其中

$$\Pi(\overrightarrow{\theta}) \stackrel{\text{def}}{=\!=} (\pi(\overrightarrow{\theta};x,y), x,y\in\mathscr{X})$$

称为 $P(\theta)$ (或 $P^{(n)}(\overrightarrow{\theta})$) 的平均遍历极限矩阵.

证 由定理 2.3 立即可得定理 2.4.

附注 2.1 在本书中 (除特别说明), 言及矩阵比较大小、极限、微商、积分 $\cdots$, 均为逐元意义下比较大小、极限、微商、积分 $\cdots$. 例如:

$$\lim_{n\to\infty}\frac{1}{n}\sum_{k=1}^{n}P^{(k)}(\overrightarrow{\theta})=\pi(\overrightarrow{\theta}).$$

意即对任何 $x,y\in\mathscr{X}$, 有

$$\lim_{n\to\infty}\frac{1}{n}\sum_{k=1}^{n}p^{(k)}(\overrightarrow{\theta};x,y)=\pi(\overrightarrow{\theta};x,y).$$

定理 2.5 在定理 2.1 的条件下, $\lim\limits_{n\to\infty}P^{(n)}(\overrightarrow{\theta})$ 存在的充分必要条件是: 对每个正常返状态 x, 其周期 $d_x=1$. 如果条件成立, 则

$$\lim_{n\to\infty}P^{(n)}(\overrightarrow{\theta})=\Pi(\overrightarrow{\theta})=(\pi(\overrightarrow{\theta};x,y),x,y\in\mathscr{X}),$$

其中 $\pi(\overrightarrow{\theta};x,y)$ 由定理 2.4 所定义.

证 由定理 2.3 和定理 2.4 立即可得定理 2.5.

§3 平均遍历极限矩阵 $\Pi(\overrightarrow{\theta})$ 的性质

沿用 §2 的符号及定义.

定理 3.1 在定理 2.1 的条件下, 恒有

$$\Pi(\overrightarrow{\theta})=\Pi(\overrightarrow{\theta})P^{(n)}(\overrightarrow{\theta})=P^{(n)}(\overrightarrow{\theta})\Pi(\overrightarrow{\theta})=\Pi(\overrightarrow{\theta}),\ \overline{m}-\text{a.s.}\,\overrightarrow{\theta}, \tag{3.1}$$

证 用 Lebesgue 控制收敛定理可得

$$\begin{aligned}P^{(1)}(\overrightarrow{\theta})\Pi(\overrightarrow{\theta})&=P^{(1)}(\overrightarrow{\theta})\lim_{n\to\infty}\frac{1}{n}\sum_{k=1}^{n}P^{(k)}(\overrightarrow{\theta})\\&=\lim_{n\to\infty}\left(P^{(1)}(\overrightarrow{\theta})\cdot\frac{1}{n}\sum_{k=1}^{n}P^{(k)}(\overrightarrow{\theta})\right)\\&=\lim_{n\to\infty}\left[\left(\frac{1}{n+1}\sum_{k=1}^{n+1}P^{(k)}(\overrightarrow{\theta})\right)\frac{n+1}{n}-\frac{1}{n}P^{(1)}(\overrightarrow{\theta})\right]\\&=\Pi(\overrightarrow{\theta}),\quad\overline{m}-\text{a.s.}\,\overrightarrow{\theta},\end{aligned}\tag{3.2}$$

从而对任何 $n \geqslant 1$, 有

$$\begin{aligned} P^{(n)}(\overrightarrow{\theta})\Pi(\overrightarrow{\theta}) &= P^{(1)}(\overrightarrow{\theta})P^{(1)}(T\overrightarrow{\theta})\cdots P^{(1)}(T^{n-1}\overrightarrow{\theta})\Pi(\overrightarrow{\theta}) \\ &= (P^{(1)}(\overrightarrow{\theta}))^n\Pi(\overrightarrow{\theta}) = \Pi(\overrightarrow{\theta}), \quad \overline{m}-\text{a.s.}\overrightarrow{\theta}. \end{aligned} \tag{3.3}$$

用 Fatou 引理可得:

$$\begin{aligned} \Pi(\overrightarrow{\theta})P^{(1)}(\overrightarrow{\theta}) &= \left(\lim_{n\to\infty}\frac{1}{n}\sum_{k=1}^{n}P^{(k)}(\overrightarrow{\theta})\right)P^{(1)}(\overrightarrow{\theta}) \\ &\leqslant \lim_{n\to\infty}\left(\frac{1}{n}\sum_{k=1}^{n}P^{(k+1)}(\overrightarrow{\theta})\right) = \Pi(\overrightarrow{\theta}), \quad \overline{m}-\text{a.s.}\overrightarrow{\theta}. \end{aligned} \tag{3.4}$$

但是

$$\Pi(\overrightarrow{\theta})P^{(1)}(\overrightarrow{\theta})\mathbf{1} = \Pi(\overrightarrow{\theta})\mathbf{1}, \tag{3.5}$$

所以 (3.4) 中的不等式不可能对具有正测度的 $\overrightarrow{\theta}$ 集合成立, 故

$$\Pi(\overrightarrow{\theta})P^{(1)}(\overrightarrow{\theta}) = \Pi(\overrightarrow{\theta}),\ \overline{m}-\text{a.s.}\overrightarrow{\theta}. \tag{3.6}$$

仿前, 对任何正整数 $n \geqslant 1$, 有

$$\Pi(\overrightarrow{\theta})P^{(n)}(\overrightarrow{\theta}) = \Pi(\overrightarrow{\theta}),\ \overline{m}-\text{a.s.}\overrightarrow{\theta}. \tag{3.7}$$

由 (3.7) 式可得

$$\Pi(\overrightarrow{\theta})\left(\frac{1}{n}\sum_{k=1}^{n}P^{(k)}(\overrightarrow{\theta})\right) = \Pi(\overrightarrow{\theta}),\ \overline{m}-\text{a.s.}\overrightarrow{\theta}, n \geqslant 1. \tag{3.8}$$

在 (3.8) 式中对 $n \to \infty$ 取极限并利用 Lebesgue 控制收敛定理可得

$$\Pi(\overrightarrow{\theta})^2 = \Pi(\overrightarrow{\theta}),\ \overline{m}-\text{a.s.}\overrightarrow{\theta}. \tag{3.9}$$

由 (3.9)、(3.7)、(3.3) 式即得定理 3.1 成立.

对任何 $J \subset \mathscr{X}$, 仍记

$$f^*(\overrightarrow{\theta}; x, J) = \sum_{\nu=1}^{\infty} P_{(x,\overrightarrow{\theta})}(X_k \notin J, 1 \leqslant k < \nu, X_\nu \in J). \tag{3.10}$$

引理 3.1 设 $\overline{m} = \overline{m} \circ T^{-1}$, 则对任何 $x \in \mathscr{X}$, 任何 $y \in \mathscr{R}_+(j)(y \in \mathscr{R}_0(i)$ 亦类似), 恒有:

$$f^*(\overrightarrow{\theta}; x, \mathscr{R}_+(j)) = f^*(\overrightarrow{\theta}; x, y), \quad \overline{m}-\text{a.s.}\overrightarrow{\theta}. \tag{3.11}$$

证 记 $\mathscr{R}_+(j)=J, f^*(\overrightarrow{\theta};x,J)=\sum_{\nu=1}^{\infty}P_{(x,\overrightarrow{\theta})}\Big(X_k\notin J,1\leqslant k<\nu,X_\nu\in$

$$J,\bigcap_{t=\nu+1}^{\infty}\{X_t\neq y\}\Big)+\sum_{\nu=1}^{\infty}P_{(x,\overrightarrow{\theta})}\left(X_k\notin J,1\leqslant k<\nu,X_\nu\in J,\bigcup_{t=\nu+1}^{\infty}\{X_t=y\}\right). \tag{3.12}$$

而 (3.12) 式第一项由于 $J=\mathscr{R}_+(j)$ 是常返类 (从而 $f^*(T^\nu\overrightarrow{\theta};z,y)=1$ $(\forall z,y\in J)$ 知其等于

$$\begin{aligned}&\sum_{\nu=1}^{\infty}\sum_{z\in J}P_{(x,\overrightarrow{\theta})}(X_k\notin J,1\leqslant k<\nu,X_\nu=z)P_{(z,T^\nu\overrightarrow{\theta})}\left(\bigcap_{t=1}^{\infty}\{X_t\neq y\}\right)\\&=\sum_{\nu=1}^{\infty}\sum_{z\in J}P_{(x,\overrightarrow{\theta})}(X_k\notin J,1\leqslant k<\nu,X_\nu=z)(1-f^*(T^\nu\overrightarrow{\theta};z,y))\\&=0,\quad \overline{m}-\text{a.s.}\overrightarrow{\theta}.\end{aligned}\tag{3.13}$$

而 (3.12) 式中第二项等于

$$\begin{aligned}&P_{(x,\overrightarrow{\theta})}\left(\bigcup_{\nu=1}^{\infty}\{X_k\notin J,1\leqslant k<\nu,X_\nu\in J\}\bigcap\bigcup_{t=\nu+1}^{\infty}\{X_t=y\}\right)\\&\leqslant P_{(x,\overrightarrow{\theta})}\left(\bigcup_{\nu=1}^{\infty}\{X_\nu=y\}\right)-f^*(\overrightarrow{\theta};x,y),\quad \overline{m}-\text{a.s.}\overrightarrow{\theta}.\end{aligned}\tag{3.14}$$

由 (3.12)、(3.13)、(3.14) 式知

$$f^*(\overrightarrow{\theta};x,J)\leqslant f^*(\overrightarrow{\theta};x,y)\quad (y\in J),\overline{m}-\text{a.s.}\overrightarrow{\theta},$$

而对任何 $\overrightarrow{\theta}\in\overrightarrow{\Theta}$, $<$ 显然不能成立, 故引理 3.1 得证.

定理 3.2 在定理 2.1 的条件下, 把 $\mathscr{X}$ 分解为

$$\mathscr{X}=\mathscr{N}\bigcup\mathscr{R}=\mathscr{N}\bigcup\mathscr{R}_0\bigcup\left(\bigcup_{j\in\Gamma_1}\mathscr{R}_+(j)\right), \tag{3.15}$$

则平均遍历极限矩阵 $\Pi(\overrightarrow{\theta})$ 有下列分块表示:

$$
\begin{array}{c}
\qquad\qquad\quad \begin{array}{cccccc} \mathscr{N} & \mathscr{R}_0 & \mathscr{R}_+(1) & \mathscr{R}_+(2) & \mathscr{R}_+(3) & \cdots \end{array} \\
\Pi(\overrightarrow{\theta}) = \left(\begin{array}{cccccc}
0 & 0 & A_1(\overrightarrow{\theta}) & A_2(\overrightarrow{\theta}) & A_3(\overrightarrow{\theta}) & \cdots \\
0 & 0 & 0 & 0 & 0 & \cdots \\
0 & 0 & B_1(\overrightarrow{\theta}) & 0 & 0 & \cdots \\
0 & 0 & 0 & B_2(\overrightarrow{\theta}) & 0 & \cdots \\
0 & 0 & 0 & 0 & B_3(\overrightarrow{\theta}) & \cdots \\
\vdots & \vdots & \vdots & \vdots & \vdots &
\end{array}\right)
\begin{array}{c} \mathscr{N} \\ \mathscr{R}_0 \\ \mathscr{R}_+(1) \\ \mathscr{R}_+(2) \\ \mathscr{R}_+(3) \\ \vdots \end{array}
\end{array}
$$

$$\overline{m} - \text{a.s.}\,\overrightarrow{\theta}. \tag{3.16}$$

即 $\pi(\overrightarrow{\theta};x,y) = 0\ (\forall x \in \mathscr{X}, y \in \mathscr{N} \bigcup \mathscr{R}_0), A_t(\overrightarrow{\theta}) = (\pi(\overrightarrow{\theta};x,y), x \in \mathscr{N}, y \in \mathscr{R}_+(t)), t \in \Gamma_1, B_t(\overrightarrow{\theta}) = \pi(\overrightarrow{\theta})$ on $\mathscr{R}_+(t), t \in \Gamma_1, \pi(\overrightarrow{\theta};x,y) = 0$, (当 $x \notin \mathscr{N} \bigcup \mathscr{R}_+(t), y \in \mathscr{R}_+(t)), t \in \Gamma_1$. 若记

$$\pi_t'(\overrightarrow{\theta}) = \left(\frac{1}{e(\overrightarrow{\theta};y,y)}, y \in \mathscr{R}_+(t)\right) \text{ 是以 } \frac{1}{e(\overrightarrow{\theta};y,y)}$$

为分量且维数与 $\mathscr{R}_+(t)$ 的维数相同的行向量 $(t \in \Gamma_1)$,

$$a_t(\overrightarrow{\theta}) = \begin{pmatrix} f^*(\overrightarrow{\theta};x,\mathscr{R}_+(t) \\ x \in \mathscr{N} \end{pmatrix}$$

是以 $f^*(\overrightarrow{\theta};x,\mathscr{R}_+(t))$ 为分量且维数与 $\mathscr{N}$ 的维数相同的列向量, 则有

$$B_t(\overrightarrow{\theta}) = \mathbf{1}\pi_t'(\overrightarrow{\theta}), \quad A_t(\overrightarrow{\theta}) = a_t(\overrightarrow{\theta})\pi_t'(\overrightarrow{\theta}) \quad (t \in \Gamma_1), \tag{3.17}$$

此外还有

$$B_t(\overrightarrow{\theta})\mathbf{1} = \mathbf{1}, \tag{3.18}$$

即 $B_t(\overrightarrow{\theta})$ 是行行一样的、每个元素都是正的、对 $\overrightarrow{\theta}$ 来说 $\overrightarrow{\mathscr{B}}$ 可测的随机转移矩阵.

证 由引理 3.1 和定理 2.3, 为证定理 3.2, 只需证明 $B_t(\overrightarrow{\theta})\mathbf{1} = \mathbf{1}$ 即可. 事实上, 由 $\Pi(\overrightarrow{\theta})^2 = \Pi(\overrightarrow{\theta})$ 得 $B_t(\overrightarrow{\theta}) = B_t(\overrightarrow{\theta})^2$, 即

$$\begin{aligned}
\mathbf{1}\pi_t'(\overrightarrow{\theta}) &= \mathbf{1}\pi_t'(\overrightarrow{\theta})\mathbf{1}\pi_t'(\overrightarrow{\theta}) = \mathbf{1}(\pi_t'(\overrightarrow{\theta})\mathbf{1})\pi_t'(\overrightarrow{\theta}) \\
&= (\pi_t'(\overrightarrow{\theta})\mathbf{1})\mathbf{1}\pi_t'(\overrightarrow{\theta}).
\end{aligned}$$

由 $\mathbf{1}\pi_t'(\overrightarrow{\theta})$ 的每个元素都为正, 可知

$$\pi_t'(\overrightarrow{\theta})\mathbf{1}=1.$$

故 $B_t(\overrightarrow{\theta})\mathbf{1}=(\mathbf{1}\pi_t'(\overrightarrow{\theta}))\mathbf{1}=\mathbf{1}(\pi_t'(\overrightarrow{\theta})\mathbf{1})=\mathbf{1}.$
定理证毕.

定义 3.1 称平均遍历极限矩阵 $\Pi(\overrightarrow{\theta})$ 是无耗损的, 如果

$$\Pi(\overrightarrow{\theta})\mathbf{1}=\mathbf{1},\quad \overline{m}-\text{a.s.}\overrightarrow{\theta}, \tag{3.19}$$

即 $\Pi(\overrightarrow{\theta})$ 是随机转移矩阵. 如果 (3.19) 式不成立, 则称 $\Pi(\overrightarrow{\theta})$ 是耗损的.

定义 3.2 设 $\tau'(\overrightarrow{\theta};x):\overrightarrow{\Theta}\times\mathscr{X}\mapsto[0,1]$, 称 τ' 是 $P^{(1)}(\overrightarrow{\theta})$ 的随机调和测度, 简称 $P^{(1)}(\overrightarrow{\theta})$ 的不变测度, 若

(1) 对任意固定的 $x\in\mathscr{X}$, $\tau'(\cdot;x)$ 是 $\overrightarrow{\mathscr{B}}$ 可测的;

(2) 对任何 $x\in\mathscr{X}$,

$$\tau'(\overrightarrow{\theta};x)=\sum_{y\in\mathscr{X}}\tau'(\overrightarrow{\theta};y)p^{(1)}(\overrightarrow{\theta};y,x),\quad m-\text{a.s.}\overrightarrow{\theta}. \tag{3.20}$$

命题 3.1 在定理 3.1 的条件下, 平均遍历极限矩阵 $\Pi(\overrightarrow{\theta})$ 的任何一行 $e_x'\Pi(\overrightarrow{\theta})$ 都是 $P^{(1)}(\overrightarrow{\theta})$ 的不变测度, 特别地, 若 $\Pi(\overrightarrow{\theta})$ 是无耗损的, 任何 $e_x'\Pi(\overrightarrow{\theta})$ 都是 $P^{(1)}(\overrightarrow{\theta})$ 的不变概率测度, 其中 $x\in\mathscr{X}$, e_x' 是在 x 处之坐标为 1 其他处的坐标为 0 的单位行向量.

证 由定理 3.1 立即可证命题 3.1 成立.

命题 3.2 在定理 3.2 的条件下, $\Pi(\overrightarrow{\theta})$ 是无耗损的充要条件是:

$$\mathscr{R}_0=\varnothing \text{ 且 } f^*(\overrightarrow{\theta};x,\mathscr{R}_+)=1,\quad \overline{m}-\text{a.s.}\overrightarrow{\theta}, x\in\mathscr{N}. \tag{3.21}$$

证 由定理 3.2 有

$$\Pi(\overrightarrow{\theta})\mathbf{1}=\begin{pmatrix}\sum\limits_{t\in\Gamma_1}A_t(\overrightarrow{\theta})\mathbf{1}\\ 0\\ \mathbf{1}\end{pmatrix}\begin{matrix}\mathscr{N}\\ \mathscr{R}_0\\ \mathscr{R}_+\end{matrix}, \tag{3.22}$$

注意: (3.22) 式右方之列向量表示 $\Pi(\overrightarrow{\theta})\mathbf{1}$ 在 $\mathscr{N}$ 上之局限为列向量 $\sum\limits_{t\in\Gamma_1}A_t(\overrightarrow{\theta})\mathbf{1}$, 在 $\mathscr{R}_0$ 上的局限为 0 列向量, 在 $\mathscr{R}_+$ 上的局限为 $\mathbf{1}$.

但是

$$\begin{aligned}\sum_{t\in\Gamma_1} A_t(\overrightarrow{\theta})\mathbf{1} &= \sum_{t\in\Gamma_1} a_t(\overrightarrow{\theta})\pi_t'(\overrightarrow{\theta})\mathbf{1}\\ &= \sum_{t\in\Gamma_1} a_t(\overrightarrow{\theta})\\ &= \sum_{t\in\Gamma_1}\begin{pmatrix} f^*(\overrightarrow{\theta};x,\mathscr{R}_+(t))\\ x\in\mathscr{N}\end{pmatrix}\\ &= \begin{pmatrix} f^*(\overrightarrow{\theta};x,\mathscr{R}_+)\\ x\in\mathscr{N}\end{pmatrix}. \qquad (3.23)\end{aligned}$$

由 (3.22) 和 (3.23) 式立得命题 3.2.

§4 不变测度

设 $(\mathscr{X},\mathscr{A})$、$(\Theta,\mathscr{B})$、$(\overrightarrow{\mathscr{X}},\overrightarrow{\mathscr{A}})$、$(\overrightarrow{\Theta},\overrightarrow{\mathscr{B}})$、$\overline{m}$、$T$、$P^x_{\overrightarrow{\theta}}$、$(\Omega,\mathscr{F},P_\Phi)$、$(\overrightarrow{X},\overrightarrow{\xi})$ 如第二章定理 5.1 中所定义, $P(\theta)$、$P^{(n)}(\overrightarrow{\theta})$、$\widehat{P}^{(n)}((x,\overrightarrow{\theta}),F)$ 如第二章 (6.4)、(6.5)、(6.6) 式中所定义, $\eta=(\eta_n=(X_n,T^n\overrightarrow{\xi}),n\geqslant 0)$ 是 $(\Omega,\mathscr{F},P_\Phi)$ 上的以 $\Phi(\{x\}\times B)$ 为初始分布以 $\widehat{P}^{(n)}((x,\overrightarrow{\theta}),F)$ 为 n 步转移函数的经典的时齐的马尔可夫链, $\widehat{P}((x,\overrightarrow{\theta}),F)\stackrel{\text{def}}{=\!=}\widehat{P}^{(1)}((x,\overrightarrow{\theta}),F)$ 为其 M.K..

在第二章的 §6 中研究过 $P^{(1)}(\overrightarrow{\theta})$ 的随机调和函数的问题, 本章前三节研究了 $P^{(1)}(\overrightarrow{\theta})$ 的随机调和测度, 简称不变测度.

本节将简单研究一些关于 $\widehat{P}^{(n)}((x,\overrightarrow{\theta}),F)$ 的不变测度问题. 仍如第三章定义 3.3 中一样, 令 κ 是 $\mathscr{X}$ 上的计数测度, $\mu=\kappa\times\overline{m}$. 再回忆上述定义中的三个算子. 简记 $L_1(\mathscr{X}\times\overrightarrow{\Theta},\mathscr{A}\times\overrightarrow{\mathscr{B}},\mu)=L_1$, $L_\infty(\mathscr{X}\times\overrightarrow{\Theta},\mathscr{A}\times\overrightarrow{\mathscr{B}},\mu)=L_\infty$. 再记 $\mathscr{A}\times\overrightarrow{\mathscr{B}}$ 上的全体 σ 有限赋号测度为 $\mathscr{M}_\sigma(\mathscr{A}\times\overrightarrow{\mathscr{B}})(\mathscr{M}_F(\mathscr{A}\times\overrightarrow{\mathscr{B}}))$. L_1 和 L_∞ 中之范数分别用 $\|\cdot\|_1$ 和 $\|\cdot\|_\infty$ 表示之.

(1) 对任何 $f\in L_\infty$, 定义:

$$(\widehat{P}^{(n)}f)(x,\overrightarrow{\theta})=\int_{\mathscr{X}\times\overrightarrow{\Theta}}\widehat{P}^{(n)}((x,\overrightarrow{\theta}),\mathrm{d}(y,\overrightarrow{\tau}))f(y,\overrightarrow{\tau})\quad(x\in\mathscr{X},\overrightarrow{\theta}\in\overrightarrow{\Theta});\tag{4.1}$$

(2) 对任何 $\nu\in\mathscr{M}_\sigma(\mathscr{A}\times\overrightarrow{\mathscr{B}})$, 定义

$$(\nu\widehat{P}^{(n)})(F)=\int_{\mathscr{X}\times\overrightarrow{\Theta}}\nu(\mathrm{d}x,\mathrm{d}\overrightarrow{\theta})\widehat{P}^{(n)}((x,\overrightarrow{\theta}),F)\quad(F\in\mathscr{A}\times\overrightarrow{\mathscr{B}});\tag{4.2}$$

(3) 对任何 $g \in L_1$, 定义

$$(g\widehat{P}^{(n)})(x, \overrightarrow{\theta}) = \left(\frac{\mathrm{d}(\nu\widehat{P}^{(n)})}{\mathrm{d}\mu}\right)(x, \overrightarrow{\theta}), \quad (x \in \mathscr{X}, \overrightarrow{\theta} \in \overrightarrow{\Theta}); \tag{4.3}$$

其中 (4.3) 式右方是 Radon–Nikodym 导数, 而

$$\nu(F) = \int_F g(x, \overrightarrow{\theta})\mu(\mathrm{d}x, \mathrm{d}\overrightarrow{\theta}). \tag{4.4}$$

定义 4.1 设 $\nu \in \mathscr{M}_\sigma(\mathscr{A} \times \overrightarrow{\mathscr{B}})$, 称 ν 是 $\widehat{P}^{(1)}((x, \overrightarrow{\theta}), F)$ 的随机调和测度, 简称不变测度, 如果

$$\begin{aligned}(\nu\widehat{P}^{(1)})(F) &\stackrel{\text{def}}{=\!=} \int_{\mathscr{X}\times\overrightarrow{\Theta}} \nu(\mathrm{d}x, \mathrm{d}\overrightarrow{\theta})\widehat{P}^{(1)}((x, \overrightarrow{\theta}), F) \\ &= \nu(F) \quad (\text{对任何 } F \in \mathscr{A} \times \overrightarrow{\mathscr{B}}),\end{aligned} \tag{4.5}$$

附注 4.1 ν 是 $\widehat{P}^{(1)}$ 的不变测度 $\Leftrightarrow \nu$ 是 $\widehat{P}^{(n)}$ 的不变测度 $(\forall n \geqslant 1)$.

命题 4.1 设 $\overline{m} = \overline{m} \circ T^{-1}$. 令

$$\overrightarrow{\Delta}_0 = \{\overrightarrow{\theta} \in \overrightarrow{\Theta} : \lim_{n\to\infty} \frac{1}{n}\sum_{k=0}^{n-1} P^{(k)}(\overrightarrow{\theta}) = 0\}, \tag{4.6}$$

$$\overrightarrow{\Delta}_1 = \overrightarrow{\Theta} - \overrightarrow{\Delta}_0, \tag{4.7}$$

则

(1) $\{T^{-n}(\overrightarrow{\Delta}_0), n \geqslant 0\}$ 是单调下降集合列, 若记其极限为 $\overrightarrow{\Delta}_0^*$, 还有 $\overline{m}(\overrightarrow{\Delta}_0) = \overline{m}(\overrightarrow{\Delta}_0^*)$; (4.8)

(2) $\{T^{-n}(\overrightarrow{\Delta_1}), n \geqslant 0\}$ 是单调上升集合列, 若记其极限为 $\overrightarrow{\Delta}_1^*$, 还有 $\overline{m}(\overrightarrow{\Delta}_1) = \overline{m}(\overrightarrow{\Delta}_1^*)$. (4.9)

证 (1) 由 Lebesgue 控制收敛定理有:

$$\begin{aligned}\overrightarrow{\Delta}_0 &= \left\{\overrightarrow{\theta} \in \overrightarrow{\Theta} : \lim_{n\to\infty} \frac{1}{n-1}\sum_{k=1}^{n-1} P^{(k)}(\overrightarrow{\theta}) = 0\right\} \\ &= \left\{\overrightarrow{\theta} \in \overrightarrow{\Theta} : \lim_{n\to\infty} \frac{1}{n-1} P^{(1)}(\overrightarrow{\theta})\sum_{k=1}^{n-1} P^{(k-1)}(T\overrightarrow{\theta}) = 0\right\} \\ &= \left\{\overrightarrow{\theta} \in \overrightarrow{\Theta} : P^{(1)}(\overrightarrow{\theta})\lim_{n\to\infty} \frac{1}{n-1}\sum_{k=0}^{n-2} P^{(k)}(T\overrightarrow{\theta}) = 0\right\},\end{aligned} \tag{4.10}$$

故由 (4.10) 得:

$$T^{-1}(\overrightarrow{\Delta}_0)=\left\{\overrightarrow{\theta}\in\overrightarrow{\Theta}:\lim_{n\to\infty}\frac{1}{n-1}\sum_{k=0}^{n-2}P^{(k)}(T\overrightarrow{\theta})=0\right\}\subset\overrightarrow{\Delta}_0.$$

$\{T^{-n}(\overrightarrow{\Delta}_0),n\geqslant 0\}$ 的单调下降性证毕. 又由 $\overline{m}=\overline{m}\circ T^{-1}$ 知 $\overline{m}(\overrightarrow{\Delta}_0)=\overline{m}(T^{-n}\overrightarrow{\Delta}_0)$, 从而 $\overline{m}(\overrightarrow{\Delta}_0)=\overline{m}(\overrightarrow{\Delta}_0^*)$. (1) 证毕.

(2) 的证明完全仿 (1).

命题 4.2 设 ν 是有限测度, $\nu\ll\mu$, $u=\dfrac{\mathrm{d}\nu}{\mathrm{d}\mu}$, 则

$$\nu\widehat{P}^{(1)}=\nu\Longleftrightarrow u=u\widehat{P}^{(1)}\quad(\text{注意 }u\in L_1).$$

证 由定义, 对任何 $F\in\mathscr{A}\times\overrightarrow{\mathscr{B}}$, 有 $\nu(F)=\displaystyle\int_F u\,\mathrm{d}\mu$, $(\nu\widehat{P}^{(1)})(F)=\displaystyle\int_F(u\widehat{P}^{(1)})\,\mathrm{d}\mu$. 故命题 4.2 成立.

定理 4.1 设 $\overline{m}=\overline{m}\circ T^{-1}$.

(1) 若 $\overline{m}(\overrightarrow{\Delta}_1)=0$, 则 $\widehat{P}^{(1)}((x,\overrightarrow{\theta}),F)$ 没有有限的非 0 的对 μ 绝对连续的不变测度.

(2) 若 $\overline{m}(\overrightarrow{\Delta}_1)>0$, 则存在一个关于 $\widehat{P}^{(1)}((x,\overrightarrow{\theta}),F)$ 不变的概率测度 φ, 使:

(i) $\varphi\ll\mu$; (4.11)

(ii) $\varphi(\mathscr{X}\times B)=\overline{m}(B|\overrightarrow{\Delta}_1)\quad(\forall B\in\overrightarrow{\mathscr{B}})$; (4.12)

(iii) 若 ν 是 $\widehat{P}^{(1)}((x,\overrightarrow{\theta}),F)$ 的任何一个关于 μ 绝对连续的有限的不变测度, 则亦有 $\nu\ll\varphi$;

(iv) 集合 $S_\varphi\overset{\text{def}}{=\!=}\left\{(x,\overrightarrow{\theta}):\dfrac{\mathrm{d}\varphi}{\mathrm{d}\mu}(x,\overrightarrow{\theta})>0\right\}$ 是闭集且 $S_\varphi\subset C^*$, 其中 C^* 之定义见第三章 (3.6) 式, 闭集之定义见第三章定义 3.5;

(v) $\dfrac{\mathrm{d}\varphi}{\mathrm{d}\mu}$ 是 $\mathscr{A}\times\overrightarrow{\mathscr{B}}_{-\infty}^{-1}$ 可测的.

证 (1) 设 φ 是 $\widehat{P}^{(1)}((x,\overrightarrow{\theta}),F)$ 的一个有限的不变测度且 $\varphi\ll\mu$, 要证 $\varphi(\mathscr{X}\times\overrightarrow{\Theta})=0$.

事实上, 由 φ 关于 $\widehat{P}^{(n)}$ 的不变性和 $\widehat{P}^{(n)}((x,\overrightarrow{\theta}),F)$ 的定义 (见第三章

(6.6) 式) 和 $\overrightarrow{\Delta}_0 \supset T^{-k}\overrightarrow{\Delta}_0^*$ $(\forall k \geqslant 1)$, 可知:

$$
\begin{aligned}
\varphi(\{x\} \times \overrightarrow{\Delta}_0^*) &= \int_{\mathscr{X}\times\overrightarrow{\Theta}} \varphi(\mathrm{d}y, \mathrm{d}\overrightarrow{\theta})\widehat{P}^{(1)}((y, \overrightarrow{\theta}), \{x\} \times \overrightarrow{\Delta}_0^*) \\
&= \int_{\mathscr{X}\times\overrightarrow{\Theta}} \varphi(\mathrm{d}y, \mathrm{d}\overrightarrow{\theta})\frac{1}{n}\sum_{k=0}^{n-1}\widehat{P}^{(k)}((y, \overrightarrow{\theta}), \{x\} \times \overrightarrow{\Delta}_0^*) \\
&= \int_{\mathscr{X}\times\overrightarrow{\Theta}} \varphi(\mathrm{d}y, \mathrm{d}\overrightarrow{\theta})\frac{1}{n}\sum_{k=0}^{n-1} p^{(k)}(\overrightarrow{\theta}; y, x)\mathbf{1}_{\overrightarrow{\Delta}_0^*}(T^k\overrightarrow{\theta}) \\
&\leqslant \int_{\mathscr{X}\times\overrightarrow{\Theta}} \varphi(\mathrm{d}y, \mathrm{d}\overrightarrow{\theta})\left(\frac{1}{n}\sum_{k=0}^{n-1} p^{(k)}(\overrightarrow{\theta}; y, x)\mathbf{1}_{\overrightarrow{\Delta}_0}(\overrightarrow{\theta})\right). \qquad (4.13)
\end{aligned}
$$

用 $\overrightarrow{\Delta}_0$ 之定义和 Lebesgue 控制收敛定理在 (4.13) 式右方令 $n \to \infty$ 即得

$$\varphi(\{x\} \times \overrightarrow{\Delta}_0^*) = 0 \quad (\forall x \in \mathscr{X}). \tag{4.14}$$

而今又设 $\overline{m}(\overrightarrow{\Delta}_1) = 0$, 用 $\overline{m} = \overline{m} \circ T^{-1}$ 可知

$$\overline{m}(\overrightarrow{\Delta}_1^*) = 0,$$

从而

$$\mu(\{x\} \times \overrightarrow{\Delta}_1^*) = 0 \quad (\forall x \in \mathscr{X})$$

由 $\varphi \ll \mu$, 知

$$\varphi(\{x\} \times \overrightarrow{\Delta}_1^*) = 0 \quad (\forall x \in \mathscr{X}). \tag{4.15}$$

由 (4.14)、(4.15) 式和 $\overrightarrow{\Delta}_0^*, \overrightarrow{\Delta}_1^*$ 之定义及 $\overline{m} = \overline{m} \circ T^{-1}$ 可知 φ 是零测度. (1) 证毕.

(2) 设 $\overline{m}(\overrightarrow{\Delta}_1) > 0$, 则由 $\overrightarrow{\Delta}_1$ 的定义知存在一对 $x, y \in \mathscr{X}$ 及正数 $\delta > 0$ 和 $\overrightarrow{\Delta}_2 \subset \overrightarrow{\Delta}_1$ 使 $\overline{m}(\overrightarrow{\Delta}_2) > \delta$ 且

$$\lim_{n\to\infty}\sup\frac{1}{n}\sum_{k=0}^{n-1} p^{(k+1)}(\overrightarrow{\theta}; x, y) \geqslant \delta \quad (\forall \overrightarrow{\theta} \in \overrightarrow{\Delta}_2). \tag{4.16}$$

令 $\mathscr{I}(\overrightarrow{\Theta}) \overset{\text{def}}{=\!=} \{B \in \overrightarrow{\mathscr{B}} : T^{-1}(B) = B\}$ 为 $\overrightarrow{\Theta}$ 上的推移不变 σ 代数, 由 $\widehat{P}^{(k)}((x, \overrightarrow{\theta}), F)$ 的定义有

$$
\begin{aligned}
\frac{1}{n}\sum_{k=1}^{n}\widehat{P}^{(k)}((x, \overrightarrow{\theta}), \{y\} \times B) &= \frac{1}{n}\sum_{k=0}^{n-1} p^{(k+1)}(\overrightarrow{\theta}; x, y)\mathbf{1}_B(T^{k+1}\overrightarrow{\theta}) \\
&\leqslant \frac{1}{n}\sum_{k=0}^{n-1}\mathbf{1}_B(T^{k+1}\overrightarrow{\theta}) \quad (\text{对一切 } B \in \overrightarrow{\mathscr{B}}). \qquad (4.17)
\end{aligned}
$$

在 (4.17) 式的右方令 $n \to \infty$ 并应用严平稳过程的遍历定理 (参见文献 [115] 第十章定理 1.4, 视现在的 $T, \mathbf{1}_B(\overrightarrow{\theta})$ 为那里的 φ 和 X_0) 得知 (4.17) 式之右方趋于

$$\overline{m}(B|\mathscr{I}(\overrightarrow{\Theta})), \quad \overline{m}-\text{a.s.}\overrightarrow{\theta}.$$

当 $\overline{m}(B) < \delta^2/4$ 时, 由马尔可夫不等式有

$$\overline{m}\left\{\overrightarrow{\theta}: \overline{m}(B|\mathscr{I}(\overrightarrow{\Theta})) > \frac{\delta}{2}\right\} \leqslant \overline{m}(B)/(\delta/2) \leqslant \frac{\delta}{2}. \tag{4.18}$$

令

$$\overrightarrow{\varDelta}_3 = \overrightarrow{\varDelta}_2 \bigcap \left\{\overline{m}(B|\mathscr{I}(\overrightarrow{\Theta}) \leqslant \frac{\delta}{2}\right\}, \tag{4.19}$$

则由 $\overline{m}(\overrightarrow{\varDelta}_2) > \delta$ (这是 $\overrightarrow{\varDelta}_2$ 的取法) 和 (4.18) 知

$$\overline{m}(\overrightarrow{\varDelta}_3) > 0. \tag{4.20}$$

而当 $\overrightarrow{\theta} \in \overrightarrow{\varDelta}_3$ 时, 由 $\overrightarrow{\varDelta}_3$ 的定义及 (4.16) 式有

$$\begin{aligned}
&\limsup_{n\to\infty} \frac{1}{n}\sum_{k=0}^{n-1} p^{(k+1)}(\overrightarrow{\theta}; x, y)\mathbf{1}_{B^{\mathrm{c}}}(T^{k+1}\overrightarrow{\theta})\\
\geqslant &\limsup_{n\to\infty} \frac{1}{n}\sum_{k=0}^{n-1} p^{(k+1)}(\overrightarrow{\theta}; x, y) - \lim_{n\to\infty}\frac{1}{n}\sum_{k=0}^{n-1}\mathbf{1}_B(T^{k+1}\overrightarrow{\theta})\\
\geqslant &\frac{\delta}{2} \quad (\overrightarrow{\theta} \in \overrightarrow{\varDelta}_3, x, y \text{ 是 (4.16) 式中取定的.})
\end{aligned} \tag{4.21}$$

对于上面取定的 y 和 δ, 取 $A_l \uparrow (\mathscr{X} \times \overrightarrow{\Theta})$ 且 $A_l \in \mathscr{A} \times \overrightarrow{\mathscr{B}}$, 并且对某些 l 有 $\overline{m}((A_l)_y) > 1 - \dfrac{\delta^2}{4}$ (此处与以前一样, $(A_l)_y$ 是 A_l 在 y 的截口集, 即 $(A_l)_y \stackrel{\text{def}}{=\!=} \{\overrightarrow{\theta} \in \overrightarrow{\Theta}: (y, \overrightarrow{\theta}) \in A_l\}$), 再记 $[A]_y \stackrel{\text{def}}{=\!=} \{y\} \times (A_l)_y$. 若视 $(A_l)_y$ 为 (4.21) 中之 B^{c}, 则对任何 $\overrightarrow{\theta} \in \overrightarrow{\varDelta}_3$ (注意 $\overline{m}(\overrightarrow{\varDelta}_3) > 0$), 有

$$\begin{aligned}
&\limsup_{n\to\infty} \frac{1}{n}\sum_{k=1}^{n} (\widehat{P}^{(k)}\mathbf{1}_{A_l})(x, \overrightarrow{\theta})\\
\geqslant &\limsup_{n\to\infty} \frac{1}{n}\sum_{k=1}^{n} (\widehat{P}^{(k)}\mathbf{1}_{[A_l]_y})(x, \overrightarrow{\theta})\\
= &\limsup_{n\to\infty} \frac{1}{n}\sum_{k=0}^{n-1} p^{(k+1)}(\overrightarrow{\theta}; x, y)\mathbf{1}_{(A_l)_y}(T^{k+1}\overrightarrow{\theta}) \geqslant \frac{\delta}{2}.
\end{aligned}$$

故

$$\limsup_{n\to\infty}\left\|\frac{1}{n}\sum_{k=1}^{n}\widehat{P}^{(k)}\mathbf{1}_{A_l}\right\|_{\infty}>0. \tag{4.22}$$

所以, 由文献 [92] 第四章推论 2 得知, 存在 $\widehat{P}^{(1)}((x,\overrightarrow{\theta}),F)$ 的一个有限的不变测度 $\widetilde{\varphi}\ll\mu$.

再用文献 [92] 第四章定理 E, 可知 $\widetilde{\varphi}$ 满足 (2)(iii) 以及 (2)(iv).

下面证明 $\widetilde{\varphi}$ 满足 (2)(V). 令 φ_n 和 μ_n 分别为 $\widetilde{\varphi}$ 和 μ 在 $\mathscr{A}\times\overrightarrow{\mathscr{B}}^{n}_{-\infty}$ 上的局限, $u_n=\mathrm{d}\varphi_n/\mathrm{d}\mu_n, u=\dfrac{\mathrm{d}\widetilde{\varphi}}{\mathrm{d}\mu}$ 是 Radon–Nikodym 导数, 则 $\{u_n,\mathscr{A}\times\overrightarrow{\mathscr{B}}^{n}_{-\infty},n\geqslant 1\}$ 是测度空间 $(\mathscr{X}\times\overrightarrow{\Theta},\mathscr{A}\times\overrightarrow{\mathscr{B}},\mu)$ 上的 L_1 有界鞅, 用鞅的 L_1 收敛性质并应用命题 4.2 和 $\widetilde{\varphi}\widehat{P}^{(1)}=\widetilde{\varphi}$ 得:

$$\begin{aligned}\int_{\mathscr{X}\times\overrightarrow{\Theta}}|u_n\widehat{P}^{(n+1)}-u|\,\mathrm{d}\mu&=\int_{\mathscr{X}\times\overrightarrow{\Theta}}|(u_n-u)\widehat{P}^{(n+1)}|\,\mathrm{d}\mu\\&\leqslant\int_{\mathscr{X}\times\overrightarrow{\Theta}}|u_n-u|\,\mathrm{d}\mu\to 0\quad(\text{当 } n\to\infty \text{ 时}).\end{aligned} \tag{4.23}$$

而 $u_n\widehat{P}^{(n+1)}$ 是 $\mathscr{A}\times\mathscr{B}^{-n}_{-\infty}$ 可测的 (参见第三章 (3.4) 式), 所以 (2)(V) 对 $\widetilde{\varphi}$ 成立.

最后对 $\widetilde{\varphi}$ 作一些修正, 使之对 (2) (ii) 成立, 且保持修正的 $\widetilde{\varphi}$ 仍满足 (2) (iii)、(2) (iv)、(2) (v) 和 (2) (i).

令

$$\widetilde{\rho}=\frac{\mathrm{d}\widetilde{\varphi}}{\mathrm{d}\mu},\quad g(\overrightarrow{\theta})=\sum_{x\in\mathscr{X}}\widetilde{\rho}(x,\overrightarrow{\theta}),\quad \Gamma=\{\overrightarrow{\theta}:g(\overrightarrow{\theta})>0\}. \tag{4.24}$$

由 (1) 中之证明有

$$\widetilde{\varphi}(\mathscr{X}\times\overrightarrow{\Delta}^{*}_{0})=0,\ \text{从而}\ \Gamma\subset\overrightarrow{\Delta}^{*}_{1}. \tag{4.25}$$

由 $\widetilde{\rho}$ 之定义及 $\widetilde{\varphi}$ 之不变性知:

$$\begin{aligned}&\int_{\overrightarrow{\Theta}}g(\overrightarrow{\theta})\overline{m}(\mathrm{d}\overrightarrow{\theta})=\widetilde{\varphi}(\mathscr{X}\in\Gamma)=(\widetilde{\varphi}\widehat{P}^{(1)})(\mathscr{X}\times\Gamma)\\=&\int_{\overrightarrow{\Theta}}g(\overrightarrow{\theta})\mathbf{1}_{\Gamma}(T\overrightarrow{\theta})\overline{m}(\mathrm{d}\overrightarrow{\theta})=\int_{T^{-1}(\Gamma)}g(\overrightarrow{\theta})\overline{m}(\mathrm{d}\overrightarrow{\theta}).\end{aligned} \tag{4.26}$$

由 (4.26) 推知:

$$\Gamma\subset T^{-1}(\Gamma),\overline{m}-\text{a.s.}. \tag{4.27}$$

由 (4.27) 式再仿命题 4.1(1) 之推理知: $T^{-n}(\Gamma)\downarrow\Gamma^*$ 使 $T^{-1}(\Gamma^*)=\Gamma^*$, $\overline{m}(\Gamma)=\overline{m}(\Gamma^*)$.

谬设 $\overline{m}(\overrightarrow{\Delta}_1^*-\Gamma^*)>0$. 把获得 $\widetilde{\varphi}$ 之推理应用于样本空间 $\Omega^*\overset{\text{def}}{=\!=}\mathscr{X}\times(\overrightarrow{\Delta}_1^*-\Gamma^*)$ 而获得一个关于 $\widehat{P}^{(1)}$ 的有限的不变测度 $\widetilde{\varphi}_1$ 使 $\widetilde{\varphi}_1\ll\mu$. 但是 $\widetilde{\varphi}_1\perp\widetilde{\varphi}$ (意即 $\widetilde{\varphi}_1$ 关于 $\widetilde{\varphi}$ 是奇异的), 这与 $\widetilde{\varphi}$ 满足 (2)(iii) 矛盾. 所以

$$\overline{m}(\overrightarrow{\Delta}_1-\Gamma)=\overline{m}(\overrightarrow{\Delta}_1^*-\Gamma^*)=0. \tag{4.28}$$

再令

$$\rho(x,\overrightarrow{\theta})\overset{\text{def}}{=\!=}\begin{cases}\dfrac{\widetilde{\rho}(x,\overrightarrow{\theta})}{\overline{m}(\overrightarrow{\Delta}_1)g(\overrightarrow{\theta})}, & \text{当 } \overrightarrow{\theta}\in\Gamma,\\ 0, & \text{反之},\end{cases} \tag{4.29}$$

$$\mathrm{d}\varphi\overset{\text{def}}{=\!=}\rho\,\mathrm{d}\mu, \tag{4.30}$$

则

$$\sum_{x\in\mathscr{X}}\rho(x,\overrightarrow{\theta})=\frac{\mathbf{1}_{\overrightarrow{\Delta}_1}}{\overline{m}(\overrightarrow{\Delta}_1)},\quad \overline{m}-\text{a.s.}\,\overrightarrow{\theta}. \tag{4.31}$$

所以由 (4.30)、(4.31) 得

$$\varphi(\mathscr{X}\times B)=\overline{m}(B|\overrightarrow{\Delta}_1), \tag{4.32}$$

此即 φ 满足 (2)(ii).

由 ρ 之构造, 它是 $\widetilde{\rho}$ 的函数 (注意 $g(\overrightarrow{\theta})$ 也是 $\widetilde{\rho}$ 之函数), 所以 φ 满足 (2)(V).

而 φ 与 $\widetilde{\varphi}$ 是等价的, 即相互绝对连续, 由 $\widetilde{\varphi}$ 满足 (2)(i)、(2)(iii) 和 (2)(iv) 推知 φ 亦然.

最后证明 φ 关于 $\widehat{P}^{(1)}$ 的不变性.

事实上, 对任何 $\overrightarrow{\theta}\in\Gamma$, 由 $\widetilde{\rho}\widehat{P}^{(1)}=\widetilde{\rho}$ 得

$$\begin{aligned}(\rho\widehat{P}^{(1)})(x,T\overrightarrow{\theta})&=\sum_{y\in\mathscr{X}}\frac{\widetilde{\rho}(y,\overrightarrow{\theta})}{\overline{m}(\overrightarrow{\Delta}_1)g(\overrightarrow{\theta})}p^{(1)}(\overrightarrow{\theta};y,x)\\&=\frac{\widetilde{\rho}(x,T\overrightarrow{\theta})}{\overline{m}(\overrightarrow{\Delta}_1)g(\overrightarrow{\theta})}=\rho(x,T\overrightarrow{\theta}),\quad \overline{m}-\text{a.s.}\end{aligned} \tag{4.33}$$

而当 $\overrightarrow{\theta}\notin\Gamma$ 时,

$$\rho(x,\overrightarrow{\theta})=(\rho\widehat{P}^{(1)})(x,\overrightarrow{\theta})=0,\quad \overline{m}-\text{a.s.}, \tag{4.34}$$

而 Γ 是几乎平移不变集 (即 $T^{-1}\Gamma \cong \Gamma$), 故由 (4.33)、(4.34) 得

$$\rho \widehat{P}^{(1)} = \rho. \tag{4.35}$$

由 (4.35)、(4.30) 和命题 4.2 知 $\varphi \widehat{P}^{(1)} = \varphi, \varphi$ 的不变性得证. 定理证毕. (此定理是 Cogbour 1984 年首先得到的.)

推论 4.1 若 $\{\theta_i, i \in \mathbf{Z}\}$ 是概率空间 $(\overrightarrow{\Theta}, \overrightarrow{\mathscr{B}}, \overline{m})$ 上的以 T 为推移算子的遍历的严平稳过程, 从而不变 σ 代数 $\mathscr{V}(\overrightarrow{\Theta})$ 中之集合之 $\overline{m}$ 测度非 0 即 1, 故由命题 4.2 知:

$\overline{m}(\overrightarrow{\Delta}_1)$ 非 0 即 1.

若 $\overline{m}(\overrightarrow{\Delta}_1) = 1$, 则由定理 4.1(2) 中找出的 $\widehat{P}^{(1)}$ 的不变测度 φ 满足 $\varphi(\mathscr{X}, \cdot) = \overline{m}(\cdot)$.

证 由定理 4.2(2)(ii) 立即可得.

推论 4.2 在推论 4.1 的条件下, 若取第二章定理 5.1 中的 Φ 为推论 4.1 中之 φ, 则 SKPMC $\eta = \{\eta_n = (X_n, T^n \overrightarrow{\xi}), n \geqslant 0\}$ 是概率空间 $(\Omega, \mathscr{F}, P_\varphi)$ (其构造见第二章定理 5.1) 上的经典的时齐的以 φ 为初始分布以 $\widehat{P}^{(n)}((x, \overrightarrow{\theta}), F)$ 为 n 步转移函数的马尔可夫链, 而且 η 还是遍历的严平稳过程.

证 这是显然的.

推论 4.3 若 $\mathscr{X}$ 是有限集, 则 $\overrightarrow{\Delta}_1 = \overrightarrow{\Theta}$, 而且存在 $\widehat{P}^{(1)}$ 的一个不变的概率测度 φ, 使 $\varphi(\mathscr{X} \times \cdot) = \overline{m}(\cdot)$, 此外, μ 和 φ 在 C^* 上的局限是等价的 (即相互绝对连续.)

证 显然.

§5 算子遍历定理及其在 MCTRE 中的应用

本节简单介绍一下算子遍历定理 —— Chacon–Ornstein 定理及其在 MCTRE 中的应用. 沿用 §4 的符号. 特别要回忆一下三个空间:

$(\mathscr{X} \times \overrightarrow{\Theta}, \mathscr{A} \times \overrightarrow{\mathscr{B}}, \mu = \kappa \times m)$、$L_1(\mathscr{X} \times \overrightarrow{\Theta}, \mathscr{A} \times \overrightarrow{\mathscr{B}}, \mu)$ 和 $L_\infty(\mathscr{X} \times \overrightarrow{\Theta}, \mathscr{A} \times \overrightarrow{\mathscr{B}}, \mu)$

以及由 $\widehat{P}^{(n)}((x, \overrightarrow{\theta}), F)$ 产生的三个有界线性 (它们还是正的压缩的) 算子:

(1) $\widehat{P}^{(n)}: L_\infty(\mathscr{X}\times\overrightarrow{\Theta},\mathscr{A}\times\overrightarrow{\mathscr{B}},\mu)\mapsto L_\infty(\mathscr{X}\times\overrightarrow{\Theta},\mathscr{A}\times\overrightarrow{\mathscr{B}},\mu)$,

$$(\widehat{P}^{(n)}f)(x,\overrightarrow{\theta})\stackrel{\text{def}}{=\!=}\int\widehat{P}^{(n)}((x,\overrightarrow{\theta}),\mathrm{d}(y,\overrightarrow{\tau}))f(y,\overrightarrow{\tau}),\tag{5.1}$$

$f\in L_\infty(\mathscr{X}\times\overrightarrow{\Theta},\mathscr{A}\times\overrightarrow{\mathscr{B}},\mu)$;

(2) $\widehat{P}^{(n)}: L_1(\mathscr{X}\times\overrightarrow{\Theta},\mathscr{A}\times\overrightarrow{\mathscr{B}},\mu)\to L_1(\mathscr{X}\times\overrightarrow{\Theta},\mathscr{A}\times\overrightarrow{\mathscr{B}},\mu)$,

$$(u\widehat{P}^{(n)})(x,\overrightarrow{\theta})\stackrel{\text{def}}{=\!=}\sum_{y\in\mathscr{X}}u(y,T^{-n}\overrightarrow{\theta})p^{(n)}(T^{-n}\overrightarrow{\theta};y,x),\tag{5.2}$$

$u\in L_1(\mathscr{X}\times\overrightarrow{\Theta},\mathscr{A}\times\overrightarrow{\mathscr{B}},\mu)$;

(3) $\widehat{P}^{(n)}:\mathscr{M}_F(\mathscr{A}\times\overrightarrow{\mathscr{B}})\mapsto\mathscr{M}_F(\mathscr{A}\times\overrightarrow{\mathscr{B}})$,

$$(\nu\widehat{P}^{(n)})(F)\stackrel{\text{def}}{=\!=}\int\nu(\mathrm{d}(x,\overrightarrow{\theta}))\widehat{P}^{(n)}((x,\overrightarrow{\theta}),F),\tag{5.3}$$

$\nu\in\mathscr{M}_F(\mathscr{A}\times\overrightarrow{\mathscr{B}})$—$\mathscr{A}\times\overrightarrow{\mathscr{B}}$ 上的全部有限的赋号测度.

注意: (1) $L_1(\mathscr{X}\times\overrightarrow{\Theta},\mathscr{A}\times\overrightarrow{\mathscr{B}},\mu)$、$L_\infty(\mathscr{X}\times\overrightarrow{\Theta},\mathscr{A}\times\overrightarrow{\mathscr{B}},\mu)$ 和 $\mathscr{M}_F(\mathscr{A}\times\overrightarrow{\mathscr{B}})$ 按常规分别定义线性运算和 L_1 范数、L_∞ 范数及全变差范数 $\|\cdot\|_1,\|\cdot\|_\infty,\|\cdot\|$, 则它们都是 Banach 空间.

(2) 由第三章引理 3.1, (5.2) 式中的定义可写成另一等价的形式:

对任何 $u\in L_1(\mathscr{X}\times\overrightarrow{\Theta},\mathscr{A}\times\overrightarrow{\mathscr{B}},\mu)$, 有

$$\begin{aligned}(u\widehat{P}^{(n)})(x,\overrightarrow{\theta})&\stackrel{\text{def}}{=\!=}\sum_{y\in\mathscr{X}}u(y,T^{-n}\overrightarrow{\theta})p^{(n)}(T^{-n}\overrightarrow{\theta};y,x)\\&=\left(\frac{\mathrm{d}(\nu\widehat{P}^{(n)})}{\mathrm{d}\mu}\right)(x,\overrightarrow{\theta}),\end{aligned}\tag{5.4}$$

其中

$$\mathrm{d}\nu=u\,\mathrm{d}\mu,\ \text{即 } u \text{ 是 Radon – Nikodym 导数 } \frac{\mathrm{d}\nu}{\mathrm{d}\mu}.$$

定理 5.1 (Chacon–Ornstein) 设 $(\Omega^*,\mathscr{F}^*,\mu^*)$ 是任一测度空间, L 是 $L_1(\Omega^*,\mathscr{F}^*,\mu^*)$ 到 $L_1(\Omega^*,\mathscr{F}^*,\mu^*)$ 的正的压缩型的线性算子, 则对任何 $f,g\in L_1(\Omega^*,\mathscr{F}^*,\mu^*),g\geqslant 0$, 恒有

$$\lim_{n\to\infty}\frac{\sum\limits_{k=0}^{n}L^kf}{\sum\limits_{k=0}^{n}L^kg}\tag{5.5}$$

在 $\bigcup_{k=0}^{\infty}\{L^k g>0\}$ 上 a.s. 存在且有穷, 其中 L^k 是算子 L 的 k 重复合算子, $L^k f$ 表 f 在 L^k 作用上的像. (注意: 在 §4 中, 为了点函数与集函数的匹配, 曾对 $u\in L_1(\mathscr{X}\times\overrightarrow{\Theta},\mathscr{A}\times\overrightarrow{\mathscr{B}},\mu)$, u 在 $\widehat{P}^{(n)}$ 作用下的像记为 $u\widehat{P}^{(n)}$, 这有两重用意: 一是与 $\nu\widehat{P}^{(n)}$ 匹配, 此处 $\nu\in\mathscr{M}_F(\mathscr{A}\times\overrightarrow{\mathscr{B}})$; 二是与 $\widehat{P}^{(n)}f$ 区别, 此处 $f\in L_\infty(\mathscr{X}\times\overrightarrow{\Theta},\mathscr{A}\times\overrightarrow{\mathscr{B}},\mu)$.)

定理 5.1 的证明较长, 在此略去. 有兴趣的读者可参见文献 [115](P.502 和 P.623).

简记

$$\mathscr{M}_F(\mathscr{F}^*)=\mathscr{L}. \tag{5.6}$$

定理 5.1 是正的压缩型的线性算子的点函数形式的遍历定理, 下面要用它派生出正的压缩型的线性算子的集函数形式的遍历定理, 并用它推导出 MCTRE 的遍历定理.

定理 5.2 设 U 是由 $\mathscr{L}$ 到 $\mathscr{L}$ 的正的压缩型线性算子, $\alpha,\beta\in\mathscr{L},\beta\geqslant 0$, 则

$$\lim_{n\to\infty}\frac{\mathrm{d}\left(\sum\limits_{k=0}^{n}U^k\alpha\right)}{\mathrm{d}\left(\sum\limits_{k=0}^{n}U^k\beta\right)}$$

在 $\Omega^*-\Omega_1^*$ 上存在且有穷, 其中 $\Omega_1^*\in\mathscr{F}^*$, 且 $U^k\beta(\Omega_1^*)=0$ (对一切 $k\geqslant 0$).

证 首先注意到: 若 $\gamma,\delta,\mu\in\mathscr{L},\mu^*\geqslant 0,\gamma\ll\mu^*,\delta\ll\mu^*,\dfrac{\mathrm{d}\delta}{\mathrm{d}\mu^*}>0$, 则 $\dfrac{\mathrm{d}\gamma}{\mathrm{d}\delta}$ 存在而且

$$\frac{\mathrm{d}\gamma}{\mathrm{d}\delta}=\frac{\mathrm{d}\gamma}{\mathrm{d}\mu^*}\Big/\frac{\mathrm{d}\delta}{\mathrm{d}\mu^*}. \tag{5.7}$$

事实上, 由 $\delta\ll\mu^*$ 得

$$\delta(B)=\int_B\frac{\mathrm{d}\delta}{\mathrm{d}\mu^*}\,\mathrm{d}\mu^*\quad(\forall B\in\mathscr{F}^*).$$

而 $\dfrac{\mathrm{d}\delta}{\mathrm{d}\mu^*}>0$, 所以

$$\delta(B)=0\Longrightarrow\mu^*(B)=0. \tag{5.8}$$

又由 $\gamma \ll \mu^*$ 得知

$$\mu^*(B) = 0 \Longrightarrow \gamma(B) = 0. \tag{5.9}$$

由 (5.8) 和 (5.9) 得知 $\gamma \ll \delta$, 且对任何 $B \in \mathscr{F}^*$ 还有

$$\int_B \frac{\mathrm{d}\gamma}{\mathrm{d}\mu^*}\,\mathrm{d}\mu^* = \gamma(B) = \int_B \frac{\mathrm{d}\gamma}{\mathrm{d}\delta}\,\mathrm{d}\delta = \int_B \frac{\mathrm{d}\gamma}{\mathrm{d}\delta}\frac{\mathrm{d}\delta}{\mathrm{d}\mu^*}\,\mathrm{d}\mu^*.$$

所以 $\dfrac{\mathrm{d}\gamma}{\mathrm{d}\mu^*} = \dfrac{\mathrm{d}\gamma}{\mathrm{d}\delta}\cdot\dfrac{\mathrm{d}\delta}{\mathrm{d}\mu^*}$, 而 $\dfrac{\mathrm{d}\delta}{\mathrm{d}\mu^*} > 0$, 所以

$$\frac{\mathrm{d}\gamma}{\mathrm{d}\delta} = \frac{\mathrm{d}\gamma}{\mathrm{d}\mu^*}\bigg/\frac{\mathrm{d}\delta}{\mathrm{d}\mu^*}.$$

(5.7) 得证. 下面定义

$$\mu^* = \sum_{k=0}^{\infty} C_k U^k(\beta + |\alpha|),\ C_k > 0,\ \sum_{k=0}^{\infty} C_k = 1, \tag{5.10}$$

则由 U 是正的压缩型线性算子及 $\beta + |\alpha| \geqslant 0$ 得 $\mu^* \geqslant 0, \mu^* \in \mathscr{L}$, 且

$$\begin{aligned}\|\mu^*\| &= \sum_{k=0}^{\infty} C_k U^k(\beta + |\alpha|)(\Omega^*) \leqslant \sum_{k=0}^{\infty} C_k\|\beta + |\alpha|\| \\ &= \|\beta + |\alpha|\| < \infty.\end{aligned}$$

而由 (5.10) 知

$$U^k\alpha \ll \mu^*, U^k\beta \ll \mu^*(k \geqslant 0). \tag{5.11}$$

所以由 (5.7) 知:Radon–Nikodym 导数

$$\frac{\mathrm{d}\left(\sum\limits_{k=0}^{n} U^k\alpha\right)}{\mathrm{d}\left(\sum\limits_{k=0}^{n} U^k\beta\right)}$$

在 $\left\{\omega \in \Omega^* : \mathrm{d}\left(\sum\limits_{k=0}^{n} U^k\beta\right)/\mathrm{d}\mu^* > 0\right\}$ 上有定义.

对任意 $f \in L_1(\Omega^*, \mathscr{F}^*, \mu^*)$, 定义

$$\xi_f(B) = \int_B f\,\mathrm{d}\mu^* \quad (B \in \mathscr{F}^*), \tag{5.12}$$

则 $\xi_f \in \mathscr{L}, \xi_f \ll \mu^*, |\xi_f| = \xi_{f^+} + \xi_{f^-}, \xi_f = \xi_{f^+} - \xi_{f^-}$. 而由 U 是正的压缩型线性算子和 $\xi_f \ll \mu^*$ 得知

$$U\xi_f \ll \mu^*.$$

所以可定义

$$Lf = \mathrm{d}(U\xi_f)/\,\mathrm{d}\mu^*, \quad f \in L_1(\Omega^*, \mathscr{F}^*, \mu^*).$$

显然 L 是由 $L_1(\Omega^*, \mathscr{F}^*, \mu^*)$ 到 $L_1(\Omega^*, \mathscr{F}^*, \mu^*)$ 的线性算子. 若 $f \in L_1(\Omega^*, \mathscr{F}^*, \mu^*), f \geqslant 0$, 则 $\xi_f \in \mathscr{L}, \xi_f \geqslant 0$. 而 U 是正算子, 所以 $U\xi_f \geqslant 0$. 又因为 $\mu^* \geqslant 0, \mu^* \in \mathscr{L}$, 所以 $Lf = \mathrm{d}(U\xi_f)/\,\mathrm{d}\mu^* \geqslant 0$, 此即 L 是正算子. 记 $L_1(\Omega^*, \mathscr{F}^*, \mu^*)$ 中的范数为 $\|\cdot\|_1$, 则

$$\begin{aligned}\|Lf\|_1 &= \int_{\Omega^*} |Lf|\,\mathrm{d}\mu^* = \|U\xi_f\| \leqslant \|\xi_f\| = |\xi_f|(\Omega^*) \\ &= \int_{\Omega^*} (f^+ + f^-)\,\mathrm{d}\mu^* = \|f\|_1 \quad (f \in L_1(\Omega^*, \mathscr{F}^*, \mu^*)).\end{aligned}$$

此即 L 是压缩型算子. 故 L 满足定理 5.1 的全部条件. 若 $f, g \in L_1(\Omega^*, \mathscr{F}^*, \mu^*), g \geqslant 0, A_k \xlongequal{\text{def}} \{\omega \in \Omega^* : (L^k g)(\omega) > 0\}, A \xlongequal{\text{def}} \bigcup\limits_{k=0}^{\infty} A_k$, 则由定理 5.1 得知:

$$\lim_{n\to\infty} \frac{\sum\limits_{k=0}^{n} L^k f}{\sum\limits_{k=0}^{n} L^k g}$$

在 A 上 a.s. 存在且有穷. 特别地, 取 $f = \dfrac{\mathrm{d}\alpha}{\mathrm{d}\mu^*}, g = \dfrac{\mathrm{d}\beta}{\mathrm{d}\mu^*}$, 由于 $\beta \geqslant 0, \mu^* \geqslant 0$, $\beta, \mu^* \in \mathscr{L}$, 所以, $f, g \in L_1(\Omega^*, \mathscr{F}^*, \mu^*), g \geqslant 0$ (注意: $\alpha \ll \mu^*, \beta \ll \mu^*, \dfrac{\mathrm{d}\alpha}{\mathrm{d}\mu^*}, \dfrac{\mathrm{d}\beta}{\mathrm{d}\mu^*}$ 存在), 而且 $\xi_f = \alpha, \xi_g = \beta$. 因此

$$Lf = \frac{\mathrm{d}(U\xi_f)}{\mathrm{d}\mu^*} = \frac{\mathrm{d}(U\alpha)}{\mathrm{d}\mu^*}, \quad Lg = \frac{\mathrm{d}(U\beta)}{\mathrm{d}\mu^*}.$$

对 k 作归纳法可以证明对一切 $k \geqslant 1$, 恒有

$$L^k f = \frac{\mathrm{d}(U^k\alpha)}{\mathrm{d}\mu^*}, \quad L^k g = \frac{\mathrm{d}(U^k\beta)}{\mathrm{d}\mu^*}.$$

因此

$$\lim_{n\to\infty}\frac{\mathrm{d}\left(\sum_{k=0}^{n}U^k\alpha\right)}{\mathrm{d}\left(\sum_{k=0}^{n}U^k\beta\right)}=\lim_{n\to\infty}\frac{\sum_{k=0}^{n}\mathrm{d}(U^k\alpha)/\,\mathrm{d}\mu^*}{\sum_{k=0}^{n}\mathrm{d}(U^k\beta)/\,\mathrm{d}\mu^*}=\lim_{n\to\infty}\frac{\sum_{k=0}^{n}L^kf}{\sum_{k=0}^{n}L^kg} \tag{5.13}$$

在 A 上 a.s. 存在且有穷 (注意在 $A=\bigcup_{k=0}^{\infty}A_k=\bigcup_{k=0}^{\infty}\{L^kg>0\}=\left\{\sum_{k=0}^{\infty}L^kg>0\right\}$ 上 (5.13) 中的 3 个表示式均有意义.). 取 $\Omega_1^*=\Omega^*-A$, 则

$$\begin{aligned}0&=\mu^*(\Omega_1^*\textstyle\bigcap A_k)=\mu^*(\Omega_1^*\bigcap\{L^kg>0\})\\&=\mu^*\left(\Omega_1^*\textstyle\bigcap\left\{\dfrac{\mathrm{d}(U^k\beta)}{\mathrm{d}\mu^*}>0\right\}\right)\quad(k\geqslant 0).\end{aligned} \tag{5.14}$$

因此, 由 (5.14) 得

$$\begin{aligned}(U^k\beta)(\Omega_1^*)&=\int_{\Omega_1^*}\frac{\mathrm{d}(U^k\beta)}{\mathrm{d}\mu^*}\,\mathrm{d}\mu^*\\&=\int_{\Omega_1^*\cap\left\{\frac{\mathrm{d}(U^k\beta)}{\mathrm{d}\mu^*}>0\right\}}\frac{\mathrm{d}(U^k\beta)}{\mathrm{d}\mu^*}\,\mathrm{d}\mu^*=0\quad(k\geqslant 0).\end{aligned}$$

定理 5.2 证毕.

定理 5.3 设 $\overline{m}=\overline{m}\circ T^{-1}$, 则对任何 $x,y,z\in\mathscr{X}$, 恒有

$$\lim_{n\to\infty}\frac{\sum_{k=1}^{n}p^{(k)}(T^{-k}\overrightarrow{\theta};z,x)}{\sum_{k=1}^{n}p^{(k)}(T^{-k}\overrightarrow{\theta};y,x)} \tag{5.15}$$

在

$$\overrightarrow{\Theta}_1\overset{\text{def}}{=\!=}\left\{\overrightarrow{\theta}:\sum_{k=1}^{\infty}p^{(k)}(T^{-k}\overrightarrow{\theta};y,x)>0\right\}$$

上 $\overline{m}-$a.s. 存在且有穷. 特别地, 若 $y\to x$, 且 $P(\theta)$ 是时齐的, 则极限 (5.15) 式对 $\overline{m}-$a.s.$\overrightarrow{\theta}$ 存在且有穷.

证 首先注意: $\widehat{P}^{(n)}: L_1(\mathscr{X}\times\overrightarrow{\Theta},\mathscr{A}\times\overrightarrow{\mathscr{B}},\mu)\mapsto L_1(\mathscr{X}\times\overrightarrow{\Theta};\mathscr{A}\times\overrightarrow{\mathscr{B}},\mu)$ 是正的压缩型的线性算子, 并且应用第三章引理 3.1 及 $\overline{m}=\overline{m}\circ T^{-1}$ 有

$$\begin{aligned}(\mathbf{1}_{\{y\}\times\overrightarrow{\Theta}}\widehat{P}^{(k)})(x,\overrightarrow{\theta}) &= \sum_{u\in\mathscr{X}}(\mathbf{1}_{\{y\}\times\overrightarrow{\Theta}}(u,T^{-k}\overrightarrow{\theta})\cdot p^{(k)}(T^{-k}\overrightarrow{\theta};u,x))\\ &= p^{(k)}(T^{-k}\overrightarrow{\theta};y,x).\end{aligned}\tag{5.16}$$

所以由定理 5.1 可知: 极限 (5.15) 在 $\overrightarrow{\Theta}_1$ 上 $\overline{m}$ – a.s. 收敛且有穷.

再注意 $\overline{m}=\overline{m}\circ T^{-1}$ 及

$$\{\overrightarrow{\theta}:f^*(\overrightarrow{\theta};y,x)>0\}\subset\left\{\overrightarrow{\theta}:\sum_{k=1}^{\infty}p^{(k)}(\overrightarrow{\theta};y,x)>0\right\},$$

由上可知: 当 $y\to x$ 时, $\overline{m}(\overrightarrow{\Theta}_1)=1$. 定理 5.3 证毕.

本节剩下的部分将研究 $\widehat{P}^{(n)}$ 有不变测度 $\varPhi$ 时, 即有 $\mathscr{A}\times\overrightarrow{\mathscr{B}}$ 上的概率测度 $\varPhi$, 使

$$\int\varPhi(\mathrm{d}x,\mathrm{d}\overrightarrow{\theta})\widehat{P}^{(n)}((x,\overrightarrow{\theta}),\cdot)=\varPhi(\cdot)$$

时,SKPMC $\eta=\{\eta_n=(X_n,T^n\overrightarrow{\xi}),n\geqslant 0\}$ 的遍历极限和与 $\widehat{P}^{(n)}((x,\overrightarrow{\theta}),F)$ 相关联的概率测度的遍历极限问题.

前面引进过 $\eta=\{\eta_n,n\geqslant 0\}$ (或其转移函数 $\widehat{P}^{(1)}((x,\overrightarrow{\theta}),F)$) 的闭集的概念. 称 $F\in\mathscr{A}\times\overrightarrow{\mathscr{B}}$ 为 η 或 $\widehat{P}^{(1)}$ 之闭集, 若 $\widehat{P}^{(1)}\mathbf{1}_F=\mathbf{1}_F$. 显然

$$\mathscr{F}_i\overset{\text{def}}{=\!=}\{F\in\mathscr{A}\times\overrightarrow{\mathscr{B}}:\widehat{P}^{(1)}\mathbf{1}_F=\mathbf{1}_F\}\text{ 是 }\sigma\text{ 代数},$$

称之为关于正线性有界算子 $\widehat{P}^{(1)}$ 的不变 σ 代数.

注意: 在第三章附注 3.1 中, 还引进过任一测度空间 $(\varOmega^*,\mathscr{F}^*,\mu^*)$ 上的保测变换 $\varphi:\varOmega^*\mapsto\varOmega^*$ 的不变 σ 代数 $\mathscr{I}\overset{\text{def}}{=\!=}\{A\in\mathscr{F}^*:\varphi^{-1}(A)=A\}$ 及 $\mathscr{I}$ (或 φ) 的遍历性 (即 $\mathscr{I}$ 中之集合 A 的 $\mu^*(A)$ 与 $\mu^*(\varOmega^*-A)$ 中至少有一个为 0.).

对于 $\mathscr{F}_i$, 也可引进遍历性 "称 $\mathscr{F}_i$ (或 $\varPhi$, 或 $\widehat{P}^{(1)}$) 是遍历的, 如果对 $\mathscr{F}_i$ 中任一集合 $\varLambda$, 不变测度 $\varPhi$ 有 $\varPhi(A)$ 非 0 即 1.

定理 5.4 如果第二章定理 5.1 所构造的 $\eta=\{\eta_n=(X_n,T^n\overrightarrow{\xi}),n\geqslant 0\}$ 是 $(\varOmega=\overrightarrow{\mathscr{X}}\times\overrightarrow{\Theta},\mathscr{F}=\overrightarrow{\mathscr{A}}\times\overrightarrow{\mathscr{B}},P_{\varPhi})$ 上的以 $\varPhi$ 为初始分布、以 $\widehat{P}^{(n)}((x,\overrightarrow{\theta}),F)$ 为 n 步转移函数的经典的时齐的马尔可夫链 (即 SKPMC); 若 $\widehat{P}^{(n)}$ 有不变

的概率测度, 不妨记之为 Φ, 任取 $f \in L_1(\mathscr{X} \times \overrightarrow{\Theta}, \mathscr{A} \times \overrightarrow{\mathscr{B}}, \Phi)$. 视 T 为 Ω 到 Ω 的推移算子, 即对任何 $\omega = (\overrightarrow{x}, \overrightarrow{\theta}) \in \Omega$,

$$T\omega = (\overrightarrow{y}, \overrightarrow{\tau}), \quad y_n = x_{n+1}, \quad \tau_n = \theta_{n+1}. \tag{5.17}$$

(T 局限在 $\overrightarrow{\mathscr{X}}$ 或 $\overrightarrow{\Theta}$ 上的推移算子仍用 T 表示.)

则

(1) T 是由 Ω 到 Ω 的保测变换;

(2) $f(\eta) \stackrel{\text{def}}{=\!=} \{f(\eta_n), n \geqslant 0\}$ 是 $(\Omega, \mathscr{F}, P_\Phi)$ 上的实值的以 T 为保测变换的严平稳过程, 且是 $(f(\eta_0), T)$ 平稳过程 (定义见第三章附注 3.1), 此外还有

$$\boldsymbol{E}_\Phi(|f(\eta_0)|) < \infty; \tag{5.18}$$

(其中 $\boldsymbol{E}_\Phi$ 是关于概率测度 P_Φ 的期望算子.)

(3) $$\lim_{n\to\infty} \frac{1}{n} \sum_{k=0}^{n-1} f(\eta_k) = \boldsymbol{E}_\Phi(f(\eta_0)|\mathscr{I}), P_\Phi - \text{a.s.}, \tag{5.19}$$

而且 (5.19) 中的 a.s. 收敛还可换为 L_1 收敛, 其中 $\mathscr{I}$ 是此平稳过程之不变 σ 代数, 或说是保测变换 T 的不变 σ 代数, 特别地, 若此平稳过程是遍历的, 则 (5.19) 可改写为

$$\lim_{n\to\infty} \frac{1}{n} \sum_{k=0}^{n-1} f(\eta_k) = \boldsymbol{E}_\Phi(f(\eta_0)), \text{a.s.}, L_1, \tag{5.20}$$

这就是 $f(\eta_n)$ 的强大数定律;

(4) 若取 f 为一对一的, 则 $f(\eta) = \{f(\eta_n), n \geqslant 0\}$ 是 $(\Omega, \mathscr{F}, P_\Phi)$ 上的以 $\Phi \circ f^{-1}$ 为初始分布且以 $K(r, A) \stackrel{\text{def}}{=\!=} \widehat{P}^{(1)}(f^{-1}(r), f^{-1}(A))$ 为 M.K. 的经典的时齐的马尔可夫链.

证 (1) 在 $\overrightarrow{\mathscr{X}}, \overrightarrow{\Theta}$ 上引进两类可测柱集:

$$L\left(\overrightarrow{\mathscr{X}}: \begin{matrix} k, k+1, \cdots, k+n \\ A_k, A_{k+1}, \cdots, A_{k+n} \end{matrix}\right) \stackrel{\text{def}}{=\!=} \{\overrightarrow{x} \in \overrightarrow{\mathscr{X}} : x_s \in A_s, k \leqslant s \leqslant k+n\},$$

$$L\left(\overrightarrow{\Theta}: \begin{matrix} k, k+1, \cdots, k+n \\ B_k, B_{k+1}, \cdots, B_{k+n} \end{matrix}\right) \stackrel{\text{def}}{=\!=} \{\overrightarrow{\theta} \in \overrightarrow{\Theta} : T^t \overrightarrow{\theta} \in B_t, k \leqslant t \leqslant k+n\},$$

$A_s \in \mathscr{A}, B_t \in \overrightarrow{\mathscr{B}}$.

显然,

$$\begin{aligned}&T^{-1}\left(L\left(\overrightarrow{\mathscr{X}}:\begin{matrix}k,k+1,\cdots,k+n\\A_k,A_{k+1},\cdots,A_{k+n}\end{matrix}\right)\right)\\=&L\left(\overrightarrow{\mathscr{X}}:\begin{matrix}k+1,k+2,\cdots,k+n+1\\A_k,A_{k+1},\cdots,A_{k+n}\end{matrix}\right)\\&T^{-1}\left(L\left(\overrightarrow{\Theta}:\begin{matrix}k,k+1,\cdots,k+n\\B_k,B_{k+1},\cdots,B_{k+n}\end{matrix}\right)\right)\\=&L\left(\overrightarrow{\Theta}:\begin{matrix}k+1,k+2,\cdots,k+n+1\\B_k,B_{k+1},\cdots,B_{k+n}\end{matrix}\right),\end{aligned}\tag{5.21}$$

所以, 由 Φ 是 $\widehat{P}^{(n)}$ 的不变概率测度知 $\eta=\{\eta_n,n\geqslant 0\}$ 是严平稳过程, 从而由第二章定理 5.1 中 η 之构造知:

$$\begin{aligned}&P_\Phi\left(T^{-1}\left(L\left(\overrightarrow{\mathscr{X}}:\begin{matrix}k,\cdots,k+n\\A_k,\cdots,A_{k+n}\end{matrix}\right)\times L\left(\overrightarrow{\Theta}:\begin{matrix}k,\cdots,k+n\\B_k,\cdots,B_{k+n}\end{matrix}\right)\right)\right)\\=&P_\Phi\left(L\left(\overrightarrow{\mathscr{X}}:\begin{matrix}k+1,\cdots,k+n+1\\A_k,\cdots,A_k\end{matrix}\right)\times L\left(\overrightarrow{\Theta}:\begin{matrix}k+1,\cdots,k+1+n\\B_k,\cdots,B_{k+n}\end{matrix}\right)\right)\\=&P_\Phi\left(\bigcap_{t=k+1}^{k+1+n}\{\eta_t\in A_{t-1}\times B_{t-1}\}\right)\\=&P_\Phi\left(\bigcap_{t=k}^{k+n}\{\eta_t\in A_t\times B_t\}\right)\\=&P_\Phi\left(L\left(\overrightarrow{\mathscr{X}}:\begin{matrix}k,\cdots,k+n\\A_k,\cdots,A_{k+n}\end{matrix}\right)\times L\left(\overrightarrow{\Theta}:\begin{matrix}k,\cdots,k+n,\\B_k,\cdots,B_{k+n}\end{matrix}\right)\right)\end{aligned}$$

因此 T 是保测变换, η 也是 (η_0,T) 平稳过程.

(2) 为证 (2), 只需证明 (5.18) 式. 注意:

$$f\in L_1(\mathscr{X}\times\overrightarrow{\Theta},\mathscr{A}\times\overrightarrow{\mathscr{B}},\Phi),$$

可知

$$\begin{aligned}\boldsymbol{E}_\Phi(|f(\eta_0)|)&=\int_{\mathscr{X}\times\overrightarrow{\Theta}}|f(x,\overrightarrow{\theta})|(P_\Phi\circ\eta_0^{-1})(\mathrm{d}x,\mathrm{d}\overrightarrow{\theta})\\&=\int_{\mathscr{X}\times\overrightarrow{\Theta}}|f(x,\overrightarrow{\theta})|\Phi(\mathrm{d}x,\mathrm{d}\overrightarrow{\theta})<\infty.\end{aligned}$$

(3) 由 (5.18) 式并应用 Birkhoff 定理可以证明 (3) 成立. (详细证明可参见文献 [115] 第十章定理 1.3 和定理 1.4.)

(4) 直接推导易证 (4) 成立. 定理证毕.

定理 5.5 设 $\varPhi$ 是 $\widehat{P}^{(1)}$ 的不变的概率测度, $f \in L_1(\mathscr{X} \times \overrightarrow{\varTheta}, \mathscr{A} \times \overrightarrow{\mathscr{B}}, \varPhi)$, 则对 $\varPhi -$ a.s.$(x, \overrightarrow{\theta})$, 有

$$\lim_{n\to\infty} \frac{1}{n} \sum_{k=1}^{n} (\widehat{P}^{(k)} f)(x, \overrightarrow{\theta}) = \widetilde{\boldsymbol{E}}_{\varPhi}(f|\mathscr{F}_i). \tag{5.22}$$

注意: 此处 $\widetilde{\boldsymbol{E}}_{\varPhi}$ 是关于概率测度 $\varPhi$ 的期望算子, 而定理 5.4 中的 $\boldsymbol{E}_{\varPhi}$ 是关于概率测度 $P_{\varPhi}$ (定义见第二章定理 5.1) 的期望算子.

特别地, 若在 (5.22) 中取 $f(\cdot) = \mathbf{1}_{\{y\}\times\overrightarrow{\varTheta}}(\cdot)$, 则 (5.22) 式变成 (注意 $P_{\varPhi} \circ \eta_0^{-1} = \varPhi$): 对任何 $y \in \mathscr{X}$, 有:

$$\lim_{n\to\infty} \frac{1}{n} \sum_{k=1}^{n} p^{(k)}(\overrightarrow{\theta}; x, y) = P_{\varPhi}(X_0 = y|\eta_0^{-1}(\mathscr{F}_i)), \tag{5.23}$$

$$\varPhi - \text{a.s. } (x, \overrightarrow{\theta}).$$

更特别地, 当 $\varPhi$ 是遍历的, 即 $\mathscr{F}_i$ 中之集合的 $\varPhi$ 测度非 0 即 1 时, (5.23) 式右方等于: $\varPhi(\{y\} \times \overrightarrow{\varTheta})$.

证明请见文献 [50] 定理 5.1.

第五章

MCTRE 的中心极限定理和不变原理

本章沿用第四章的符号, 如 $(\mathscr{X},\mathscr{A})$、$(\overrightarrow{\mathscr{X}},\overrightarrow{\mathscr{A}})$、$(\Theta,\mathscr{B})$、$(\overrightarrow{\Theta},\overrightarrow{\mathscr{B}})$、$T$、$\overline{m}$ 、$P(\theta)$、$P^{(n)}(\overrightarrow{\theta})$、$\widehat{P}^{(n)}((x,\overrightarrow{\theta}),F)$、$p^n(\overrightarrow{\theta};x,y)$、$f^{(n)}(\overrightarrow{\theta};x,y)$、$f^*(\overrightarrow{\theta};x,y)$, 等等. 仍记 $(\overrightarrow{X},\overrightarrow{\xi})$ 如第二章定理 5.1 中所构造的概率空间 $(\Omega,\mathscr{F},P_\Phi)$ 上的 MCTRE, $\eta=(\eta_n=(X_n,T^n\overrightarrow{\xi}),n\geqslant 0)$ 为 SKPMC, 即是以 Φ 为初始分布、以 $\widehat{P}^{(n)}((x,\overrightarrow{\theta}),F)$ 为 n 步转移函数的经典的时齐的马尔可夫链. 本章恒设 $\mathscr{X}$ 是可数集. $\mu=\kappa\times\overline{m},\kappa$ 是 $\mathscr{A}$ 上的计数测度.

MCTRE 的中心极限定理 (从某种意义上说) 是不变原理的特例, 当然中心极限定理成立的充分条件一般比不变原理成立的充分条件弱. 所以这一章阐述中心极限定理时仅介绍结果, 证明从略, 但阐述不变原理时, 却给出了证明. 本章恒设 $\overline{m}=\overline{m}\circ T^{-1}$.

§1 MCTRE 的中心极限定理

首先, 我们给出几个条件.

条件 1 对每个 $n\geqslant 0,P^{(n)}(\overrightarrow{\theta})$ 存在不变的概率密度函数 $\varphi(x,\overrightarrow{\theta})$, 即存在 $\mathscr{A}\times\overrightarrow{\mathscr{B}}$ 可测的非负的函数 $\varphi(x,\overrightarrow{\theta})$, 使

$$\mathrm{d}\Phi=\varphi(x,\overrightarrow{\theta})\,\mathrm{d}\mu \quad 且$$

$$\sum_{y\in\mathscr{X}}\varphi(y,T^{-n}\overrightarrow{\theta})p^{(n)}(T^{-n}\overrightarrow{\theta};y,x)=\varphi(x,\overrightarrow{\theta})\quad(x\in\mathscr{X},\overrightarrow{\theta}\in\overrightarrow{\Theta},n\geqslant 0).\quad(1.1)$$

这时, Φ 是 $\widehat{P}^{(n)}$ 的不变概率测度 (见后面的命题 1.2).

仍记 $P^x_{\overrightarrow{\theta}}$ 为第二章 (5.8) 所定义的 $\overrightarrow{\mathscr{A}}$ 上的概率测度, 由第二章 (6.19)—(6.21) 知: 当 $P_\Phi(X_0=x|\overrightarrow{\xi}=\overrightarrow{\theta})=1$, 即 $p-\overrightarrow{\theta}$ 链 $\overrightarrow{X}$ 从 x 出发时, $\overline{\mu}(\overrightarrow{\theta})(\overrightarrow{X}\in A)=P^x_{\overrightarrow{\theta}}(A)$, 即 $P^x_{\overrightarrow{\theta}}$, 是从 x 出发的 $p-\overrightarrow{\theta}$ 链 $\overrightarrow{X}$ 的分布. 若 ν 是 $\mathscr{X}$ 上之离散分布, 则记

$$P^\nu_{\overrightarrow{\theta}}\overset{\text{def}}{=\!=}\int_{\mathscr{X}}\nu(\mathrm{d}x)P^x_{\overrightarrow{\theta}}\quad(\text{此处 } P^x_{\overrightarrow{\theta}}.\ \text{对应于 [52] 中的 } P_{x,\overrightarrow{\theta}}).\quad(1.2)$$

如条件 1, 若 $\varphi(x,\overrightarrow{\theta})$ 是 $(\mathscr{X}\times\overrightarrow{\Theta},\mathscr{A}\times\overrightarrow{\mathscr{B}})$ 上的概率密度函数, $\mathrm{d}\Phi=\varphi(x,\overrightarrow{\theta})\,\mathrm{d}\mu$, 即 φ 是 Radon-Nikodym 导数 $\dfrac{\mathrm{d}\Phi}{\mathrm{d}\mu}$, 记

$$P_\varphi\overset{\text{def}}{=\!=}\widehat{P}_\Phi\overset{\text{def}}{=\!=}P_\Phi\circ\eta^{-1}\ \text{是 } \eta \text{ 的 } P_\Phi \text{ 分布}.\quad(1.3)$$

条件 2 $\overline{m}=\overline{m}\circ T^{-1}$, 且保测变换 T 是遍历的, 即不变 σ 代数 $\mathscr{I}(\overrightarrow{\Theta})\overset{\text{def}}{=\!=}\{\Lambda\in\overrightarrow{\mathscr{B}}:\Lambda=T^{-1}\Lambda\}$ 中之集合的 $\overline{m}$ 测度非 0 即 1. 亦即坐标过程 $\{\theta_i,i\in\mathbf{Z}\}$ 是遍历的严平稳过程.

对可测空间 $(\mathscr{X},\mathscr{A})$ 上的有限的赋号测度, 按常规用 $\|\cdot\|$ 表示其全变差范数, 再按通常的赋号测度之线性运算定义 $\mathscr{M}_F(\mathscr{A})$ (如前, 它表示 $\mathscr{A}$ 中全体有限赋号测度) 中的线性运算, 则 $(\mathscr{M}_F(\mathscr{A}),\|\cdot\|)$ 是 Banach 空间.

对任意的 $\lambda,\nu\in\mathscr{M}_F$, 定义随机 Dobrushin 系数如下:

$$\delta_n(\lambda,\nu;\overrightarrow{\theta})\overset{\text{def}}{=\!=}\|(x-\nu)P^{(n)}(\overrightarrow{\theta})\|.\quad(1.4)$$

注意: (1.4) 式右方 $P^{(n)}(\overrightarrow{\theta})=(p^{(n)}(\overrightarrow{\theta};x,y),x,y\in\mathscr{X})$ 是矩阵, 若记 $\lambda(\{x\})\overset{\text{def}}{=\!=}\lambda_x,x\in\mathscr{X}$, 则赋号测度 λ 由行向量 $(\lambda_x,x\in\mathscr{X})$ 决定,

$$\lambda P^{(n)}(\overrightarrow{\theta})\overset{\text{def}}{=\!=}\left(\sum_{x\in\mathscr{X}}\lambda_x p^{(n)}(\overrightarrow{\theta};x,y),y\in\mathscr{X}\right)\in\mathscr{M}_F(\mathscr{A}).$$

所以以后对 $\lambda\in\mathscr{M}_F(\mathscr{A})$, 常用行向量 $(\lambda_x,x\in\mathscr{X})$ 表示, λ_x 是 λ 在单点集 $\{x\}$ 上之测度, 由于 $\lambda\in\mathscr{M}_F(\mathscr{A})$ 是有限的赋号测度, 所以 $\sum_{x\in\mathscr{X}}|\lambda_x|<\infty$ 绝对收敛.

特别地, 若 λ 是集中在 x 的退化分布, 即 $\lambda_y = 0$(当 $y \neq x$), $\lambda_x = 1$, 则简记

$$\delta_n(\lambda, \nu; \overrightarrow{\theta}) = \delta_n(x, \nu; \overrightarrow{\theta}). \tag{1.5}$$

对 ν 亦有类似于 λ 的 (1.5) 式的简记.

命题 1.1 对随机 Dobrushin 系数 $\delta_n(\lambda, \nu; \overrightarrow{\theta})$ 易证:

(1) $$\delta_n(x, y; \overrightarrow{\theta}) = \sum_{u \in \mathscr{X}} |p^{(n)}(\overrightarrow{\theta}; x, u) - p^{(n)}(\overrightarrow{\theta}; y, u)| \quad (n \geqslant 0, x, y \in \mathscr{X}, \overrightarrow{\theta} \in \overrightarrow{\Theta}); \tag{1.6}$$

(2) $$\delta_n(\lambda, \nu; \overrightarrow{\theta}) \leqslant 2, \quad (n \geqslant 0, \lambda, \nu \in \mathscr{M}_F(\mathscr{A})); \tag{1.7}$$

(3) $\delta_n(\lambda, \nu; \overrightarrow{\theta})$ 对 n 单调非升, 故可令

$$\delta(\lambda, \nu; \overrightarrow{\theta}) = \lim_{n \to \infty} \delta_n(\lambda, \nu; \overrightarrow{\theta}). \tag{1.8}$$

定义 1.1 称 $(x, \overrightarrow{\theta})$ 与 $(y, \overrightarrow{\theta})$ 是能迁的, 并用 $(x, \overrightarrow{\theta}) \overset{\delta}{\longleftrightarrow} (y, \overrightarrow{\theta})$ 表示, 如果 $\delta(x, y; \overrightarrow{\theta}) < 2$.

记 $F_\varphi \overset{\text{def}}{=\!=} \{(x, \overrightarrow{\theta}) : \varphi(x, \overrightarrow{\theta}) > 0\}$, $(F_\varphi)^{\overrightarrow{\theta}}$ 是 F_φ 在 $\overrightarrow{\theta}$ 之截口集.

若记 M 为某个有限的 $\widehat{P}^{(1)}$ 的不变测度的支撑, 则对任何固定的 $\overrightarrow{\theta} \in \overrightarrow{\Theta}$, $\overset{\delta}{\longleftrightarrow}$ 是 M 上的一个等价关系, 且其在 $(F_\varphi)^{\overrightarrow{\theta}}$ 的等价类的个数是一个不依赖 $\overrightarrow{\theta}$ 的常数 c (参见文献 [52]).

记含 $(x, \overrightarrow{\theta})$ 的等价类为 $[(x, \overrightarrow{\theta})]$:

$$\{(y, \overrightarrow{\theta}) : (x, \overrightarrow{\theta}) \overset{\delta}{\longleftrightarrow} (y, \overrightarrow{\theta})\} \overset{\text{def}}{=\!=} [(x, \overrightarrow{\theta})]. \tag{1.9}$$

令 $D_0 = [(x, \overrightarrow{\theta})]$, $\varphi(x, \overrightarrow{\theta})$ 如条件1中所规定 ($(x, \overrightarrow{\theta})$ 为 $\mathscr{X} \times \overrightarrow{\Theta}$ 中的任一固定的点.), 下面定义的 $\varphi_0(y)$ 是概率密度函数 (参见文献 [52]):

$$\varphi_0(y) \overset{\text{def}}{=\!=} c\varphi(y, \overrightarrow{\theta}) \mathbf{1}_{[(x, \overrightarrow{\theta})]}(y, \overrightarrow{\theta}), \ \mathrm{d}\varPhi_0 = \varphi_0 \, \mathrm{d}\mu, \tag{1.10}$$

如 (1.2) 式所说明, 以 φ_0 为初始分布的 $p - \overrightarrow{\theta}$ 链 $\overrightarrow{X}$ 的 $\overline{\mu}_0(\overrightarrow{\theta})$ 分布 $\overline{\mu}_0(\theta) \circ (\overrightarrow{X})^{-1} = P^{\varphi_0}_{\overrightarrow{\theta}}$, 其中 $\overline{\mu}_0(\overrightarrow{\theta})$ 之定义如第二章 (6.19) 式 —(6.21) 式只不过把 φ 代之以 φ_0. 由于函数 φ_0 是由 x 和 $\overrightarrow{\theta}$ 决定的, 简记 $\overrightarrow{\mathscr{A}}$ 上的概率测度:

$$P^{\varphi_0}_{\overrightarrow{\theta}} \overset{\text{def}}{=\!=} \overline{P}_{x, \overrightarrow{\theta}}.$$

而关于 $\overline{P}_{x,\overrightarrow{\theta}}$ 之期望算子记为 $\overline{\boldsymbol{E}}_{x,\overrightarrow{\theta}}$. 并记 $\overrightarrow{X}_n^k(0 \leqslant n \leqslant k \leqslant \infty)$ 所产生的在可测空间 $(\overrightarrow{\mathscr{X}}, \overrightarrow{\mathscr{A}})$ 中的子 σ 代数为

$$\mathscr{A}_n^k \stackrel{\text{def}}{=\!=} \sigma\{A_t \times \bigtimes_{u \neq t} \mathscr{X}_u : \mathscr{X}_u = \mathscr{X}, A_t \in \mathscr{A}, n \leqslant t < k+1\}, \tag{1.11}$$

易证

$$\sup_{A \in \mathscr{A}_n^\infty} |P^x_{\overrightarrow{\theta}}(A) - P^y_{\overrightarrow{\theta}}(A)| = \delta_n(x, y; \overrightarrow{\theta})/2. \tag{1.12}$$

仍记

$$F_\varphi = \{(x, \overrightarrow{\theta}) : \varphi(x, \overrightarrow{\theta}) > 0\}, \quad (F_\varphi)^{\overrightarrow{\theta}} \stackrel{\text{def}}{=\!=} \{y : (y, \overrightarrow{\theta}) \in F_\varphi\}$$

是 F_φ 在 $\overrightarrow{\theta}$ 之截口集, 并定义

$$\rho_n(\overrightarrow{\theta}) \stackrel{\text{def}}{=\!=} \sup_{\substack{x, y \in (F_\varphi)^{\overrightarrow{\theta}} \\ (x, \overrightarrow{\theta}) \stackrel{\delta}{\longleftrightarrow} (y, \overrightarrow{\theta})}} \sup_{A \in \mathscr{A}_n^\infty} |P^x_{\overrightarrow{\theta}}(A) - P^y_{\overrightarrow{\theta}}(A)|. \tag{1.13}$$

条件 3

$$\lim_{n \to \infty} \rho_n(\overrightarrow{\theta}) = 0, \quad \overline{m} - \text{a.s.}\, \overrightarrow{\theta}. \tag{1.14}$$

命题 1.2 设 $\overline{m} = \overline{m} \circ T^{-1}$. 若 $\varphi(x, \overrightarrow{\theta})$ 是可测空间 $(\mathscr{X} \times \overrightarrow{\Theta}, \mathscr{A} \times \overrightarrow{\mathscr{B}})$ 上的概率密度函数, $\mathrm{d}\varPhi = \varphi(x, \overrightarrow{\theta})\,\mathrm{d}\mu$, 则 φ 是 $P^{(n)}(\overrightarrow{\theta})$ 的不变概率密度函数的充要条件是 $\varPhi$ 为 $\widehat{P}^{(n)}$ 的不变概率测度.

证 对任何 $F \in \mathscr{A} \times \overrightarrow{\mathscr{B}}$, 由第二章 (6.6) 式关于 $\widehat{P}^{(n)}((x, \overrightarrow{\theta}), F)$ 的定义有:

$$\begin{aligned}
&(\varPhi \widehat{P}^{(n)})(F) \\
={}& \int_{\mathscr{X} \times \overrightarrow{\Theta}} \varPhi(\mathrm{d}x, \mathrm{d}\overrightarrow{\theta}) \widehat{P}^{(n)}((x, \overrightarrow{\theta}), F) \\
={}& \int_{\mathscr{X} \times \overrightarrow{\Theta}} \varPhi(\mathrm{d}x, \mathrm{d}\overrightarrow{\theta}) \sum_{y \in \mathscr{X}} p^{(n)}(\overrightarrow{\theta}; x, y) \mathbf{1}_{(F)_y}(T^n \overrightarrow{\theta}) \\
={}& \int_{\mathscr{X}} \kappa(\mathrm{d}x) \int_{\overrightarrow{\Theta}} \overline{m}(\mathrm{d}\overrightarrow{\theta}) \int_{\mathscr{X}} \kappa(\mathrm{d}y) \varphi(x, \overrightarrow{\theta}) p^{(n)}(\overrightarrow{\theta}; x, y) \mathbf{1}_{(F)_y}(T^n \overrightarrow{\theta}) \\
={}& \int_{\mathscr{X}} \kappa(\mathrm{d}y) \int_{\overrightarrow{\Theta}} \overline{m}(\mathrm{d}\overrightarrow{\theta}) \sum_{x \in \mathscr{X}} \varphi(x, \overrightarrow{\theta}) p^{(n)}(\overrightarrow{\theta}; x, y) \mathbf{1}_{(F)_y}(T^n \overrightarrow{\theta}) \\
={}& \int_{\mathscr{X}} \kappa(\mathrm{d}y) \int_{\overrightarrow{\Theta}} \overline{m}(\mathrm{d}\overrightarrow{\theta}) \sum_{x \in \mathscr{X}} \varphi(x, T^{-n} \overrightarrow{\theta}) p^{(n)}(T^{-n} \overrightarrow{\theta}; x, y) \mathbf{1}_{(F)_y}(\overrightarrow{\theta})
\end{aligned}$$

$$(\text{对任何 } F \in \mathscr{A} \times \overrightarrow{\mathscr{B}}). \tag{1.15}$$

由 (1.15) 式知:

$\Phi\widehat{P}^{(n)}=\Phi \Longleftrightarrow$ (1.1) 式成立, 命题证毕.

附注 1.1 由命题 1.2 可看出: 在条件 2 下, 条件 1 成立的充要条件是存在一个 $\widehat{P}^{(n)}$ 不变的关于 μ 绝对连续的概率测度 Φ. 本节恒取概率空间 $(\Omega,\mathscr{F},P_\Phi)$ 中的 $\Phi<<\mu$, 且 Φ 是 $\widehat{P}^{(n)}$ 不变的遍历的, 即 $\Phi\widehat{P}^{(n)}=\Phi, \mathscr{F}_i$ 中的集合 F 的 $\Phi(F)$ 非 0 即 1, $\mathscr{F}_i\overset{\text{def}}{=\!=}\{F\in\mathscr{A}\times\overrightarrow{\mathscr{B}}:\widehat{P}^{(n)}\mathbf{1}_F=\mathbf{1}_F\}$.

现在把条件 1 加强为条件 1*:

条件 1* 存在一个关于 $\widehat{P}^{(n)}$ 不变的遍历的 $(\mathscr{A}\times\overrightarrow{\mathscr{B}})$ 上的关于 μ 绝对连续的概率测度 Φ.

构造 MCTRE$(\overrightarrow{X},\overrightarrow{\xi})$ 的概率空间 $(\Omega,\mathscr{F},P_\Phi)$ 中的 Φ 就是满足条件 1* 的 Φ.

附注 1.2 记 $\mathrm{d}\Phi=\varphi(x,\overrightarrow{\theta})\mathrm{d}\mu$ 时, 有

$$\varphi(x,\overrightarrow{\theta})=P_\Phi(X_0=x|\overrightarrow{\xi}=\overrightarrow{\theta}). \tag{1.16}$$

在 $\xi 2$ 中的 (2.10) 将要证明此论断.

命题 1.3 在条件 2 下, 可以选取 $\Gamma\in\overrightarrow{\mathscr{B}}$, 使 $\overline{m}(\Gamma)>0$ 及一列 $(\overrightarrow{\Theta},\overrightarrow{\mathscr{B}},\overline{m})$ 上的严格增的随机变量 $\{t_n=t_n(\overrightarrow{\theta}),n\geqslant 0\}$ 使 $t_0=0,t_n\overset{\text{def}}{=\!=}\inf\{t>t_{n-1}:T^t\overrightarrow{\theta}\in\Gamma\}$, 且

$$\lim_{n\to\infty}\frac{t_n}{n}=\frac{1}{\overline{m}(\Gamma)},\quad \overline{m}-\text{a.s.}\overrightarrow{\theta}. \tag{1.17}$$

本节最后详细补证此命题.

本节以下视 X_k 为 $(\overrightarrow{\mathscr{X}},\overrightarrow{\mathscr{A}})$ 上之随机变量.

任取一个 $\mathscr{A}\times\overrightarrow{\mathscr{B}}$ 可测的实值函数 $f(x,\overrightarrow{\theta})$, 令

$$\overline{f}(X_k,\overrightarrow{\theta})=f(X_k,\overrightarrow{\theta})-\overline{\boldsymbol{E}}_{x,\overrightarrow{\theta}}(f(X_k,\overrightarrow{\theta})), \tag{1.18}$$

$$Y_n=\sum_{k=t_n}^{t_{n+1}-1}\overline{f}(X_k,\overrightarrow{\theta})\quad (n\geqslant 0). \tag{1.19}$$

注意: $\overline{P}_{x,\overrightarrow{\theta}}$ 及其相应的期望算子 $\overline{\boldsymbol{E}}_{x,\overrightarrow{\theta}}$ 之定义见 (1.11) 式, 而 $x\in\mathscr{X},\overrightarrow{\theta}\in\overrightarrow{\Theta}$ 是给定的, $\overline{P}_{x,\overrightarrow{\theta}}$ 是 $(\overrightarrow{\mathscr{X}},\overrightarrow{\mathscr{A}})$ 上的概率测度, MCTRE$(\overrightarrow{X},\overrightarrow{\xi})$ 中的 $X_k(\omega)=X_k(\overrightarrow{x})=x_k$ (对任何 $\omega=(\overrightarrow{x},\overrightarrow{\theta}),\overrightarrow{x}=(x_0,x_1,\cdots),$), 故 X_k 之定义域可视为 $\Omega=\overrightarrow{\mathscr{X}}\times\overrightarrow{\Theta}$, 亦可视为 $\overrightarrow{\mathscr{X}}$. 此处及本节剩余部分, X_k 之定义

域为 $\overrightarrow{\mathscr{X}}$, 只有这样, 才能与可测空间 $(\overrightarrow{\mathscr{X}},\overrightarrow{\mathscr{A}})$ 上的概率测度 $\overline{P}_{x,\overrightarrow{\theta}}$ 及其相应的期望算子匹配,(1.18) 和 (1.19) 式才有意义, 且没有逻辑上的错误.

令

$$\Psi(F)=\Phi(F\bigcap(\mathscr{X}\times\Gamma))/\overline{m}(\Gamma)\quad(F\in\mathscr{A}\times\overrightarrow{\mathscr{B}}),\tag{1.20}$$

$\widehat{P}_{\Psi}$ (与 (1.3) 式所定义的 $\widehat{P}_{\Phi}$ 类似) 是 SKPMC$\eta=\{\eta_n=(X_n,T^n\overrightarrow{\xi}),\ n\geqslant 0\}$ 的以 Ψ 为初始分布的 P_{Ψ} 分布, 即

$$\widehat{P}_{\Psi}=P_{\Psi}\circ\eta^{-1}\quad(P_{\Psi}\text{ 的构造如第二章定理 5.1}).\tag{1.21}$$

相对于概率测度 $\widehat{P}_{\Psi},P_{\overrightarrow{\theta}}^{x}$ (它们分别为 $\mathscr{A}\times\overrightarrow{\mathscr{B}}$ 和 $\overrightarrow{\mathscr{A}}$ 上之概率测度) 的期望算子分别用 $\widehat{\boldsymbol{E}}_{\Psi},\boldsymbol{E}_{\overrightarrow{\theta}}^{x}$ 表示之.

命题 1.4 设 $\widehat{\boldsymbol{E}}_{\Psi}(Y_0^2)<\infty$, 令

$$\sigma^2=\widehat{\boldsymbol{E}}_{\Psi}(Y_0^2)+2\sum_{n=1}^{\infty}\widehat{\boldsymbol{E}}_{\Psi}(Y_0Y_n),\tag{1.22}$$

则定义 σ^2 的 (1.22) 式右方的级数绝对收敛而且

$$\lim_{n\to\infty}\widehat{\boldsymbol{E}}_{\Psi}\left(\left(\frac{1}{\sqrt{n}}\sum_{k=0}^{n-1}Y_k\right)^2\right)=\sigma^2.\tag{1.23}$$

证明请参见文献 [52] 命题 1.

定理 1.1 设条件 1^* 和条件 2、条件 3 成立, 且 $\widehat{\boldsymbol{E}}_{\Psi}(Y_0^2)<\infty$, 则对 $\Phi-\text{a.s.}(x,\overrightarrow{\theta})$ 有

$$\begin{aligned}&P_{\overrightarrow{\theta}}^{x}\circ\left[\frac{1}{\sqrt{n}}\sum_{k=0}^{t_n-1}(f(X_k,T^k\overrightarrow{\theta})-\boldsymbol{E}_{\overrightarrow{\theta}}^{x}(f(X_k,T^k\overrightarrow{\theta})))\right]^{-1}\\&\overset{\text{w}}{\Longrightarrow}N(0,\sigma^2)\quad(\text{当 } n\to\infty\text{ 时}),\end{aligned}\tag{1.24}$$

其中 $\overset{\text{w}}{\Longrightarrow}$ 表示依分布弱收敛, $N(0,\sigma^2)$ 是均值为 0、方差为 σ^2 的正态分布.

证明请参见文献 [52] 定理 1.

定理 1.1 中的求和号为 $\sum\limits_{k=0}^{t_n-1}$, t_n 是随机变量, 这与经典的中心极限定理不太吻合, 我们欲以 $\sum\limits_{k=0}^{n-1}$ 来替代 $\sum\limits_{k=0}^{t_n-1}$, 这需要一些准备工作.

引入下面三个“矩条件”:

$$(\mathrm{MC1}):\widehat{\boldsymbol{E}}_{\Phi}\left[\left(\sum_{k=0}^{t_1-1}f(X_k,T^k\overrightarrow{\theta})\right)^2\right]<\infty;$$

$$(\mathrm{MC2}):\widehat{\boldsymbol{E}}_{\Psi}\left[\left(\sum_{k=0}^{t_1-1}|f(X_k,T^k\overrightarrow{\theta})|\right)^2\right]<\infty;$$

$$(\mathrm{MC3}):\widehat{\boldsymbol{E}}_{\Psi}\left[\max_{0<t\leqslant t_1}\left(\sum_{k=0}^{t-1}f(X_k,T^k\overrightarrow{\theta})\right)^2\right]<\infty.$$

定理 1.2 设条件 1^*、条件 2、条件 3 成立, 而且上述三个矩条件至少有一个成立, 则对 $\Phi-\text{a.s.}\ (x,\overrightarrow{\theta})$, 有

$$P_{\overrightarrow{\theta}}^{x}\circ\left[\frac{1}{\sqrt{n}}\sum_{k=0}^{n-1}(f(X_k,T^k\overrightarrow{\theta})-\boldsymbol{E}_{\overrightarrow{\theta}}^{x}(f(X_k,T^k\overrightarrow{\theta})))\right]^{-1}$$
$$\xrightarrow{\mathrm{w}} N(0,\sigma^2\overline{m}(\Gamma))\quad(\text{当 } n\to\infty \text{ 时}).\tag{1.25}$$

证明请参见文献 [52] 定理 2.

附注 1.3 方差 $\sigma^2\overline{m}(\Gamma)$ (当三个矩条件有一个成立时) 是由 f 决定的而不依赖 Γ, 因此引入符号 $\sigma^2(f)$ 来替代 $\sigma^2\overline{m}(\Gamma)$. 为说明此事, 需要下述定理.

定理 1.3 在定理 1.1 的条件下, 对 $\Psi-\text{a.s.}(x,\overrightarrow{\theta})$, 有

$$\boldsymbol{E}_{\overrightarrow{\theta}}^{x}\left[\frac{1}{n}\left(\sum_{k=0}^{t_n-1}(f(X_k,T^k\overrightarrow{\theta})-\boldsymbol{E}_{\overrightarrow{\theta}}^{x}(f(X_k,T^k\overrightarrow{\theta})))\right)^2\right]$$
$$\to\sigma^2(f)\quad(\text{当 } n\to\infty \text{ 时}).\tag{1.26}$$

特别地, 若 (MC1) 也成立, 则对 $\Phi-\text{a.s.}(x,\overrightarrow{\theta})$ 有

$$\boldsymbol{E}_{\overrightarrow{\theta}}^{x}\left[\frac{1}{n}\left(\sum_{k=0}^{n-1}(f(X_k,T^k\overrightarrow{\theta})-\boldsymbol{E}_{\overrightarrow{\theta}}^{x}(f(X_k,T^k\overrightarrow{\theta})))\right)^2\right]$$
$$\to\sigma^2(f)\quad(\text{当 } n\to\infty \text{ 时});\tag{1.27}$$

如果 (MC2) 或 (MC3) 成立, 则对 $\Psi-\text{a.s.}(x,\overrightarrow{\theta})$, (1.27) 式也成立.

证明请参见文献 [52] 定理 3.

文献 [52] 还给出了 (MC2) 成立的充分条件.

定理 1.4 在定理 1.1 的条件下, 若还设 f 是有界的且 $\int t_1\,\mathrm{d}\overline{m} < \infty$, 则 (MC2) 成立.

证明请参见文献 [52] 定理 4.

关于 MCTRE 的中心极限定理有各种不同提法, 对各种特殊的 MCTRE, 例如随机环境中的随机徘徊, 也有各种不同的结果. 本节仅简单地介绍了 Cogburn 在文献 [52] 中的结果. 文献 [52] 研究的对象本质上是经典的非时齐的马尔可夫链, 关于这类马尔可夫链的中心极限定理, Dobrushin 1956 年在文献 [70] 中做了奠基性的工作.

现在补证命题 1.3.

由于条件 2 成立, 即 $(\overrightarrow{\Theta},\overrightarrow{\mathscr{B}},\overline{m})$ 上的坐标过程 $\{\theta_i, i\in\mathbf{Z}\}$ 是以 T 为保测变换的遍历的严平稳过程. 若令 $g_0(\overrightarrow{\theta}) = \mathbf{1}_\Gamma(\overrightarrow{\theta}), g_n(\overrightarrow{\theta}) = g_0(T^n\overrightarrow{\theta})$, 则 $\{g_n, n\geqslant 0\}$ 是 $(\overrightarrow{\Theta},\overrightarrow{\mathscr{B}},\overline{m})$ 上的以 T 为保测变换的遍历的严平稳过程, 所以由严平稳过程的遍历定理 (参见文献 [115] 第十章定理 1.4) 有

$$\lim_{n\to\infty}\frac{1}{n}\sum_{k=1}^{n} g_k = \boldsymbol{E}_m(g_0) = \overline{m}(\Gamma) > 0, \overline{m}-\text{a.s.}\overrightarrow{\theta} \quad (\text{且 } L_1 \text{ 收敛}), \tag{1.28}$$

其中 $\boldsymbol{E}_m$ 表示关于概率测度 $\overline{m}$ 的期望算子. 由 (1.28) 及 $t_n(\overrightarrow{\theta}) = \inf\{t > t_{n-1}(\overrightarrow{\theta}) : g_t(\overrightarrow{\theta}) = 1\}$ 知: $\{t : g_t(\overrightarrow{\theta}) = 1\}$ 是无穷集 (对 $\overline{m}-\text{a.s.}\overrightarrow{\theta}$). 所以, $\{t_n(\overrightarrow{\theta}), n\geqslant 0\}$ 是严格增的取非负整值的随机变量列.

由 (1.28) 也有

$$\lim_{n\to\infty}\frac{1}{t_n(\overrightarrow{\theta})}\sum_{t=1}^{t_n(\overrightarrow{\theta})} g_t(\overrightarrow{\theta}) = \overline{m}(\Gamma) > 0, \overline{m}-\text{a.s.}\overrightarrow{\theta}. \tag{1.29}$$

显然 $\sum_{t=1}^{t_n(\overrightarrow{\theta})} g_t(\overrightarrow{\theta}) = \sum_{k=1}^{n} g_{t_k(\overrightarrow{\theta})}(\overrightarrow{\theta}) = n, \overline{m}-\text{a.s.}\overrightarrow{\theta}$. (1.30) 由 (1.29)、(1.30) 知 $t_n(\overrightarrow{\theta})/n \to \dfrac{1}{\overline{m}(\Gamma)}, \overline{m}-\text{a.s.}\theta$. 命题 1.3 证毕.

§2　MCTRE 的不变原理的提法

设 $(\mathscr{X},\mathscr{A})$、$(\Theta,\mathscr{B})$、$(\overrightarrow{\mathscr{X}},\overrightarrow{\mathscr{A}})$、$(\overrightarrow{\Theta},\overrightarrow{\mathscr{B}})$、$T$、$\overline{m}$、$P(\theta)$、$P^{(n)}(\overrightarrow{\theta})$、$p^{(n)}(\overrightarrow{\theta};x,y)$、$\widehat{P}^{(n)}((x,\overrightarrow{\theta}),F)$、$(\Omega,\mathscr{F},P_\Phi)$、$(\overrightarrow{X},\overrightarrow{\xi})$、$\eta = (\eta_n = (X_n, T^n\overrightarrow{\xi}), n\geqslant 0)$ 仍如

§1 所定义. 仍令 $\mu = \kappa \times \overline{m}$ 如 §1 中所定义.

$$\varphi(x, \overrightarrow{\theta}) \stackrel{\text{def}}{=\!=} P_{\Phi}(X_0 = x | \overrightarrow{\xi} = \overrightarrow{\theta}), \tag{2.1}$$

$$P_{(x,\overrightarrow{\theta})}(c) \stackrel{\text{def}}{=\!=} P_{\Phi}(c | (X_0, \overrightarrow{\xi}) = (x, \overrightarrow{\theta})), \quad c \in \overrightarrow{\mathscr{A}} \times \overrightarrow{\mathscr{B}}, \tag{2.2}$$

$$\overline{\mu}(\overrightarrow{\theta})(c) \stackrel{\text{def}}{=\!=} \sum_{x \in \mathscr{X}} \varphi(x, \overrightarrow{\theta}) P_{(x,\overrightarrow{\theta})}(c), \quad c \in \overrightarrow{\mathscr{A}} \times \overrightarrow{\mathscr{B}}, \tag{2.3}$$

$$\mu(\overrightarrow{\theta})(A) \stackrel{\text{def}}{=\!=} \overline{\mu}(\overrightarrow{\theta})(A \times \overrightarrow{\Theta}) = \overline{\mu}(\overrightarrow{\theta}) \circ (\overrightarrow{X})^{-1}(A), \quad A \in \overrightarrow{\mathscr{A}}, \tag{2.4}$$

第二章定理 5.1 所构造的, $\Omega = \overrightarrow{\mathscr{X}} \times \overrightarrow{\Theta}, \mathscr{F} = \overrightarrow{\mathscr{A}} \times \overrightarrow{\mathscr{B}}, X_k(\omega) = X_k((\overrightarrow{x}, \overrightarrow{\theta})) = X_k(\overrightarrow{x}) = x_k$ (对任何 $\omega = (\overrightarrow{x}, \overrightarrow{\theta}) \in \Omega, \overrightarrow{x} = (x_0, x_1, \cdots) \in \overrightarrow{\mathscr{X}}$), 即 $X_k((\overrightarrow{x}, \overrightarrow{\theta}))$ 不依赖 $\overrightarrow{\theta}$, 所以 $\overrightarrow{X} = \{X_0, X_1, \cdots\}$ 既可看作概率空间 $(\Omega, \mathscr{F}, \overline{\mu}(\overrightarrow{\theta}))$ 上的随机序列, 也可看作 $(\overrightarrow{\mathscr{X}}, \overrightarrow{\mathscr{A}}, \mu(\overrightarrow{\theta}))$ 上的随机序列. 无论持何种看法, 第二章定理 6.2 都证明了: 它是以 $\varphi(\cdot, \overrightarrow{\theta})$ 为初始分布 $(\overline{\mu}(\overrightarrow{\theta})(X_0 = x) = \mu(\overrightarrow{\theta})(X_0 = x) = \varphi(x, \overrightarrow{\theta}))$ 以 $P^{(n)}(T^k \overrightarrow{\theta}) = (p^{(n)}(T^k \overrightarrow{\theta}; x, y, x, y \in \mathscr{X})$ 为从时刻 k 到 $k+n$ 的 n 步转移矩阵 $(\overline{\mu}(\overrightarrow{\theta})(X_{n+k} = y | X_k = x) = \mu(\overrightarrow{\theta})(X_{n+k} = y | X_k = x))$ 的经典的非时齐的马尔可夫链, 即 $p - \overrightarrow{\theta}$ 链.

注意: 考虑 $p - \overrightarrow{\theta}$ 链时, $\overrightarrow{\theta} \in \overrightarrow{\Theta}$ 总是任一个固定的环境.

在 §1 中, 考虑 MCTRE 的中心极限定理时, 实际上也是 $p - \overrightarrow{\theta}$ 链的中心极限定理, 但是, 所取的泛函

$$f : \mathscr{X} \times \overrightarrow{\Theta} \longmapsto \mathbf{R}$$

把 $f(X_k, \overrightarrow{\theta})$ 的第二个变元 $\overrightarrow{\theta}$ 固定考虑它作为 $\overrightarrow{x}$ 的泛函来研究其中心极限定理.

然而下面的 §2—§4, 直接取

$$f : \mathscr{X} \longmapsto \mathbf{R},$$

考虑泛函 $f(X_k)$, 再由 $\{f(X_k), k \geqslant 0\}$ 派生出另一列其轨道右连续且有左极限的随机过程，研究此随机过程列的不变原理.

注意：由于 $P_{\Phi}(T^i \overrightarrow{\xi} = T^i \overrightarrow{\theta} | \eta_0 = (x, \overrightarrow{\theta})) = 1$, 所以, 对 $\overrightarrow{\mathscr{A}}$ 中的任一柱集 $L(x_1, \cdots, x_n) \stackrel{\text{def}}{=\!=} \{\overrightarrow{x} : X_i = x_i, 1 \leqslant i \leqslant n\}$, 由第二章 (5.8) 和 (6.3) 式有

$$\begin{aligned} &\mu(\overrightarrow{\theta})(L(x_1, \cdots, x_n)) = \overline{\mu}(\overrightarrow{\theta})(L(x_1, \cdots, x_n) \times \overrightarrow{\Theta}) \\ &= \sum_{x \in \mathscr{X}} \varphi(x, \overrightarrow{\theta}) P_{(x,\overrightarrow{\theta})}(L(x_1, \cdots, x_n) \times \overrightarrow{\Theta}) \end{aligned}$$

$$
\begin{aligned}
&= \sum_{x\in\mathscr{X}} \varphi(x, \overrightarrow{\theta}) P_\Phi \left(\bigcap_{i=1}^{n} \{\eta_i \in \{x_i\} \times \overrightarrow{\Theta}\} \middle| \eta_0 = (x, \overrightarrow{\theta}) \right) \\
&= \sum_{x\in\mathscr{X}} \varphi(x, \overrightarrow{\theta}) P_\Phi \left(\bigcap_{i=1}^{n} \{\eta_i = (x_i, T^i \overrightarrow{\theta}) \middle| \eta_0 = (x, \overrightarrow{\theta})\} \right) \\
&= \sum_{x\in\mathscr{X}} \varphi(x, \overrightarrow{\theta}) P^x_{\overrightarrow{\theta}}(L(x_1, \cdots, x_n)),
\end{aligned}
$$

从而对任何 $A \in \overrightarrow{\mathscr{A}}$, 有

$$
\mu(\overrightarrow{\theta})(A) = \sum_{x\in\mathscr{X}} \varphi(x, \overrightarrow{\theta}) P^x_{\overrightarrow{\theta}}(A). \tag{2.5}
$$

(2.5) 和 (1.2) 说明, 本节中的

$$
\mu(\overrightarrow{\theta}) = P^{\varphi(\cdot, \overrightarrow{\theta})}_{\overrightarrow{\theta}}, \tag{2.6}
$$

即当 $p - \overrightarrow{\theta}$ 链 $\overrightarrow{X} = \{X_0, X_1, \cdots\}$ 的初始分布为 $\varphi(\cdot, \overrightarrow{\theta})$ 时, $\overrightarrow{X}$ 的 $\overline{\mu}(\cdot, \overrightarrow{\theta})$ 分布, 即是

$$
\overline{\mu}(\overrightarrow{\theta}) \circ (\overrightarrow{X})^{-1} = \mu(\overrightarrow{\theta}) \circ (\overrightarrow{X})^{-1} = P^{\varphi(\cdot, \overrightarrow{\theta})}_{\overrightarrow{\theta}}, \tag{2.7}
$$

当 $P_\Phi(X_0 = x | \overrightarrow{\xi} = \overrightarrow{\theta}) = 1$ 时, $\overrightarrow{X}$ 的 $\overline{\mu}(\overrightarrow{\theta})$ 分布就是

$$
\overline{\mu}(\overrightarrow{\theta}) \circ (\overrightarrow{X})^{-1} = \mu(\overrightarrow{\theta}) \circ (\overrightarrow{X})^{-1} = P^x_{\overrightarrow{\theta}}. \tag{2.8}
$$

所以, 下面研究 $p - \overrightarrow{\theta}$ 链 $\overrightarrow{X}$ 的不变原理, 从概率测度 $\overline{\mu}(\overrightarrow{\theta})$ (等价地, $\mu(\overrightarrow{\theta})$) 出发, 本质上与 §1 中的中心极限定理从概率测度 $P^x_{\overrightarrow{\theta}}$ 出发是一样的.

注意: §1 中的概率测度 $P_{x, \overrightarrow{\theta}}$ 与 §2 中的 $P_{(x, \overrightarrow{\theta})}$ 是不一样的.

因为对任何 $y \in \mathscr{X}, B \in \overrightarrow{\mathscr{B}}$, 有

$$
\begin{aligned}
&\int_{\{y\}\times B} \varphi(x, \overrightarrow{\theta}) \kappa(\mathrm{d}x) \overline{m}(\mathrm{d}\overrightarrow{\theta}) \\
&= \int_B \varphi(y, \overrightarrow{\theta}) \overline{m}(\mathrm{d}\overrightarrow{\theta}) = \int_B P_\Phi(X_0 = y | \overrightarrow{\xi} = \overrightarrow{\theta}) \overline{m}(\mathrm{d}\overrightarrow{\theta}) \\
&= P_\Phi(X_0 = y, \overrightarrow{\xi} \in B) = \Phi(\{y\} \times B),
\end{aligned} \tag{2.9}
$$

所以

$$
\varphi(x, \overrightarrow{\theta}) \mu(\mathrm{d}x, \mathrm{d}\overrightarrow{\theta}) = \Phi(\mathrm{d}x, \mathrm{d}\overrightarrow{\theta}). \tag{2.10}
$$

由 (2.2)、(2.3)、(2.10) 得：

$$
P_\Phi = \int_{\overrightarrow{\Theta}} \overline{m}(\mathrm{d}\overrightarrow{\theta}) \overline{\mu}(\overrightarrow{\theta}). \tag{2.10*}
$$

仍设 §1 中的条件 1^* 和条件 2 成立. 故也存在 $\Gamma \in \overrightarrow{\mathscr{B}}$, 使 $\overline{m}(\Gamma) > 0$, 定义 $\{t_n(\overrightarrow{\theta}), n \geqslant 0\}$ 如 §1.

再定义 $\overrightarrow{\mathscr{A}} \times \overrightarrow{\mathscr{B}}$ 上的概率测度 P_Ψ 如下:

$$P_\Psi(\cdot) = \int_{\mathscr{X} \times \overrightarrow{\Theta}} \Psi(\mathrm{d}x, \mathrm{d}\overrightarrow{\theta}) P_{(x, \overrightarrow{\theta})}(\cdot), \tag{2.11}$$

其中,

$$\begin{aligned}\Psi(F) &= \Phi(F \bigcap (\mathscr{X} \times \Gamma))/\overline{m}(\Gamma) \\ &= \Phi(F \bigcap (\mathscr{X} \times \Gamma))/\Phi(\mathscr{X} \times \Gamma), F \in \mathscr{A} \times \overrightarrow{\mathscr{B}}.\end{aligned} \tag{2.12}$$

注意 P_Ψ 与 §1 中 $\widehat{P}_\Psi$ 之关系: $\widehat{P}_\Psi = P_\Psi \circ \eta^{-1}$.

现在取 f (与 §1 中之 f 不完全一样) 如下:

$$f : \mathscr{X} \longmapsto \mathbf{R}, \quad f \not\equiv 0, \quad f \in \mathscr{A}/\mathscr{B}(\mathbf{R}).$$

由于条件 1^* 成立, 所以 $\eta = \{\eta_n = (X_n, T^n \overrightarrow{\xi}), n \geqslant 0\}$ 不仅是 $(\Omega, \mathscr{F}, P_\Phi)$ 上的以 Φ 为初始分布的、以 $\widehat{P}^{(n)}((x, \overrightarrow{\theta}), F)$ 为 n 步转移函数的经典的时齐的马尔可夫链, 而且还是遍历的平稳过程.

条件 4 $\boldsymbol{E}_\Phi(|f(X_0)|) < \infty$, 其中 $\boldsymbol{E}_\Phi$ 是关于概率测度 P_Φ 的期望算子.

由于 η 是平稳过程所以由条件 4 知:

$$\boldsymbol{E}_\Phi(f(X_n)) = \boldsymbol{E}_\Phi(f(X_0)) \quad \text{存在且不依赖 } n \geqslant 0. \tag{2.13}$$

而由 $\overline{\mu}(\overrightarrow{\theta})(\mu(\overrightarrow{\theta}))$ 之定义和第二章定理 5.1(2) 有

$$\begin{aligned}P_\Phi \circ (\overrightarrow{X})^{-1} &= \int_{\mathscr{X} \times \overrightarrow{\Theta}} \Phi(\mathrm{d}x, \mathrm{d}\overrightarrow{\theta}) P^x_{\overrightarrow{\theta}} \\ &= \int_{\mathscr{X} \times \overrightarrow{\Theta}} \kappa(\mathrm{d}x) \overline{m}(\mathrm{d}\overrightarrow{\theta})[\varphi(x, \overrightarrow{\theta}) P^x_{\overrightarrow{\theta}}] \\ &= \int_{\overrightarrow{\Theta}} \overline{m}(\mathrm{d}\overrightarrow{\theta}) \sum_{x \in \mathscr{X}} \varphi(x, \overrightarrow{\theta}) P^x_{\overrightarrow{\theta}} = \int_{\overrightarrow{\Theta}} \overline{m}(\mathrm{d}\overrightarrow{\theta}) \mu(\overrightarrow{\theta}).\end{aligned} \tag{2.14}$$

由 (2.13)、(2.14) 知: 对 $\overline{m}$–a.s. $\overrightarrow{\theta}$, 有

$$\boldsymbol{E}_{\overline{\mu}(\overrightarrow{\theta})} f(X_k(\omega)) = \boldsymbol{E}_{\mu(\overrightarrow{\theta})} f(\mathscr{X}_k(\overrightarrow{x})) \text{ 存在}, \tag{2.15}$$

其中 $\mathscr{X}_k$ 是 $\overrightarrow{\mathscr{X}}$ 到 $\mathscr{X}$ 的坐标算子, $\boldsymbol{E}_{\overline{\mu}(\overrightarrow{\theta})}$、$\boldsymbol{E}_{\mu(\overrightarrow{\theta})}$ 分别为关于概率测度 $\overline{\mu}(\overrightarrow{\theta})$ 和 $\mu(\overrightarrow{\theta})$ 的期望算子.

由 (2.15) 可令

$$\begin{aligned}\overline{f}_{\overrightarrow{\theta}}(X_k(\omega)) &= \overline{f}_{\overrightarrow{\theta}}(\mathscr{X}_k(\overrightarrow{x}))\\ &\overset{\text{def}}{=} f(\mathscr{X}_k(\overrightarrow{x})) - \boldsymbol{E}_{\mu(\overrightarrow{\theta})} f(\mathscr{X}_k(\overrightarrow{x}))\\ &= f(X_k(\omega)) - \boldsymbol{E}_{\overline{\mu}(\overrightarrow{\theta})} f(X_k(\omega))\\ &= f(x_k) - \boldsymbol{E}_{\overline{\mu}(\overrightarrow{\theta})} f(x_k),\end{aligned} \tag{2.16}$$

其中 $\omega = (\overrightarrow{x}, \overrightarrow{\tau}) \in \Omega, \overrightarrow{x} = (x_0, x_1, \cdots), \overrightarrow{\theta} \in \overrightarrow{\Theta}$.

再令

$$Y_n(\overrightarrow{\theta}) \overset{\text{def}}{=} Y_n(\overrightarrow{\theta}; \omega) \overset{\text{def}}{=} \sum_{k=t_n(\overrightarrow{\theta})}^{t_{n+1}(\overrightarrow{\theta})-1} \overline{f}_{\overrightarrow{\theta}}(X_k(\omega)), n \geqslant 1, \tag{2.17}$$

$$Z_n(\overrightarrow{\theta}) \overset{\text{def}}{=} \sum_{k=1}^{n} Y_k(\overrightarrow{\theta}), \quad n \geqslant 1, \tag{2.18}$$

$$\begin{aligned}\overline{Y}_n(\omega) &\overset{\text{def}}{=} Y_n(\overrightarrow{\xi}(\omega)) = Y_n(\overrightarrow{\xi}(\omega); \omega) =\\ &= \sum_{k=t_n(\overrightarrow{\xi}(\omega))}^{t_{n+1}(\overrightarrow{\xi}(\omega))-1} \overline{f}_{\overrightarrow{\xi}(\omega)}(X_k(\omega))\\ &= \sum_{k=t_n(\overrightarrow{\xi}(\omega))}^{t_{n+1}(\overrightarrow{\xi}(\omega))-1} \overline{f}_{\overrightarrow{\xi}(\omega)}(\mathscr{X}_k(\overrightarrow{x})) \quad (n \geqslant 1),\end{aligned} \tag{2.19}$$

显然,

$$\boldsymbol{E}_{\overline{\mu}(\overrightarrow{\theta})} \overline{f}_{\overrightarrow{\theta}}(X_k(\omega)) = \boldsymbol{E}_{\mu(\overrightarrow{\theta})} \overline{f}_{\overrightarrow{\theta}}(\mathscr{X}_k(\overrightarrow{x})) = 0. \tag{2.20}$$

命题 2.1 若 $g(\overrightarrow{\theta}; \omega)$ 是 $\overrightarrow{\mathscr{B}} \times \mathscr{F}$ 可测实值函数, 且 $g(\overrightarrow{\xi}(\omega), \omega)$ 关于 P_Φ 可积, 则

$$\int_\Omega g(\overrightarrow{\xi}(\omega); \omega) P_\Phi(\mathrm{d}\omega) = \int_{\overrightarrow{\Theta}} \overline{m}(\mathrm{d}\overrightarrow{\theta}) \int_\Omega \overline{\mu}(\overrightarrow{\theta})(\mathrm{d}\omega) g(\overrightarrow{\theta}; \omega).$$

特别地, 当 $h(\overline{Y}_0(\omega), \cdots, \overline{Y}_n(\omega))$ 关于 P_Φ 可积时, 有

$$\begin{aligned}&\int_\Omega h(\overline{Y}_0(\omega), \cdots, \overline{Y}_n(\omega)) P_\Phi(\mathrm{d}\omega)\\ &= \int_{\overrightarrow{\Theta}} \overline{m}(\mathrm{d}\overrightarrow{\theta}) \int_\Omega \overline{\mu}(\overrightarrow{\theta})(\mathrm{d}\omega) h(Y_0(\overrightarrow{\theta}; \omega), \cdots, Y_n(\overrightarrow{\theta}; \omega)).\end{aligned}$$

证 当 $g(\overrightarrow{\theta};\omega)=\mathbf{1}_B(\overrightarrow{\theta})\mathbf{1}_\Gamma(\omega)\quad(B\in\overrightarrow{\mathscr{B}},\Gamma\in\mathscr{F})$, 由 $(2.10)^*$ 知

$$\begin{aligned}&\int_{\overrightarrow{\Theta}}\overline{m}(\mathrm{d}\overrightarrow{\theta})\int_{\Omega}\overline{\mu}(\overrightarrow{\theta})(\mathrm{d}\omega)\mathbf{1}_B(\overrightarrow{\theta})\mathbf{1}_\Gamma(\omega)\\&=\int_{\overrightarrow{\Theta}}\overline{m}(\mathrm{d}\overrightarrow{\theta})\mathbf{1}_B(\overrightarrow{\theta})\overline{\mu}(\overrightarrow{\theta})(\Gamma)=\int_B\overline{m}(\mathrm{d}\overrightarrow{\theta})P_\Phi(\Gamma|\overrightarrow{\xi}=\overrightarrow{\theta})\\&=P_\Phi(\Gamma\bigcap\{\overrightarrow{\xi}\in B\})=\int_\Omega\mathbf{1}_B(\overrightarrow{\xi}(\omega))\mathbf{1}_\Gamma(\omega)P_\Phi(\mathrm{d}\omega).\end{aligned}$$

利用单调类定理立即可知命题 2.1 成立.

设 $(C[0,1],\mathscr{B}(C[0,1]),W)$ 是标准 Wiener 空间, W 是标准 Wiener 测度, $C[0,1]$ 上定义的距离是一致距离, 即对任何 $x(\cdot)$、$y(\cdot)\in C[0,1]$,

$$d(x(\cdot),y(\cdot))\overset{\text{def}}{=\!=}\sup_{0\leqslant t\leqslant 1}|x(t)-y(t)|.$$

熟知:

(1) $(C[0,1],d)$ 是完备可分距离空间, 一般称之为 polish 空间;

(2) $C[0,1]$ 上的 Borel σ 代数等于使一切坐标函数为可测的最小 σ 代数, 即

$$\mathscr{B}(C[0,1])=\bigvee_{t\in[0,1]}(x_t(\cdot))^{-1}(\mathscr{B}(\mathbf{R})).\tag{2.21}$$

记 $\{W(t),t\in[0,1])$ 是标准 Wiener 过程, 即 $W(t)(x)=x(t)(\forall t\in[0,1],x\in C[0,1])$,

$$D[0,1]=\{\text{一切定义在 }[0,1]\text{ 上的右连续且有左极限的实值函数.}\},\tag{2.22}$$

在 $D[0,1]$ 上仍定义一致距离 d:

$$d(x(\cdot),y(\cdot))=\sup_{0\leqslant t\leqslant 1}|x(t)-y(t)|.$$

易见: (1) 对任何 $x\in D[0,1],x$ 在 [0,1] 上有界且对任何 $\varepsilon>0$, 跃度 $\geqslant\varepsilon$ 的断点个数有限;

(2) $(D[0,1],d)$ 是完备距离空间 (参见 [219]P.213).

再由 $p-\overrightarrow{\theta}$ 链 $\{X_n,n\geqslant 0\}$ 定义一列实值随机过程如下:

$$\begin{aligned}&W^{(n)}_{\overrightarrow{\theta}}=\{W^{(n)}_{\overrightarrow{\theta}}(t),t\in[0,1]\}\quad(n\geqslant 1),\\&W^{(n)}_{\overrightarrow{\theta}}(t)=\frac{1}{\sigma\sqrt{\overline{m}(\Gamma)n}}\sum_{k=0}^{[nt]-1}\overline{f}_{\overrightarrow{\theta}}(X_k)\quad(n\geqslant 1,t\in[0,1]).\end{aligned}\tag{2.23}$$

其中, $[r]$ 表示不大于 r 的最大整数, Γ 如 (2.12) 式所选取以满足 $\overline{m}(\Gamma) > 0$,

$$\sigma^2 = \boldsymbol{E}_\Psi(\overline{Y}_0^2) + 2\sum_{n=0}^{\infty}\boldsymbol{E}_\Psi(\overline{Y}_0\overline{Y}_n) > 0, \tag{2.24}$$

下面将会证明 (2.24) 式右边的级数是绝对收敛的.

本章的主要结果之一, 就是证明: 对 $\overline{m}$ – a.s. $\overrightarrow{\theta}$, 有:

$$\overline{\mu}(\overrightarrow{\theta})\circ(W_{\overrightarrow{\theta}}^{(n)})^{-1} \stackrel{\mathrm{w}}{\Longrightarrow} W \quad (\text{当 } n\to\infty \text{ 时}). \tag{2.25}$$

这就是所谓 $p-\overrightarrow{\theta}$ 链的不变原理. 下面要给出在何种条件下, (2.25) 式成立并证明之.

§3 $p-\overrightarrow{\theta}$ 链的不变原理研究的准备

沿用 §2 的符号并继承 §2 之结果及约定.

命题 3.1 当条件 1^* 成立时, 即 Φ 是 $\widehat{P}^{(n)}$ 之不变的遍历的概率测度, 则对任何 $\overrightarrow{\mathscr{X}}$ 上的任何有界可测的实值函数 G, 恒有

$$\boldsymbol{E}_{\overline{\mu}(\overrightarrow{\theta})}(G(T^k\overrightarrow{X})) = \boldsymbol{E}_{\overline{\mu}(T^k\overrightarrow{\theta})}(G(\overrightarrow{X})) \quad (k \geqslant 0, \overrightarrow{\theta}\in\overrightarrow{\Theta}), \tag{3.1}$$

其中, T 如前所解释, 亦可考虑为 $\overrightarrow{\mathscr{X}}$ 到 $\overrightarrow{\mathscr{X}}$ 之推移算子: $(T\overrightarrow{x})_n = x_{n+1}$, 其中 $\overrightarrow{x} = (x_0, x_1, \cdots)\in\overrightarrow{\mathscr{X}}$.

证 仍记 $\mathrm{d}\Phi = \varphi(x,\overrightarrow{\theta})\,\mathrm{d}\mu, \mu = \kappa\times\overline{m}$, 由命题 1.2 及 Φ 的不变性和第二章 (5.9) 式有:

$$\begin{aligned}
&\overline{\mu}(\overrightarrow{\theta})\left(\bigcap_{i=k+1}^{k+n}\{X_i = x_i\}\right)\\
&= P_\Phi\left(\bigcap_{i=k+1}^{k+n}\{X_i = x_i\}|\overrightarrow{\xi} = \overrightarrow{\theta}\right)\\
&= \sum_{y\in\mathscr{X}} P_\Phi\left(\bigcap_{i=k+1}^{k+n}\{X_i = x_i\}|X_k = y, \overrightarrow{\xi} = \overrightarrow{\theta}\right)P_\Phi(X_k = y|\overrightarrow{\xi} = \overrightarrow{\theta})\\
&= \sum_{y\in\mathscr{X}} P_\Phi\left(\bigcap_{i=k+1}^{k+n}\{X_i = x_i\}|X_k = y, \overrightarrow{\xi} = \overrightarrow{\theta}\right)\\
&\quad\cdot\sum_{x\in\mathscr{X}} P_{\overrightarrow{\theta}}^{x}(\{\overrightarrow{x} : x_k = y\})\varphi(x,\overrightarrow{\theta})
\end{aligned}$$

$$= \sum_{y\in\mathscr{X}} P_{\Phi}\left(\bigcap_{i=k+1}^{k+n}\{X_i=x_i\}|X_k=y,\overrightarrow{\xi}=\overrightarrow{\theta}\right)\sum_{x\in\mathscr{X}} p^{(k)}(\overrightarrow{\theta};x,y)\varphi(x,\overrightarrow{\theta})$$

$$\overset{(1.1)}{=\!=} \sum_{y\in\mathscr{X}} P_{\Phi}\left(\bigcap_{i=k+1}^{k+n}\{X_i=x_i\}|\eta_k=(y,T^k\overrightarrow{\theta})\right)\varphi(y,T^k\overrightarrow{\theta})$$

$$= \sum_{y\in\mathscr{X}} P_{\Phi}\left(\bigcap_{i=1}^{n}\{X_i=x_i\}|\eta_0=(y,T^k\overrightarrow{\theta})\right)\varphi(y,T^k\overrightarrow{\theta})$$

$$= \overline{\mu}(T^k\overrightarrow{\theta})\left(\bigcap_{i=1}^{n}\{X_i=x_i\}\right),(x_i\in\mathscr{X}). \tag{3.2}$$

由 (3.2) 再用单调类定理立即可得 (3.1) 式.

有时为书写方便, 记 $\overline{\mu}(\overrightarrow{\theta})(\varLambda)(\mu(\overrightarrow{\theta})(\varLambda)$ 亦类似) 为 $\overline{\mu}(\overrightarrow{\theta};\varLambda)$. 下面引进随机混合系数及一致随机混合条件. 令 $\widetilde{\mathscr{A}_k^n}=\{A\times\overrightarrow{\Theta}:A\in\mathscr{A}_k^n\}$,

$$\rho_{i,j}^{\overrightarrow{\theta}} = \sup_{A\in\mathscr{A}_0^i,\mu(\overrightarrow{\theta};A)\neq 0,B\in\mathscr{A}_j^\infty}\left|\frac{\mu(\overrightarrow{\theta};A\bigcap B)}{\mu(\overrightarrow{\theta};A)}-\mu(\overrightarrow{\theta};B)\right|$$

$$= \sup_{A\in\widetilde{\mathscr{A}_0^i},\overline{\mu}(\overrightarrow{\theta};A)\neq 0,B\in\widetilde{\mathscr{A}_j^\infty}}\left|\frac{\overline{\mu}(\overrightarrow{\theta};A\bigcap B)}{\overline{\mu}(\overrightarrow{\theta};A)}-\overline{\mu}(\overrightarrow{\theta};B),\right| \tag{3.3}$$

$$\rho(j) = \sup_{\overrightarrow{\theta}\in\overrightarrow{\Theta}}\sup_{i\geqslant 1}\rho_{t_i,t_{i+j}}^{\overrightarrow{\theta}},\quad j\geqslant 0, \tag{3.4}$$

其中, $\{t_n=t_n(\overrightarrow{\theta}),n\geqslant 0\}$ 如命题 1.3 所定义, $\mathscr{A}_n^k(0\leqslant n<k+1\leqslant\infty)$ 如 (1.12) 式所定义.

条件 (U)(一致 Mixing 条件):

$$\sum_{j=0}^{\infty}\rho^{\frac{1}{2}}(j)<\infty. \tag{3.5}$$

随机 Doeblin 条件:

存在 $N=N(\overrightarrow{\theta}):\overrightarrow{\Theta}\longmapsto\{1,2,\cdots\},K=K(\overrightarrow{\theta}):\overrightarrow{\Theta}\longmapsto(0,1)$, 及 $\pi(\overrightarrow{\theta};x):\overrightarrow{\Theta}\times\mathscr{X}\longmapsto[0,1],N$ 和 K 是 $\overrightarrow{\mathscr{B}}$ 可测的, $\pi(\cdot;x)$ 对任何固定的 $x\in\mathscr{X}$ 是 $\overrightarrow{\mathscr{B}}$ 可测的, 且 $\sum\limits_{x\in\mathscr{X}}\pi(\overrightarrow{\theta};x)=1(\forall\ \overrightarrow{\theta}\in\overrightarrow{\Theta})$, 即 π 是 $\mathscr{X}$ 上的随机分布, 使得:

$$p^{(N)}(T^{-N}\overrightarrow{\theta};x,y)\geqslant K(\overrightarrow{\theta})\pi(\overrightarrow{\theta};y),x,y,\in\mathscr{X},\overline{m}-\text{a.s.}\overrightarrow{\theta}. \tag{3.6}$$

再令

$$
\begin{aligned}
S_r(\overrightarrow{\theta}) &\stackrel{\text{def}}{=} \sum_{k=0}^{r-1} \overline{f}_{\overrightarrow{\theta}}(X_k) \\
&= \sum_{k=0}^{(t_1-1)\bigwedge(r-1)} \overline{f}_{\overrightarrow{\theta}}(X_k) + \sum_{k=1}^{l(r)} Y_k(\overrightarrow{\theta}) + \sum_{k=t_{l(r)}}^{r-1} \overline{f}_{\overrightarrow{\theta}}(X_k) \\
&= Y_r'(\overrightarrow{\theta}) + Z_{l(r)}(\overrightarrow{\theta}) + Y_r''(\overrightarrow{\theta}), \quad r = 1, 2, \cdots,
\end{aligned} \tag{3.7}
$$

此处 $l(r) = l(r, \overrightarrow{\theta}) \stackrel{\text{def}}{=} \max\{k : t_k(\overrightarrow{\theta}) < r\}$, (3.8)

$$
Y_r'(\overrightarrow{\theta}) \stackrel{\text{def}}{=} \sum_{k=0}^{(t_1-1)\bigwedge(r-1)} \overline{f}_{\overrightarrow{\theta}}(X_k), \quad Y_r''(\overrightarrow{\theta}) \stackrel{\text{def}}{=} \sum_{k=t_{l(r)}}^{r-1} \overline{f}_{\overrightarrow{\theta}}(X_k), \tag{3.9}
$$

$$
Z_n(\overrightarrow{\theta}) = \sum_{k=1}^{n} Y_k(\overrightarrow{\theta}) (t_j, Y_k, Z_n \text{ 依赖 } \varGamma). \tag{3.10}
$$

注意: (2.23) 式中定义的

$$
W_{\overrightarrow{\theta}}^{(n)}(t) = S_{[nt]}(\overrightarrow{\theta})/\sigma\sqrt{\overline{m}(\varGamma)n}. \tag{3.7*}
$$

附注 3.1 若 $\mathscr{A} \times \overrightarrow{\mathscr{B}}$ 上的测度 $\varPsi$ 如前所定义, 即

$$
\varPsi(F) = \frac{1}{\overline{m}(\varGamma)} \varPhi(F \bigcap (\mathscr{X} \times \varGamma)),
$$

则对任何有界的 $\mathscr{A} \times \overrightarrow{\mathscr{B}}$ 可测函数 $f(x, \overrightarrow{\theta})$, 有

$$
\int_{\mathscr{X} \times \overrightarrow{\varTheta}} \varPsi(\mathrm{d}x, \mathrm{d}\overrightarrow{\theta}) f(x, \overrightarrow{\theta}) = \frac{1}{\overline{m}(\varGamma)} \int_{\mathscr{X} \times \varGamma} \varPhi(\mathrm{d}x, \mathrm{d}\overrightarrow{\theta}) f(x, \overrightarrow{\theta}). \tag{3.11}
$$

记 $P_\varPsi$ 如第二章定理 5.1 中类似于 $P_\varPhi$ 的定义 (把 $\varPhi$ 代之以 $\varPsi$), 另外,

$$
\begin{aligned}
P_\varPsi(C) &= \int_{\mathscr{X} \times \overrightarrow{\varTheta}} \varPsi(\mathrm{d}x, \overrightarrow{\theta}) \int_{\overrightarrow{\mathscr{X}}} P_{\overrightarrow{\theta}}^{x}(\mathrm{d}\overrightarrow{x}) \mathbf{1}_C(\overrightarrow{x}, \overrightarrow{\theta}) \\
&= \frac{1}{\overline{m}(\varGamma)} \int_{\mathscr{X} \times \varGamma} \varPhi(\mathrm{d}x, \mathrm{d}\overrightarrow{\theta}) \int_{\overrightarrow{\mathscr{X}}} P_{\overrightarrow{\theta}}^{x}(\mathrm{d}\overrightarrow{x}) \mathbf{1}_C(\overrightarrow{x}, \overrightarrow{\theta}) \\
&= \frac{1}{\overline{m}(\varGamma)} P_\varPhi(C \bigcap (\overrightarrow{\mathscr{X}} \times \varGamma)).
\end{aligned} \tag{3.12}
$$

§4 证明 p– $\overrightarrow{\theta}$ 链的不变原理的几条引理

沿用前三节之符号及术语.

引理 4.1 令 $\{a_n, n \geqslant 1\}$ 为实数列, $\{b_n, n \geqslant 1\}$ 为正实数列且 $b_n \uparrow \infty$, 若 $a_n/b_n \to 0$, 则

$$\lim_{n\to\infty} \frac{\max\limits_{1\leqslant k\leqslant n} a_k}{b_n} = 0. \tag{4.1}$$

证 这是显然的.

引理 4.2 在条件 2 和条件 4 下, 对 $\overline{m}-\text{a.s.}\overrightarrow{\theta}$ 有

$$\lim_{n\to\infty} n^{-\frac{1}{2}} \max_{0\leqslant j\leqslant n} |Y_j'(\overrightarrow{\theta})| = 0, \quad \overline{\mu}(\overrightarrow{\theta}) - \text{a.s.}\omega. \tag{4.2}$$

证 显然

$$|Y_n'(\overrightarrow{\theta})| \leqslant \sum_{j=0}^{t_1-1} |\overline{f}_{\overrightarrow{\theta}}(X_j)|, \quad t_1(\overrightarrow{\theta}) < \infty, \quad \overline{m} - \text{a.s}\overrightarrow{\theta}, \tag{4.3}$$

且 (4.3) 式右方不依赖于 n. 所以视 $|Y_n'(\overrightarrow{\theta})|$ 为引理 4.1 中之 a_n, 视 $n^{\frac{1}{2}}$ 为 b_n, 则由引理 4.1 立得 (4.2) 式. 引理 4.2 得证.

引理 4.3 在条件 1^*、条件 2、条件 4 下, $\{\overline{Y}_n(\omega), n \geqslant 0\}$ 是概率空间 $(\Omega, \mathscr{F}, P_\Psi)$ 上的严平稳过程.

证 由 $\{t_n(\overrightarrow{\theta}), n \geqslant 0\}$ 的定义知对 $i, k \geqslant 0, \overrightarrow{\theta} \in \overrightarrow{\Theta}$, 有

$$T^{t_k(T^{t_i}\overrightarrow{\theta})}(\overrightarrow{\theta}) = T^{t_{k+i}(\overrightarrow{\theta})}(\overrightarrow{\theta}), \tag{4.4}$$

$$t_k(\overrightarrow{\theta}) + t_i(T^{t_k(\overrightarrow{\theta})}(\overrightarrow{\theta})) = t_{k+i}(\overrightarrow{\theta}). \tag{4.5}$$

由命题 3.1 有

$$\begin{aligned}&\overline{\mu}\left(\overrightarrow{\theta}; \bigcap_{i=1}^{n} \{Y_{k+i}^{(\overrightarrow{\theta})} \in A_i\}\right)\\ =&\overline{\mu}\left(T^k\overrightarrow{\theta}; \bigcap_{i=1}^{n} \{Y_i(T^k\overrightarrow{\theta}) \in A_i\}\right).\end{aligned} \tag{4.6}$$

$(A_i \in \mathscr{B}(\mathbf{R}), 1 \leqslant i \leqslant n, k \geqslant 0)$.

由 $\overline{\mu}(\overrightarrow{\theta})$ 的定义及 (2.11)、(2.12) 和 $(2.10)^*$ 式有

$$\begin{aligned}&P_\Psi(A\times B)\\ =&\int_{\mathscr{X}\times\overrightarrow{\Theta}} \Psi(\mathrm{d}x, \mathrm{d}\overrightarrow{\theta})P_{(x,\overrightarrow{\theta})}(A\times B)\\ =&\frac{1}{\overline{m}(\Gamma)}\int_{\mathscr{X}\times\Gamma} \Phi(\mathrm{d}x, \mathrm{d}\overrightarrow{\theta})P_{(x,\overrightarrow{\theta})}(A\times B)\end{aligned}$$

$$
\begin{aligned}
&= \frac{1}{\overline{m}(\Gamma)} \int_{\mathscr{X}\times\Gamma} \Phi(\mathrm{d}x, \mathrm{d}\overrightarrow{\theta}) \int_{\overrightarrow{\mathscr{X}}} P^{x}_{\overrightarrow{\theta}}(\mathrm{d}\overrightarrow{x})\mathbf{1}_A(\overrightarrow{x})\mathbf{1}_B(\overrightarrow{\theta}) \\
&= \frac{1}{\overline{m}(\Gamma)} \int_{\Gamma} \overline{m}(\mathrm{d}\overrightarrow{\theta}) \int_{\mathscr{X}} \kappa(\mathrm{d}x)\varphi(x, \overrightarrow{\theta}) P^{x}_{\overrightarrow{\theta}}(A)\mathbf{1}_B(\overrightarrow{\theta}) \\
&= \frac{1}{\overline{m}(\Gamma)} \int_{\Gamma\bigcap B} \overline{m}(\mathrm{d}\overrightarrow{\theta}) \sum_{x\in\mathscr{X}} \varphi(x, \overrightarrow{\theta}) P_{(x,\overrightarrow{\theta})}(A\times\overrightarrow{\Theta}) \\
&= \frac{1}{\overline{m}(\Gamma)} \int_{\Gamma\bigcap B} \overline{m}(\mathrm{d}\overrightarrow{\theta})\overline{\mu}(\overrightarrow{\theta}; A\times\overrightarrow{\Theta}), (A\in\overrightarrow{\mathscr{A}}, B\in\overrightarrow{\mathscr{B}}).
\end{aligned} \tag{4.7}
$$

利用 (4.6) 式、(4.7) 式、$\overline{m} = \overline{m}\circ T^{-1}$ 以及单调类定理和控制收敛定理易证:

$$
\begin{aligned}
&P_\Psi(\overline{Y}_{k+1}\in A_1, \cdots, \overline{Y}_{k+n}\in A) \\
&= P_\Psi(\overline{Y}_1\in A_1, \cdots, \overline{Y}_n\in A_n) \quad (A_i\in\mathscr{B}(\mathbf{R}), 1\leqslant i\leqslant n).
\end{aligned}
$$

引理 4.3 得证.

引理 4.4 设 U, V 都是 $(\overrightarrow{\mathscr{X}}, \overrightarrow{\mathscr{A}}, \mu(\overrightarrow{\theta}))$ 上的实值 (或复值) 随机变量, 且 $U\in\mathscr{A}_0^{t_i(\overrightarrow{\theta})}, V\in\mathscr{A}^{\infty}_{t_{i+j}(\overrightarrow{\theta})}, i\geqslant 0, j\geqslant 1$, 则对任何满足 $r>1, s>1, \dfrac{1}{r}+\dfrac{1}{s}=1$ 的实数, 恒有:

$$
\begin{aligned}
&|\boldsymbol{E}_{\mu(\overrightarrow{\theta})}(UV) - \boldsymbol{E}_{\mu(\overrightarrow{\theta})}(U)\boldsymbol{E}_{\mu(\overrightarrow{\theta})}(V)| \\
&\leqslant 2\rho^{\frac{1}{s}}(j)(\boldsymbol{E}_{\mu(\overrightarrow{\theta})}(|U|^r))^{\frac{1}{r}}(\boldsymbol{E}_{\mu(\overrightarrow{\theta})}(|V|^s))^{\frac{1}{s}}.
\end{aligned} \tag{4.8}
$$

特别地, 若注意 $\boldsymbol{E}_{\overline{\mu}(\overrightarrow{\theta})}(Y_k(\overrightarrow{\theta})) = 0(k\geqslant 0)$, 由 (4.8) 式有:

$$
\begin{aligned}
&\left|\boldsymbol{E}_{\overline{\mu}(\overrightarrow{\theta})}(Y_0(\overrightarrow{\theta})Y_n(\overrightarrow{\theta}))\right| \\
&\leqslant 2\rho^{\frac{1}{2}}(n)(\boldsymbol{E}_{\overline{\mu}(\overrightarrow{\theta})}(Y_0^2(\overrightarrow{\theta})))^{\frac{1}{2}}(\boldsymbol{E}_{\overline{\mu}(\overrightarrow{\theta})}(Y_n^2(\overrightarrow{\theta})))^{\frac{1}{2}}.
\end{aligned} \tag{4.9}
$$

证 参见文献 [29] §20 引理 1.

引理 4.5 在条件 1^*、条件 2、条件 4 和条件 (U) 下, 若

$$
\boldsymbol{E}_\Psi(\overline{Y}_0^2) < \infty \quad (\overline{Y}_0 \text{ 的定义见 (2.19) 式}), \tag{4.10}
$$

则

(1) 级数 $\boldsymbol{E}_\Psi(\overline{Y}_0^2) + 2\sum\limits_{n=1}^{\infty}\boldsymbol{E}_\Psi(\overline{Y}_0\overline{Y}_n)$

绝对收敛, 且其极限非负, 故可记为

$$
\boldsymbol{E}_\Psi(\overline{Y}_0^2) + 2\sum_{n=1}^{\infty}\boldsymbol{E}_\Psi(\overline{Y}_0\overline{Y}_n) = \sigma^2 \tag{4.11}
$$

(因为 Ψ 依赖 Γ, 故 σ^2 亦然. 但由下面的 (4.13) 式将看出 $\sigma^2\overline{m}(\Gamma)$ 不依赖 Γ);

(2) 对 $\overline{m}-\text{a.s.}\overrightarrow{\theta}\,\text{on}\Gamma$, 有

$$\lim_{n\to\infty}\boldsymbol{E}_{\overline{\mu}(\overrightarrow{\theta})}\left[\frac{1}{n}\left(\sum_{k=0}^{n-1}Y_k(\overrightarrow{\theta})\right)^2\right]=\sigma^2; \tag{4.12}$$

$$\lim_{n\to\infty}\boldsymbol{E}_{\overline{\mu}(\overrightarrow{\theta})}\left[\frac{1}{n}\left(\sum_{k=0}^{n-1}\overline{f}_{\overrightarrow{\theta}}(X_k)\right)^2\right]=\sigma^2\overline{m}(\Gamma). \tag{4.13}$$

证 首先注意: 由 (4.7)、(4.9) 式和 Hölder 不等式和引理 4.3 可得:

$$\begin{aligned}&\boldsymbol{E}_\Psi(|\overline{Y}_0\overline{Y}_n|)\overset{(4.7)}{=\!=}\frac{1}{\overline{m}(\Gamma)}\int_\Gamma\boldsymbol{E}_{\overline{\mu}(\overrightarrow{\theta})}(|Y_0(\overrightarrow{\theta})Y_n(\overrightarrow{\theta})|)\overline{m}(\mathrm{d}\overrightarrow{\theta})\\
\leqslant&\frac{1}{\overline{m}(\Gamma)}\int_\Gamma2\rho^{\frac12}(n)(\boldsymbol{E}_{\overline{\mu}(\overrightarrow{\theta})}(Y_0^2(\overrightarrow{\theta})))^{\frac12}(\boldsymbol{E}_{\overline{\mu}(\overrightarrow{\theta})}(Y_n^2(\overrightarrow{\theta})))^{\frac12}\overline{m}(\mathrm{d}\overrightarrow{\theta})\\
\leqslant&\frac{2\rho^{\frac12(n)}}{\overline{m}(\Gamma)}\left(\int_\Gamma\boldsymbol{E}_{\overline{\mu}(\overrightarrow{\theta})}(Y_0^2(\overrightarrow{\theta}))\overline{m}(\mathrm{d}\overrightarrow{\theta})\right)^{\frac12}\left(\int_\Gamma\boldsymbol{E}_{\overline{\mu}(\overrightarrow{\theta})}(Y_n^2(\overrightarrow{\theta}))\overline{m}(\mathrm{d}\overrightarrow{\theta})\right)^{\frac12}\\
=&2\rho^{\frac12}(n)\boldsymbol{E}_\Psi(\overline{Y}_0^2).\end{aligned} \tag{4.14}$$

因此, 应用条件 (U), 由 (4.14) 知 (4.11) 式左方之级数绝对收敛, 其极限非负.

其次,证明 (4.12) 式成立. 显然 (4.6) 式蕴含了:

$$\begin{aligned}&\frac{1}{n}\sum_{k=0}^{n-1}\boldsymbol{E}_{\overline{\mu}(\overrightarrow{\theta})}(Y_k(\overrightarrow{\theta})Y_{k+j}(\overrightarrow{\theta}))\\
=&\frac{1}{n}\sum_{k=0}^{n-1}\boldsymbol{E}_{\overline{\mu}(T^{t_k}\overrightarrow{\theta})}(Y_0(T^{t_k}(\overrightarrow{\theta}))Y_j(T^{t_k}(\overrightarrow{\theta}))).\end{aligned} \tag{4.15}$$

利用条件 2 和遍历的严平稳过程的遍历定理 (见文献 [115] 第十章定理 1.4) 并由 (4.15) 式可以证明对 $\overline{m}-\text{a.s.}\overrightarrow{\theta}\,\text{on}\Gamma$, 有

$$\lim_{n\to\infty}\frac{1}{n}\sum_{k=0}^{n-1}\boldsymbol{E}_{\overline{\mu}(\overrightarrow{\theta})}(Y_k(\overrightarrow{\theta})Y_{k+j}(\overrightarrow{\theta}))=\boldsymbol{E}_\Psi(\overline{Y}_0\overline{Y}_j). \tag{4.16}$$

下面详细证明 (4.16) 式. 当 $\boldsymbol{E}_\Psi(\overline{Y}_0^2)<\infty$ 时, 由引理 4.3 知 $\{\overline{Y}_n,n\geqslant0\}$ 关于概率测度 P_Ψ 是严平稳过程, 于是 $\boldsymbol{E}_\Psi(\overline{Y}_j\overline{Y}_k)$ 存在且 $\boldsymbol{E}_\Psi(\overline{Y}_j\overline{Y}_{k+j})=\boldsymbol{E}_\Psi(\overline{Y}_0\overline{Y}_k)$. 由 Ψ 和 $\overline{\mu}(\overrightarrow{\theta})$ 之定义 (见 (3.12) 和 (2.10)* 式) 有

$$\begin{aligned}P_\Phi&=\int_{\overrightarrow{\Theta}}\overline{m}(\mathrm{d}\overrightarrow{\theta})\overline{\mu}(\overrightarrow{\theta}),\\
P_\Psi(c)&=P_\Phi(c\textstyle\bigcap(\overrightarrow{\mathscr{X}}\times\Gamma))/\overline{m}(\Gamma),\end{aligned}$$

所以再用命题 2.1 有

$$\boldsymbol{E}_{\Psi}(\overline{Y}_k(\omega)\overline{Y}_{k+j}(\omega)) = \frac{1}{\overline{m}(\Gamma)}\int_{\overrightarrow{\mathscr{X}}\times\Gamma} P_{\Phi}(\mathrm{d}\omega)\overline{Y}_k(\omega)\overline{Y}_{k+j}(\omega)$$
$$= \frac{1}{\overline{m}(\Gamma)}\int_{\Gamma}\overline{m}(\mathrm{d}\overrightarrow{\theta})\boldsymbol{E}_{\overline{\mu}(\overrightarrow{\theta})}(Y_k(\overrightarrow{\theta};\omega)Y_{k+j}(\overrightarrow{\theta};\omega)).$$

而 $\boldsymbol{E}_{\Psi}(\overline{Y}_k\overline{Y}_{k+j})$ 存在, 所以对 $\overline{m}-\text{a.s.}\overrightarrow{\theta}\,\text{on}\Gamma$, 有

$$\boldsymbol{E}_{\overline{\mu}(\overrightarrow{\theta})}(Y_k(\overrightarrow{\theta})Y_{k+j}(\overrightarrow{\theta}))\ \text{是存在的}.$$

再令$g(\overrightarrow{\theta}) = \boldsymbol{E}_{\overline{\mu}(\overrightarrow{\theta})}(Y_0(\theta)Y_j(\overrightarrow{\theta}))\mathbf{1}_{\Gamma}(\overrightarrow{\theta})$, 则由 (4.15) 式并用命题1.3、遍历的严平稳过程的遍历定理 (见文献[115]第十章定理 1.4) 和命题 2.1 可知: 对$\overline{m}-$a.s$\overrightarrow{\theta}\,on\Gamma$,有

$$\lim_{n\to\infty}\frac{1}{n}\sum_{k=0}^{n-1}\boldsymbol{E}_{\overline{\mu}(\overrightarrow{\theta})}(Y_k(\overrightarrow{\theta})Y_{k+j}(\overrightarrow{\theta}))$$
$$= \lim_{n\to\infty}\frac{t_n(\overrightarrow{\theta})}{n}\frac{1}{t_n(\overrightarrow{\theta})}\sum_{k=0}^{n-1}\boldsymbol{E}_{\overline{\mu}(T^{t_k}\overrightarrow{\theta})}(Y_0(T^{t_k}\overrightarrow{\theta})Y_j(T^{t_k}\overrightarrow{\theta}))$$
$$= \frac{1}{\overline{m}(\Gamma)}\lim_{n\to\infty}\frac{1}{t_n(\overrightarrow{\theta})}\sum_{k=0}^{t_n(\overrightarrow{\theta})-1}\boldsymbol{E}_{\overline{\mu}(\tau^k\overrightarrow{\theta})}(Y_0(T^k\overrightarrow{\theta})Y_j(T^k\overrightarrow{\theta})\mathbf{1}_{\Gamma}(T^k\overrightarrow{\theta})$$
$$= \frac{1}{\overline{m}(\Gamma)}\int_{\overrightarrow{\Theta}}\overline{m}(\mathrm{d}\overrightarrow{\theta})\int_{\Omega}\overline{\mu}(\overrightarrow{\theta})(\mathrm{d}\omega)(Y_0(\overrightarrow{\theta};\omega)Y_j(\overrightarrow{\theta};\omega)\mathbf{1}_{\Gamma}(\overrightarrow{\theta}))$$
$$= \frac{1}{\overline{m}(\Gamma)}\int_{\overrightarrow{\mathscr{X}}\times\Gamma}P_{\Phi}(\mathrm{d}\omega)(\overline{Y}_0(\omega)\overline{Y}_j(\omega)) = \boldsymbol{E}_{\Psi}(\overline{Y}_0\overline{Y}_j).$$

(4.16) 式得证.

类似地, 可以证明: 对 $\overline{m}-\text{a.s}\overrightarrow{\theta}\,\text{on}\Gamma$ 有

$$\lim_{n\to\infty}\frac{1}{n}\sum_{k=0}^{n-1}\sum_{l=r}^{\infty}\rho^{\frac{1}{2}}(l)\boldsymbol{E}_{\overline{\mu}(\overrightarrow{\theta})}(Y_{k+l}^2(\overrightarrow{\theta}))$$
$$= \boldsymbol{E}_{\Psi}(\overline{Y}_0^2)\sum_{l=r}^{\infty}\rho^{\frac{1}{2}}(l). \tag{4.17}$$

令 $c_j = \boldsymbol{E}_\Psi(\overline{Y}_0\overline{Y}_j)$, 考虑分解:

$$\begin{aligned}
&\boldsymbol{E}_{\overline{\mu}(\overrightarrow{\theta})}\left[\frac{1}{n}\left(\sum_{k=0}^{n-1} Y_k(\overrightarrow{\theta})\right)^2\right] - \sigma^2 \\
&= \left(\frac{1}{n}\sum_{k=0}^{n-1}\boldsymbol{E}_{\overline{\mu}(\overrightarrow{\theta})}(Y_k^2(\overrightarrow{\theta})) - c_0\right) \\
&\quad + \frac{2}{n}\sum_{j=1}^{r-1}\left(\sum_{k=0}^{n-1-j}\boldsymbol{E}_{\overline{\mu}(\overrightarrow{\theta})}(Y_k(\overrightarrow{\theta})Y_{j+k}(\overrightarrow{\theta})) - c_j\right) \\
&\quad + \frac{2}{n}\sum_{j=r}^{n-1}\sum_{k=0}^{n-1-j}\boldsymbol{E}_{\overline{\mu}(\overrightarrow{\theta})}(Y_k(\overrightarrow{\theta})Y_{j+k}(\overrightarrow{\theta})) - \frac{2}{n}\sum_{j=1}^{r-1} jc_j - 2\sum_{j=r}^{\infty} c_j \qquad (4.18)
\end{aligned}$$

$\overset{\text{记作}}{=\!=} I_1 + I_2 + I_3 + I_4 + I_5.$

对固定的 r, 由 (4.16) 式可知: 对 $\overline{m}$ − a.s. $\overrightarrow{\theta}$, 有

$$\lim_{n\to\infty} I_1 = \lim_{n\to\infty} I_2 = 0.$$

而由 (4.11) 式中的级数的绝对收敛性可知:

$$\lim_{r\to\infty}\sum_{j=r}^{\infty} c_j = 0, \quad \text{即 } I_5 \text{ 当 } r\to\infty \text{ 时趋于 } 0.$$

再对 I_3 进行估计. 由引理 4.4 并注意 $x^2 + y^2 \geqslant 2xy$ 和 (4.16)、(4.17) 式有

$$\begin{aligned}
&\left|\frac{2}{n}\sum_{j=r}^{n-1}\sum_{k=0}^{n-1-j}\boldsymbol{E}_{\overline{\mu}(\overrightarrow{\theta})}(Y_k(\overrightarrow{\theta})Y_{j+k}(\overrightarrow{\theta}))\right| \\
&\leqslant \frac{4}{n}\sum_{k=0}^{n-1}\sum_{j=r}^{\infty}\rho^{1/2}(j)(\boldsymbol{E}_{\overline{\mu}(\overrightarrow{\theta})}(Y_k^2(\overrightarrow{\theta})))^{1/2}\cdot(\boldsymbol{E}_{\overline{\mu}(\overrightarrow{\theta})}(Y_{j+k}^2(\overrightarrow{\theta})))^{1/2} \\
&\leqslant \frac{2}{n}\sum_{k=0}^{n-1}\boldsymbol{E}_{\overline{\mu}(\overrightarrow{\theta})}(Y_k^2(\overrightarrow{\theta}))\sum_{j=r}^{\infty}\rho^{1/2}(j) + \frac{2}{n}\sum_{k=0}^{n-1}\sum_{j=r}^{\infty}\rho^{1/2}(j)(\boldsymbol{E}_{\overline{\mu}(\overrightarrow{\theta})}(Y_{j+k}^2(\overrightarrow{\theta})) \\
&\to 0(\text{先令 } n\to\infty, \text{次令 } r\to\infty), \overline{m} - \text{a.s.}\,\overrightarrow{\theta}\,\text{on}\,\mathit{\Gamma}.
\end{aligned}$$

所以

$$\lim_{r\to\infty}\lim_{n\to\infty} I_3 = 0, \overline{m} - \text{a.s.}\,\overrightarrow{\theta}\,\text{on}\,\mathit{\Gamma}.$$

而显然还有 $\lim\limits_{n\to\infty} I_4 = 0$. 总之

$$\lim_{n\to\infty} \boldsymbol{E}_{\overline{\mu}(\overrightarrow{\theta})}\left[\frac{1}{n}\left(\sum_{k=0}^{n-1} Y_k(\overrightarrow{\theta})\right)^2\right] - \sigma^2 = 0 \qquad \overline{m} - \text{a.s.}\,\overrightarrow{\theta}\,\text{on}\,\varGamma,$$

此即 (4.12) 式成立.

最后, 证明 (4.13) 式成立.

由 $l(r) = l(r, \overrightarrow{\theta}) \overset{\text{def}}{=\!=} \max\{k : t_k(\overrightarrow{\theta}) < r\}$ 和 $Y_n(\overrightarrow{\theta})$ 之定义有

$$\left|\sum_{k=0}^{n-1} \overline{f}_{\overrightarrow{\theta}}(X_k) - \sum_{j=0}^{l(n)} Y_n(\overrightarrow{\theta})\right| = \left|\sum_{k=t_{l(n)}}^{n-1} \overline{f}_{\overrightarrow{\theta}}(X_k)\right|. \tag{4.19}$$

由命题 3.1 (注意: $t_{l(n)+1} \geqslant n$) 有

$$\begin{aligned}\boldsymbol{E}_{\overline{\mu}(\overrightarrow{\theta})}\left(\frac{1}{n}\left|\sum_{k=t_l(n)}^{n-1} \overline{f}_{\overrightarrow{\theta}}(X_k)\right|^2\right) &\leqslant \frac{1}{n}\boldsymbol{E}_{\overline{\mu}(\overrightarrow{\theta})}\left(\sum_{k=t_{l(n)}}^{t_{l(n)+1}-1} |\overline{f}_{\overrightarrow{\theta}}(X_k)|\right)^2 \\ &= \frac{1}{n}\boldsymbol{E}_{\overline{\mu}(T^{t_l(n)}\overrightarrow{\theta})}\left(\sum_{k=0}^{t_1-1} |\overline{f}_{T^{t_l(n)}\overrightarrow{\theta}}(X_k)|\right)^2.\end{aligned} \tag{4.20}$$

由 (4.7)、(4.10)、(4.20) 式, 对 $\overline{m} - \text{a.s}, \overrightarrow{\theta}\,\text{on}\,\varGamma$, 有

$$\lim_{n\to\infty} \boldsymbol{E}_{\overline{\mu}(\overrightarrow{\theta})}\left(\frac{1}{n}\left|\sum_{k=t_{l(n)}}^{n-1} \overline{f}_{\overrightarrow{\theta}}(X_k)\right|^2\right) = 0, \tag{4.21}$$

从而对每个 $\varepsilon > 0$, 以及 $\overline{m} - \text{a.s.}\,\overrightarrow{\theta}\,\text{on}\,\varGamma$, 有 (注意 L^2 收敛蕴含了依概率收敛.)

$$\lim_{n\to\infty} \overline{\mu}\left\{\overrightarrow{\theta}; \frac{1}{\sqrt{n}}\left|\sum_{k=0}^{n-1} \overline{f}_{\overrightarrow{\theta}}(X_k) - \sum_{j=0}^{l(n)} Y_j(\overrightarrow{\theta})\right| > \varepsilon\right\} = 0. \tag{4.22}$$

而由引理 4.2, $\dfrac{1}{\sqrt{n}}\sum\limits_{j=0}^{l(n)} Y_j(\overrightarrow{\theta})$ 与 $\dfrac{1}{\sqrt{n}}\sum\limits_{j=1}^{l(n)} Y_j(\overrightarrow{\theta})$ 的渐近性质是一样的, 所以,

由 (4.19)—(4.22) 式及严平稳过程的遍历定理得:

$$
\begin{aligned}
&\lim_{n\to\infty}\frac{1}{n}\boldsymbol{E}_{\overline{\mu}(\overrightarrow{\theta})}\left(\sum_{k=0}^{n-1}\overline{f}_{\overrightarrow{\theta}}(X_k)\right)^2\\
=&\lim_{n\to\infty}\frac{1}{n}\boldsymbol{E}_{\overline{\mu}(\overrightarrow{\theta})}\left(\sum_{k=0}^{l(n)}Y_k(\overrightarrow{\theta})\right)^2\\
=&\lim_{n\to\infty}\frac{l(n)}{n}\frac{1}{l(n)}\boldsymbol{E}_{\overline{\mu}(T^{t_1}\overrightarrow{\theta})}\left(\sum_{k=0}^{l(n)}Y_k(T^{t_1}\overrightarrow{\theta})\right)^2\\
=&\overline{m}(\varGamma)\sigma^2,\quad \overline{m}-\text{a.s.}\,\overrightarrow{\theta}\,\text{on}\varGamma.
\end{aligned}
$$

(4.13) 式得证, 引理证毕.

引理 4.6 设引理 4.5 中诸条件成立且存在两个正实数 b 和 a_0 及一个非负整数 p, 使得 $n>p$ 时有

$$
\rho(p)+\max_{1<i\leqslant n}\overline{\mu}(\overrightarrow{\theta};(Z_n(\overrightarrow{\theta})-Z_i(\overrightarrow{\theta}))>ba_0/2)\leqslant\varepsilon<1. \tag{4.23}
$$

则对任何 $A\geqslant a_0^2, a\geqslant a_0$, 有

$$
\begin{aligned}
\overline{\mu}(\overrightarrow{\theta};\max_{1\leqslant i\leqslant n}|Z_i(\overrightarrow{\theta})|>(1+b)a)\leqslant&\frac{1}{1-\varepsilon}\overline{\mu}(\overrightarrow{\theta};|Z_n(\overrightarrow{\theta})|>a)\\
&+\frac{1}{1-\varepsilon}\overline{\mu}\left(\overrightarrow{\theta};\max_{1\leqslant i\leqslant n}|Y_i(\overrightarrow{\theta})|>\frac{ba}{2(p-1)}\right); \qquad (4.24)\\
\boldsymbol{E}^{\overrightarrow{\theta}}_{(1+2b)^2A}Z_n^2(\overrightarrow{\theta})\leqslant(1+2b)^2&\frac{\varepsilon}{1-\varepsilon}\boldsymbol{E}^{\overrightarrow{\theta}}_A Z_n^2(\overrightarrow{\theta})\\
&+\left(\frac{2p(1+2b)}{b}\right)^2\frac{1}{1-\varepsilon}\boldsymbol{E}^{\overrightarrow{\theta}}_{A(b/2p)^2}\max_{1\leqslant i\leqslant n}Y_i^2(\overrightarrow{\theta}), \qquad (4.25)
\end{aligned}
$$

此处 $\boldsymbol{E}^{\overrightarrow{\theta}}_a U\stackrel{\text{def}}{=\!=}\boldsymbol{E}_{\overline{\mu}(\overrightarrow{\theta})}(U\mathbf{1}_{\{U>a\}})$, 当 $U\in\bigcap\limits_{\overrightarrow{\theta}\in\overrightarrow{\varTheta}}L_1(\varOmega,\sigma(X_n,n\geqslant0),\overline{\mu}(\overrightarrow{\theta}))$, 而 $\rho(p)$ 之定义见 (3.4) 式.

证明请参见文献 [240] 引理 3.2.

引理 4.7 设引理 4.5 中诸条件成立. 令

$$
\sigma_n^2(\overrightarrow{\theta})\stackrel{\text{def}}{=\!=}\boldsymbol{E}_{\overline{\mu}(\overrightarrow{\theta})}(Z_n^2(\overrightarrow{\theta})),\quad Z_m^{\overrightarrow{\theta}}(n)\stackrel{\text{def}}{=\!=}\sum_{i=m+1}^{m+n}Y_i(\overrightarrow{\theta}), \tag{4.26}
$$

则存在常数 K_0 和 K_1 (均不依赖 $\overrightarrow{\theta}$), 使

$$\begin{aligned}&\max_{m+1\leqslant i\leqslant m+n} E_{\overline{\mu}(\overrightarrow{\theta})}\left(\left|\sum_{k=i}^{m+n} Y_k(\overrightarrow{\theta})\right|^2\right)/\sigma_n^2(T^{t_m}\overrightarrow{\theta})\\ &\leqslant K_0+K_1\max_{m+1\leqslant i\leqslant m+n} E_{\overline{\mu}(\overrightarrow{\theta})} Y_i^2(\overrightarrow{\theta})/\sigma_n^2(T^{t_m}\overrightarrow{\theta}).\end{aligned} \tag{4.27}$$

证 由 (4.6) 式易证:

$$\begin{aligned}\boldsymbol{E}_{\overline{\mu}(\overrightarrow{\theta})}(Z_m^{\overrightarrow{\theta}}(n))^2 &= \boldsymbol{E}_{\overline{\mu}(\overrightarrow{\theta})}\left(\sum_{k=m+1}^{m+n} Y_k(\overrightarrow{\theta})\right)^2 = \boldsymbol{E}_{\overline{\mu}(T^{t_m}\overrightarrow{\theta})}\left(\sum_{k=1}^{n} Y_k(T^{t_m}\overrightarrow{\theta})\right)^2\\ &= \sigma_n^2(T^{t_m}\overrightarrow{\theta}).\end{aligned}$$

应用条件 (U) 可取 p 使: $\rho(p)<\dfrac{1}{4}$, 因此, 当 $n>p, i<n-p$ 有

$$\begin{aligned}&\max_{m+1\leqslant i\leqslant m+n}\boldsymbol{E}_{\overline{\mu}(\overrightarrow{\theta})}\left(\left|\sum_{k=i}^{m+n} Y_k(\overrightarrow{\theta})\right|^2\right)\\ &\leqslant \max_{m+1\leqslant i\leqslant m+n-p}\boldsymbol{E}_{\overline{\mu}(\overrightarrow{\theta})}\left(\left|\sum_{k=i}^{m+n} Y_k(\overrightarrow{\theta})\right|^2\right)\\ &\quad +p^2\max_{m+1\leqslant i\leqslant m+n}\boldsymbol{E}_{\overline{\mu}(\overrightarrow{\theta})}(Y_i^2(\overrightarrow{\theta})),\end{aligned} \tag{4.28}$$

且

$$\begin{aligned}&\left|\|Z_m^{\overrightarrow{\theta}}(n)\|_2-\|Z_m^{\overrightarrow{\theta}}(i)+Z_m^{\overrightarrow{\theta}}(n)-Z_m^{\overrightarrow{\theta}}(i+p)\|_2\right|\\ &\leqslant\left\|\sum_{k=m+i}^{m+i+p} Y_k(\overrightarrow{\theta})\right\|_2\leqslant P\max_{m+1\leqslant k\leqslant m+n}\|Y_k(\overrightarrow{\theta})\|_2,\end{aligned} \tag{4.29}$$

此处 $\|\cdot\|_2=(E_{\overline{\mu}(\overrightarrow{\theta})}(\cdot)^2)^{\frac{1}{2}}$. 因为 $Z_m^{\overrightarrow{\theta}}(i)\in\widetilde{\mathscr{A}_0}^{t_{i+m}}, Z_m^{\overrightarrow{\theta}}(n)-Z_m^{\overrightarrow{\theta}}(i+p)\in\widetilde{\mathscr{A}}_{t_{i+p+m}}^{\infty}$, 故由引理 4.4 有

$$\begin{aligned}&\|Z_m^{\overrightarrow{\theta}}(i)+(Z_m^{\overrightarrow{\theta}}(n)-Z_m^{\overrightarrow{\theta}}(i+p))\|_2\\ &=(\boldsymbol{E}_{\overline{\mu}(\overrightarrow{\theta})}((Z_m^{\overrightarrow{\theta}}(i))^2+(Z_m^{\overrightarrow{\theta}}(n)-Z_m^{\overrightarrow{\theta}}(i+p))^2+2Z_m^{\overrightarrow{\theta}}(i)(Z_m^{\overrightarrow{\theta}}(n)\\ &\quad -Z_m^{\overrightarrow{\theta}}(i+p))))^{1/2}\\ &\geqslant(1-2\rho^{1/2}(p))^{\frac{1}{2}}(\sigma_i^2(T^{t_m}\overrightarrow{\theta})+\boldsymbol{E}_{\overline{\mu}(\overrightarrow{\theta})}(Z_m^{\overrightarrow{\theta}}(n)-Z_m^{\overrightarrow{\theta}}(i+p))^2)^{\frac{1}{2}}.\end{aligned}$$

由 (4.28) 和 (4.29) 式可证:

$$\sigma_i(T^{t_m}\overrightarrow{\theta}) < (1-2\rho^{1/2}(p))^{-\frac{1}{2}}(\sigma_n^2(T^{t_m}\overrightarrow{\theta}) + p\max_{m+1\leqslant i\leqslant m+n}\|Y_i(\overrightarrow{\theta})\|_2).$$

所以

$$\begin{aligned}
&\max_{m+1\leqslant i\leqslant m+n}\boldsymbol{E}_{\overline{\mu}(\overrightarrow{\theta})}\left(\sum_{k=i}^{m+n}Y_k(\overrightarrow{\theta})\right)^2/\sigma_n^2(T^{t_m}\overrightarrow{\theta})\\
&\leqslant\frac{1}{\sigma_n^2(T^{t_m}\overrightarrow{\theta})}\left(\max_{m+1\leqslant i\leqslant m+n-p}\boldsymbol{E}_{\overline{\mu}(\overrightarrow{\theta})}\left(\sum_{k=i}^{m+n}Y_k(\overrightarrow{\theta})\right)^2\right.\\
&\quad\left.+p^2\max_{m+1\leqslant i\leqslant m+n}\boldsymbol{E}_{\overline{\mu}(\overrightarrow{\theta})}Y_i^2(\overrightarrow{\theta})\right)\\
&\leqslant\frac{1}{\sigma_n^2(T^{t_m}\overrightarrow{\theta})}\max_{1\leqslant i\leqslant n-p}2(\boldsymbol{E}_{\overline{\mu}(\overrightarrow{\theta})}(Z_m^{\overrightarrow{\theta}}(n))^2+\boldsymbol{E}_{\overline{\mu}(\overrightarrow{\theta})}(Z_m^{\overrightarrow{\theta}}(i))^2)\\
&\quad+\frac{p^2}{\sigma_n^2(T^{t_m}\overrightarrow{\theta})}\max_{m+1\leqslant i\leqslant m+n}\boldsymbol{E}_{\overline{\mu}(\overrightarrow{\theta})}(Y_i^2(\overrightarrow{\theta}))\\
&\leqslant 2+4(1-2\rho^{1/2}(p))^{-1}+p^2(1+4(1-2\rho^{1/2}(p))^{-1})\\
&\quad\cdot\max_{m+1\leqslant i\leqslant m+n}\boldsymbol{E}_{\overline{\mu}(\overrightarrow{\theta})}Y_i^2(\overrightarrow{\theta})/\sigma_n^2(T^{t_m}\overrightarrow{\theta})\\
&=K_0+K_1\max_{m+1\leqslant i\leqslant m+n}\boldsymbol{E}_{\overline{\mu}(\overrightarrow{\theta})}Y_i^2(\overrightarrow{\theta})/\sigma_n^2(T^{t_m}\overrightarrow{\theta}),
\end{aligned}$$

此处 $K_0=2+4(1-2\rho^{1/2}(p))^{-1}, K_1=p^2(1+4(1-2\rho^{1/2}(p))^{-1})$.

引理证毕.

引理 4.8 设引理 4.7 中诸条件成立, 而且

$$\sup_{\overrightarrow{\theta}\in\varGamma}\boldsymbol{E}_{\overline{\mu}(\overrightarrow{\theta})}(Y_0^2(\overrightarrow{\theta}))<\infty\quad(\text{注意此条件蕴含了 }\boldsymbol{E}_\Psi(\overline{Y}_0)<\infty.),$$

则存在一个常数 M, 使

$$\sup\left\{\frac{\sigma_n^2(\overrightarrow{\theta})}{n};\overrightarrow{\theta}\in\varGamma,n\geqslant 1\right\}<M.$$

证 由文献 [216] 第 2 章引理 2.2.2 和本节 (4.6) 式知, 对每个 $\varepsilon>0$, 存

在一个常数 $c > 0$, 使

$$\begin{aligned}\boldsymbol{E}_{\overline{\mu}(\overrightarrow{\theta})} Z_n^2(\overrightarrow{\theta}) &\leqslant cn\exp(1+\varepsilon) \sum_{i=0}^{[\log n]} \rho^{1/2}(2^i) \max_{1\leqslant i\leqslant n} \boldsymbol{E}_{\overline{\mu}(\overrightarrow{\theta})} Y_i^2(\overrightarrow{\theta}) \\ &= cn\exp(1+\varepsilon) \sum_{i=0}^{[\log n]} \rho^{1/2}(2^i) \max_{1\leqslant i\leqslant n} \boldsymbol{E}_{\overline{\mu}(T^{t_i}\overrightarrow{\theta})} Y_0^2(\overrightarrow{\theta}) \\ &\leqslant cn\exp(1+\varepsilon) \sum_{i=0}^{[\log n]} \rho^{1/2}(2^i) \sup_{\overrightarrow{\theta}\in\Gamma} \boldsymbol{E}_{\overline{\mu}(\overrightarrow{\theta})} Y_0^2(\overrightarrow{\theta}).\end{aligned}$$

由于条件 (U) 成立, 固定 $\varepsilon > 0$, 取

$$M \stackrel{\text{def}}{=\!=} c\exp(1+\varepsilon)\sum_{i=0}^{\infty}\rho^{\frac{1}{2}}(i) \sup_{\overrightarrow{\theta}\in\Gamma} \boldsymbol{E}_{\overline{\mu}(\overrightarrow{\theta})} Y_0^2(\overrightarrow{\theta}) < \infty,$$

则 M 即为所求. 引理证毕.

引理 4.9 设 $W_n = \{W_n(t), t \in [0,1]\}$ 是任一概率空间 $(\Omega^*, \mathscr{F}^*, P)$ 上的轨道右连续且有左极限之随机过程, $n \geqslant 1$, 即 $\{W_n, n \geqslant 1\}$ 是 $\Omega \longmapsto D[0,1]$ 的一列随机元, ($D[0,1]$ 之定义见 (2.22) 式). 若 $\{W_n, n \geqslant 1\}$ 满足:

(1) 对 $n \to \infty, \{W_n(t), 0 \leqslant t \leqslant 1\}$ 具有渐近独立增量, 即是对每个 $B_i \in \mathscr{B}(\mathbf{R}), i = 1, \cdots, r, \text{and}, 0 \leqslant s_1 \leqslant t_1 < \cdots < s_r \leqslant t_r \leqslant 1$, 都有

$$\lim_{n\to\infty}\left[P\left\{\bigcap_{i=1}^{r}(W_n(t_i) - W_n(s_i)) \in B_i\right\} - \prod_{i=1}^{r} P\{(W_n(t_i) - W_n(s_i)) \in B_i\}\right] = 0;$$

(2) 对每个固定的 $t \in [0,1], \{W_n^2(t), n \geqslant 1\}$ 是一致可积的;

(3) 对每个固定的 $t \in [0,1], \boldsymbol{E}W_n(t) \to 0$, and $\boldsymbol{E}W_n^2(t) \to t$, 当 $n \to \infty$;

(4) $\lim\limits_{\delta\to 0}\limsup\limits_{n\to\infty} \sum\limits_{i=0}^{[1/\delta]-1} P\left\{\max\limits_{[i\delta]<s<[(i+1)\delta]} |W_n(s) - W_n(i\delta)| > \varepsilon\right\} = 0 (\forall \varepsilon > 0)$, 此处 $\boldsymbol{E}$ 是关于概率测度 P 的期望算子, 则

$$P \circ W_n^{-1} \stackrel{\text{w}}{\Longrightarrow} W,$$

其中 W 是标准 Wiener 测度, $\stackrel{\text{w}}{\Longrightarrow}$ 表示依分布弱收敛.

证 请参见文献 [216] 第 4 章定理 1.1.

设 $\sigma^2>0$, 综合 (3.7) 和 $(3.7)^*$ 式, 由 $p-\overrightarrow{\theta}$ 链 $\overrightarrow{X}$ 衍生的随机过程序列 $W_{\overrightarrow{\theta}}^{(n)}=\{W_{\overrightarrow{\theta}}^{(n)}(t),t\in[0,1]\}(n\geqslant 1)$, 有下述分解:

$$\begin{aligned}W_{\overrightarrow{\theta}}^{(n)}(t)&=\frac{S_{[nt]}(\overrightarrow{\theta})}{\sigma\sqrt{\overline{m}(\Gamma)n}}\\&=\left[Y'_{[nt]}(\overrightarrow{\theta})+Z_{l([nt])}(\overrightarrow{\theta})+Y''_{[nt]}(\overrightarrow{\theta})\right]/\sigma\sqrt{\overline{m}(\Gamma)n}\end{aligned}\tag{4.30}$$

(注意: 由 (4.13) 式, $\sigma^2\overline{m}(\Gamma)$ 不依赖 Γ, 故 $W_{\overrightarrow{\theta}}^{(n)}(t)$ 亦然.).(4.30) 式第一项的渐近性质, 在引理 4.2 中已解决. 现在利用引理 4.9 来解决 (4.30) 式的第二项的渐近分布.

令

$$W_n^{\overrightarrow{\theta}}(t)=\frac{1}{\sigma\sqrt{n}}\sum_{k=0}^{[nt]}Y_k^{(\overrightarrow{\theta})},\tag{4.31}$$

则

$$\begin{aligned}W_n^{\overrightarrow{\theta}}\left(\frac{l([nt])}{n}\right)&=\frac{1}{\sigma\sqrt{n}}\sum_{k=0}^{l([nt])}Y_k(\overrightarrow{\theta})\\&=\frac{1}{\sigma\sqrt{n}}Z_{l([nt])}(\overrightarrow{\theta}).\end{aligned}\tag{4.32}$$

所以, 研究 (4.30) 式中第二项的渐近分布, 只需研究 $W_n^{\overrightarrow{\theta}}=\{W_n^{\overrightarrow{\theta}}(t),t\in[0,1])$ 的渐近分布. (注意: $W_{\overrightarrow{\theta}}^{(n)}(t)$ 与 $W_n^{\overrightarrow{\theta}}(t)$ 之区别.)

引理 4.10 设 $\sigma^2>0$, 考虑 (4.31) 式定义的随机过程序列:

$$W_n^{\overrightarrow{\theta}}\overset{\text{def}}{=\!=}\{W_n^{\overrightarrow{\theta}}(t),t\in[0,1]\},n\geqslant 1.$$

(注意: $W_n^{\overrightarrow{\theta}}$ 之轨道是右连续且有左极限的, 所以, 对每个 n 和 $\overrightarrow{\theta},W_n^{\overrightarrow{\theta}}$ 都是取值于 $D[0,1]$ 的随机元.) 若引理 4.8 中的条件都成立, 则对 $\overline{m}-\text{a.s.}\overrightarrow{\theta}\,\text{on}\Gamma$, 有

$$\overline{\mu}(\overrightarrow{\theta})\circ(W_n^{\overrightarrow{\theta}})^{-1}\overset{\text{w}}{\Longrightarrow}W,\tag{4.33}$$

即 $W_n^{\overrightarrow{\theta}}$ 的 $\overline{\mu}(\overrightarrow{\theta})$ 依分布弱收敛到标准 Wiener 测度.

证 首先利用条件 (U) 来证明.

(1) 当 $n\to\infty$ 时, $\{W_n^{\overrightarrow{\theta}}(t),t\in[0,1]\}$ 有渐近独立增量, 即任取 $B_i\in\mathscr{B}(\mathbf{R}),i=1,2,\cdots,r$, 和 $0\leqslant s_1\leqslant t_1<\cdots<s_r\leqslant t_r\leqslant 1$, 令 $E_{n,i}=\{\omega:$

$(W_n^{\overrightarrow{\theta}}(t_i) - W_n^{\overrightarrow{\theta}}(s_i)) \in B_i\}(i = 1, \cdots, r, n \geqslant 1)$, 有

$$\lim_{n\to\infty} \left[\overline{\mu}(\overrightarrow{\theta})\left(\prod_{i=1}^{r} E_{n,i}\right) - \prod_{i=1}^{r} \mu(\overrightarrow{\theta})(E_{n,i})\right] = 0. \tag{4.34}$$

为此, 只需证明存在正实数 $\delta > 0$, 使

$$\left|\overline{\mu}(\overrightarrow{\theta})\left(\prod_{i=1}^{r} E_{n,i}\right) - \prod_{i=1}^{r} \overline{\mu}(\overrightarrow{\theta})(E_{n,i})\right| \leqslant r\rho(n\delta), \tag{4.35}$$

其中 ρ 由 (3.4) 所定义.

事实上, 若取 $\delta = \max\limits_{2\leqslant i\leqslant r}(s_i - t_{i-1})$, 用条件 (U), 当 $n = 2$ 时, (4.35) 式成立. 若 (4.35) 式对 $r = k$ 成立, 由 (4.8) 式, 对 $r = k+1$ 有

$$\begin{aligned}
&\left|\overline{\mu}(\overrightarrow{\theta})\left(\prod_{i=1}^{k+1} E_{n,i}\right) - \prod_{i=1}^{k+1} \overline{\mu}(\overrightarrow{\theta})(E_{n,i})\right| \\
\leqslant &\left|\overline{\mu}(\overrightarrow{\theta})\left(\bigcap_{i=1}^{k} E_{n,i}\bigcap E_{n,k+1}\right) - \overline{\mu}(\overrightarrow{\theta})\left(\bigcap_{i=1}^{k} E_{n,i}\right)\overline{\mu}(\overrightarrow{\theta})(E_{n,k+1})\right| \\
+ &\left|\overline{\mu}(\overrightarrow{\theta})\left(\prod_{i=1}^{k} E_{n,i}\right)\overline{\mu}(\overrightarrow{\theta})(E_{n,k+1}) - \prod_{i=1}^{k+1} \overline{\mu}(\overrightarrow{\theta})(E_{n,i})\right| \\
\leqslant &\ \rho(n\delta) + k\rho(n\delta) = (k+1)\rho(n\delta).
\end{aligned}$$

归纳法完成, 所以 (4.35) 式对任何 r 和 n 均成立. 故 $\{W_n^{\overrightarrow{\theta}}, n \geqslant 1\}$ 具有渐近独立增量.

(2) 证明: 对每个固定的 $t \in [0,1]$, 对 $\overline{m}$ − a.s. $\overrightarrow{\theta}$ on$\varGamma$, $\{|W_n^{\overrightarrow{\theta}}(t)|^2, n \geqslant 1\}$ 是一致可积的 (关于概率测度 $\overline{\mu}(\overrightarrow{\theta})$).

对每个固定的正整数 N, 仿引理 4.5(4.16) 式的证明可推出, 对 $\overline{m}$ − a.s. $\overrightarrow{\theta}$ on$\varGamma$, 有

$$\lim_{n\to\infty} \frac{1}{n}\sum_{k=0}^{n} \boldsymbol{E}_{\overline{\mu}(\overrightarrow{\theta})}(Y_k^2(\overrightarrow{\theta})\mathbf{1}_{\{Y_k^2(\overrightarrow{\theta})>N\}}) = \boldsymbol{E}_{\varPsi}(\overline{Y}_0^2\mathbf{1}_{\{\overline{Y}_0^2>N\}}. \tag{4.36}$$

显然由 $\boldsymbol{E}_{\varPsi}(\overline{Y}_0^2) < \infty$ 知: (4.36) 式右方当 $N \to \infty$ 时趋于 0.

设 $\sigma_n^2 = \sigma_n^2(\overrightarrow{\theta})$ 如引理 4.7 中所定义. 因为 $\sigma_n^2 > N$ (当 n 充分大时), 且 $\boldsymbol{E}_{\varPsi}(\overline{Y}_0^2) < \infty$, 所以对 $\overline{m}$ − a.s. $\overrightarrow{\theta}$ on$\varGamma$, 得到了下述 Lindeberg 条件:

$$\lim_{n\to\infty} \frac{1}{\sigma_n^2}\sum_{k=0}^{n} \boldsymbol{E}_{\overline{\mu}(\overrightarrow{\theta})}Y_k^2(\overrightarrow{\theta})\mathbf{1}_{\{Y_k^2(\overrightarrow{\theta})>\varepsilon\sigma_n^2\}} = 0 \quad (\varepsilon > 0). \tag{4.37}$$

若记 (4.37) 式左方极限号后面之表达式为 $\Lambda_n(\varepsilon)$, 则

$$\begin{aligned}&\boldsymbol{E}_{\overline{\mu}(\overrightarrow{\theta})}\left(\frac{\max\limits_{0\leqslant k\leqslant n} Y_k^2(\overrightarrow{\theta})}{\sigma_n^2}\right)\\ &\leqslant \varepsilon+\frac{1}{\sigma_n^2}\boldsymbol{E}_{\overline{\mu}(\overrightarrow{\theta})}\left(\max_{0\leqslant k\leqslant n} Y_k^2(\overrightarrow{\theta})\mathbf{1}_{\{Y_k^2(\overrightarrow{\theta})>\varepsilon\sigma_2^2\}}\right).\\ &\leqslant \varepsilon+\Lambda_n(\varepsilon)\quad(\text{对任何 }\varepsilon>0).\end{aligned}\tag{4.38}$$

由 (4.37)、(4.38) 式得

$$\lim_{n\to\infty}\boldsymbol{E}_{\overline{\mu}(\overrightarrow{\theta})}\left(\frac{\max\limits_{0\leqslant k\leqslant n} Y_k^2(\overrightarrow{\theta})}{\sigma_n^2}\right)=0,\quad \overline{m}-\text{a.s.}\overrightarrow{\theta}\,\text{on}\,\Gamma.\tag{4.39}$$

再用 (4.37) 式, 对 $\overline{m}-\text{a.s.}\overrightarrow{\theta}\,\text{on}\ \Gamma$, 有

$$\begin{aligned}&\lim_{n\to\infty}\overline{\mu}\left(\overrightarrow{\theta}:\max_{1\leqslant i\leqslant n}Y_i^2(\overrightarrow{\theta})/\sigma_n^2>\varepsilon\right)\\ &\leqslant \lim_{n\to\infty}\sum_{i=1}^n\overline{\mu}(\overrightarrow{\theta};Y_i^2(\overrightarrow{\theta})/\sigma_n^2>\varepsilon)\\ &\leqslant \lim_{n\to\infty}\frac{1}{\varepsilon\sigma_n^2}\sum_{i=1}^n E_{\overline{\mu}(\overrightarrow{\theta})}(Y_i^2(\overrightarrow{\theta})I_{\{Y_i^2(\overrightarrow{\theta})>\varepsilon\sigma_n^2\}})\\ &=0.\end{aligned}$$

因此,

$$\lim_{n\to\infty}\frac{\max\limits_{0\leqslant k\leqslant n} Y_k^2(\overrightarrow{\theta})}{\sigma_n^2}=0\quad(\text{依概率 }\overline{\mu}(\overrightarrow{\theta})).\tag{4.40}$$

由 (4.40) 和 (4.39) 式知 $\{\max\limits_{1\leqslant k\leqslant n}Y_k^2(\overrightarrow{\theta})/\sigma_n^2,n\geqslant 1\}$ 是一致可积的. 再用文献 [240] 的命题 2.1 知 $\{\max\limits_{0\leqslant t\leqslant 1}Z_{[nt]}^2(\overrightarrow{\theta})/\sigma_n^2,n\geqslant 1\}$ 是一致可积的. 所以, 对每个 $t\in[0,1]$, 由 $\sigma_n^2=O(n)$, 得知 $\{W_n^{\overrightarrow{\theta}}(t)^2,n\geqslant 1\}$ 是一致可积的 ($\overline{m}-\text{a.s.}\overrightarrow{\theta}\,\text{on}\Gamma$).

(3) 由引理 4.5 中的 (4.12) 式和 $W_n^{\overrightarrow{\theta}}(t)$ 的定义得

$$\begin{aligned}&\boldsymbol{E}_{\overline{\mu}(\overrightarrow{\theta})}(W_n^{\overrightarrow{\theta}}(t))=0,\quad \overline{m}-\text{a.s.}\overrightarrow{\theta}\,\text{on}\Gamma;\\ &\lim_{n\to\infty}\boldsymbol{E}_{\overline{\mu}(\overrightarrow{\theta})}(W_n^{\overrightarrow{\theta}}(t)^2)=t,\quad \overline{m}-\text{a.s.}\overrightarrow{\theta}\,\text{on}\Gamma.\end{aligned}$$

(4) 往证引理 4.9 中之条件 4 对 $\{W_n^{\overrightarrow{\theta}}(t), t \in [0,1]\}$ 成立, 即对 $\overline{m}-$ a.s. $\overrightarrow{\theta}$ on Γ, 有

$$\lim_{\delta\to 0}\limsup_{n\to\infty}\sum_{i=0}^{[1/\delta]-1}\overline{\mu}\{\overrightarrow{\theta}; \max_{[i\delta]<s<[(i+1)\delta]}\left|W_n^{\overrightarrow{\theta}}(s)-W_n^{\overrightarrow{\theta}}([i\delta])\right|>\varepsilon\}=0. \quad (4.41)$$

对 $0\leqslant i\leqslant [1/\delta]-1$, 令

$$h_i(\overrightarrow{\theta}, n, \delta, a)=\max_{[in\delta]\leqslant j\leqslant[(i+1)n\delta]}\mu\left\{\overrightarrow{\theta}; \left|\sum_{k=j}^{[(i+1)n\delta]}Y_k(\overrightarrow{\theta})\right|>\frac{b}{2}a^{1/2}\sigma_n\right\}.$$

由 Chebyshev 不等式有

$$h_i(\overrightarrow{\theta}, n, \delta, a)\leqslant\left(\frac{2}{b}\right)^2\frac{1}{a}\max_{[in\delta]\leqslant j\leqslant[(i+1)n\delta]}\boldsymbol{E}_{\overline{\mu}(\overrightarrow{\theta})}\left(\left(\sum_{k=j}^{[(i+1)n\delta]}Y_k(\overrightarrow{\theta})\right)^2/\sigma_n^2\right).$$

故由引理 4.7 得

$$\begin{aligned}
&\max_{[in\delta]\leqslant j\leqslant[(i+1)n\delta]}\boldsymbol{E}_{\overline{\mu}(\overrightarrow{\theta})}\left(\sum_{k=j}^{[(i+1)n\delta]}Y_k(\overrightarrow{\theta})\right)^2/\sigma_n^2\\
=&\max_{[in\delta]\leqslant j\leqslant[(i+1)n\delta]}\boldsymbol{E}_{\overline{\mu}(\overrightarrow{\theta})}\left(\sum_{k=j}^{[(i+1)n\delta]}Y_k(\overrightarrow{\theta})\right)^2/\sigma_{[n\delta]}^2(T^{t_{[in\delta]}}\overrightarrow{\theta})\cdot\left(\frac{\sigma_{[n\delta]}^2(T^{t_{[in\delta]}}\overrightarrow{\theta})}{\sigma_n^2}\right)\\
\leqslant&\left(K_0+K_1\max_{[in\delta]\leqslant j\leqslant[(i+1)n\delta]}\boldsymbol{E}_{\overline{\mu}(\overrightarrow{\theta})}(Y_j^2(\overrightarrow{\theta}))/\sigma_{[n\delta]}^2(T^{t_{[in\delta]}}\overrightarrow{\theta})\right)\left(\frac{\sigma_{[n\delta]}^2(T^{t_{[in\delta]}}\overrightarrow{\theta})}{\sigma_n^2}\right)\\
=&K_0\left(\frac{\sigma_{[n\delta]}^2(T^{t_{[in\delta]}}\overrightarrow{\theta})}{\sigma_n^2}\right)+K_1\max_{[in\delta]\leqslant j\leqslant[(i+1)n\delta]}\boldsymbol{E}_{\overline{\mu}(\overrightarrow{\theta})}(Y_j^2(\overrightarrow{\theta}))/\sigma_n^2.
\end{aligned}$$

因此由引理 4.8 得

$$\begin{aligned}
&\lim_{\delta\to 0}\lim_{n\to\infty}\max_{0\leqslant i\leqslant[1/\delta]-1}\left(K_0\left(\frac{\sigma_{[n\delta]}^2(T^{t_{[in\delta]}}\overrightarrow{\theta})}{\sigma_n^2}\right)\right.\\
&\left.+K_1\max_{[in\delta]\leqslant j\leqslant[(i+1)n\delta]}\boldsymbol{E}_{\overline{\mu}(\overrightarrow{\theta})}(Y_j^2(\overrightarrow{\theta}))/\sigma_n^2\right)\\
\leqslant&\lim_{\delta\to 0}\lim_{n\to\infty}\max_{0\leqslant i\leqslant[1/\delta]-1}K_0\left(\frac{\sigma_{[n\delta]}^2(T^{t_{[in\delta]}}\overrightarrow{\theta})}{\sigma_n^2}\right)\\
&+K_1\lim_{n\to\infty}\max_{1\leqslant i\leqslant n}\boldsymbol{E}_{\overline{\mu}(\overrightarrow{\theta})}(Y_j^2(\overrightarrow{\theta}))/\sigma_n^2\\
\leqslant&\lim_{\delta\to 0}\lim_{n\to\infty}K_0\delta+0=0,
\end{aligned}$$

故对 $\overline{m}$ – a.s. $\overrightarrow{\theta}$ onΓ, 有

$$\lim_{\delta\to 0}\lim_{n\to\infty}\max_{0\leqslant i\leqslant[1/\delta]-1} h_i(\overrightarrow{\theta},n,\delta,a)=0. \tag{4.42}$$

由条件 (U) 可以选取 $p>0$ and $b>0$ 使

$$\rho(p)(1+2b)^2/(1-\rho(p))<1. \tag{4.43}$$

由 (4.42) 式, 可以选取 δ_0 和 n_0, 使 $\delta<\delta_0$ 且 $n>n_0$ 时有

$$\begin{aligned}\eta' &\overset{\text{def}}{=} \eta'(\overrightarrow{\theta},n,\delta,a)\\ &\overset{\text{def}}{=} \rho(p)+\max_{0<i\leqslant[1/\delta]-1} h_i(\overrightarrow{\theta},n,\delta,a)<1.\end{aligned} \tag{4.44}$$

由 (4.44)、(4.25) 式, 对每个 $0\leqslant i\leqslant \dfrac{1}{\delta}-1$, 有

$$\begin{aligned}&\boldsymbol{E}^{\overrightarrow{\theta}}_{(1+2b)^2a}\left(\frac{1}{\sigma_n^2}\left(\sum_{[in\delta]\leqslant j\leqslant[(i+1)n\delta]} Y_j(\overrightarrow{\theta})\right)^2\right)\\ \leqslant\ &(1+2b)^2\frac{\eta'}{1-\eta'}\boldsymbol{E}^{\overrightarrow{\theta}}_a\left[\frac{1}{\sigma_n^2}\left(\sum_{[in\delta]\leqslant j\leqslant[(i+1)n\delta]} Y_j(\overrightarrow{\theta})\right)^2\right]\\ &+\left(\frac{2p(1+2b)}{b}\right)^2\frac{1}{1-\eta'}\sum_{[in\delta]\leqslant j\leqslant[(i+1)n\delta]}\boldsymbol{E}^{\overrightarrow{\theta}}_{a\left(\frac{b}{2p}\right)^2}\left(\frac{Y_j^2(\overrightarrow{\theta})}{\sigma_n^2}\right).\end{aligned} \tag{4.45}$$

令

$$\gamma(a,\overrightarrow{\theta})=\limsup_{\delta\to 0}\limsup_{n\to\infty}\sum_{i=0}^{[1/\delta]-1}\boldsymbol{E}^{\overrightarrow{\theta}}_a\left(\sum_{[in\delta]\leqslant j\leqslant[(i+1)n\delta]} Y_j(\overrightarrow{\theta})\right)^2\Big/\sigma_n^2.$$

故由 (4.42)、(4.45)、(4.37) 式得知, 对每个 $a>0$, 有

$$\gamma((1+2b)^2a,\overrightarrow{\theta})\leqslant\frac{(1+2b)^2\rho(p)}{1-\rho(p)}\gamma(a,\overrightarrow{\theta}).$$

令 $K_3=\dfrac{(1+2b)^2\rho(p)}{1-\rho(p)}<1$, 则对每个 $a>0$ 有

$$0\leqslant\gamma(a,\overrightarrow{\theta})\leqslant K_3\gamma\left(\frac{a}{(1+2b)^2},\overrightarrow{\theta}\right)\leqslant\cdots\leqslant K_3^n\gamma\left(\frac{a}{(1+2b)^{2n}},\overrightarrow{\theta}\right).$$

所以, 由引理 4.8 并注意 $\sigma_n^2 = O(n)$ 可推出

$$\gamma(0, \overrightarrow{\theta}) = \lim_{\delta\to 0}\lim_{n\to\infty}\sum_{i=0}^{[1/\delta]-1} \boldsymbol{E}_{\overline{\mu}(\overrightarrow{\theta})}\left(\sum_{[in\delta]\leqslant j\leqslant[(i+1)n\delta]} Y_j(\overrightarrow{\theta})\right)^2 \Big/ \sigma_n^2 < \infty.$$

因 $\gamma(a, \overrightarrow{\theta})$ 是 a 的单调下降函数且 $\gamma(a, \overrightarrow{\theta}) \leqslant \lim\limits_{n\to\infty} K_3^n \gamma\left(\dfrac{a}{(1+2b)^{2n}}, \overrightarrow{\theta}\right) = 0\ (\forall a > 0)$, 故对每个 $\varepsilon > 0$ 有

$$\lim_{\delta\to 0}\lim_{n\to\infty}\sum_{i=0}^{[1/\delta]-1} \overline{\mu}\left(\overrightarrow{\theta}; \left|\sum_{[in\delta]\leqslant j\leqslant[(i+1)n\delta]} Y_j(\overrightarrow{\theta})\right|^2 > \varepsilon^2\sigma_n^2\right) = 0,$$

由 (4.12)、(4.24)、(4.37)、(4.42) 式和 $\sigma_n^2 = O(n)$, 可推知 (4.41) 式成立, 故由引理 4.9 即得引理 4.10.

下面研究分解式 (4.30) 中的第三项的渐近性质.

引理 4.11 设引理 4.8 中诸条件成立. 则对 $\overline{m}$ − a.s. $\overrightarrow{\theta}$, 有

$$\lim_{n\to\infty}\frac{1}{\sqrt{n}}\max_{0\leqslant j\leqslant n}|Y_j''(\overrightarrow{\theta})| = 0, \overline{\mu}(\overrightarrow{\theta}) - \text{a.s. } \omega.$$

证 注意: 由 $Y_j''(\overrightarrow{\theta})$ 之定义 (见 (3.9) 式) 及 $t_{l(j)+1} \geqslant j$ 知:

$$|Y_j''(\overrightarrow{\theta})| \leqslant V_{l(j)}(\overrightarrow{\theta}) \overset{\text{def}}{=\!=} \sum_{k=t_{l(j)}}^{t_{l(j)+1}-1} |\overline{f}_{\overrightarrow{\theta}}(X_k)|,$$

故由引理 4.1, 为证引理 4.10, 只需证明: 对 $\overline{m}$ − a.s. $\overrightarrow{\theta}$, 有

$$\lim_{n\to\infty}\frac{V_n(\overrightarrow{\theta})}{n} = 0, \quad \overline{\mu}(\overrightarrow{\theta}) - \text{a.s. } \omega.$$

与 $Y_j(\overrightarrow{\theta}, \omega)$ 和 $Y_j(\overrightarrow{\xi}(\omega), \omega)$ 类似, 定义了 $V_n(\overrightarrow{\theta}, \omega)$ 后再定义 $\overline{V}_n(\omega) = V_n(\overrightarrow{\xi}(\omega), \omega)$. 令

$$A_m = A_m(\varepsilon) \overset{\text{def}}{=\!=} \{\omega \in \Omega : \varepsilon\sqrt{m} \leqslant \overline{V}_1(\omega) < \varepsilon\sqrt{m+1}\} \quad (\varepsilon > 0),$$

则

$$\begin{aligned}\int \sum_{n=0}^{\infty} \overline{\mu}(\overrightarrow{\theta}; V_n(\overrightarrow{\theta}) > \varepsilon\sqrt{n})\overline{m}(\mathrm{d}\overrightarrow{\theta}) &= \sum_{n=0}^{\infty} P_\Psi(\overline{V}_n > \varepsilon\sqrt{n}) \\ &= \frac{1}{\varepsilon^2}\sum_{m=0}^{\infty}\varepsilon^2 m P_\Psi(A_m) \leqslant \frac{1}{\varepsilon^2}\sum_{m=0}^{\infty}\int_{A_m}\overline{V}_1^2 P_\Psi(\mathrm{d}\omega) \\ &\leqslant \frac{1}{\varepsilon^2}\boldsymbol{E}_\Psi(\overline{V}_1^2) < \infty.\end{aligned}$$

(注意: 本书恒用 $\overline{m}$ 表示随机环境 $\overrightarrow{\xi}$ 的 P_Φ 分布, 即 $\overline{m}=P_\Phi\circ(\overrightarrow{\xi})^{-1}$, 而 m 是流动指标, 与 $\overline{m}$ 无任何关系.)

从上式可知: 存在 $N_\varepsilon, \overline{m}(N_\varepsilon)=0$, 且当 $\overrightarrow{\theta}\notin N_\varepsilon$ 时有

$$\sum_{n=0}^{\infty}\overline{\mu}(\overrightarrow{\theta};\{V_n(\overrightarrow{\theta})>\varepsilon\sqrt{n}\})<\infty.$$

令 $N=\bigcup\limits_{k=1}^{\infty}N_{\frac{1}{k}}$, 则由 Borel-Cantelli 引理知: 当 $\overrightarrow{\theta}\notin N$ 时,

$$\lim_{n\to\infty}\frac{1}{\sqrt{n}}\max_{0\leqslant j\leqslant n}V_j(\overrightarrow{\theta})=0,\quad \overline{\mu}(\overrightarrow{\theta})-\text{a.s. }\omega.$$

注意: $\overline{m}(N)=0$, 故引理 4.11 证毕.

令 $D_0[0,1]=\{\varphi\in D[0,1]:\varphi(t)$ 单调非降且界于 $[0,1]\}$, 再令 U 和 $\overline{\eta}$ 是概率空间 $(\Omega,\mathscr{F},P_\Phi)$ 上的分别取值于 $D[0,1]$ 和 $D_0[0,1]$ 的随机元, 则 $(U,\overline{\eta})$ 是取值于 $D[0,1]\times D_0[0,1]$ 的随机元, 而 $\zeta(U,\overline{\eta})\overset{\text{def}}{=\!=}U(\overline{\eta}(t))$ 是由 $D[0,1]\times D_0[0,1]$ 到 $D[0,1]$ 的随机映射, 此处随机参变量 ω 隐而未现, 不要把此处的 $\overline{\eta}$ 与 SKPMC $\eta=\{\eta_n\overset{\text{def}}{=\!=}(X_n,T^n\overrightarrow{\xi}),n\geqslant 0\}$ 混为一谈. 仍令 $d(\cdot,\cdot)$ 是前面定义的 $D[0,1]$ 中的上确界距离.

引理 4.12 设 $\{U_n,n\geqslant 1\}$ 是一列取值于 $D[0,1]$ 随机元, $\{\overline{\eta}_n,n\geqslant 1\}$ 是 $D_0[0,1]$ 中的一列函数. 如果存在一个取值于 $C[0,1]$ 的随机元 U 和一个实值函数 $\overline{\eta}\in C[0,1]\bigcap D_0[0,1]$, 使得

$$U_n\overset{\text{w}}{\Longrightarrow}U,\ \mathrm{d}(\overline{\eta}_n,\overline{\eta})\to 0\quad(\text{当 } n\to\infty),$$

此处 $\overset{\text{w}}{\Longrightarrow}$ 表示随机元的依分布弱收敛, 则

$$U_n(\overline{\eta}_n(t))\overset{\text{w}}{\Longrightarrow}U(\overline{\eta}(t))\quad(\text{当 } n\to\infty).$$

证 令 $V_n(t,\omega)\equiv\overline{\eta}_n(t), V(t,\omega)\equiv\overline{\eta}(t)(\forall\omega\in\Omega)$, 则由引理中之条件有

$$(U_n,V_n)\overset{\text{w}}{\Longrightarrow}(U,V).$$

又因为

$$\begin{aligned}&\sup_{0\leqslant t\leqslant 1}|U_n(\overline{\eta}_n(t))-U(\overline{\eta}(t))|\\ \leqslant&\sup_{0\leqslant t\leqslant 1}|U_n(t)-U(t)|+\sup_{0\leqslant t\leqslant 1}|U(\overline{\eta}_n(t))-U(\overline{\eta}(t))|,\end{aligned}$$

且 U 是取值于 $C[0,1]$ 的随机元, 所以映射 ζ 在点(U,V) 是连续的, 所以 $\zeta(U_n,\overline{\eta}_n)\overset{\text{w}}{\Longrightarrow}\zeta(U,\overline{\eta})$. 引理证毕.

§5 $p\text{-}\overrightarrow{\theta}$ 链的不变原理的表述及证明

沿用 §2—§4 的符号及述语.

仍设 $(\overrightarrow{X},\overrightarrow{\xi})$ 为概率空间 $(\Omega,\mathscr{F},P_\Phi)$ 上的 MCTRE, 考虑 $\overrightarrow{X}$ 为概率空间 $(\Omega,\mathscr{F},\overline{\mu}(\overrightarrow{\theta}))$ 上的 $p-\overrightarrow{\theta}$ 链, 即 $\overrightarrow{X}$ 是以 $\varphi(\cdot,\overrightarrow{\theta})\overset{\text{def}}{=\!=}\left(\dfrac{\mathrm{d}\Phi}{\mathrm{d}\mu}\right)(\cdot,\overrightarrow{\theta})$ 为初始分布, 以 $P^{(n)}(T^k\overrightarrow{\theta})$ 为从时刻 k 到时刻 $n+k$ 的 n 步转移矩阵的非时齐的经典马尔可夫链, 其中 $\mu=\kappa\times\overline{m},\kappa$ 是 $\mathscr{X}$ 上的计数测度, $\overline{m}=P_\Phi\circ(\overrightarrow{\xi})^{-1}$ 是随机环境 $\overrightarrow{\xi}$ 的 P_Φ 分布, $\mathrm{d}\Phi/\mathrm{d}\mu$ 是 Φ 对 μ 的 Radon-Nikodym 导数. 第二章第 6 节已证明 $\varphi(x,\overrightarrow{\theta})=\overline{\mu}(\overrightarrow{\theta})(X_0=x)=P_\Phi(X_0=x|\overrightarrow{\xi}=\overrightarrow{\theta})$.

回顾 §2 (2.23) 式由 $p-\overrightarrow{\theta}$ 链 $\overrightarrow{X}=\{X_0,X_1,\cdots\}$ 衍生出的一列随机过程:

$$
\begin{aligned}
&W_{\overrightarrow{\theta}}^{(n)}=\{W_{\overrightarrow{\theta}}^{(n)}(t),t\in[0,1]\},n\geqslant 1,\\
&W_{\overrightarrow{\theta}}^{(n)}(t):\Omega\longmapsto\mathbf{R},\\
&W_{\overrightarrow{\theta}}^{(n)}(t)=\frac{1}{\sigma\sqrt{\overline{m}(\Gamma)n}}\sum_{k=0}^{[nt]-1}\overline{f}_{\overrightarrow{\theta}}(X_k)\quad(n\geqslant 1,t\in[0,1]),
\end{aligned}
$$

其中 σ 是由 (2.24) 所决定的正数, Γ 是由命题 1.3 确定的满足 $\overline{m}(\Gamma)>0$ 的 $\overrightarrow{\mathscr{B}}$ 中之可测集, $\overline{f}_{\overrightarrow{\theta}}$ 由 (2.16) 所定义, 其对应的 f 为非恒 0 函数, 由 (4.13) 式可知: $\sigma^2\overline{m}(\Gamma)$ 只依赖 f 而与 Γ 无关.

对于随机过程 $W_{\overrightarrow{\theta}}^{(n)}$, 有下述分解:

$$
W_{\overrightarrow{\theta}}^{(n)}(t)=\frac{Y'_{[nt]}(\overrightarrow{\theta})}{\sigma\sqrt{\overline{m}(\Gamma)n}}+\frac{Z_{l([nt])}}{\sigma\sqrt{\overline{m}(\Gamma)n}}+\frac{Y''_{[nt]}(\overrightarrow{\theta})}{\sigma\sqrt{\overline{m}(\Gamma)n}},\tag{5.1}
$$

(参见 (4.30) 式), 其中 $Y'_r(\overrightarrow{\theta})$、$Z_r(\overrightarrow{\theta})$、$Y''_r(\overrightarrow{\theta}),Y_r(\overrightarrow{\theta})$ 之定义见 (2.18)—(2.20) 式和 (3.7)—(3.10) 式.

定理 5.1 设条件 1^*、条件 2、条件 (U)、条件 4 成立, $\sigma^2>0$, 且

$$
\sup_{\overrightarrow{\theta}\in\Gamma}\boldsymbol{E}_{\overline{\mu}(\overrightarrow{\theta})}(Y_0^2(\overrightarrow{\theta}))<\infty,\tag{5.2}
$$

则对 $\overline{m}-\text{a.s.}\overrightarrow{\theta}$ on Γ, 有

$$
\overline{\mu}(\overrightarrow{\theta})\circ(W_{\overrightarrow{\theta}}^{(n)})^{-1}\overset{\text{w}}{\Longrightarrow}W\quad(\text{当 }n\to\infty),\tag{5.3}
$$

即随机过程列 $\{W_{\overrightarrow{\theta}}^{(n)},n\geqslant 1\}$ 的 $\overline{\mu}(\overrightarrow{\theta})$ 依分布弱收敛到标准 Wiener 测度 W.

证 考虑 $W^{(n)}_{\overrightarrow{\theta}}(t)$ 的分解式 (5.1), 其中 (5.1) 式的第一项和第三项由引理 4.2 和引理 (4.11) 得知: 它们都 $\overline{\mu}(\overrightarrow{\theta})$ – a.s. 地收敛到 0. 故为证定理 5.1, 只需证明 (5.1) 中第二项的 $\overline{\mu}(\overrightarrow{\theta})$ 依分布弱收敛到 W.

设 $W_n^{\overrightarrow{\theta}}(t)$ 如 (4.31) 式所定义, 再令

$$\eta_n^{\overrightarrow{\theta}}(t)=\frac{l([nt])}{n},\quad \widetilde{\eta}(t)=t\overline{m}(\Gamma),\tag{5.4}$$

(注意: $l(r)\overset{\text{def}}{=\!=}l(r,\overrightarrow{\theta})\overset{\text{def}}{=\!=}\max\{k:t_k(\overrightarrow{\theta})<r\}$ 如 (3.8) 式所定义.), 则由 (4.32) 式可知:

$$W_n^{\overrightarrow{\theta}}(\eta_n^{\overrightarrow{\theta}}(t))=\frac{1}{\sigma\sqrt{n}}Z_{l([nt])}(\overrightarrow{\theta}).\tag{5.5}$$

由命题 1.3 和 $l(n),t_n$ 之定义得知存在 $\overrightarrow{\Theta}_0,\overline{m}(\overrightarrow{\Theta}_0)=1$, 使

$$\lim_{n\to\infty}\frac{l(n\overrightarrow{\theta})}{n}=\overline{m}(\Gamma)\quad(\text{当 }\overrightarrow{\theta}\in\overrightarrow{\Theta}_0).\tag{5.6}$$

固定任一 $\overrightarrow{\theta}\in\overrightarrow{\Theta}_0$, 对任何 $\varepsilon>0$, 存在正整数 k_0, 使 $j\geqslant k_0$ 时有 $\left|\dfrac{l(j)}{j}-\overline{m}(\Gamma)\right|<\varepsilon$. 再取 $n>k_0$, 并令 $s_n=\dfrac{k_0}{n}$, 则

$$\begin{aligned}\sup_{0\leqslant t\leqslant 1}\left|\frac{l([nt])}{n}-t\overline{m}(\Gamma)\right|&\leqslant\sup_{0\leqslant t\leqslant s_n}\left|\frac{l([nt])}{n}-t\overline{m}(\Gamma)\right|+\sup_{s_n\leqslant t\leqslant 1}\left|\frac{l([nt])}{n}-t\overline{m}(\Gamma)\right|\\&\leqslant\sup_{0\leqslant k\leqslant k_0}\left|\frac{l(k)}{n}-\frac{k}{n}\overline{m}(\Gamma)\right|+\sup_{s_n\leqslant t\leqslant 1}\left|\frac{l([nt])}{n}-\frac{t}{n}l(n)\right|\\&\quad+\left|\frac{l(n)}{n}-\overline{m}(\Gamma)\right|.\end{aligned}\tag{5.7}$$

注意: k_0 是正整数及 (5.6) 式, 当 $n\to\infty$ 时 (5.7) 式右方之第一项和第三项显然趋于 0. 至于第二项, 若注意 $\left|\dfrac{l(j)}{j}-\overline{m}(\Gamma)\right|\leqslant\varepsilon$ (当 $j\geqslant k_0$), 易见:

$$\begin{aligned}&\sup_{s_n\leqslant t\leqslant 1}\left|\frac{l([nt])}{n}-\frac{t}{n}l(n)\right|\\\leqslant&\sup_{s_n\leqslant t\leqslant 1}\left|\frac{l([nt])}{n}-\frac{t}{[nt]}l([nt])\right|+\sup_{s_n\leqslant t\leqslant 1}\left|\frac{tl([nt])}{[nt]}-\frac{tl(n)}{n}\right|\\\leqslant&\sup_{s_n\leqslant t\leqslant 1}\left|\frac{l([nt])}{n[nt]}\right|+2\varepsilon.\end{aligned}\tag{5.8}$$

由 (5.7)、(5.8) 及 $\varepsilon>0$ 可任意小可知:

$$\lim_{n\to\infty}\sup_{0\leqslant t\leqslant 1}|\eta_n^{\overrightarrow{\theta}}(t)-\widetilde{\eta}(t)|=\lim_{n\to\infty}\sup_{0\leqslant t\leqslant 1}\left|\frac{l([nt])}{n}-t\overline{m}(\Gamma)\right|=0.\tag{5.9}$$

而由 (5.5) 式知: 分解式 (5.1) 中的第二项为

$$\frac{Z_{l([nt])}(\vec{\theta})}{\sigma\sqrt{\overline{m}(\Gamma)n}} = \frac{W_n^{\vec{\theta}}(\eta_n^{\vec{\theta}}(t))}{\sqrt{\overline{m}(\Gamma)}}. \tag{5.10}$$

若记 $\{W(t), t \in [0,1])$ 是标准 Wiener 过程, 则由 (5.9) 和引理 4.10 及引理 4.12 知:

对 $\overline{m}-\text{a.s.}\,\vec{\theta}\,\text{on}\,\Gamma$ 有

$$\frac{W_n^{\vec{\theta}}(\eta_n^{\vec{\theta}}(\cdot))}{\sqrt{\overline{m}(\Gamma)}} \overset{\text{w}}{\Longrightarrow} \frac{W(\widetilde{\eta}(\cdot))}{\sqrt{\overline{m}(\Gamma)}}, (\overset{\text{w}}{\Longrightarrow} \text{ 表示依分布弱收敛.}) \tag{5.11}$$

注意: $\widetilde{\eta}(t) = t\overline{m}(\Gamma)$, 所以 $\{W(\widetilde{\eta}(t))/(\overline{m}(\Gamma))^{\frac{1}{2}}, t \in [0,1]\}$ 就是标准 Wiener 过程. 定理 5.1 得证.

由于 $\sigma^2\overline{m}(\Gamma)$ 只依赖 f 而不依赖 Γ 之选取, 故由 (2.23) 式所定义的 $W_{\vec{\theta}}^{(n)}$ 亦不依赖 Γ, 取 $\Gamma = \vec{\Theta}$, 定理 5.1 变为如下形式.

定理 5.1′ 设条件 1^*、条件 2、条件 (U)、条件 4 成立且 $\sigma > 0$, 若

$$\sup_{\vec{\theta} \in \vec{\Theta}} \boldsymbol{E}_{\overline{\mu}(\vec{\theta})}(Y_0(\vec{\theta})^2) < \infty,$$

则

$$\overline{\mu}_{\vec{\theta}} \circ (W_{\vec{\theta}}^{(n)})^{-1} \overset{\text{w}}{\Longrightarrow} W.$$

第六章

依时的随机环境中的马尔可夫过程 (MPTRE)

本章研究依时的随机环境中的连续时间参数的马尔可夫过程. 内容全部摘自文献 [122]、[123]、[141].

§1 定义及引理

令 $(\mathscr{X},\mathscr{A})$ 和 $(\Theta,\mathscr{B})$ 为两个抽象可测空间, $\mathbf{R}=(-\infty,\infty)$, $\mathbf{R}_+=[0,\infty)$, $\mathbf{Z}=\{0,\pm1,\pm2,\cdots\}$, $\mathbf{Z}_+=\{0,1,2,\cdots\}$, Θ^* 是从 $\mathbf{R}$ 到 Θ 上的函数集. 对每个 $\theta^*\in\Theta^*$, $s\in\mathbf{R}$, $t>0$, $\theta^*[s,s+t)$ 为 θ^* 在 $[s,s+t)$ 上的局限. $\Theta^*[s,s+t)=\{\theta^*[s,s+t):\theta^*\in\Theta^*\}$, $\Theta^*(re)=\bigcup\limits_{s\geqslant0,t>0}\Theta^*[s,s+t)$, $\mathscr{B}^{[s,s+t)}=\mathop{\times}\limits_{s\leqslant u<t}\mathscr{B}_u$, $\mathscr{B}_u\equiv\mathscr{B}$, $(\mathscr{B}^{[s,s+t)})^*\hat{=}\{A\bigcap\Theta^*[s,s+t):A\in\mathscr{B}^{[s,s+t)}\}$, $\mathscr{B}^*=(\mathop{\times}\limits_{u\in\mathbf{R}}\mathscr{B}_u)^*=\{A\bigcap\Theta^*:A\in\mathscr{B}^{\mathbf{R}}\}$.

定义 1.1 令 $p(\cdot;\cdot,\cdot):\Theta^*(re)\times\mathscr{X}\times\mathscr{A}\longmapsto[0,1]$. 如果

(1) 对任意固定的 $\theta^*[s,s+t)\in\Theta^*(re)$ 和 $x\in\mathscr{X}$, $p(\theta^*[s,s+t);x,A)$ 是一个测度;

(2) 对任意固定的 $s\geqslant0$, $t>0$, 和 $A\in\mathscr{A}$, 作为 $(\theta^*[s,s+t),x)$ 的函数,

$p(\theta^*[s,s+t);x,A)$ 关于 $(\mathscr{B}^{[s,s+t)})^*\times\mathscr{A}$ 是可测的;

(3) p 满足随机 Kolmogorov-Chapmann 方程

$$\begin{aligned}&p(\theta^*[s,s+t+u);x,A)\\=&\int_{\mathscr{X}}p(\theta^*[s,s+t);x,\mathrm{d}y)\cdot p(\theta^*[s+t,s+t+u);y,A)\\&(\theta^*\in\Theta^*,s\geqslant 0,t>0,u>0,x\in\mathscr{X},A\in\mathscr{A}),\end{aligned}\tag{1.1}$$

则称 p 为一个 Θ^* 中的随机半转移函数 (R.S.T.F). 称一个 R.S.T.F. p 为随机转移函数 (R.T.F.), 若 $p(\theta^*[s,s+t];x,\mathscr{X})\equiv 1$. 总记 $p(\theta^*[s,s);x,A)=1_A(x)$.

称一个 R.S.T.F p 为时齐的, 若对每个固定的 θ^*,t,x 和 $A,p(\theta^*[s,s+t);x,A)$ 不依赖于 $s\geqslant 0$, 称 p 是标准的, 若

$$\lim_{\substack{t\downarrow 0\\0\leqslant s\leqslant b}}p(\theta^*[s,s+t);x,A)=\delta(x,A),\tag{1.2}$$

对每个 θ^*,x,A 及 $b>0$, 其中 $\delta(x,A)=1_A(x)$ 为在 A 上的示性函数.

如果对每个 $s\geqslant 0,t>0,x\in\mathscr{X},A\in\mathscr{A}$, R.S.T.F $p(\theta^*[s,s+t);x,A)$ 不依赖于 θ^*, 则称 p 为 (经典的) 半转移函数. 也可以类似地定义转移函数、时齐转移函数和标准转移函数.

定义 1.2 令 $q(\cdot;\cdot,\cdot):[0,\infty)\times\mathscr{X}\times\mathscr{A}\longmapsto\mathbf{R}$ 如果 $\{x\}\in\mathscr{A}(\forall x\in\mathscr{X})$ 且

(1) 对于每个 $u\geqslant 0$ 和 $x\in\mathscr{X},q(u;x,\cdot)$ 是一个 $\mathscr{A}$ 上的赋号测度, 且对每个 $u\geqslant 0,x\in(\mathscr{X}-A)\in\mathscr{A},q(u;x,A)\geqslant 0$;

(2) 对每个固定的 $A\in\mathscr{A},q(\cdot;\cdot,A)$ 是一个关于 $\mathscr{B}[0,\infty)\times\mathscr{A}$ 的可测函数, 其中 $\mathscr{B}[0,\infty)$ 是 $[0,\infty)$ 中的 Borel σ 代数;

(3) 对每个固定的 $u\geqslant 0$ 和 $x\in\mathscr{X},q(u;x,\{x\})\leqslant 0$, 且对每个固定的 $u\geqslant 0,q(u;x,\{x\})$ 是 x 的一个可测函数;

(4) $q(u;x,\mathscr{X})\leqslant 0$, 对每个 $u\geqslant 0,x\in\mathscr{X}$, 则称 q 是 (非时齐) 转移密度函数或 $q-$ 函数, 特别地, 如果 q 不依赖于 u, 则称 q 为时齐转移密度函数或时齐 $q-$ 函数.

令 $q(u;x)\hat{=}-q(u;x,\{x\}),\overline{q}(u;x,A)=q(u;x,A-\{x\})$, 如果 $q(u;x)\equiv\overline{q}(u;x,\mathscr{X})$, 则称 $q(u;x,A)$ 是保守的.

令 $\Theta=[0,\infty),q$ 为 (非时齐) 转移密度函数, 记 $(q\circ\theta^*)(u;x,A)\hat{=}q(\theta^*(u);x,A)(\theta^*\in\Theta^*,u\geqslant 0,x\in\mathscr{X},A\in\mathscr{A})$, 则称 $q\circ\theta^*$ 为在环境 Θ^* 中的转移密度

函数, 或在随机环境 Θ^* 中的 $q-$ 函数, 也可以类似地定义随机环境中的时齐的 $q-$ 函数以及随机环境中的保守的 $q-$ 函数.

定义 1.3 令 $q*\theta^*$ 为随机环境 Θ^* 中的 $q-$ 函数. 称标准随机半转移函数 $p(\theta^*[s,s+t);x,A)$ 为在随机环境 Θ^* 中的 $q-$ 过程, 如果

$$\begin{aligned}&\lim_{t\downarrow 0}\frac{1}{t}(p(\theta^*[s,s+t);x,A)-\delta(x,A))\\=&\,q(\theta^*(s);x,A),s\geqslant 0,x\in\mathscr{X},A\in\mathscr{A},\theta^*\in\Theta^*;\end{aligned}\tag{1.3}$$

$$\begin{aligned}&\lim_{h\downarrow 0}\frac{1}{h}(p(\theta^*[s-h,s);x,A)-\delta(x,A))\\=&\,q(\theta^*(s);x,A),s>0,x\in\mathscr{X},A\in\mathscr{A},\theta^*\in\Theta^*.\end{aligned}\tag{1.4}$$

称一个在随机环境 Θ^* 中的 $q-$ 过程 $p(\theta^*[s,s+t);x,A)$ 是诚实的, 如果对 $s\geqslant 0,t>0,x\in\mathscr{X},\theta^*\in\Theta^*,p(\theta^*[s,s+t);x,\mathscr{X})\equiv 1$.

引理 1.1 对任意标准 R.S.T.F. $p(\theta^*[s,s+t);x,A)$, 总有

(1) 对任意 $s\geqslant 0,t>0,x\in\mathscr{X}$ 和 $\theta^*\in\Theta^*,p(\theta^*[s,s+t);x,\{x\})>0$;

(2) 对任意 $u\geqslant 0,v\geqslant 0,t>\max(u,v),x\in\mathscr{X}$ 和 $A\in\mathscr{A}$,

$$\begin{aligned}&|p(\theta^*[u,t);x,A)-p(\theta^*[v,t);x,A)|\\\leqslant&\,1-p(\theta^*[\min(u,v),\max(u,v));x,\{x\}),\end{aligned}\tag{1.5}$$

(3) 对任意 $F\in\mathscr{A}\times\mathscr{A}$, 令 $F_x=\{y\in\mathscr{X}:(x,y)\in F\}$, 则 $p(\theta^*[s,s+t);x,F_x)$ 作为 x 的函数是 $\mathscr{A}-$ 可测的.

证 (1) 利用随机 Kolmogorov-Chapmann 方程, 总有

$$\begin{aligned}&p(\theta^*[s,s+t);x,\{x\})\\\geqslant&\prod_{k=1}^{n}p\left(\theta^*\left[s+\frac{(k-1)t}{n},s+\frac{kt}{n}\right);x,\{x\}\right),\quad\forall n\geqslant 1.\end{aligned}\tag{1.6}$$

因为 p 是标准的, 由 (1.6) 式知 (1) 成立.

(2) 不失一般性, 可假定 $0\leqslant u\leqslant v$. 利用随机 Kolmogorov–Chapmann 方程有下面的两个不等式:

$$\begin{aligned}p(\theta^*[u,t);x,A)-p(\theta^*[v,t);x,A)&\geqslant(p(\theta^*[u,v);x,\{x\})-1)p(\theta^*[v,t);x,A)\\&\geqslant p(\theta^*[u,v);x,\{x\})-1;\end{aligned}$$

$$\begin{aligned}p(\theta^*[u,t];x,A)-p(\theta^*[v,t];x,A)&\leqslant\int_{\mathscr{X}-\{x\}}p(\theta^*[u,v];x,\mathrm{d}y)p(\theta^*[v,t];y,A)\\&\leqslant p(\theta^*[u,v];x,\mathscr{X}-\{x\})\\&\leqslant 1-p(\theta^*[u,v];x,\{x\}).\end{aligned}$$

(2) 由上面两个不等式即得.

(3) 是显然的.

引理 1.2 对任意标准的 R.S.T.F. $p(\theta^*[s,t);x,A)$, 总有

(1) 对任意 $t>0, x\in\mathscr{X}, A\in\mathscr{A}$ 和 $\theta^*\in\Theta^*(p(\theta^*[t,t);x,A)\overset{\mathrm{def}}{=\!=}\delta(x,A))$, $p(\theta^*[s,t);x,A)$ 作为 s 的函数在 $[0,t]$ 上是连续的, 且对 $t>0$ 和 $A\in\mathscr{A}$ 是一致的;

(2) 对任意 $s\geqslant 0, x\in\mathscr{X}, A\in\mathscr{A}$ 和 $\theta^*\in\Theta^*, p(\theta^*[s,t);x,A)$ 作为 t 的函数在 (s,∞) 上是右连续的, 且对 $A\in\mathscr{A}$ 是一致的.

证 因为 p 是标准的. (1) 由 (1.5) 式即得. 利用随机 Kolmogorov-Chapmann 方程, 对任意 $h>0$, 有

$$\begin{aligned}&|p(\theta^*[s,t+h);x,A)-p(\theta^*[s,t);x,A)|\\\leqslant&\int_{\mathscr{X}}p(\theta^*[s,t);x,\mathrm{d}y)(1-p(\theta^*[t,t+h);y,\{y\})).\end{aligned}\tag{1.7}$$

(2) 由 (1.7) 式和有界收敛定理可得.

引理 1.3 设 $\{\mu_n, n\geqslant 1\}$ 为可测空间 $(E,\mathscr{E})$ 上的一族有限测度, $\lim\limits_{n\to\infty}\mu_n(A)=\mu(A)$ 存在且对任意 $A\in\mathscr{E}$, 有 $\mu(A)<\infty$, 则

(1) μ 在 $\mathscr{E}$ 上是一个有限测度;

(2) 如果 $f, f_n(n\geqslant 1)$ 是有界 $\mathscr{E}-$ 可测函数族, $\lim\limits_{n\to\infty}f_n=f$, 则

$$\lim_{n\to\infty}\int_E f_n\,\mathrm{d}\mu_n=\int_E f\,\mathrm{d}\mu.$$

证 用测度论的典型方法易证此引理成立.

定义 1.4 令 $p(\theta^*[s,t);x,A)$ 为一个标准的 R.S.T.F., 记

$$R(\theta^*[s,\infty);\lambda,x,A)\hat{=}\int_0^\infty \mathrm{e}^{-\lambda t}p(\theta^*[s,s+t);x,A)\,\mathrm{d}t,$$

其中 $(s\geqslant 0,\lambda>0,x\in\mathscr{X},A\in\mathscr{A},\theta^*\in\Theta^*)$ 为 $p(\theta^*[s,t);x,A)$ 的 Laplace 变换.

引理 1.4 令 $p(\theta^*[s,s+t);x,A)$ 为标准的 R.S.T.F., $R(\theta^*[s,\infty);x,A)$ 为其 Laplace 变换, 则

(1) $0 \leqslant \lambda R(\theta^*[s,\infty);\lambda,x,A) \leqslant 1$;

(2) $\lambda R(\theta^*[s,\infty);\lambda,x,\mathscr{X}) \equiv 1 \Leftrightarrow p(\theta^*[s,s+t);x,A)$ 是诚实的;

(3) 对任意固定的 $s \geqslant 0, \theta^* \in \Theta^*, \lambda > 0$ 和 $x \in \mathscr{X}, R(\theta^*[s,\infty);\lambda,x,\cdot)$ 是 $\mathscr{A}$ 上的有限测度;

(4) 对任意固定的 $s \geqslant 0, \theta^* \in \Theta^*, \lambda > 0$ 和 $A \in \mathscr{A}, R(\theta^*[s,\infty);\lambda,\cdot,A)$ 是可测函数;

(5) 对任意固定的 $\theta^* \in \Theta^*, \lambda > 0, x \in \mathscr{X}$ 和 $A \in \mathscr{A}, \lambda R(\theta^*[s,\infty);\lambda,x,A)$ 作为 s 的函数在 $[0,\infty)$ 上是连续的, 且对 $A \in \mathscr{A}$ 是一致的;

(6) $\lim\limits_{\lambda\to\infty}(\lambda R(\theta^*[s,\infty);\lambda,x,A) - \delta(x,A)) = 0$ 关于 $s \in [0,\infty)$ 一致成立.

证 (1)~(4) 显然.

因为 $p(\theta^*[s,s+t);x,A)$ 是标准的 R.S.T.F., 利用有界收敛定理和引理 1.2 容易证明 (5) 和 (6).

§2 随机环境中的 $q-$ 过程的存在性

定理 2.1 令 $q \circ \theta^*$ 为随机环境 Θ^* 中的 $q-$ 函数, $\Theta = [0,\infty)$, 对每个 $\theta^* \in \Theta^*, \theta^*$ 是连续函数, 对任意固定的 x 和 $A, q(u;x,A)$ 作为 u 的函数是连续的, 则在随机环境 Θ^* 中的 $q-$ 过程总存在.

证 令 $q(s;x) = -q(s;x,\{x\}), \overline{q}(s;x,A) = q(s;x,A-\{x\})$,

$$p_0(\theta^*[s,s+t);x,A) = \delta(x,A)\exp\left\{-\int_{[s,s+t)} q(\theta^*(u);x)\,\mathrm{d}u\right\}, \tag{2.1}$$

$$\begin{aligned} p_{n+1}(\theta^*[s,s+t);x,A) = \int_{[0,t)} \mathrm{d}u\Bigg[\int_x p_0(\theta^*[s,s+u);x,\mathrm{d}x_1) \\ \cdot \int_{\mathscr{X}} \overline{q}(\theta^*(s+u);x_1,\mathrm{d}x_2) p_n(\theta^*[s+u,s+t);x_2,A)\Bigg] \end{aligned} \tag{2.2}$$

$(n \geqslant 0, s \geqslant 0, t > 0, x \in \mathscr{X}, A \in \mathscr{A}, \theta^* \in \Theta^*)$.

$$\overline{p}(\theta^*[s,s+t);x,A) = \sum_{n=0}^{\infty} p_n(\theta^*[s,s+t);x,A), \tag{2.3}$$

需要证明 p 是随机环境 Θ^* 中的 $q-$ 过程.

(1) 首先证明 $\overline{p}(\theta^*[s,s+t);x,\cdot)$ 是一个测度, 且有 $\overline{p}(\theta^*[s,s+t);x,\mathscr{X})\leqslant 1$. 易知 $\overline{p}(\theta^*[s,s+t);x,\cdot)$ 是一个测度且 $p_0(\theta^*[s,s+t);x,\mathscr{X})\leqslant 1$. 假设 $\sum\limits_{k=0}^{n}p_k(\theta^*[s,s+t);x,\mathscr{X})\leqslant 1$, 则

$$
\begin{aligned}
&\sum_{k=0}^{n+1}p_k(\theta^*[s,s+t);x,\mathscr{X})\\
&=p_0(\theta^*[s,s+t);x,\mathscr{X})+\sum_{k=0}^{n}\int_{[0,t)}\mathrm{d}u\bigg[\exp\left(-\int_{[s,s+t)}q(\theta^*(\omega);x)\,\mathrm{d}\omega\right)\\
&\quad\cdot\int_{\mathscr{X}}\overline{q}(\theta^*(s+u);x,\mathrm{d}y)\cdot p_k(\theta^*[s+u,s+t);y,\mathscr{X})\bigg]\\
&\leqslant p_0(\theta^*[s,s+t);x,\mathscr{X})\\
&\quad+\int_{[0,t)}\mathrm{d}u\left[\exp\left(-\int_{[s,s+u)}q(\theta^*(\omega);x)\,\mathrm{d}\omega\right)q(\theta^*(s+u);x)\right]\\
&=\exp\left(-\int_{[s,s+t)}q(\theta^*(\omega);x)\,\mathrm{d}\omega\right)\left[1-\int_{[s,s+t)}q(\theta^*(\omega);x)\,\mathrm{d}\omega\right]\leqslant 1,
\end{aligned}
$$

因此对每个 $x\in\mathscr{X},\theta^*\in\Theta^*,s\geqslant 0$ 和 $t>0,\overline{p}(\theta^*[s,s+t);x,\mathscr{X})\leqslant 1$.

(2) 其次证明对任意固定的 $s\geqslant 0,t>0$ 和 $A\in\mathscr{A},\overline{p}(\theta^*[s,s+t);x,A)$ 作为 $(\theta^*[s,s+t),x)$ 的函数关于 $(\mathscr{B}^{[s,s+t)})^*\times\mathscr{A}$ 是可测的.

因为对任意固定的 $\theta^*\in\Theta^*$ 和 $x\in\mathscr{X},q(\theta^*(u);x)$ 作为一个 u 的函数在 $[s,s+t]$ 上是一致连续的, 因此

$$
\int_{[s,s+t)}q(\theta^*(u);x)\,\mathrm{d}u=\lim_{n\to\infty}\frac{t}{n}\sum_{i=1}^{n}q(\theta^*(u_i^{(n)});x),
$$

其中 $u_i^{(n)}\in\left[s+\dfrac{i-1}{n}t,s+\dfrac{i}{n}t\right)$. 但是 $q(u,x)$ 关于 $\mathscr{B}\times\mathscr{A}=\mathscr{B}[0,\infty)\times\mathscr{A}$ 是可测的, 因此 $q(\theta^*(u_i^{(m)});x)$ 作为 $(\theta^*[s,s+t),x)$ 的函数关于 $(\mathscr{B}^{[s,s+t)})^*\times\mathscr{A}$ 是可测的 (因为 $s\leqslant u_i^{(n)}<s+t$), 所以 $\displaystyle\int_{[s,s+t)}q(\theta^*(u);x)\,\mathrm{d}u$ 作为 $(\theta^*[s,s+t),x)$ 的函数关于 $(\mathscr{B}^{[s,s+t)})^*\times\mathscr{A}$ 是可测的. 根据 p_0 的定义容易看出, 对任意固定的 $A\in\mathscr{A},p_0(\theta^*[s,s+t);x,A)$ 作为 $(\theta^*[s,s+t),x)$ 的函数关于 $(\mathscr{B}^{[s,s+t)})^*\times\mathscr{A}$ 是可测的. 利用归纳法可以证明对 $p_n(\theta^*[s,s+t);x,A)$, 结论也成立, (2) 证毕.

(3) $\overline{p}$ 满足随机 Kolmogorov-Chapmann 方程. 首先通过对 n 作归纳法

证明

$$
\begin{aligned}
&p_n(\theta^*[s,s+t+u);x,A)\\
&=\sum_{k=0}^{n}\int_{\mathscr{X}} p_k(\theta^*[s,s+t);x,\mathrm{d}y)\cdot p_{n-k}(\theta^*[s+t,s+t+u);y,A),
\end{aligned}\tag{2.4}
$$

其中 $n\geqslant 0, s\geqslant 0, t>0, u>0, x\in\mathscr{X}, A\in\mathscr{A}, \theta^*\in\Theta^*$.

(2.4) 式对 $n=0$ 显然成立. 假设 (2.4) 式对 $n=r$ 也成立, 则

$$
\begin{aligned}
&p_{r+1}(\theta^*[s,s+t+u);x,A)\\
&=\int_{[0,t+u)}\mathrm{d}\omega\bigg[\exp\left(-\int_{[s,s+\omega)}q(\theta^*(v);x)\,\mathrm{d}v\right)\\
&\quad\cdot\int_{\mathscr{X}}\overline{q}(\theta^*(s+\omega);x,\mathrm{d}y)p_r(\theta^*[s+\omega,s+t+u);y,A)\bigg]\\
&=\int_{[t,t+u)}\mathrm{d}\omega\bigg[\exp\left(-\int_{[s,s+\omega)}q(\theta^*(v);x)\,\mathrm{d}v\right)\\
&\quad\cdot\int_{\mathscr{X}}\overline{q}(\theta^*(s+\omega);x,\mathrm{d}y)p_r(\theta^*[s+\omega,s+t+u);y,A)\bigg]\\
&\quad+\int_{[0,t)}\mathrm{d}\omega\bigg[\exp\left(-\int_{[s,s+\omega)}q(\theta^*(v);x)\,\mathrm{d}v\right)\\
&\quad\cdot\int_{\mathscr{X}}\overline{q}(\theta^*(s+\omega);x,\mathrm{d}y)\sum_{k=0}^{r}\int_{\mathscr{X}}p_k(\theta^*[s+\omega,s+t);y,\mathrm{d}z)\\
&\quad\cdot p_{r-k}(\theta^*[s+t,s+t+u);z,A)\bigg]\\
&=\int_{[0,u)}\mathrm{d}\omega\bigg[\exp\left(-\int_{[s,s+t)}q(\theta^*(v);x)\,\mathrm{d}v-\int_{[s+t,s+t+\omega)}q(\theta^*(v);x)\,\mathrm{d}v\right)\\
&\quad\cdot\int_{\mathscr{X}}\overline{q}(\theta^*(s+t+\omega);x,\mathrm{d}y)p_r(\theta^*[s+t+\omega,s+t+u);y,A)\bigg]\\
&\quad+\sum_{k=0}^{r}\int_{\mathscr{X}}p_{k+1}(\theta^*[s,s+t);x,\mathrm{d}y)p_{r-k}(\theta^*[s+t,s+t+u);y,A)\\
&=\int_{\mathscr{X}}p_0(\theta^*[s,s+t);x,\mathrm{d}y)p_{r+1}(\theta^*[s+t,s+t+u);y,A)\\
&\quad+\sum_{k=0}^{r}\int_{\mathscr{X}}p_{k+1}(\theta^*[s,s+t);x,\mathrm{d}y)p_{r-k}(\theta^*[s+t,s+t+u);y,A)\\
&=\sum_{k=0}^{r+1}\int_{\mathscr{X}}p_k(\theta^*[s,s+t);x,\mathrm{d}y)p_{r+1-k}(\theta^*[s+t,s+t+u);y,A).
\end{aligned}
$$

利用 (2.4) 式有

$$
\begin{aligned}
&\overline{p}(\theta^*[s,s+t+u);x,A)\\
&=\sum_{n=0}^{\infty}p_n(\theta^*[s,s+t+u);x,A).\\
&=\sum_{n=0}^{\infty}\sum_{k=0}^{n}\int_{\mathscr{X}}p_k(\theta^*[s,s+t);x,\mathrm{d}y)p_{n-k}(\theta^*[s+t,s+t+u);y,A)\\
&=\sum_{k=0}^{\infty}\int_{\mathscr{X}}p_k(\theta^*[s,s+t);x,\mathrm{d}y)\overline{p}(\theta^*[s+t,s+t+u);y,A).
\end{aligned}
$$

但

$$
\begin{aligned}
&\left|\sum_{k=0}^{M}\int_{\mathscr{X}}p_k(\theta^*[s,s+t);x,\mathrm{d}y)\overline{p}(\theta^*[s+t,s+t+u);y,A)\right.\\
&\left.-\int_{\mathscr{X}}\overline{p}(\theta^*[s,s+t);x,\mathrm{d}y)\overline{p}(\theta^*[s+t,s+t+u);y,A)\right|\\
&\leqslant \overline{p}(\theta^*[s,s+t);x,\mathscr{X})-\sum_{k=0}^{M}p_k(\theta^*[s,s+t);x,\mathscr{X}),
\end{aligned}
$$

令 $M\to\infty$, 则得到随机 Kolmogorov–Chapmann 方程.

(4) $\overline{p}$ 是标准的.

根据 $\overline{p}(\theta^*[s,s+t);x,A)$ 和 $p_n(\theta^*[s,s+t);x,A)$ 的定义, 有

$$
\begin{aligned}
&\overline{p}(\theta^*[s,s+t);x,A)\\
&=\delta(x,A)\exp\left(-\int_{[s,s+t)}q(\theta^*(v);x)\,\mathrm{d}v\right)\\
&\quad+\int_{[0,t)}\mathrm{d}u\int_{\mathscr{X}}\overline{q}(\theta^*(s+u);x,\mathrm{d}y)\exp\left(-\int_{[s,s+u)}q(\theta^*(v);x)\,\mathrm{d}v\right)\\
&\quad\cdot\overline{p}(\theta^*[s+u,s+t);y,A),
\end{aligned}
\tag{2.5}
$$

但是 $q(\theta^*(v);x)$ 和 $\overline{q}(\theta^*(v);x,A)$ 均为 v 的连续函数, 由 (2.5) 式知: 对每个 x,A,θ^* 和 $b>0$,

$$
\lim_{\substack{t\downarrow 0\\ 0\leqslant s\leqslant b}}|\overline{p}(\theta^*[s,s+t);x,A)-\delta(x,A)|=0,
$$

即 $\overline{p}$ 是标准的.

(5) $\overline{p}$ 是随机环境 Θ^* 中的 $q-$ 过程. 利用 (2.5) 式则有

$$\begin{aligned}&\frac{1}{t}(\overline{p}(\theta^*[s,s+t);x,A)-\delta(x,A))-q(\theta^*(s);x,A)\\=&\ \delta(x,A)\frac{1}{t}\left[\exp\left(-\int_{[s,s+t)}q(\theta^*(v);x)\,\mathrm{d}v\right)-1\right]\\&+\frac{1}{t}\int_{[0,t)}\mathrm{d}u\int_{\mathscr{X}}\overline{q}(\theta^*(s+u);x,\,\mathrm{d}y)\cdot\exp\left(-\int_{[s,s+u)}q(\theta^*(v);x)\,\mathrm{d}v\right)\\&\cdot\overline{p}(\theta^*[s+u,s+t);y,A)-q(\theta^*(s);x,A).\end{aligned}\tag{2.6}$$

因为 $q(\theta^*(u),x)$ 是 u 的连续函数, 所以

$$\lim_{t\downarrow 0}\delta(x,A)\cdot\frac{1}{t}\left[\exp\left(-\int_{[s,s+t)}q(\theta^*(v);x)\,\mathrm{d}v\right)-1\right]=-\delta(x,A)q(\theta^*(s);x),\tag{2.7}$$

且对 $A\in\mathscr{A}$ 和每个 $b>0, s\in[0,b]$ 是一致的.

因为 $q(\theta^*(s);x,A)$作为 s 的函数是连续的, 根据引理 1.2 和 1.3,有

$$\begin{aligned}&\frac{1}{t}\int_{[0,t)}\mathrm{d}u\int_{\mathscr{X}}\overline{q}(\theta^*[s+u);x,\,\mathrm{d}y)\cdot\exp\left(-\int_{[s,s+u)}q(\theta^*(v);x)\,\mathrm{d}v\right)\\&\cdot\overline{p}(\theta^*[s+u,s+t);y,A)-q(\theta^*(s);x,A)-\delta(x,A)q(\theta^*(s);x)\\=&\int_{\mathscr{X}}\overline{q}(\theta^*(s+a);x,\,\mathrm{d}y)\cdot\exp\left(-\int_{[s,s+a)}q(\theta^*(v);x)\,\mathrm{d}v\right)\\&\cdot\overline{p}(\theta^*[s+a,s+t);y,A)-\overline{q}(\theta^*(s);x,A)\\=&\int_{\mathscr{X}}\overline{q}(\theta^*(s+a);x,\,\mathrm{d}y)-\overline{q}(\theta^*(s);x,\,\mathrm{d}y)\\&\cdot\exp\left(-\int_{[s,s+a)}q(\theta^*(v);x)\,\mathrm{d}v\right)\cdot\overline{p}(\theta^*[s+a,s+t);y,A)\\&+\int_{\mathscr{X}}\overline{q}(\theta^*(s);x,\,\mathrm{d}y)\left[\exp\left(-\int_{[s,s+a)}q(\theta^*(v);x)\,\mathrm{d}v\right)\right.\\&\left.\cdot\overline{p}(\theta^*[s+a,s+t);y,A)-\delta(y,A)\right]\quad(0<a<t).\end{aligned}\tag{2.8}$$

因为 $\overline{p}$ 是标准的, 且

$$|\overline{p}(\theta^*[s,t);x,A)-\delta(x,A)|\leqslant 1-\overline{p}(\theta^*[s,t);x,\{x\}),\tag{2.9}$$

因此根据有界收敛定理, (2.8) 式右端的第 2 项当 a 趋于 0 时对 $A\in\mathscr{A}$ 一致趋于 0.

但 $\overline{q}(\theta^*(s);x,A)$ 是 s 的连续函数, 再次利用引理 1.3 也可以证明 (2.8) 式右端的第 1 项当 a 趋于 0 时, 对 $A\in\mathscr{A}$ 一致趋于 0, 因此

$$\begin{aligned}&\lim_{t\downarrow 0}\frac{1}{t}\int_{[0,t)}\mathrm{d}u\int_{\mathscr{X}}\overline{q}(\theta^*(s+u);x,\mathrm{d}y)\\&\cdot\exp\left(-\int_{[s,s+u)}q(\theta^*(v);x)\,\mathrm{d}v\right)\cdot\overline{p}(\theta^*[s+u,s+t);y,A)\\=&\,q(\theta^*(s);x,A)+\delta(x,A)q(\theta^*(s);x).\end{aligned}\tag{2.10}$$

综合 (2.6)、(2.7) 和 (2.10) 式, 对 $A\in\mathscr{A}$ 一致地有

$$\lim_{t\downarrow 0}\frac{1}{t}(\overline{p}(\theta^*[s,s+t);x,A)-\delta(x,A))=q(\theta^*(s);x,A).\tag{2.11}$$

类似地, 可以证明对任意 $s>0$, 对 $A\in\mathscr{A}$ 一致地有

$$\lim_{t\downarrow 0}\frac{1}{t}(\overline{p}(\theta^*[s-t,s);x,A)-\delta(x,A))=q(\theta^*(s);x,A),\tag{2.12}$$

因此 $\overline{p}$ 是随机环境 Θ^* 中的一个 $q-$ 过程.

§3 随机 Kolmogorov 倒退方程和随机环境中的最小 $q-$ 过程的存在性

令 $q(u;x,A)$ 为一个 $q-$ 函数, $q\circ\theta^*$ 为第 1 节中所定义的随机环境 Θ^* 中的 $q-$ 函数. q 和 $q\circ\theta^*$ 满足定理 2.1 的条件. $\overline{q}(u;x,A)=q(u;x,A-\{x\}),q(u;x)=-q(u;x,\{x\})$.

定理 3.1 令 $q\circ\theta^*$ 为随机环境 Θ^* 中的 $q-$ 函数, 且满足定理 2.1 的条件, 则任意 $q-$ 过程 $p(\theta^*[s,t);x,A)$ 满足

$$\frac{\partial}{\partial s}p(\theta^*[s,t);x,A)=-\int_{\mathscr{X}}q(\theta^*(s);x,\mathrm{d}y)p(\theta^*[s,t);y,A)\tag{3.1}$$
$$(\forall s\geqslant 0,t>s,x\in\mathscr{X},A\in\mathscr{A},\theta^*\in\Theta^*),$$

$\dfrac{\partial}{\partial s}p(\theta^*[s,t);x,A)$ 作为 s 的函数在 $[0,t]$ 上是连续的, 作为 t 的函数在 $[s,\infty)$

上是右连续的, 两个连续性对 $A \in \mathscr{A}$ 均一致, 且

$$
\begin{aligned}
& p(\theta^*[s,s+t);x,A) \\
= & \delta(x,A)\exp\left(-\int_{[s,s+t)} q(\theta^*(v);x)\,\mathrm{d}v\right) + \int_{[0,t)}\mathrm{d}u\int_{\mathscr{X}}\overline{q}(\theta^*(s+u);x,\,\mathrm{d}y) \\
& \cdot\left[\exp\left(-\int_{[s,s+u)} q(\theta^*(v);x)\,\mathrm{d}v\right) p(\theta^*[s+u,s+t);y,A)\right] \qquad (3.2) \\
& \qquad (\forall s \geqslant 0, t>0, x\in\mathscr{X}, A\in\mathscr{A}, \theta^*\in\Theta^*).
\end{aligned}
$$

证 方程 (3.1) 根据随机环境中的 $q-$ 过程的定义易得, 其连续性可由引理 1.2 和 1.3 及有界收敛定理得到. 根据方程 (3.1),

$$
\begin{aligned}
& \int_{[0,t)}\mathrm{d}u\int_{\mathscr{X}}\overline{q}(\theta^*(s+u);x,\,\mathrm{d}y)\left[\exp\left(-\int_{[s,s+u)} q(\theta^*(v);x)\,\mathrm{d}v\right)\right. \\
& \left.\cdot\, p(\theta^*[s+u,s+t);y,A)\right] \\
= & \int_{[0,t)}\mathrm{d}u\left[\left(-\frac{\partial}{\partial u}p(\theta^*[s+u,s+t);x,A) + q(\theta^*(s+u);x)\right.\right. \\
& \left.\left.\cdot\, p(\theta^*[s+u,s+t);x,A)\right)\cdot\exp\left(-\int_{[s,s+u)} q(\theta^*(v);x)\,\mathrm{d}v\right)\right] \\
= & \left[-p(\theta^*[s+t,s+t);x,A)\exp\left(-\int_{[s,s+t)} q(\theta^*(v);x)\,\mathrm{d}v\right)\right. \\
& \left. +p(\theta^*[s,s+t);x,A)\cdot\exp\left(-\int_{[s,s+u)} q(\theta^*(v);x)\,\mathrm{d}v\right)\right] \\
& +\int_{[0,t)}\left[-\frac{\partial}{\partial u}\exp\left(-\int_{[s,s+u)} q(\theta^*(v);x)\,\mathrm{d}v\right)\right] p(\theta^*[s+u,s+t);x,A)\,\mathrm{d}u \\
& +\int_{[0,t)} q(\theta^*(s+u);x)p(\theta^*[s+u,s+t);x,A) \\
& \cdot\exp\left(-\int_{[s,s+u)} q(\theta^*(v);x)\,\mathrm{d}v\right)\mathrm{d}u \\
= & -\delta(x,A)\exp\left(-\int_{[s,s+t)} q(\theta^*(v);x)\,\mathrm{d}v\right) + p(\theta^*[s,s+t);x,A).
\end{aligned}
$$

方程 (3.2) 证明完毕.

定理 3.2 设定理 2.1 的条件满足, 令 $p_n(\theta^*[s,s+t);x,A)$ $(n \geqslant 0)$ 和 $\overline{p}(\theta^*[s,s+t);x,A)$ 如定理 2.1 所定义. 令

$$\begin{aligned} R_n(\theta^*[s,\infty);\lambda,x,A) &= \int_{[0,\infty)} \mathrm{e}^{-\lambda t} p_n(\theta^*[s,s+t);x,A)\,\mathrm{d}t, \quad n \geqslant 0, \\ \overline{R}(\theta^*[s,\infty);\lambda,x,A) &= \int_{[0,\infty)} \mathrm{e}^{-\lambda t} \overline{p}(\theta^*[s,s+t);x,A)\,\mathrm{d}t \\ &= \sum_{n=0}^{\infty} R_n(\theta^*[s,\infty);\lambda,x,A), \end{aligned}$$

则对 $n \geqslant 0$, 有

$$\begin{aligned} &R_{n+1}(\theta^*[s,\infty);\lambda,x,A) \\ =& \int_{[0,\infty)} \mathrm{d}u \int_{\mathscr{X}} \overline{q}(\theta^*(s+u);x,\mathrm{d}y) \left[\mathrm{e}^{-\lambda u} \exp\left(-\int_{[s,s+u)} q(\theta^*(v);x)\,\mathrm{d}v \right) \right. \\ &\left. \cdot R_n(\theta^*[s+u,\infty);\lambda,y,A) \right], \end{aligned} \tag{3.3}$$

$$\begin{aligned} &\overline{R}(\theta^*[s,\infty);\lambda,x,A) \\ =& R_0(\theta^*[s,\infty);\lambda,x,A) + \int_{[0,\infty)} \mathrm{d}u \int_{\mathscr{X}} \overline{q}(\theta^*(s+u);x,\mathrm{d}y) \\ &\cdot \left[\mathrm{e}^{-\lambda u} \exp\left(-\int_{[s,s+u)} q(\theta^*(v);x)\,\mathrm{d}v \right) \cdot \overline{R}(\theta^*[s,\infty);\lambda,x,A) \right] \end{aligned} \tag{3.4}$$

$$(s \geqslant 0, \lambda > 0, x \in \mathscr{X}, A \in \mathscr{A}).$$

证 只证明方程 (3.3), 方程 (3.4) 由方程 (3.3) 及 $R_n(\theta^*[s,\infty);\lambda,x,A)$ 和 $\overline{R}(\theta^*[s,\infty);\lambda,x,A)$ 的定义立得. 事实上

$$\begin{aligned} &R_{n+1}(\theta^*[s,\infty);\lambda,x,A) \\ =& \int_{[0,\infty)} \mathrm{e}^{-\lambda u} p_{n+1}(\theta^*[s,s+t);x,A)\,\mathrm{d}t \\ =& \int_{[0,\infty)} \mathrm{d}t \int_{[0,t)} \mathrm{d}u \int_{\mathscr{X}} \overline{q}(\theta^*(s+u);x,\mathrm{d}y) \Big[p_n(\theta^*[s+u,s+t);y,A) \\ &\cdot \mathrm{e}^{-\lambda t} \exp\left(-\int_{[s,s+u)} q(\theta^*(v);x)\,\mathrm{d}v \right) \Big] \\ =& \int_{[0,\infty)} \mathrm{d}u \int_{\mathscr{X}} \overline{q}(\theta^*(s+u);x,\mathrm{d}y) \int_{[u,\infty)} \mathrm{d}t \end{aligned}$$

$$\cdot\left[\mathrm{e}^{-\lambda t}\exp\left(-\int_{[s,s+u)}q(\theta^*(v);x)\,\mathrm{d}v\right)p_n(\theta^*[s+u,s+t);y,A)\right]$$

$$=\int_{[0,\infty)}\mathrm{d}u\int_{\mathscr{X}}\overline{q}(\theta^*(s+u);x,\,\mathrm{d}y)\left[\mathrm{e}^{-\lambda t}\cdot\exp\left(-\int_{[s,s+u)}q(\theta^*(v);x)\,\mathrm{d}v\right)\right.$$
$$\left.\cdot R_n(\theta^*[s+u,\infty);\lambda,y,A)\right].$$

证毕.

定理 3.3 假设随机环境中的 $q-$ 函数 $q\circ\theta^*$ 满足定理 2.1 的条件, 则随机环境 Θ^* 中的 $q-$ 过程 $p(\theta^*[s,s+t);x,A)$ 的 Laplace 变换 $R(\theta^*[s,s+t);\lambda,x,A)$, 满足

$$\begin{aligned}&R(\theta^*[s,\infty);\lambda,x,A)\\&=R_0(\theta^*[s,\infty);\lambda,x,A)+\int_{[0,t)}\mathrm{d}u\int_{\mathscr{X}}\overline{q}(\theta^*(s+u);x,\,\mathrm{d}y)\\&\quad\cdot\left[\mathrm{e}^{-\lambda u}\exp\left(-\int_{[s,s+u)}q(\theta^*(v);x)\,\mathrm{d}v\right)\cdot R(\theta^*[s+u,\infty);\lambda,y,A)\right]\end{aligned}\tag{3.5}$$
$$(s\geqslant 0,\lambda>0,x\in\mathscr{X},A\in\mathscr{A}).$$

证 根据定理 3.1, $p(\theta^*[s,s+t);x,A)$ 满足方程 (3.2), 在方程 (3.2) 的两边同时取 Laplace 变换得到

$$\begin{aligned}&R(\theta^*[s,\infty);\lambda,x,A)\\&=R_0(\theta^*[s,\infty);\lambda,x,A)+\int_{[0,\infty)}\mathrm{d}t\int_{[0,t)}\mathrm{d}u\int_{\mathscr{X}}\overline{q}(\theta^*(s+u);x,\,\mathrm{d}y)\\&\quad\cdot\left[\exp\left(-\int_{[s,s+u)}q(\theta^*(v);x)\,\mathrm{d}v\right)\cdot p(\theta^*[s+u,s+t);y,A)\cdot\mathrm{e}^{-\lambda t}\right].\end{aligned}$$

使用与方程 (3.3) 相同的讨论, 可以证明方程 (3.5).

附注 3.1 分别称方程 (3.1)、(3.2) 和 (3.5) 为随机 Kolmogorov 倒退方程、积分形式的随机 Kolmogorov 倒退方程和 Laplace 变换形式的 Kolmogorov 倒退方程.

定理 3.4 令 $q\circ\theta^*$ 为随机环境 Θ^* 中的 $q-$ 函数, 满足定理 2.1 中的条件, $\overline{p}(\theta^*[s,s+t);x,A)$ 为定理 2.1 中所构造的随机环境中的 $q-$ 过程, 则它是

最小的一个, 即对任意随机环境中的 $q-$ 过程 $p(\theta^*[s,s+t);x,A)$, 总有

$$p(\theta^*[s,s+t);x,A) \geqslant \overline{p}(\theta^*[s,s+t);x,A).$$

证 根据定理 3.1, $p(\theta^*[s,s+t);x,A)$ 满足方程 (3.2), 因此

$$p(\theta^*[s,s+t);x,A) \geqslant p_0(\theta^*[s,s+t);x,A).$$

假设

$$p(\theta^*[s,s+t);x,A) \geqslant \sum_{k=0}^{n} p_k(\theta^*[s,s+t);x,A), \tag{3.6}$$

则根据 (3.2) 和 (3.5) 及 (2.2) 式,

$$\begin{aligned}
&p(\theta^*[s,s+t);x,A) \geqslant p_0(\theta^*[s,s+t);x,A)\\
&+\int_{[0,t)} \mathrm{d}u \int_{\mathscr{X}} \overline{q}(\theta^*(s+u);x,\mathrm{d}y)\left[\exp\left(-\int_{[s,s+u)} q(\theta^*(v);x)\,\mathrm{d}v\right)\right.\\
&\left.\cdot\sum_{k=0}^{n} p_k(\theta^*[s+u,s+t);y,A)\right]\\
=&\sum_{k=0}^{n+1} p_k(\theta^*[s,s+t);x,A), \quad \forall n \geqslant 0,
\end{aligned}$$

因此定理成立.

§4 随机环境中的 $q-$ 过程的唯一性

定理 4.1 令 $q\circ\theta^*$ 为一个随机环境 Θ^* 中的 $q-$ 函数, 满足定理 2.1 的条件, $q(u;\overline{x},A)$ 是保守的. 令 $R_n(\theta^*[s,\infty);\lambda,x,A)(n\geqslant 0)$ 和 $\overline{R}(\theta^*[s,\infty);\lambda,x,A)$ 分别为 $p_n(\theta^*[s,s+t);x,A)$ 和 $\overline{p}(\theta^*[s,s+t);x,A)$ 的 Laplace 变换, $\overline{y}(\theta^*[s,\infty);\lambda,x)=1-\lambda\overline{R}(\theta^*[s,\infty);\lambda,x,\mathscr{X})$. 记 W 为所有满足 $0\leqslant\omega\leqslant 1$ 的 $\mathscr{A}$ 可测的函数 ω 全体, 则 $\overline{y}(\theta^*[s,\infty);\lambda,\cdot)$ 是以下方程的最大解:

$$\begin{aligned}
&\omega(\theta^*[s,\infty);\lambda,\cdot)\\
=&\int_{[0,\infty)} \mathrm{d}u \int_{\mathscr{X}} \overline{q}(\theta^*(s+u);\cdot,\mathrm{d}y)\left[\mathrm{e}^{-\lambda u}\cdot\exp\left(-\int_{[s,s+u)} q(\theta^*(v);\cdot)\,\mathrm{d}v\right)\right.\\
&\left.\cdot\omega(\theta^*[s+u,\infty);\lambda,y)\right];
\end{aligned} \tag{4.1}$$

$$\omega(\theta^*[s,\infty);\lambda,\cdot)\in W, \quad s\geqslant 0, \lambda>0, \theta^*\in\Theta^*. \tag{4.2}$$

证 显然 $\overline{y}(\theta^*[s,\infty);\lambda,\cdot)\in W$. 根据 $R_0(\theta^*[s,\infty);\lambda,x,A)$ 的定义和 (3.4) 式, 有

$$\begin{aligned}
&\overline{y}(\theta^*[s,\infty);\lambda,x)\\
&=1-\lambda R_0(\theta^*[s,\infty);\lambda,x,\mathscr{X})-\int_{[0,\infty)}\mathrm{d}u\int_{\mathscr{X}}\overline{q}(\theta^*(s+u);x,\mathrm{d}y)\\
&\quad\cdot\left[\mathrm{e}^{-\lambda u}\cdot\exp\left(-\int_{[s,s+u)}q(\theta^*(v);x)\,\mathrm{d}v\right)\cdot\lambda\overline{R}(\theta^*[s+u,\infty);\lambda,y,\mathscr{X})\right]\\
&=\left(1-\int_{[0,\infty)}\lambda\mathrm{e}^{-\lambda u}\cdot\exp\left(-\int_{[s,s+u)}q(\theta^*(v);x)\,\mathrm{d}v\right)\mathrm{d}u\right)\\
&\quad-\int_{[0,\infty)}\mathrm{d}u\int_{\mathscr{X}}\overline{q}(\theta^*(s+u);x,\mathrm{d}y)\cdot\left[\mathrm{e}^{-\lambda u}\cdot\exp\left(-\int_{[s,s+u)}q(\theta^*(v);x)\,\mathrm{d}v\right)\right.\\
&\quad\left.\cdot\lambda\overline{R}(\theta^*[s+u,\infty);\lambda,y,\mathscr{X})\right]. \qquad (4.3)
\end{aligned}$$

因为 $q(u;x,A)$ 是保守, 即 $\overline{q}(u;x,\mathscr{X})=q(u;x)$, 因此

$$\begin{aligned}
&1-\int_{[0,\infty)}\lambda\mathrm{e}^{-\lambda u}\cdot\exp\left(-\int_{[s,s+u)}q(\theta^*(v);x)\,\mathrm{d}v\right)\mathrm{d}u\\
&=\int_{[0,\infty)}\left[\exp\left(-\int_{[s,s+u)}q(\theta^*(v);x)\,\mathrm{d}v\right)-1\right]\mathrm{d}\mathrm{e}^{-\lambda u}\\
&=\int_{[0,\infty)}\mathrm{d}u\int_{\mathscr{X}}\overline{q}(\theta^*(s+u);x,\mathrm{d}y)\\
&\quad\cdot\left[\mathrm{e}^{-\lambda u}\cdot\exp\left(-\int_{[s,s+u)}q(\theta^*(v);x)\,\mathrm{d}v\right)\right]. \qquad (4.4)
\end{aligned}$$

由 (4.4) 和 (4.3) 式知 $\overline{y}(\theta^*[s,\infty);\lambda,\cdot)$ 满足 (4.1) 式.

现在证明 $\overline{y}$ 是 (4.1) 和 (4.2) 式的最大解. 假设 $y(\theta^*[s,\infty);\lambda,x)$ 是 (4.1) 和 (4.2) 式的另一解, 根据方程 (4.1) 和 (4.4) 式有

$$\begin{aligned}
&y(\theta^*[s,\infty);\lambda,x)\\
&=\left(1-\int_{[0,\infty)}\mathrm{d}u\left[\lambda\mathrm{e}^{-\lambda u}\cdot\exp\left(-\int_{[s,s+u)}q(\theta^*(v);x)\,\mathrm{d}v\right)\right]\right)\\
&\quad+\int_{[0,\infty)}\mathrm{d}u\cdot\int_{\mathscr{X}}\overline{q}(\theta^*(s+u);x,\mathrm{d}x_1)\\
&\quad\cdot\left[\mathrm{e}^{-\lambda u}\cdot\exp\left(-\int_{[s,s+u)}q(\theta^*(v);x)\,\mathrm{d}v\right)\cdot(y(\theta^*[s+u,\infty);\lambda,x_1)-1)\right]
\end{aligned}$$

$$
\begin{aligned}
&\leqslant \left(1-\int_{[0,\infty)} \mathrm{d}u \left[\lambda \mathrm{e}^{-\lambda u}\cdot \exp\left(-\int_{[s,s+u)} q(\theta^*(v);x)\,\mathrm{d}v\right)\right]\right)\\
&= 1-\lambda R_0(\theta^*[s,\infty);\lambda,x,\mathscr{X}). \qquad (4.5)
\end{aligned}
$$

假定

$$
y(\theta^*[s,\infty);\lambda,x)\leqslant 1-\sum_{k=0}^{n} R_k(\theta^*[s,\infty);\lambda,x,\mathscr{X}), \tag{4.6}
$$

由 (4.6) 和 (3.3) 式有

$$
\begin{aligned}
&y(\theta^*[s,\infty);\lambda,x)\\
&\leqslant 1-R_0(\theta^*[s,\infty);\lambda,x,\mathscr{X})+\int_{[0,\infty)}\mathrm{d}u\int_{\mathscr{X}}\overline{q}(\theta^*(s+u);x,\mathrm{d}x_1)\\
&\quad\cdot\left[\mathrm{e}^{-\lambda u}\cdot\exp\left(-\int_{[s,s+u)}q(\theta^*(v);x)\,\mathrm{d}v\right)\cdot(y(\theta^*[s+u,\infty);\lambda,x_1)-1)\right]\\
&\leqslant 1-\lambda R_0(\theta^*[s,\infty);\lambda,x,\mathscr{X})-\int_{[0,\infty)}\mathrm{d}u\int_{\mathscr{X}}\overline{q}(\theta^*(s+u);x,\mathrm{d}x_1)\\
&\quad\cdot\left[\mathrm{e}^{-\lambda u}\cdot\exp\left(-\int_{[s,s+u)}q(\theta^*(v);x)\,\mathrm{d}v\right)\cdot\lambda\sum_{k=0}^{n}R_k(\theta^*[s+u,\infty);\lambda,x_1,\mathscr{X})\right]\\
&=1-\lambda\sum_{k=0}^{n+1}R_k(\theta^*[s,\infty);\lambda,x,\mathscr{X}),\quad \forall n\geqslant 0,
\end{aligned}
$$

因此

$$
y(\theta^*[s,\infty);\lambda,x)\leqslant \overline{y}(\theta^*[s,\infty);\lambda,x).
$$

定理证毕.

定理 4.2 令 $q\circ\theta^*$ 和 $q(u;x,A)$ 满足定理 4.1 的条件, 则存在唯一的诚实的随机环境中的 $q-$ 过程的充分必要条件是方程 (4.1) 和 (4.2) 仅有零解.

利用引理 1.4 和定理 4.1, 立即可得.

附注 4.1 令 $\Theta_u^*(\theta^*)=\theta^*(u)$ 为坐标投影算子 $(u\in\mathbf{R},\theta^*\in\Theta^*)$, $\mathscr{G}_{[s,s+t)}=\sigma(\Theta_u^*,s\leqslant u<t)$ 为由 $\{\Theta_u^*,s\leqslant u<t\}$ 产生的 $\sigma-$ 代数令

$$
\begin{gathered}
g(\theta^*[s,s+t),x):\Theta^*[s,s+t)\times\mathscr{X}\longmapsto\mathbf{R},\\
g(\theta^*;s,s+t,x)\hat{=}g(\theta^*[s,s+t),x),
\end{gathered}
$$

则 $g(\theta^*[s,s+t),x)$ 关于 $(\mathscr{B}^{[s,s+t)})^*\times\mathscr{A}$ 可测, 等价于 $g(\theta^*;s,s+t,x)$ 作为 (θ^*,x) 的函数关于 $\mathscr{G}_{[s,s+t)}\times\mathscr{A}$ 是可测的.

证明由 $\Theta_u^*,\sigma(\Theta_u^*,s\leqslant u<t)$ 和 $(\mathscr{B}^{[s,s+t)})^*$ 的定义立得.

§5 具有一个随机参数的时齐的 $q-$ 过程

如果 $p(\theta^*[s,s+t);x,A)\overset{\text{def}}{=\!=}p(\theta^*;s,s+t,x,A)$ 是一个时齐的随机转移函数, 则 $p(\theta^*;s,s+t,x,A)$ 不依赖于 s, 特别地, 如果 $p(\theta^*;s,s+t,x,A)$ 为随机环境中的 $q-$ 过程, 则它的转移密度函数 $q(\theta^*(s),x,A)$ 也不依赖于 $s,q(\theta^*(0),x,A)\equiv q(\theta^*(s),x,A)$, 因此可以引进具有 1 个随机参数的 (半) 转移函数、具有 1 个随机参数的转移密度函数和具有 1 个随机参数的 $q-$ 过程.

命题 5.1 令 $\mathscr{G}_{[s,s+t)}$ 如附注 4.1 所定义. 如果 $\mathscr{G}_0=\bigcap\limits_{t>0}\mathscr{G}_{[0,t)},p(\theta^*[s,s+t);x,A)$ 是时齐的随机半转移函数, 则对每个 $\theta^*\in\Theta^*,s\geqslant 0,t>0,x\in\mathscr{X},A\in\mathscr{A}$, 有

$$p(\theta^*[s,s+t);x,A)=\widetilde{p}(\theta^*(0);t,x,A), \tag{5.1}$$

且对每个固定的 $\theta^*(0),\widetilde{p}(\theta^*(0);t,x,A)$ 是经典的时齐半转移函数, 而对每个固定的 $t>0$ 和 $A\in\mathscr{A},\widetilde{p}(\cdot;t,\cdot,A)$ 关于 $\mathscr{B}\times\mathscr{A}$ 是可测的.

证 因为 $p(\theta^*[s,s+t);x,A)$ 是时齐的随机半转移函数, 记

$$p(\theta^*[s,s+t);x,A)=p^*(\theta^*;t,x,A), \tag{5.2}$$

其中对每个固定的 $t>0$ 和 $A\in\mathscr{A},p^*(\cdot;t,\cdot,A)$ 是关于 $\mathscr{G}_{[0,t)}\times\mathscr{A}$ 可测的. 根据随机 Kolmogorov-Chapmann 方程

$$\begin{aligned}p^*(\theta^*;t,x,A)=&\int p^*\left(\theta^*;\frac{t}{n},x,\mathrm{d}x_1\right)\int p^*\left(\theta^*;\frac{t}{n},x_1,\mathrm{d}x_2\right)\cdots\\&\int p^*\left(\theta^*;\frac{t}{n},x_{n-1},\mathrm{d}x_n\right)\mathbf{1}_A(x_n),\end{aligned}$$

因此, 对任意的 $n\geqslant 1$, 对每个固定的 $t>0$ 和 $A\in\mathscr{A},p^*(\cdot;t,\cdot,A)$ 关于 $\mathscr{G}_{[0,t/n)}\times\mathscr{A}$ 是可测的. 所以, 对每个 $t>0$ 和 $A\in\mathscr{A},p^*(\cdot;t,\cdot,A)$ 是关于 $\mathscr{G}_0\times\mathscr{A}$ 可测的, 根据 Doob 定理, 记 $p^*(\theta^*;t,x,A)=\widetilde{p}(\theta^*(0);t,x,A)$, 且对每个 $t>0$ 和 $A\in\mathscr{A},\widetilde{p}(\cdot;t,\cdot,A)$ 是关于 $\mathscr{B}\times\mathscr{A}$ 可测的. 命题证毕.

从这个定理我们发现时齐的随机半转移函数 $p(\theta^*[s,s+t);x,A)$ 可以写成具有 1 个随机变量 $\widetilde{p}(\alpha;t,x,A)$ 的经典的半转移函数, 其中 $\widetilde{p}(\cdot;t,\cdot,A)$ 是关于 $\mathscr{B}\times\mathscr{A}$ 可测的, $\alpha(\theta^*)$ 是从概率空间 $(\Theta^*,\mathscr{B}^*,\overline{m})$ 到 Θ 的随机变量, 而对每个固定的 $\alpha,\overline{p}$ 是经典的半转移函数. 对于随机环境中的时齐的转移密度函数和随机环境中的时齐的 $q-$ 过程, 也可以用处理时齐的随机半转移函数的办法来处理.

定义 5.1 令 α 为从概率空间 $(\Omega,\mathscr{F},P)$ 到 $\mathbf{R}_+$ 上的随机变量.

(1) 如果 $p(u;t,x,A):\mathbf{R}_+\times\mathbf{R}_+\times\mathscr{X}\times\mathscr{A}\longmapsto[0,1],p(u;t,x,A)$ 对每个 $u\geqslant 0$ 是经典的时齐半转移函数, 对每个固定的 $t\geqslant 0$ 和 $A\in\mathscr{A},p(\cdot;t,\cdot,A)$ 是关于 $\mathscr{B}(\mathbf{R}_+)\times\mathscr{A}$ 可测的, 则称 $p(\alpha;t,x,A)$ 为具有随机参数 α 的时齐半转移函数. 也可以定义标准的具有随机参数 α 的时齐半转移函数和具有随机参数 α 的时齐转移函数.

(2) 如果 $q(u;x,A)$ 是定义 1.2 中所定义的非时齐的转移密度函数, 则称 $q(\alpha;x,A)$ 为具有 1 个随机参数的时齐转移密度函数. 也可以定义保守的具有 1 个随机参数的时齐转移密度函数.

(3) 如果 $q(\alpha;x,A)$ 是具有随机参数 α 的时齐转移密度函数, $p(\alpha;t,x,A)$ 是具有随机参数 α 的时齐半转移函数,

$$\lim_{t\to 0+}\frac{1}{t}(p(\alpha;t,x,A)-\delta(x,A))=q(\alpha;x,A)(\omega\in\Omega,x\in\mathscr{X},A\in\mathscr{A}),$$

则称 $p(\alpha;t,x,A)$ 为具有 1 个随机参数 α 的 $q-$ 过程.

事实上, 具有 1 个随机参数 α 的 $q-$ 过程的构造理论与经典的 $q-$ 过程的构造理论相同, 例如下面的定理.

定理 5.1 对任意具有 1 个随机参数 α 的时齐转移密度函数 $q(\alpha;x,A)$, 总存在具有 1 个随机参数 α 的最小 $q-$ 过程 $\overline{p}(\alpha;t,x,A)$, 使得

$$\frac{\mathrm{d}}{\mathrm{d}t}\overline{p}(\alpha;t,x,A)=\int_{\mathscr{X}}q(\alpha;x,\mathrm{d}y)\overline{p}(\alpha;t,y,A);\tag{5.3}$$

$$\begin{aligned}\overline{p}(\alpha;t,x,A)=\exp(-q(\alpha;x)t)\mathbf{1}_A(x)+\int_0^t \mathrm{e}^{-q(\alpha,x)(t-s)}&\\ \cdot\left[\int_{\mathscr{X}-\{x\}}q(\alpha;x,\mathrm{d}y)\overline{p}(\alpha;s,y,A)\right]\mathrm{d}s&\\ (\omega\in\Omega,t\geqslant 0,x\in\mathscr{X},A\in\mathscr{A}),&\end{aligned}\tag{5.4}$$

这里 $q(\alpha;x)=-q(\alpha;x,\{x\})$.

证明参见文献 [115] 第 8 章.

定理 5.2 对任意具有 1 个随机参数 α 的时齐转移密度函数 $q(\alpha;x,A)$, 存在唯一具有 1 个随机参数 α 的 $q-$ 过程的充分必要条件是方程

$$\begin{cases}\displaystyle\int_{\mathscr{X}} q(\alpha(\omega);x,\mathrm{d}y)\xi(y)=(1+q(\alpha(\omega);x))\xi(x), & \omega\in\Omega,x\in\mathscr{X},\\ \xi:\mathscr{X}\longmapsto[0,\infty), & \xi\text{ 是有界的 }\mathscr{A}\text{-可测的函数}\end{cases}$$

只有零解.

证明参见文献 [115] 第 8 章的定理 2.4 和命题 2.2.

§6 依时的随机环境中的马尔可夫过程 (MPTRE) 的构造

沿用 §1 的符号及定义. §2—§4 中, 我们讨论了随机环境中的 $q-$ 过程的存在唯一性. 本节要从随机转移函数来构造 MPTRE. 为此, 有必要说明随机转移函数 (诚实的 $q-$ 过程) 的存在性.

对任意 $q-$ 过程 $p(\theta^*[s,s+t);x,A)$, 令 $r(\theta^*[s,s+t),x)=1-p(\theta^*[s,s+t);x,\mathscr{X})(s\geqslant 0,t>0,x\in\mathscr{X})$. 取 $\Delta\notin\mathscr{X}$, $\overline{\mathscr{X}}=\mathscr{X}\bigcup\{\Delta\}$, $\overline{\mathscr{A}}=\sigma(\{A:A\in\mathscr{A}$或 $A=\{\Delta\}\})$, 令

$$\overline{p}(\theta^*[s,s+t);x,A)=\begin{cases}p(\theta^*[s,s+t);x,A)\quad(x\in\mathscr{X},A\in\mathscr{A});\\ \delta(\Delta,A)\quad(A\in\overline{\mathscr{A}},x=\Delta);\\ p(\theta^*[s,s+t);x,A-\{\Delta\})+r(\theta^*[s,s+t),x)\\ \qquad\qquad(x\in\mathscr{X},\Delta\in A\in\overline{\mathscr{A}}).\end{cases}$$

直接验证可证明 $\overline{p}$ 是一个随机转移函数.

定义 6.1 令 $(\mathscr{X},\mathscr{A}),(\Theta,\mathscr{B}),\Theta^*,\mathscr{B}^*$ 如 §1 所定义, $\overline{m}$ 是 $\mathscr{B}^*$ 上的概率测度, $p(\theta^*[s,s+t);x,A)$ 是随机转移函数, 则称 $V=(\mathscr{X},\mathscr{A};\Theta,\mathscr{B};p,\overline{m})$ 是一个 $p-\overline{m}$ 过程.

定义 6.2 令 $X^*=\{X_t,t\in[0,\infty)\}$ 和 $\xi^*=\{\xi_t,t\in\mathbf{R}\}$ 为两个定义在概率空间 $(\Omega,\mathscr{F},P)$ 上且分别取值于 $\mathscr{X}$ 和 Θ 上的两个随机过程, $p(\theta^*[s,s+t);x,A)$ 是随机转移函数. 如果

$$\begin{aligned}&(\mathrm{M}):P(X_{s+t}\in A,\xi_{s+t}\in B|X_u,u\in[0,s],\xi_v,\quad v\in(-\infty,s+t))\\ &=p(\xi^*[s,s+t);X_s,A)P(\xi_{s+t}\in B|\xi_v,\quad v\in(-\infty,s+t)),\ \text{a.s.}\qquad(6.1)\\ &\qquad(A\in\mathscr{A},B\in\mathscr{B},t>0,s,s+t\in[0,\infty),\end{aligned}$$

则称 (X^*,ξ^*) 是依时的随机环境中的马尔可夫过程 (MPTRE). 如果 (M) 替换为

$$\begin{aligned}&(\mathrm{UM}): P(X_{s+t}\in A,\xi^*[s+t,\infty)\in \mathscr{B}^{[s+t,\infty)}\\&|X_u,u\in[0,s],\xi_v,\quad v\in(-\infty,s+t))\\&=p(\xi^*[s,s+t);X_s,A)P(\xi^*[s+t,\infty)\in\mathscr{B}^{[s+t,\infty)}|\xi_v,v\in(-\infty,s+t)),\text{a.s.}\end{aligned}\tag{6.2}$$

$(A\in\mathscr{A},\mathscr{B}^{[s+t,\infty)}\in(\cdot\mathscr{B}^{[s+t,\infty)})^*,t>0,s,s+t\in(0,\infty))$, 则称 (X^*,ξ^*) 是依时的一致的随机环境中的马尔可夫过程 (UMPTRE).

在本节剩余部分里, 总假定 $\mathscr{X}$ 是一个局部紧的空间, 其上具有可数基 (L.C.C.B. 空间) 和 σ 代数 $\mathscr{A}$, $(\Theta,\mathscr{B})$ 是可测空间. $\mathscr{X}^*=\mathscr{X}^{\mathbf{R}_+}$, $\Theta^*=\Theta^{\mathbf{R}}$, $\Theta^*(re)$, $\mathscr{A}^*=\mathscr{A}^{\mathbf{R}_+}$, $\mathscr{B}^*=\mathscr{B}^{\mathbf{R}}$ 如第 1 节所定义. $T^t:\Theta^*\longmapsto\Theta^*$ 是推移算子, 即 $(T^t\theta^*)(s)=\theta^*(s+t)(\forall\theta^*\in\Theta^*)$.

定理 6.1 (Kolmogorov) 令 $\varphi(\mathbf{R}_+)$ 为 $\mathbf{R}_+$ 的全体子集所构成的集合. 对任意 $J=\{t_1,\cdots,t_n\}\in\varphi(\mathbf{R}_+)$ 定义 $\mathscr{X}^J=\mathop{\times}\limits_{i=1}^{n}\mathscr{X}_{t_i}(\mathscr{X}_{t_i}\equiv\mathscr{X})$, $\mathscr{L}^J=\{A_{t_1}\times\cdots\times A_{t_n}:A_{t_i}\in\mathscr{A}\}$ 为 $\mathscr{X}^J$ 上的半环, $\mathscr{A}^J=\sigma(\mathscr{L}^J)=\mathop{\times}\limits_{i=1}^{n}\mathscr{A}_{t_i}(\mathscr{A}_{t_i}\equiv\mathscr{A})$ 是由 $\mathscr{L}^J$ 所产生的 Borel σ 代数.

对任意 $I\supset J,I,J\in\varphi(\mathbf{R}_+)$, π_J^I 定义为从 $\mathscr{X}^I$ 到 $\mathscr{X}^J$ 的投影算子, $\pi_J=\pi_J^{\mathbf{R}_+}$.

令 P_J 为可测空间 $(\mathscr{X}^J,\mathscr{A}^J)$ 上的一个概率测度, 满足对任意 $J\in\varphi(\mathbf{R}_+)$:

$$P_J\cdot(\pi_I^J)^{-1}=P_I\quad(\forall I\subset J),\tag{6.3}$$

则存在一个 $\mathscr{A}^*$ 上的概率测度 P, 满足

$$P(\{x^*\in\mathscr{X}^*:(x^*(t_i),t_i\in J)\in A^J\})=P_J(A^J),\quad A^J\in\mathscr{A}^J.\tag{6.4}$$

证明参见文献 [115] 的第 4 章定理 3.1.

附注 6.1 称 (6.3) 式为相容性条件.

定理 6.2 令 $V=(\mathscr{X},\mathscr{A};\Theta,\mathscr{B};p,\overline{m})$ 为定义 6.1 所定义的 $p-\overline{m}$ 过程. $\boldsymbol{E}_m$ 是关于 $\overline{m}$ 的期望算子, 则存在一个概率空间 $(\Omega,\mathscr{F},P)$ 和定义在 $(\Omega,\mathscr{F},P)$ 上取值于 $\mathscr{X}^*\times\Theta^*$ 的 UMPTRE (X^*,ξ^*), 使得

$$P((X^*,\xi^*)\in C)=\int_{\mathscr{X}}\nu(\mathrm{d}x)\int_{\Theta^*}\overline{m}(\mathrm{d}\theta^*)\int_{\mathscr{X}^*}P_{\theta^*}^{x}(\mathrm{d}x^*)\mathbf{1}_C(x^*,\theta^*)\tag{6.5}$$

$(C \in \mathscr{A}^* \times \mathscr{B}^*)$, 其中, 对任意 $x \in \mathscr{X}, \theta^* \in \Theta^*, P_{\theta^*}^x$ 是 $\mathscr{A}^*$ 上的概率测度, ν 是 $\mathscr{A}$ 上的概率测度. 此外还有:

(1) X^* 的 P 边缘分布是

$$P \circ (X^*)^{-1}(A) = \int_{\mathscr{X}} \nu(\mathrm{d}x) \int_{\Theta^*} \overline{m}(\mathrm{d}\theta^*) P_{\theta^*}^x(A) \quad \forall A \in \mathscr{A}^*; \tag{6.6}$$

(2) ξ^* 的 P 边缘分布是 $\overline{m}$, 即

$$P \circ (\xi^*)^{-1}(B) = \overline{m}(B), \quad \forall B \in \mathscr{B}^*; \tag{6.7}$$

(3) $\{(X_t, T^t\xi^*), t \in \mathbf{R}_+\}$ 是一个经典的时齐的马尔可夫过程, 取值于 $\mathscr{X} \times \Theta^*$, 具有初始分布 $\nu \times \overline{m}$ 和转移函数

$$\widehat{P}(t, (x, \theta^*), F) = \int_{\mathscr{X}} p(\theta^*[0, t); x, \mathrm{d}y) \mathbf{1}_{(F)_y}(T^t\theta^*) \tag{6.8}$$

$(t \in \mathbf{R}_+, (x, \theta^*) \in \mathscr{X} \times \Theta^*, F \in \mathscr{A} \times \mathscr{B}^*, (F)_y = \{\theta^* \in \Theta^* : (y, \theta^*) \in F\})$,

称 $\{(X_t, T^t, \xi^*), t \in \mathbf{R}_+\}$ 为 (X^*, ξ^*) 产生的绕积马尔可夫过程 (SKPMP);

(4) 对任意 $C \in \mathscr{A}^* \times \mathscr{B}^*$, 定义

$$P_{(x,\theta^*)}(C) = \int_{\mathscr{X}^*} P_{\theta^*}^x(\mathrm{d}x^*) \mathbf{1}_C(x^*, \theta^*), \quad x \in \mathscr{X}, \theta^* \in \Theta^*, \tag{6.9}$$

那么

$$P((X^*, \xi^*) \in C) = \int_{\mathscr{X}} \nu(\mathrm{d}x) \int_{\theta^*} \overline{m}(\mathrm{d}\theta^*) P_{(x,\theta^*)}(C), \tag{6.10}$$

$$P_{(x,\theta^*)}(T^t\xi^* = T^t\theta^*) = 1 \quad (x \in \mathscr{X}, \theta^* \in \Theta^*, t \geqslant 0); \tag{6.11}$$

(5)

$$p(\theta^*[s, s+t); x, A) = P_{(x, T^s\theta^*)}(X_t \in A) = P(X_{s+t} \in A | X_s = x, \xi^* = \theta^*). \tag{6.12}$$

首先给出两个引理.

引理 6.1 对任意随机转移函数 p 和 $\mathscr{X}^2$ 上的任意有界可测函数 $f(x_1, x_2)$,

$$\int_{\mathscr{X}} p(\theta^*[0, t); x, \mathrm{d}x_1) \int_{\mathscr{X}} p(\theta^*[t, t+u); x_1, \mathrm{d}x_2) f(x_1, x_2)$$

关于 $\mathscr{B}^{[0,t+u)} \times \mathscr{A} (0 < t, u < \infty)$ 是可测的.

证 如果 $f(x_1,x_2)=\mathbf{1}_{A_1}(x_1)\mathbf{1}_{A_2}(x_2)(A_i\in\mathscr{A})$, 那么

$$\int_{\mathscr{X}} p(\theta^*[t,t+u);x_1,\mathrm{d}x_2)f(x_1,x_2)=p(\theta^*[t,t+u);x_1,A_2)\mathbf{1}_{A_1}(x_1)$$

作为 $(\theta^*[t,t+u),x_1)$ 的函数, 关于 $\mathscr{B}^{[t,t+u)}\times\mathscr{A}$ 是可测的. 因为具有一个变量的函数可以看成具有多个变量的函数, 对固定的 A_1 和 $A_2, p(\theta^*[t,t+u);x_1,A_2)\mathbf{1}_{A_1}(x_1)$ 可看成 (θ^*,x_1) 的函数. 基于这种观点, $p(\theta^*[t,t+u);x_1,A_2)\mathbf{1}_{A_1}(x_1)$ 作为 (θ^*,x_1) 的函数, 关于 $(\mathscr{B}^{[t,t+u)}\times\bigtimes_{s\in\mathbf{R}-[t,t+u)}\varepsilon_s)\times\mathscr{A}$ 是可测的, 其中 ε_s 是平凡的 σ 代数 $\{\phi,\Omega\}$.

类似地, $p(\theta^*[0,t);x,A)$ 作为一个 (θ^*,x) 的函数, 关于 $(\mathscr{B}^{[0,t)}\times\bigtimes_{s\in\mathbf{R}-[0,t)}\varepsilon_s)\times\mathscr{A}$ 是可测的. 因此 $p(\theta^*[0,t);x,A)$ 和 $p(\theta^*[t,t+u);x,A_2)\mathbf{1}_{A_1}(x)$ 作为两个变量 (θ^*,x) 的函数, 均关于 $(\mathscr{B}^{[0,t+u)}\times\bigtimes_{s\in\mathbf{R}-[0,t+u)}\varepsilon_s)\times\mathscr{A}$ 可测, 从而

$$\int_{\mathscr{X}} p(\theta^*[0,t);x,\mathrm{d}x_1)p(\theta^*[t,t+u);x_1,\mathrm{d}x_2)f(x_1,x_2)$$

关于 $\mathscr{B}^{[0,t+u)}\times\mathscr{A}$ 可测.

利用单调类定理, 可以证明对任意有界可测函数 $f(x_1,x_2)$, 引理 6.1 成立.

引理 6.2 令 $\widehat{P}(t,(x,\theta^*),F)$ 如 (6.8) 式所定义, 则它是一个经典的转移函数且对任意有界可测函数 $f(x,\theta^*)$ 有

$$\int_{\mathscr{X}\times\Theta^*}\widehat{P}(t,(x,\theta^*),\mathrm{d}(y,\tau^*))f(y,\tau^*)=\int_{\mathscr{X}} p(\theta^*[0,t);x,\mathrm{d}y)f(y,T^t\theta^*). \quad (6.13)$$

证 显然, 对任意固定的 $t\in\mathbf{R}, F\in\mathscr{A}\times\mathscr{B}^*$, 作为一个 (x,θ^*) 的函数, $\widehat{P}(t,(x,\theta^*),F)$ 关于 $\mathscr{A}\times\mathscr{B}^*$ 是可测的, 且对任意固定的 $t\in\mathbf{R}_+$ 和 $(x,\theta^*)\in\mathscr{X}\times\Theta^*$, 作为 F 的集函数是一个概率测度.

由 $\widehat{P}(t,(x,\theta^*),F)$ 的定义 (见 (6.8) 式) 知: (6.13) 式成立, 因此对任意 $u>0,t>0,(x,\theta^*)\in\mathscr{X}\times\Theta^*,F\in\mathscr{A}\times\mathscr{B}^*$, 有

$$\begin{aligned}
&\int\widehat{P}(t,(x,\theta^*),\mathrm{d}(y,\tau^*))\widehat{P}(u,(y,\tau^*),F)\\
=&\int p(\theta^*[0,t);x,\mathrm{d}y)\widehat{P}(u,(y,T^t\theta^*),F)\\
=&\int p(\theta^*[0,t);x,\mathrm{d}y)\int p(T^t\theta^*[0,u);y,\mathrm{d}z)\mathbf{1}_{(F)_z}(T^{t+u}\theta^*)\\
=&\int p(\theta^*[0,t+u);x,\mathrm{d}z)\mathbf{1}_{(F)_z}(T^{t+u}\theta^*)=\widehat{P}((t+u),(x,\theta^*),F),
\end{aligned}$$

此即随机 Kolomogorov-Chapmann 方程成立. 证毕.

现在证明定理 6.2 首先, 对任意固定的 $x \in \mathscr{X}$ 和 $\theta^* \in \Theta^*$, 要定义 $\mathscr{A}^*$ 上的概率测度 $P_{\theta^*}^x$.

对任意固定的 $x \in \mathscr{X}, \theta^* \in \Theta^*, J = \{t_1, \cdots, t_n\} \in \varphi(\mathbf{R}_+)$, 定义

$$\begin{aligned}(J)P_{\theta^*}^x(A_{t_1} \times \cdots \times A_{t_n}) = &\int p(\theta^*[0, t_1); x, \mathrm{d}x_1) \int p(\theta^*[t_1, t_2); x_1, \mathrm{d}x_2) \cdots \\ &\int p(\theta^*[t_{n-1}, t_n); x_{n-1}, \mathrm{d}x_n) \prod_{i=1}^{n} \mathbf{1}_{A_{t_i}}(x_i) \qquad (6.14) \\ &(0 < t_1 < \cdots < t_n, A_{t_1} \times \cdots \times A_{t_n} \in \mathscr{L}^J),\end{aligned}$$

容易看出 $(J)P_{\theta^*}^x(\cdot)$ 是 $\mathscr{L}^J$ 上的一个概率测度, 从而可以将它延拓到 σ 代数 $\mathscr{A}^J$ 上.

令 $I = \{t_{k(1)}, \cdots, t_{k(m)}\} \subset J$, 其中 $1 \leqslant k(1) < k(2) < \cdots < k(m) \leqslant n, m \leqslant n$, 则根据 (R–K–C),

$$\begin{aligned}&(J)P_{\theta^*}^x\left((\pi_I^J)^{-1}\left(\bigtimes_{i=1}^{m} A_{t_{k(i)}}\right)\right) \\ =& (J)P_{\theta^*}^x\left(\left(\bigtimes_{i=1}^{m} A_{t_{k(i)}}\right) \times \left(\bigtimes_{t_j \in J-I} \mathscr{X}_{t_j}\right)\right) \\ =& (I)P_{\theta^*}^x\left(\bigtimes_{i=1}^{m} A_{t_{k(i)}}\right), \quad \forall A_{t_i} \in \mathscr{A}, 1 \leqslant i \leqslant n. \qquad (6.15)\end{aligned}$$

(6.15) 式意味着 $\{(J)P_{\theta^*}^x, J \in \varphi(\mathbf{R}_+)\}$ 是一个投影测度系, 因此根据定理 6.1, 对任意固定的 $x \in \mathscr{X}$ 和 $\theta^* \in \Theta^*$, 存在 $\mathscr{A}^*$ 上的概率测度 $P_{\theta^*}^x$, 使得

$$P_{\theta^*}^x \circ (\pi_J)^{-1} = (J)P_{\theta^*}^x. \qquad (6.16)$$

令 $\Omega = \mathscr{X}^* \times \Theta^*, \mathscr{F} = \mathscr{A}^* \times \mathscr{B}^*, X^*(\omega) = x^*, \xi^*(\omega) = \theta^*, X_t(\omega) = x^*(t), \xi_t(\omega) = \theta^*(t)$. 对每个 $\omega = (x^*, \theta^*) \in \mathscr{X}^* \times \Theta^* = \Omega$, i.e.$(X^*(\omega), \xi^*(\omega)) = \omega$, 定义

$$P(C) = \int_{\mathscr{X}} \nu(\mathrm{d}x) \int_{\Theta^*} \overline{m}(\mathrm{d}\theta^*) P_{\theta^*}^x(\mathrm{d}x^*) \mathbf{1}_C(x^*, \theta^*) \qquad (6.17)$$
$$(\forall C \in \mathscr{F}),$$

则 $(\Omega, \mathscr{F}, P)$ 是一个概率空间.

现在要证明 (X^*,ξ^*) 是 $(\Omega,\mathscr{F},P)$ 上的 UMPTRE. 令 $\mathscr{F}(\Gamma)=\sigma(X_t,t\in\Gamma)$ 为由 $\{X_t,t\in\Gamma\}$ 所产生的 σ 代数, $\mathscr{F}_t=\mathscr{F}([0,t]),\mathscr{G}(\Gamma)=\sigma(\xi_t,t\in\Gamma),\mathscr{G}_t=\mathscr{G}((-\infty,t)),\mathscr{G}_{t+}=\bigcap\limits_{s>t}\mathscr{G}_s$.

因为对任意 $B^{(s,s+t)}\in\mathscr{B}^{[s,s+t)}$ 和 $A\in\mathscr{A}$,

$$\begin{aligned}&\{\omega:(\xi^*[s,s+t),X_s)(\omega)\in B^{[s,s+t)}\times A\}\\=&\{(\theta^*,x^*):\theta^*[s,s+t)\in B^{[s,s+t)},x^*(s)\in A\}\in\mathscr{G}([s,s+t))\vee\mathscr{F}(\{s\}),\end{aligned}$$

因此 $(\xi^*[s,s+t),X_s)$ 是从 $(\Omega,\mathscr{G}([s,s+t))\vee\mathscr{F}(\{s\}))$ 到 $(\Theta^{[s,s+t)}\times\mathscr{X},\mathscr{B}^{[s,s+t)}\times\mathscr{A})$ 上的可测算子. 但是, 对任意固定的 $A\in\mathscr{A},p(\theta^*[s,s+t);x,A)$ 作为 $(\theta^*[s,s+t),x)$ 的函数关于 $\mathscr{B}^{[s,s+t)}\times\mathscr{A}$ 是可测的, 因此对任意固定的 $A\in\mathscr{A},p(\xi^*[s,s+t);X_s,A)$ 作为 ω 的函数关于 $\mathscr{G}([s,s+t))\vee\mathscr{F}(\{s\})$ 是可测的. 根据定义, 显然有 $P(\xi^*[s+t,\infty)\in B^{[s+t,\infty)}|\mathscr{G}_{s+t})$ 关于 $\mathscr{G}_{s+t}$ 是可测的, 因此 $p(\xi^*[s,s+t);X_s,A)P(\xi^*[s+t,\infty)\in B^{[s+t,\infty)}|\mathscr{G}_{s+t})$ 关于 $\mathscr{G}_{s+t}\vee\mathscr{F}_s$ 是可测的.

为证明 (UM), 只要证明对任意 $0\leqslant t_1<t_2<\cdots<t_n\leqslant s,-\infty<s_1<s_2<\cdots<s_m<s+t,A_{t_i}\in\mathscr{A},B_{s_j}\in\mathscr{B},A\in\mathscr{A},B^{[s+t,\infty)}\in\mathscr{B}^{[s+t,\infty)}(1\leqslant i\leqslant n,1\leqslant j\leqslant m)$, 有

$$\begin{aligned}&\int\mathbf{1}_L(\mathscr{X}^*:A_{t_1}\times\cdots\times A_{t_n})\cdot\mathbf{1}_L(\Theta^*:B_{s_1}\times\cdots\times B_{s_m})\\&\times p(\xi^*[s,s+t);X_s,A)\cdot P(\xi^*[s+t,\infty)\in B^{[s+t,\infty)}|\mathscr{G}_{s+t})\,\mathrm{d}P\\=&P\bigg(\bigcap_{i=1}^n\{X_{t_i}\in A_{t_i}\},\bigcap_{j=1}^m\{\xi_{s_j}\in B_{s_j}\},\{X_{s+t}\in A\},\\&\{\xi^*[s+t,\infty)\in B^{[s+t,\infty)}\}\bigg),\end{aligned}\tag{6.18}$$

其中

$$\begin{aligned}L(\mathscr{X}^*:A_{t_1}\times\cdots\times A_{t_n})&=\{x^*\in\mathscr{X}^*:x^*(t_i)\in A_{t_i},1\leqslant i\leqslant n\},\\L(\Theta^*:B_{s_1}\times\cdots\times B_{s_m})&=\{\theta^*\in\Theta^*:\theta^*(s_j)\in B_{s_j},1\leqslant j\leqslant m\}.\end{aligned}$$

令 $\Theta_t:\Theta^*\to\Theta$ 为坐标投影算子, 即 $\Theta_t(\theta^*)=\theta^*(t).\overline{\mathscr{B}}^J=\sigma(\Theta_t,t\in J),J\subset\mathbf{R}$, 根据 P 和 ξ^* 的定义, 容易证明

$$P(\xi^*[s+t,\infty)\in B^{[s+t,\infty)}|\mathscr{G}_{s+t})=\overline{m}(\theta^*[s+t,\infty)\in B^{[s+t,\infty)}|\mathscr{B}^{(-\infty,s+t)}),\tag{6.19}$$

因此 (6.18) 式的左边等于

$$
\begin{aligned}
&\int_{L(\mathscr{X}^*:A_{t_1}\times\cdots\times A_{t_n})\times L(\Theta^*:B_{s_1}\times\cdots\times B_{s_m})} p(\xi^*[s,s+t);X_s,A) \\
&\times\overline{m}(\theta^*[s+t,\infty)\in B^{[s+t,\infty)}|\mathscr{B}^{(-\infty,s+t)})\,\mathrm{d}P \\
=&\int_{\mathscr{X}}\nu(\mathrm{d}x)\int_{\Theta^*}\overline{m}(\mathrm{d}\theta^*)\int_{\mathscr{X}^*}P^x_{\theta^*}(\mathrm{d}x^*)[p(\theta^*[s,s+t);x^*(s),A) \\
&\times\overline{m}(\theta^*[s+t,\infty)\in B^{[s+t,\infty)}|\mathscr{B}^{(-\infty,s+t)})\mathbf{1}_{L(\mathscr{X}^*:A_{t_1}\times\cdots\times A_{t_n})}(x^*) \\
&\times\mathbf{1}_{L(\Theta^*:B_{s_1}\times\cdots\times B_{s_m})}(\theta^*)].
\end{aligned}\tag{6.20}
$$

但 $s_1<\cdots<s_m<s+t$, 因此

$$
\begin{aligned}
&\overline{m}(\theta^*[s+t,\infty)\in B^{[s+t,\infty)}|\overline{\mathscr{B}}^{(-\infty,s+t)})\mathbf{1}_{L(\Theta^*:B_{s_1}\times\cdots\times B_{s_m})}(\theta^*) \\
=&\,\overline{m}(\{\theta^*:\theta^*[s+t,\infty)\in B^{[s+t,\infty)},\theta^*(s_j)\in B_{s_j},1\leqslant j\leqslant m\}|\mathscr{B}^{(-\infty,s+t)}).
\end{aligned}\tag{6.21}
$$

令 $J=\{t_1,\cdots,t_n,s,s+t\}$, 根据 $P^x_{\theta^*}$ 和 $(J)P^x_{\theta^*}$ 的定义以及 (R–K–C) 方程,

$$
\begin{aligned}
&\int_{\mathscr{X}^*}P^x_{\theta^*}(\mathrm{d}x^*)(p(\theta^*[s,s+t);x^*(s),A)\mathbf{1}_{L(\mathscr{X}^*:A_{t_1}\times\cdots\times A_{t_n})}(x^*)) \\
=&\int_{\mathscr{X}^J}(J)P^x_{\theta^*}(\mathrm{d}x_{t_1},\cdots,\mathrm{d}x_{t_n},\mathrm{d}x_s)\mathbf{1}_{A_{t_1}\times\cdots\times A_{t_n}}(x_{t_1},\cdots,x_{t_n}) \\
&\cdot p(\theta^*[s,s+t),x_s,A) \\
=&\int p(\theta^*[0,t_1);x,\mathrm{d}x_1)\int p(\theta^*[t_1,t_2);x_1,\mathrm{d}x_2)\cdots \\
&\int p(\theta^*[t_{n-1},t_n);x_{n-1},\mathrm{d}x_n)\int p(\theta^*[t_n,s+t);x_n,\mathrm{d}y)\prod_{i=1}^n\mathbf{1}_{A_{t_i}}(x_i)\mathbf{1}_A(y) \\
=&\,P^x_{\theta^*}(\{x^*:x^*(t_i)\in A_{t_i},1\leqslant i\leqslant n,x^*(s+t)\in A\}),
\end{aligned}\tag{6.22}
$$

因此根据引理 6.1,

$$
\int_{\mathscr{X}^*}P^x_{\theta^*}(\mathrm{d}x^*)(p(\theta^*[s,s+t);x^*(s),A)\mathbf{1}_{L(\mathscr{X}^*:A_{t_1}\times\cdots\times A_{t_n})}(x^*)
$$

关于 $\overline{\mathscr{B}}^{[0,s+t)}\subset\overline{\mathscr{B}}^{(-\infty,s+t)}$ 是可测的. 根据 (6.20)—(6.22) 式和 (6.5) 式,

(6.18) 式的左端等于

$$\int_{\mathscr{X}} \nu(\mathrm{d}x) \int_{\Theta^*} \overline{m}(\mathrm{d}\theta^*) \boldsymbol{E}_m([P^x_{\theta^*}(\{x^* : s^*(t_i) \in A_{t_i}, 1 \leqslant i \leqslant n, x^*(s+t) \in$$
$$A\}) \times \mathbf{1}_{\{\theta^*:\theta^*(s_j)\in B_{s_j}, 1\leqslant j\leqslant m, \theta^*[s+t,\infty)\in B^{[s+t,\infty)}}(\theta^*)] | \mathscr{B}^{(-\infty,s+t)})$$
$$= \int_{\mathscr{X}} \nu(\mathrm{d}x) \int_{\Theta^*} \overline{m}(\mathrm{d}\theta^*) P^x_{\theta^*}(\{x^* : x^*(t_i) \in A_{t_i}, 1 \leqslant i \leqslant n, x^*(s+t) \in A\})$$
$$\times \mathbf{1}_{\{\theta^*:\theta^*(s_j)\in B_{s_j}, 1\leqslant j\leqslant m, \theta^*[s+t,\infty)\in B^{[s+t,\infty)}\}}(\theta^*)$$
$$\overset{(6.5)}{=\!=} P\left(\bigcap_{i=1}^n \{X_{t_i} \in A_{t_i}\}, \bigcap_{j=1}^m \{\xi_{s_j} \in B_{s_j}\}, \{X_{s+t} \in A\}, \{\xi^*[s+t,\infty) \in B^{[s+t,\infty)}\}\right),$$

(6.18) 式证毕. 因此 $\{X^*, \xi^*\}$ 是一个 UMPTRE.

(1) 和 (2) 由 (6.5) 式立即可得.

(3) 我们已经在引理 6.2 中证得了 $\widehat{P}(t,(x,\theta^*),F)$ 是一个经典的转移函数. 现在要证明 $\{(X_t, \tau^t\xi^*), t \in \mathbf{R}_+\}$ 是具有转移函数 $\widehat{P}(t,(x,\theta^*),F)$ 的经典的 Markov 过程. 对任意 $0 \leqslant t_1 < \cdots < t_n < \infty, A_i \in \mathscr{A}, B_j \in \mathscr{B}^* (1 \leqslant i, j \leqslant n)$,

$$P\left(\bigcap_{i=1}^n \{X_{t_i} \in A_i, T^{t_i}\xi^* \in B_i\}\right)$$
$$= \int_{\mathscr{X}} \nu(\mathrm{d}x) \int_{\Theta^*} \overline{m}(\mathrm{d}\theta^*) P^x_{\theta^*}(\{x^* : x^*(t_i) \in A_i, 1 \leqslant i \leqslant n\})$$
$$\cdot \prod_{i=1}^n \mathbf{1}_{B_i}(T^{t_i}\theta^*). \tag{6.23}$$

但是, 根据 $\widehat{P}(t,(x,\theta^*),F)$ 和 $P^x_{\theta^*}$ 的定义,

$$\int \widehat{P}(t_1,(x,\theta^*),\mathrm{d}(x_1,\theta_1^*)) \int \widehat{P}(t_2-t_1,(x_1,\theta_1^*),\mathrm{d}(x_2,\theta_2^*)) \prod_{i=1}^2 \mathbf{1}_{A_i\times B_i}(x_i,\theta_i^*)$$
$$= \int \widehat{P}(t_1,(x,\theta^*),\mathrm{d}(x_1,\theta_1^*)) \widehat{P}(t_2-t_1,(x_1,\theta_1^*),A_2\times B_2) \mathbf{1}_{A_1\times B_1}(x_1,\theta_1^*)$$
$$= \int_{\mathscr{X}} p(\theta^*[0,t_1);x,\mathrm{d}x_1) \widehat{P}(t_2-t_1,(x_1,T^{t_1}\theta^*),A_2\times B_2) \mathbf{1}_{A_1\times B_1}(x_1,T^{t_1}\theta^*)$$
$$= \int_{\mathscr{X}} p(\theta^*[0,t_1);x,\mathrm{d}x_1) \int_{\mathscr{X}} p(\theta^*[t_1,t_2);x_1,\mathrm{d}x_2) \mathbf{1}_{A_1\times B_1}(x_1,T^{t_1}\theta^*)$$
$$\cdot \mathbf{1}_{A_2\times B_2}(x_2,T^{t_2}\theta^*)$$
$$= P^x_{\theta^*}(\{x^* : x^*(t_i) \in A_i, 1 \leqslant i \leqslant 2\}) \prod_{i=1}^2 \mathbf{1}_{B_i}(T^{t_i}\theta^*). \tag{6.24}$$

对 n 进行归纳, 可以证明

$$\begin{aligned}&\int \widehat{P}(t_1,(x,\theta^*),\mathrm{d}(x_1,\theta_1^*))\int \widehat{P}(t_2-t_1,(x_1,\theta_1^*),\mathrm{d}(x_2,\theta_2^*))\\&\quad\cdots\int \widehat{P}(t_n-t_{n-1},(x_{n-1},\theta_{n-1}^*),\mathrm{d}(x_n,\theta_n^*))\prod_{i=1}^n \mathbf{1}_{A_i\times B_i}(x_i,\theta_i^*)\\&=P_{\theta^*}^x(\{x^*:x^*(t_i)\in A_i,1\leqslant i\leqslant n\})\prod_{i=1}^n \mathbf{1}_{B_i}(T^{t_i}\theta^*).\end{aligned}\tag{6.25}$$

由 (6.23) 和 (6.25) 式知, $\{(X_t,T^t\xi^*),t\geqslant 0\}$ 是具有初始分布 $\nu\times\overline{m}$、转移函数为 $\widehat{P}(t,(x,\theta^*),F)$ 的经典马尔可夫过程.

(4) 显然成立. (5) 由 (6.5), (6.14) 和 (6.16) 式可得.

附注 6.2 由 (6.8) 和 (6.12) 式,

$$\begin{aligned}p(\theta^*[s,s+t);x,A)&=p(T^s\theta^*[0,t);x,A)=\widehat{P}(t,(x,T^s\theta^*),A\times\{T^{s+t}\theta^*\})\\&=P((X_{s+t},T^{s+t}\xi^*)\in A\times\{T^{s+t}\theta^*\}|X_s=x,T^s\xi^*=T^s\theta^*)\\&=P(X_{s+t}\in A|X_s=x,\xi^*=\theta^*),\end{aligned}$$

因此 $p(\theta^*[s,s+t);x,A)$ 可看成给定 $\xi^*=\theta^*$ 的本原过程 X^* 的条件转移函数.

§7 等价定理

定理 7.1 令 $X^*=\{X_t,t\in\mathbf{R}_+\}$ 和 $\xi^*=\{\xi_t,t\in\mathbf{R}\}$ 为概率空间 $(\Omega,\mathscr{F},P)$ 上的两个随机过程, X_t,ξ_t 分别取值于 $\mathscr{X}$ 和 $\Theta,p(\theta^*[s,s+t);x,A)$ 是一个随机转移函数, $\mathscr{F}_s=\sigma\{X_u,0\leqslant u\leqslant s\}$ 是由 $\{X_u,0\leqslant u\leqslant s\}$ 所产生的 σ 代数, $\mathscr{G}_t=\sigma(\xi_v-\infty<v<t),\mathscr{G}^r=\sigma(\xi_w,r\leqslant w<\infty),\mathscr{G}_{t+}=\bigcap\limits_{s>t}\mathscr{G}_s$, 则以下陈述等价:

(1) $\{X^*,\xi^*\}$ 是一个 MPTRE, 其本原过程 X^* 当给定 θ^* 时具有条件转移函数 $p(\theta^*[s,s+t);x,A)$. 进一步地, 对任意的 $s\geqslant 0,t>0,\mathscr{G}^{(s+t)}$ 和 $\mathscr{F}_s$ 关于 $\mathscr{G}_{s+t}$ 条件独立;

(2) 设条件 (M) 成立, 且对任意 $s\geqslant 0,t>0,\mathscr{G}^{(s+t)}$ 和 $\mathscr{F}_s\vee\sigma(X_{s+t})$ 关于 $\mathscr{G}_{s+t}$ 条件独立;

(3) $\{X^*,\xi^*\}$ 是一个 UMPTRE, 其本原过程 X^* 当给定 θ^* 时具有条件转移函数 $p(\theta^*[s,s+t);x,A)$;

(4) $\{X^*,\xi^*\}$ 满足

$(\mathrm{M}_1): P(X_{s+t}\in A|\mathscr{F}_s\vee\mathscr{G}_\infty)=p(\xi^*[s,s+t);X_s,A)(s\geqslant 0,t>0,A\in\mathscr{A})$,

$(\mathrm{M}_2): P(X_0\in A|\mathscr{G}_\infty)=P(X_0\in A|\mathscr{G}_{0+})(A\in\mathscr{A})$.

证 (1) ⇒(2). 假设 (1) 成立. 则 (M) 成立且

$$\begin{aligned}&p(\xi^*[s,s+t);X_s,A)=P(X_{s+t}\in A|\mathscr{F}_s\vee\mathscr{G}_{s+t})\\&=P(X_{s+t}\in A|X_s,\xi^*)=P(X_{s+t}\in A|\mathscr{F}_s\vee\mathscr{G}_\infty),\end{aligned}$$

因此

$$P(X_{s+t}\in A|\mathscr{F}_s\vee\mathscr{G}_{s+t})=P(X_{s+t}\in A|\mathscr{F}_s\vee\mathscr{G}_\infty),$$

这说明 $\sigma(X_{s+t})$ 和 $\mathscr{G}^{(s+t)}$ 关于 $\mathscr{F}_s\vee\mathscr{G}_{s+t}$ 条件独立.

因为 $\mathscr{G}^{(s+t)}$ 和 $\mathscr{F}_s$ 关于 $\mathscr{G}_{s+t}$ 也条件独立, 因此对任意 $B\in\mathscr{G}_{s+t}$,

$$P(B|\sigma(X_{s+t})\vee\mathscr{F}_s\vee\mathscr{G}_{s+t})=P(B|\mathscr{F}_s\vee\mathscr{G}_{s+t})=P(B|\mathscr{G}_{s+t}).$$

这说明 $\mathscr{G}^{(s+t)}$ 和 $\sigma(X_{s+t})\vee\mathscr{F}_s$ 关于 $\mathscr{G}_{s+t}$ 条件独立, 因此 (2) 成立.

(2) ⇒(3). 假设 (2) 成立, 则

$$\begin{aligned}&P(X_{s+t}\in A,\xi^*[s+t,\infty)\in B^{[s+t,\infty)}|\mathscr{F}_s\vee\mathscr{G}_{s+t})\\&=\boldsymbol{E}[\boldsymbol{E}(\mathbf{1}_{\{X_{s+t}\in A\}}\mathbf{1}_{\{\xi^*[s+t,\infty)\in B^{[s+t,\infty)}\}}|\sigma(X_{s+t})\vee\mathscr{F}_s\vee\mathscr{G}_{s+t})|\mathscr{F}_s\vee\mathscr{G}_{s+t}]\\&=\boldsymbol{E}[\mathbf{1}_{\{X_{s+t}\in A\}}\boldsymbol{E}(\mathbf{1}_{\{\xi^*[s+t,\infty)\in B^{[s+t,\infty)}\}}|\sigma(X_{s+t})\vee\mathscr{F}_s\vee\mathscr{G}_{s+t})|\mathscr{F}_s\vee\mathscr{G}_{s+t}]\\&=\boldsymbol{E}[\mathbf{1}_{\{X_{s+t}\in A\}}\boldsymbol{E}(\mathbf{1}_{\{\xi^*[s+t,\infty)\in B^{[s+t,\infty)}\}}|\mathscr{G}_{s+t})|\mathscr{F}_s\vee\mathscr{G}_{s+t}]\\&=P(X_{s+t}\in A|\mathscr{F}_s\vee\mathscr{G}_{s+t})P(\xi^*[s+t,\infty)\in B^{[s+t,\infty)}|\mathscr{G}_{s+t})\\&=p(\xi^*[s,s+t);X_s,A)P(\xi^*[s+t,\infty)\in B^{[s+t,\infty)}|\mathscr{G}_{s+t}),\end{aligned}$$

这说明 (3) 成立.

(3)⇒ (4). 假设 (3) 成立. 在 (UM) 中令 $B^{[s+t,\infty)}=\Theta^{[s+t,\infty)}$, 得到

$$P(X_{s+t}\in A|\mathscr{F}_s\vee\mathscr{G}_{s+t})=p(\xi^*[s,s+t);X_s,A).\tag{7.1}$$

因为给定 θ^*, X^* 有条件转移函数 $p(\theta^*[s,s+t);x,A)$, 因此

$$P(X_{s+t}\in A|\mathscr{F}_s\vee\mathscr{G}_\infty)=p(\xi^*[s,s+t);X_s,A).$$

(M_1) 得证. 在 (UM) 中取 $s=0, A=\mathscr{X}$ 知 $\xi^*[t,\infty)$ 和 X_0 关于 $\mathscr{G}_t$ 条件独立, 因此

$$P(X_0\in A|\mathscr{G}_\infty)=P(X_0\in A|\mathscr{G}_t),\quad \forall t>0, A\in\mathscr{A}.\tag{7.2}$$

令 $t \downarrow 0$, 用鞅收敛定理 (参见文献 [115] 第十二章定理 5.1) 可得 (M_2). (4) 证毕.

(4)⇒(1). 假设 (4) 成立. 首先证明对任意 $s \geqslant 0, t > 0, u \geqslant t, v, w \geqslant u$, 以及对从 $\mathbf{R}^{(-\infty,s+u)} \times \mathbf{R}$ 到 $\mathbf{R}$ 的任意有界可测函数 f,

$$\boldsymbol{E}(f(\xi^*(-\infty,s+u),X_{s+t})|\mathscr{F}_s \vee \mathscr{G}_{s+v}) = \boldsymbol{E}(f(\xi^*(-\infty,s+u),X_{s+t})|\mathscr{F}_s \vee \mathscr{G}_{s+w}). \tag{7.3}$$

事实上, $\forall A \in \mathscr{A}, B \in \mathscr{B}^{(-\infty,s+u)}$, 有

$$\begin{aligned}
&\boldsymbol{E}(\mathbf{1}_B(\xi^*(-\infty,s+u))\mathbf{1}_A(X_{s+t})|\mathscr{F}_s \vee \mathscr{G}_{s+v})\\
&= \mathbf{1}_B(\xi^*(-\infty,s+u))P(X_{s+t} \in A|\mathscr{F}_s \vee \mathscr{G}_{s+v})\\
&\overset{(\mathrm{M}_1)}{=\!=} \mathbf{1}_B(\xi^*(-\infty,s+u))p(\xi^*[s,s+t);X_s,A)\\
&= \int_{\mathscr{X}} p(\xi^*[s,s+t);X_s,\mathrm{d}y)\mathbf{1}_A(y)\mathbf{1}_B(\xi^*(-\infty,s+u)).
\end{aligned}$$

利用通常的构造性的论证, 有

$$\begin{aligned}
&\boldsymbol{E}(f(\xi^*(-\infty,s+u),X_{s+t})|\mathscr{F}_s \vee \mathscr{G}_{s+v})\\
&= \int_{\mathscr{X}} p(\xi^*[s,s+t);X_s,\mathrm{d}y)f(\xi^*(-\infty,s+u),y)
\end{aligned}$$

不依赖于 $v \geqslant u$. (7.3) 式证毕. 现在利用 (7.3) 式来证明

$$P\left(\bigcap_{k=0}^{n}\{X_{t_k} \in A_k\}|\mathscr{F}_{t_0} \vee \mathscr{G}_{t+t_n+r}\right) = P\left(\bigcap_{k=0}^{n}\{X_{t_k} \in A_k\}|\mathscr{F}_{t_0} \vee \mathscr{G}_{t+t_n}\right) \tag{7.4}$$

对任意 $n \geqslant 0, 0 = t_0 < t_1 < \cdots < t_n = s, r > 0, A_k \in \mathscr{A}(k=0,1,\cdots,n)$ 均成立.

事实上,

$$\begin{aligned}
&\boldsymbol{E}\left(\prod_{k=0}^{n}\mathbf{1}_{\{X_{t_k} \in A_k\}}|\mathscr{F}_{t_{n-1}} \vee \mathscr{G}_{t+t_n+r}\right)\\
&= \prod_{k=0}^{n-1}\mathbf{1}_{\{X_{t_k} \in A_k\}} \cdot \boldsymbol{E}(\mathbf{1}_{\{X_{t_n} \in A_n\}}|\mathscr{F}_{t_{n-1}} \vee \mathscr{G}_{t+t_n+r})\\
&= \prod_{k=0}^{n-1}\mathbf{1}_{\{X_{t_k} \in A_k\}} \cdot \boldsymbol{E}(\mathbf{1}_{\{X_{t_n} \in A_n\}}|\mathscr{F}_{t_{n-1}} \vee \mathscr{G}_{t+t_n}).
\end{aligned} \tag{7.5}$$

类似地,

$$
\begin{aligned}
&\boldsymbol{E}\left(\boldsymbol{E}\left(\prod_{k=0}^{n}\mathbf{1}_{\{X_{t_k}\in A_k\}}|\mathscr{F}_{t_{n-1}}\vee\mathscr{G}_{t+t_n+r}\right)|\mathscr{F}_{t_{n-2}}\vee\mathscr{G}_{t+t_n+r}\right)\\
&=\boldsymbol{E}\left(\prod_{k=0}^{n-1}\mathbf{1}_{\{X_{t_k}\in A_k\}}\cdot\boldsymbol{E}(\mathbf{1}_{\{X_{t_n}\in A_n\}}|\mathscr{F}_{t_{n-1}}\vee\mathscr{G}_{t+t_n})|\mathscr{F}_{t_{n-2}}\vee\mathscr{G}_{t+t_n+r}\right)\\
&=\prod_{k=0}^{n-2}\mathbf{1}_{\{X_{t_k}\in A_k\}}\cdot\boldsymbol{E}(\mathbf{1}_{\{X_{t_{n-1}}\in A_{n-1}\}}p(\xi^*[t_{n-1},t_n);X_{t_{n-1}},A_n)|\mathscr{F}_{t_{n-2}}\vee\mathscr{G}_{t+t_n+r})\\
&\overset{(7.5)}{=}\prod_{k=0}^{n-2}\mathbf{1}_{\{X_{t_k}\in A_k\}}\cdot\boldsymbol{E}(\mathbf{1}_{\{X_{t_{n-1}}\in A_{n-1}\}}p(\xi^*[t_{n-1},t_n);X_{t_{n-1}},A_n)|\mathscr{F}_{t_{n-2}}\vee\mathscr{G}_{t+t_n})\\
&=\prod_{k=0}^{n-2}\mathbf{1}_{\{X_{t_k}\in A_k\}}\cdot\boldsymbol{E}\left(\prod_{k=n-1}^{n}\mathbf{1}_{\{X_{t_k}\in A_k\}}|\mathscr{F}_{t_{n-2}}\vee\mathscr{G}_{t+t_n}\right).
\end{aligned}
$$

重复此过程 n 次得到

$$
\boldsymbol{E}\left(\prod_{k=0}^{n}\mathbf{1}_{\{X_{t_k}\in A_k\}}|\mathscr{F}_{t_0}\vee\mathscr{G}_{t+t_n+r}\right)=\boldsymbol{E}\left(\prod_{k=0}^{n}\mathbf{1}_{\{X_{t_k}\in A_k\}}|\mathscr{F}_{t_0}\vee\mathscr{G}_{t+t_n}\right).
$$

(4) 式证毕.

利用 (M_2), 对任意从 $\Theta^{(-\infty,t_n+t)}$ 到 $\mathbf{R}$ 的有界可测函数 g 和从 $\mathscr{X}$ 到 $\mathbf{R}$ 的有界可测函数 h, 有

$$
\begin{aligned}
&\boldsymbol{E}(g(\xi^*(-\infty,t+t_n))h(X_0)|\mathscr{G}_{t+t_n+r})\\
&=g(\xi^*(-\infty,t+t_n))\boldsymbol{E}(h(X_0)|\mathscr{G}_{t+t_n+r})\\
&\overset{(\mathrm{M}_2)}{=}g(\xi^*(-\infty,t+t_n))\boldsymbol{E}(h(X_0)|\mathscr{G}_{t+t_n})\\
&=\boldsymbol{E}(g(\xi^*(-\infty,t+t_n))h(X_0)|\mathscr{G}_{t+t_n}).
\end{aligned}\tag{7.6}
$$

由单调类定理, 有

$$
\boldsymbol{E}(f(\xi^*(-\infty,t+t_n),X_0)|\mathscr{G}_{t+t_n+r})=\boldsymbol{E}(f(\xi^*(-\infty,t+t_n),X_0)|\mathscr{G}_{t+t_n}).\tag{7.7}
$$

在 (7.7) 式中取 $f(\xi^*(-\infty,t+t_n),X_0)=P\left(\bigcap_{k=0}^{n}\{X_{t_k}\in A_k\}|\mathscr{F}_{t_0}\vee\mathscr{G}_{t+t_n}\right)$ 并利用 (7.4) 式有

$$
\begin{aligned}
&P\left(\bigcap_{k=0}^{n}\{X_{t_k}\in A_k\}|\mathscr{G}_{t+t_n+r}\right)\\
&=\boldsymbol{E}\left(\boldsymbol{E}\left(\prod_{k=0}^{n}\mathbf{1}_{\{X_{t_k}\in A_k\}}|\mathscr{F}_{t_0}\vee\mathscr{G}_{t+t_n+r}\right)|\mathscr{G}_{t+t_n+r}\right)
\end{aligned}
$$

$$
\begin{aligned}
&\overset{(7.4)}{=\!=} \boldsymbol{E}\left(\boldsymbol{E}\left(\prod_{k=0}^{n}\mathbf{1}_{\{X_{t_k}\in A_k\}}|\mathscr{F}_{t_0}\vee\mathscr{G}_{t+t_n}\right)|\mathscr{G}_{t+t_n+r}\right)\\
&\overset{(7.7)}{=\!=} \boldsymbol{E}\left(\boldsymbol{E}\left(\prod_{k=0}^{n}\mathbf{1}_{\{X_{t_k}\in A_k\}}|\mathscr{F}_{t_0}\vee\mathscr{G}_{t+t_n}\right)|\mathscr{G}_{t+t_n}\right)\\
&= P\left(\bigcap_{k=0}^{n}\{X_{t_k}\in A_k\}|\mathscr{G}_{t+t_n}\right) \qquad (7.8)\\
&\quad(\forall n\geqslant 0, 0=t_0<t_1<\cdots<t_n=s, t>0, r>0, A_k\in\mathscr{A}).
\end{aligned}
$$

(7.8) 式说明对任意 $r>0$, $\mathscr{F}_s$ 和 $\sigma(\xi_u, s+t\leqslant u<s+t+r)$ 关于 $\mathscr{G}_{s+t}$ 条件独立, 因此 $\mathscr{F}_s$ 和 $\mathscr{G}^{(s+t)}$ 关于 $\mathscr{G}_{s+t}$ 条件独立, 从而

$$
\begin{aligned}
&P(X_{s+t}\in A, \xi^*[s+t,\infty)\in B^{[s+t,\infty)}|\mathscr{F}_s\vee\mathscr{G}_{s+t})\\
&=\boldsymbol{E}(\mathbf{1}_{\{\xi^*[s+t,\infty)\in B^{[s+t,\infty)}\}}P(X_{s+t}\in A|\mathscr{F}_s\vee\mathscr{G}_\infty)|\mathscr{F}_s\vee\mathscr{G}_{s+t})\\
&=\boldsymbol{E}(\mathbf{1}_{\{\xi^*[s+t,\infty)\in B^{[s+t,\infty)}\}}p(\xi^*[s,s+t);X_s,A)|\mathscr{F}_s\vee\mathscr{G}_{s+t})\\
&=p(\xi^*[s,s+t);X_s,A)\boldsymbol{E}(\mathbf{1}_{\{\xi^*[s+t,\infty)\in B^{[s+t,\infty)}\}}|\mathscr{F}_s\vee\mathscr{G}_{s+t})\\
&=p(\xi^*[s,s+t);X_s,A)P(\xi^*[s+t,\infty)\in B^{[s+t,\infty)}|\mathscr{G}_{s+t}).
\end{aligned}
$$

故 (1) 成立. 定理证毕.

§8 时齐的随机转移函数的分析性质

沿用前面几节之符号, 特别地 $\Theta_u^*, \mathscr{G}_{[s,s+t)}$ 见附注 4.1 所定义. 再记 $\mathscr{G}_u=\mathscr{G}_{\{u\}}, u\in[0,\infty)$.

定理 8.1 (时齐性的充要条件) 设 $p(\theta^*[s,s+t);x,A)$ 是一个 R.S.T.F.. 若对任何 $u\in[0,\infty)$ 有 $\mathscr{G}_u=\bigcap_{t>0}\mathscr{G}_{[u,u+t)}$, 则 $p(\theta^*[s,s+t);x,A)$ 是时齐的 R.S.T.F. 的充要条件是: 对任何 $u\in[0,\infty)$, 存在

$$\widetilde{p}_u(\cdot;\cdot,\cdot,\cdot):\Theta\times[0,\infty)\times\mathscr{X}\times\mathscr{A}\longmapsto[0,1],$$

使得

(1) $\widetilde{p}_u(\theta^*(u);t,x,A)=p(\theta^*[s,s+t);x,A)$

$$(\forall u,s\in[0,\infty), t>0, x\in\mathscr{X}, A\in\mathscr{A}, \theta^*\in\Theta^*);$$

(2) 对每个固定的 $\theta\in\Theta, u\in[0,\infty), \widetilde{p}_u(\theta;\cdot,\cdot,\cdot)$ 是经典的时齐的 S.T.F.;

(3) 对每个固定的 $u \in [0,\infty), t>0, A \in \mathscr{A}, \widetilde{p}_u(\cdot;t,\cdot,A)$ 是 $\mathscr{B}\times\mathscr{A}$ 可测的.

证　必要性由命题 5.1 立即可得.

下面证明充分性. 取 $n=s$, 由条件 (1) 和 (3) 得知: $p(\theta^*[s,s+t);x,A)$ 是 (θ^*,x) 的关于 $\mathscr{G}_{[s,s+t)}\times\mathscr{A}$ 可测的函数. 由条件 (2) 知: $p(\theta^*[s,s+t);x,A)$ 是界于 [0,1] 的测度. 再证明 p 满足 R–K–C 方程式. 事实上

$$
\begin{aligned}
&\int p(\theta^*[s,s+t);x,\mathrm{d}y)p(\theta^*[s+t,s+t+u);y,A)\\
\overset{(1)}{=}&\int \overline{p}_0(\theta^*(0),t,x,\mathrm{d}y)\overline{p}_0(\theta^*(0),u,y,A)\\
\overset{(2)}{=}&\ \overline{p}_0(\theta^*(0),t+u,x,A)\overset{(1)}{=}p(\theta^*[s,s+t+u),x,A).
\end{aligned}
$$

再一次应用条件 (1) 可见 p 还是时齐的. 定理证毕.

在引理 1.2 中, 标准的 R.S.T.F. $p(\theta^*[s,s+t);x,A)$ 对 s 和 t 的连续性已经解决. 下面讨论时齐的 R.S.T.F. 的可微性问题.

定理 8.2　设 $p(\theta^*[s,s+t);x,A)$ 是标准的时齐的 R.S.T.F., 若 $\mathscr{G}_0=\bigcap\limits_{t>0}\mathscr{G}_{[0,t)}$, 则存在函数

$$q(\cdot;\cdot):\Theta\times\mathscr{X}\longmapsto[0,\infty],$$

使得:

(1) $q(\cdot;\cdot)$ 是关于 σ 代数 $\mathscr{B}\times\mathscr{A}$ 可测的;

(2) $\forall\theta^*\in\Theta^*, s\geqslant 0, x\in\mathscr{X}$,

$$\lim_{t\to 0+}\frac{1}{t}(1-p(\theta^*[s,s+t);x,\{x\}))=q(\theta^*(0);x); \tag{8.1}$$

(3) $\forall\theta^*\in\Theta^*, s\geqslant 0, x\in\mathscr{X}$,

$$\sup_{t>0}\frac{1}{t}(-\log p(\theta^*[s,s+t);x,\{x\}))=q(\theta^*(0);x); \tag{8.2}$$

(4) $\forall\theta^*\in\Theta^*, s\geqslant 0, t>0, x\in\mathscr{X}$;

$$1-p(\theta^*[s,s+t);x,\{x\})\leqslant 1-\mathrm{e}^{-q(\theta^*(0);x)t}; \tag{8.3}$$

(5) $\forall\theta^*\in\Theta^*, s\geqslant 0, t,u>0, x\in\mathscr{X}, A\in\mathscr{A}$,

$$|p(\theta^*[s,s+t);x,A)-p(\theta^*[s,s+u);x,A)|\leqslant 1-\mathrm{e}^{-q(\theta^*(0);x)|t-u|}. \tag{8.4}$$

证 令 $\widetilde{p}_0(\theta;t,x,A)$ 如定理 8.1 所定义. 用文献 [115] 第八章定理 1.5 和 $\widetilde{p}_0(\cdot;t,\cdot,A)$ 是关于 σ 代数 $\mathscr{B}\times\mathscr{A}$ 可测的, 易证存在函数

$$q(\cdot;\cdot):\Theta\times\mathscr{X}\longmapsto[0,\infty]$$

使得:

(1) $q(\cdot;\cdot)$ 是关于 σ 代数 $\mathscr{B}\times\mathscr{A}$ 可测的;

(2) $\lim\limits_{t\to0+}\dfrac{1}{t}(1-\widetilde{p}_0(\theta^*(0);t,x,\{x\}))=q(\theta^*(0);x)\quad(\forall\theta^*\in\Theta^*,x\in\mathscr{X})$;

(3) $\sup\limits_{t>0}\dfrac{1}{t}(-\log\widetilde{p}_0(\theta^*(0);t,x,\{x\}))=q(\theta^*(0);x)\quad(\forall\theta^*\in\Theta^*,x\in\mathscr{X})$;

(4) $1-\widetilde{p}_0(\theta^*(0);t,x,\{x\})\leqslant1-\mathrm{e}^{-q(\theta^*(0);x)t}\quad(\forall\theta^*\in\Theta^*,t>0,x\in\mathscr{X})$;

(5) $|\widetilde{p}_0(\theta^*(0);t,x,A)-\widetilde{p}_0(\theta^*(0);u,x,A)|\leqslant1-\mathrm{e}^{-q(\theta^*(0);x)|t-u|}\quad(\forall\theta^*\in\Theta^*,x\in\mathscr{X},A\in\mathscr{A},t,u>0)$;

但是, $p(\theta^*[s,s+t);x,A)\equiv\widetilde{p}_0(\theta^*(0);t,x,A)$. 定理证毕.

定义 8.1 设 $p(\theta^*[s,s+t);x,A)$ 和 $q(\theta;x)$ 如定理 8.2 中所定义. 称 x 是 $p(\theta^*[s,s+t);x,A)$ 的吸收状态 (或瞬变状态), 若 $q(\theta^*(0);x)=0$ (或 $q(\theta^*(0);x)=\infty$) 对一切 $\theta^*\in\Theta^*$ 成立. 当 $q(\theta^*(0);x)\in[0,\infty)$ 对一切 $\theta^*\in\Theta^*$ 成立时, 称 x 为 $p(\theta^*[s,s+t);x,A)$ 的稳定状态 (注意: 吸收状态是稳定状态之特例).

有时, 称 $p(\theta^*[s,s+t);x,A)$ 的状态为以 p 为随机转移矩阵的 MPTRE(X^*, ξ^*) 的状态.

由于定理 8.2 中的 $p(\theta^*[s,s+t);x,A)$ 和 $\widetilde{p}_0(\theta^*(0);t,x,A)$ 作为 (θ^*,x) 的函数, 关于 σ 代数 $\mathscr{G}_0\times\mathscr{A}$ 可测, 所以记

$$p(\theta^*[s,s+t);x,A)=\widetilde{p}(\theta^*(0);t,x,A)=p^*(\theta^*;t,x,A),\tag{8.5}$$

$p^*(\cdot;t,\cdot,A)$ 关于 $\mathscr{G}_0\times\mathscr{A}$ 可测. 令

$$\mathscr{A}(\theta^*)\stackrel{\text{def}}{=\!=}\{A\in\mathscr{A}:\lim_{t\to0+}\sup_{x\in A}(1-p^*(\theta^*;t,x,A))=0\}.\tag{8.6}$$

易见: 对任何 $\theta^*\in\Theta^*$, $\mathscr{A}(\theta^*)$ 是一个环, 而且 "$A\in\mathscr{A}(\theta^*),B\subset A\Rightarrow B\in\mathscr{A}(\theta^*)$".

令

$$\overline{\mathscr{A}}\stackrel{\text{def}}{=\!=}\bigcap_{\theta^*\in\Theta^*}\mathscr{A}(\theta^*).\tag{8.7}$$

定理 8.3 在定理 8.2 的条件下, 对每个 $\theta^* \in \Theta^*, A \in \mathscr{A}(\theta^*), x \notin A$, 下列极限存在:

$$\lim_{t \to 0+} \frac{1}{t} p(\theta^*[s, s+t); x, A) = q(\theta^*(0); x, A), \tag{8.8}$$

其中 $0 \leqslant q(\theta^*(0); x, A) < \infty, q(\theta; x, A)$ 是 θ 的 $\mathscr{B}$ 可测函数.

首先证明一个引理.

引理 8.1 在定理 8.3 的条件下, 如果对每个 $B \in \mathscr{A}(\theta^*), \varepsilon < \frac{1}{4}$, 存在 $\tau = \tau(\theta^*)$, 使

$$\sup_{y \in B; 0 \leqslant t < \tau} (1 - p^*(\theta^*; t, y, \{y\})) < \varepsilon, \tag{8.9}$$

则对任何 $v \in (0, \tau], \frac{u}{v} \in (0, \varepsilon], A \in \mathscr{A}(\theta^*), A \subset B, x \in B - A, \Theta^* \in \theta^*$,

$$(1 - 4\varepsilon) \frac{p^*(\theta^*; u, x, A)}{u} \leqslant \frac{p^*(\theta^*; v, x, A)}{v}. \tag{8.10}$$

证 由文献 [115] 第 8 章引理 1.2 立即可得.

现在利用引理 8.1 来证明定理 8.3. 取 $B = A \bigcup \{x\}$, (8.9) 式成立, 从而由引理 8.1, (8.10) 式成立. 在 (8.10) 式中先对 $u \to 0+$ 取上极限再对 $v \to 0+$ 取下极限得:

$$(1 - 4\varepsilon) \limsup_{u \to 0+} \frac{p^*(\theta^*; u, x, A)}{u} \leqslant \liminf_{v \to 0+} \frac{p^*(\theta^*; v, x, A)}{v}. \tag{8.11}$$

由于 $\varepsilon > 0$ 可以任意小, 故再一次应用 (8.10) 式知:

$$\lim_{t \to 0+} \frac{1}{t} p^*(\theta^*; t, x, A) = q^*(\theta^*; x, A)$$

存在且 $0 \leqslant q^*(\theta^*; x, A) < \infty$. 由于 $p^*(\theta^*; t, x, A)$ 是 θ^* 的 $\mathscr{G}_0$ 可测函数, 故 $q^*(\theta^*; x, A)$ 亦然. 因此, 用 Doob 定理可以写作 $q^*(\theta^*; x, A) = q(\theta^*(0); x, A)$, 而 $q(\theta; x, A)$ 是 θ 的 $\mathscr{B}$ 可测函数. 注意 $p(\theta^*[s, s+t); x, A) = p^*(\theta^*; t, x, A)$ 即可知定理 8.3 获证.

推论 8.1 在定理 8.2 的条件下, 对每个 $\theta^* \in \Theta^*, x, y \in \mathscr{X}, x \neq y$, 下列极限

$$\lim_{t \to 0+} \frac{p(\theta^*[s, s+t); x, \{y\})}{t} = q(\theta^*(0); x, \{y\})$$

存在, 且 $0 \leqslant q(\theta; x, \{y\}) < \infty, q(\cdot; x, \{y\})$ 是 $\mathscr{B}$ 可测的.

对任何 $\theta^* \in \Theta^*, x \in \mathscr{X}, A \in \mathscr{A}(\theta^*)$, 定义:

$$\overline{q}(\theta^*; x, A) = q^*(\theta^*; x, A - \{x\}), \quad q^*(\theta^*; x) = q(\theta^*(0); x). \tag{8.12}$$

定理 8.4 在定理 8.2 的条件下, $\overline{q}$ 满足:

(1) 对任何 $\theta^* \in \Theta^*, x \in \mathscr{X}, A \in \mathscr{A}(\theta^*)$, 有

$$\overline{q}(\theta^*; x, \{x\}) = 0, \quad \overline{q}(\theta^*; x, A) \leqslant q^*(\theta^*; x);$$

(2) 对任何 $\theta^* \in \Theta^*, x \in \mathscr{X}, \overline{q}(\theta^*; x, \cdot)$ 是 $\mathscr{A}(\theta^*)$ 上的有限测度;

(3) 对任何 $A \in \overline{\mathscr{A}}, \overline{q}(\cdot; \cdot, A)$ 是 $\mathscr{G}_0 \times \mathscr{A}$ 可测的.

证 (1) 是显然的.

(2) 显然, 对任何固定的 $x \in \mathscr{X}$ 和 $\theta^* \in \Theta^*, \overline{q}(\theta^*; x, \cdot)$ 是 $\mathscr{A}(\theta^*)$ 上的具有有限可加的集函数且 $\overline{q}(\theta^*; x, \varnothing) = 0, 0 \leqslant \overline{q}(\theta^*; x, A) < \infty$. 故为证 (2), 只需证明:

$$\lim_{n \to \infty} \overline{q}(\theta^*; x, A_n) = 0$$

(当 $\{A_n, n \geqslant 1\} \subset \mathscr{A}(\theta^*)$ 且 $A_n \downarrow \varnothing$ 时).

事实上, 由引理 8.1 (取 $B = A_n \bigcup \{x\}, v = \tau, \varepsilon = \dfrac{1}{8}$), 有

$$\frac{1}{u} p^*(\theta^*; u, x, A_n - \{x\}) \leqslant \frac{2}{\tau} p^*(\theta^*; \tau, x, A_n - \{x\}) \tag{8.13}$$

$(0 < u/\tau \leqslant \varepsilon, A_n \in \mathscr{A}(\theta^*))$. 在 (8.13) 中令 $u \to 0+$ 得

$$\overline{q}(\theta^*; x, A_n) \leqslant \frac{2}{\tau} p^*(\theta^*; \tau, x, A_n - \{x\}). \tag{8.14}$$

但 $p^*(\theta^*; \tau, x, \cdot)$ 是有限测度, 在 (8.14) 中令 $n \to \infty$ 即得 (2).

(3) 因为

$$\overline{q}(\theta^*; x, A) = \lim_{t \to 0+} \frac{1}{t} [p^*(\theta^*; t, x, A) - \mathbf{1}_A(x) p^*(\theta^*; t, x, \{x\})] \quad (\forall A \in \overline{\mathscr{A}}). \tag{8.15}$$

$p^*(\theta^*; t, x, A)$ 和 $\mathbf{1}_A(x) p^*(\theta^*; t, x, \{x\})$ 作为 (θ^*, x) 的函数是 $\mathscr{G}_0 \times \mathscr{A}$ 可测的, 从而 $\overline{q}(\theta^*; x, A)$ 对任何固定的 $A \in \overline{\mathscr{A}}$ 亦是 (θ^*, x) 的 $\mathscr{G}_0 \times \mathscr{A}$ 可测的函数. 定理证毕.

定理 8.5 在定理 8.2 的条件下, 如果 $\mathscr{X} = \bigcup\limits_{n=1}^{\infty} A_n, A_n \in \mathscr{A}(\theta^*)$, 则 $\mathscr{A} = \sigma(\mathscr{A}(\theta^*))$ 是由环 $\mathscr{A}(\theta^*)$ 产生的 σ 代数, 且 $\overline{q}(\theta^*; x, \cdot)$ 可以唯一地由 $\mathscr{A}(\theta^*)$ 扩张到 $\mathscr{A}$ 上去, 扩张后之测度仍用 $\overline{q}(\theta^*; x, \cdot)$ 记之, 这时, $\overline{q}$ 必满足:

(1) $\overline{q}(\theta^*; x, A) \leqslant q^*(\theta^*; x) \quad (\forall x \in \mathscr{X}, A \in \mathscr{A})$;

(2) 对任何 $x \in \mathscr{X}, \overline{q}(\theta^*; x, \cdot)$ 是 $\mathscr{A}$ 上的有限测度;

此外, 若 $\mathscr{X} = \bigcup\limits_{n=1}^{\infty} A_n, A_n \in \overline{\mathscr{A}}$, 则 $\mathscr{A} = \sigma(\overline{\mathscr{A}})$ 且有

(3) 对任意固定的 $A \in \mathscr{A}, \overline{q}(\theta^*; x, A)$ 作为 (θ^*, x) 的函数, 关于 $\mathscr{G}_0 \times \mathscr{A}$ 可测.

证 由于 "$A \in \mathscr{A}(\theta^*)$ 且 $B \subset A \Rightarrow B \in \mathscr{A}(\theta^*)$", 所以对任何 $C \in \mathscr{A}$, 有

$$C = \bigcup_{n=1}^{\infty} CA_n \in \sigma(\mathscr{A}(\theta^*)).$$

而由 $\mathscr{A}(\theta^*)$ 之定义有 $\mathscr{A} \supset \mathscr{A}(\theta^*)$. 所以 $\mathscr{A} = \sigma(\mathscr{A}(\theta^*))$. 但是 $\{\overline{q}(\theta^*; x, A), A \in \mathscr{A}(\theta^*)\}$ 是有界的, 所以, $\overline{q}(\theta^*; x, \cdot)$ 可以唯一地由 $\mathscr{A}(\theta^*)$ 扩张到 $\mathscr{A}$ 上去且扩张后之测度满足条件 (1) 和 (2).

如果还有

$$\mathscr{X} = \bigcup_{n=1}^{\infty} A_n, \quad A_n \in \overline{\mathscr{A}},$$

仿上可证 $\mathscr{A} = \sigma(\overline{\mathscr{A}})$ 是由环 $\overline{\mathscr{A}}$ 产生之 σ 代数.

用定理 8.4 之结论 (3), $\overline{q}(\theta^*; x, A)$ 对任何固定的 $A \in \overline{\mathscr{A}}$ 是 (θ^*, x) 的 $\mathscr{G}_0 \times \mathscr{A}$ 可测函数. 因为对任何 $B \in \mathscr{A} = \sigma(\overline{\mathscr{A}})$,

$$\overline{q}(\theta^*; x, B) = \lim_{n\to\infty} \overline{q}\left(\theta^*; x, \bigcup_{k=1}^{n} BA_k\right),$$

$$\bigcup_{k=1}^{n} BA_k \in \overline{\mathscr{A}},$$

所以, 对任何固定的 $B \in \mathscr{A}, \overline{q}(\theta^*; x, B)$ 作为 (θ^*, x) 的函数是 $\mathscr{G}_0 \times \mathscr{A}$ 可测的. 定理证毕.

定理 8.6 设定理 8.2 的条件成立, $q^*(\theta^*; x) \stackrel{\text{def}}{=\!=} q(\theta^*(0); x)$ 如定理 8.2 中所定义, $\overline{q}(\theta^*; x, A) \stackrel{\text{def}}{=\!=} q^*(\theta^*; x, A - \{x\}) = q(\theta^*(0); x, A - \{x\})(\theta^* \in \Theta^*, x \in \mathscr{X}, A \in \mathscr{A}(\theta^*))$ 如定理 8.3 中所定义. 如果

$$\sup_{\theta^* \in \Theta^*} q^*(\theta^*; x) < \infty \quad (\forall x \in \mathscr{X}),$$

则 $\overline{q}(\theta^*; x, \cdot)$ 可以由 $\mathscr{A}(\theta^*)$ 唯一地扩张到 $\mathscr{A}$ 上去且满足:

(1) $\overline{q}(\theta^*; x, A) \leqslant q^*(\theta^*, x)$ $(\forall \theta^* \in \Theta^*, x \in \mathscr{X}, A \in \mathscr{A})$;

(2) $\overline{q}(\theta^*; x, \cdot)$ 是 $\mathscr{A}$ 上的有限测度 $(\forall \theta^* \in \Theta^*$ 和 $x \in \mathscr{X})$;

(3) $\overline{q}(\cdot;\cdot,A)$ 是 $\mathscr{G}_0\times\mathscr{A}$ 可测的 $(\forall A\in\mathscr{A})$;
此外, 若 $q^*(\theta^*;x)=\overline{q}(\theta^*;x,\mathscr{X})$, 则对一切 $\theta^*\in\Theta^*, x\in\mathscr{X}, A\in\mathscr{A}, s\geqslant 0$, 有

$$\left(\frac{\mathrm{d}}{\mathrm{d}t}p(\theta^*[s,s+t);x,A)\right)_{t=0+}=\overline{q}(\theta^*;x,A)-\mathbf{1}_A(x)q^*(\theta^*;x). \tag{8.16}$$

证 令 $A_n=\{x\in\mathscr{X}:\sup\limits_{\theta^*\in\Theta^*}q^*(\theta^*;x)\leqslant n\}(n=1,2,\cdots)$, 则 $A_n\uparrow\mathscr{X}$ (当 $n\uparrow\infty$). 应用定理 8.2 中的 (8.5) 式有

$$\begin{aligned}\lim_{t\to 0+}\sup_{x\in A_n}(1-p(\theta^*[s,s+t);x,\{x\}))&\leqslant\lim_{t\to 0+}\sup_{x\in A_n}(1-\mathrm{e}^{-q^*(\theta^*;x)t})\\&\leqslant\lim_{t\to 0+}(1-\mathrm{e}^{-nt})=0\quad(\forall\theta^*\in\Theta^*),\end{aligned}$$

即 $A_n\in\bigcap\limits_{\theta^*\in\Theta^*}\mathscr{A}(\theta^*)=\overline{\mathscr{A}}$. 应用定理 8.5, $\overline{q}(\theta^*;x,\cdot)$ 可以由 $\mathscr{A}(\theta^*)$ 扩展到 $\overline{\mathscr{A}}$ 上去, 且满足本定理之三个条件. 下面证明在条件 $q^*(\theta^*,x)=\overline{q}(\theta^*,x,\mathscr{X})$ 下 (8.16) 式成立.

情况 1: $x\notin A$.

$$\begin{aligned}&\left|\frac{1}{t}p(\theta^*[s,s+t);x,A)-\overline{q}(\theta^*;x,A)\right|\\\leqslant&\left|\frac{1}{t}p(\theta^*[s,s+t);x,A_n\bigcap A)-\overline{q}(\theta^*;x,A_n\bigcap A)\right|\\&+\frac{1}{t}p(\theta^*[s,s+t);x,A-A_n)+\overline{q}(\theta^*;x,A-A_n).\end{aligned}\tag{8.17}$$

但是, 由定理 8.3 有

$$\lim_{t\to 0+}\frac{1}{t}p(\theta^*[s,s+t);x,A_n\bigcap A)=\overline{q}(\theta^*;x,A_n\bigcap A), \tag{8.18}$$

而由定理 8.3 和定理 8.4 有

$$\begin{aligned}&\lim_{t\to 0+}\sup\frac{1}{t}p(\theta^*[s,s+t);x,A-A_n)\\\leqslant&\lim_{t\to 0+}\sup\left(\frac{1-p(\theta^*[s,s+t);x,\{x\})}{t}-\frac{p(\theta^*[s,s+t);x,A_n-\{x\})}{t}\right)\\=&\,q^*(\theta^*;x)-\overline{q}(\theta^*;x,A_n).\end{aligned}\tag{8.19}$$

用 $A_n\uparrow\mathscr{X}$ 和 $q^*(\theta^*;x)=\overline{q}(\theta^*;x,\mathscr{X})$, 在 (8.17) 式中先令 $t\to 0+$, 再令 $n\to\infty$, 即可看出 (8.16) 式是成立的.

情况 2: $x \in A$.

$$\begin{aligned}&\left|\frac{p(\theta^*[s,s+t);x,A)-\mathbf{1}_A(x)}{t}-\overline{q}(\theta^*;x,A)+q^*(\theta^*;x)\right|\\ \leqslant&\left|\frac{p(\theta^*[s,s+t);x,A-\{x\})}{t}-\overline{q}(\theta^*;x,A-\{x\})\right|\\ &+\left|\frac{p(\theta^*[s,s+t);x,\{x\})-1}{t}+q^*(\theta^*;x)\right|,\end{aligned} \tag{8.20}$$

由情况 1 和定理 8.2 在 (8.20) 式中令 $t\to 0+$, 立刻发现 (8.16) 式也成立. 定理证毕.

定理 8.7 在定理 8.6 的条件下, 对任何 $s \geqslant 0, t \geqslant 0, x \in \mathscr{X}, A \in \mathscr{A}, \theta^* \in \Theta^*$, 恒有

$$\begin{aligned}&\frac{\mathrm{d}}{\mathrm{d}t}p(\theta^*[s,s+t);x,A)\\ =&-q^*(\theta^*;x)p(\theta^*[s,s+t);x,A)+\int_{\mathscr{X}}\overline{q}(\theta^*;x,\mathrm{d}y)p(\theta^*[s,s+t);y,A),\end{aligned} \tag{8.21}$$

注: 称 (8.21) 式为随机 Kolmogorov 倒退方程式.

证 (1) 令 $t>0, \Delta t>0, t-\Delta t>0$, 由随机 Kolmogorov–Chapmann 方程式和时齐性有

$$\begin{aligned}&\frac{1}{\Delta t}(p(\theta^*[s,s+t);x,A)-p(\theta^*[s,s+t-\Delta t);x,A))\\ =&\frac{1}{\Delta t}(p(\theta^*[s,s+\Delta t);x,\{x\})-1)p(\theta^*[s+\Delta t,s+t);x,A)\\ &+\frac{1}{\Delta t}\int_{\mathscr{X}-\{x\}}p(\theta^*[s,s+\Delta t);x,\mathrm{d}y)p(\theta^*[s+\Delta t,s+t);y,A).\end{aligned} \tag{8.22}$$

由定理 8.1、定理 8.2 知: (8.22) 式右方第一项当 $\Delta t\to 0+$ 时趋于 $-q^*(\theta^*;x)p(\theta^*[s,s+t);x,A)$. 至于 (8.22) 式右方第二项, 若注意: $\overline{q}(\theta^*;x,\{x\})=0$, 则可知当 $\Delta t\to 0+$ 时它趋于

$$\int_{\mathscr{X}-\{x\}}\overline{q}(\theta^*;x,\mathrm{d}y)p(\theta^*[s,s+t);y,A)=\int_{\mathscr{X}}\overline{q}(\theta^*;x,\mathrm{d}y)p(\theta^*[s,s+t);y,A),$$

所以

$$\begin{aligned}&\lim_{\Delta t\to 0+}\frac{1}{\Delta t}(p(\theta^*[s,s+t);x,A)-p(\theta^*[s,s+t-\Delta t);x,A))\\ =&-q^*(\theta^*;x)p(\theta^*[s,s+t);x,A)+\int_{\mathscr{X}}\overline{q}(\theta^*;x,\mathrm{d}y)p(\theta^*[s,s+t);y,A).\end{aligned} \tag{8.23}$$

(2) 对任何 $t \geqslant 0.\Delta t > 0$, 由 Kolmogorov–Chapmann 方程式有

$$\begin{aligned}
&\lim_{\Delta t\to 0+}\frac{1}{\Delta t}(p(\theta^*[s,s+t+\Delta t);x,A)-p(\theta^*[s,s+t);x,A))\\
=&\lim_{\Delta t\to 0+}\left[\frac{1}{\Delta t}(p(\theta^*[s,s+\Delta t);x,\{x\})-1)p(\theta^*[s+\Delta t,s+t+\Delta t);x,A)\right.\\
&\left.+\frac{1}{\Delta t}\int_{\mathscr{X}-\{x\}}p(\theta^*[s,s+\Delta t);x,\mathrm{d}y)p(\theta^*[s+\Delta t,s+t+\Delta t);y,A)\right]\\
=&-q^*(\theta^*;x)p(\theta^*[s,s+t);x,A)+\int_{\mathscr{X}}\overline{q}(\theta^*;x,\mathrm{d}y)p(\theta^*[s,s+t);y,A). \quad (8.24)
\end{aligned}$$

由 (8.23) 和 (8.24) 式即得定理 8.7.

定理 8.8 在定理 8.7 的条件下, 若还有: $\sup\limits_{x\in\mathscr{X}} q^*(\theta^*;x)\overset{\text{def}}{=\!=}Q(\theta^*)<\infty$, $(\forall\theta^*\in\Theta^*)$, 则对任意 $s\geqslant 0, t\geqslant 0, x\in\mathscr{X}, A\in\mathscr{A}, \theta^*\in\Theta^*$, 有

$$\frac{\mathrm{d}}{\mathrm{d}t}p(\theta^*[s,s+t);x,A)=\int_{\mathscr{X}}p(\theta^*[s,s+t);x,\mathrm{d}y)[-q^*(\theta^*;y)\mathbf{1}_A(y)+\overline{q}(\theta^*;y,A)]. \quad (8.25)$$

注: 称 (8.25) 式为随机 Kolmogorov 前进方程式.

证 首先注意: $\sup\limits_{x\in\mathscr{X}} q^*(\theta^*;x)=Q(\theta^*)<\infty$,

$$\begin{aligned}
&\sup_{\Delta t>0,y\in\mathscr{X}}\left|\frac{p(\theta^*[s+t,s+t+\Delta t);y,A)-\mathbf{1}_A(y)}{\Delta t}\right|\\
\leqslant&\sup_{\Delta t>0}\frac{1-\mathrm{e}^{-Q(\theta^*)\Delta t}}{\Delta t}\leqslant Q(\theta^*)\quad(\forall\theta^*\in\Theta^*), \quad (8.26)\\
&\sup_{y\in\mathscr{X}}|-q^*(\theta^*;y)\mathbf{1}_A(y)+\overline{q}(\theta^*;y,A)|\leqslant 2Q(\theta^*)\quad(\forall\theta^*\in\Theta^*). \quad (8.27)
\end{aligned}$$

(1) 当 $t\geqslant 0, \Delta t>0$ 时, 有

$$\begin{aligned}
&\frac{p(\theta^*[s,s+t+\Delta t);x,A)-p(\theta^*[s,s+t);x,A)}{\Delta t}\\
=&\int_{\mathscr{X}}p(\theta^*[s,s+t);x,\mathrm{d}y)\left[\frac{p(\theta^*[s+t,s+t+\Delta t);y,A)-\mathbf{1}_A(y)}{\Delta t}\right]. \quad (8.28)
\end{aligned}$$

由 (8.26) 式和有界收敛定理有

$$\begin{aligned}
&\lim_{\Delta t\to 0+}\frac{1}{\Delta t}[p(\theta^*[s,s+t+\Delta t);x,A)-p(\theta^*[s,s+t);x,A)]\\
=&\int_{\mathscr{X}}p(\theta^*[s,s+t);x,\mathrm{d}y)[-q^*(\theta^*;y)\mathbf{1}_A(y)+\overline{q}(\theta^*;y,A)]. \quad (8.29)
\end{aligned}$$

(2) 当 $t > 0, \Delta t > 0, t - \Delta t > 0$ 时, 有

$$
\begin{aligned}
&\frac{1}{\Delta t}[p(\theta^*[s, s+t); x, A) - p(\theta^*[s, s+t-\Delta t); x, A)] \\
= &\int_{\mathscr{X}} p(\theta^*[s, s+t-\Delta t); x, \mathrm{d}y) \left[\frac{p(\theta^*[s+t-\Delta t, s+t); y, A) - \mathbf{1}_A(y)}{\Delta t}\right],
\end{aligned}
$$

由 (8.26) 式和有界收敛定理也有

$$
\begin{aligned}
&\lim_{\Delta t \to 0} \frac{1}{\Delta t}[p(\theta^*[s, s+t); x, A) - p(\theta^*[s, s+t-\Delta t); x, A)] \\
= &\int_{\mathscr{X}} p(\theta^*[s, s+t); x, \mathrm{d}y)[-q^*(\theta^*; y)\mathbf{1}_A(y) + \overline{q}(\theta^*; y, A)]. \qquad (8.30)
\end{aligned}
$$

因此由 (8.29) 和 (8.30) 式即得定理 8.8.

第七章

依时的随机环境中的可数状态的 $q-$ 过程的构造问题

在第六章中, 我们研究了依时的随机环境中的马尔可夫过程 (MPTRE), 其中 §2、§3、§4 研究的是一般状态的 (未必时齐) 的 $q-$ 过程的存在性及唯一性的判别方法. 本章研究的问题虽与第六章 §2—§4 有关, 但它们并不互相包含, 因为问题的提法与结果不同. 本章所选素材摘自文献 [148]、[149]、[147]、[136].

§1 符号、定义及初等命题

由于本章研究的是可数状态的 MPTRE, 所以本章恒设 $(\mathscr{X},\mathscr{A})$ 是离散的可测空间, 即 $\mathscr{X}$ 是可数集, $\mathscr{A}$ 是 $\mathscr{X}$ 上的含 $\mathscr{X}$ 的一切子集的 σ 代数. I 表示单位矩阵. 仍如第六章, 设 $(\Theta,\mathscr{B})$ 为一个抽象可测空间, $\mathbf{R}=(-\infty,\infty),\mathbf{R}_+=[0,\infty),\mathbf{Z}=\{0,\pm1,\pm2,\cdots\},\mathbf{Z}_+=\{0,1,2,\cdots\}$, Θ^* 是从 $\mathbf{R}$ 到 Θ 上的函数集, 对每个 $\theta^*\in\Theta^*,s\in\mathbf{R},t>0,\theta^*[s,s+t)$ 为 θ^* 在 $[s,s+t)$ 上的局限. $\Theta^*[s,s+t)=\{\theta^*[s,s+t):\theta^*\in\Theta^*\},\Theta^*(re)=\bigcup\limits_{s\geqslant0,t>0}\Theta^*[s,s+t)$, $\mathscr{B}^{[s,s+t)}=\times_{s\leqslant u<t}\mathscr{B}_u,\mathscr{B}_u\equiv\mathscr{B},(\mathscr{B}^{[s,s+t)})^*\hat{=}\{A\bigcap\Theta^*[s,s+t):A\in\mathscr{B}^{[s,s+t)}\}$, $\mathscr{B}^*=(\times_{u\in\mathbf{R}}\mathscr{B}_u)^*=\{A\bigcap\Theta^*:A\in\mathscr{B}^{\mathbf{R}}\}.\mathscr{G}_{[s,s+t)}$ 如第六章附注 4.1 所定义.

第三章至第五章研究的是依时的随机环境中的可数状态的 (偶而也涉及一般状态的) 离散时间的马尔可夫链, 研究的主要工具是 (一步) 随机转移矩阵 $P(\theta)$ 和 (n 步) 随机转移矩阵 $P^{(n)}(\overrightarrow{\theta})\stackrel{\text{def}}{=\!=}P(\theta_0)P(\theta_1)\cdots P(\theta_{n-1})(\overrightarrow{\theta}=(\theta_n,n\in\mathbf{Z})\in\overrightarrow{\Theta}\stackrel{\text{def}}{=\!=}\Theta^{\mathbf{Z}})$ (定义见第二章定义 3.1). 第六章研究的是依时的随机环境中的一般状态的连续时间参数的马尔可夫过程, 研究的主要工具是 (连续时间) 随机转移函数 $p(\theta^*[s,s+t);x,A)$ (定义见第六章定义 1.1). 而本章研究的是依时的随机环境中的可数状态的连续时间参数的马尔可夫过程, 其主要研究工具是下面将要引进的 (连续时间参数的) 随机转移矩阵. 为了区别, 本章中的 (连续时间参数) 随机转移矩阵用算子形式 $p(\cdot;\cdot,\cdot):\Theta^*(re)\times\mathscr{X}\times\mathscr{X}\to[0,1]$ 表示, 其简写符号用 RTM 表示, 以与 (离散时间参数的) 随机转移矩阵的简写符号 R.T.M. 相区别.

定义 1.1 设 $p(\cdot;\cdot,\cdot)$ 是由 $\Theta^*(re)\times\mathscr{X}\times\mathscr{X}$ 到 $[0,1]$ 的算子, 如果 p 满足:

(1) 对任何固定的 $x,y\in\mathscr{X}$, $p(\theta^*[s,s+t);x,y)$ 是 $\theta^*[s,s+t)$ 的关于 $(\mathscr{B}^{[s,s+t)})^*$ 可测的函数;

(2) $\sum\limits_{y\in\mathscr{X}}p(\theta^*[s,s+t);x,y)\leqslant 1(\forall\theta^*\in\Theta^*,s\geqslant 0,t>0,x\in\mathscr{X})$;

(3) p 满足随机 Kolmogorov-Chapmann 方程式

$$
\begin{aligned}
&p(\theta^*[s,s+t+u);x,y)\\
=&\sum_{w\in\mathscr{X}}p(\theta^*[s,s+t);x,w)p(\theta^*[s+t,s+t+u);w,y),\\
&(\forall\theta^*\in\Theta^*,s\geqslant 0,t>0,u>0\ \text{和}\ x,y\in\mathscr{X}),
\end{aligned}
$$

则称 p 是一个 (连续时间参数的) 随机半转移矩阵, 简记为 RSTM.

称 RSTM p 是随机转移矩阵 (简记为 RTM), 如果

$$
\sum_{y\in\mathscr{X}}p(\theta^*[s,s+t);x,y)\equiv 1\quad(\forall\theta^*\in\Theta^*,x\in\mathscr{X},s\geqslant 0,t>0).
$$

称 RSTM p 是时齐的, 如果对任何 θ^*,t,x 和 y, $p(\theta^*[s,s+t);x,y)$ 不依赖 $s\geqslant 0$.

称 RSTM p 是标准的, 如果对任何 θ^*,x,y 和 $b>0$, 有

$$
\lim_{\substack{t\to 0+\\ 0\leqslant s\leqslant b}}p(\theta^*[s,s+t);x,y)=\delta(x,y).
$$

在这一章中, 恒用 $\overrightarrow{x}, \overrightarrow{y}, \overrightarrow{w}\cdots$ 表列向量, $\overrightarrow{x}', \overrightarrow{y}', \overrightarrow{w}'\cdots$ 分别表其转置, 即行向量. 对任何 $x \in \mathscr{X}$, $\overrightarrow{e}_x(\overrightarrow{e}'_x)$ 表示 x 轴上的单位列 (行) 向量.

定义 1.2 设 $q(\cdot;\cdot,\cdot)$ 是由 $\Theta \times \mathscr{X} \times \mathscr{X}$ 到 $\mathbf{R}$ 的算子. 称 q 是随机密度矩阵 (或随机 $q-$ 矩阵), 如果

(1) $q(\cdot;x,y)$ 是 $\mathscr{B}$ 可测的 $\quad(\forall x,y \in \mathscr{X})$;

(2) $0 \leqslant q(\theta;x,y) < \infty \quad (\forall \theta \in \Theta, x \neq y$ 且 $x,y \in \mathscr{X})$;

(3) $-\infty < q(\theta;x,x) \leqslant 0 \quad (\forall \theta \in \Theta$ 和 $x \in \mathscr{X})$;

(4) $\sum\limits_{y \in \mathscr{X}} q(\theta;x,y) \leqslant 0 \quad (\forall \theta \in \Theta$ 和 $x \in \mathscr{X})$.

特别地, 若

(5) $\sum\limits_{y \in \mathscr{X}} q(\theta;x,y) \equiv 0 \quad (\forall \theta \in \Theta$ 和 $x \in \mathscr{X})$,

则称 q 是保守的.

记全体随机 $q-$ 矩阵为 $Q(\mathscr{X},\Theta)$, 而 $CQ(\mathscr{X},\Theta)$ 表示全体保守的随机 $q-$ 矩阵.

对任一时齐的 RSTM $\widetilde{p}$, 有时把它写为

$$\widetilde{p}(\theta^*[s,s+t);x,y) = p(\theta^*;t,x,y).$$

对任何 $A \subset \mathbf{R}, \mathscr{G}_A$ 仍如第六章所定义之 σ 代数, $\mathscr{G}_{\{u\}}$ 记为 $\mathscr{G}_u$. 如第六章所证明, 当 $\mathscr{G}_0 = \bigcap\limits_{t>0} \mathscr{G}_{[0,t)}$ 时, 对任意固定的 $t > 0, x, y \in \mathscr{X}, p(\theta^*;t,x,y)$ 是 θ^* 的 $\mathscr{G}_0$ 可测函数, 从而由 Doob 定理, $\widetilde{p}$ 可以表示为下列形式:

$$\widetilde{p}(\theta^*[s,s+t);x,y) = p(\theta^*;t,x,y) = p^*(\theta^*(0);t,x,y),$$

其中 $p^*(\theta;t,x,y)$ 对任意固定的 $t > 0, x, y \in \mathscr{X}$ 是 θ 的 $\mathscr{B}$ 可测函数. 再引进矩阵的表示形式:

$$P(\theta^*;t) \xlongequal{\text{def}} (p(\theta^*;t,x,y), x,y \in \mathscr{X}) = (p^*(\theta^*(0);t,x,y), x,y \in \mathscr{X}). \tag{1.1}$$

注意: 对任意固定的 $\theta^* \in \Theta^*, P(\theta^*;t)$ 是经典的时齐的半转移矩阵.

定义 1.3 令 $q \in Q(\mathscr{X},\Theta), P(\theta^*;t)$ 是标准的时齐的 RSTM, 若对每个 $\theta^* \in \Theta^*, x, y \in \mathscr{X}$, 都有

$$\lim_{t \to 0+} \frac{p(\theta^*;t,x,y) - \delta(x,y)}{t} = q(\theta^*(0);x,y), \tag{1.2}$$

则称 $P(\theta^*;t)$ 是随机环境 Θ 中的 $q-$ 过程, 若 (1.2) 式代之以

$$\lim_{t\to 0+}\frac{p(\theta^*;t,x,A)-\delta(x,A)}{t}=q(\theta^*(0);x,A), \tag{1.3}$$

其中 $x\in\mathscr{X},\theta^*\in\Theta^*,A\in\mathscr{A},p(\theta^*;t,x,A)=\sum_{y\in A}p(\theta^*;t,x,y),\delta(x,A)=\mathbf{1}_A(x)=\sum_{y\in A}\delta(x,y),q(\theta^*(0);x,A)=\sum_{y\in A}q(\theta^*(0);x,y)$, 则称 $P(\theta^*;t)$ 是随机环境 Θ 中的一致的 $q-$ 过程.

有时把 "随机环境 Θ" 简称为 "随机环境".

记随机环境 Θ 中的全体 $q-$ 过程 (全体一致 $q-$ 过程) 为 $Q-P(\mathscr{X},\Theta)(Q-uP(\mathscr{X},\Theta))$.

有时把随机环境 Θ 的 $q-$ 矩阵写为 $Q(\theta)=(q(\theta;x,y),x,y\in\mathscr{X})$.

命题 1.1 设 $P(\theta^*;t)$ 是一个标准的时齐的 RSTM, 则

(i) $p(\theta^*;t,x,x)>0\quad(\forall\theta^*\in\Theta^*,t>0,x\in\mathscr{X})$;

(ii) $|p(\theta^*;t,x,A)-p(\theta^*;u,x,A)|\leqslant 1-p(\theta^*;|t-u|,x,x)\quad(\forall\theta^*\in\Theta^*,t>0,u>0,x\in\mathscr{X},A\in\mathscr{A})$;

(iii) 若记 $\mathscr{G}_0^+\overset{\text{def}}{=\!=}\bigcap_{s>0}\mathscr{G}_{[0,s)}$, 则对 $\forall t>0,F\in\mathscr{A}\times\mathscr{A},p(\theta^*;t,x,F_x)$ 作为 (θ^*,x) 的函数是 $\mathscr{G}_0^+\times\mathscr{A}$ 可测的, 其中 F_x 是 F 在 x 处的截口集: $F_x=\{y:(x,y)\in F\}$;

(iv) $p(\theta^*;t,x,A)$ 是 t 的一致连续函数, 且对 $A\in\mathscr{A}$ 是等度的.

证明由第六章引理 1.1 立即可得.

定义 1.4 对任意标准的时齐的 RSTM $P(\theta^*;t)$, 定义

$$R(\theta^*;\lambda)\overset{\text{def}}{=\!=}\int_{[0,\infty)}\mathrm{e}^{-\lambda t}P(\theta^*;t)\,\mathrm{d}t\quad(\theta^*\in\Theta^*,\lambda>0), \tag{1.4}$$

为其 Laplace 变换.

注意: 由于 $P(\theta^*;t)$ 对 t 连续, 故 (1.4) 式右方之积分有意义.

命题 1.2 若 $Q(\theta)\in Q(\mathscr{X},\Theta),P(\theta^*;t)\in Q-P(\mathscr{X},\Theta)$, 则对任何 $\theta^*\in\Theta^*,\dfrac{\mathrm{d}}{\mathrm{d}t}P(\theta^*;t)$ 存在且对 t 连续 $(t\in[0,\infty))$.

证明可由第六章定理 3.1 直接推出, 亦可由文献 [115] 第八章定理 3.3 得到.

对任何 $Q(\theta)=(q(\theta;x,y),x,y\in\mathscr{X})\in Q(\mathscr{X},\Theta)$, 令

$$\begin{aligned}
&\Delta_q(\theta;t,x,y)=\delta(x,y)\mathrm{e}^{q(\theta;x,x)t},\\
&D_q(\theta;x,y)=-\delta(x,y)q(\theta;x,y),\\
&\overline{q}(\theta;x,y)=q(\theta;x,y)-\delta(x,y)q(\theta;x,y),\\
&\overline{q}(\theta;x,A)=q(\theta;x,A-\{x\}),\\
&(\forall\theta\in\Theta,t>0,x,y\in\mathscr{X},A\in\mathscr{A}),\\
&\Delta_q(\theta;t)\widehat{=}(\Delta_q(\theta;t,x,y),x,y\in\mathscr{X}),\\
&D_q(\theta)=(D_q(\theta;x,y),x,y\in\mathscr{X}),\\
&\overline{Q}(\theta)=(\overline{q}(\theta;x,y),x,y\in\mathscr{X}),\\
&\Pi(\theta;\lambda)=(\lambda I+D_q(\theta))^{-1}\overline{Q}(\theta).
\end{aligned}$$

命题 1.3 若 $Q(\theta)\in Q(\mathscr{X},\Theta),P(\theta^*;t)\in Q-P(\mathscr{X},\Theta)$, 则

(1) 下列三种不同形式的随机 Kolmogorov 倒退方程式等价:

(B): $\dfrac{\mathrm{d}}{\mathrm{d}t}P(\theta^*;t)=Q(\theta^*(0))P(\theta^*;t)\quad(\theta^*\in\Theta^*,t\geqslant 0)$;

(B_i): $P(\theta^*;t)=\Delta_q(\theta^*(0);t)+\displaystyle\int_{[0,t)}\Delta_q(\theta^*(0);t-s)\overline{Q}(\theta^*(0))P(\theta^*;s)\,\mathrm{d}s$ $(\theta^*\in\Theta^*,t\geqslant 0)$;

(B_λ) : $(\lambda I-Q(\theta^*(0)))R(\theta^*;\lambda)=I\quad(\theta^*\in\Theta^*,\lambda>0)$.

(2) 下列三种不同形式的随机 Kolmogorov 前进方程式等价:

(F): $\dfrac{\mathrm{d}}{\mathrm{d}t}P(\theta^*;t)=P(\theta^*;t)Q(\theta^*(0))\quad(\theta^*\in\Theta^*,t\geqslant 0)$;

(F_i): $P(\theta^*;t)=\Delta_q(\theta^*(0);t)+\displaystyle\int_{[0,t)}\Delta(\theta^*(0);t-s)[D_q(\theta^*(0))P(\theta^*;s)+P(\theta^*;s)\overline{Q}(\theta^*(0))-P(\theta^*;s)D_q(\theta^*(0))]\,\mathrm{d}s\quad(\theta^*\in\Theta^*,t\geqslant 0)$;

(F_λ): $R(\theta^*;\lambda)(\lambda I-Q(\theta^*(0)))=I\quad(\theta^*\in\Theta^*,\lambda>0)$;

(3) $p(\theta^*;t,x,x)\geqslant \mathrm{e}^{q(\theta^*(0);x,x)t}\quad(\forall\theta^*\in\Theta^*;x\in\mathscr{X},t>0)$;

(4) 若 $\sup\limits_{x\in\mathscr{X}}(-q(\theta^*(0);x,x))\leqslant C(\theta^*)<\infty\quad(\forall\theta^*\in\Theta^*)$, 则 (F) 成立;

(5) 若 $P(\theta^*;t)\in Q-uP(\mathscr{X},\Theta)$, 则

$$(B^u):\quad \frac{\mathrm{d}}{\mathrm{d}t}p(\theta^*;t,x,A)=\sum_{y\in\mathscr{X}}q(\theta^*(0);x,y)p(\theta^*;t,y,A)$$

$(\forall\theta^*\in\Theta^*,t\geqslant 0,x\in\mathscr{X},A\in\mathscr{A})$.

证明可参见文献 [136].

以后用 $Q_{\rm F}-P(\mathscr{X},\Theta)$ (或 $Q_{\rm B}-P(\mathscr{X},\Theta)$) 表示全体满足 (F) (或 (B)) 的全体随机环境中的 $q-$ 过程.

§2 随机环境中的最小 $q-$ 过程的存在性

定理 2.1 对于随机环境 Θ 中的任一 $q-$ 矩阵 $Q(\theta)$, 恒存在唯一一个随机环境 Θ 中的最小的且满足 (F) 和 (B) 的 $q-$ 过程 $\overline{P}(\theta^*;t)\xlongequal{\rm def}(\overline{p}(\theta^*;t,x,y),x,y\in\mathscr{X})$, 而且对任何固定的 $x,y\in\mathscr{X},t\geqslant 0,\overline{p}(\theta^*;t,x,y)$ 作为 θ^* 的函数是 $\mathscr{G}_0$ 可测的.

证 沿用 §1 的符号. 再令

$$P_0(\theta^*;t)=\Delta_q(\theta^*(0);t),$$
$$P_n(\theta^*;t)=\int_{[0,t)}\Delta_q(\theta^*(0);t-s)\overline{Q}(\theta^*(0))P_{n-1}(\theta^*;s)\,{\rm d}s\quad(n\geqslant 1),$$
$$\overline{P}(\theta^*;t)=\sum_{n=0}^{\infty}P_n(\theta^*;t),\quad \mathbf{1}=\begin{pmatrix}1\\1\\\vdots\end{pmatrix},$$
$$\overline{P}(\theta^*;t)=(\overline{p}(\theta^*;t,x,y),x,y\in\mathscr{X}).$$

显然, 由 $\overline{p}(\theta^*;t,x,y)$ 之定义得知: 当 $t\geqslant 0,x,y\in\mathscr{X}$ 固定时, $\overline{p}$ 作为 θ^* 的函数是 $\mathscr{G}_0$ 可测的.

(1) 首先证明 $\overline{P}(\theta^*;t)$ 是标准的 RSTM. 显然 $\overline{P}(\theta^*;t)\geqslant 0$. 用归纳法还可证明:

$$\sum_{k=0}^{n}P_k(\theta^*;t)\mathbf{1}\leqslant\mathbf{1};\tag{2.1}$$

$$P_n(\theta^*;s+t)=\sum_{k=0}^{n}P_k(\theta^*;t)P_{n-k}(\theta^*;t).\tag{2.2}$$

在 (2.1) 中令 $n\to\infty$, 在 (2.2) 中对 n 从 0 到 ∞ 求和可见 $\overline{P}(\theta^*;t)$ 是一个 RSTM.

由 $P_n(\theta^*;t)$ 的定义还有

$$\sum_{k=0}^{n}P_k(\theta^*;t)=\Delta_q(\theta^*(0);t)+\int_{[0,t)}\Delta_q(\theta^*(0);t-s)\overline{Q}(\theta^*(0))\sum_{k=0}^{n-1}P_k(\theta^*;s)\,{\rm d}s.$$

在上式中令 $n \to \infty$ 得

$$\overline{P}(\theta^*;t) = \Delta_q(\theta^*(0);t) + \int_{[0,t)} \Delta_q(\theta^*(0);t-s)\overline{Q}(\theta^*(0))\overline{P}(\theta^*;s)\,\mathrm{d}s. \quad (2.3)$$

$$\lim_{t\to 0+} \overline{P}(\theta^*;t) = I.$$

所以 $\overline{P}(\theta^*;t)$ 是一个标准的 RSTM.

(2) 现在证明 $\overline{P}(\theta^*;t) \in Q-P(\mathscr{X},\Theta)$. 由 (2.3) 式得

$$\frac{1}{t}(\overline{P}(\theta^*;t)-I)=\frac{1}{t}(\Delta_q(\theta^*(0);t)-I)+\frac{1}{t}\int_{[0,t)}\Delta_q(\theta^*(0);t-s)\overline{Q}(\theta^*(0))\overline{P}(\theta^*;s)\,\mathrm{d}s. \quad (2.4)$$

在 (2.4) 式中令 $t \to 0+$ 并用均值定理可得 $\overline{P}(\theta^*;t) \in Q-P(\mathscr{X},\Theta)$.

(3) 再证 $\overline{P}(\theta^*;t)$ 的最小性. 任取 $P(\theta^*;t) = (p(\theta^*;t,x,y), x,y \in \mathscr{X}) \in Q-P(\mathscr{X},\Theta)$. 由命题 1.3(3) 有

$$p(\theta^*;t,x,x) \geqslant \mathrm{e}^{q(\theta^*(0);x,x)t} \quad (\forall \theta^* \in \Theta^*, t>0, x \in \mathscr{X}),$$

所以

$$p(\theta^*;t,x,y) \geqslant \delta(x,y)\mathrm{e}^{q(\theta^*(0);x,y)t} \quad (2.5)$$
$$(\forall \theta^* \in \Theta^*, t>0, x,y \in \mathscr{X}),$$

此即

$$P(\theta^*;t) \geqslant P_0(\theta^*;t).$$

假设 $P(\theta^*;t) \geqslant \sum_{k=0}^{n} P_k(\theta^*;t)$, 用分部积分法和 Fatou 引理可得:

$$\begin{aligned}
&P(\theta^*;t)\\
=&\ \Delta_q(\theta^*(0);t) + \int_{[0,t)} \Delta_q(\theta^*(0);t-s)\left[\frac{\mathrm{d}}{\mathrm{d}s}P(\theta^*;s) + D_q(\theta^*(0))P(\theta^*;s)\right]\mathrm{d}s\\
\geqslant&\ \Delta_q(\theta^*(0);t) + \int_{[0,t)} \Delta_q(\theta^*(0);t-s)[\overline{Q}(\theta^*(0))P(\theta^*;s)\\
&+D_q(\theta^*(0))P(\theta^*;s)]\,\mathrm{d}s\\
=&\ \Delta_q(\theta^*(0);t) + \int_{[0,t)} \Delta_q(\theta^*(0);t-s)\overline{Q}(\theta^*(0))P(\theta^*;s)\,\mathrm{d}s\\
\geqslant&\ P_0(\theta^*;t) + \int_{[0,t)} \Delta_q(\theta^*(0);t-s)\overline{Q}(\theta^*(0))\sum_{k=0}^{n}P_k(\theta^*;s)\,\mathrm{d}s\\
=&\ \sum_{k=0}^{n+1}P_k(\theta^*;t). \qquad (2.6)
\end{aligned}$$

因此, $P(\theta^*;t) \geqslant \overline{P}(\theta^*;t)$.

(4) 最后证明: $\overline{P}(\theta^*;t)$ 满足 (B) 和 (F).

(2.3) 式意味着 $\overline{P}(\theta^*;t)$ 满足 (B). 令 $\overline{R}(\theta^*;\lambda)$ 和 $R_n(\theta^*;\lambda)$ 分别表示 $\overline{P}(\theta^*;t)$ 和 $P_n(\theta^*;\lambda)$ 的 Laplace 变换. 再注意

$$\Pi(\theta;\lambda) = (\lambda I + D_q(\theta))^{-1}\overline{Q}(\theta),$$

可证:

$$R_0(\theta^*;\lambda) = (\lambda I + D_q(\theta^*(0)))^{-1},$$
$$R_n(\theta^*;\lambda) = \Pi(\theta^*(0);\lambda)R_{n-1}(\theta^*;\lambda) \quad (n \geqslant 1).$$

因此

$$\begin{aligned}\overline{R}(\theta^*;\lambda) &= \sum_{n=0}^{\infty}\Pi(\theta^*(0);\lambda)^n(\lambda I + D_q(\theta^*(0)))^{-1} \\ &= (\lambda I + D_q(\theta^*(0)))^{-1} \\ &\quad + \sum_{n=0}^{\infty}\Pi(\theta^*(0);\lambda)^n(\lambda I + D_q(\theta^*(0)))^{-1}\overline{Q}(\theta^*(0))(\lambda I + D_q(\theta^*(0)))^{-1},\end{aligned}$$

所以

$$\overline{R}(\theta^*;\lambda)(\lambda I + D_q(\theta^*(0))) = I + \overline{R}(\theta^*;\lambda)\overline{Q}(\theta^*(0)),$$

此即

$$\overline{R}(\theta^*;\lambda)(\lambda I - Q(\theta^*(0))) = I. \tag{2.7}$$

(2.7) 式说明 $\overline{P}(\theta^*;t)$ 满足 (F). 定理证毕.

附注 2.1 由于对任何固定的 $t \geqslant 0, x, y \in \mathscr{X}$, $\overline{p}(\theta^*;t,x,y)$ 是 θ^* 的 $\mathscr{G}_0$ 可测函数, 所以存在函数 $p_{\min}(\theta;t,x,y)$, 当 $t \geqslant 0, x, y \in \mathscr{X}$ 固定时, $p_{\min}$ 是 θ 的 $\mathscr{B}$ 可测函数, 它可表示为

$$p_{\min}(\theta^*(0);t,x,y) = \overline{p}(\theta^*;t,x,y) \quad (\forall\theta^* \in \varTheta^*, t \geqslant 0, x, y \in \mathscr{X}),$$

从而, 可以写成

$$\begin{aligned}P_{\min}(\theta^*(0);t) &= \overline{P}(\theta^*;t), \\ R_{\min}(\theta^*(0);\lambda) &= \overline{R}(\theta^*;\lambda), \\ R_{\min,k}(\theta^*(0);\lambda) &= R_k(\theta^*;\lambda), \\ R_{\min}(\theta^*(0);\lambda) &= \sum_{k=0}^{\infty}R_{\min,k}(\theta^*(0);\lambda).\end{aligned}$$

附注 2.2 称 (B)((B_i) 或 (B_λ)) 为随机 Kolmogorov 倒退方程式 (RKBE); 称 (F) ((F_i) 或 (F_λ)) 为随机 Kolmogorov 前进方程式 (RKFE)

定理 2.2 对每个 $Q(\theta)\in Q(\mathscr{X},\Theta)$, 存在一个随机环境中的最小的一致的 q- 过程 $\overline{P}^u(\theta^*;t)$, 满足:

$$(\mathrm{B}^u):\frac{\mathrm{d}}{\mathrm{d}t}\overline{p}^u(\theta^*;t,x,A)=\sum_{y\in\mathscr{X}}q(\theta^*(0);x,y)\overline{p}^u(\theta^*;t,y,A),$$

$$(\mathrm{B}_i^u):\overline{p}^u(\theta^*;t,x,A)=\mathrm{e}^{q(\theta^*(0);x,x)t}\delta(x,A)$$
$$+\int_0^t \mathrm{e}^{q(\theta^*(0);x,x)(t-s)}\sum_{y\neq x}q(\theta^*(0);x,y)\overline{p}^u(\theta^*;s,y,A)\,\mathrm{d}s$$
$$(\forall\theta^*\in\Theta^*;t\geqslant 0,x\in\mathscr{X},A\in\mathscr{A}),$$

此处 $Q(\theta)=(q(\theta;x,y),x,y\in\mathscr{X}),\overline{P}^u(\theta^*;t)=(\overline{p}^u(\theta^*;t,x,y),y\in\mathscr{X}),q(\theta;x,A)=\sum_{y\in A}q(\theta;x,y),\overline{p}^u(\theta^*;t,x,A)=\sum_{y\in A}\overline{p}^u(\theta^*;t,x,y),(\theta\in\Theta,\theta^*\in\Theta^*,t\geqslant 0,x\in\mathscr{X},A\in\mathscr{A})$.

证 令

$$p_0(\theta^*;t,x,A)=\delta(x,A)\mathrm{e}^{q(\theta^*(0);x,x)t},$$
$$p_{n+1}(\theta^*;t,x,A)=\int_0^t\left[\mathrm{e}^{q(\theta^*(0);x,x)(t-s)}\right].$$
$$\left[\sum_{y\neq x}q(\theta^*(0);x,y)p_n(\theta^*;s,y,A)\right]\mathrm{d}s\quad(n\geqslant 0),$$
$$(\theta^*\in\Theta^*;t\geqslant 0,x\in\mathscr{X},A\in\mathscr{A}),$$
$$\overline{p}^u(\theta^*;t,x,A)=\sum_{n=0}^{\infty}p_n(\theta^*;t,x,A),$$
$$\overline{P}^u(\theta^*;t)=(\overline{p}^u(\theta^*;t,x,y),x,y\in\mathscr{X}).$$

应用与定理 2.1 类似的推理可以证明: $\overline{P}^u(\theta^*;t)\in Q-uP(\mathscr{X},\Theta)$, 而且对任何 $P^u(\theta^*;t)\in Q-uP(\mathscr{X},\Theta)$, 都有 $\overline{P}^u(\theta^*;t)\leqslant P^u(\theta^*;t)$.

再用命题 1.3(5) 和 (1) 可证 $\overline{P}^u(\theta^*;t)$ 满足 (B^u) 和 (B_i^u). 定理证毕.

§3 随机环境中的 q- 过程的唯一性

定理 3.1 设 $Q(\theta)\in CQ(\mathscr{X},\Theta),\overline{R}(\theta^*;\lambda)$ 和 $\Pi(\theta;\lambda)$ 如前所定义. 再令 $\overrightarrow{y}_m(\theta^*(0);\lambda)=\mathbf{1}-\lambda R_{\min}(\theta^*(0);\lambda)\mathbf{1}$, 则恒有

(1) $\Pi(\theta^*(0);\lambda)^n\mathbf{1}\downarrow\overrightarrow{y}_m(\theta^*(0);\lambda)$, (当 $n\uparrow\infty$) $(\forall\theta^*\in\Theta^*,\lambda>0)$;

(2) $\overrightarrow{y}_m(\theta^*(0);\lambda)$ 是下列方程式的最大解:

$$\ll \Pi(\theta^*(0);\lambda)\overrightarrow{y}=\overrightarrow{y},\mathbf{0}\leqslant\overrightarrow{y}\leqslant\mathbf{1}\gg,\quad (\Pi_e)$$

$(\forall\theta^*\in\Theta^*,\lambda>0)$;

(3) $\overrightarrow{y}_m(\theta^*(0);\lambda)\equiv 0$ 的充要条件是:

$$\ll (\lambda I-Q(\theta^*(0)))\overrightarrow{y}=0,\mathbf{0}\leqslant\overrightarrow{y}\leqslant\mathbf{1}\gg\quad (Q_e)$$
$$(\forall\theta^*\in\Theta^*,\lambda>0);$$

只有零解;

(4) $\overrightarrow{y}_m(\theta^*(0);\lambda)\equiv 0\Leftrightarrow\overline{P}(\theta^*;t)\mathbf{1}\equiv\mathbf{1}$.

证 (1) 令

$$S_n(\theta^*;\lambda)=\sum_{k=0}^{n}R_k(\theta^*;\lambda)=\sum_{k=0}^{n}R_{\min,k}(\theta^*(0);\lambda),$$

则

$$\begin{aligned}S_n(\theta^*;\lambda)=&R_{\min,0}(\theta^*(0);\lambda)\\&+\sum_{k=0}^{n-1}\Pi(\theta^*(0);\lambda)^k(\lambda I+D_q(\theta^*(0)))^{-1}\overline{Q}(\theta^*(0))(\lambda I+D_q(\theta^*(0)))^{-1},\end{aligned}$$

此即:

$$S_n(\theta^*;\lambda)(\lambda I+D_q(\theta^*(0)))=I+S_{n-1}(\theta^*;\lambda)\overline{Q}(\theta^*(0)).$$

但是 $Q(\theta^*(0))\mathbf{1}=0, Q(\theta^*(0))=\overline{Q}(\theta^*(0))-D_q(\theta^*(0))$,

$$\begin{aligned}\lambda S_n(\theta^*;\lambda)\mathbf{1}+S_n(\theta^*;\lambda)D_q(\theta^*(0))\mathbf{1}&=\mathbf{1}+S_{n-1}(\theta^*;\lambda)\overline{Q}(\theta^*(0))\mathbf{1}\\&=\mathbf{1}+S_{n-1}(\theta^*;\lambda)D_q(\theta^*(0))\mathbf{1}.\quad(3.1)\end{aligned}$$

故由 (3.1) 式可推知:

$$S_n(\theta^*;\lambda)D_q(\theta^*(0))\mathbf{1}\leqslant\mathbf{1}+S_{n-1}(\theta^*;\lambda)D_q(\theta^*(0))\mathbf{1}.\quad(3.2)$$

由于

$$S_0(\theta^*;\lambda)D_q(\theta^*(0))\mathbf{1}=(\lambda I+D_q(\theta^*(0)))^{-1}D_q(\theta^*(0))\mathbf{1}<\infty,\quad(3.3)$$

对 n 作归纳法并应用 (3.2) 和 (3.3) 式可得:

$$S_n(\theta^*;\lambda)D_q(\theta^*(0))\mathbf{1}<\infty \quad (\forall\theta^*\in\Theta^*, n\geqslant 0, \lambda>0).$$

(3.1) 式两边减去 $S_{n-1}(\theta^*;\lambda)D_q(\theta^*(0))\mathbf{1}$ 即得:

$$\lambda S_n(\theta^*;\lambda)\mathbf{1}+\Pi(\theta^*(0);\lambda)^n(\lambda I+D_q(\theta^*(0))^{-1}D_q(\theta^*(0))=\mathbf{1}. \tag{3.4}$$

由 (3.4) 式和 $\overline{Q}(\theta^*(0))\mathbf{1}=D_q(\theta^*(0))\mathbf{1}$, 可证:

$$\lambda S_n(\theta^*;\lambda)\mathbf{1}+\Pi(\theta^*(0);\lambda)^n(\lambda I+D_q(\theta^*(0)))^{-1}\overline{Q}(\theta^*(0))\mathbf{1}=\mathbf{1},$$

此即

$$\Pi(\theta^*(0);\lambda)^{n+1}\mathbf{1}=\mathbf{1}-\lambda S_n(\theta^*;\lambda)\mathbf{1}. \tag{3.5}$$

由 (3.5) 式立即可知定理 3.1 的论断 (1) 成立.

(2) 由定理 3.1 的结论 (1) 可知:

$$\overrightarrow{y}_m(\theta^*(0);\lambda)=\Pi(\theta^*(0);\lambda)\overrightarrow{y}_m(\theta^*(0);\lambda),$$

但是, 由 $\overrightarrow{y}_m(\theta^*(0);\lambda)$ 的定义知

$$\mathbf{0}\leqslant\overrightarrow{y}_m(\theta^*(0);\lambda)\leqslant\mathbf{1},$$

所以, 对任何 $\theta^*\in\Theta^*,\lambda>0,\overrightarrow{y}_m(\theta^*(0);\lambda)$ 是方程式 (Π_e) 的一个解. 若 $\overrightarrow{y}(\theta^*(0);\lambda)$ 是 (Π_e) 的另一个解, 则

$$\overrightarrow{y}(\theta^*(0);\lambda)=\Pi^n(\theta^*(0);\lambda)\overrightarrow{y}(\theta^*(0);\lambda)\leqslant\Pi^n(\theta^*(0);\lambda)\mathbf{1},$$

令 $n\uparrow\infty$ 即得

$$\overrightarrow{y}(\theta^*(0);\lambda)\leqslant\overrightarrow{y}_m(\theta^*(0);\lambda).$$

结论 (2) 得证.

(3) 可由 (2) 立得.

(4) 可由 $\overrightarrow{y}_m(\theta^*(0);\lambda)$ 之定义和 $\overline{P}(\theta^*;t)$ 对 t 的连续性立得. 定理证毕.

定理 3.2 设 $Q(\theta)\in CQ(\mathscr{X},\Theta)$, 则随机环境中的 $q-$ 过程唯一的充要条件是下列方程式对每个 $\theta^*\in\Theta^*,\lambda>0$ 都只有零解:

$$\ll(\lambda I-Q(\theta^*(0)))\overrightarrow{y}=0,\quad \mathbf{0}\leqslant\overrightarrow{y}\leqslant\mathbf{1}\gg \quad (Q_e)$$

只有零解.

证 由定理 3.1 立即可得定理 3.2.

附注 3.1 定理 3.2 中的充要条件可改为: 对一切 $\theta^* \in \Theta^*$, 某个 $\lambda_0 > 0$, 方程式 (Q_e) 只有零解.

定理 3.3 对任何 $Q(\theta) \in Q(\mathscr{X}, \Theta)$, 随机环境中的一致的 $q-$ 过程唯一的充要条件是: 对每个 $\theta^* \in \Theta^*, \lambda > 0$, 方程式 (Q_e) 只有零解.

证 仿文献 [115] 第 8 章命题 2.2 和定理 2.4 可证本定理.

附注 3.2 定理 3.3 中的充要条件亦可改为: 对一切 $\theta^* \in \Theta^*$, 某个 $\lambda_0 > 0$, 方程式 (Q_e) 只有零解.

定义 3.1 称 $Q(\theta) \in Q(\mathscr{X}, \Theta)$ 是正则的, 如果其最小的随机环境中的 $q-$ 过程 $\overline{P}(\theta^*; t)$ 是诚实的, 即它是一个 RTM.

显然, 对正则的 $Q(\theta)$ 而言, 它的随机环境中的 $q-$ 过程必是唯一的.

定理 3.4 设 $Q(\theta) \in Q(\mathscr{X}, \Theta), P(\theta^*; t)$ 是随机环境中的诚实的 $q-$ 过程, 则下列陈述等价:

(1) $P(\theta^*; t)$ 满足 (B);

(2) $Q(\theta)$ 是保守的.

此外, $Q(\theta)$ 正则性蕴含了 $Q(\theta)$ 的保守性.

证 用文献 [115] 第 8 章定理 3.3 可证 (1)$\Longleftrightarrow$(2). 若 $Q(\theta)$ 是正则的, 则其随机环境中的最小的 $q-$ 过程 $\overline{P}(\theta^*; t)$ 必是诚实的且满足 (B). 所以 $Q(\theta)$ 是保守的.

附注 3.3 对任何 $P(\theta^*; t) \in Q-P(\mathscr{X}, \Theta), P(\theta^*; t)$ 元素作为 θ^* 的函数只是 $\mathscr{G}_0^+ \overset{\text{def}}{=\!=} \bigcap\limits_{t>0} \mathscr{G}_{[0,t)}$ 可测的, 但若 $P(\theta^*; t) \in Q_F - P(x, \Theta)$ (或 $Q_B - P(\mathscr{X}, \Theta)$) 则它的元素作为 θ^* 的函数是 $\mathscr{G}_0$ 可测的, 特别地 $\overline{P}(\theta^*; t)$ 是 θ^* 的 $\mathscr{G}_0$ 可测的.

证 由**(F)** (或 **(B)**) 的定义和命题 1.3 立即可得.

§4 满足 (F) 的随机环境中的 q- 过程的构造

沿用前三节中的符号. 再令 (m) 和 (l) 分别表示 $\mathscr{X}$ 上的全体实值的有界的列向量的全体和 $\mathscr{X}$ 上的全体实值的分量之和绝对收敛的行向量的全

体. 对任何 $Q(\theta)\in Q(\mathscr{X},\Theta)$, 令

$$\mathscr{M}_\lambda=\{\overrightarrow{y}\in(m):\overrightarrow{y}\geqslant 0,(\lambda I-Q(\theta^*(0)))\overrightarrow{y}=0,\forall\theta^*\in\Theta^*\},\lambda>0,$$

$$\mathscr{L}_\lambda=\{\overrightarrow{y}'\in(l):\overrightarrow{y}'\geqslant 0,\overrightarrow{y}'(\lambda I-Q(\theta^*(0)))=0,\forall\theta^*\in\Theta^*\},\lambda>0,$$

$$\mathscr{M}_\lambda(\theta^*)=\{\overrightarrow{y}\in(m):\overrightarrow{y}\geqslant 0,(\lambda I-Q(\theta^*(0)))\overrightarrow{y}=0\},\lambda>0,\theta^*\in\Theta^*,$$

$$\mathscr{L}_\lambda(\theta^*)=\{\overrightarrow{y}'\in(l):\overrightarrow{y}'\geqslant 0,\overrightarrow{y}'(\lambda I-Q(\theta^*(0)))=0\},\lambda>0,\theta^*\in\Theta^*.$$

定理 4.1 设 $R(\theta^*;\lambda)=(r(\theta^*;\lambda,x,y),x,y\in\mathscr{X}),\theta^*\in\Theta^*,\lambda>0$, 则 $R(\theta^*;\lambda)$ 是随机环境的 $q-$ 过程 $P(\theta^*;t)$ 的 Laplace 变换的充要条件是 $R(\theta^*;\lambda)$ 满足:

(i) 可测性: 对任何固定的 $\lambda>0,x,y\in\mathscr{X},r(\theta^*;\lambda,x,y)$ 是 θ^* 的 $\mathscr{G}_0^+\stackrel{\text{def}}{=\!=}\bigcap\limits_{t>0}\mathscr{G}_{[0,t)}$ 可测函数;

(ii) 正规性: $R(\theta^*;\lambda)\geqslant 0,\lambda R(\theta^*;\lambda)\mathbf{1}\leqslant\mathbf{1}(\forall\lambda>0,\theta^*\in\Theta^*)$;

(iii) 预解方程式: $R(\theta^*;\lambda)-R(\theta^*;\mu)+(\lambda-\mu)R(\theta^*;\lambda)R(\theta^*;\mu)=0\quad(\forall\lambda,\mu>0,\theta^*\in\Theta^*)$;

(iv) $Q-$ 连续性:

$$\lim_{\lambda\to\infty}\lambda(\lambda R(\theta^*;\lambda)-I)=Q(\theta^*(0))\quad(\forall\theta^*\in\Theta^*).$$

证 只要注意: 对每个随机环境中的 $q-$ 过程 $P(\theta^*;t)\stackrel{\text{def}}{=\!=}(p(\theta^*;t,x,y),x,y\in\mathscr{X})$ 来说, 对每个固定的 $t\geqslant 0,x,y\in\mathscr{X},p(\theta^*;t,x,y)$ 都是 θ^* 的关于 $\mathscr{G}_0^+$ 可测的函数, 则仿文献 [115] 第 8 章定理 2.3 之证明方法可证定理 4.1.

定理 4.2 设 $R(\theta^*;\lambda)$ 如定理 4.1. 则它是某个满足 (B)(或 (F)) 的随机环境中的 $q-$ 过程 $P(\theta^*;t)$ 的 Laplace 变换的充要条件是 $R(\theta^*;\lambda)$ 满足定理 4.1 中之条件 (i)、(ii)、(iii) 和

$$(\mathrm{B}_\lambda):(\lambda I-Q(\theta^*(0)))R(\theta^*;\lambda)=I\quad(\forall\lambda>0,\theta^*\in\Theta^*),$$

(或相应地

$$(\mathrm{F}_\lambda)\quad R(\theta^*;\lambda)(\lambda I-Q(\theta^*(0)))=I\quad(\forall\lambda>0,\theta^*\in\Theta^*).)$$

证 应用定理 4.1, 为证定理 4.2 只需证明定理 4.1 中的条件 (i)—(iii) 和 (B_λ) (或 (F_λ)) 蕴含条件 (iv). 事实上, 由 $\lambda R(\theta^*;\lambda)\mathbf{1}\leqslant\mathbf{1}$ 和有界收敛定理可知:

$$\begin{aligned}&\lim_{\lambda\to\infty}Q(\theta^*(0))R(\theta^*;\lambda)=Q(\theta^*(0))\lim_{\lambda\to\infty}R(\theta^*;\lambda)\\&=Q(\theta^*(0))\cdot 0=0\quad(\forall\theta^*\in\Theta^*).\end{aligned}$$

由上述等式和 (B_λ) 易见

$$\lim_{\lambda\to\infty}\lambda R(\theta^*;\lambda)=I,$$

所以用上式和 (B_λ) 及有界收敛定理可得:

$$\begin{aligned}&\lim_{\lambda\to\infty}\lambda(\lambda R(\theta^*;\lambda)-I)\overset{(\mathrm{B}_\lambda)}{=\!=}\lim_{\lambda\to\infty}\lambda Q(\theta^*(0))R(\theta^*;\lambda)\\&=Q(\theta^*(0))\left(\lim_{\lambda\to\infty}\lambda R(\theta^*;\lambda)\right)=Q(\theta^*(0)).\end{aligned}$$

此即定理 4.1 中之 (iv). 定理证毕.

附注 4.1 从 Laplace 变换之定义及上述两个定理看出: 随机环境中的 $q-$ 过程 $P(\theta^*;t)$ 及其 Laplace 变换 $R(\theta^*;\lambda)$ 之间存在一个一一对应, 所以, 也把随机环境中的 $q-$ 过程 $P(\theta^*;t)$ 的 Laplace 变换

$$R(\theta^*;\lambda)\overset{\mathrm{def}}{=\!=}\int_0^\infty e^{-\lambda t}P(\theta^*;t)\,\mathrm{d}t$$

称为随机环境中的 $q-$ 过程.

令

$$A(\theta^*;\mu,\lambda)=I+\overline{R}(\theta^*;\lambda)(\mu-\lambda),\tag{4.1}$$

此处 $\overline{R}(\theta^*;\lambda)$ 是随机环境中的最小的 $q-$ 过程 $\overline{P}(\theta^*;t)$ 的 Laplace 变换.

定理 4.3 设 $Q(\theta)\in Q(\mathscr{X},\Theta),D_q(\theta),\overline{Q}(\theta),\Pi(\theta;\lambda)$ 如命题 1.3 前面内容所定义, 则恒有

(1) $\overrightarrow{y}\in\mathscr{M}_\lambda\Rightarrow A(\theta^*;\lambda,\mu)\overrightarrow{y}\in\mathscr{M}_\mu\quad(\forall\theta^*\in\Theta^*)$;

(2) $\overrightarrow{y}'\in\mathscr{L}_\lambda\Rightarrow A(\theta;\lambda,\mu)\overrightarrow{y}'\in\mathscr{L}_\mu\quad(\forall\theta^*\in\Theta^*)$.

证 只证 (1).(2) 的证明与 (1) 类似. 任取 $\overrightarrow{y}\in\mathscr{M}_\lambda$. 首先证明 $A(\theta^*;\lambda,\mu)\overrightarrow{y}\geqslant 0$.

情况 1. 当 $\lambda\geqslant\mu$ 时, 由 $\overrightarrow{y}\geqslant 0$ 得:

$$A(\theta^*;\lambda,\mu)\overrightarrow{y}=(I+(\lambda-\mu)\overline{R}(\theta^*;\mu))\overrightarrow{y}\geqslant 0.$$

情况 2. 当 $\lambda<\mu$, 由 $\overrightarrow{y}\in\mathscr{M}_\lambda$ 得:

$$(\mu I-Q(\theta^*(0)))\overrightarrow{y}=(\mu-\lambda)\overrightarrow{y}+(\lambda I-Q(\theta^*(0)))\overrightarrow{y}=(\mu-\lambda)\overrightarrow{y}\geqslant 0.\tag{4.2}$$

令

$$\overrightarrow{z}(\theta^*(0);\mu)=(\mu I-Q(\theta^*(0)))\overrightarrow{y}\geqslant 0, \tag{4.3}$$

则

$$\begin{aligned}(\mu I+D_q(\theta^*(0)))\overrightarrow{y}&=(\mu I-Q(\theta^*(0)))\overrightarrow{y}+\overline{Q}(\theta^*(0))\overrightarrow{y}\\&=\overrightarrow{z}(\theta^*(0);\mu)+(\mu I+D_q(\theta^*(0)))\Pi(\theta^*(0);\mu)\overrightarrow{y}.\end{aligned} \tag{4.4}$$

应用 (4.4) 式并作归纳法可证:

$$(\mu I+D_q(\theta^*(0)))\overrightarrow{y}\geqslant\sum_{k=0}^{n}\Pi^k(\theta^*(0);\mu)\overrightarrow{z}(\theta^*(0);\mu)\quad(\forall\theta^*\in\Theta^*,n\geqslant 0). \tag{4.5}$$

但是,

$\overline{R}(\theta^*;\mu)\widehat{=}R_{\min}(\theta^*(0);\mu)=\sum\limits_{n=0}^{\infty}(\mu I+D_q(\theta^*(0)))^{-1}\Pi^n(\theta^*(0);\mu)$ (见定理 2.1 的证明之末), 由 (4.5)、(4.3) 和 (4.2) 式可得:

$$\overrightarrow{y}\geqslant\overline{R}(\theta^*;\mu)\overrightarrow{z}(\theta^*(0);\mu)\geqslant\overline{R}(\theta^*;\mu)(\mu-\lambda)\overrightarrow{y}\quad(\forall\theta^*\in\Theta^*). \tag{4.6}$$

因此,

$$A(\theta^*;\lambda,\mu)\overrightarrow{y}=\overrightarrow{y}+(\lambda-\mu)\overline{R}(\theta^*;\mu)\overrightarrow{y}\geqslant 0. \tag{4.7}$$

再注意: $\overrightarrow{y}\in(m),\lambda\overline{R}(\theta^*;\lambda)\mathbf{1}\leqslant\mathbf{1}(\forall\lambda>0$ 和 $\theta^*\in\Theta^*)$ 可得:

$$A(\theta^*;\lambda,\mu)\overrightarrow{y}\in(m)\quad(\forall\theta^*\in\Theta^*,\lambda,\mu>0).$$

最后证明:

$$(\mu I-Q(\theta^*(0)))(A(\theta^*;\lambda,\mu)\overrightarrow{y})=0\quad(\forall\theta^*\in\Theta^*).$$

令 $c=\sup\limits_{x\in\mathscr{X}}|\overrightarrow{y}(x)|$, 则由 $\overline{R}(\theta^*;\mu)\overrightarrow{y}\leqslant\dfrac{c}{\mu}\mathbf{1}$ 得:

$$(\mu I+D_q(\theta^*(0))+\overline{Q}(\theta^*(0)))(I+|\lambda-\mu|\overline{R}(\theta^*;\mu))\overrightarrow{y}<\infty,$$

故由 $\overline{R}(\theta^*;\mu)$ 满足 (B_λ) 和 $\overrightarrow{y}\in\mathscr{M}_\lambda$ 可得:

$$\begin{aligned}&(\mu I-Q(\theta^*(0)))(A(\theta^*;\lambda,\mu)\overrightarrow{y})\\=\ &[(\mu I-Q(\theta^*(0)))A(\theta^*;\lambda,\mu)]\overrightarrow{y}\\=\ &[(\mu I-Q(\theta^*(0)))+(\lambda-\mu)(\mu I-Q(\theta^*(0)))\overline{R}(\theta^*;\mu)]\overrightarrow{y}\\\overset{(\mathrm{B}_\lambda)}{=\!=}\ &[\mu I-Q(\theta^*(0))+(\lambda-\mu)I]\overrightarrow{y}\\=\ &[\lambda I-Q(\theta^*(0))]\overrightarrow{y}=0\quad(\forall\theta^*\in\Theta^*).\end{aligned}$$

定理证毕.

定义 4.1 定义空间 $\mathscr{M}_\lambda$ (或 $\mathscr{L}_\lambda$) 的维数为其中极大线性无关向量组中的向量的个数, 记之为 m_λ^+ (或 l_λ^+). 类似地可以定义 $\mathscr{M}_\lambda(\theta^*)$ (或 $\mathscr{L}_\lambda(\theta^*)$) 的维数 $m_\lambda^+(\theta^*)$ (或 $l_\lambda^+(\theta^*)$).

定理 4.4 m_λ^+和 l_λ^+ 都不依赖于 $\lambda > 0$. 所以可以记之为 $m_\lambda^+ = m^+$ 和 $l_\lambda^+ = l^+$.

证 由定理 4.3 可直接推出定理 4.4.

定理 4.5 (i) $\overrightarrow{y} \in \mathscr{M}_\lambda(\theta^*) \Rightarrow A(\theta^*;\lambda,\mu)\overrightarrow{y} \in \mathscr{M}_\mu(\theta^*)$;
(ii) $\overrightarrow{y}' \in \mathscr{L}_\lambda(\theta^*) \Rightarrow \overrightarrow{y}' A(\theta^*;\lambda,\mu) \in \mathscr{L}_\mu(\theta^*)$.

证 仿定理 4.3 可证定理 4.5.

定理 4.6 $l_\lambda^+(\theta^*)$ 和 $m_\lambda^+(\theta^*)$ 都不依赖于 $\lambda > 0$. 所以可记为 $l_\lambda^+(\theta^*) = l^+(\theta^*), m_\lambda^+(\theta^*) = m^+(\theta^*)$.

证 由定理 4.5 可直接推出定理 4.6.

定理 4.7 对任何固定的 $\theta^* \in \Theta^*$, 令

$$L(\theta^*) = \left\{ \overrightarrow{\alpha}'(\lambda) : \begin{array}{l} \overrightarrow{\alpha}'(\mu) = \overrightarrow{\alpha}'(\lambda) A(\theta^*;\lambda,\mu), \\ 0 \leqslant \overrightarrow{\alpha}'(\lambda) \in (l), \lambda > 0, \mu > 0, \end{array} \right\} \tag{4.8}$$

$$L_1(\theta^*) = \left\{ \overrightarrow{\alpha}'(\lambda) : \begin{array}{l} \overrightarrow{\alpha}'(\lambda) = \overrightarrow{\beta}' \overline{R}(\theta^*;\lambda) + \overrightarrow{\gamma}'(\lambda), \\ \overrightarrow{\beta}' \geqslant 0 \overrightarrow{\beta}' \overline{R}(\theta^*;\lambda) \in (l), \\ \overrightarrow{\gamma}'(\lambda) \in \mathscr{L}_\lambda(\theta^*), \overrightarrow{\gamma}'(\mu) = \overrightarrow{\gamma}'(\lambda) A(\theta^*;\lambda,\mu), \\ \lambda > 0, \mu > 0, \end{array} \right\} \tag{4.9}$$

$$Y(\theta^*) = \left\{ \overrightarrow{y}(\lambda) : \begin{array}{l} \overrightarrow{y}(\mu) = A(\theta^*;\lambda,\mu) \overrightarrow{y}(\lambda), \\ 0 \leqslant \overrightarrow{y}(\lambda) \in (m), \lambda > 0, \mu > 0, \end{array} \right\} \tag{4.10}$$

$$Y_1(\theta^*) = \left\{ \overrightarrow{y}(\lambda) : \begin{array}{l} \overrightarrow{y}(\lambda) = \overline{R}(\theta^*;\lambda) \overrightarrow{z} + \overrightarrow{w}(\lambda), \\ \overrightarrow{z} \geqslant 0, \overline{R}(\theta^*;\lambda) \overrightarrow{z} \in (m), \\ \overrightarrow{w}(\lambda) \in \mathscr{M}_\lambda(\theta^*); \overrightarrow{w}(\mu) = A(\theta^*;\lambda,\mu) \overrightarrow{w}(\lambda), \\ \lambda > 0, \mu > 0, \end{array} \right\} \tag{4.11}$$

则 $L(\theta^*) = L_1(\theta^*), Y(\theta^*) = Y_1(\theta^*)$.

注意: $\overline{R}(\theta^*;\lambda)$ 和 $A(\theta^*;\lambda,\mu)$ 作为 θ^* 的算子关于 $\mathscr{G}_0$ 可测, 所以它们仅依赖 $\theta^*(0)$, 从而 $L(\theta^*)$ 中和 $Y(\theta^*)$ 中之向量也仅依赖 $\theta^*(0)$.

证 只证明 $Y(\theta^*)=Y_1(\theta^*)$, $L(\theta^*)=L_1(\theta^*)$ 的证明是类似的.

(i) $Y_1(\theta^*)\subset Y(\theta^*)$.

由 $\overline{R}(\theta^*;\lambda)$ 满足预解方程式得:

$$A(\theta^*;\lambda,\mu)\overline{R}(\theta^*;\lambda)=\overline{R}(\theta^*;\mu). \tag{4.12}$$

对于 $\forall\overrightarrow{z}\geqslant 0,\overline{R}(\theta^*;\lambda)\overrightarrow{z}\in(m)$, 有

$$A(\theta^*;\lambda,\mu)(\overline{R}(\theta^*;\lambda)\overrightarrow{z})=(A(\theta^*;\lambda,\mu)\overline{R}(\theta^*;\lambda))\overrightarrow{z}=\overline{R}(\theta^*;\mu)\overrightarrow{z}. \tag{4.13}$$

取任何 $\overrightarrow{y}(\lambda)=(\overline{R}(\theta^*;\lambda)\overrightarrow{z}+\overrightarrow{w}(\lambda))\in Y_1(\theta^*)$, $\overrightarrow{y}(\lambda)$ 必须满足: $0\leqslant\overrightarrow{y}(\lambda)\in(m)(\forall\lambda>0)$, $A(\theta^*;\lambda,\mu)\overrightarrow{y}(\lambda)=A(\theta^*;\lambda,\mu)(\overline{R}(\theta^*;\lambda)\overrightarrow{z}+\overrightarrow{w}(\lambda))=\overline{R}(\theta^*;\mu)\overrightarrow{z}+\overrightarrow{w}(\mu)=\overrightarrow{y}(\mu)(\forall\lambda,\mu>0$, 故 $\overrightarrow{y}(\lambda)\in Y(\theta^*)$.

(ii) $Y(\theta^*)\subset Y_1(\theta^*)$.

对任何 $\overrightarrow{y}(\lambda)\in Y(\theta^*)$, 由 $A(\theta^*;\lambda,\mu)$ 的定义有

$$0\leqslant\overrightarrow{y}(\lambda)=A(\theta^*;\mu,\lambda)\overrightarrow{y}(\mu)=\overrightarrow{y}(\mu)+(\mu-\lambda)\overline{R}(\theta^*;\lambda)\overrightarrow{y}(\mu),$$

所以

$$\begin{aligned}\overrightarrow{y}(\mu)&\geqslant(\lambda-\mu)\overline{R}(\theta^*;\lambda)\overrightarrow{y}(\mu)\\&=\frac{1}{\lambda}\left[\left(1-\frac{\mu}{\lambda}\right)\lambda(\lambda\overline{R}(\theta^*;\lambda)-I)\overrightarrow{y}(\mu)+(\lambda-\mu)\overrightarrow{y}(\mu)\right],\end{aligned}$$

从而

$$\mu\overrightarrow{y}(\mu)\geqslant\left(1-\frac{\mu}{\lambda}\right)\lambda(\lambda\overline{R}(\theta^*;\lambda)-I)\overrightarrow{y}(\mu). \tag{4.14}$$

因为 $\lim\limits_{\lambda\to\infty}\lambda(\lambda\overline{R}(\theta^*;\lambda)-I)=Q(\theta^*(0))$, 用 Fatou 引理于 (4.14), 可得

$$\mu\overrightarrow{y}(\mu)\geqslant Q(\theta^*(0))\overrightarrow{y}(\mu). \tag{4.15}$$

令

$$\mu\overrightarrow{y}(\mu)=Q(\theta^*(0))\overrightarrow{y}(\mu)+\overrightarrow{z}(\mu), \tag{4.16}$$

$$0\leqslant\overrightarrow{z}(\mu)<\infty. \tag{4.17}$$

归纳地定义一列 $\mathscr{X}$ 上的列向量 $\{\overrightarrow{u}_n(\mu),n\geqslant 0\}$ 如下:

$$\begin{cases}\overrightarrow{u}_0(\mu)=0,\\(\mu I+D_q(\theta^*(0)))\overrightarrow{u}_{n+1}(\mu)=\overrightarrow{z}(\mu)+\overline{Q}(\theta^*(0))\overrightarrow{u}_n(\mu),n\geqslant 0.\end{cases} \tag{4.18}$$

由 (4.18) 式并对 n 作归纳法得 $\overrightarrow{u}_{n+1}(\mu) \geqslant \overrightarrow{u}_n(\mu), (\forall n \geqslant 0)$. 令

$$\overrightarrow{u}(\mu) = \lim_{n\to\infty} \overrightarrow{u}_n(\mu), \tag{4.19}$$

故由 (4.18)、(4.19) 式可得: $\overrightarrow{z}(\mu) = (\mu I + D_q(\theta^*(0)) - \overline{Q}(\theta^*(0)))\overrightarrow{u}(\mu)$, 此即

$$\overrightarrow{u}(\mu) = (\mu I - Q(\theta^*(0)))^{-1}\overrightarrow{z}(\mu) \overset{(\mathrm{B}_\lambda)}{=\!=} \overline{R}(\theta^*;\mu)\overrightarrow{z}(\mu). \tag{4.20}$$

但是, 由 (4.16)—(4.18) 式得

$$0 \leqslant \overrightarrow{u}_n(\mu) \leqslant \overrightarrow{y}(\mu) \in (m) \quad (\forall n \geqslant 0). \tag{4.21}$$

由 (4.15) 式得

$$\overline{Q}(\theta^*(0))\overrightarrow{y}(\mu) \leqslant (\mu I + D_q(\theta^*(0)))\overrightarrow{y}(\mu) < \infty, \tag{4.22}$$

在 (4.18) 式中用有界收敛定理可得

$$(\mu I + D_q(\theta^*(0)))\overrightarrow{u}(\mu) = \overrightarrow{z}(\mu) + \overline{Q}(\theta^*(0))\overrightarrow{u}(\mu), \tag{4.23}$$

此即

$$\mu\overrightarrow{u}(\mu) = \overrightarrow{z}(\mu) + Q(\theta^*(0))\overrightarrow{u}(\mu). \tag{4.24}$$

因为 $\overrightarrow{y}(\mu) \geqslant \overrightarrow{u}(\mu) = \overline{R}(\theta^*;\mu)\overrightarrow{z}(\mu)$, 故可写为

$$\overrightarrow{y}(\mu) = \overline{R}(\theta^*;\mu)\overrightarrow{z}(\mu) + \overrightarrow{w}(\mu) = \overrightarrow{u}(\mu) + \overrightarrow{w}(\mu), \tag{4.25}$$

此外 $\overrightarrow{z}(\mu) \geqslant 0, \overrightarrow{u}(\mu) = \overline{R}(\theta^*;\mu)\overrightarrow{z}(\mu) \in (m), 0 \leqslant \overrightarrow{w}(\mu) \in (m)$.

下面证明 $\overrightarrow{z}(\mu)$ 不依赖 $\mu > 0$ 且 $\overrightarrow{w}(\mu)$ 满足

$$\overrightarrow{w}(\lambda) = A(\theta^*;\mu,\lambda)\overrightarrow{w}(\mu)(\forall \lambda,\mu > 0), \overrightarrow{w}(\mu) \in \mathscr{M}_\mu(\theta^*) \quad (\forall \mu > 0).$$

事实上, 由 (4.16)、(4.24)、(4.25) 式有

$$\begin{aligned} Q(\theta^*(0))\overrightarrow{w}(\mu) &= \mu\overrightarrow{y}(\mu) - \overrightarrow{z}(\mu) - Q(\theta^*(0))\overrightarrow{u}(\mu) \\ &= \mu\overrightarrow{y}(\mu) - \mu\overrightarrow{u}(\mu) = \mu\overrightarrow{w}(\mu) \quad (\forall \mu > 0). \end{aligned} \tag{4.26}$$

$0 \leqslant \overrightarrow{w}(\mu) \in (m)$ 是显然的, 因此 $\overrightarrow{w}(\mu) \in \mathscr{M}_\mu(\theta^*)(\forall \mu > 0)$.

下面证明 (4.25) 式的分解是唯一的. 若 $\overline{R}(\theta^*;\mu)\overrightarrow{z}(\mu)+\overrightarrow{w}(\mu)=0$, 由 $\overrightarrow{w}(\mu)\in\mathscr{M}_\mu(\theta^*)$ 和 $\overline{R}(\theta^*;\mu)$ 满足 (B_λ) 可知:

$$
\begin{aligned}
0&=(\mu I-Q(\theta^*(0)))(\overline{R}(\theta^*;\mu)\overrightarrow{z}(\mu)+\overrightarrow{w}(\mu))\\
&=(\mu I-Q(\theta^*(0)))(\overline{R}(\theta^*;\mu)\overrightarrow{z}(\mu))\\
&=[(\mu I-Q(\theta^*(0)))\overline{R}(\theta^*;\mu)]\overrightarrow{z}(\mu)=\overrightarrow{z}(\mu).
\end{aligned}\tag{4.27}
$$

这就证明了 (4.25) 式的分解是唯一的.

最后证明:

$\overrightarrow{w}(\lambda)=A(\theta^*;\mu,\lambda)\overrightarrow{w}(\mu)$; $\overrightarrow{z}(\mu)$ 不依赖 $\mu>0$.

注意: 由 $\overrightarrow{y}(\lambda)\in Y(\theta^*)$ 和 (4.25) 式可知

$$
\begin{aligned}
\overrightarrow{y}(\lambda)&=A(\theta^*;\mu,\lambda)\overrightarrow{y}(\mu)\\
&=A(\theta^*;\mu,\lambda)(\overline{R}(\theta^*;\mu)\overrightarrow{z}(\mu))+A(\theta^*;\mu,\lambda)\overrightarrow{w}(\mu)\\
&=\overline{R}(\theta^*;\lambda)\overrightarrow{z}(\mu)+A(\theta^*;\mu,\lambda)\overrightarrow{w}(\mu).
\end{aligned}\tag{4.28}
$$

因为 $\overrightarrow{w}(\mu)\in\mathscr{M}_\mu(\theta^*)$, 故由定理 4.5 知: $A(\theta^*;\mu,\lambda)\overrightarrow{w}(\mu)\in\mathscr{M}_\lambda(\theta^*)$. 又因为

$$
\begin{aligned}
\overline{R}(\theta^*;\lambda)\overrightarrow{z}(\mu)=A(\theta^*;\mu,\lambda)(\overline{R}(\theta^*;\mu)\overrightarrow{z}(\mu))\in(m),\\
\overrightarrow{y}(\lambda)=\overline{R}(\theta^*;\lambda)\overrightarrow{z}(\lambda)+\overrightarrow{w}(\lambda),
\end{aligned}\tag{4.29}
$$

所以, 比较 (4.28) 和 (4.29) 式并注意 (4.25) 式中的分解是唯一的可得

$$\overrightarrow{w}(\lambda)=A(\theta^*;\mu,\lambda)\overrightarrow{w}(\mu),\tag{4.30}$$

$$\overline{R}(\theta^*;\lambda)\overrightarrow{z}(\mu)=\overline{R}(\theta^*;\lambda)\overrightarrow{z}(\lambda).\tag{4.31}$$

但是

$$\overline{R}(\theta^*;\lambda)^{-1}=(\lambda I-Q(\theta^*(0))),$$

故由 (4.31) 式得

$$\overrightarrow{z}(\lambda)=\overrightarrow{z}(\mu)\quad(\forall\lambda,\mu>0).\tag{4.32}$$

故 $\overrightarrow{y}(\lambda)\in Y_1(\theta^*)$. 定理证毕.

定理 4.8 (满足 (F) 的随机环境中的 $q-$ 过程的构造) 对任何非正则的 $Q(\theta)\in Q(\mathscr{X},\Theta)$ (若 $Q(\theta)$ 是正则的, 当然其随机环境中的 $q-$ 过程是唯一的, 它就是 $\overline{P}(\theta^*;t),\overline{P}(\theta^*;t)$ 满足 (F) 和 (B), 构造问题已经解决了.), 恒有:

(i) 若 $l^+(\theta^*)=0 \quad (\forall\theta^*\in\Theta^*)$, 则满足 (F) 的随机环境中的 $q-$ 过程是唯一的, 它就是 $\overline{P}(\theta^*;t)$.

(ii) 若存在 $\theta^*_\Delta\in\Theta^*$, 使 $l^+(\theta^*_\Delta)>0$, 取 $0\neq\overrightarrow{\alpha}'(\theta^*_\Delta(0);\lambda_0)\in\mathscr{L}_{\lambda_0}(\theta^*_\Delta)$, $\overrightarrow{\alpha}'(\theta^*(0),\lambda_0)\equiv 0,(\forall\theta^*\neq\theta^*_\Delta)$, $\overrightarrow{\alpha}'(\theta^*(0);\lambda)=\overrightarrow{\alpha}'(\theta^*(0);\lambda_0)A(\theta^*;\lambda_0,\lambda)(\forall\theta^*\in\Theta^*,\lambda>0)$. 由 $A(\theta^*;\lambda,\mu)$ 的定义和 $\overline{R}(\theta^*;\lambda)$ 满足预解方程式知 $\overrightarrow{\alpha}'(\theta^*(0);\mu)=\overrightarrow{\alpha}'(\theta^*(0);\lambda)\cdot A(\theta^*;\lambda,\mu) \quad (\forall\lambda,\mu>0,\theta^*\in\Theta^*)$. 令 $C(\theta)$ 是 $\mathscr{B}$ 可测的实值函数且满足:

$$C(\theta^*(0))>0 \quad (\forall\theta^*\neq\theta^*_\Delta),\quad C(\theta^*_\Delta(0))\geqslant 0,$$
$$R(\theta^*;\lambda)\overset{\text{def}}{=\!=}\overline{R}(\theta^*;\lambda)+\frac{\overrightarrow{y}_m(\theta^*(0);\lambda)\overrightarrow{\alpha}'(\theta^*(0);\lambda)}{C(\theta^*(0))+\lambda\overrightarrow{\alpha}'(\theta^*(0);\lambda)\mathbf{1}},$$

其中 $\overrightarrow{y}_m(\theta^*(0);\lambda)$ 如定理 3.1 中所定义, $\overline{P}(\theta^*;t)(\overline{R}(\theta^*;\lambda))$ 是最小的随机环境中的 $q-$ 过程. 则 $R(\theta^*;\lambda)$ 是满足 (F) 的随机环境中的 $q-$ 过程, 且 $\overrightarrow{e}'_xR(\theta^*;\lambda)\overrightarrow{e}_y$ 是 θ^* 的 $\mathscr{G}_0$ 可测函数 $(\forall\lambda>0,x,y\in\mathscr{X})$.

(iii) $Q_F-P(\mathscr{X},\Theta)$ 或者仅有唯一一个满足 (F) 的随机环境中的 $q-$ 过程, 或者有无穷多个满足 (F) 的随机环境中的 $q-$ 过程.

证 (i) 设 $l^+(\theta^*)=0(\forall\theta^*\in\Theta^*)$. 取任何 $R(\theta^*;\lambda)\in Q_F-P(\mathscr{X},\Theta)$, 由满足 (F) 的定义有:

$$(R(\theta^*;\lambda)-\overline{R}(\theta^*;\lambda))(\lambda I-Q(\theta^*(0)))=0 \quad (\forall\theta^*\in\Theta^*,\lambda>0).$$

显然

$$R(\theta^*;\lambda)-\overline{R}(\theta^*;\lambda)\geqslant 0,(R(\theta^*;\lambda)-\overline{R}(\theta^*;\lambda))\mathbf{1}\leqslant\frac{1}{\lambda}\mathbf{1} \quad (\forall\theta^*\in\Theta^*,\lambda>0).$$

这意味着: 对每个 $\theta^*\in\Theta^*,\lambda>0,(R(\theta^*;\lambda)-\overline{R}(\theta^*;\lambda))$ 的每一行均属于 $\mathscr{L}_\lambda(\theta^*)$. 但假设 $l^+(\theta^*)=0(\forall\theta^*\in\Theta^*)$, 故对每个 $\theta^*\in\Theta^*,\lambda>0,\mathscr{L}_\lambda(\theta^*)$ 中仅含零向量. 故 $R(\theta^*;\lambda)=\overline{R}(\theta^*;\lambda)$, 此即恰有唯一一个满足 (F) 的随机环境中的 $q-$ 过程.

(ii) 假设存在一个 $\theta^*_\Delta\in\Theta^*$ 使 $l^+(\theta^*_\Delta)>0$. 令 $\overrightarrow{\alpha}'(\theta^*(0);\lambda),C(\theta^*(0))$, $R(\theta^*;\lambda)$ 如 (i) 中所定义. 往证:

(a) $R(\theta^*;\lambda)\in Q_F-P(\mathscr{X},\Theta)$;

(b) $\overrightarrow{e}'_xR(\theta^*;\lambda)\overrightarrow{e}_y$ 是 θ^* 的 $\mathscr{G}_0$ 可测函数 $(\forall\lambda>0,x,y\in\mathscr{X})$.

显然

$R(\theta^*;\lambda)\geqslant 0,\quad \lambda R(\theta^*;\lambda)\mathbf{1}\leqslant\mathbf{1}$ 且 (b) 成立.

又因为 $\overline{R}(\theta^*;\lambda)\in Q_F-P(\mathscr{X},\Theta)$, $\overrightarrow{\alpha}'(\theta^*(0);\lambda)\in\mathscr{L}_\lambda(\theta^*)(\forall\theta^*\in\Theta^*,\lambda>0)$, 所以 $R(\theta^*;\lambda)$ 满足 (F_λ). 若还能证明 $R(\theta^*;\lambda)$ 满足预解方程式, 则由定理 4.2 可知 $R(\theta^*;\lambda)\in Q_F-P(\mathscr{X},\Theta)$.

事实上, 由 $\overrightarrow{\alpha}'(\theta^*(0);\lambda)$ 和 $A(\theta^*;\lambda,\mu)$ 的定义有:

$$\begin{aligned}&\overrightarrow{\alpha}'(\theta^*(0);\lambda)-\overrightarrow{\alpha}'(\theta^*(0);\mu)\\=&\overrightarrow{\alpha}'(\theta^*(0);\lambda)-\overrightarrow{\alpha}'(\theta^*(0);\lambda)A(\theta^*;\lambda,\mu)\\=&(\mu-\lambda)\overrightarrow{\alpha}'(\theta^*(0);\lambda)\overline{R}(\theta^*;\mu)\quad(\forall\theta^*\in\Theta^*).\end{aligned}\tag{4.33}$$

由 $\overrightarrow{y}_m(\theta^*(0);\lambda)$ 的定义和 $\overline{R}(\theta^*;\lambda)$ 满足预解方程式可得:

$$\begin{aligned}&\overrightarrow{y}_m(\theta^*(0);\lambda)-\overrightarrow{y}_m(\theta^*(0);\mu)\\=&\mu\overline{R}(\theta^*;\mu)\mathbf{1}-\lambda\overline{R}(\theta^*;\lambda)\mathbf{1}\\=&(\mu-\lambda)\overline{R}(\theta^*;\lambda)\mathbf{1}-\mu(\overline{R}(\theta^*;\lambda)\mathbf{1}-\overline{R}(\theta^*;\mu)\mathbf{1})\\=&(\mu-\lambda)\overline{R}(\theta^*;\lambda)\overrightarrow{y}_m(\theta^*(0);\mu)\quad(\forall\theta^*\in\Theta^*),\end{aligned}\tag{4.34}$$

及

$$\begin{aligned}&(\mu\overrightarrow{\alpha}'(\theta^*(0);\mu)-\lambda\overrightarrow{\alpha}'(\theta^*(0);\lambda))\mathbf{1}\\=&(-\lambda\overrightarrow{\alpha}'(\theta^*(0);\lambda)+\mu\overrightarrow{\alpha}'(\theta^*(0);\lambda)A(\theta^*;\lambda,\mu))\mathbf{1}\\=&[-\lambda\overrightarrow{\alpha}'(\theta^*(0);\lambda)+\mu\overrightarrow{\alpha}'(\theta^*(0);\lambda)+\mu(\lambda-\mu)\overrightarrow{\alpha}'(\theta^*(0);\lambda)\overline{R}(\theta^*;\mu)]\mathbf{1}\\=&(\mu-\lambda)\overrightarrow{\alpha}'(\theta^*(0);\lambda)\overrightarrow{y}_m(\theta^*(0);\mu)\quad(\forall\theta^*\in\Theta^*).\end{aligned}\tag{4.35}$$

只需考虑点 θ^*_Δ (当 $\theta^*\neq\theta^*_\Delta, R(\theta^*;\lambda)\equiv\overline{R}(\theta^*;\lambda),\forall\lambda>0$. 而 $\overline{R}(\theta^*;\lambda)$ 满足预解方程式, $\forall\theta^*\neq\theta^*_\Delta$.)

简记 $\overrightarrow{y}_m(\theta^*_\Delta(0);\lambda)=\overrightarrow{y}(\lambda)$,

$$C(\theta^*_\Delta(0))+\lambda\overrightarrow{\alpha}'(\theta^*_\Delta(0);\lambda)\mathbf{1}=K(\lambda),\overrightarrow{\alpha}'(\theta^*_\Delta(0);\lambda)=\overrightarrow{\alpha}'(\lambda),$$
$$\overline{R}(\theta^*_\Delta;\lambda)=\overline{R}(\lambda),A(\theta^*_\Delta;\lambda,\mu)=A(\lambda,\mu).$$

为证 $R(\theta^*;\lambda)$ 满足预解方程式 $(\forall\theta^*\in\Theta^*)$, 只需证:

$$R(\lambda)-R(\mu)+(\lambda-\mu)R(\lambda)R(\mu)=0.\tag{4.36}$$

但是, 由 (4.33)—(4.35) 式和 $\overline{R}(\theta^*;\lambda)$ 满足预解方程式得

$$
\begin{aligned}
&(\mu-\lambda)R(\lambda)R(\mu)\\
=&(\mu-\lambda)\left(\overline{R}(\lambda)+\frac{\overrightarrow{y}(\lambda)\overrightarrow{\alpha}'(\lambda)}{K(\lambda)}\right)\left(\overline{R}(\mu)+\frac{\overrightarrow{y}(\mu)\overrightarrow{\alpha}'(\mu)}{K(\mu)}\right)\\
=&(\mu-\lambda)[\overline{R}(\lambda)\overline{R}(\mu)+\overline{R}(\lambda)\overrightarrow{y}(\mu)\alpha'(\mu)/K(\mu)\\
&+\overrightarrow{y}(\lambda)\overrightarrow{\alpha}'(\lambda)\overline{R}(\mu)/K(\lambda)+\overrightarrow{y}(\lambda)\overrightarrow{\alpha}'(\lambda)\overrightarrow{y}(\mu)\overrightarrow{\alpha}'(\mu)/K(\lambda)K(\mu)]\\
=&(\overline{R}(\lambda)-\overline{R}(\mu))+\left(\frac{\overline{R}(\lambda)\overrightarrow{y}(\mu)\overrightarrow{\alpha}'(\mu)K(\lambda)+\overrightarrow{y}(\lambda)\overrightarrow{\alpha}'(\lambda)\overline{R}(\mu)K(\mu)}{K(\lambda)K(\mu)}\right.\\
&\left.+\frac{\overrightarrow{y}(\lambda)\overrightarrow{\alpha}'(\lambda)\overrightarrow{y}(\mu)\overrightarrow{\alpha}'(\mu)}{K(\lambda)K(\mu)}\right)(\mu-\lambda)\\
=&(\overline{R}(\lambda)-\overline{R}(\mu))+\frac{(\overrightarrow{y}(\lambda)-\overrightarrow{y}(\mu))\alpha'(\mu)K(\lambda)}{K(\lambda)K(\mu)}\\
&+\frac{\overrightarrow{y}(\lambda)(\overrightarrow{\alpha}'(\lambda)-\overrightarrow{\alpha}'(\mu))K(\mu)}{K(\lambda)K(\mu)}+\frac{\overrightarrow{y}(\lambda)(\mu\overrightarrow{\alpha}'(\mu)-\lambda\overrightarrow{\alpha}'(\lambda))\mathbf{1}\overrightarrow{\alpha}'(\mu)}{K(\lambda)K(\mu)}\\
=&(\overline{R}(\lambda)-\overline{R}(\mu))+\frac{\overrightarrow{y}(\lambda)\overrightarrow{\alpha}'(\lambda)}{K(\lambda)}-\frac{\overrightarrow{y}(\mu)\overrightarrow{\alpha}'(\mu)}{K(\mu)}=R(\lambda)-R(\mu).
\end{aligned}
$$

(ii) 证毕.

(iii) 由 (i) 和 (ii) 立即可证 (iii) 成立. 定理证毕.

定理 4.9 设 $\mathscr{L}_\lambda(\theta^*),\overrightarrow{y}_m(\theta^*(0);\lambda),\overline{R}(\theta^*;\lambda)$ 如定理 4.8 中所定义, $Y(\theta^*)$ 如定理 4.6 中所定义. 令 $K(\theta;\lambda)$ 是 θ 的 $\mathscr{B}$ 可测的非负函数 $(\forall\lambda>0)$. $Q(\theta)\in Q(\mathscr{X},\Theta)$. 设 $l^+(\theta^*)\equiv 1(\forall\theta^*\in\Theta^*)$, 且对每个 $\lambda>0$, 方程式

$$\ll \overrightarrow{\alpha}'(\lambda I-Q(\theta))=0,\overrightarrow{\alpha}'\in l\gg$$

的每一个解都是 $\mathscr{B}$ 可测的, 则

$$
\begin{aligned}
&Q_F-P(\mathscr{X},\Theta)=\\
&\{R(\theta^*;\lambda)=\overline{R}(\theta^*;\lambda)+K(\theta^*(0);\lambda)\overrightarrow{y}(\theta^*(0);\lambda)\overrightarrow{\alpha}'(\theta^*(0);\lambda):\\
&\overrightarrow{y}(\theta^*(0);\lambda)\in Y(\theta^*),0\neq\overrightarrow{\alpha}'(\theta^*(0);\lambda)\in\mathscr{L}_\lambda(\theta^*),\\
&K(\theta^*(0);\mu)=K(\theta^*(0);\lambda)[1+(\lambda-\mu)K(\theta^*(0);\lambda)\overrightarrow{\alpha}'(\theta^*(0);\lambda)\overrightarrow{y}(\theta^*(0);\lambda)],\\
&K(\theta^*(0);\lambda)\overrightarrow{y}(\theta^*(0);\lambda)\leqslant\overrightarrow{y}_m(\theta^*(0);\lambda)/\lambda\overrightarrow{\alpha}'(\theta^*(0);\lambda)\mathbf{1}\\
&\forall\theta^*\in\Theta^*,\lambda>0,\mu>0\}.
\end{aligned}
$$

证 由定理 4.5 和 $l^+(\theta^*)\equiv 1(\forall\theta^*\in\Theta^*)$, 可取 $0\neq\overrightarrow{\alpha}'(\theta^*(0);\lambda)\in\mathscr{L}_\lambda(\theta^*)\subset L(\theta^*)(\forall\theta^*\in\Theta^*)$, 此处 $L(\theta^*)$ 由定理 4.7 中所定义.

对任何 $R(\theta^*;\lambda)\in Q_F-P(\mathscr{X},\Theta)$, 由 $\overline{R}(\theta^*;\lambda)\in Q_F-P(\mathscr{X},\Theta)$, 恒有

$$(R(\theta^*;\lambda)-\overline{R}(\theta^*;\lambda))(\lambda I-Q(\theta^*(0)))=0\quad(\forall\theta^*\in\Theta^*).\tag{4.37}$$

但是, $l^+(\theta^*)\equiv 1,\overrightarrow{\alpha}'(\theta^*(0);\lambda)\neq 0$, 故 $R(\theta^*;\lambda)$ 必可表示为

$$R(\theta^*;\lambda)=\overline{R}(\theta^*;\lambda)+\overrightarrow{z}(\theta^*(0);\lambda)\overrightarrow{\alpha}'(\theta^*(0);\lambda),\tag{4.38}$$

此处 $0\leqslant\overrightarrow{z}(\theta^*(0);\lambda)\in(m),\overrightarrow{z}(\cdot;\lambda)$ 是 $\mathscr{B}$ 可测的 $(\forall\lambda>0)$.

用定理 4.2, 由 (4.38) 式所定义的 $R(\theta^*;\lambda)$ 属于 $Q_F-P(\mathscr{X},\Theta)$ 的充要条件是 $R(\theta^*;\lambda)$ 满足定理 4.1 中条件 (i)、(ii)、(iii) 和 (F_λ).

但是, 由 (4.38) 式所定义的 $R(\theta^*;\lambda)$ 恒满足条件 (i) 和 (iv), 因此, $R(\theta^*;\lambda)\in Q_F-P(\mathscr{X},\Theta)$ 的充要条件是它满足条件 (ii) 和 (iii).

由 $\overline{R}(\theta^*;\lambda)$ 满足条件 (iii) 得知 $R(\theta^*;\lambda)$ 满足条件 (iii) 等价于:

$$\begin{aligned}&\overrightarrow{z}(\theta^*(0);\lambda)\overrightarrow{\alpha}'(\theta^*(0);\lambda)\\&=\overrightarrow{z}(\theta^*(0);\mu)\overrightarrow{\alpha}'(\theta^*(0);\mu)+(\lambda-\mu)[\overline{R}(\theta^*;\lambda)\overrightarrow{z}(\theta^*(0);\mu)\overrightarrow{\alpha}'(\theta^*(0);\mu)\\&\quad+\overrightarrow{z}(\theta^*(0);\lambda)\overrightarrow{\alpha}'(\theta^*(0);\lambda)\overrightarrow{z}(\theta^*(0);\mu)\overrightarrow{\alpha}'(\theta^*(0);\mu)\\&\quad+\overrightarrow{z}(\theta^*(0);\lambda)\overrightarrow{\alpha}'(\theta^*(0);\lambda)\overline{R}(\theta^*;\mu)].\end{aligned}\tag{4.39}$$

由 $A(\theta^*;\lambda,\mu)$ 的定义和 $\overrightarrow{\alpha}'(\theta^*(0);\lambda)\neq 0$,(4.39) 式等价于:

$$\begin{aligned}\overrightarrow{z}(\theta^*(0);\lambda)=&A(\theta^*;\mu,\lambda)\overrightarrow{z}(\theta^*(0);\mu)\\&+(\mu-\lambda)\overrightarrow{z}(\theta^*(0);\lambda)\overrightarrow{\alpha}'(\theta^*(0);\lambda)\overrightarrow{z}(\theta^*(0);\mu).\end{aligned}\tag{4.40}$$

令

$$\overrightarrow{z}(\theta^*(0);\lambda)=K(\theta^*(0);\lambda)\overrightarrow{y}(\theta^*(0);\lambda)\tag{4.41}$$
$$(0\leqslant\overrightarrow{y}(\theta^*(0);\lambda)\in(m),K(\theta^*(0);\lambda)\geqslant 0),$$

则由 (4.40) 和 (4.41) 知条件 (ii) 和 (iii) 等价于:

(a) $\overrightarrow{y}(\theta^*(0);\lambda)\in Y(\theta^*)(\forall\theta^*\in\Theta^*)$;

(b) $$\begin{cases}K(\theta^*(0);\lambda)[1+(\lambda-\mu)K(\theta^*(0);\lambda)\overrightarrow{\alpha}'(\theta^*(0);\lambda)\overrightarrow{y}(\theta^*(0);\lambda)]\\\qquad\qquad=K(\theta^*(0);\mu),\\K(\theta^*(0);\lambda)\overrightarrow{y}(\theta^*(0);\lambda)\leqslant\dfrac{\overrightarrow{y}_m(\theta^*(0);\lambda)}{\lambda\overrightarrow{\alpha}'(\theta^*(0);\lambda)\mathbf{1}}\quad(\forall\theta^*\in\Theta^*,\lambda,\mu>0).\end{cases}$$

总上所述, 定理 4.9 得证.

附注 4.2 若 $Q(\theta)=(q(\theta;x,y),x,y\in\mathscr{X}),\mathscr{X}=\{0,1,\cdots\},q(\theta;x,y)=0$ (当 $|x-y|>1$), $q(\theta;x,y)=-(\lambda_x(\theta)+\mu_x(\theta))$ (当 $x=y$), $q(\theta;x,y)=\mu_x(\theta)$ (当 $y=x+1$).$q(\theta;x,y)=\lambda_x(\theta)$ (当 $y=x-1\geqslant 0$), $\mu_x(\cdot)$ 和 $\lambda_x(\cdot)$ 都是 $\mathscr{B}$ 可测的, 则方程式 $\ll \overrightarrow{\alpha}'(\theta;\lambda)(\lambda I-Q(\theta))=0,\overrightarrow{\alpha}'(\theta;\lambda)\in(l)\gg$ 的每一个解都是 θ 的 $\mathscr{B}$ 可测函数 $(\forall\lambda>0)$.

附注 4.3 由定理 4.8 可知: $K(\theta;\lambda)\stackrel{\text{def}}{=\!=}(C(\theta)+\lambda\overrightarrow{\alpha}'(\theta;\lambda)\mathbf{1})^{-1}$ 满足条件 (b).

§5 满足 (B) 的随机环境中的 $q-$ 过程的构造

对任何 $Q(\theta)\stackrel{\text{def}}{=\!=}(q(\theta;x,y),x,y\in\mathscr{X})\in Q(\mathscr{X},\varTheta)$, 取 $\Delta\notin\mathscr{X}$, 令 $\mathscr{X}_\Delta=\mathscr{X}\bigcup\{\Delta\},Q_\Delta(\theta)=(q_\Delta(\theta;x,y),x,y\in\mathscr{X}_\Delta)$ 是 $Q(\theta)$ 从 $\mathscr{X}\times\mathscr{X}$ 到 $\mathscr{X}_\Delta\times\mathscr{X}_\Delta$ 的扩张且满足:

$$q_\Delta(\theta;x,y)=q(\theta;x,y)\quad(\text{当 } x,y\in\mathscr{X},\theta\in\varTheta);$$

$q_\Delta(\theta;\Delta,y)=0$ (当 $y\in\mathscr{X}_\Delta,\theta\in\varTheta$); $q_\Delta(\theta;x,\Delta)=-\sum\limits_{y\in\mathscr{X}}q(\theta;x,y)$ (当 $x\in\mathscr{X},\theta\in\varTheta$). 则 $Q_\Delta(\theta)$ 是随机环境 $\varTheta$ 中的保守的 $Q_\Delta-$ 矩阵. 如果 $P_\Delta(\theta^*;t)\stackrel{\text{def}}{=\!=}(p_\Delta(\theta^*;t,x,y),x,y\in\mathscr{X}_\Delta)\in Q_\Delta-P(\mathscr{X}_\Delta,\varTheta)$, 易证: $P_\Delta(\theta^*;t)$ 必满足 (B). 故 $P_\Delta(\theta^*;t)$ 在 $\mathscr{X}\times\mathscr{X}$ 上的限制 $P(\theta^*;t)\stackrel{\text{def}}{=\!=}(p_\Delta(\theta^*;t,x,y),x,y\in\mathscr{X})$ 也满足 (B). 因此, 为了研究满足 (B) 的随机环境中的 $q-$ 过程的构造, 只需研究保守的随机环境中的 $q-$ 矩阵 $Q(\theta)$ 的 $q-$ 过程的构造就够了.

定理 5.1 设 $Q(\theta)\in CQ-(\mathscr{X},\varTheta),Y(\theta^*),L(\theta^*)$ 如定理 4.7 所定义, $\overrightarrow{y}_m(\theta^*(0);\lambda)$ 如定理 3.1 所定义. $\overline{R}(\theta^*;\lambda)$ 是随机环境中的最小的 $q-$ 过程. $\mathscr{M}_\lambda(\theta^*),\mathscr{L}_\lambda(\theta^*)$ 如 §3 开始所定义, $A(\theta^*;\lambda,\mu)$ 如 (4.1) 式所定义. 再令

$$(l_{m+})=\{\overrightarrow{\alpha}'(\theta):\overrightarrow{\alpha}'(\theta)\in(l)\text{ 满足 }\overrightarrow{\alpha}'(\theta)\geqslant 0\text{ 但 }\neq 0,(\forall\theta\in\varTheta)$$
$$\text{而且对每个 } x\in\mathscr{X},\overrightarrow{\alpha}'(\cdot)\overrightarrow{e}_x\text{ 是 }\mathscr{B}\text{ 可测函数}\}.$$

(1) 若 $m^+(\theta^*)\equiv 0\quad(\forall\theta^*\in\varTheta^*)$, 则满足 (B) 的随机环境中的 $q-$ 过程恰有一个, 它是 $\overline{P}(\theta^*;t)$.

(2) 假定存在一个 $\theta_{\Delta}^{*}\in\varTheta^{*}$ 满足: $m^{+}(\theta_{\Delta}^{*})>0$, 令

$$
\begin{aligned}
\mathscr{D}_1=\{R(\theta^*;\lambda):R(\theta^*;\lambda)=&\overline{R}(\theta^*;\lambda)\\
&+\overrightarrow{y}_m(\theta^*(0);\lambda)\overrightarrow{\beta}'(\theta^*(0);\lambda)/(C(\theta^*(0))+\lambda\overrightarrow{\beta}'(\theta^*(0);\lambda)\mathbf{1}),\\
&\overrightarrow{\beta}'(\theta^*(0);\lambda)\in L(\theta^*)=L_1(\theta^*),\\
&\overrightarrow{\beta}'(\cdot;\lambda)\overrightarrow{e}_x\ \text{是}\ \mathscr{B}\ \text{可测的}\ (\forall x\in\mathscr{X},\lambda>0),\\
&C(\theta)\ \text{是非负的}\ \mathscr{B}\ \text{可测的函数且满足:}\\
&(C(\theta^*(0))+\lambda\overrightarrow{\beta}'(\theta^*(0);\lambda)\mathbf{1})>0\}.
\end{aligned}
$$

$$
\begin{aligned}
\mathscr{D}=\{R(\theta^*;\lambda):R(\theta^*;\lambda)=&\overline{R}(\theta^*;\lambda)\\
&+\overrightarrow{y}_m(\theta^*(0);\lambda)\overrightarrow{\alpha}'(\theta^*(0))\overline{R}(\theta^*;\lambda)/(C(\theta^*(0))+\lambda\alpha(\theta^*(0))\overline{R}(\theta^*;\lambda)\mathbf{1}),\\
&\overrightarrow{\alpha}'(\theta^*(0))\overline{R}(\theta^*;\lambda)\in(l),\overrightarrow{\alpha}'(\cdot)\in(l_{m+}),\\
&C(\theta)\ \text{是非负的}\ \mathscr{B}\ \text{可测的函数且满足}\\
&(C(\theta^*(0))+\lambda\overrightarrow{\alpha}'(\theta^*(0))\overline{R}(\theta^*;\lambda)\mathbf{1})>0\},
\end{aligned}
$$

则 (i) $\mathscr{D}_1$ 是一族满足 (B_λ) 的随机环境中的 $q-$ 过程, 且对任何 $R(\theta^*;\lambda)\in\mathscr{D}_1$, 它是诚实的充要条件是 $C(\theta^*(0))=0,\forall\theta^*\in\varTheta^*$;

(ii) $\mathscr{D}\subset\mathscr{D}_1$;

(iii) 若 $m^+(\theta^*)\equiv1(\forall\theta^*\in\varTheta^*)$, 则 $\mathscr{D}_1$ 是全部满足 (B_λ) 的随机环境中的 $q-$ 过程.

证 (1) 可由定理 3.2 立即可得.

(2) (i). 首先证明:

对每个 $\overrightarrow{\gamma}'(\theta^*(0);\lambda)\in(l_{m+})\quad(\forall\lambda>0)$,

$$
R(\theta^*;\lambda)\stackrel{\text{def}}{=\!=}\overline{R}(\theta^*;\lambda)+\overrightarrow{y}_m(\theta^*(0);\lambda)\overrightarrow{\gamma}'(\theta^*(0);\lambda)\tag{5.1}
$$

都属于 $Q_{\mathrm{F}}-P(\mathscr{X},\varTheta)$ 的充要条件是:

$$
(\mathrm{A}_1):\overrightarrow{\gamma}'(\theta^*(0);\lambda)=m_\lambda(\theta^*(0))\overrightarrow{\beta}'(\theta^*(0);\lambda),
$$

此处 $\overrightarrow{\beta}'(\theta^*(0);\lambda)\in L(\theta^*),\overrightarrow{\beta}'(\cdot;\lambda)\overrightarrow{e}_x$ 是 $\mathscr{B}$ 可测的 $(\forall\lambda>0,x\in\mathscr{X})$;

$$
(\mathrm{A}_2):m_\lambda(\theta^*(0))=(C(\theta^*(0))+\lambda\overrightarrow{\beta}'(\theta^*(0);\lambda)\mathbf{1})^{-1},
$$

此处 $C(\theta)$ 是非负 $\mathscr{B}$ 可测函数且满足 $(C(\theta)+\lambda\overrightarrow{\beta}'(\theta;\lambda)\mathbf{1})>0$.

事实上, 由 (5.1) 式定义的 $R(\theta^*;\lambda)$ 必满足 (B_λ) 和定理 4.1 中的条件 (i)(可测性条件), 从而 $R(\theta^*;\lambda)\in Q_{\mathrm{B}}-P(\mathscr{X},\Theta)$ 的充要条件是:

(a_1) $0\leqslant \lambda R(\theta^*;\lambda)\mathbf{1}\leqslant \mathbf{1}\quad (\forall\lambda>0,\theta^*\in\Theta^*)$

(a_2) $R(\theta^*;\lambda)-R(\theta^*;\mu)+(\lambda-\mu)R(\theta^*;\lambda)R(\theta^*;\mu)=0\quad(\forall\lambda,\mu>0,\theta^*\in\Theta^*)$.

事实上, 由于 $\overline{R}(\theta^*;\lambda)$ 满足 (B_λ), 故 (a_2) 等价于:

$$\begin{aligned}&\overrightarrow{y}_m(\theta^*(0);\lambda)\overrightarrow{\gamma}'(\theta^*(0);\lambda)-\overrightarrow{y}_m(\theta^*(0);\mu)\overrightarrow{\gamma}'(\theta^*(0);\mu)\\&+(\lambda-\mu)[\overline{R}(\theta^*;\lambda)\overrightarrow{y}_m(\theta^*(0);\mu)\overrightarrow{\gamma}'(\theta^*(0);\mu)\\&+\overrightarrow{y}_m(\theta^*(0);\lambda)\overrightarrow{\gamma}'(\theta^*(0);\lambda)\overline{R}(\theta^*;\mu)\\&+\overrightarrow{y}_m(\theta^*(0);\lambda)\overrightarrow{\gamma}'(\theta^*(0);\lambda)\overrightarrow{y}_m(\theta^*(0);\mu)\overrightarrow{\gamma}'(\theta^*(0);\mu)]=0.\end{aligned}$$

注意: 由 $A(\theta^*;\lambda,\mu)\overrightarrow{y}_m(\theta^*(0);\lambda)=\overrightarrow{y}_m(\theta^*(0);\mu)$ 以及 $A(\theta^*;\lambda,\mu)=I+(\lambda-\mu)\overline{R}(\theta^*;\mu)$, 上面的方程式可变为:

$$\begin{aligned}&\overrightarrow{y}_m(\theta^*(0);\lambda)\overrightarrow{\gamma}'(\theta^*(0);\lambda)A(\theta^*;\lambda,\mu)\\=&\overrightarrow{y}_m(\theta^*(0);\lambda)\overrightarrow{\gamma}'(\theta^*(0);\mu)\\&+(\mu-\lambda)\overrightarrow{y}_m(\theta^*(0);\lambda)\overrightarrow{\gamma}'(\theta^*(0);\lambda)\overrightarrow{y}_m(\theta^*(0);\mu)\overrightarrow{\gamma}'(\theta^*(0);\mu).\end{aligned}\tag{5.2}$$

但是, $\overrightarrow{y}_m(\theta^*(0);\lambda)\neq 0(\forall\lambda>0,\theta^*\in\Theta^*)$, 方程式 (5.2) 等价于

$$\overrightarrow{\gamma}'(\theta^*(0);\lambda)A(\theta^*;\lambda,\mu)=(I+(\mu-\lambda))\overrightarrow{\gamma}'(\theta^*(0);\lambda)\overrightarrow{y}_m(\theta^*(0);\mu))\overrightarrow{\gamma}'(\theta^*(0);\mu)).\tag{5.3}$$

固定 $\lambda_0>0$, 令 $\overrightarrow{\gamma}'(\theta^*(0);\lambda_0)=m_{\lambda_0}(\theta^*(0))\overrightarrow{\beta}'(\theta^*(0);\lambda_0)$, 此处 $m_{\lambda_0}(\theta)$ 是非负的 $\mathscr{B}$ 可测的函数, $\overrightarrow{\beta}'(\cdot;\lambda_0)\overrightarrow{e}_x$ 是非负的 $\mathscr{B}$ 可测函数且满足: $\overrightarrow{\beta}'(\theta^*(0);\lambda_0)\in(l)$ 且 $\overrightarrow{\beta}'(\theta^*(0);\lambda_0)\neq 0(\forall\theta^*\in\Theta^*)$.

令

$$\overrightarrow{\beta}'(\theta^*(0);\lambda)=\overrightarrow{\beta}'(\theta^*(0);\lambda_0)A(\theta^*;\lambda_0,\lambda)\quad(\forall\lambda>0,\theta^*\in\Theta^*),$$

则 $\overrightarrow{\beta}'(\theta^*(0);\lambda)\in L(\theta^*)$, $\overrightarrow{\beta}'(\cdot;\lambda)\overrightarrow{e}_x$ 是 $\mathscr{B}$ 可测的, 且方程式 (5.3) 等价于下列三个方程式 ((5.4)—(5.6) 式):

$$\overrightarrow{\gamma}'(\theta^*(0);\lambda)=m_\lambda(\theta^*(0))\overrightarrow{\beta}'(\theta^*(0);\lambda)\quad(\forall\theta^*\in\Theta^*;\lambda>0),\tag{5.4}$$

$$\begin{aligned}m_\lambda(\theta^*(0))=&[1+(\mu-\lambda)m_\lambda(\theta^*(0))(\overrightarrow{\beta}'(\theta^*(0);\lambda)\overrightarrow{y}_m(\theta^*(0);\mu))]m_\mu(\theta^*(0))\\&(\forall\theta^*\in\Theta^*,\lambda,\mu>0),\end{aligned}\tag{5.5}$$

$$\overrightarrow{\beta}'(\theta^*(0);\lambda)\in L(\theta^*);\quad \overrightarrow{\beta}'(\cdot;\lambda)\overrightarrow{e}_x\ \text{是}\ \mathscr{B}\ \text{可测的}.\tag{5.6}$$

令

$$\sigma(\theta^*(0);\lambda,\mu)=\overrightarrow{\beta}'(\theta^*(0);\lambda)\overrightarrow{y}_m(\theta^*(0);\mu),\tag{5.7}$$

则 (5.5) 式变为

$$m_\lambda(\theta^*(0))-m_\mu(\theta^*(0))=(\mu-\lambda)m_\lambda(\theta^*(0))m_\mu(\theta^*(0))\sigma(\theta^*(0);\lambda,\mu).\tag{5.8}$$

由 (5.8) 式可知: 对任何固定的 $\theta^*\in\Theta^*, m_\lambda(\theta^*(0))$ 或者对一切 $\lambda>0$ 它恒为 0, 或者对一切 $\lambda>0, m_\lambda(\theta^*(0))$ 从不为 0. 但是 $\overrightarrow{\gamma}'(\theta^*(0);\lambda)\neq 0$, 所以 $m_\lambda(\theta^*(0))>0(\forall\theta^*\in\Theta^*,\lambda>0)$.

在方程式 (5.8) 两边除以 $m_\lambda(\theta^*(0))m_\mu(\theta^*(0))$ 得

$$m_\lambda(\theta^*(0))^{-1}-\lambda\sigma(\theta^*(0);\lambda,\mu)=m_\mu(\theta^*(0))^{-1}-\mu\sigma(\theta^*(0);\lambda,\mu).\tag{5.9}$$

但是,

$$\begin{aligned}\sigma(\theta^*(0);\lambda,\mu)&=\overrightarrow{\beta}'(\theta^*(0);\lambda)\overrightarrow{y}_m(\theta^*(0);\mu)\\&=\overrightarrow{\beta}'(\theta^*(0);\mu)A(\theta^*;\mu,\lambda)\overrightarrow{y}_m(\theta^*(0);\mu)\\&=\overrightarrow{\beta}'(\theta^*(0);\mu)\overrightarrow{y}_m(\theta^*(0);\lambda)=\sigma(\theta^*(0);\mu,\lambda),\end{aligned}$$

因此, (5.9) 式即是

$$m_\lambda(\theta^*(0))^{-1}-\lambda\sigma(\theta^*(0);\lambda,\mu)=m_\mu(\theta^*(0))^{-1}-\mu\sigma(\theta^*(0);\mu,\lambda).\tag{5.10}$$

但是, 由 $\overrightarrow{y}_m(\theta^*(0);\mu)$ 和 $\overrightarrow{\beta}'(\theta^*(0);\lambda)$ 的定义有

$$\begin{aligned}\sigma(\theta^*(0);\lambda,\mu)&=\overrightarrow{\beta}'(\theta^*(0);\lambda)\overrightarrow{y}_m(\theta^*(0);\mu)=\overrightarrow{\beta}'(\theta^*(0);\lambda)(\mathbf{1}-\mu\overline{R}(\theta^*;\mu)\mathbf{1})\\&=\overrightarrow{\beta}'(\theta^*(0);\lambda)\mathbf{1}-\mu\overrightarrow{\beta}'(\theta^*(0);\mu)\overline{R}(\theta^*;\lambda)\mathbf{1},\end{aligned}$$

故 (5.50) 式等价于:

$$m_\lambda(\theta^*(0))^{-1}-\lambda\overrightarrow{\beta}'(\theta^*(0);\lambda)\mathbf{1}=C(\theta^*(0))\quad(\forall\lambda>0),\tag{5.11}$$

此处 $C(\theta^*(0))$ 不依赖 $\lambda>0$.

显然,

$$R(\theta^*;\lambda)=\overline{R}(\theta^*;\lambda)+\frac{\overrightarrow{y}_m(\theta^*(0);\lambda)\overrightarrow{\beta}'(\theta^*(0);\lambda)}{C(\theta^*(0))+\lambda\overrightarrow{\beta}'(\theta^*(0);\lambda)\mathbf{1}}$$

满足 (a_1) 的充要条件是: $C(\theta^*(0))\geqslant 0(\forall\theta^*\in\Theta^*)$. 而且 $\lambda R(\theta^*;\lambda)\mathbf{1}=\mathbf{1}$ 的充要条件是 $C(\theta^*(0))=0(\forall\theta^*\in\Theta^*)$.

总上所述, 我们证明了: 由 (5.1) 式所定义的 $R(\theta^*;\lambda)$ 是满足 (B_λ) 的随机环境中的 $q-$ 过程的充要条件是 (A_1) 和 (A_2) 成立. 因此, $\mathscr{D}_1$ 是一族随机环境中的 $q-$ 过程, 且其中的 $R(\theta^*;\lambda)$ 是诚实的充要条件为 $C(\theta^*(0))\equiv 0(\forall\theta^*\in\Theta^*)$.(2) (i) 证毕.

(2) (ii) 因为对任何固定的 $\lambda>0,x,y\in\mathscr{X}$, $\overrightarrow{e}'_x R(\theta^*;\lambda)\overrightarrow{e}_y$ 是 θ^* 的 $\mathscr{G}_0$ 可测函数, 由 $L(\theta^*)$ 的定义和 $\overline{R}(\theta^*;\lambda)A(\theta^*;\lambda,\mu)=\overline{R}(\theta^*;\mu)$ 易证 $\mathscr{D}\subset\mathscr{D}_1$.

(2) (iii) 设

$$m^+(\theta^*)\equiv 1\quad(\forall\theta^*\in\Theta^*).$$

如果能够证明: 任何一个不等于 $\overline{R}(\theta^*;\lambda)$ 的满足 (B_λ) 的随机环境中的 $q-$ 过程 $R(\theta^*;\lambda)$ 都能写成 (5.1) 式中的形式, 则定理获证.

事实上, 由于 $\overline{R}(\theta^*;\lambda)$ 满足 (B_λ), 对每个 $R(\theta^*;\lambda)\in Q_{\mathrm{B}}-P(\mathscr{X},\Theta)$, 总有:

$$(\lambda I-Q(\theta^*(0)))(R(\theta^*;\lambda)-\overline{R}(\theta^*;\lambda))=0.\tag{5.12}$$

但是

$$m^+(\theta^*)\equiv 1,\ \text{且}\ 0\neq\overrightarrow{y}_m(\theta^*(0);\lambda)\in\mathscr{M}_\lambda(\theta^*)\quad(\forall\lambda>0,\theta^*\in\Theta^*),$$

所以, 由 (5.12) 式可知: 存在一个行向量 $\overrightarrow{\gamma}'(\theta^*(0);\lambda)$ 满足 $0\leqslant\overrightarrow{\gamma}'(\theta^*(0);\lambda)\in(l)(\forall\lambda>0,\theta^*\in\Theta^*)$ 使:

$$R(\theta^*;\lambda)-\overline{R}(\theta^*;\lambda)=\overrightarrow{y}_m(\theta^*(0);\lambda)\overrightarrow{\gamma}'(\theta^*(0);\lambda).\tag{5.13}$$

但是, 对任何 $\lambda>0,v\in\mathscr{X}$, 由附注 3.3 知

$$\left[\sum_{u\in\mathscr{X}}\overrightarrow{e}'_u\overrightarrow{y}_m(\theta^*(0);\lambda)\right]\overrightarrow{\gamma}'(\theta^*(0);\lambda)\overrightarrow{e}_v=\sum_{u\in\mathscr{X}}[\overrightarrow{e}'_u(R(\theta^*;\lambda)-\overline{R}(\theta^*;\lambda))\overrightarrow{e}_v]$$

是 θ^* 的 $\mathscr{G}_0$ 可测函数, 此即

$$\left[\sum_{u\in\mathscr{X}}\overrightarrow{e}'_u\overrightarrow{y}_m(\cdot;\lambda)\right]\overrightarrow{\gamma}'(\cdot;\lambda)\overrightarrow{e}_v$$

是 $\mathscr{B}$ 可测的. 因此, 由

$$\sum_{u\in\mathscr{X}}\overrightarrow{e}'_u\overrightarrow{y}_m(\theta^*(0);\lambda)>0\quad(\forall\lambda>0,\theta^*\in\Theta^*)$$

和

$$\sum_{u\in\mathscr{X}}\overrightarrow{e}'_u\overrightarrow{y}_m(\cdot;\lambda)$$

是 $\mathscr{B}$ 可测的可知

$\overrightarrow{\gamma}'(\cdot;\lambda)\overrightarrow{e}_v$ 是$\mathscr{B}$ 可测的.

总上所述 $R(\theta^*;\lambda)$ 可表示为 (5.1) 式的形式. 定理证毕.

§6 随机环境中的生灭过程

沿用前面 §5 的符号, 不过本节恒设可数集 $\mathscr{X}=\mathbf{N}=\{0,1,2,\cdots\}$ 为非负整数集. $Q(\mathbf{N},\Theta)$ 仍表随机环境 Θ 中的全体 $q-$ 矩阵 (或密度矩阵), $CQ(\mathbf{N},\Theta)$ 为全体保守的随机环境 Θ 中的 $q-$ 矩阵, 在不致混淆的情况下, 将随机环境 Θ 中的 Θ 略去不写.

定义 6.1 令 $Q(\theta)\in Q(N,\Theta), Q(\theta)=(q(\theta;i,j),i,j\in\mathbf{N})$. 若 $\forall\theta^*\in\Theta^*, q(\theta^*(0);0,0)=-\lambda_0(\theta^*(0)), q(\theta^*(0);0,1)=\lambda_0(\theta^*(0)), q(\theta^*(0);i,i-1)=\mu_i(\theta^*(0)), q(\theta^*(0);i,i+1)=\lambda_i(\theta^*(0)), q(\theta^*(0);i,i)=-(\mu_i(\theta^*(0))+\lambda_i(\theta^*(0)))$ $(i\geqslant 1), q(\theta^*(0);i,j)=0$ (当 $i,j\in\mathbf{N}$ 且 $|i-j|>1$, 此处 $\lambda_i(\cdot)$ 和 $\mu_i(\cdot)$ 是 $\mathscr{B}$ 可测函数, $\lambda_i(\cdot)>0,\mu_i(\cdot)>0$ $(\forall i,j\geqslant 1), \lambda_0(\cdot)\geqslant 0$. 则称 $Q(\theta)$ 是随机环境中的生灭密度矩阵 (或 $q-$ 矩阵). 用 $\mathrm{BDDM}(\mathbf{N},\Theta)$ 表示全体随机环境中的生灭密度矩阵 (或 $q-$ 矩阵).

显然 $\mathrm{BDDM}(\mathbf{N},\Theta)\subset CQ(\mathbf{N},\Theta)$.

特别地, 若 $Q(\theta)\in\mathrm{BDDM}\ (\mathbf{N},\Theta)$ 且满足:

$$\lambda_0=\nu,\quad \lambda_n=n\lambda+\nu,\quad \mu_n=n\mu+\gamma\quad (n\geqslant 1),$$

此处 ν 和 γ 都是非负的 $\mathscr{B}$ 可测函数, λ 和 μ 是严格正的 $\mathscr{B}$ 可测函数, 则称 $Q(\theta)$ 是随机环境中的双移民的生灭密度矩阵 ($q-$ 矩阵). 记全体随机环境中的双移民的生灭密度矩阵为 $\mathrm{BIBDDM}(\mathbf{N},\Theta)$. 特别地, 若 $Q(\theta)\in\mathrm{BIBDDM}(\mathbf{N},\Theta)$ 满足 $\gamma=0$ (或 $\nu=0$), 则称 $Q(\theta)$ 为正向 (或负向) 移民的随机环境中的生灭密度矩阵, 它们的全体分别用 $\mathrm{PIBDDM}(\mathbf{N},\Theta)$ (或 $\mathrm{NIBDDM}(\mathbf{N},\Theta)$) 表示之. 称 λ (或 μ) 为出生 (或灭亡) 率.

定义 6.2 称具有时齐的标准的 RTM $P(\theta^*;t)$ 的 MPTRE (X^*,ξ^*) (其中 $X^*=\{X_t,t[0.\infty)\},\xi^*=\{\xi_t,t\in(-\infty,\infty)\}$) 是随机环境中的双移民的生灭过程 (简记之为 BIBDTRE), 若其密度矩阵 $Q(\theta)$ 满足:

$$Q(\theta^*(0))=\left(\lim_{t\to 0+}\frac{P(\theta^*;t)-I}{t}\right)\in\mathrm{BIBDDM}(\Theta,\mathscr{X}),$$

其中 I 是单位矩阵, 矩阵之极限仍如以前理解为逐元意义下的极限.

定理 6.1 设 $Q(\theta) \in \mathrm{BIBDDM}(\mathbf{N}, \Theta)$ 如定义 6.1 中所定义, $Q(\theta)$ 中相应的 $\lambda(\cdot)$ 和 $\mu(\cdot)$ 满足: $\mu > \lambda$. 则

(i) $Q(\theta)$ 是正则的, (即它对应的 $\overline{P}(\theta^*;t)$ 是诚实的,) 从而它有唯一的一个随机环境中的 $q-$ 过程, 它就是最小的随机环境中的 $q-$ 过程 $\overline{P}(\theta^*;t)$, 它满足 (B) 和 (F), 若记 $\overline{P}(\theta^*;t) = (\overline{p}(\theta^*;t,i,j), i,j \in \mathbf{N})$, 则对任何固定的 $t \geqslant 0, i,j \in \mathbf{N}, \overline{p}(\theta^*;t,i,j)$ 是 θ^* 的 $\mathscr{G}_0$ 可测的函数, 故可表示为

$$\overline{P}(\theta^*;t) \stackrel{\text{def}}{=\!=} \widetilde{P}(\theta^*(0);t),$$
$$\overline{p}(\theta^*;t,i,j) \stackrel{\text{def}}{=\!=} \widetilde{p}(\theta^*(0);t,i,j).$$

(ii)

$$\lim_{t\to 0+} \widetilde{p}(\theta^*(0);t,i,j) = \widetilde{\pi}(\theta^*(0);i,j)$$
$$= \rho_j(\theta^*(0)) \Big/ \sum_{n=0}^{\infty} \rho_n(\theta^*(0)) \text{ 不依赖 } i, \quad (\forall i,j \in \mathbf{N}, \theta^* \in \Theta^*), \tag{6.1}$$

其中 $\rho_0 = 1$,

$$\rho_n = \prod_{i=0}^{n-1} \lambda_i \Big/ \prod_{j=1}^{n} \mu_j \quad (n \geqslant 1). \tag{6.2}$$

(iii) 存在一个概率空间 $(\Omega, \mathscr{F}, P)$ 上的以 $\overline{P}(\theta^*;t)$ 为 RTM 的 BIBDTRE $(X^*, \xi^*), \xi^*$ 的 P 分布记之为 $\overline{m} = P \circ (\xi^*)^{-1}$, 则 X^* 是 $(\Omega, \mathscr{F}, P)$ 上的严平稳过程, 且 X^* 的 P 分布满足:

$$\begin{aligned} &P\left(\bigcap_{i=1}^{n} \{X_{t_i} = k_i\}\right) \\ &= \int_{\Theta^*} \overline{m}(\,\mathrm{d}\theta^*) \sum_{j\geqslant 0} \widetilde{\pi}(\theta^*(0);j) \widetilde{p}(\theta^*(0);t_1,j,k_1) \cdot \\ &\cdot \prod_{i=1}^{n-1} \widetilde{p}(\theta^*(0);t_{i+1}-t_i,k_i,k_{i+1}) \\ &(\forall 0 \leqslant t_1 < t_2 < \cdots < t_n, \{k_1,k_2,\cdots,k_n\} \subset \mathbf{N}). \end{aligned} \tag{6.3}$$

证明定理以前先证明几个引理.

引理 6.1 给定实数 $z_1 > z_0 \geqslant 0$ 及 $f_n > 0, g_n > 0 \ (n \geqslant 1)$, 用递推公式:

$$z_{n+1} - z_n = f_n z_n + g_n(z_n - z_{n-1}) \quad (n = 1,2,\cdots)$$

来定义 $\{z_n, n \geqslant 0\}$ (显然 $0 \leqslant z_0 < z_1 < z_2 < \cdots$), 则 $\sup\limits_{n\geqslant 0} z_n < \infty$ 的充要条件是:

$$\sum_{n=1}^{\infty}\sum_{k=1}^{n} f_k g_{k+1}\cdots g_n < \infty. \tag{6.4}$$

证明可参见文献 [118].P.179.

引理 6.2 设 $Q(\theta) \in \mathrm{BDDM}(\mathbf{N}, \Theta)$, 则下列条件等价:

(1) $Q(\theta)$ 是正则的;

(2) $\Phi(\theta^*(0)) \overset{\text{def}}{=\!=} \sum\limits_{n=1}^{\infty}\sum\limits_{k=1}^{n} \dfrac{\mu_{k+1}(\theta^*(0))\cdots\mu_n(\theta^*(0))}{\lambda_k(\theta^*(0))\cdots\lambda_n(\theta^*(0))} = \infty \quad (\forall \theta^* \in \Theta^*).$(6.5)

证 令 $Q(\theta) = (q(\theta; i, j), i, j \in \mathbf{N})$,

$$\overrightarrow{z} = \begin{pmatrix} z_0 \\ z_1 \\ \vdots \end{pmatrix},$$

考虑方程式:

$$(Q_e^+) : \ll (\lambda I - Q(\theta^*(0)))\overrightarrow{z} = 0, \overrightarrow{z} \geqslant 0, \overrightarrow{z} \neq 0 \gg \quad (\lambda > 0, \theta^* \in \Theta^*).$$

简记 $\Phi(\theta^*(0)) = \Phi, \lambda_n(\theta^*(0)) = \lambda_n, \mu_n(\theta^*(0)) = \mu_n$, 则方程式 (Q_e^+) 变为

$$\begin{cases} (\lambda + \lambda_0)z_0 = \lambda_0 z_1, \\ (\lambda + \lambda_1 + \mu_1)z_1 = \mu_1 z_0 + \lambda_1 z_2, \\ \cdots\cdots\cdots\cdots \\ (\lambda + \lambda_n + \mu_n)z_n = \mu_n z_{n-1} + \lambda_n z_{n+1}, \\ \cdots\cdots\cdots\cdots \end{cases}$$

此处 $\overrightarrow{z} \neq 0, \overrightarrow{z} \geqslant 0, \lambda > 0, \theta^* \in \Theta^*$.

情况 1: $\lambda_0 = 0$, 这时 (Q_e^+) 的解 $\overrightarrow{z}$ 必满足

$$z_0 = 0, \quad z_1 > 0, \quad \lambda_n(z_{n+1} - z_n) = \lambda z_n + \mu_n(z_n - z_{n-1}), \quad (n \geqslant 1).$$

情况 2: $\lambda_0 > 0$, 这时 (Q_e^+) 的解 $\overrightarrow{z}$ 必满足

$$\begin{aligned} &z_0 > 0, \quad z_1 = z_0 + \frac{\lambda}{\lambda_0} z_0 > z_0, \\ &\lambda_n(z_{n+1} - z_n) = \lambda z_n + \mu_n(z_n - z_{n-1}) \quad (n \geqslant 1). \end{aligned}$$

因此, 方程式 (Q_e^+) 的通解 $\overrightarrow{z}$ 必满足

$$z_1 > z_0 > 0, \tag{6.6}$$

$$z_{n+1} - z_n = \frac{\lambda}{\lambda_n} z_n + \frac{\mu_n}{\lambda_n}(z_n - z_{n-1}) \quad (n \geqslant 1). \tag{6.7}$$

取 $f_n = \lambda/\lambda_n, g_n = \mu_n/\lambda_n$, 并应用引理 6.1 得:

$$\varPhi = \infty \Leftrightarrow \sup_{n\geqslant 1} z_n = \infty. \tag{6.8}$$

应用 (6.8) 式可证: 方程式 (Q_e^+) 有有界解 $\overrightarrow{z}$ 的充要条件是 $\varPhi = \infty(\forall\theta^* \in \varTheta^*)$. 但是 (Q_e^+) 有有界解 $\overrightarrow{z}$ 等价于

$$(Q_e) :\ll (\lambda I - Q(\theta^*(0)))\overrightarrow{y} = 0, \mathbf{0} \leqslant \overrightarrow{y} \leqslant \mathbf{1} \gg \quad (\theta^* \in \varTheta^*, \lambda > 0)$$

具有非零解, 因此 $\varPhi = \infty(\forall\theta^* \in \varTheta^*)$ 等价于 (Q_e) 仅有零解. 但是, 由定理 3.1 知: (Q_e) 仅有零解的充要条件是 $Q(\theta)$ 是正则的. 引理得证.

推论 6.1 设 $Q(\theta) \in \mathrm{BIBDDM}(\mathbf{N}, \varTheta)$. 若 $Q(\theta)$ 中的 $\mu(\theta^*(0)) > \lambda(\theta^*(0))$ $(\forall\theta^* \in \varTheta^*)$, 则 $Q(\theta)$ 是正则的.

证 因为

$$\lim_{k\to\infty} \frac{k\mu(\theta^*(0)) + \gamma(\theta^*(0))}{k\lambda(\theta^*(0)) + \nu(\theta^*(0))} = \frac{\mu(\theta^*(0))}{\lambda(\theta^*)} > 1 \quad (\forall\theta^* \in \varTheta^*),$$

所以, 存在一个 $K = K(\theta^*(0))$, 使

$$\frac{k\mu(\theta^*(0)) + \gamma(\theta^*(0))}{k\lambda(\theta^*(0)) + \nu(\theta^*(0))} > 1,$$

对一切 $k \geqslant K(\theta^*(0)), \theta^* \in \varTheta^*$. 成立, 所以

$$\begin{aligned}
\varPhi(\theta^*(0)) &= \sum_{n=1}^{\infty}\sum_{k=1}^{n} \frac{\mu_{k+1}(\theta^*(0))\cdots\mu_n(\theta^*(0))}{\lambda_k(\theta^*(0))\cdots\lambda_n(\theta^*(0))} \\
&= \sum_{n=1}^{\infty}\sum_{k=1}^{n} \frac{1}{k\lambda(\theta^*(0)) + \nu(\theta^*(0))} \prod_{i=k+1}^{n} \frac{i\mu(\theta^*(0)) + \gamma(\theta^*(0))}{i\lambda(\theta^*(0)) + \nu(\theta^*(0))} \\
&\geqslant \sum_{n=K}^{\infty}\sum_{k=K}^{n} \frac{1}{k\lambda(\theta^*(0)) + \nu(\theta^*(0))} \\
&\geqslant \sum_{n=K}^{\infty} \frac{n-k+1}{n\lambda(\theta^*(0)) + \nu(\theta^*(0))} = \infty \quad (\forall\theta^* \in \varTheta^*).
\end{aligned} \tag{6.9}$$

由 (6.9) 式再用引理 6.2 知 $Q(\theta)$ 是正则的.

引理 6.3 设 $Q(\theta)\in \mathrm{BDDM}(\mathbf{N},\Theta)$. 令 $\widetilde{P}(\theta^*(0);t)$ 是定理 6.1 中所定义的最小的随机环境中的 $q-$ 过程, 简记 $\lambda_n=\lambda_n(\theta^*(0)),\mu_n=\mu_n(\theta^*(0))$. 再令 $\rho_0=1,\rho_n=(\lambda_0\lambda_1\cdots\lambda_{n-1})/\mu_1\mu_2\cdots\mu_n,(n\geqslant 1)$. 则

$$\lim_{t\to\infty}\widetilde{p}(\theta^*(0);t,i,j)=\widetilde{\pi}(\theta^*(0);i,j)\ 存在 \tag{6.10}$$

$(\forall\theta^*\in\Theta^*,i,j\in\mathbf{N})$. 若记 $\widetilde{\Pi}(\theta^*(0))=(\widetilde{\pi}(\theta^*(0);i,j\in\mathbf{N})$, 则还有

$$\widetilde{\Pi}(\theta^*(0))=\widetilde{P}(\theta^*(0);t)=\widetilde{P}(\theta^*(0);t)\widetilde{\Pi}(\theta^*(0))=\widetilde{\Pi}(\theta^*(0))^2 \tag{6.11}$$

$(\forall\theta^*\in\Theta^*,t\in[0,\infty))$. 此外, 还有

(A) 若 $\lambda_0(\theta^*(0))>0$, 则

(i) $\displaystyle\sum_{n=0}^{\infty}\rho_n(\theta^*(0))=\infty\Rightarrow\widetilde{\pi}(\theta^*(0),i,j)=0\quad(\forall i,j\in\mathbf{N})$;

(ii) “$\displaystyle\sum_{n=0}^{\infty}\rho_n(\theta^*(0))<\infty$ 和 $\displaystyle\sum_{n=0}^{\infty}\frac{1}{\lambda_n(\theta^*(0))\rho_n(\theta^*(0))}=\infty$” 蕴含了:

$$\widetilde{\pi}(\theta^*(0),i,j)=\rho_j(\theta^*(0))\Big/\sum_{n=0}^{\infty}\rho_n(\theta^*(0))\overset{\mathrm{def}}{=\!=}\widetilde{\pi}(\theta^*(0),j)$$

不依赖于 $i\in\mathbf{N}\quad(\forall i,j\in\mathbf{N})$;

(iii) “$\displaystyle\sum_{n=0}^{\infty}\rho_n(\theta^*(0))<\infty$ 和 $\displaystyle\sum_{n=0}^{\infty}\frac{1}{\lambda_n(\theta^*(0))\rho_n(\theta^*(0))}<\infty$” 蕴含了:

$$\widetilde{\pi}(\theta^*(0);i,j)=0\quad(\forall\theta^*\in\Theta^*;i,j\in\mathbf{N}),$$

(B) 若 $\lambda_0(\theta^*(0))=0$, 令

$$\alpha=1+\frac{\mu_1}{\lambda_1}+\frac{\mu_1\mu_2}{\lambda_1\lambda_2}+\cdots,$$
$$\eta_0=1,\quad \eta_n=\frac{1}{\alpha}\sum_{k=n}^{\infty}\frac{\mu_1\cdots\mu_k}{\lambda_1\cdots\lambda_k}\quad(n\geqslant 1),$$

则

(i) $\alpha(\theta^*(0))=\infty\Rightarrow\widetilde{\pi}(\theta^*(0),i,0)=1$ 和 $\widetilde{\pi}(\theta^*(0),i,j)=0\ (\forall j\geqslant 1,i\in\mathbf{N})$;

(ii) $\alpha(\theta^*(0))<\infty\Rightarrow\widetilde{\pi}(\theta^*(0),i,0)=\eta_i(\theta^*(0))$ 和 $\widetilde{\pi}(\theta^*(0),i,j)=0\ (\forall j\geqslant 1,i\in\mathbf{N})$.

证 应用文献 [118]P.104 定理 3.2 与 P.190 定理 5.7 和定理 5.8 立即可证得引理 6.3.

推论 6.2 设 $Q(\theta) \in \text{BIBDDM}(\mathbf{N}, \Theta)$ 满足 $\mu(\theta^*(0)) > \lambda(\theta^*(0))$ 和 $\lambda_0(\theta^*(0)) > 0$ $(\forall\theta^* \in \Theta^*)$, 则随机环境中的 $q-$ 过程是唯一的, 它就是定理 6.1 所定义的 $\widetilde{P}(\theta^*(0);t)$ 且它满足:

$$\lim_{t\to\infty} \widetilde{p}(\theta^*(0);t,i,j) = \rho_j(\theta^*(0)) \Big/ \sum_{n=0}^{\infty} \rho_n(\theta^*(0)) = \widetilde{\pi}(\theta^*(0);j) \tag{6.12}$$

$$(\forall i,j \in \mathbf{N}, \theta^* \in \Theta^*),$$

此处 $\{\rho_n, n \geqslant 0\}$ 如引理 6.3 中所定义. 现在 $\lambda_i = i\lambda + \nu, \mu_i = i\mu + \gamma$,

证 因为

$$\lim_{t\to\infty} \frac{\lambda_n(\theta^*(0))}{\mu_{n+1}(\theta^*(0))} = \lim_{t\to\infty} \frac{n\lambda(\theta^*(0)) + \nu(\theta^*(0))}{(n+1)\mu(\theta^*(0)) + \gamma(\theta^*(0))} < 1 \quad (\forall\theta^* \in \Theta^*),$$

故由上式得知必存在 $\epsilon = \epsilon(\theta^*(0))$ 和 $K = K(\theta^*(0))$, 使

$$\frac{\lambda_i(\theta^*(0))}{\mu_{i+1}(\theta^*(0))} < \epsilon(\theta^*(0)) < 1 \quad (\forall\theta^* \in \Theta^*, i \geqslant K). \tag{6.13}$$

因此,

$$\begin{aligned}\sum_{n=K+1}^{\infty} \rho_n(\theta^*(0)) &= \left(\prod_{i=0}^{K-1} \frac{\lambda_i(\theta^*(0))}{\mu_{i+1}(\theta^*(0))}\right) \sum_{n=K+1}^{\infty} \prod_{i=K}^{n-1} \frac{\lambda_i(\theta^*(0))}{\mu_{i+1}(\theta^*(0))} \\ &\leqslant \left(\prod_{i=0}^{K-1} \frac{\lambda_i(\theta^*(0))}{\mu_{i+1}\theta^*(0)}\right) \sum_{n=K+1}^{\infty} \epsilon(\theta^*(0))^{n-K} < \infty \\ &\quad (\forall\theta^* \in \Theta^*).\end{aligned} \tag{6.14}$$

另外, 还有:

$$\begin{aligned}\sum_{n=0}^{\infty} \frac{1}{\lambda_n(\theta^*(0))\rho_n(\theta^*(0))} &= \sum_{n=0}^{\infty} \frac{1}{\lambda_0(\theta^*(0))} \prod_{i=1}^{n} \frac{\mu_i(\theta^*(0))}{\lambda_i(\theta^*(0))} \\ &\geqslant \sum_{n=K}^{\infty} \frac{1}{\lambda_0(\theta^*(0))} \prod_{i=1}^{K-1} \frac{\mu_i(\theta^*(0))}{\lambda_i(\theta^*(0))} \prod_{j=K}^{n} \frac{\mu_j(\theta^*(0))}{\lambda_j(\theta^*(0))} \\ &\geqslant \sum_{n=K}^{\infty} \frac{1}{\lambda_0(\theta^*(0))} \prod_{i=1}^{K-1} \frac{\mu_i(\theta^*(0))}{\lambda_i(\theta^*(0))} \left(\frac{1}{\epsilon(\theta^*(0))}\right)^{n-K+1} \\ &= \infty \quad (\forall\theta^* \in \Theta^*).\end{aligned} \tag{6.15}$$

因此, 由 (6.14)、(6.15) 式和引理 6.3(A)(ii) 立即可知推论 6.2 成立.

附注 6.1 由推论 6.2 知:

$$\widetilde{\pi}(\theta^*(0);j) \geqslant 0, \quad \sum_{j\in\mathbf{N}} \widetilde{\pi}(\theta^*(0);j) = 1 \quad (\forall j \in \mathbf{N}, \theta^* \in \Theta^*),$$

所以, 称

$$\left\{\widetilde{\pi}(\theta^*(0);j) = \rho_j(\theta^*(0)) \Big/ \sum_{n=0}^{\infty} \rho_n(\theta^*(0);n), j = 0, 1, \cdots\right\}$$

为 $\widetilde{P}(\theta^*(0);t)$ 的平稳遍历分布. 若记 $\widetilde{\pi}(\theta^*(0))' \overset{\text{def}}{=\!=} (\widetilde{\pi}(\theta^*(0);0), \widetilde{\pi}(\theta^*(0);1), \cdots)$, 则有 $\widetilde{\pi}(\theta^*(0))'\widetilde{P}(\theta^*(0);t) = \widetilde{\pi}(\theta^*(0))'$.

现在利用上面的准备工作来证明定理 6.1.

在定理 6.1 的条件下, 用推论 6.1 和推论 6.2 和定理 2.1 中 $\overline{P}(\theta^*;t) = (\overline{p}(\theta^*;t,i,j), i,j \in \mathbf{N})$ 的构造 (那里已说明 $\overline{p}(\theta^*;t,i,j)$ 是 θ^* 的 $\mathscr{G}_0$ 可测的函数), 立即可知定理 6.1 的结论 (i) 和 (ii) 成立.

下面证明定理 6.1 的结论 (iii) 成立.

由第六章定理 6.2, 给定

RTM $\overline{P}(\theta^*;t) = \widetilde{P}(\theta^*(0);t) = (\widetilde{p}(\theta^*(0);t,i,j), i,j \in \mathbf{N})$, 和 $\mathscr{B}^*$ 上的任一概率测度 $\overline{m}$ 及随机概率分布 $(\widetilde{\pi}(\theta^*(0);0), \widetilde{\pi}(\theta^*(0);1), \cdots)$, 必存在一个概率空间 $(\Omega, \mathscr{F}, P)$ 及其上的 MPTRE (X^*, ξ^*) 以 $\overline{P}(\theta^*;t)$ 为 RTM(由于它的密度矩阵 $Q(\theta^*(0)) \in$ BIBDDM$(\mathbf{N}, \Theta)$, (X^*, ξ^*) 必为 BIBDTRE.) 满足 $P \circ (\xi^*)^{-1} = \overline{m}$ 且 X^* 的 P 分布还满足平稳性. 事实上,

$$\begin{aligned}&P((X^*, \xi^*) \in C)\\&= \int_{\Theta^*} \overline{m}(\mathrm{d}\theta^*) \sum_{j=0}^{\infty} \widetilde{\pi}(\theta^*(0);j) \int_{\mathscr{X}^*} P^j_{\theta^*}(\mathrm{d}x^*) \mathbf{1}_C(x^*, \theta^*),\end{aligned} \tag{6.16}$$

此处, $\mathscr{X}^* = \mathbf{N}^{[0,\infty)}, x^* \in \mathscr{X}^*, \mathscr{A}$是 $\mathbf{N}$ 中之全体子集, $\mathscr{A}^* = \mathscr{A}^{[0,\infty)}, C \in \mathscr{A}^* \times \mathscr{B}^*, \mathscr{B}^*, \Theta^*$如前, $P^j_{\theta^*}(\cdot)$ 是$\mathscr{A}^*$上的满足下述条件的概率测度:

$$\begin{aligned}&P^j_{\theta^*}(\{x^* \in \mathscr{X}^* : x^*(t_i) = k_i, 1 \leqslant i \leqslant n\})\\&= \widetilde{p}(\theta^*(0);t_1,j,k_1) \prod_{i=1}^{n-1} \widetilde{p}(\theta^*(0);t_{i+1}-t_i,k_i,k_{i+1})\\&\quad(\forall j \in \mathbf{N}, \theta^* \in \Theta^*, n \geqslant 1, 0 \leqslant t_1 < \cdots < t_n, \{k_1, \cdots, k_n\} \subset \mathbf{N}),\end{aligned} \tag{6.17}$$

且 $P^j_{\theta^*}(A)$ 是 θ^* 的 $\mathscr{G}_0$ 可测函数 $(\forall j \in \mathbf{N}, A \in \mathscr{A}^*)$. 由 (6.16)、(6.17) 式立得:

$$\begin{aligned}
P\left(\bigcap_{i=1}^{n}\{X_{t_i}=k_i\}\right) &= \int_{\Theta^*} \overline{m}(\mathrm{d}\theta^*)\sum_{j=0}^{\infty}\widetilde{\pi}(\theta^*(0);j)P^j_{\theta^*} \\
&\quad (\{x^* \in \mathscr{X}^* : x^*(t_i)=k_i, 1 \leqslant i \leqslant n\}) \\
&= \int_{\Theta^*} \overline{m}(\mathrm{d}\theta^*)\sum_{j=0}^{\infty}\widetilde{\pi}(\theta^*(0);j)\widetilde{p}(\theta^*(0);t_1,j,k_1) \\
&\quad \cdot \prod_{i=1}^{n-1}\widetilde{p}(\theta^*(0);t_{i+1}-t_{i-1};k_i,k_{i+1}).
\end{aligned} \tag{6.18}$$

如附注 6.1 所定义的

$$\widetilde{\pi}(\theta^*(0))' = (\widetilde{\pi}(\theta^*(0);0), \widetilde{\pi}(\theta^*(0);1), \cdots),$$

必满足:

$$\widetilde{\pi}(\theta^*(0))' = \widetilde{\pi}(\theta^*(0))'\widetilde{P}(\theta^*(0);t) \quad (\forall \theta^* \in \Theta^*, t \geqslant 0). \tag{6.19}$$

由 (6.18)、(6.19) 式立得

$$\begin{aligned}
P\left(\bigcap_{i=1}^{n}\{X_{t+t_i}=k_i\}\right) &= P\left(\bigcap_{i=1}^{n}\{X_{t_i}=k_i\}\right) \\
= \int_{\Theta^*} \overline{m}(\mathrm{d}\theta^*)&\sum_{j=0}^{\infty}\widetilde{\pi}(\theta^*(0);j)\widetilde{p}(\theta^*(0);t_1,j,k_1) \\
\cdot \prod_{i=1}^{n-1}&\widetilde{p}(\theta^*(0);t_{i+1}-t_i;k_i,k_{i+1}),
\end{aligned}$$

此即 X^* 是 $(\Omega, \mathscr{F}, P)$ 上的严平稳过程且其分布满足 (6.3) 式. 定理证毕.

第八章

依时的随机环境中的有限维分支链

在第六章和第七章中, 我们研究了依时的随机环境中的 (连续时间参数的) 马尔可夫过程. 本章将要研究一类特殊的依时的随机环境中的 (离散时间参数的) 马尔可夫链 —— 依时的随机环境中的分支链.

由于分支链有重要的物理背景和生物背景, 早在随机环境中的马尔可夫链的一般理论形成之前, 就有不少数学家研究随机环境中的分支链. 例如, 可参看文献 [16]—[19]. 本章内容中的灭绝概率的结果引自文献 [19], 其他内容取自文献 [126]、[139]、[297].

§1 随机环境中的一维分支链的基本概念和矩

本章恒设 $\mathscr{X} = \mathbf{Z}_+ = \{0,1,2,\cdots\}, \mathscr{A}$ 为 $\mathscr{X}$ 中一切子集所构成的 σ 代数, $(\Theta,\mathscr{B})$ 为任一可测空间 (有时特殊化). 仍如第二章, 记 $\overrightarrow{\mathscr{X}} = \mathscr{X}^{\mathbf{Z}_+}, \overrightarrow{\mathscr{A}} = \mathscr{A}^{\mathbf{Z}_+}, \overrightarrow{\Theta} = \Theta^{\mathbf{Z}}, \overrightarrow{\mathscr{B}} = \mathscr{B}^{\mathbf{Z}}, P(\theta) = (p(\theta;i,j), i,j \in \mathscr{X})$ 是 R.T.M. $P^{(n)}(\overrightarrow{\theta}) = P(\theta_0)P(\theta_1)\cdots P(\theta_{n-1})$ $(\overrightarrow{\theta} = (\theta_n, n\in\mathbf{Z}) \in \overrightarrow{\Theta})$. 仍记 $P^{(n)}(\overrightarrow{\theta}) = (p^{(n)}(\theta;i,j), i,j\in\mathscr{X})$. 称

$$\varphi_\theta(s) \xlongequal{\text{def}} \sum_{k=0}^{\infty} p(\theta;1,k)s^k \quad (|s|\leqslant 1, \theta\in\Theta) \tag{1.1}$$

为本原母函数. 有时记 $\varphi_\theta(s) = \varphi(\theta;s), \varphi(\theta) = \varphi(\theta;\cdot)$.

定义 1.1 设 $\overrightarrow{X} = \{X_n, n \geqslant 0\}$ 和 $\overrightarrow{\xi} = \{\xi_n, n \geqslant 0\}$ 是概率空间 $(\Omega, \mathscr{F}, P)$ 上的分别以 $(\mathscr{X}, \mathscr{A})$ 和 $(\Theta, \mathscr{B})$ 为状态空间的随机序列. $P(\theta) = (p(\theta; , i, j), i, j \in \mathscr{X})$ 是 R.T.M., 若

$$
\begin{aligned}
&P(X_{n+1} = j, \xi_{n+1} \in B | X_0, \cdots, X_n, \xi_0, \cdots, \xi_n) \\
&= p(\xi_n; X_n, j) P(\xi_{n+1} \in B | \xi_0, \cdots, \xi_n), (n \geqslant 0, j \in \mathscr{X}, B \in \mathscr{B}), \qquad (1.2)
\end{aligned}
$$

则称 $(\overrightarrow{X}, \overrightarrow{\xi})$ 为正向依时的随机环境中的马尔可夫链, 用符号 MCTRE(+) 表示之. 仍称 $P(\theta)$ 为其 R.T.M..

特别地, 若 MCTRE(+) $(\overrightarrow{X}, \overrightarrow{\xi}\}$ 之 R.T.M. $P(\theta)$ 满足:

$$
(\text{MB}):\ p(\theta; i, j) = \sum_{\sum_{s=1}^{i} j_s = j} \prod_{s=1}^{i} p(\theta; 1, j_s) \qquad (1.3)
$$

$(\theta \in \Theta, j, i, j_s \in \mathscr{X}$, 当 $i = 0$ 时, (1.3) 式右方视为 $\delta_{i,j})$,
则称 $(\overrightarrow{X}, \overrightarrow{\xi})$ 为 (一维的) 正向依时随机环境中的分支链, 用符号 MBTRE(+) 表示之.

更特别地, 若 MCTRE(+)$(\overrightarrow{X}, \overrightarrow{\xi})$ 中之 X_n 能表示为

$$
X_{n+1} = \sum_{i=1}^{X_n} Y_i^{(n+1)} \quad (n \geqslant 0, X_0 \equiv a \text{ 为常数}), \qquad (1.4)
$$

其中 $\{Y_i^{(n)}, n \geqslant 1, i \geqslant 1\}$ 关于 $P(\cdot|\overrightarrow{\xi})$ 相互独立且对任何 $n \geqslant 0, P(Y_k^{(n+1)} = j|\overrightarrow{\xi}) = p_j(\xi_n)$ 不依赖 $k(j, n \geqslant 0, k \geqslant 1), p_j(\cdot)$ 关于 $\mathscr{B}$ 可测, 则称 $(\overrightarrow{X}, \overrightarrow{\xi})$ 为典范的正向的依时随机环境中的分支链, 用符号 MBTRE $(+)_C$ 表示: 称 $\{Y_i^{(n)}\}$ 为 $\{\overrightarrow{X}, \overrightarrow{\xi}\}$ 的生成随机变量族. 由于在第二章中已定义了 MCTRE, 所以, 类似地可定义 MBTRE 和 MBTRE_C. 记 $P_{\overrightarrow{\xi}}(\cdot) = P(\cdot|\overrightarrow{\xi})$.

定义 1.2 若定义 1.1 中的 Θ 如下定义:

$$
\Theta = \{\overline{p} \text{ 是 } \mathscr{X} \text{ 上一切满足下述条件之离散分布}: \overline{p}(0) + \overline{p}(1) < 1\} \qquad (1.5)
$$

$\mathscr{B}$ 是 Θ 中的通常的拓扑所产生的 Borel σ 代数, $(\overrightarrow{X}, \overrightarrow{\xi})$ 是定义 1.1 中的 MCTRE(+), $\boldsymbol{E}$ 表示关于 P 之期望算子, 若它们仅满足:

$$
\boldsymbol{E}(s_1^{X_{n_1}} \cdots s_k^{X_{n_k}} | X_0 = m, \overrightarrow{\xi}) = \boldsymbol{E}(s_1^{X_{n_1}} \cdots s_k^{X_{n_k}} | X_0 = 1, \overrightarrow{\xi})^m \qquad (1.6)
$$

且

$$
\boldsymbol{E}(s^{X_{n+1}} | X_0, X_1, \cdots, X_n, \xi_0, \xi_1, \cdots, \xi_n) = \varphi_{\xi_n}(s)^{X_n}, \qquad (1.7)
$$

其中 $k \geqslant 1, 1 \leqslant n_1 < n_2 < \cdots < n_k, |s_i| \leqslant 1, m \geqslant 1, n \geqslant 0$, 而

$$\varphi_{\xi_n}(s) = \sum_{i=0}^{\infty} p_i(\xi_n) s^i, \quad p_i(\xi_n) = \xi_n(i), \tag{1.8}$$

则称 $(\overrightarrow{X}, \overrightarrow{\xi})$ 为弱依时随机环境中的分支链, 用符号 MBTRE $(+)_w$ 表之. 仿之可定义 MBTRE_w.

命题 1.1 若 $(\overrightarrow{X}, \overrightarrow{\xi})$ 是 $\text{MBTRE}(+)_C$, 则它必是 MBTRE(+).

证明可参见文献 [126] 定理 2.3.

命题 1.2 设 $(\overrightarrow{X}, \overrightarrow{\xi})$ 是由 (1.4) 式定义的 MBTRE $(+)_C$, 则

(1) $\varphi_{\xi_n}(s) = \sum_{j=0}^{\infty} P_{\overrightarrow{\xi}}(Y_k^{(n+1)} = j) s^j, |s| \leqslant 1, n \geqslant 0, k \geqslant 1;$ (1.9)

(2)
$$P(X_{n+1} = j | \bigcap_{s=0}^{n} \{X_s = i_s\}, \overrightarrow{\xi}) = P(X_{n+1} = j | X_n = i_n, \overrightarrow{\xi})$$
$$= P(X_{n+1} = j | X_n = i_n, \xi_n) \quad (n \geqslant 0, i_s, j \in \mathscr{X}); \tag{1.10}$$

(3)
$$P(X_{n+1} = j | \bigcap_{s=0}^{n} \{X_s = i_s\}, \xi_0, \cdots, \xi_n)$$
$$= P(X_{n+1} = j | X_n = i_n, \xi_n) \quad (n \geqslant 0, j, i_s \in \mathscr{X}); \tag{1.11}$$

(4)
$$\sum_{j=0}^{\infty} P_{\overrightarrow{\xi}}(X_{n+1} = j | X_0, X_1, \cdots, X_n) s^j$$
$$= \sum_{j=0}^{\infty} P_{\overrightarrow{\xi}}(X_{n+1} = j | X_n) s^j = \varphi_{\xi_n}(s)^{X_n}, (n \geqslant 0, |s| \leqslant 1); \tag{1.12}$$

(5) 对任何 $n \geqslant 0, r \geqslant 1, m \geqslant 1, |s_j| \leqslant 1 (j = 1, \cdots, r)$, 有

$$\boldsymbol{E}\left(\prod_{j=1}^{r} s_j^{X_{n+j}} | X_n = m, \overrightarrow{\xi}\right)$$
$$= \left[\boldsymbol{E}\left(\prod_{j=1}^{r} s_j^{X_{n+j}} | X_n = 1, \overrightarrow{\xi}\right)\right]^m$$
$$= [\varphi_{\xi_n}(s_1 \varphi_{\xi_{n+1}}(s_2 \varphi_{\xi_{n+2}}(\cdots s_{r-1} \varphi_{\xi_{n+v-1}}(s_r) \cdots)))]^m; \tag{1.13}$$

(6) 对任何 $n \geqslant 1, k \geqslant 1, m \geqslant 1, n \leqslant n_1 < n_2 < \cdots < n_k, |s_j| \leqslant 1, (1 \leqslant j \leqslant k)$, 有

$$\boldsymbol{E}\left(\prod_{j=1}^{k} s_j^{X_{n_j}} | X_n = m, \overrightarrow{\xi}\right) = \left[\boldsymbol{E}\left(\prod_{j=1}^{k} s_j^{X_{n_j}} | X_n = 1, \overrightarrow{\xi}\right)\right]^m. \tag{1.14}$$

为了说明 (1.13)、(1.14) 式中诸量有意义, 我们给出下面的定义.

定义 1.3 设 X 是 $(\Omega, \mathscr{F}, P)$ 上的期望存在的随机变量, $\mathscr{F}_1$ 是 $\mathscr{F}$ 的子 σ 代数, $A \in \mathscr{F}$, 定义:

$$\boldsymbol{E}(X|A, \mathscr{F}_1) = \begin{cases} \boldsymbol{E}(X\mathbf{1}_A|\mathscr{F}_1)/\boldsymbol{E}(\mathbf{1}_A|\mathscr{F}_1), & \text{当 } \boldsymbol{E}(\mathbf{1}_A|\mathscr{F}_1) > 0; \\ 0, & \text{反之}. \end{cases}$$

现在证明命题 1.2. 由 $\{Y_j^{(n)}, n \geqslant 1, j \geqslant 1\}$ 的性质特别是 $P(Y_k^{(n+1)} = j|\overrightarrow{\xi}) = \xi_n(j)$ 不依赖于 k 和 $\{\xi_0, \cdots, \xi_{n-1}, \xi_{n+1}, \cdots\}$ 立即可得 (1)—(3). 由 $\varphi_\theta(s)$ 的定义及 $\{X_n, n \geqslant 0\}$ 的构造可证 (4). 由 $\{X_n, n \geqslant 0\}$ 之构造并由归纳法可证 (5). 在 (5) 中取 $r = n_k$, 并取 $s_j = 1$ (当 $j \in \{1, 2, \cdots, r\} - \{n_1, n_2, \cdots, n_k\}$ 时) 由 (5) 即得 (6). 命题证毕.

命题 1.3 若取 Θ 如定义 1.2, $P_{\overrightarrow{\xi}}(Y_k^{(n+1)} = j) \overset{\text{def}}{=\!=} p_j(\xi_n) \overset{\text{def}}{=\!=} \xi_n(j)$ (注意: ξ_n 是 $\mathscr{X}$ 上的随机的离散分布, 满足 $\xi_n(0) + \xi_n(1) < 1$), 若 $(\overrightarrow{X}, \overrightarrow{\xi})$ 是以 $\{Y_i^{(n)} : n \geqslant 1, i \geqslant 1\}$ 为生成变量族的 MBTRE $(+)_C$, 则 $(\overrightarrow{X}, \overrightarrow{\xi})$ 必为 MBTRE $(+)_w$.

证 由命题 1.2 立即得命题 1.3.

命题 1.4 任给概率空间 $(\Omega, \mathscr{F}, P)$ 上的一个 MBTRE (+) (或 MBTRE)$(\overrightarrow{X}, \overrightarrow{\xi})$, 必存在一个概率空间 $(\Omega^*, \mathscr{F}^*, P^*)$ 上的 MBTRE $(+)_C$ (相应地 MBTRE$_C$)$(\overrightarrow{X}^*, \overrightarrow{\xi}^*)$, 使 $P \circ ((\overrightarrow{X}, \overrightarrow{\xi}))^{-1} = P^* \circ ((\overrightarrow{X}^*, \overrightarrow{\xi}^*))^{-1}$.

证明可参见文献 [126] 定理 2.3. 那里是对随机环境 $\overrightarrow{\xi} = \{\xi_n, -\infty < n < \infty\}$ 来证的, 而对随机环境 $\overrightarrow{\xi} = \{\xi_n, 0 \leqslant n < \infty\}$ 单向无穷的情形, 证明是完全类似的.

定理 1.1 设 $(\overrightarrow{X}, \overrightarrow{\xi})$ 是以 $\varphi_\theta(s)$ 为本原母函数的 MBTRE (或 MBTRE(+)), 为方便计, 记 $\varphi_\theta(s)$ 为 $\varphi(\theta; s)$ 及 $\varphi(\theta) = \varphi(\theta; \cdot)$, 再令 $X_0 \equiv a$

且

$$\psi_n(\overrightarrow{\xi};s)\stackrel{\text{def}}{=\!=}\sum_{k=0}^{\infty}p^{(n)}(\overrightarrow{\xi};1,k)s^k,|s|\leqslant 1,\tag{1.15}$$

$$\varphi_\theta^{(k)}(s)\stackrel{\text{def}}{=\!=}\frac{\mathrm{d}^k}{\mathrm{d}s^k}\varphi_\theta(s),\psi_n^{(k)}(\overrightarrow{\xi};s)\stackrel{\text{def}}{=\!=}\frac{\mathrm{d}^k}{\mathrm{d}s^k}\psi_n(\overrightarrow{\xi};s)\quad(k\geqslant 1),$$

$$b_n\stackrel{\text{def}}{=\!=}\varphi_{\xi_n}^{(1)}(1)\stackrel{\text{def}}{=\!=}\lim_{s\uparrow 1}\varphi_{\xi_n}^{(1)}(s),a_n\stackrel{\text{def}}{=\!=}\varphi_{\xi_n}^{(2)}(1),$$

$$\beta_n\stackrel{\text{def}}{=\!=}\psi_n^{(1)}(\overrightarrow{\xi};1),\quad \alpha_n\stackrel{\text{def}}{=\!=}\psi_n^{(2)}(\overrightarrow{\xi};1).$$

那么 (1) 若 $b_n<\infty\quad(\forall n\geqslant 1)$, 则 $\boldsymbol{E}(X_n|\overrightarrow{\xi})=a\prod\limits_{i=0}^{n-1}b_i(n\geqslant 1)$;

(2) 若 $a_n<\infty,(\forall n\geqslant 1)$, 则

$$\operatorname{var}(X_n|\overrightarrow{\xi})=a\left[\sum_{i=0}^{n-1}\frac{a_i}{b_i}\prod_{k=i+1}^{n-1}b_k+1-\prod_{i=0}^{n-1}b_i\right]\prod_{i=0}^{n-1}b_i(n\geqslant 1),$$

首先证明一个引理.

引理 1.1 在定理 1.1 的条件下. 若再令

$$\varphi_n(\overrightarrow{\theta};s)=\sum_{k=0}^{\infty}P(X_n=k|\overrightarrow{\xi}=\overrightarrow{\theta})s^k\quad(\overrightarrow{\theta}\in\overrightarrow{\Theta},|s|\leqslant 1,n\geqslant 1),\tag{1.16}$$

则有

$$(1)\ P(X_n=k|\overrightarrow{\xi}=\overrightarrow{\theta})=p^{(n)}(\overrightarrow{\theta};a,k);\tag{1.17}$$

$$(2)\ \varphi_n(\overrightarrow{\theta};s)=([\varphi(\theta_0)\circ\varphi(\theta_1)\circ\cdots\circ\varphi(\theta_{n-1})](s))^a.\tag{1.18}$$

证 (1) 若注意 $X_0\equiv a$ 和 MCTRE 的定义立得 (1.17) 式.

(2) 由 (1.17) 式和 MBCRE 之定义易证:

$$\begin{aligned}\varphi_2(\overrightarrow{\theta};s)&=\sum_{k=0}^{\infty}p^{(2)}(\overrightarrow{\theta};a,k)s^k=\sum_{k=0}^{\infty}\sum_{i=0}^{\infty}p(\theta_0;a,i)p(\theta_1;i,k)s^k\\&=\sum_{k=0}^{\infty}\sum_{i=0}^{\infty}p(\theta_0;a,i)\sum_{\sum\limits_{l=0}^{i}k_l=k}\prod_{l=1}^{i}p(\theta_1;1,k_l)s^{k_l}\\&=\sum_{i=0}^{\infty}p(\theta_0;a,i)\left[\prod_{l=1}^{i}\sum_{k_l=0}^{\infty}p(\theta_1;1,k_l)s^{k_l}\right]\end{aligned}$$

$$= \sum_{i=0}^{\infty} p(\theta_0; a, i)\varphi(\theta_1; s)^i = \sum_{i=0}^{\infty} \sum_{\sum_{t=1}^{a} i_t = i} \prod_{t=1}^{a} p(\theta_0; 1, i_t)\varphi(\theta_1; s)^{i_t}$$

$$= \prod_{t=1}^{a} \sum_{i_t=0}^{\infty} p(\theta_0; 1, i_t)\varphi(\theta_1; s)^{i_t} = ([\varphi(\theta_0) \circ \varphi(\theta_1)](s))^a.$$

对 n 作归纳法可知对任何 $n \geqslant 1$, 有

$$\varphi_n(\overrightarrow{\theta}; s) = ([\varphi(\theta_0) \circ \varphi(\theta_1) \circ \cdots \circ \varphi(\theta_{n-1})](s))^a.$$

引理证毕.

命题 1.5 若 Y 是 $(\Omega, \mathscr{F}, P)$ 上取值于 $\mathscr{X}$ 的离散随机变量, $A \in \mathscr{F}, Z$ 是 $(\Omega, \mathscr{F}, P)$ 上的任一随机算子, 则

$$P(A|Y, Z) = \sum_{y \in \mathscr{X}} P(A|Z, Y = y)\mathbf{1}_{\{Y=y, P(Y=y|Z)>0\}}, \tag{1.19}$$

$$\text{而 } P(A|Z, Y = y) \stackrel{\text{def}}{=\!=} f(Z, y), f(Z, Y) \stackrel{\text{def}}{=\!=} P(A|Z, Y). \tag{1.20}$$

证 由定义 1.3 立得命题 1.5.

现在证明定理 1.1.

(1) 由引理 1.1 有

$$\boldsymbol{E}(X_n|\overrightarrow{\xi}) = \varphi_n^{(1)}(\overrightarrow{\xi}; 1) = a \prod_{i=0}^{n-1} \varphi^{(1)}(\xi_i; 1) = a \prod_{i=0}^{n-1} b_i.$$

(2) 由引理 1.1 也有

$$\psi_n(\overrightarrow{\xi}; s) = \psi_{n-1}(\overrightarrow{\xi}; \varphi(\xi_{n-1}; s)),$$

因此

$$\begin{aligned} \psi_n^{(1)}(\overrightarrow{\xi}; s) &= \psi_{n-1}^{(1)}(\overrightarrow{\xi}; \varphi(\xi_{n-1}; s))\varphi^{(1)}(\xi_{n-1}; s), \\ \psi_n^{(2)}(\overrightarrow{\xi}; s) &= \psi_{n-1}^{(2)}(\overrightarrow{\xi}; \varphi(\xi_{n-1}; s))[\varphi^{(1)}(\xi_{n-1}; s)]^2 \\ &\quad + \psi_{n-1}^{(1)}(\overrightarrow{\xi}; \varphi(\xi_{n-1}; s))\varphi^{(2)}(\xi_{n-1}; s). \end{aligned}$$

对 n 作归纳法并注意 $\beta_{n+1} = \beta_n b_n$, 有

$$\begin{aligned} \alpha_n &= \psi_n^{(2)}(\overrightarrow{\xi}; 1) = \alpha_{n-1} b_{n-1}^2 + \beta_{n-1} a_{n-1} = \cdots \\ &= \alpha_1 \prod_{i=1}^{n-1} b_i^2 + \sum_{k=1}^{n-1} a_k \beta_k \prod_{i-k+1}^{n-1} b_i^2 \end{aligned}$$

$$
\begin{aligned}
&= a_0 \prod_{i=1}^{n-1} b_i^2 + \sum_{t=0}^{n-1} a_k \left(\prod_{t=0}^{k-1} b_t\right) \prod_{i=k+1}^{n-1} b_i^2 \\
&= \left(\prod_{i=1}^{n-1} b_i\right) \left[\frac{a_0}{b_0} \prod_{i=1}^{n-1} b_i + \sum_{k=1}^{n-1} \frac{a_k}{b_k} \prod_{i=k+1}^{n-1} b_i\right] \\
&= \left(\prod_{i=1}^{n-1} b_i\right) \sum_{i=0}^{n-1} \frac{a_i}{b_i} \prod_{k=i+1}^{n-1} b_k.
\end{aligned}
$$

但是

$$
\varphi_n^{(1)}(\overrightarrow{\xi};1) = a\psi_n^{(1)}(\overrightarrow{\xi};1) = a\beta_n,
$$

$$
\varphi_n^{(2)}(\overrightarrow{\xi};1) = a(a-1)\psi_n^{(1)}(\overrightarrow{\xi};1)^2 + a\psi_n^{(2)}(\overrightarrow{\xi};1) = a(a-1)\beta_n^2 + a\alpha_n.
$$

所以

$$
\begin{aligned}
\operatorname{var}(X_n|\overrightarrow{\xi}) &= \varphi_n^{(2)}(\overrightarrow{\xi};1) + \varphi_n^{(1)}(\overrightarrow{\xi};1) - [\varphi_n^{(1)}(\overrightarrow{\xi};1)]^2 \\
&= a(a-1)\beta_n^2 + a\alpha_n + a\beta_n - a^2\beta_n^2 = a(\alpha_n + \beta_n - \beta_n^2) \\
&= a\left[\sum_{i=0}^{n-1} \frac{a_i}{b_i} \prod_{k=i+1}^{n-1} b_k + 1 - \prod_{i=0}^{n-1} b_i\right] \prod_{i=0}^{n-1} b_i.
\end{aligned}
$$

定理证毕.

附注 1.1 对 MBTRE(+) (或 MBTRE)$(\overrightarrow{X},\overrightarrow{\xi})$ 而言, 命题 1.2 的 (2)—(6) 仍然成立. 因为 (2)—(6) 的证明只需要 $(\overrightarrow{X},\overrightarrow{\xi})$ 是 MCTRE(+) (或 MC-TRE) 和分支性 (MB) (见 (1.3) 式).

§2 随机环境中的一维分支链的灭绝概率

沿用 §1 的符号. 但本节主要结果取自文献 [19].

$$
\Theta = \{\text{概率分布 } \overline{p} = (p_0, p_1, \cdots),\ \text{满足条件: } \sum_{j=0}^{\infty} jp_j < \infty \text{ 且 } 0 < p_0 + p_1 < 1\},
$$

$\mathscr{B}$ 仍是 Θ 的通常的拓朴产生的 σ 代数.

设 $(\overrightarrow{X},\overrightarrow{\xi})$ 是概率空间 $(\Omega,\mathscr{F},P)$ 上的具有 R.T.M. $P(\theta) = (p(\theta;i,j), i, j \in \mathbf{Z}_+)$ 的 MBTRE(+), 且记

$$
p(\theta_0;1,j) = p^{(1)}(\overrightarrow{\theta};1,j) = p_j(\overrightarrow{\theta}) = \theta_0(j), \quad (\overrightarrow{\theta} \in \overrightarrow{\Theta}, j \in \mathbf{Z}_+). \tag{2.1}
$$

注意 $\theta_0=(\theta(0),\theta_0(1),\cdots)\in\Theta$. 再记

$$\varphi_{\overrightarrow{\theta}}(s)\overset{\text{def}}{=\!=}\sum_{j=0}^{\infty}p_j(\overrightarrow{\theta})s^j\quad(|s|\leqslant 1,\overrightarrow{\theta}\in\overrightarrow{\Theta}).\tag{2.2}$$

注意 $\varphi_{\overrightarrow{\theta}}(s)$ 与 (1.1) 式中定义的本原母函数

$$\varphi_\theta(s)\overset{\text{def}}{=\!=}\sum_{j=0}^{\infty}p(\theta;1,j)s^j$$

的区别. 它们有关系:

$$\varphi_{\theta_0}(s)=\varphi_{\overrightarrow{\theta}}(s)\quad(\forall\overrightarrow{\theta}=(\theta_0,\theta_1,\cdots)\in\overrightarrow{\Theta},|s|\leqslant 1),\tag{2.3}$$

这是因为 $P(\theta_0)P(\theta_1)\cdots P(\theta_{n-1})=P^{(n)}(\overrightarrow{\theta})\quad(\forall n\geqslant 1,\overrightarrow{\theta}=(\theta_0,\theta_1,\theta_2,\cdots)\in\overrightarrow{\Theta})$, 特别地 $p^{(1)}(\overrightarrow{\theta};1,j)=p(\theta_0;1,j)$.

仍记 T 为由 $\overrightarrow{\Theta}$ 到 $\overrightarrow{\Theta}$ 的推移算子.

定义 2.1 设 $(\overrightarrow{X},\overrightarrow{\xi})$ 是概率空间 $(\Omega,\mathscr{F},P)$ 上的 MBTRE$(+)_w$. Θ 的取法如上. 令

$$B=\bigcup_{n=0}^{\infty}\{X_n=0\},\quad q_k=P(B|X_0=k),\quad q_k(\overrightarrow{\xi})=P(B|\overrightarrow{\xi},X_0=k),\tag{2.4}$$

称 B 为 $\overrightarrow{X}$ 灭绝集, 而分别称 q_k 和 $q_k(\overrightarrow{\xi})$ 为 $\overrightarrow{X}$ 的 (无条件) 灭绝概率和条件灭绝概率. 若 $q(\overrightarrow{\xi})=1$, a.s., 则称 $(\overrightarrow{X},\overrightarrow{\xi})$ 是灭绝的, 其中

$$q\overset{\text{def}}{=\!=}q_1;\quad q(\overrightarrow{\xi})\overset{\text{def}}{=\!=}q_1(\overrightarrow{\xi}).$$

由引理 1.1 有

$$\boldsymbol{E}\left(s^{X_n}|\overrightarrow{\xi},X_0=k\right)=\left(\left[\varphi_{\xi_0}\circ\varphi_{\xi_1}\circ\cdots\circ\varphi_{\xi_{n-1}}\right](s)\right)^k.\tag{2.5}$$

由于 $B_n\overset{\text{def}}{=\!=}\{X_n=0\}\uparrow B$ (当 $n\uparrow\infty$), 故由 (2.5) 得

$$q(\overrightarrow{\xi})=\lim_{n\to\infty}(\varphi_{\xi_0}\circ\varphi_{\xi_1}\circ\cdots\circ\varphi_{\xi_n})(0).\tag{2.6}$$

显然, 还有

$$q_k(\overrightarrow{\xi})=q_1(\overrightarrow{\xi})^k=q(\overrightarrow{\xi})^k;\tag{2.7}$$

$$q(\overrightarrow{\xi})=\varphi_{\xi_0}(q(T\overrightarrow{\xi})).\tag{2.8}$$

本节主要研究 $q(\overrightarrow{\xi})$ 的性质, 特别是研究 $(\overrightarrow{X}, \overrightarrow{\xi})$ 灭绝的条件. 先给出几条引理.

引理 2.1 q 是 (2.8) 式的最小解, 且当 $P(q(\overrightarrow{\xi})<1)=1$ 时, 它是 (2.8) 式的唯一解, 即对任何由 $\Omega \mapsto [0,1]$ 的随机变量 $\overline{q}(\overrightarrow{\xi})$, 只要 $\overline{q}(\overrightarrow{\xi})=\varphi_{\xi_0}(T\overline{q}(\overrightarrow{\xi}))$, 必有

$$P(q(\overrightarrow{\xi}) \leqslant \overline{q}(\overrightarrow{\xi}))=1;$$

而且当 $P(q(\overrightarrow{\xi})<1)=1$ 时, $P(q(\overrightarrow{\xi})=\overline{q}(\overrightarrow{\xi}))=1$.

证 引理的证明与经典的 (即随机环境 $\overrightarrow{\xi}$ 是常值序列, 无随机性) 分支链的相应的结果的证明类似, 故略. 有兴趣的读者亦可参见文献 [17].

引理 2.2 在引理 2.1 的条件下, 恒有: (1) 集合 $\{q(\overrightarrow{\xi})=1\}$ 对推移算子 T 有平稳不变性, 即 $\{q(\overrightarrow{\xi})=1\}$ 与 $\{q(T\overrightarrow{\xi})=1\}$ 相差一个 $P-$ 零测集;

(2) 若 T 是平稳的、遍历的, 即 T 是概率空间 $(\overrightarrow{\Theta}, \overrightarrow{\mathscr{B}}, P\circ(\overrightarrow{\xi})^{-1})$ 上的保测变换 (即 $\forall A\in\overrightarrow{\mathscr{B}}, (P\circ(\overrightarrow{\xi})^{-1})(A)=(P\circ\overrightarrow{\xi})^{-1}(TA))$ 和遍历的 (即 T 的不变 σ 代数 $\mathscr{I} \stackrel{\text{def}}{=\!=} \{A\in\overrightarrow{\mathscr{B}}: A=T^{-1}A\}$ 中之集合的 $P\circ(\overrightarrow{\xi})^{-1}$ 测度非 0 即 1.), 则 $P(q(\overrightarrow{\xi})<1)$ 非 0 即 1.

证 (1)

$$\begin{aligned}
&\{\omega\in\Omega: q(T\overrightarrow{\xi}(\omega))=1\}\\
&=\left\{\omega\in\Omega: \bigcap_{i=0}^{\infty} q(T\overrightarrow{\xi}(\omega))^i=1\right\}\\
&\subset\left\{\omega\in\Omega: \sum_{i=0}^{\infty} p_i(\xi_0(\omega))q(T\overrightarrow{\xi}(\omega))^i=1\right\}\\
&=\{\omega\in\Omega: \varphi_{\xi_0(\omega)}(q(T\overrightarrow{\xi}))=1\},
\end{aligned} \tag{2.9}$$

但是由 Θ 之定义有

$$\begin{aligned}
&\left\{\omega\in\Omega: \sum_{i=0}^{\infty} p_i(\xi_0(\omega))q(T\overrightarrow{\xi}(\omega))^2=1\right\}\\
&=\{\omega\in\Omega: \text{存在一个 } i\geqslant 0, \text{使 } p_i(\xi_0(\omega))>0, \text{且}\\
&\quad \sum_{i=0}^{\infty} p_i(\xi_0(\omega))q(T\overrightarrow{\xi}(\omega))^i=1\}\\
&\subset\{\omega\in\Omega: \text{ 存在一个 } i\geqslant 2, \text{使 } q(T\overrightarrow{\xi}(\omega))^i=1\}\\
&=\left\{\omega\in\Omega: \bigcap_{i=0}^{\infty} q(T\overrightarrow{\xi}(\omega))^i=1\right\}.
\end{aligned}$$

(1) 证毕.

(2) 由 (1) 和 T 的平稳性及遍历性立得 (2).

引理证毕.

以下恒记 $f(s_0) \overset{\text{def}}{=\!=} \lim\limits_{s\uparrow s_0} f(s), a^+ \overset{\text{def}}{=\!=} a \vee 0 \overset{\text{def}}{=\!=} \max(a,0), a^- \overset{\text{def}}{=\!=} \max(-a, 0) \overset{\text{def}}{=\!=} (-a)\vee 0$. 并记 $\varphi'_\theta(s) \overset{\text{def}}{=\!=} \varphi_\theta^{(1)}(s) \overset{\text{def}}{=\!=} \dfrac{\mathrm{d}}{\mathrm{d}s}\varphi_\theta(s)$.

定理 2.1 设 $(\overrightarrow{X}, \overrightarrow{\xi})$ 是概率空间 $(\Omega, \mathscr{F}, P)$ 上的 MBTRE$(+)_w$, T 是平稳的遍历的由 $\overrightarrow{\Theta}$ 到 $\overrightarrow{\Theta}$ 的推移算子, 即 $\{T^n\overrightarrow{\xi}, n\geqslant 0\}$ 是 $(\Omega, \mathscr{F}, P)$ 上的平稳的遍历的过程, 如果

$$\boldsymbol{E}(\log\varphi'_{\xi_0}(1))^+ < \infty, \quad P(q(\overrightarrow{\xi}) < 1) = 1, \tag{2.10}$$

则

$$\text{(i) } \boldsymbol{E}(\log\varphi'_{\xi_0}(1))^- < \infty \text{ 且 } \boldsymbol{E}(\log\varphi'_{\xi_0}(1)) > 0; \tag{2.11}$$

$$\text{(ii) } \boldsymbol{E}\left|\log\frac{(1-q(\overrightarrow{\xi}))}{1-q(T\overrightarrow{\xi})}\right| < \infty, \tag{2.12}$$

$$\boldsymbol{E}\left(\frac{1-q(\overrightarrow{\xi})}{1-q(T\overrightarrow{\xi})}\right) = 0. \tag{2.13}$$

证 反复应用遍历的平稳过程的遍历定理来证明定理 2.1.

由 (2.8) 式及假设 $P(q(\overrightarrow{\xi}) < 1) = 1$ 得

$$h(\overrightarrow{\xi}) = f(\overrightarrow{\xi}) + h(T\overrightarrow{\xi}), \tag{2.14}$$

其中

$$0 \leqslant h(\overrightarrow{\xi}) \overset{\text{def}}{=\!=} -\log(1-q(\overrightarrow{\xi})) < \infty, \text{a.s.}, \tag{2.15}$$

$$f(\overrightarrow{\xi}) \overset{\text{def}}{=\!=} -\log\left(\frac{1-\varphi_{\xi_0}(q(T\overrightarrow{\xi}))}{1-q(T\overrightarrow{\xi})}\right), \tag{2.16}$$

反复应用 (2.14) 式得

$$h(\overrightarrow{\xi}) = f(\overrightarrow{\xi}) + f(T\overrightarrow{\xi}) + \cdots + f(T^n\overrightarrow{\xi}) + h(T^{n+1}\overrightarrow{\xi}). \tag{2.17}$$

由 $h \geqslant 0$ 得

$$\sum_{i=0}^{n} f(T^i\overrightarrow{\xi}) \leqslant h(\overrightarrow{\xi}) \quad (\forall n \geqslant 0). \tag{2.18}$$

把上式取正部和负部得

$$\frac{1}{n}\sum_{i=0}^{n} f^{+}(T^{i}\overrightarrow{\xi}) - \frac{1}{n}\sum_{i=0}^{n} f^{-}(T^{i}\overrightarrow{\xi}) \leqslant \frac{1}{n}h(\overrightarrow{\xi}). \tag{2.19}$$

但是

$$\begin{aligned} 0 \leqslant \boldsymbol{E}(f^{-}(\overrightarrow{\xi})) &= \boldsymbol{E}\Big(-f(\overrightarrow{\xi})\mathbf{1}_{\{f(\overrightarrow{\xi})\leqslant 0\}}\Big) \\ &= \boldsymbol{E}\left(\log\left(\frac{1-\varphi_{\xi_0}(q(T\overrightarrow{\xi}))}{1-q(T\overrightarrow{\xi})}\cdot\mathbf{1}_{\left\{\frac{1-\varphi_{\xi_0}(q(T\overrightarrow{\xi}))}{1-q(T\overrightarrow{\xi})}\geqslant 1\right\}}\right)\right) \\ &\leqslant \boldsymbol{E}\Big((\log\varphi'_{\xi_0}(1))\mathbf{1}_{\{\varphi'_{\xi_0}(1)\geqslant 1\}}\Big) \\ &= \boldsymbol{E}((\log\varphi'_{\xi_0}(1))^{+}) < \infty, \end{aligned} \tag{2.20}$$

因此, 对遍历的平稳过程 $\{T^{n}\overrightarrow{\xi}, n \geqslant 0\}$ 用遍历定理并注意 (2.19) 和 (2.20) 式可得

$$\begin{aligned} 0 &\leqslant \limsup_{n\to\infty}\frac{1}{n}\sum_{i=0}^{n} f^{+}(T^{i}\overrightarrow{\xi}) \\ &\leqslant \boldsymbol{E}(\log(\varphi'_{\xi_0}(1))^{+} < \infty, \text{a.s.}. \end{aligned} \tag{2.21}$$

因为 $f^{+} \geqslant 0$, 由 (2.21) 式和遍历定理 (关于遍历的平稳过程 $\{f^{+}(T^{n}\overrightarrow{\xi}), n \geqslant 0\}$) 可知

$$\boldsymbol{E}(f^{+}(\overrightarrow{\xi})) < \infty. \tag{2.22}$$

由 (2.20)、(2.22) 式得

$$\boldsymbol{E}(|f(\overrightarrow{\xi})|) < \infty. \tag{2.23}$$

这就证明了结论 (ii) 的前半部分成立 (注意 $q(\overrightarrow{\xi}) = \varphi_{\xi_0}(q(T\overrightarrow{\xi}))$), 再证 (ii) 的后半部分成立, 即 $\boldsymbol{E}(f(\overrightarrow{\xi})) = 0$.

事实上, 由 (2.17) 式有

$$\lim_{n\to\infty}\frac{1}{n}\sum_{i=0}^{n} f(T^{i}\overrightarrow{\xi}) = \lim_{n\to\infty}\frac{1}{n}[h(\overrightarrow{\xi}) - h(T^{n+1}\overrightarrow{\xi})]. \tag{2.24}$$

由 (2.23) 式, 对遍历的平稳过程 $\{f(T^{n}\overrightarrow{\xi}), n \geqslant 0\}$ 用遍历定理可知 (2.24) 式之左方等于 $\boldsymbol{E}(f(\overrightarrow{\xi}))$. 显然,

$$\lim_{n\to\infty}\frac{1}{n}h(\overrightarrow{\xi}) = 0, \tag{2.25}$$

再用 $\{h(T^n\overrightarrow{\xi}), n \geqslant 0\}$ 之平稳性知 $\dfrac{1}{n}h(T^n\overrightarrow{\xi})$ 与 $\dfrac{1}{n}h(\overrightarrow{\xi})$ 之分布相同, 所以由 (2.25) 式得

$$\lim_{n\to\infty}\frac{1}{n}h(T^{n+1}\overrightarrow{\xi}) = 0. \tag{2.26}$$

由 (2.25)、(2.26) 式知 (2.24) 式右方为 0. 所以 $\boldsymbol{E}(f(\overrightarrow{\xi})) = 0$. (ii) 证毕.

现在来证明 (i). 注意 $f(\overrightarrow{\xi})$ 之定义及 $\varphi'_{\xi_0}(s)$ 是 s 的单增函数可得:

$$\begin{aligned}\boldsymbol{E}((\log\varphi'_{\xi_0}(1))^- &= \boldsymbol{E}((-\log\varphi'_{\xi_0}(1))\mathbf{1}_{\{\varphi'_{\xi_0}(1)\leqslant 1\}})\\ &\leqslant \boldsymbol{E}\left(\left(-\log\frac{1-\varphi_{\xi_0}(q(T\overrightarrow{\xi}))}{1-q(T\overrightarrow{\xi})}\right)\mathbf{1}_{\{\varphi'_{\xi_0(1)}\leqslant 1\}}\right)\\ &\leqslant \boldsymbol{E}\left(f(\overrightarrow{\xi})\mathbf{1}_{\{f(\overrightarrow{\xi})\geqslant 0\}}\right)\\ &= \boldsymbol{E}(f^+(\overrightarrow{\xi})) \leqslant \boldsymbol{E}((\log\varphi'_{\xi_0}(1))^+) < \infty.\end{aligned} \tag{2.27}$$

谬设 $\boldsymbol{E}((\log\varphi'_{\xi_0}(1))^-) = \boldsymbol{E}((\log\varphi'_{\xi_0}(1))^+)$, 则 $\boldsymbol{E}(\log\varphi'_{\xi_0}(1)) = 0$, 由于 $\boldsymbol{E}(f(\overrightarrow{\xi})) = 0$, 所以由 f 之定义知:

$$\boldsymbol{E}\left(\log\varphi'_{\xi_0}(1) - \log\frac{1-\varphi_{\xi_0}(q(T\overrightarrow{\xi}))}{1-q(\overrightarrow{\xi})}\right) = 0 \tag{2.28}$$

而 (2.28) 式左方括号内之量非负且仅当 $q(\overrightarrow{\xi}) = 1$ 时才为 0, 故由 (2.28) 式推出 $P(q(\overrightarrow{\xi}) = 1) = 1$. 这与定理之假设矛盾, 所以

$$\boldsymbol{E}((\log\varphi'_{\xi}(1))^-) < \boldsymbol{E}((\log\varphi'_{\xi_0}(1))^+).$$

即 $\boldsymbol{E}(\log\varphi'_{\xi_0}(1)) > 0$. 定理证毕.

推论 2.1 若 $\boldsymbol{E}((\log\varphi'_{\xi_0}(1))^+) < \infty$, 且

$$\boldsymbol{E}((\log\varphi'_{\xi_0}(1))^+) \leqslant \boldsymbol{E}((\log\varphi'_{\xi_0}(1))^-) \leqslant \infty,$$

则 $P(q(\overrightarrow{\xi}) = 1) = 1$.

定理 2.2 设定理 2.1 的条件成立, 而且存在 $\varepsilon > 0$ 和 $c > 0$, 使

$$\inf_{\theta\in\Theta} P(q(T\overrightarrow{\xi}) \leqslant 1-\varepsilon|\xi_0 = \theta) > c, \quad \text{a.s.}, \tag{2.29}$$

则

$$\boldsymbol{E}(-\log(1-\varphi_{\xi_0}(0))) < \infty. \tag{2.30}$$

证 因为

$$\begin{aligned}
\infty > \boldsymbol{E}\left|\log\frac{1-q(\overrightarrow{\xi})}{1-q(T\overrightarrow{\xi})}\right| &\geqslant \boldsymbol{E}\left(\left|\log\left(\frac{1-\varphi_{\xi_0}(q(T\overrightarrow{\xi}))}{1-q(T\overrightarrow{\xi})}\right)\right|\mathbf{1}_{\{1-q(T\overrightarrow{\xi})\geqslant\varepsilon\}}\right)\\
&\geqslant \boldsymbol{E}\left(|\log(1-\varphi_{\xi_0}(0))|\,\mathbf{1}_{\{1-q(T\overrightarrow{\xi})\geqslant\varepsilon\}}\right)-|\log\varepsilon|\\
&\geqslant c\boldsymbol{E}\left(|\log(1-\varphi_{\xi_0}(0))|\right)-|\log\varepsilon|,
\end{aligned}$$

故定理 2.2 成立.

定理 2.3 设 $(\overrightarrow{X},\overrightarrow{\xi})$ 是 $(\Omega,\mathscr{F},P)$ 上的 $\mathrm{MBTRE}(+)_w$, T 是平稳的遍历的从 $\overrightarrow{\Theta}$ 到 $\overrightarrow{\Theta}$ 的推移算子, $\varphi_\theta(s)$ 之定义如前, 如果

$$\boldsymbol{E}(-\log(1-\varphi_{\xi_0}(0)))<\infty, \tag{2.31}$$

$$\boldsymbol{E}((\log\varphi'_{\xi_0}(1))^-)<\boldsymbol{E}((\log\varphi'_{\xi_0}(1))^+)\leqslant\infty, \tag{2.32}$$

则 $P(q(\overrightarrow{\xi})<1)=1$.

证 令

$$Y_n(\overrightarrow{\xi})=(\varphi_{\xi_0}\circ\varphi_{\xi_1}\circ\cdots\circ\varphi_{\xi_n})(0), \tag{2.33}$$

由推移算子 T 的定义知: $Y_{n-1}(T\overrightarrow{\xi})=(\varphi_{\xi_1}\circ\varphi_{\xi_2}\circ\cdots\circ\varphi_{\xi_n})(0)$, 从而

$$Y_n(\overrightarrow{\xi})=\varphi_{\xi_0}(Y_{n-1}(\overrightarrow{\xi})). \tag{2.34}$$

由 (2.1)—(2.3) 知

$$\varphi_{\xi_i}(s)=\sum_{j=0}^{\infty}\xi_i(j)s^j\quad(i\geqslant0), \tag{2.35}$$

由 Θ 之定义有

$$P(\xi_i(0)<1)=1\quad(i\geqslant0). \tag{2.36}$$

由 (2.35) 和 (2.36) 式知 $P(\varphi_{\xi_i}(0)<1)=1$, 从而

$$P\left(\bigcap_{n=0}^{\infty}\{Y_n(\overrightarrow{\xi})<1\}\right)=1. \tag{2.37}$$

所以

$$0\leqslant-\log(1-Y_n(\overrightarrow{\xi}))<\infty\quad(\forall n\geqslant0),\quad \text{a.s.}. \tag{2.38}$$

若令 $\mu_n = \boldsymbol{E}(-\log(1 - Y_n(\overrightarrow{\xi})))\quad (n \geqslant 0)$. 显然, 由定理假设知 $\mu_0 < \infty$. 用 (2.34) 式并对 n 作归纳法可证 $\mu_n < \infty(\forall n \geqslant 0)$. 事实上, 由 (2.34) 式并对 n 作归纳法得恒等式:

$$-\log(1 - Y_n(\overrightarrow{\xi})) = -\log \frac{1 - \varphi_{\xi_0}(Y_{n-1}(T\overrightarrow{\xi}))}{1 - Y_{n-1}(T\overrightarrow{\xi})} - \log(1 - Y_{n-1}(T\overrightarrow{\xi})). \tag{2.39}$$

由于 $(1 - \varphi_{\xi_0}(s))/(1 - s)$ 在 $[0, 1)$ 上是 s 的单增函数, 故

$$-\log \varphi'_{\xi_0}(1) \leqslant -\log \frac{1 - \varphi_{\xi_0}(Y_{n-1}(T\overrightarrow{\xi}))}{1 - Y_{n-1}(T\overrightarrow{\xi})} \leqslant -\log(1 - \varphi_{\xi_0}(0)). \tag{2.40}$$

(注意: 前已声明, 简记 $f(s_0) \stackrel{\text{def}}{=\!=} \lim\limits_{s \uparrow s_0} f(s)$.)
所以 $\mu_n \leqslant (n+1)\mu_0 < \infty$. 若令

$$\lambda_n \stackrel{\text{def}}{=\!=} \boldsymbol{E}\left(-\log\left(\frac{1 - \varphi_{\xi_0}(Y_{n-1}(T\overrightarrow{\xi}))}{1 - Y_n(T\overrightarrow{\xi})}\right)\right), \quad (n \geqslant 1)$$

则由 (2.40) 式及定理假设知: $-\infty \leqslant \lambda_n < \infty$. 因此由 (2.39) 式得:

$$\mu_n = \mu_0 + \sum_{j=1}^{n} \lambda_j. \tag{2.41}$$

谬设 $P(q(\overrightarrow{\xi}) < 1) \neq 1$, 则由引理 2.2 知: $P(q(\overrightarrow{\xi}) < 1) = 0$, 且 $Y_{n-1}(T\overrightarrow{\xi}) \uparrow 1$, a.s. (当 $n \uparrow \infty$). 因此, 由单调收敛定理得:

$$\mu_n \uparrow \infty, \quad \lambda_n \downarrow \lambda \stackrel{\text{def}}{=\!=} \boldsymbol{E}(-\log \varphi'_{\xi_0}(1)) < 0 \quad (\text{当 } n \uparrow \infty).$$

这与 (2.41) 式矛盾. 故 $P(q(\overrightarrow{\xi}) < 1) = 1$. 定理证毕.

现在把前面的结果归纳成下面的定理.

定理 2.4 设 $(\overrightarrow{X}, \overrightarrow{\xi})$ 是 $(\Omega, \mathscr{F}, P)$ 上的 MBTRE$(+)_w$, T 是由 $\overrightarrow{\Theta}$ 到 $\overrightarrow{\Theta}$ 的平稳的遍历的推移算子, Θ 和 $\varphi_\theta(s)$ 如前所定义, 则有

(1) $P(q(\overrightarrow{\xi}) = 1)$ 非 0 即 1;

(2) 若 $\boldsymbol{E}(\log \varphi'_{\xi_0}(1))^+ < \infty$, 则

(a) $\boldsymbol{E}(\log \varphi'_{\xi_0}(1))^+ \leqslant \boldsymbol{E}(\log \varphi'_{\xi_0}(1))^- \leqslant \infty \Rightarrow P(q(\overrightarrow{\xi}) = 1) = 1$,

(b) "$\boldsymbol{E}(\log \varphi'_{\xi_0}(1))^+ > \boldsymbol{E}(\log \varphi'_{\xi_0}(1))^-$, 和 $\boldsymbol{E}(-\log(1 - \varphi_{\xi_0}(0))) < \infty$" $\Rightarrow$ $P(q(\overrightarrow{\xi}) = 1) = 0$;

(3) 若 $\boldsymbol{E}(\log \varphi'_{\xi_0}(1))$ 有意义, 则 "$\boldsymbol{E}(\log \varphi'_{\xi_0}(1))^+ = \infty$ 和 $\boldsymbol{E}(-\log(1 - \varphi_{\xi_0}(0))) < \infty$" $\Rightarrow P(q(\overrightarrow{\xi}) = 1) = 0$.

证 (1) 由引理 2.2 立得.

(2) (a) 由定理 2.1 和 (1) 即得.

(2) (b) 由定理 2.3 即得.

(3) 因为 $\boldsymbol{E}(\log\varphi'_{\xi_0}(1))$ 是有定义的 (可以是非负实数也可以是 $\pm\infty$), 既然 $\boldsymbol{E}(\log\varphi'_{\xi_0}(1))^+=\infty$, 那么 $\boldsymbol{E}(\log\varphi'_{\xi_0}(1))^-$ 必然小于 ∞. 所以由定理 2.3 即得 (3). 定理证毕.

附注 2.1 $\mathrm{MBTRE}_C(\mathrm{MBTRE}(+)_C)$ 这种随机过程总是存在的. 在下一节中我们将对更一般的情形 —— 随机环境中的多维的分支链来构造 MBTRE_C.

附注 2.2 定理 2.4 并没有彻底解决灭绝概率的问题. 对下面情况并没有给出结论:

(1) 当 $\boldsymbol{E}(\log\varphi'_{\xi_0}(1))$ 没有意义, 即 $\boldsymbol{E}(\log\varphi'_{\xi_0}(1))^+$ 和 $\boldsymbol{E}(\log\varphi'_{\xi_0}(1))^-$ 都是 ∞;

(2) $\infty\geqslant\boldsymbol{E}(\log\varphi'_{\xi_0}(1))^+>\boldsymbol{E}(\log\varphi'_{\xi_0}(1))^-$ 且 $\boldsymbol{E}(-\log(1-\varphi_{\xi_0}(0)))=\infty$.

§3 随机环境中的有限维分支链的构造

在这一节中, 恒设 $\mathscr{X}=\mathbf{Z}_+^r$, r 为任一正整数, $\mathbf{N}=\mathbf{Z}_+,\mathbf{N}_+=\{1,2,\cdots\}$, $\mathscr{A}$ 是 $\mathscr{X}$ 中的一切子集构成的 σ 代数, $(\Theta,\mathscr{B})$ 是任一可测空间: $\overrightarrow{\mathscr{X}}=\mathscr{X}^{\mathbf{N}},\overrightarrow{\mathscr{A}}=\mathscr{A}^{\mathbf{N}},\overrightarrow{\Theta}=\Theta^{\mathbf{Z}},\overrightarrow{\mathscr{B}}=\mathscr{B}^{\mathbf{Z}}.\overrightarrow{\mathscr{A}}_k^l=\prod\limits_{k-1<i<l+1}\mathscr{A}_i(\mathscr{A}_i\equiv\mathscr{A},0\leqslant k\leqslant l\leqslant\infty),\overrightarrow{\mathscr{B}}_k^l=\prod\limits_{k-1<i<l+1}\mathscr{B}_i\quad(\mathscr{B}_i\equiv\mathscr{B},-\infty\leqslant k\leqslant l\leqslant\infty)$.

对 $\overrightarrow{\mathscr{X}}$ 中之点用 $\overrightarrow{x}=(x_0,x_1,x_2,\cdots)$ 表示, 其中 $x_k=(x_k(1),\cdots,x_k(r))\in\mathscr{X}=\mathbf{Z}_+^r$. 仍记 $P(\theta)=(p(\theta;x,y),x,y\in\mathscr{X})$ 是 R.T.M.,

$$P^{(n)}(\overrightarrow{\theta})=P(\theta_0)P(\theta_1)\cdots P(\theta_{n-1}),\quad n\geqslant 1,\overrightarrow{\theta}=(\theta_k,k\in\mathbf{Z}).$$

T 仍是由 $\overrightarrow{\Theta}$ 到 $\overrightarrow{\Theta}$ 的推移算子. $P^{(n)}(\overrightarrow{\theta})$ 写作

$$P^{(n)}(\overrightarrow{\theta})=(p^{(n)}(\overrightarrow{\theta};x,y),x,y\in\mathscr{X}).$$

再记

$$P(\overrightarrow{\theta};n,n+m,x,y)\overset{\text{def}}{=\!=}p^{(m)}(T^n\overrightarrow{\theta};x,y).\tag{3.1}$$

定义 3.1 称 $\{q(\theta;x), x\in\mathscr{X}\}$ 是一个随机概率分布, 如果对任何固定的 $x\in\mathscr{X}$, $q(\cdot;x)$ 是非负的 $\mathscr{B}$ 可测函数且 $\sum\limits_{x\in\mathscr{X}} q(\theta;x)=1\quad(\forall\theta\in\Theta)$.

定义 3.2 若 $(\overrightarrow{X},\overrightarrow{\xi})$ 是 $(\Omega,\mathscr{F},P)$ 上的以 $P(\theta)$ 为 R.T.M. 的 MCTRE, $\overrightarrow{X}=\{X_0,X_1,\cdots\}$ 的状态空间是 $(\mathscr{X},\mathscr{A})$, $\overrightarrow{\xi}=\{\xi_n,n\in\mathbf{Z}\}$ 的状态空间是 $(\Theta,\mathscr{B})$.

1. 若 $(\overrightarrow{X},\overrightarrow{\xi})$ 的 R.T.M. $P(\theta)$ 满足:

$$p(\theta;x,y)=\sum_{\sum\limits_{i=1}^{r}\sum\limits_{1\leqslant k\leqslant x(i)} y_{i,k}=y}\prod_{i=1}^{r}\prod_{k=1}^{x(i)} p(\theta;e_i,y_{i,k})\quad(\forall\theta\in\Theta,x,y\in\mathscr{X}),\tag{3.2}$$

此处 $x=(x(1),x(2),\cdots,x(r))$, 则称 $(\overrightarrow{X},\overrightarrow{\xi})$ 是 (r 维的) 依时的随机环境中的分支链, 用 MBTRE 表示之.

2. 若存在一族随机变量 $\{Y_{i,k}^{(n)},1\leqslant i\leqslant r,k\geqslant 1,n\geqslant 1\}$, 它们取值于 $\mathbf{N}$, 且满足:

(1) 它们和 X_0 一起关于 $\overrightarrow{\xi}$ 条件独立;

(2) 对任何固定的 i 和 n, $P(Y_{i,k}^{(n)}=y|\overrightarrow{\xi})=p(\xi_{n-1};e_i,y)$ 不依赖于 $k\geqslant 1(\forall y\in\mathscr{X})$, 此处 e_i 是 $\mathscr{X}$ 中的第 i 个分量为 1 其他分量为 0 的向量;

(3) $$X_{n+1}=\sum_{i=1}^{r}\sum_{k=1}^{X_n(i)} Y_{i,k}^{(n+1)}\quad(\forall n\geqslant 0),\tag{3.3}$$

其中 $X_n=(X_n(1),X_n(2),\cdots,X_n(r))$, 则称 $(\overrightarrow{X},\overrightarrow{\xi})$ 是 (r 维的) 典范的依时的随机环境中的分支链, 仍用 MBTRE_C 表示之, 称 $\{Y_{i,k}^{(n)}\}$ 为其生成随机变量族.

易见: MBTRE_C 必为 MBTRE.

我们证明一个更一般的命题.

命题 3.1 若 $(\overrightarrow{X},\overrightarrow{\xi})$ 是以 $P(\theta)=(p(\theta;x,y),x,y\in\mathscr{X})$ 为 R.T.M. 的 MBTRE_C, 则

$$p(\overrightarrow{\theta};n,n+m,x,y)=\sum_{\sum\limits_{i=1}^{r}\sum\limits_{1\leqslant k\leqslant x(i)} y_{i,k}=y}\prod_{i=1}^{r}\prod_{k=1}^{x(i)} p(\overrightarrow{\theta};n,n+m,e_i,y_{i,k})\tag{3.4}$$

$$(\forall\overrightarrow{\theta}\in\overrightarrow{\Theta},n\geqslant 0,m\geqslant 1,x,y\in\mathscr{X}),$$

特别地有 (3.2) 式:

$$p(\theta;x,y)=\sum_{\sum\limits_{i=1}^{r}\sum\limits_{1\leqslant k\leqslant x(i)}y_{i,k}=y}\prod_{i=1}^{r}\prod_{k=1}^{x(i)}p(\theta;e_i,y_{i,k}).$$

证 因为 $\{Y_{i,k}^{(n)},1\leqslant i\leqslant r,k\geqslant 1,n\geqslant 1\}$ 关于 $\overrightarrow{\xi}$ 是条件独立的, 且 $P(Y_{i,k}^{(n)}=y|\overrightarrow{\xi})=p(\xi_{n-1};e_i,y)(\forall 1\leqslant i\leqslant r,k\geqslant 1,n\geqslant 1,y\in\mathscr{X})$. 所以

$$\begin{aligned}
p(\overrightarrow{\theta};n,n+1,x,y)&=P(X_{n+1}=y|X_n=x,\overrightarrow{\xi}=\overrightarrow{\theta})\\
&=P\left(\sum_{i=1}^{r}\sum_{k=1}^{X_n(i)}Y_{i,k}^{(n+1)}=y|X_n=x,\overrightarrow{\xi}=\overrightarrow{\theta}\right)\\
&=P\left(\sum_{i=1}^{r}\sum_{k=1}^{x(i)}Y_{i,k}^{(n+1)}=y|X_n=x,\overrightarrow{\xi}=\overrightarrow{\theta}\right)\\
&=P\left(\sum_{i=1}^{r}\sum_{k=1}^{x(i)}Y_{i,k}^{(n+1)}=y|\overrightarrow{\xi}=\overrightarrow{\theta}\right)\\
&=P\left(\bigcup_{\sum\limits_{i=1}^{r}\sum\limits_{k=1}^{x(i)}y_{i,k}=y}\bigcap_{i=1}^{r}\bigcap_{k=1}^{x(i)}\{Y_{i,k}^{(n+1)}=y_{i,k}\}|\overrightarrow{\xi}=\overrightarrow{\theta}\right)\\
&=\sum_{\sum\limits_{i=1}^{r}\sum\limits_{k=1}^{x(i)}y_{i,k}=y}\prod_{i=1}^{r}\prod_{k=1}^{x(i)}P(Y_{i,k}^{(n+1)}=y_{i,k}|\overrightarrow{\xi}=\overrightarrow{\theta})\\
&=\sum_{\sum\limits_{i=1}^{r}\sum\limits_{k=1}^{x(i)}y_{i,k}=y}\prod_{i=1}^{r}\prod_{k=1}^{x(i)}p(\overrightarrow{\theta};n,n+1,e_i,y_{i,k}),
\end{aligned}\tag{3.5}$$

(3.5) 式说明 (3.4) 式对一切 $x,y\in\mathscr{X},\theta\in\Theta,n\geqslant 0,m=1$ 成立. 下面对 m 作归纳法证明 (3.4) 式对一切 $x,y\in\mathscr{X},\theta\in\Theta,n\geqslant 0,m\geqslant 1$ 成立.

设 (3.4) 式对 $m=k$ 成立. 事实上, 若 (3.4) 式对 $m=k$ 成立, 当 $m=k+1$ 时有

$$\begin{aligned}
&p(\overrightarrow{\theta};n,n+k+1,x,y)\\
=&\sum_{u\in\mathscr{X}}p(\overrightarrow{\theta};n,n+1,x,u)p(\overrightarrow{\theta};n+1,n+k+1,u,y)
\end{aligned}$$

$$
\begin{aligned}
&= \sum_{u\in\mathscr{X}} \sum_{\sum\limits_{i=1}^{r}\sum\limits_{j=1}^{x(i)} u_{i,j}=u} \left[\prod_{i=1}^{r}\prod_{j=1}^{x(i)} p(\overrightarrow{\theta}; n, n+1, e_i, u_{i,j})\right] \\
&\quad \cdot \left[p\left(\overrightarrow{\theta}; n+1, n+k+1, \sum_{i=1}^{r}\sum_{j=1}^{x(i)} u_{i,j}, y\right)\right] \\
&= \sum_{u\in\mathscr{X}} \sum_{\sum\limits_{i=1}^{r}\sum\limits_{j=1}^{x(i)} u_{i,j}=u} \left[\prod_{i=1}^{r}\prod_{j=1}^{x(i)} p(\overrightarrow{\theta}; n, n+1, e_i, u_{i,j})\right] \\
&\quad \left[\sum_{\sum\limits_{i=1}^{r}\sum\limits_{j=1}^{x(i)} y_{i,j}=y} \prod_{i=1}^{r}\prod_{j=1}^{x(i)} p(\overrightarrow{\theta}; n+1, n+k+1, u_{i,j}, y_{i,j})\right] \\
&= \sum_{\sum\limits_{i=1}^{r}\sum\limits_{j=1}^{x(i)} y_{i,j}=y} \left[\sum_{u\in\mathscr{X}} \sum_{\sum\limits_{i=1}^{r}\sum\limits_{j=1}^{x(i)} u_{i,j}=u} \prod_{i=1}^{r}\prod_{j=1}^{x(i)}\right. \\
&\quad \left. \cdot (p(\overrightarrow{\theta}; n+1, e_i, u_{i,j}) p(\overrightarrow{\theta}; n+1, n+k+1, u_{i,j}, y_{i,j}))\right] \\
&= \sum_{\sum\limits_{i=1}^{r}\sum\limits_{j=1}^{x(i)} y_{i,j}=y} \prod_{i=1}^{r}\prod_{j=1}^{x(i)} \left(\sum_{u_{i,j}\in\mathscr{X}} p(\overrightarrow{\theta}; n, n+1, e_i, u_{i,j})\right. \\
&\quad \left. \cdot p(\overrightarrow{\theta}; n+1, n+k+1, u_{i,j}, y_{i,j})\right) \\
&= \sum_{\sum\limits_{i=1}^{r}\sum\limits_{j=1}^{x(i)} y_{i,j}=y} \prod_{i=1}^{r}\prod_{j=1}^{x(i)} p(\overrightarrow{\theta}; n, n+k+1, e_i, y_{i,j}),
\end{aligned}
$$

归纳法完成. 命题证毕.

定义 3.3 称满足 (3.2) 式的 R.T.M. $P(\theta) = (p(\theta; x, y), x, y \in \mathscr{X})$ 为分支的随机转移矩阵, 用 B.R.T.M. 表示之.

显然, 给定 r 个随机概率分布 $\{q_i(\theta;x), x\in\mathscr{X}\}(1\leqslant i\leqslant r)$, 令

$$p(\theta,x,y)=\sum_{\sum\limits_{i=1}^{r}\sum\limits_{1\leqslant k\leqslant x(i)}y_{i,k=y}}\prod_{i=1}^{r}\prod_{k=1}^{x(i)}q_i(\theta;y_{i,k}),\tag{3.6}$$

此处 $\theta\in\Theta, x,y,y_{i,k}\in\mathscr{X}$, 则 $p(\theta;x,y)$ 是一个满足下列条件的 B.R.T.M.: $p(\theta;e_i,y)=q_i(\theta;y)$.

定义 3.4 给定 r 个随机概率分布 $\{q_i(\theta;x), x\in\mathscr{X}\}(1\leqslant i\leqslant r)$, 称

$$\varphi_i(\theta;s)\stackrel{\text{def}}{=\!=}\sum_{x\in\mathscr{X}}q_i(\theta;x)s^x$$

(此处 $1\leqslant i\leqslant r, \theta\in\Theta, s\in\mathbf{R}^r, s=(s(1),\cdots,s(r)), x=(x(1),\cdots,x(r))$, $s^x\stackrel{\text{def}}{=\!=}\prod\limits_{i=1}^{r}s(i)^{x(i)}$) 为本原母函数.

定理 3.1 设 $\{q_i(\theta;x), x\in\mathscr{X}\}(1\leqslant i\leqslant r)$ 是 r 个随机概率分布, $\overline{m}$ 是 $\overrightarrow{\mathscr{B}}$ 上的概率测度, ν 是 $\mathscr{X}$ 上的一个离散的概率分布, 则存在一个概率空间 $(\Omega,\mathscr{F},P)$ 及其上的 $\text{MBTRE}_C(\overrightarrow{X},\overrightarrow{\xi})$, 具有满足 (3.2) 式的 B.R.T.M. $P(\theta)=(p(\theta;x,y), x,y\in\mathscr{X})$, 而且还满足:

(1) $\overrightarrow{\xi}$ 的 P 边缘分布为 $P\circ(\overrightarrow{\xi})^{-1}=\overline{m}$; (3.7)

(2) $\overrightarrow{X}=\{X_0,X_1,\cdots\}$ 的有限维条件分布为:

$$P\left(\bigcap_{k=0}^{n}\{X_k=x_k\}|\overrightarrow{\xi}=\overrightarrow{\theta}\right)=\nu(x_0)\prod_{k=0}^{n-1}p(\theta_k;x_k,x_{k+1}),\tag{3.8}$$

此处 $\overrightarrow{\theta}\in\overrightarrow{\Theta}, x_k\in\mathscr{X}, 0\leqslant k\leqslant n, n\geqslant 0$. 从而 $\overrightarrow{X}$ 的有限维 (无条件) 分布为:

$$P\left(\bigcap_{k=0}^{n}\{X_k=x_k\}\right)=\nu(x_0)\int_{\overrightarrow{\Theta}}\overline{m}(\mathrm{d}\overrightarrow{\theta})\prod_{k=0}^{n-1}p(\theta_k;x_k,x_{k+1}),\tag{3.9}$$

此处 $\overrightarrow{\theta}\in\overrightarrow{\Theta}, x_k\in\mathscr{X}, 0\leqslant k\leqslant n, n\geqslant 0$; 特别地 $\overrightarrow{X}$ 的初始分布为:

$$P(X_0=x)=\nu(x)\quad(x\in\mathscr{X});\tag{3.10}$$

(3) $Y_{i,k}^{(n+1)}$ 的条件母函数为:

$$\varphi_i(\theta_n;s)=\sum_{y\in\mathscr{X}}P(Y_{i,k}^{(n+1)}=y|\overrightarrow{\xi}=\overrightarrow{\theta})s^y,\tag{3.11}$$

其中 $\varphi_i(\theta;s)$ 如定义 3.4 中所定义.

证 令 $p(\theta; e_i, y) = q_i(\theta; y)$, 而 $p(\theta; x, y)(\theta \in \Theta, x, y \in \mathscr{X})$ 如 (3.2) 所定义. 显然, $(p(\theta; x, y), x, y \in \mathscr{X}) \stackrel{\text{def}}{=\!=} P(\theta)$ 是一个 B.R.T.M.. 再令

$$T(\mathscr{X}) = \{A = (A_{i,k}^{(n)}, 1 \leqslant i \leqslant r, k, n \in \mathbf{N}_+) : A_{i,k}^{(n)} \in \mathscr{X}\}, \tag{3.12}$$

而令 $\quad L\{\mathscr{X} \times T(\mathscr{X}) : x_0, x_{i,k}^{(n)}, 1 \leqslant i \leqslant r, 1 \leqslant k \leqslant K, 1 \leqslant n \leqslant N\}$

$$\stackrel{\text{def}}{=\!=} \{(x, A) \in \mathscr{X} \times T(\mathscr{X}) : x = x_0, A_{i,k}^{(n)} = x_{i,k}^{(n)}, 1 \leqslant i \leqslant r, 1 \leqslant k \leqslant K, 1 \leqslant n \leqslant N\} \tag{3.13}$$

是乘积 σ 代数 $\mathscr{A} \times \mathscr{A}^r \times \mathscr{A}^{\mathbf{N}_+} \times \mathscr{A}^{\mathbf{N}_+}$ 上的柱集.

再定义可测空间 $(\Omega, \mathscr{F})$ 如下:

$$\Omega = (\mathscr{X} \times T(\mathscr{X})) \times \overrightarrow{\Theta}, \quad \mathscr{F} = (\mathscr{A} \times \mathscr{A}^r \times \mathscr{A}^{\mathbf{N}_+} \times \mathscr{A}^{\mathbf{N}_+}) \times \overrightarrow{\mathscr{B}}, \tag{3.14}$$

下面要定义 $\mathscr{F}$ 上的一个概率测度 P. 首先在全体柱集上定义一个集合函数 $P_{\overrightarrow{\theta}}^{x}(\cdot)$ 如下:

$$\begin{aligned}
&P_{\overrightarrow{\theta}}^{x}(L(\mathscr{X} \times T(\mathscr{X}) : x_0, x_{i,k}^{(n)}, 1 \leqslant i \leqslant r, 1 \leqslant k \leqslant K, 1 \leqslant n \leqslant N)) \\
&= \delta_{x,x_0} \prod_{i=1}^{r} \prod_{k=1}^{K} \prod_{n=1}^{N} q_i(\theta_{n-1}; x_{i,k}^{(n)}) = \delta_{x,x_0} \prod_{i=1}^{r} \prod_{k=1}^{K} \prod_{n=1}^{N} p(\theta_{n-1}; e_i; x_{i,k}^{(n)}), \\
&(x_0, x \in \mathscr{X}, \overrightarrow{\theta} \in \overrightarrow{\Theta}, x_{i,k}^{(n)} \in \mathscr{X}, 1 \leqslant i \leqslant r, 1 \leqslant k \leqslant K, 1 \leqslant n \leqslant N).
\end{aligned} \tag{3.15}$$

易证:

$$\sum_{\substack{1 \leqslant i \leqslant r \\ x_{i,k}^{(n)} \in \mathscr{X}, 1 \leqslant k \leqslant K \\ 1 \leqslant n \leqslant N}} \sum_{x_0 \in \mathscr{X}} \delta_{x,x_0} \prod_{i=1}^{r} \prod_{k=1}^{K} \prod_{n=1}^{N} q_i(\theta_{n-1}; x_{i,k}^{(n)}) = 1, \tag{3.16}$$

从而 $P_{\overrightarrow{\theta}}^{x}$ 可唯一地扩张到 $\mathscr{A} \times \mathscr{A}^r \times \mathscr{A}^{\mathbf{N}_+} \times \mathscr{A}^{\mathbf{N}_+}$ 上去而得一概率测度, 仍用 $P_{\overrightarrow{\theta}}^{x}$ 记之. 易见对任何固定的 $x \in \mathscr{X}$ 和 $M \in \mathscr{A} \times \mathscr{A}^r \times \mathscr{A}^{\mathbf{N}_+} \times \mathscr{A}^{\mathbf{N}_+}$, $P_{\overrightarrow{\theta}}^{x}(M)$ 是 $\overrightarrow{\theta}$ 的 $\overrightarrow{\mathscr{B}}$ 可测函数.

定义

$$P(S) = \int_{\overrightarrow{\theta}}^{\overline{m}} (\mathrm{d}\overrightarrow{\theta}) \int_{\mathscr{X}} \nu(\mathrm{d}x) \int_{\mathscr{X} \times T(\mathscr{X})} P_{\overrightarrow{\theta}}^{x}(\mathrm{d}m) \mathbf{1}_S(m, \overrightarrow{\theta}), \tag{3.17}$$

$(\forall S \in \mathscr{F} = (\mathscr{A} \times \mathscr{A}^r \times \mathscr{A}^{\mathbf{N}_+} \times \mathscr{A}^{\mathbf{N}_+}) \times \overrightarrow{\mathscr{B}})$, 易证: P 是 $\mathscr{F}$ 上的概率测度. 于是, 得到一个概率空间 $(\Omega, \mathscr{F}, P)$. 对任何 $\omega = (x, A, \overrightarrow{\theta}) \in \mathscr{X} \times T(\mathscr{X}) \times \overrightarrow{\Theta} = \Omega$,

此处, $A=(A_{i,k}^{(n)},1\leqslant i\leqslant r,k,n\in\mathbf{N}_+)$, $\overrightarrow{\theta}=(\theta_n,n\in\mathbf{Z}),x\in\mathscr{X}$, 再定义:

$$\overrightarrow{\xi}(\omega)=\overrightarrow{\theta},Y_{i,k}^{(n)}(\omega)=A_{i,k}^{(n)}\quad(1\leqslant i\leqslant r,k,n\in\mathbf{N}_+),\tag{3.18}$$

$$X_n(\omega)=(X_n(1,\omega),\cdots,X_n(r,\omega))\quad(n\in\mathbf{N}),\tag{3.19}$$

$$X_{n+1}(\omega)=\sum_{i=1}^{r}\sum_{k=1}^{X_n(i,\omega)}Y_{i,k}^{(n+1)}(\omega)\quad(n\in\mathbf{N},\omega\in\Omega),\tag{3.20}$$

$$X_0(\omega)=x,\quad \overrightarrow{X}=(X_0,X_1,\cdots).\tag{3.21}$$

我们要证明: $(\overrightarrow{X},\overrightarrow{\xi})$ 是一个具有 B.R.T.M. $p(\theta;x,y)$ (如 (3.2) 式所定义) 的 MBTRE_C 且定理中之 (1)、(2)、(3) 成立.

由概率测度 P 之定义即知 (1) (即 (3.7) 式) 成立.

由 (3.17)、(3.18)、(3.21)、(3.15) 和 (3.7) 式可得:

$$\begin{aligned}
&P\left(\bigcap_{i=1}^{r}\bigcap_{k=1}^{K}\bigcap_{n=1}^{N}\{Y_{i,k}^{(n)}=x_{i,k}^{(n)}\},X_0=x_0,\overrightarrow{\xi}\in B\right)\\
&=P(L(\mathscr{X}\times T(\mathscr{X}):x_0,x_{i,k}^{(n)},1\leqslant i\leqslant r,1\leqslant k\leqslant K,1\leqslant n\leqslant N)\times B)\\
&=\int_B\overline{m}(\mathrm{d}\overrightarrow{\theta})\nu(x_0)P_{\overrightarrow{\theta}}^{x_0}(L(\mathscr{X}\times T(\mathscr{X}):x_0,x_{i,k}^{(n)},1\leqslant i\leqslant r,\\
&\qquad 1\leqslant k\leqslant K,1\leqslant n\leqslant N))\\
&=\nu(x_0)\int_B(P\circ(\overrightarrow{\xi})^{-1})(\mathrm{d}\overrightarrow{\theta})\prod_{i=1}^{r}\prod_{k=1}^{K}\prod_{n=1}^{N}q_i(\theta_{n-1};x_{i,k}^{(n)})
\end{aligned}\tag{3.22}$$

$$(\forall B\in\overrightarrow{\mathscr{B}},x_0,x_{i,k}^{(n)}\in\mathscr{X},1\leqslant i\leqslant r,1\leqslant k\leqslant K,1\leqslant n\leqslant N).$$

所以

$$\begin{aligned}
&P\left(\bigcap_{i=1}^{r}\bigcap_{k=1}^{K}\bigcap_{n=1}^{N}\{Y_{i,k}^{(n)}=x_{i,k}^{(n)}\},\{X_0=x_0\}|\overrightarrow{\xi}=\overrightarrow{\theta}\right)\\
&=\nu(x_0)\prod_{i=1}^{r}\prod_{k=1}^{K}\prod_{n=1}^{N}q_i(\theta_{n-1};x_{i,k}^{(n)})\\
&=P(X_0=x_0)\prod_{i=1}^{r}\prod_{k=1}^{K}\prod_{n=1}^{N}P(Y_{i,k}^{(n)}=x_{i,k}^{(n)}|\overrightarrow{\xi}=\overrightarrow{\theta})\\
&(\forall x_0,x_{i,k}^{(n)}\in\mathscr{X},1\leqslant i\leqslant r,1\leqslant k\leqslant K,1\leqslant n\leqslant K).
\end{aligned}\tag{3.23}$$

由 $P_{\overrightarrow{\theta}}^{x}$ 的定义有

$$P_{\overrightarrow{\theta}}^{x}(\{x_0\}\times T(\mathscr{X}))=\delta_{x,x_0}\quad(\forall x,x_0\in\mathscr{X},\overrightarrow{\theta}\in\overrightarrow{\Theta}).\tag{3.24}$$

由 (3.24)、(3.17) 式和 X_0 及 $\overrightarrow{\xi}$ 的定义得:

$$
\begin{aligned}
&P(X_0 = x_0, \overrightarrow{\xi} \in B) = P(\{x_0\} \times T(\mathscr{X}) \times B)\\
\overset{(3.17)}{=\!=} &\int_{\overrightarrow{\Theta}} \overline{m}(\mathrm{d}\overrightarrow{\theta}) \int_{\mathscr{X}} \nu(\mathrm{d}x) \int_{\mathscr{X}\times T(\mathscr{X})} P_{\overrightarrow{\theta}}^{x}(\mathrm{d}m)\mathbf{1}_{\{x_0\}\times T(\mathscr{X})}(m)\mathbf{1}_B(\overrightarrow{\theta})\\
\overset{(3.24)}{=\!=} &\overline{m}(B)\nu(x_0) = P(\overrightarrow{\xi} \in B)P(X_0 = x_0),
\end{aligned}
\tag{3.25}
$$

这说明 X_0 与 $\overrightarrow{\xi}$ 独立, 从而 $P(X_0 = x_0) = P(X_0 = x_0|\overrightarrow{\xi} = \overrightarrow{\theta})$. 所以 $\{X_0, Y_{i,k}^{(n)}, 1 \leqslant i \leqslant r, k \geqslant 1, n \geqslant 1\}$ 关于 $\overrightarrow{\xi}$ 条件独立 (注意 (3.23) 式).

显然 $P(Y_{i,k}^{(n+1)} = y|\overrightarrow{\xi} = \overrightarrow{\theta}) = q_i(\theta_n; y)$, 此即 (3) 成立.

最后证明 $(\overrightarrow{X}, \overrightarrow{\xi})$ 是一个具有 B.R.T.M. $P(\theta) = (p(\theta; x, y), x, y \in \mathscr{X})$ 的 MBTRE 且 (2) 成立.

因为 $\{X_0, Y_{i,k}^{(n)}, 1 \leqslant i \leqslant r, k \geqslant 1, n \geqslant 1\}$ 关于 $\overrightarrow{\xi}$ 条件独立, 若再注意命题 1.5 有

$$
\begin{aligned}
&P(X_{n+1} = y|X_0, X_1, \cdots, X_n, \overrightarrow{\xi})\\
=&P(X_{n+1} = y|X_n, \overrightarrow{\xi})\\
=&\sum_{x\in\mathscr{X}} P(X_{n+1} = y|X_n = x, \overrightarrow{\xi}) \cdot \mathbf{1}_{\{X_n = x, P(X_n = x|\overrightarrow{\xi})>0\}}\\
=&\sum_{x\in\mathscr{X}} P\left(\sum_{i=1}^{r}\sum_{k=1}^{x(i)} Y_{i,k}^{(n+1)} = y|X_n = x, \overrightarrow{\xi}\right) \cdot \mathbf{1}_{\{X_n = x, P(X_n = x|\overrightarrow{\xi})>0\}}\\
=&\sum_{x\in\mathscr{X}} \sum_{\sum\limits_{i=1}^{r}\sum\limits_{k=1}^{x(i)} y_{i,k} = y} \prod_{i=1}^{r}\prod_{k=1}^{x(i)} P\left(Y_{i,k}^{(n+1)} = y_{i,k}|X_n = x, \overrightarrow{\xi}\right)\\
&\cdot \mathbf{1}_{\{X_n = x, P(X_n = x|\overrightarrow{\xi})>0\}}\\
=&\sum_{x\in\mathscr{X}} \sum_{\sum\limits_{i=1}^{r}\sum\limits_{k=1}^{X_n(i)} y_{i,k} = y} \prod_{i=1}^{r}\prod_{k=1}^{X_n(i)} P\left(Y_{i,k}^{(n+1)} = y_{i,k}|X_n = x, \overrightarrow{\xi}\right)\\
&\cdot \mathbf{1}_{\{X_n = x, P(X_n = x|\overrightarrow{\xi})>0\}}\\
=&\sum_{x\in\mathscr{X}} \sum_{\sum\limits_{i=1}^{r}\sum\limits_{k=1}^{X_n(i)} y_{i,k} = y} \prod_{i=1}^{r}\prod_{k=1}^{X_n(i)} P\left(Y_{i,k}^{(n+1)} = y_{i,k}|\overrightarrow{\xi}\right)\\
&\cdot \mathbf{1}_{\{X_n = x, P(X_n = x|\overrightarrow{\xi})>0\}}
\end{aligned}
\tag{3.26}
$$

注意: 若 $C_x \cdot C_y = 0 \quad (\forall x, y \in \mathscr{X}, x \neq y)$, 则

$$\sum_{x \in \mathscr{X}} \left(\prod_{s=1}^{K} a_s C_x \right) = \prod_{s=1}^{K} \left(\sum_{x \in \mathscr{X}} a_s C_x \right).$$

但是

$$\mathbf{1}_{\{X_n = x, P(X_n = x | \overrightarrow{\xi}) > 0\}} \mathbf{1}_{\{X_n = y, P(X_n = y | \overrightarrow{\xi}) > 0\}} = 0 \quad (\forall x \neq y, x, y \in \mathscr{X}) \tag{3.27}$$

所以, 由 (3.26) 和 (3.27) 式可得:

$$\begin{aligned}
&P(X_{n+1} = y | X_0, X_1, \cdots, X_n, \overrightarrow{\xi}) \\
&= \sum_{\sum\limits_{i=1}^{r} \sum\limits_{k=1}^{X_n(i)} y_{i,k} = y} \prod_{i=1}^{r} \prod_{k=1}^{X_n(i)} \sum_{x \in \mathscr{X}} \left(P(Y_{i,k}^{(n+1)} = y_{i,k} | \overrightarrow{\xi}) \cdot \mathbf{1}_{\{X_n = x, P(X_n = x | \overrightarrow{\xi}) > 0\}} \right) \\
&= \sum_{\sum\limits_{i=1}^{r} \sum\limits_{k=1}^{X_n(i)} y_{i,k} = y} \prod_{i=1}^{r} \prod_{k=1}^{X_n(i)} \sum_{x \in \mathscr{X}} \Big(P(Y_{i,k}^{(n+1)} = y_{i,k} | X_n = x, \overrightarrow{\xi}) \\
&\quad \cdot \mathbf{1}_{\{X_n = x, P(X_n = x | \overrightarrow{\xi}) > 0\}} \Big) \\
&= \sum_{\sum\limits_{i=1}^{r} \sum\limits_{k=1}^{X_n(i)} y_{i,k} = y} \prod_{i=1}^{r} \prod_{k=1}^{X_n(i)} P(Y_{i,k}^{(n+1)} = y_{i,k} | X_n, \overrightarrow{\xi})) \\
&= \sum_{\sum\limits_{i=1}^{r} \sum\limits_{k=1}^{X_n(i)} y_{i,k} = y} \prod_{i=1}^{r} \prod_{k=1}^{X_n(i)} p(\xi_n; e_i, y_{i,k}) = p(\xi_n; X_n, y).
\end{aligned} \tag{3.28}$$

由 (3.28) 和 (3.25) 式并利用第三章定理 1.1 可知: $(\overrightarrow{X}, \overrightarrow{\xi})$ 是一个 MCTRE. 而它的 R.T.M. $P(\theta) = (p(\theta; x, y), x, y \in \mathscr{X})$ 是一个 B.R.T.M. 可由 $P(\theta)$ 的构造即可看出. 所以, $(\overrightarrow{X}, \overrightarrow{\xi})$ 是一个 MBTRE.

最后证明 $(\overrightarrow{X}, \overrightarrow{\xi})$ 满足 (2) (即满足 (3.8) 式和 (3.9) 式).

事实上,

$$\begin{aligned}
&P\left(\bigcap_{k=0}^{n} \{X_k = x_k\} | \overrightarrow{\xi} = \overrightarrow{\theta} \right) \\
&= P(X_0 = x_0 | \overrightarrow{\xi} = \overrightarrow{\theta}) \prod_{k=0}^{n-1} P\left(\sum_{i=1}^{r} \sum_{j=1}^{x_k(i)} Y_{i,j}^{(k+1)} = x_{k+1} | \overrightarrow{\xi} = \overrightarrow{\theta} \right)
\end{aligned}$$

$$
\begin{aligned}
&= \nu(x_0)\prod_{k=0}^{n-1}\sum_{\sum\limits_{i=1}^{r}\sum\limits_{j=1}^{x_k(i)} x_{i,j}^{(k+1)}=x_{k+1}}\prod_{i=1}^{r}\prod_{j=1}^{x_k(i)} P(Y_{i,j}^{(k+1)}=x_{i,j}^{(k+1)}|\overrightarrow{\xi}=\overrightarrow{\theta})\\
&= \nu(x_0)\prod_{k=0}^{n-1}\sum_{\sum\limits_{i=1}^{r}\sum\limits_{j=1}^{x_k(i)} x_{i,j}^{(k+1)}=x_{k+1}}\prod_{i=1}^{r}\prod_{j=1}^{x_k(i)} p(\theta_k;e_i,x_{i,j}^{(k+1)})\\
&= \nu(x_0)\prod_{k=0}^{n-1} p(\theta_k;x_k,x_{k+1}). \qquad (3.29)
\end{aligned}
$$

(3.29) 式即 (3.8) 式, 而 (3.9) 式由 (3.8) 式立即可得. 故 (2) 成立. 定理证毕.

定理 3.2　(1) 每个 $\mathrm{MBTRE}_C(\overrightarrow{X},\overrightarrow{\xi})$ 必是一个 MBTRE;

(2) 任给概率空间 $(\Omega,\mathscr{F},P)$ 上的 $\mathrm{MBTRE}(\overrightarrow{X},\overrightarrow{\xi})$, 必存在一个概率空间 $(\Omega^*,\mathscr{F}^*,P^*)$ 及其上的 $\mathrm{MBTRE}_C(\overrightarrow{X}^*,\overrightarrow{\xi}^*)$, 使 $(\overrightarrow{X},\overrightarrow{\xi})$ 的 P 分布与 $(\overrightarrow{X}^*,\overrightarrow{\xi}^*)$ 的 P^* 分布一样:

$$P\circ(\overrightarrow{X},\overrightarrow{\xi})^{-1}=P^*\circ(\overrightarrow{X}^*,\overrightarrow{\xi}^*)^{-1}.$$

证　这与一维的情形完全类似

推论 3.1　由定理 3.2 可知: 如果只涉及分布, 而与轨道无关,MBTRE 和 MBTRE_C 没有什么区别, 但 MBTRE_C 的概率直观更清楚. $Y_{i,k}^{(n+1)}$ 可视为在时刻 n 存在的一个第 i 类的 (第 k 个) 质点, 在下一时刻 $n+1$ 所分裂出的各类 (从第 1 类到第 r 类) 质点的个数所构成的 r 维向量.

§4　随机环境中的有限维分支链的增长率

沿用 §3 的符号, r 为正整数, $\mathscr{X}=\mathbf{N}^r,\mathscr{A}$ 是 $\mathscr{X}$ 中全体子集所构成的 σ 代数, $(\Theta,\mathscr{B})$ 是任一可测空间, $\overrightarrow{\mathscr{X}}=\mathscr{X}^{\mathbf{N}},\overrightarrow{\mathscr{A}}=\mathscr{A}^{\mathbf{N}},\overrightarrow{\Theta}=\Theta^{\mathbf{Z}},\overrightarrow{\mathscr{B}}=\mathscr{B}^{\mathbf{Z}},T$ 是由 $\overrightarrow{\Theta}$ 到 $\overrightarrow{\Theta}$ 的推移算子, $\overrightarrow{\mathscr{A}}_k^l(0\leqslant k\leqslant l\leqslant\infty)$、$\overrightarrow{\mathscr{B}}_k^l(-\infty\leqslant k\leqslant l\leqslant\infty)$ 亦如 §3 所定义. 对于 $x\in\mathscr{X}$, 记 $|x|$ 为 x 之诸分量绝对值之和.

本节恒设 $(\overrightarrow{X},\overrightarrow{\xi})$ 是概率空间 $(\Omega,\mathscr{F},P)$ 上的 r 维的 $\mathrm{MBTRE}_C,\{Y_{i,k}^{(n)},1\leqslant i\leqslant r,k\geqslant 1,n\geqslant 1\}$ 是 $\overrightarrow{X}=\{X_0,X_1,\cdots\}$ 的生成随机变量族. $P(\theta)=(p(\theta;x,y),x,y\in\mathscr{X})$ 是 $(\overrightarrow{X},\overrightarrow{\xi})$ 的 B.R.T.M., 矩阵 A (特别地, 向量 α) 的转置用 A' (相应地 α') 表示. $\mathscr{X}=\mathbf{N}^r$ 中之元素 x 亦理解为列向量

$\begin{pmatrix} x(1) \\ \vdots \\ x(r) \end{pmatrix}, x(i) \in \mathbf{N}. \overrightarrow{\mathscr{X}} = (\mathbf{N}^r)^{\mathbf{N}} = \mathscr{X}^{\mathbf{N}}$ 中之元素

$$\overrightarrow{x} = (x_0, x_1, x_2, \cdots) = \begin{pmatrix} x_0(1) & x_1(1) & \cdots \\ x_0(2) & x_1(2) & \cdots \\ \vdots & \vdots & \\ x_0(r) & x_1(r) & \cdots \end{pmatrix}$$

实为 $r \times \infty$ 阶矩阵. 仍记 e_i 为 $\mathbf{R}^r$ 中第 i 个坐标轴上的单位列向量, $\mathbf{1}$ 仍如本书所约定的分量恒为 1 的列向量. 与第 1 节类似, 令 $\|\cdot\|_r$ 为 $\mathbf{R}^r$ 中的欧氏范数, 而 $\|\cdot\|$ 表 $r \times r$ 阶矩阵之范数. 令

$$\varphi_\theta^i(s) \stackrel{\text{def}}{=\!=} \sum_{x \in \mathscr{X}} p(\theta; e_i, x) s^x \tag{4.1}$$

$x' = (x(1), \cdots, x(r)), s' = (s_1, \cdots, s_r), x^s \stackrel{\text{def}}{=\!=} \prod_{i=1}^{r} s_i^{x(i)}, |s_i| \leqslant 1$ (注意: 本节中 “′” 不再表示微商, 而表示矩阵之转置),

$$\varphi_\theta(s) = (\varphi_\theta'(s), \cdots \varphi_\theta^r(s))' \quad (\theta \in \Theta, |s_i| \leqslant 1) \tag{4.2}$$

称 $\varphi_\theta(s)$ 为 $(\overrightarrow{X}, \overrightarrow{\xi})$ 之本原母函数, 这是因为

$$\begin{aligned} \varphi_{\theta_0}^i(s) &= \sum_{x \in \mathscr{X}} p(\theta_0; e_i, x) s^x \\ &= \sum_{x \in \mathscr{X}} P(Y_{i,k}^{(1)} = x | X_0 = e_i, \overrightarrow{\xi} = \overrightarrow{\theta}) s^x \\ &= \sum_{x \in \mathscr{X}} P(Y_{i,k}^{(1)} = x | \overrightarrow{\xi} = \overrightarrow{\theta}) s^x \quad (1 \leqslant i \leqslant r, \overrightarrow{\theta} = (\theta_n, n \in \mathbf{Z}_1)). \end{aligned} \tag{4.3}$$

(注意: 当 $r = 1$ 时, (4.2) 式定义的 $\varphi_\theta(s)$ 就是 (1.1) 式定义的 $\varphi_\theta(s)$.). 令

$$\begin{aligned} M(\theta; i, j) &\stackrel{\text{def}}{=\!=} \left. \frac{\partial \varphi_\theta^i(s)}{\partial s_j} \right|_{s=\mathbf{1}} \\ &= \sum_{x \in \mathscr{X}} x(j) p(\theta; e_i, x) \quad (i, j \in \{1, \cdots, r\}, \theta \in \Theta). \end{aligned} \tag{4.4}$$

显然, $M(\xi_n; i, j)$ 的概率直观意义是: 在时刻 n 存在的 1 个第 i 类的质点到时刻 $n+1$ 时分支出的第 j 类质点的个数的数学期望 (在随机环境 $\overrightarrow{\xi}$ 下).

记

$$M(\theta)=(M(\theta;i,j),i,j=1,2,\cdots,r)\text{ 且恒设 }M(\theta)>0, \tag{4.5}$$

简记矩阵

$$M(\xi_n)\overset{\text{def}}{=\!=}M_n\quad(n\geqslant 0), \tag{4.6}$$

矩阵之范数按常规定义为其每行诸元素之绝对值之和之上确界, 故

$$\|M_k\|\overset{\text{def}}{=\!=}\|M(\xi_k)\|\overset{\text{def}}{=\!=}\sup_{1\leqslant i\leqslant r}\sum_{j=1}^{r}|M(\xi_k;i,j)|. \tag{4.7}$$

$$\begin{aligned}\text{令 }\Psi_n^{(i)}(\overrightarrow{\xi};s)&=\sum_{x\in\mathscr{X}}P(X_n=x|X_0=e_i,\overrightarrow{\xi})s^x\\&=\boldsymbol{E}(s^{X_n}|X_0=e_i,\overrightarrow{\xi})\quad(1\leqslant i\leqslant r,n\geqslant 1,s=(s_1,\cdots,s_r)',|s_i|\leqslant 1),\\\Psi_n(\overrightarrow{\xi};s)&\overset{\text{def}}{=\!=}(\Psi_n^{(1)}(\overrightarrow{\xi};s),\cdots,\Psi_n^{(r)}(\overrightarrow{\xi};s))',\end{aligned} \tag{4.8}$$

命题 4.1　对于母函数 $\Psi_n(\overrightarrow{\xi};s)$, 恒有

(1) $\Psi_{n+1}(\overrightarrow{\xi};s)=\Psi_n(\overrightarrow{\xi};\varphi_{\xi_n}(s))\quad(n\geqslant 1);$　(4.9)

(2) $\Psi_{n+m}(\overrightarrow{\xi};s)=\Psi_n(\overrightarrow{\xi};(\varphi_{\xi_{n+m-1}}\circ\cdots\circ\varphi_{\xi_n})(s))\quad(n,m\geqslant 1);$　(4.10)

(3) $\boldsymbol{E}(X_n'|\overrightarrow{X}_0^{n-1},\overrightarrow{\xi})=X_{n-1}'M(\xi_{n-1})\quad(n\geqslant 1);$　(4.11)

(4) $\boldsymbol{E}(X_n'|X_0',\overrightarrow{\xi})=X_0'M(\xi_0)\cdots M(\xi_{n-1})\quad(n\geqslant 1).$　(4.12)

注意: 此处 X_k' 是随机行向量, 所以它与矩阵 $M(\xi_j)$ 之乘积 $X_k'M(\xi_j)$ 有意义. 记 $X_k'=(X_k(1),\cdots,X_k(r))$.

证　(1) 由 $\varphi_\theta(s)$ 之定义, 仿 (3.26) 式之证法立即可得 (1).

由 (1) 并对 m 作归纳法可得 (2).

(3) 由 $M(\theta)$ 之定义 (见 (4.5) 式) 和 (3.26) 式可得 (3).

(4) 重复利用 (3) 可得 (4).

本节主要研究 $X_n=(X_n(1),\cdots,X_n(r))'$ 之增长率, 即取何种正则化因子 $b_n(i)(1\leqslant i\leqslant r,n\geqslant 1),X_n(i)/b_n(i)$ 才收敛? 且以何种意义的收敛性收敛?

定义 4.1 (上临界条件)　设 $(\overrightarrow{X},\overrightarrow{\xi})$ 是 $\text{MBTRE}_C,M(\theta)=(M(\theta;i,j),$

$1 \leqslant i,j \leqslant r$) 如 (4.5) 式所定义. 如果存在常数 $0 < c, d < \infty$, 使

$$c < M_0(i,j) < d, 1 \leqslant i,j \leqslant r, \quad \text{a.s.}, \tag{4.13}$$

$$0 < \frac{\partial^2}{\partial s_j \partial s_k} \varphi^i_{\xi_0}(\mathbf{1}) < d, 1 \leqslant i,j,k \leqslant r, \quad \text{a.s.}, \tag{4.14}$$

$$\begin{cases} \boldsymbol{E}(|\log < \mathbf{1} - \varphi_{\xi_0}(\mathbf{0}), \mathbf{1} > |) < \infty, & \text{a.s.}, \\ \lim\limits_{n\to\infty} \dfrac{1}{n} \log(\|M_0^n\|) = \lambda > 0, & \text{a.s.}. \end{cases} \tag{4.15}$$

此处 $\mathbf{0}$ 为元素恒为 0 之列向量, $\|\cdot\|$ 是矩阵之范数, $< \cdot, \cdot >$ 是 $\mathbf{R}^r$ 中之内积. 则称 $(\overrightarrow{X}, \overrightarrow{\xi})$ 满足上临界条件.

定义 4.2 称矩阵 A 是列 (行) 容许的, 如果 A 的每一列 (相应地每一行) 都有严格正的元素. 称 A 是容许的, 如果 A 是列容许的或行容许的.

对一列 $r \times r$ 阶的矩阵 $\{A_n, n \geqslant 0\}$, 记

$$\overrightarrow{A}_m^n = A_m A_{m+1} \cdots A_{n-1}, \quad \overrightarrow{A}_m^m = I, \quad \overrightarrow{A}_m^{m-k} = 0, \quad 0 \leqslant m < n, k \geqslant 1. \tag{4.16}$$

定义 4.3 称矩阵 $A = (A(i,j), i,j = 1, \cdots, r)$ 是随机矩阵, 如果对每个 i 和 j, $A(i,j)$ 都是随机变量. 故 $r \times r$ 阶的随机矩阵亦可视为 $r \times r$ 维的随机向量.

引理 4.1 如果随机矩阵列 $\{A_n, n \geqslant 0\}$ 是取值于 $\mathbf{R}^{r\times r}$ 的平稳序列, 则存在常数 λ, 使

$$\lim_{n\to\infty} \frac{1}{n} \log \|A_0 A_1 \cdots A_n\| = \lambda, \quad \text{a.s.}. \tag{4.17}$$

证明可参见文献 [90].

定义 4.4 称 $r \times r$ 阶矩阵列 $\{A_n, n \geqslant 0\}$ 是弱收敛的, 如果对任何 $n > m \geqslant 0$, 任何 $1 \leqslant i,j,l \leqslant r$, 均有

$$\lim_{n\to\infty} \frac{\overrightarrow{A}_m^n(i,j)}{\overrightarrow{A}_m^n(l,j)} = r_m(i,l) \quad \text{存在且不依赖 } j. \tag{4.18}$$

为了研究矩阵列的弱收敛性的判别准则, 引进下述概念.

对 $r \times r$ 阶非负矩阵 $A = (A(i,j), 1 \leqslant i,j \leqslant r)$ 来说, 称

$$\tau(A) \overset{\text{def}}{=\!=} \frac{1 - \sqrt{\Phi(A)}}{1 + \sqrt{\Phi(A)}} \tag{4.19}$$

为 A 的 Birkhoff 因子, 其中

$$\Phi(A)=\begin{cases}\min\limits_{1\leqslant i,j,k,l\leqslant r}\frac{A(i,k)A(j,l)}{A(i,l)A(j,k)}, & \text{当 } A \text{ 无一元素为 } 0,\\ 0, & \text{当 } A \text{ 至少有一个元素为 } 0.\end{cases}$$

引理 4.2 对 $r\times r$ 阶非负的容许的矩阵 A 来说, 恒有:

(1) $\tau(A)<1\Leftrightarrow A>0$;

(2) $\tau(A)=0\Leftrightarrow$ 存在严格正的 r 维列向量 v 和 w, 使 $A=wv'$.

注意: w 仍如以前所约定,是列向量, v' 是 v 转置后所得之行向量.

证明请参见文献 [106].

引理 4.3 设 $\{A_n,n\geqslant 0\}$ 是一列严格正的 $r\times r$ 阶矩阵, 则下列诸陈述等价:

(1) $\{A_n,n\geqslant 0\}$ 弱收敛;

(2) $\sum\limits_{n=0}^{\infty}\Phi(A_n)=\infty$;

(3) 对任何 $m\geqslant 0$, 有 $\lim\limits_{n\to\infty}\tau(\overrightarrow{A}_m^n)=0$, 其中 $\overrightarrow{A}_m^n$ 的定义见 (4.16) 式.

证明请参见文献 [106].

下面讨论随机矩阵列 $\{M_n,n\geqslant 0\}$ 的弱收敛问题, 其中 M_n 之定义见 (4.4)—(4.6).

引理 4.4 设 $\overrightarrow{\xi}$ 是平稳的遍历的随机序列, 且随机矩阵 M_0 满足:

$$\max_{1\leqslant i\leqslant r}\frac{\max\limits_{1\leqslant j\leqslant r}M_0(j,i)}{\min\limits_{1\leqslant j\leqslant r}M_0(j,i)}\leqslant c\quad (c \text{ 是正常数}),\tag{4.20}$$

则对任何固定的 $m\geqslant 0$, 均存在一个严格正的 r 维的随机列向量 $w_m(\overrightarrow{\xi})$ 满足: $\mathbf{1}'w_m(\overrightarrow{\xi})=1$ (即 $w_m(\overrightarrow{\xi})$ 诸元素之和为 1, 亦即 $w_m(\overrightarrow{\xi})$ 是随机的概率分布), 且对一切 $1\leqslant i,j,k\leqslant r$, 有

$$\lim_{n\to\infty}\frac{\overrightarrow{M}_m^n(i,j)}{\overrightarrow{M}_m^n(k,j)}=\frac{w_m^i(\overrightarrow{\xi})}{w_m^k(\overrightarrow{\xi})},\quad \text{a.s.},\tag{4.21}$$

其中 $w_m^i(\overrightarrow{\xi})$ 是 $w_m(\overrightarrow{\xi})$ 的第 i 个元素.

证 首先证明: 对每个 $\omega \in \Omega, \{M_n \overset{\text{def}}{=\!=} M(\xi_n), n \geqslant 0\}$ 是弱收敛的. 事实上, 由条件 (4.20) 有

$$\begin{aligned}
\Phi(M_0) &= \min_{1\leqslant i,j,k,l\leqslant r} \frac{M_0(i,k)M_0(j,l)}{M_0(i,l)M_0(j,k)} \\
&\geqslant \left(\min_{1\leqslant i,j,k\leqslant r} \frac{M_0(i,k)}{M_0(j,k)}\right)^2 \\
&\geqslant \left(\min_{1\leqslant k\leqslant r}\left(\frac{\min\limits_{1\leqslant i\leqslant r} M_0(i,k)}{\max\limits_{1\leqslant j\leqslant r} M_0(j,k)}\right)\right)^2 \\
&= \left(\max_{1\leqslant k\leqslant r}\left(\frac{\max\limits_{1\leqslant j\leqslant r} M_0(j,k)}{\min\limits_{1\leqslant i\leqslant r} M_0(i,k)}\right)\right)^{-2} \geqslant \delta^2 \overset{\text{def}}{=\!=} \left(\frac{d}{c}\right)^2. \qquad (4.22)
\end{aligned}$$

但是 $\{M_n, n \geqslant 0\}$ 是平稳的遍历的随机矩阵列, 由遍历定理有

$$\lim_{n\to\infty} \frac{1}{n}\sum_{k=0}^{n-1} \sqrt{\Phi(M_k)} = \boldsymbol{E}(\sqrt{\Phi(M_0)}), \quad \text{a.s.}, \qquad (4.23)$$

从而

$$\sum_{n=1}^{\infty} \sqrt{\Phi(M_n)} = \infty, \quad \text{a.s.}, \qquad (4.24)$$

所以, 对 $P-\text{a.s.}\omega, \{M_n, n \geqslant 0\}$ 是弱收敛的. 故存在一串列容许的矩阵 $r_m(\overrightarrow{\xi}) = (r_m(\overrightarrow{\xi}; i,j), 1 \leqslant i,j \leqslant r)(\forall m \geqslant 0)$, 使

$$\lim_{n\to\infty} \frac{\overrightarrow{M}_m^n(i,j)}{\overrightarrow{M}_m^n(l,j)} = r_m(\overrightarrow{\xi}; i,l), \quad \text{a.s.}, (\forall 1 \leqslant i,j,l \leqslant r, m \geqslant 0) \qquad (4.25)$$

定义对角矩阵 $R_m^n = \text{diag}(R_m^n(j), 1 \leqslant j \leqslant r)$ 如下:

$$R_m^n(j) = \sum_{k=1}^{r} \overrightarrow{M}_m^n(k,j) \quad (0 \leqslant m \leqslant n), \qquad (4.26)$$

再定义随机列向量

$$\begin{aligned}
w_m(\overrightarrow{\xi}) = (w_m^{(1)}(\overrightarrow{\xi}), \cdots, w_m^{(r)}(\overrightarrow{\xi}))', w_m^{(i)}(\overrightarrow{\xi}) &= \left(\sum_{k=1}^{r} r_m(\overrightarrow{\xi}; k,i)\right)^{-1} \\
&= \lim_{n\to\infty} \frac{\overrightarrow{M}_m^n(i,j)}{R_m^n(j)}.
\end{aligned}$$

易证: $w_m(\overrightarrow{\xi}) > 0$, 且

$$\mathbf{1}' w_m(\overrightarrow{\xi}) = \lim_{n\to\infty} \sum_{i=1}^{r} \frac{\overrightarrow{M}_m^n(i,j)}{R_m^n(j)} = 1.$$

且

$$\lim_{n\to\infty} \frac{\overrightarrow{M}_m^n(i,j)}{\overrightarrow{M}_m^n(k,j)} = \frac{\overrightarrow{M}_m^n(i,j)/R_m^n(j)}{\overrightarrow{M}_m^n(k,j)/R_m^n(j)} = \frac{w_m^{(i)}(\overrightarrow{\xi})}{w_m^{(k)}(\overrightarrow{\xi})}, \quad \text{a.s.}.$$

引理证毕.

附注 4.1 $\mathbf{R}^r$ 当然可视为全体 r 维的实元素的向量, 不过本章都视之为 r 维的实元素的列向量的全体. 类似地, $\mathbf{R}^{r\times r}$ 可视为 $r \times r$ 阶的实元素的矩阵的全体.

定义 4.5 对任何 $r \times r$ 阶矩阵 $P \in \mathbf{R}^{r\times r}$, 定义系数

$$\kappa(P) \stackrel{\text{def}}{=\!=} \sup_{x\in\mathbf{R}^r, x\neq\mathbf{0}, \mathbf{1}'x=0} \frac{\|Px\|}{\|x\|}, \tag{4.27}$$

此处 $\|\cdot\|$ 仍表示矩阵 (特别地, 向量也可以如此表示) 的范数.

引理 4.5 对任何 $r \times r$ 阶矩阵 $P \in \mathbf{R}^{r\times r}$, 恒有

$$\kappa(P) \leqslant \tau(P), \tag{4.28}$$

其中 $\tau(P)$ 之定义见 (4.19) 式.

证 请参见文献 [258] 定理 3.13.

引理 4.6 设引理 4.4 的条件成立. 令

$$R_n(j) = \boldsymbol{E}(X_n(j)|\overrightarrow{\xi}), \quad R_n = \mathrm{diag}(R_n(j), 1 \leqslant j \leqslant r), \tag{4.29}$$

再定义

$$P_{n,p} = R_n \overrightarrow{M}_n^p R_p^{-1} \quad (p \geqslant n \geqslant 0), \tag{4.30}$$

则存在严格正的随机列向量列 $\{v_n(\overrightarrow{\xi}), n \geqslant 0\}$ 使

$$\lim_{p\to\infty} P_{n,p} = v_n(\overrightarrow{\xi})\mathbf{1}' \quad \text{a.s.} \quad (\forall n \geqslant 0), \tag{4.31}$$

$$\|P_{n,p}(\cdot,j) - v_n(\overrightarrow{\xi})\| \leqslant \tau(\overrightarrow{M}_n^p), \quad \text{a.s.} \quad (\forall p > n > 0). \tag{4.32}$$

证 由引理 4.3—4.4 可推出: 对任何 $0 \leqslant n \leqslant p$, 有 $\lim\limits_{p\to\infty}\tau(P_{n,p})=0$, 所以对固定的 $n\geqslant 0, \{P_{n,p}, p\geqslant n\}$ 对 $p\to\infty$ 时是弱收敛的,再用引理 4.3(3) 和 $\{M_n, n\geqslant 0\}$ 的弱收敛性可知, 对任何 $1\leqslant j\leqslant r$, 有

$$\lim_{p\to\infty} P_{n,p}(i,j)=\lim_{p\to\infty}\frac{R_n(i)\overrightarrow{M}_n^p(i,j)}{R_p(j)}$$

$$=\lim_{p\to\infty}\left(\frac{\sum\limits_{k=1}^{r}R_n(k)\overrightarrow{M}_n^p(k,j)}{R_n(i)\overrightarrow{M}_n^p(i,j)}\right)^{-1}=v^{(i)}(\xi),\quad \text{a.s.} \tag{4.33}$$

与 j 无关, 其中

$$v^{(i)}(\overrightarrow{\xi})=R_n(i)\left(\sum_{k=1}^{r}R_n(k)\frac{w_n^{(k)}(\overrightarrow{\xi})}{w_n^{(i)}(\overrightarrow{\xi})}\right)^{-1}, \sum_{i=1}^{r}v^{(i)}(\overrightarrow{\xi})=1.$$

取 $v(\overrightarrow{\xi})=(v^{(1)}(\overrightarrow{\xi}),\cdots,v^{(r)}(\overrightarrow{\xi}))'$, 则

$$\lim_{p\to\infty}P_{n,p}=v_n(\overrightarrow{\xi})\mathbf{1}',\quad \text{a.s..} \tag{4.34}$$

最后证明 (4.32) 式. 由引理 4.5 知: 对任何列向量 $x\in\mathbf{R}^r$ 和 $r\times r$ 阶矩阵 $P\in\mathbf{R}^{r\times r}$, 只要 $\mathbf{1}'x=0$, 就有: $\|Px\|\leqslant\tau(P)\|x\|$.

而 $\mathbf{1}'(e_j-v_p(\overrightarrow{\xi}))=0$, 所以 $\|P_{n,p}(\cdot,j)-v_n(\overrightarrow{\xi})\|$

$$=\|P_{n,p}(e_j-v_p(\overrightarrow{\xi}))\|\leqslant\tau(P_{n,p})=\tau(\overrightarrow{M}_n^p).$$

(最后一等式只需注意两点即有: (1) 对任何非负的满秩的矩阵 $A\in\mathbf{R}^{r\times r}$, 及非负的满秩的对角矩阵 $D=\operatorname{diag}(D(1),\cdots,D(r))\in\mathbf{R}^{r\times r}$, 恒有 $\tau(AD)=\tau(DA)=\tau(A)$; (2) $P_{n,p}$ 之定义可见 (4.30)式.) 引理证毕.

现在证明本节的两个主要定理.

定理 4.1 设 $(\overrightarrow{X},\overrightarrow{\xi})$ 是概率空间 $(\Omega,\mathscr{F},P)$ 上的一个 r 维的 MBTRE$_C$, $P(\theta)$ 是其 B.R.T.M., (4.20) 式成立, $\{Y_{i,k}^{(n)}, 1\leqslant i\leqslant r, n,k\geqslant 1\}$ 是其生成随机变量族, 其二阶矩存在. 再记 $X_n=(X_n(1),\cdots,X_n(r))', R_n(\overrightarrow{\xi};j)\overset{\text{def}}{=\!=}\boldsymbol{E}(X_n(j)|\overrightarrow{\xi}), R_n(\overrightarrow{\xi})\overset{\text{def}}{=\!=}\operatorname{diag}(R_n(\overrightarrow{\xi};1),\cdots R_n(\overrightarrow{\xi};r))$. 固定任一 $i_0\in\{1, 2,\cdots,r\}$. 设

(1) $X_0\equiv e_{i_0}$;

(2) $\overrightarrow{\xi}$ 是平稳的遍历的随机序列;

(3) 上临界条件中的 (4.13)—(4.15) 式成立, 仍如 (4.29) 式, 简记 $R_n(\overrightarrow{\xi})=R_n$, 则存在一个随机变量 $W^{(i_0)}$, 使 $\boldsymbol{E}(W^{(i_0)}|\overrightarrow{\xi})=1$ 且

$$\lim_{n\to\infty}\boldsymbol{E}[(R_n^{-1}X_n-W^{(i_0)}\mathbf{1})(R_n^{-1}X_n-W^{(i_0)}\mathbf{1})'|\overrightarrow{\xi}]=0,\quad \text{a.s.} \tag{4.35}$$

(4.35) 式即 $\{R_n^{-1}X_n,n\geqslant 1\}$ 在条件 $\overrightarrow{\xi}$ 下均方收敛于 $W^{(i_0)}\mathbf{1}$.

证　为了应用 L^2 空间的完备性来证明此定理, 考虑下述分解:

$$\begin{aligned}&\boldsymbol{E}((R_n^{-1}X_n-R_p^{-1}X_p)(R_n^{-1}X_n-R_p^{-1}X_p)'|\overrightarrow{\xi})\\ \overset{\text{def}}{=\!=}\ &\boldsymbol{E}(C_{n,n}-C_{n,p}-C_{p,n}+C_{p,p}),\quad 1\leqslant n\leqslant p,\end{aligned} \tag{4.36}$$

其中

$$C_{n,p}\overset{\text{def}}{=\!=}\boldsymbol{E}(R_n^{-1}X_nX_p'R_p^{-1}|\overrightarrow{\xi}),\quad 1\leqslant n,\quad 1\leqslant p. \tag{4.37}$$

再令

$$Y_{l,v}^{(n,n)}=Y_{l,v}^{(n)}\quad(1\leqslant l\leqslant r,n,v\geqslant 1), \tag{4.38}$$

$$\begin{aligned}Y_{l,v}^{(n,n+k+1)}&=\sum_{i=1}^{r}\sum_{j=1}^{Y_{l,v}^{(n,n+k)}(i)}Y_{i,j}^{(n+k+1)}\\ &\qquad(1\leqslant l\leqslant r,n\geqslant 1,v\geqslant 1,k\geqslant 0),\end{aligned} \tag{4.39}$$

其中 $Y_{i,j}^{(n)}=(Y_{i,j}^{(n)}(1),\cdots,Y_{i,j}^{(n)}(r))'$, $Y_{i,j}^{(n)}(u)$ 是如前所定义的在时刻 $n-1$ 存在的一个第 i 类的质点中第 j 个在时刻 n 时所分支出的第 u 类的质点的个数 $(1\leqslant i,u\leqslant r,j,n\geqslant 1)$,

$$Y_{l,v}^{(n,p)}=(Y_{l,v}^{(n,p)}(1),\cdots,Y_{l,v}^{(n,p)}(r))',$$

$Y_{l,v}^{(n,p)}(u)$ 是在时刻 $n-1$ 存在的一个第 l 类的质点中的第 v 个在时刻 p 时分支出的第 u 类质点的个数 $(1\leqslant l,u\leqslant r,n,v\geqslant 1,p\geqslant n)$.

由 $(\overrightarrow{X},\overrightarrow{\xi})$ 是以 $\{Y_{i,j}^{(n)},1\leqslant i\leqslant r,j,n\geqslant 1\}$ 为生成随机变量族的 BMTRE_C 可知

$$X_n=\sum_{i=1}^{r}\sum_{j=1}^{X_{n-1}(i)}Y_{i,j}^{(n)}\quad(n\geqslant 1), \tag{4.40}$$

$$X_p(i)=\sum_{l=1}^{r}\sum_{v=1}^{X_{n-1}(l)}Y_{l,v}^{(n,p)}(i),\quad(1\leqslant i\leqslant r,p>n\geqslant 0). \tag{4.41}$$

用命题 1.5 及定义 3.2(2), 易见:

$$P(Y_{i,v}^{(n,p)} \in \cdot | \overrightarrow{\xi}) \mathbf{1}_{\{P(X_{n-1}=e_i|\overrightarrow{\xi})>0\}} = P(X_p \in \cdot | X_{n-1} = e_i, \overrightarrow{\xi}), \text{a.s.}$$
$$(p \geqslant n \geqslant 1, 1 \leqslant i \leqslant r, v \geqslant 1). \quad (4.42)$$

而由 $C_{n,p}$ 之定义及 R_m 关于 $\sigma(\overrightarrow{\xi})$ 可测和 (4.41) 式, $C_{n,p}$ 之元素如下:

$$\begin{aligned} &C_{n,p}(i,k) = R_n(i)^{-1} \boldsymbol{E}(X_n(i)X_p(k)|\overrightarrow{\xi})R_p(k)^{-1} \\ &= R_n(i)^{-1} \boldsymbol{E}\left(\sum_{j=1}^{r} \sum_{u=1}^{X_{n-1}(j)} Y_{j,u}^{(n)}(i) \cdot \sum_{l=1}^{r} \sum_{v=1}^{X_{n-1}(l)} Y_{l,v}^{(n,p)}(k) | \overrightarrow{\xi}\right) R_p(k)^{-1}. \end{aligned} \quad (4.43)$$

按习惯, 定义列向量 U, V 在条件 $\overrightarrow{\xi}$ 下之协方差矩阵为:

$$\operatorname{cov}(U,V|\overrightarrow{\xi}) \overset{\text{def}}{=\!=} \boldsymbol{E}(UV'|\overrightarrow{\xi}) - \boldsymbol{E}(U|\overrightarrow{\xi})\boldsymbol{E}(V'|\overrightarrow{\xi}).$$

注意:

$\{Y_{i,j}^{(n)}, 1 \leqslant i \leqslant r, j, n \geqslant 1\}$ 关于 $\overrightarrow{\xi}$ 条件独立, 且 $P(Y_{i,j}^{(n)} \in \cdot|\overrightarrow{\xi})$ 不依赖于 j (从而 $P(Y_{i,j}^{(n,p)} \in \cdot|\overrightarrow{\xi})$ 也不依赖 j), 若令矩阵

$$\begin{aligned} &V_n[j] = (V_n[j](i,k), 1 \leqslant i,k \leqslant r), \quad n \geqslant 0, 1 \leqslant j \leqslant r, \\ &V_n[j](i,k) = \boldsymbol{E}(X_{n+1}(i)X_{n+1}(k)|X_n = e_j, \overrightarrow{\xi}) - \\ &\boldsymbol{E}(X_{n+1}(i)|X_n = e_j, \overrightarrow{\xi})\boldsymbol{E}(X_{n+1}(k)|X_n = e_j, \overrightarrow{\xi}), \end{aligned} \quad (4.44)$$

则有

$$\begin{aligned} &\boldsymbol{E}(X_n(i)X_{n-1}(k)|\overrightarrow{\xi}) \\ &= \boldsymbol{E}\left(\sum_{j=1}^{r} \sum_{u=1}^{X_{n-1}(j)} Y_{j,u}^{(n)}(i) \sum_{l=1}^{r} \sum_{v=1}^{X_{n-1}(l)} Y_{l,v}^{(n,p)}(k)|\overrightarrow{\xi}\right) \\ &= \sum_{j=1}^{r}\sum_{l=1}^{r} \boldsymbol{E}(X_{n-1}(j)X_{n-1}(l)|\overrightarrow{\xi})\boldsymbol{E}(Y_{j,u}^{(n)}(i)Y_{l,v}^{(n,p)}(k)|\overrightarrow{\xi}) \\ &= \sum_{j=1}^{r}\sum_{l=1}^{r} \boldsymbol{E}(X_{n-1}(j)X_{n-1}(l)|\overrightarrow{\xi})\boldsymbol{E}(Y_{j,u}^{(n)}(i)|\overrightarrow{\xi})\boldsymbol{E}(Y_{l,v}^{(n,p)}(k)|\overrightarrow{\xi}) \\ &\quad + \sum_{j=1}^{r}\sum_{l=1}^{r} \boldsymbol{E}(X_{n-1}(j)X_{n-1}(l)|\overrightarrow{\xi})\operatorname{cov}(Y_{j,u}^{(n)}(i), Y_{l,v}^{(n,p)}(k)|\overrightarrow{\xi}) \end{aligned}$$

$$
\begin{aligned}
&= \sum_{j=1}^{r}\sum_{l=1}^{r} M_{n-1}(j,i)\boldsymbol{E}(X_{n-1}(j)X_{n-1}(l)|\overrightarrow{\xi})\overrightarrow{M}_{n-1}^{p}(l,k) \\
&\quad + \sum_{j=1}^{r} V_{n-1}[j](i,k)\overrightarrow{M}_{n-1}^{p}\overrightarrow{M}_{0}^{n-1}(i_0,j).
\end{aligned} \tag{4.45}
$$

再令

$$
C_n(i,j) = \boldsymbol{E}(X_n(i)X_n(j)|\overrightarrow{\xi}) - \boldsymbol{E}(X_n(i)|\overrightarrow{\xi}) \cdot \boldsymbol{E}(X_n(j)|\overrightarrow{\xi}), \tag{4.46}
$$

$$
C_n = (C_n(i,j), 1 \leqslant i,j \leqslant r),
$$

则由 (4.37)、(4.44)—(4.46) 式及 $X_0 \equiv i_0$ 得:

$$
C_{n,p} = R_n^{-1}\left[M'_{n-1}C_{n-1}\overrightarrow{M}_{n-1}^{p} + \left(\sum_{j=1}^{r} V_{n-1}[j]\overrightarrow{M}_{0}^{n-1}(i_0,j)\right)\overrightarrow{M}_{n-1}^{p}\right]R_p^{-1} \quad (p \geqslant n \geqslant 1). \tag{4.47}
$$

注意:

$$
P^{(n)}(\overrightarrow{\theta}) \overset{\text{def}}{=\!=} (p^{(n)}(\overrightarrow{\theta};x,y), x,y \in \mathscr{X}) = P(\theta_0)\cdots P(\theta_{n-1}), \tag{4.48}
$$

$$
\begin{aligned}
M_n(i,j) &\overset{\text{def}}{=\!=} M(\xi_n;i,j) = \sum_{x\in\mathscr{X}} x(j)p(\xi_n;e_i,x) \\
&= \sum_{x\in\mathscr{X}} P(Y_{i,k}^{(n+1)} = x|\overrightarrow{\xi})x(j),
\end{aligned} \tag{4.49}
$$

$$
\overrightarrow{M}_{n}^{r}(i,j) = \sum_{x\in\mathscr{X}} p^{(r-n)}(T^n\overrightarrow{\xi};e_i,x)x(j) \quad (r > n \geqslant 0), \tag{4.50}
$$

补定义 $V_{-1}[j]$ 为零矩阵, 易证

$$
C_n = \sum_{m=0}^{n}(\overrightarrow{M}_{m}^{n})'\left(\sum_{j=1}^{r} V_{m-1}[j]\overrightarrow{M}_{0}^{m-1}(i_0,j)\right)\overrightarrow{M}_{m}^{n} \quad (n \geqslant 1). \tag{4.51}
$$

事实上, 当 $n = 1$ 时, 若注意 (4.16) 式关于 $\overrightarrow{M}_{m}^{n}$ 的定义和 $V_n[j]$ 之定义知 (4.51) 式右方等于

$$
\begin{aligned}
&\overrightarrow{M}_{1}^{1}\left(\sum_{j=1}^{r} V_0[j]I(i_0,j)\right)\overrightarrow{M}_{1}^{1} \\
&= IV_0[i_0]I = \boldsymbol{E}(X_1(i)X_1(k)|\overrightarrow{\xi}) - \boldsymbol{E}(X_1(i)|\overrightarrow{\xi})\boldsymbol{E}(X_1(k)|\overrightarrow{\xi}) \quad (1 \leqslant i,k \leqslant r) \\
&= C_1 \quad (\text{此处 } I \text{ 是单位矩阵}),
\end{aligned}
$$

对 n 作归纳法可知 (4.51) 式对一切 $n \geqslant 1$ 成立.

将 (4.51) 式代入 (4.47) 式得:

$$C_{n,p} = I + \sum_{m=0}^{(n\wedge p)-1} \left[R_n^{-1} (\overrightarrow{M}_{m+1}^n)' \left(\sum_{j=1}^r V_m[j] \cdot \overrightarrow{M}_0^m (i_0, j) \right) \cdot \overrightarrow{M}_{m+1}^p R_p^{-1} \right] \quad (n, p \geqslant 1). \tag{4.52}$$

但是, $\{C_{n,p}(i,k), 1 \leqslant i, k \leqslant r, n, p \geqslant 1\}$ 是一致有界的, 所以利用 Lebesgue 控制收敛定理, 若能证明

$$\lim_{n,p\to\infty} C_{n,p} \text{ a.s. 存在}, \tag{4.53}$$

则利用 Cauchy 判别准则, $R_n^{-1} X_n$ 在 $\overrightarrow{\xi}$ 的条件下均方收敛 (注意矩阵列的收敛仍如前意即逐元收敛.). 下面证明 (4.53) 式.

由引理 4.6 知: 对任何 $0 \leqslant m \leqslant n$, 有

$$M_n R_n^{-1} = R_m^{-1} P_{m,n} \xrightarrow{n\to\infty} R_m^{-1} v_m(\overrightarrow{\xi}) \mathbf{1}',$$

因此, 为证 (4.53) 式又只需证明

$$\sum_{m=0}^{\infty} \mathbf{1} v'_{m+1}(\overrightarrow{\xi}) R_{m+1}^{-1} \left(\sum_{j=1}^r V_m[j] \overrightarrow{M}_0^m (i_0, j) \right) \cdot R_{m+1}^{-1} v_{m+1}(\overrightarrow{\xi}) \mathbf{1}' < \infty, \text{a.s.}, \tag{4.54}$$

注意: (4.54) 式中之矩阵均是 $r \times r$ 阶的矩阵, 且 $0 \leqslant \inf_{m\geqslant 0} v_m(\overrightarrow{\xi}) \leqslant \sup_{m\geqslant 0} v_n(\overrightarrow{\xi}) \leqslant 1$, 故为证 (4.54) 式, 又只需证明:

$$\sum_{m=0}^{\infty} (R_{m+1}^{-1} V_m[j] R_{m+1}^{-1}) \overrightarrow{M}_0^m (i_0, j) < \infty, \text{a.s.} \quad (1 \leqslant j \leqslant r), \tag{4.55}$$

但是, 由引理 4.4 及 $R_0^m(j)$ 之定义 (见 (4.26) 式) 有

$$\lim_{m\to\infty} \frac{\overrightarrow{M}_0^m (i_0, j)}{R_0^m(j)} = w_0^{(i_0)}(\overrightarrow{\xi}) \leqslant 1, \quad \text{a.s.}, \quad 1 \leqslant j \leqslant r.$$

故为证 (4.55) 式又只需证明:

$$\sum_{m=0}^{\infty} (R_{m+1}^{-1} V_m[j] R_{m+1}^{-1}) R_0^m(j) < \infty, \quad \text{a.s.}, \quad 1 \leqslant j \leqslant r. \tag{4.56}$$

把 (4.56) 式中各矩阵之元素标出, (4.56) 式等价于

$$\sum_{m=0}^{\infty} \frac{R_0^m(j) V_m[j](k,l)}{R_{m+1}(k) R_{m+1}(l)} < \infty, \text{ a.s.} \quad (1 \leqslant j, k, l \leqslant r). \tag{4.57}$$

而由 Schwarz 不等式有

$$\frac{R_0^m(j)V[j](k,l)}{R_{m+1}(k)R_{m+1}(l)} \leqslant \sqrt{\frac{R_0^m(j)V[j](k,k)}{R_{m+1}(k)^2}}\sqrt{\frac{R_0^m(j)V[j](l,l)}{R_{m+1}(l)^2}},$$

故 (4.57) 式又等价于

$$\sum_{m=0}^{\infty}\frac{R_0^m(j)\sigma_m(j,k)}{R_{m+1}(k)^2} < \infty, \quad \text{a.s.}, \quad 1 \leqslant j,k \leqslant r, \tag{4.58}$$

其中 $\sigma_m(j,k) = V_m[j](k,k)$.

而由上临界条件中 (4.13) 式可推出

$$\delta^{-2} \leqslant \frac{\overrightarrow{M}_m^n(i,j)}{\overrightarrow{M}_m^n(k,l)} \leqslant \delta^2, \quad 0 \leqslant m \leqslant n, \quad 1 \leqslant i,j,k,l \leqslant r, \tag{4.59}$$

其中 $\delta = \dfrac{d}{c}$ (c,d 定义见 (4.13)). 所以对任何 $1 \leqslant i,j \leqslant r$, 有

$$\begin{aligned}\frac{R_0^m(i)}{R_{m+1}(j)} &= \frac{\displaystyle\sum_{l=1}^{r}\overrightarrow{M}_0^m(l,i)}{\displaystyle\sum_{k=1}^{r}\overrightarrow{M}_0^m(i_0,k)M_m(k,j)} \\ &< c^{-1}\delta^2, \text{a.s.}.\end{aligned} \tag{4.60}$$

而由上临界条件 (4.13)、(4.14) 式可知存在常数 c_2, 使

$$\begin{aligned}\sigma_0(i,j) = V_0[i](j,j) &= \frac{\partial^2}{\partial s_j^2}\varphi_{\xi_0}^i(\mathbf{1}) - \left[\frac{\partial}{\partial s_j}\varphi_{\xi_0}^i(\mathbf{1})\right]^2 \\ &\leqslant d, \text{a.s.} \quad (1 \leqslant i \leqslant j \leqslant r),\end{aligned} \tag{4.61}$$

又因为 $\overrightarrow{\xi} = \{\xi_n, -\infty < n < \infty\}$ 是平稳序列, 所以

$$\sigma_m(i,j) \leqslant d, \quad \text{a.s.} \quad (1 \leqslant i,j \leqslant r) \tag{4.62}$$

而由命题 4.1 及 $R_n(j)$ 之定义与 $X_0(i) = \delta_{i_0,i}$ 有

$$\begin{aligned}R_{m+1}(j) &= \boldsymbol{E}(X_{m+1}(j)|\overrightarrow{\xi}) = \boldsymbol{E}[\boldsymbol{E}(X_{m+1}(j)|\overrightarrow{X}_0^m, \overrightarrow{\xi})|\overrightarrow{\xi}] \\ &\xlongequal{\text{命题 4.1}} \boldsymbol{E}\left(\sum_{i=1}^{r}X_0(i)\overrightarrow{M}_0^{m+1}(i,j)|\overrightarrow{\xi}\right) = \overrightarrow{M}_0^{m+1}(i_0,j).\end{aligned} \tag{4.63}$$

又由 (4.59) 式有 $\overrightarrow{M}_0^n(i,j) \geqslant \delta^{-2}\max\limits_{1\leqslant k,l\leqslant r}\overrightarrow{M}_0^n(k,l), 1 \leqslant i,j \leqslant r$, 所以

$$\overrightarrow{M}_0^n(i,j) \geqslant (\delta^2 r)^{-1}\|\overrightarrow{M}_0^n\| \geqslant (\delta^2 r)^{-1}\overrightarrow{M}_0^n(i,j), \quad 1 \leqslant i,j \leqslant r.$$

从而由上临界条件中的 (4.15) 式有:

$$\lim_{n\to\infty}\frac{1}{n}\log\overrightarrow{M}_0^n(i,j)=\lambda>0,\quad \text{a.s.},\quad i,j=1,2,\cdots,r.$$

所以存在一列随机变量 $\{\alpha_{i,j}^{(n)},n\geqslant 1\}$, 使

$$\overrightarrow{M}_0^n(i,j)=\mathrm{e}^{(\lambda+\alpha_{i,j}^{(n)})n},\quad \alpha_{i,j}^{(n)}\xrightarrow{n\to\infty}0. \tag{4.64}$$

故存在 $n_0=n_0(\omega)$, 及 $\lambda_0=\lambda_0(\omega)>0$, 使

$$\overrightarrow{M}_0^n(i,j)\geqslant(\mathrm{e}^{\lambda_0})^n\quad(\forall 1\leqslant i,j\leqslant r,n\geqslant n_0),\text{a.s.}. \tag{4.65}$$

以 (4.65)、(4.63)、(4.62) 和 (4.60) 式代入 (4.58) 式之左方知:

$$\begin{aligned}&\sum_{m=0}^{\infty}\frac{R_0^m(i)}{R_{m+1}(k)}\cdot\frac{\sigma_m(i,k)}{R_{m+1}(k)}\\ \leqslant&\sum_{m=0}^{n_0}\frac{R_0^m(i)}{R_{m+1}(k)}\cdot\frac{\sigma_m(i,k)}{R_{m+1}(k)}+\sum_{m=n_0+1}^{\infty}\frac{1}{(l^{\lambda_0})^{m+1}}\cdot\delta^3<\infty,\quad\text{a.s.},\\ &(1\leqslant i,k\leqslant r,\delta=\frac{d}{c}).\end{aligned}$$

此即 (4.58) 式成立.

综上所述, 证明了: 当 $n\to\infty$ 时 $R_n^{-1}X_n$ 在条件 $\overrightarrow{\xi}$ 下均方收敛, 记此极限为 U. 由 R_n 之定义有

$$\boldsymbol{E}(U|\overrightarrow{\xi})=\lim_{n\to\infty}\boldsymbol{E}(R_n^{-1}X_n|\overrightarrow{\xi})=\mathbf{1}. \tag{4.66}$$

而由 $C_{n,n}$ 之定义 (见 (4.37) 式) 及 (4.52) 式和引理 4.6 得:

$$\begin{aligned}&\operatorname{cov}(U,U)\\ =&\lim_{n\to\infty}\boldsymbol{E}(\operatorname{cov}(R_n^{-1}X_n,R_n^{-1}X_n)|\overrightarrow{\xi})\\ =&\mathbf{1}\left[\sum_{m=0}^{\infty}\boldsymbol{E}\left(v_{m+1}'(\overrightarrow{\xi})R_{m+1}^{-1}\left(\sum_{j=1}^{r}V[j]\overrightarrow{M}_0^m(i_0,j)\right)R_{m+1}^{-1}v_{m+1}(\overrightarrow{\xi})\right)\right]\mathbf{1}'.\end{aligned} \tag{4.67}$$

若记上式中方括号内之数为 c_0, 则 $r\times r$ 阶协方差矩阵 $\operatorname{cov}(U,U)$ 可表示为 $c_0\mathbf{1}\mathbf{1}'$, 而随机向量之协方差矩阵中每一个元素都同为常数 c_0 且每个随机变量之期望也一样 (注意: 由 (4.66) 式有 $\boldsymbol{E}(U(i))\equiv 1,\forall 1\leqslant i\leqslant r$) 意味着该随机向量中之任意两个分量之差的二阶矩为 0, 故有 $\boldsymbol{E}[(U(i)-U(j))^2]=0$ $(1\leqslant i,j\leqslant r)$. 故若取 $W^{(i_0)}=U(1)$, 则有: 当 $n\to\infty$ 时, $R_n^{-1}X_n$ 在 $\overrightarrow{\xi}$ 条件下均方收敛到 $W^{(i_0)}\mathbf{1}$. 定理证毕.

定理 4.2　在定理 4.1 的条件下, 还有

$$\lim_{n\to\infty} \boldsymbol{E}(R_n^{-1}X_n|\overrightarrow{\xi}) = \boldsymbol{E}(W^{(i_0)}\mathbf{1}|\overrightarrow{\xi}), \text{a.s..}$$

证　由 Borel-Cantelli 引理, 为证 $\lim\limits_{n\to\infty} \boldsymbol{E}(R_n^{-1}X_n|\overrightarrow{\xi}) = \boldsymbol{E}(W^{(i_0)}\mathbf{1}|\overrightarrow{\xi})$, a.s., 只需证: $\forall \varepsilon > 0$ 有:

$$\sum_{n=1}^{\infty} P(|\boldsymbol{E}(R_n(j)^{-1}X_n(j)|\overrightarrow{\xi}) - \boldsymbol{E}(W^{(i_0)}|\overrightarrow{\xi})| \geqslant \varepsilon) < \infty, \quad 1 \leqslant j \leqslant r.$$

但是, 由 Chebychev 不等式和 Jensen 不等式知

$$\begin{aligned}
&\sum_{n=1}^{\infty} P(|\boldsymbol{E}(R_n(j)^{-1}X_n(j)|\overrightarrow{\xi}) - \boldsymbol{E}(W^{(i_0)}|\overrightarrow{\xi})| \geqslant \varepsilon)\\
\leqslant &\sum_{n=1}^{\infty} \frac{1}{\varepsilon^2}\boldsymbol{E}(|\boldsymbol{E}(R_n(j)^{-1}X_n(j)|\overrightarrow{\xi}) - \boldsymbol{E}(W^{(i_0)}|\overrightarrow{\xi})|^2)\\
\leqslant &\sum_{n=1}^{\infty} \frac{1}{\varepsilon^2}\boldsymbol{E}(\boldsymbol{E}(|R_n(j)^{-1}X_n(j) - W^{(i_0)}|^2|\overrightarrow{\xi}))\\
= &\sum_{n=1}^{\infty} \frac{1}{\varepsilon^2}\boldsymbol{E}(|R_n(j)^{-1}X_n(j) - W^{(i_0)}|^2).
\end{aligned}$$

类似于定理 4.1 中 $C_{n,p}$ 的推导, 由 C_n 的递推关系式和 (4.67) 易证

$$\begin{aligned}
&\boldsymbol{E}\left(\left(\frac{X_n(j)}{R_n(j)} - W^{(i_0)}\right)^2 \middle| \overrightarrow{\xi}\right)\\
= &\sum_{m=0}^{n-1}\left(\frac{\overrightarrow{M}_{m+1}^n(\cdot,j)}{R_n(j)} - R_{m+1}^{-1}v_{m+1}(\overrightarrow{\xi})\right)' \cdot \left(\sum_{l=1}^{r} V_m[l]\overrightarrow{M}_0^m(i_0,l)\right)\\
&\cdot\left(\frac{\overrightarrow{M}_{m+1}^n(\cdot,j)}{R_n(j)} - R_{m+1}^{-1}v_{m+1}(\overrightarrow{\xi})\right)\\
&+\sum_{m=n}^{\infty} v'_{m+1}(\overrightarrow{\xi})R_{m+1}^{-1}\left(\sum_{l=1}^{r} V_m[l]\overrightarrow{M}_0^m(i_0,l)\right)R_{m+1}^{-1}v_{m+1}(\overrightarrow{\xi}).
\end{aligned}$$

由引理 4.6 可得, 对任何 $0 \leqslant n \leqslant p$ 和 $1 \leqslant j \leqslant r$,

$$\|R_n\overrightarrow{M}_n^p(\cdot,j)/R_p(j) - v_n(\overrightarrow{\xi})\| = \|P_{n,p}(e_j - v_p(\overrightarrow{\xi}))\| \leqslant 2\tau(\overrightarrow{M}_n^p).$$

于是上面的分解可写为

$$\begin{aligned}
&\boldsymbol{E}\left(\left(\frac{X_n(j)}{R_n(j)}-W^{(i_0)}\right)^2\Big|\overrightarrow{\xi}\right)\\
&\leqslant\sum_{m=0}^{n-1}4\tau(\overrightarrow{M}_{m+1}^n)^2\mathbf{1}'R_{m+1}^{-1}\left(\sum_{l=1}^r V_m[l]\overrightarrow{M}_0^m(i_0,l)\right)R_{m+1}^{-1}\mathbf{1}\\
&\quad+\sum_{m=n}^{\infty}v_m'(\overrightarrow{\xi})R_{m+1}^{-1}\left(\sum_{l=1}^r V_m[l]\overrightarrow{M}_0^m(i_0,l)\right)R_{m+1}^{-1}v_m(\overrightarrow{\xi}).
\end{aligned}\tag{4.68}$$

下面分别估计上述不等式右边各项.

易证: 对任何 $r\times r$ 阶矩阵 A 和 B, 恒有 $\tau(AB)\leqslant\tau(A)\tau(B)$, 所以, 对任何固定的 $0\leqslant m\leqslant n$, 有

$$\begin{aligned}
\frac{1}{n-m}\log\tau(\overrightarrow{M}_m^n)&\leqslant\frac{1}{n-m}\log\prod_{k=m}^{n-1}\tau(M_k)=\frac{1}{n-m}\sum_{k=m}^{n-1}\log\tau(M_k)\\
&\to\boldsymbol{E}(\log\tau(M_m))=\boldsymbol{E}(\log\tau(M_0)).
\end{aligned}\tag{4.69}$$

由条件 (4.20) 和 (4.22) 式有

$$\boldsymbol{E}(\log\tau(M_0))=\boldsymbol{E}\left(\log\frac{1-\sqrt{\Phi(M_0)}}{1+\sqrt{\Phi(M_0)}}\right)\overset{(4.22)}{\leqslant}\boldsymbol{E}\left(\log\frac{1-\delta}{1+\delta}\right)<0.\tag{4.70}$$

再注意 $\tau(AB)\leqslant\tau(A)\tau(B)$ 及 $\overrightarrow{M}_m^n$ 之定义由 (4.70) 式可知存在常数 $0<\rho<1$ 和正整数 n_0, 使 $n\geqslant n_0$ 时有 $\tau(\overrightarrow{M}_m^n)<\rho^{n-m}$, 所以 $\sum\limits_{n=m}^{\infty}\tau(\overrightarrow{M}_m^n)<\infty$. 将 (4.68) 式右方第一项对 n 从 1 到 ∞ 求和得:

$$\sum_{m=0}^{\infty}\mathbf{1}'R_{m+1}^{-1}\left(\sum_{l=1}^r V_m[l]\overrightarrow{M}_0^m(i_0,l)\right)R_{m+1}^{-1}\mathbf{1}\sum_{n=m+1}^{\infty}4\tau(\overrightarrow{M}_{m+1}^n)^2.\tag{4.71}$$

由于 $\sum\limits_{n=m+1}^{\infty}\tau(\overrightarrow{M}_{m+1}^n)^2\leqslant\sum\limits_{n=m+1}^{\infty}\rho^{2(n-m-1)}<\infty$, 因此, 仿定理 4.1 中 (4.54) 式之证明可证级数 (4.71) 式收敛且数学期望亦有穷.

将 (4.68) 式之第二项对 n 从 1 到 ∞ 求和得:

$$\sum_{m=0}^{\infty}(m+1)v_m'R_{m+1}^{-1}\left(\sum_{l=1}^r V_m[l]M_0^m(i_0,l)\right)R_{m+1}^{-1}v_m.\tag{4.72}$$

仍然仿定理 4.1 中 (4.54) 式之推导, 欲证级数 (4.72) 式收敛且其数学期望有穷, 只需证明:

$$\boldsymbol{E}\left(\sum_{m=0}^{\infty}\sum_{1\leqslant i,j\leqslant r}\frac{(m+1)R_0^m(i)\sigma_m^2(i,j)}{R_{m+1}(j)^2}\right)<\infty. \tag{4.73}$$

而 (4.73) 式可由上临界条件直接推出. 综上所论, 定理 4.2 得证.

§5 随机环境中的多维分支链的灭绝概率和两极分化

在第 2 节中, 我们研究过随机环境中的一维分支链的灭绝概率. 本节将研究随机环境中多维分支链的灭绝概率和两极分化.

如不特别声明, 本节完全沿用第 4 节中的符号与定义.

设 $\{\overrightarrow{X},\overrightarrow{\xi}\}$ 是概率空间 $(\Omega,\mathscr{F},P)$ 的以 $P(\theta)$ 为 B.R.T.M. 的 MBTRE_C. 仍用列向量 $X_n=(X_n(1),\cdots,X_n(r))'$ 表示之. 记 $|X_n|=X_n(1)+\cdots+X_n(r)$.

本节不再假设 $X_0=e_{i_0}$,

定义 5.1 称 $q^{(i)}(\overrightarrow{\xi})\overset{\text{def}}{=\!=}P\left\{\bigcup_{n=1}^{\infty}\{|X_n|=0\}|X_0=e_i,\overrightarrow{\xi}\right)$ 为 $\{\overrightarrow{X},\overrightarrow{\xi}\}$ 在条件 $\overrightarrow{\xi}$ 下从一个第 i 类质点出发而分支链终极灭绝概率 $(1\leqslant i\leqslant r)$, 简称为 “第 i 灭绝概率”. 显然,

$$q^{(i)}(\overrightarrow{\xi})=\lim_{n\to\infty}P(|X_n|=0|X_0=e_i,\overrightarrow{\xi})=P\left(\lim_{n\to\infty}|X_n|=0|X_0=e_i,\overrightarrow{\xi}\right),\quad 1\leqslant i\leqslant r.$$

记 $q(\overrightarrow{\xi})=(q^{(1)}(\overrightarrow{\xi}),\cdots,q^{(r)}(\overrightarrow{\xi}))'$, 称之为 “灭绝概率向量”.

称

$$h^{(i)}(\overrightarrow{\xi})\overset{\text{def}}{=\!=}P\left(\left(\lim_{n\to\infty}|X_n|=0\right)\bigcup\left(\lim_{n\to\infty}|X_n|=\infty\right)|X_0=e_i,\overrightarrow{\xi}\right)$$

为 $\{\overrightarrow{X},\overrightarrow{\xi}\}$ 在条件 $\overrightarrow{\xi}$ 下从一个第 i 类质点出发而分支链终极必将两极分化的概率 $(1\leqslant i\leqslant r)$, 简称为 “第 i 两极分化概率”. 记 $h(\overrightarrow{\xi})=(h^{(1)}(\overrightarrow{\xi}),\cdots,h^{(r)}(\overrightarrow{\xi}))'$, 称之为 “两极分化概率向量”.

Tanny、Athreya 和 Karlin 在文献 [272] 和 [17] 中证明了下述两极分化定理.

定理 5.1 若 $\mathrm{MBTRE}_C(\overrightarrow{X},\overrightarrow{\xi})$ 满足 §4 中之上临界条件 (4.13)—(4.15) 式, 则

$$(1)\ \ P\left(\left(\lim_{n\to\infty}|X_n|=0\right)\bigcup\left(\lim_{n\to\infty}|X_n|=\infty|\overrightarrow{\xi}\right)\right)=1; \tag{5.1}$$

$$(2)\ \ \lim_{n\to\infty}P(|X_n|\leqslant t|X_0=e_i,\overrightarrow{\xi})=q^{(i)}(\overrightarrow{\xi}),\quad (\forall t\geqslant 0,1\leqslant i\leqslant r). \tag{5.2}$$

证明请参见文献 [272] 定理 9.3 和文献 [17] 定理 12.

定理 5.2 若 $\mathrm{MBTRE}_C(\overrightarrow{X},\overrightarrow{\xi})$ 满足定理 5.1 中之条件及 $\overrightarrow{\xi}$ 是平稳的遍历的随机序列, 则

$$P(q(\overrightarrow{\xi})<\mathbf{1})=1. \tag{5.3}$$

证明请参见文献 [17].

定理 5.3 设 $\mathrm{MBTRE}_C(\overrightarrow{X},\overrightarrow{\xi})$ 满足定理 4.1 中除 $X_0=e_{i_0}$ 以外的全部条件, 则

$$q^{(i)}(\overrightarrow{\xi})=P(W^{(i)}=0|X_0=e_i\overrightarrow{\xi}),\text{a.s.}\quad (1\leqslant i\leqslant r), \tag{5.4}$$

其中随机变量 $W^{(i)}$ 为定理 4.1 中末尾所定义.

证 令 $q_n^{(i)}(\overrightarrow{\xi})=P(X_n=0|X_0=e_i,\overrightarrow{\xi})$, 则

$$q_n^{(i)}\overrightarrow{(\xi)}\uparrow q^{(i)}(\overrightarrow{\xi})\quad (\text{当 } n\uparrow\infty),\quad 1\leqslant i\leqslant r. \tag{5.5}$$

令 $l^{(i)}(\overrightarrow{\xi})=P(W^{(i)}=0|X_0=e_i,\overrightarrow{\xi}),1\leqslant i\leqslant r$,

$$l(\overrightarrow{\xi})=(l^{(1)}(\overrightarrow{\xi}),\cdots,l^{(r)}(\overrightarrow{\xi}))'. \tag{5.6}$$

欲证定理 5.3, 只需证 $l(\overrightarrow{\xi})=q(\overrightarrow{\xi})$. 再令

$$f^{(i)}(\overrightarrow{\xi};t)=\boldsymbol{E}(\exp(-tW^{(i)})|X_0=e_i,\overrightarrow{\xi})\quad (t\geqslant 0)$$

为 $W^{(i)}$ 的条件 Laplace 变换 $(1\leqslant i\leqslant r)$,

$$f(\overrightarrow{\xi};t)=(f^{(1)}(\overrightarrow{\xi};t),\cdots,f^{(r)}(\overrightarrow{\xi};t))', \tag{5.7}$$

$$f_n^{(i)}(\overrightarrow{\xi};t)=\boldsymbol{E}\left(\exp\left(\frac{-tX_n(1)}{R_0^n(1)}\right)\bigg|X_0=e_i,\overrightarrow{\xi}\right),\quad 1\leqslant i\leqslant r,$$

$$f_n(\overrightarrow{\xi};t)=(f_n^{(1)}(\overrightarrow{\xi};t),\cdots,f_n^{(r)}(\overrightarrow{\xi};t))', \tag{5.8}$$

则由 (4.38)、(4.39) 式和命题 4.1(1) 和 (2) 得:

$$
\begin{aligned}
f_p^{(i)}(\overrightarrow{\xi};t) &= \boldsymbol{E}\left(\exp\left(\frac{X_p(1)}{R_0^p(1)}\right)\Big|X_0=e_i,\overrightarrow{\xi}\right)\\
&= \boldsymbol{E}\left(\exp\left(\frac{-t\sum\limits_{j=1}^{r}\sum\limits_{k=1}^{X_n(j)}Y_{j,k}^{(n+1,p)}(1)}{R_0^p(1)}\right|X_0=e_i,\overrightarrow{\xi}\right)\\
&= \boldsymbol{E}\left(\prod_{j=1}^{r}\left[\exp\left(\frac{-tY_{j,k}^{(n+1,p)}(1)}{R_n^p(1)}\,\frac{R_n^p(1)}{R_0^n(1)}\right]^{X_n(j)}\right|X_0=e_i,\overrightarrow{\xi}\right)\\
&= \Psi_n^{(i)}\left(\overrightarrow{\xi};f_{p-n}\left(T^n\overrightarrow{\xi};t\frac{R_n^p(1)}{R_0^p(1)}\right)\right),\quad p>n\geqslant 0,\quad 1\leqslant i\leqslant r, \quad (5.9)
\end{aligned}
$$

其中 T 是由 $\overrightarrow{\Theta}$ 到 $\overrightarrow{\Theta}$ 的推移算子.

而由引理 4.4 并注意 $w_m^k>0,\sum\limits_{k=1}^{r}w_m^k=1$ 得

$$
\begin{aligned}
\lim_{n\to\infty}\frac{X_n(1)}{\sum\limits_{k=1}^{r}\overrightarrow{M}_0^n(k,1)} &= \lim_{n\to\infty}\left[\left(\frac{X_n(1)}{\overrightarrow{M}_0^n(i,1)}\right)\Big/\left(\frac{\sum\limits_{k=1}^{r}\overrightarrow{M}_0^n(k,1)}{\overrightarrow{M}_0^n(i,1)}\right)\right]\\
&= \left(\lim_{n\to\infty}\frac{X_n(1)}{\overrightarrow{M}_0^n(i,1)}\right)\left(\frac{\sum\limits_{k=1}^{r}w_0^k(\overrightarrow{\xi})}{w_0^i(\overrightarrow{\xi})}\right)^{-1}\\
&= w_0^i(\overrightarrow{\xi})\lim_{n\to\infty}\frac{X_n(1)}{\overrightarrow{M}_0^n(i,1)}. \quad (5.10)
\end{aligned}
$$

因此, 由定理 4.1 得 $\left(\text{注意 } R_m^n(j)=\sum\limits_{k=1}^{r}\overrightarrow{M}_m^n(k,j)\right)$ 得:

$$
P(W^{(i)}=0|X_0=e_i,\overrightarrow{\xi})=P\left(\lim_{n\to\infty}\frac{X_n(1)}{\sum\limits_{k=1}^{r}\overrightarrow{M}_0^n(k,1)}=0|X_0=e_i,\overrightarrow{\xi}\right).
$$

在 (5.9) 式中先令 $p\to\infty$, 再令 $t\to\infty$ 得

$$l(\overrightarrow{\xi})=\Psi_n(\overrightarrow{\xi};l(T^n\overrightarrow{\xi})),\quad n\geqslant 0. \tag{5.11}$$

另一方面, 由命题 4.1(2) 易证

$$\Psi_p(\overrightarrow{\xi};s)=\Psi_n(\overrightarrow{\xi};\Psi_{p-n}(T^n\overrightarrow{\xi};s)),\quad p>n\geqslant 1.$$

在上式中令 $s=0$, 再令 $p\to\infty$ 得:

$$q(\overrightarrow{\xi})=\Psi_n(\overrightarrow{\xi};q(T^n\overrightarrow{\xi}))\quad (n\geqslant 0). \tag{5.12}$$

考虑方程组:

$$\begin{cases}\alpha(\overrightarrow{\xi})=\Psi_n(\overrightarrow{\xi};\alpha(T^n\overrightarrow{\xi})),\quad n\geqslant 0\\ \alpha(\overrightarrow{\xi})\text{ 是 } r \text{ 维非负界于 1 的列随机向量.}\end{cases} \tag{5.13}$$

由 (5.12)、(5.11) 式得知 $l(\overrightarrow{\xi})$ 和 $q(\overrightarrow{\xi})$ 都是方程组 (5.13) 式的解.

若 $\beta(\overrightarrow{\xi})$ 也是方程组 (5.13) 式的一个解, 则
$\beta(\overrightarrow{\xi})=\Psi_n(\overrightarrow{\xi};\beta(T^n\overrightarrow{\xi}))\geqslant\Psi_n(\overrightarrow{\xi};0)\uparrow q(\overrightarrow{\xi})$ (当 $n\uparrow\infty$), 故 $q(\overrightarrow{\xi})$ 是方程组 (5.13) 式的最小解, 从而

$$q(\overrightarrow{\xi})\leqslant l(\overrightarrow{\xi})\leqslant \mathbf{1}. \tag{5.14}$$

若能证明: 存在一个常数 $c_0>0$, 使

$$\log(l^{(i)}(T^n\overrightarrow{\xi}))\leqslant -c_0\quad (1\leqslant i\leqslant r, n\geqslant 0), \tag{5.15}$$

则

$$\begin{aligned}\Psi_n^{(i)}(\overrightarrow{\xi};l(T^n\overrightarrow{\xi}))&=\sum_{x\in\mathscr{X}}P(X_n=x|X_0=e_i,\overrightarrow{\xi})(l(T^n\overrightarrow{\xi}))^x\\ &\leqslant\sum_{|x|<K,x\in\mathscr{X}}P(X_n=x|X_0=e_i,\overrightarrow{\xi})+\\ &\quad\sum_{|x|\geqslant K,x\in\mathscr{X}}P(X_n=x|X_0=e_i,\overrightarrow{\xi})\prod_{i=1}^r(l^{(i)}(T^n\overrightarrow{\xi}))^{x(i)}\\ &\leqslant\sum_{|x|<K,x\in\mathscr{X}}P(X_n=x|X_0=e_i,\overrightarrow{\xi})\\ &\quad+\sum_{|x|\geqslant K,x\in\mathscr{X}}P(X_n=x|X_0=e_i,\overrightarrow{\xi})e^{c_0K}.\end{aligned} \tag{5.16}$$

在 (5.16) 式中先令 $n\to\infty$, 再令 $K\to\infty$, 并应用定理 5.1(2) 可得:

$$\lim_{n\to\infty}\Psi_n^{(i)}(\overrightarrow{\xi};l(T^n\overrightarrow{\xi}))\leqslant q^{(i)}(\overrightarrow{\xi}),\quad 1\leqslant i\leqslant r.\tag{5.17}$$

所以, 由 (5.17)、(5.14)、(5.11) 式得:

$$q(\overrightarrow{\xi})=l(\overrightarrow{\xi}).$$

最后证明存在 $c_0>0$, 使 (5.15) 式成立. 通常, 定义: $\mathrm{var}(H|X_0=e_i,\overrightarrow{\xi})\overset{\text{def}}{=\!=}\boldsymbol{E}(H^2|X_0=e_i,\overrightarrow{\xi})-\boldsymbol{E}(H|X_0=e_i,\overrightarrow{\xi})^2$, 其中 H 是任意一个二阶矩存在的随机变量. 从定理 4.1 的证明中可知:

$$\begin{aligned}&\mathrm{var}(W^{(i)}|X_0=e_i,T^m\overrightarrow{\xi})\\&\quad\leqslant\sum_{n=m}^{\infty}v'_{n-m+1}(T^m\overrightarrow{\xi})R^{-1}_{n-m+1}(T^m\overrightarrow{\xi})\\&\qquad\cdot\left(\sum_{j=1}^{r}V_n[j]\overrightarrow{M}_m^n(i,j)\right)R^{-1}_{n-m+1}(T^m\overrightarrow{\xi})v_{n-m+1}(T^m\overrightarrow{\xi})\\&\quad\leqslant\sum_{n=m}^{\infty}\sum_{1\leqslant j,k\leqslant r}\frac{\overrightarrow{M}_m^n(i,j)\sigma_n(j,k)^2}{R_{n-m+1}(T^m\overrightarrow{\xi};k)^2},\end{aligned}\tag{5.18}$$

其中 r 维列向量 $v_n(\overrightarrow{\xi})$ 由引理 4.6 所定义.
(注意 (5.18) 式最后一个不等式利用了下面的不等式:

$$\begin{aligned}&\frac{V_n[j](x,y)}{R_{n-m+1}(T^m\overrightarrow{\xi};x)R_{n-m+1}(T^m\overrightarrow{\xi};y)}\\&\quad\leqslant\frac{1}{2}\left(\frac{V_n[j](x,x)}{R_{n-m+1}(T^m\overrightarrow{\xi};x)^2}+\frac{V_n[j](y,y)}{R_{n-m+1}(T^m\overrightarrow{\xi};y)^2}\cdot\right)\end{aligned}$$

仿定理 4.1 中证明 (4.58) 式的方法, 可证: 存在常数 K, 使 (5.18) 式右方 $\leqslant K$.

对 $\boldsymbol{E}(W^{(i)}\mathbf{1}_{\{W^{(i)}>0\}}|X_0=e_i,\overrightarrow{\xi})$ 用 Cauchy-Schwarz 不等式有:

$$P(W^{(i)}=0|X_0=e_i,\overrightarrow{\xi})\leqslant 1-\frac{1}{1+\mathrm{var}(W^{(i)}|X_0=e_i,\overrightarrow{\xi})}.\tag{5.19}$$

若取 $c_0=\dfrac{1}{1+K}$, 则由 (5.18)、(5.19) 式有

$$\begin{aligned}&\log(l^{(i)}(T^m\overrightarrow{\xi}))=\log P(W^{(i)}=0|X_0=e_i,T^m\overrightarrow{\xi})\\&\leqslant\log\left(1-\frac{1}{1+K}\right)\leqslant -c_0\quad\left(\text{注意 } c_0=\frac{1}{1+K}\right).\end{aligned}$$

定理证毕.

附注 5.1 定理 5.3 说明 $q(\overrightarrow{\xi}) = l(\overrightarrow{\xi}) < \mathbf{1}$, 而定理 5.1 仅证明 $P(q(\overrightarrow{\xi}) < \mathbf{1}) = 1$, 故定理 5.3 比定理 5.1 精细.

第九章

依时的随机环境中的无穷维的控制的分支链

在第八章中, 我们研究了依时的随机环境中的有限维的分支链, 主要研究了它们的矩、灭绝概率、两极分化和增长率, 使用的主要工具是各种矩母函数.

本章研究的对象是依时的随机环境中的无穷维的控制的分支链, 研究的问题与第八章类似: 如研究它们的矩、灭绝概率、两极分化和增殖率, 为此要研究清楚这类十分广泛的分支链的分支性, 当然现在的问题比第八章复杂, 矩母函数也要代之以矩母泛函.

本章材料取自文献 [138].

本章从下列两方面拓广了研究的对象.

首先是分支系统中质点类型的数目, 第八章假定质点类型的数目是有限的, 而本章中, 质点类型的数目不仅不是有限的, 甚至不一定是可数无穷的. 考虑非常一般的模型, 质点的类型是 $\mathbf{R}^d$ 中的一个 Borel 子集, 而分支链的一个状态是一个由 d 维欧氏空间 $\mathbf{R}^d$ 到 $\mathbf{N} = \{0, 1, 2, \cdots\}$ 的具有有限支撑 $S_u(f)$ 的函数 f. 这是合理而且有用的, 例如在分支系统中假定有 3 类质点 α, β, γ, 它们分别具有速度 $V_\alpha, V_\beta, V_\gamma$. 假定 V_α 在 x 轴、y 轴和 z 轴分别具有分量 $V_\alpha(x), V_\alpha(y)$ 和 $V_\alpha(z), V_\beta(x), V_\beta(y), V_\beta(z), V_\gamma(x), V_\gamma(y), V_\gamma(z)$ 的意义

类似, 则质点的集合 $\mathscr{X}$ 是 $\mathbf{R}^d$ 中的 Borel 集. 因为分支系统中的总质点总是有限的, 所以, 支撑 $S_u(f)$ 有限的假定是合理的.

其次的拓广是分支规则. 在本文中分支规则不是自由的, 而是用一个随机函数控制的.

我们将采用随机环境中的马尔可夫链的一般理论研究随机环境中的无穷维的 β 控制的马尔可夫分支链. 首先引进一些基本概念, 诸如随机马尔可夫核, 随机马尔可夫生成元, 随机马尔可夫转移函数, 矩母泛函和随机环境中 β 控制的马尔可夫分支链 (β – MBTRE), 然后证明此类链的存在性. 其次, 计算 β–MBTRE 的矩, 研究 β–MBTRE 的矩母泛函和随机马尔可夫转移函数的分支性. 最后得到本章的主要结论, 诸如灭绝概率, 两极分化与增殖率.

§1 模型和存在性

令 $(\Theta,\mathscr{B})$ 为抽象可测空间, $\mathscr{X}$ 为 d 维 Euclid 空间 $\mathbf{R}^d$ 中一个 Borel 子集, $\mathscr{A}$ 为 $\mathscr{X}$ 的 σ 代数, $\mathbf{N}=\{0,1,2,\cdots\},\mathbf{Z}=\{0,\pm1,\pm2,\cdots\}$. 对任一由 $\mathscr{X}$ 到 $\mathbf{N}$ 的函数 f, 记 $S_u(f):=\{x\in\mathscr{X}:f(x)\neq 0\}$ 为 f 的支撑. 令

$$E=\{f:f:\mathscr{X}\mapsto\mathbf{N},S_u(f)\ \text{为有限集}\},$$
$$\mu_f(A)=\sum_{x\in A\cap S_u(f)}f(x)(f\in E,A\in\mathscr{A}),\quad \varGamma=\{\mu_f(\cdot):f\in E\},$$

$\widetilde{0}$ 是 E 中的零函数. 对任意正整数 n, 非负整数 $r_1,r_2,\cdots,r_n$ 和 $A_1,\cdots,A_n\in\mathscr{A}$, 称 $\{f\in E:\mu_f(A_i)=r_i,1\leqslant i\leqslant n\}$ 为 $\mu-$ 柱集. 用

$$L\begin{pmatrix}A_1,\cdots,A_n\\ r_1,\cdots,r_n\end{pmatrix}$$

表示之. 设 $\mathscr{E}$ 是全体 $\mu-$ 柱集产生的 σ 代数, 因此得到另一个可测空间 $(E,\mathscr{E})$. 考虑 $\mathscr{X}$ 为质点类型构成的集合, 而 $\mu_f(A)$ 是质点类型属于 A 的所有质点的总数. 把 $(E,\mathscr{E})$ 视为以下要讨论的分支过程状态空间. 易见, $f\leftrightarrow\mu_f(\cdot)$ 在 E 与 $\varGamma$ 间建立起一个一一对应. 还可看出: 对任意固定的 $f\in E,\mu_f(\cdot)$ 是 $\mathscr{A}$ 上有限测度; 对任意固定的 $A\in\mathscr{A},\mu.(A)$ 是 E 上可测函数. 此外, 还有

$$\mu_{\sum\limits_{i=1}^{n}k_if_i}(\cdot)=\sum_{i=1}^{n}k_i\mu_{f_i}(\cdot),$$

此处 $f_i\in E,k_i,n\in\mathbf{N}$.

令 H 为全部 $\mathscr{A}-$ 可测实值函数, $H_+ = \{h \in H : h \geqslant 0\}$. 对任意 $h \in H, f \in E$, 定义

$$\langle h, f\rangle = \int_{\mathscr{X}} \mu_f(\mathrm{d}x)h(x). \tag{1.1}$$

易证 $\langle h, f\rangle$ 是 f 的 $\mathscr{E}-$ 可测函数 (对任意固定的 $h \in H$) 且是 h 的线性函数 (对任意固定的 $f \in E$). 同时, 对一切 $k_i, n \in \mathbf{N}, f_i \in E$,

$$\sum_{i=1}^{n} k_i\langle h, f_i\rangle = \left\langle h, \sum_{i=1}^{n} k_i f_i\right\rangle. \tag{1.2}$$

定义 1.1 令 $(D, \mathscr{D})$ 是一个可测空间,

$$p(\cdot;\cdot,\cdot) : \Theta \times D \times \mathscr{D} \mapsto [0,1]. \tag{1.3}$$

若 $p(\theta; f, A)$ 是 $\mathscr{D}$ 上的概率测度 $(\forall\theta \in \Theta, f \in D)$, 且作为 (θ, f) 的函数是 $\mathscr{B}\times\mathscr{D}-$ 可测的 $(\forall A \in \mathscr{D})$, 则称 $p(\theta; f, A)$ 是一个随机的马尔可夫核 (R.M.K.).

令

$$K(\cdot;\cdot,\cdot) : \Theta \times \mathscr{X} \times \mathscr{E} \mapsto [0,1]. \tag{1.4}$$

若对任意固定的 $\theta \in \Theta, x \in \mathscr{X}, K(\theta; x, A)$ 是 $\mathscr{E}$ 上的概率测度, 且对任意固定的 $A \in \mathscr{E}$, 它是 (θ, x) 的可测函数, 则称 $K(\theta; x, A)$ 是一个随机的马尔可夫生成元 (RMG).

令 $\overrightarrow{\Theta}_k^l = \prod\limits_{k-1<j<l+1} \Theta_j$ 是乘积空间, $\overrightarrow{\mathscr{B}}_k^l = \prod\limits_{k-1<j<l+1} \mathscr{B}_j$ 是乘积 σ 代数, 此处每个 $\Theta_j \equiv \Theta$ 且 $\mathscr{B}_j \equiv \mathscr{B}, -\infty \leqslant k \leqslant l \leqslant \infty$. 再令 $\overrightarrow{\Theta} = \Theta_{-\infty}^{\infty}, \overrightarrow{\mathscr{B}} = \mathscr{B}_{-\infty}^{\infty}$. 令 $\Theta(n)$ 为 $\overrightarrow{\Theta}$ 到 Θ 的第 n 个坐标映射.

令 $\mathbf{1}_A$ 为集合 A 上的示性函数, A^c 为 A 的补集, $\boldsymbol{E}(\cdot)$ 和 $\boldsymbol{E}(\cdot|\cdot)$ 分别表示期望算子和条件期望算子.

定义 1.2 令 $(D, \mathscr{D})$ 为抽象可测空间. 如果 $p(\overrightarrow{\theta}; s, f, s+t, A)(\overrightarrow{\theta} \in \overrightarrow{\Theta}, s \in \mathbf{N}, f \in D, t \in \mathbf{N}, A \in \mathscr{D})$ 满足

(1) $p(\overrightarrow{\theta}; s, f, s+t, \cdot)$ 是 $\mathscr{D}$ 上的概率测度 (对任意固定的 $\overrightarrow{\theta} \in \overrightarrow{\Theta}, s \geqslant 0, f \in D, t \geqslant 0$);

(2) $p(\cdot; s, \cdot, s+t, A)$ 是 $\sigma(\Theta(n), s \leqslant n < s+t) \times \mathscr{D}$ 可测的 (对任意固定的 $s \geqslant 0, t \geqslant 1, A \in \mathscr{D}$);

(3) 随机 Kolmogorov-Chapmann 方程 (R–K–C)

$$p(\overrightarrow{\theta}; s, f, s+t+u, A) = \int_E p(\overrightarrow{\theta}; s, f, s+t, \mathrm{d}g)p(\overrightarrow{\theta}; s+t, g, s+t+u, A)$$

对一切 $\overrightarrow{\theta}\in\overrightarrow{\Theta}, s,t,u\in\mathbf{N}, f\in D$ 和 $A\in\mathscr{D}$ 成立;

(4) 对一切 $\overrightarrow{\theta}\in\overrightarrow{\Theta}, s\in\mathbf{N}, f\in D, A\in\mathscr{D}$, 有

$$p(\overrightarrow{\theta};s,f,s,A)=\mathbf{1}_A(f),$$

则称 $p(\overrightarrow{\theta};s,f,s+t,A)$ 是一个随机的马尔可夫转移函数 (RMTF).

附注 1.1 RMTF $p(\overrightarrow{\theta};s,f,s+t,A)$ 的定义域是 $\overrightarrow{\theta}\in\overrightarrow{\Theta}, s,t\in\mathbf{N}, f\in D, A\in\mathscr{D}$, 此处 $(\Theta,\mathscr{B})$ 和 $(D,\mathscr{D})$ 是任意两个可测空间, 但在本文中常常取 $D=E,\mathscr{D}=\mathscr{E}$. 如果不指明 $p(\overrightarrow{\theta};s,f,s+t,A)$ 的定义域, 则恒假设 $\overrightarrow{\theta}\in\overrightarrow{\Theta}, s,t\in\mathbf{N}, f\in E, A\in\mathscr{E}$.

定义 1.3 令 $\nu_1,\cdots,\nu_n$ 为 $(E,\mathscr{E})$ 上的有限测度, $\nu=\prod\limits_{i=1}^n\nu_i$ 是 $\nu_1,\cdots,\nu_n$ 的乘积测度. 定义 $\nu_1,\cdots,\nu_n$ 的卷积

$$(\nu_1*\cdots*\nu_n)(A):=\nu\left(\left\{(f_1,\cdots,f_n)\in E^n:\sum_{i=1}^n f_i\in A\right\}\right),\quad A\in\mathscr{E}. \tag{1.5}$$

有时记 $\nu_1*\cdots*\nu_n=\mathop{*}\limits_{i=1}^n\nu_i, \nu^{k*}$ 为 ν 的 k 重卷积, $\nu(A)^{k*}:=(\nu^{k*})(A)(A\in\mathscr{E},k\geqslant 1)$, 以及 $\nu^{0*}(A)=\mathbf{1}_A(\widetilde{0})$, 此处 $\widetilde{0}$ 是 E 中的零函数.

易证: (1) 对任意有界 $\mathscr{E}-$ 可测函数 G, 有

$$\int_E(\nu_1*\cdots*\nu_n)(\mathrm{d}g)G(g)=\int_E\nu_1(\mathrm{d}g_1)\cdots\int_E\nu_n(\mathrm{d}g_n)G(g_1+\cdots+g_n); \tag{1.6}$$

(2) 对任意 $A\in\mathscr{E}$, 有

$$\mathop{*}_{i=1}^n\left(\int_E\nu_i(\mathrm{d}g_i)\mu_i(g_i,A)\right)=\int_E\nu_1(\mathrm{d}g_1)\cdots\int_E\nu_n(\mathrm{d}g_n)\left[\mathop{*}_{i=1}^n\mu_i(g_i,A)\right], \tag{1.7}$$

此处 $\mu_i(g_i,A)$ 作为 g_i 在 E 中的函数是可测的 (对任意固定的 $A\in\mathscr{E}$), 而对任意固定的 $g_i\in E$, 它作为 A 的函数是 $\mathscr{E}$ 上的有限测度.

命题 1.1 (1) 令 $K(\theta;x,A)(\theta\in\Theta,x\in\mathscr{X},A\in\mathscr{E})$ 是一个 RMG. 定义

$$\widetilde{p}(\theta;f,\cdot)=\mathop{*}_{x\in S_u(f)}K(\theta;x,\cdot)^{f(x)*},\quad \theta\in\Theta,f\in E,$$

$$\widetilde{p}(\overrightarrow{\theta};s,f,s,A)=\mathbf{1}_A(f),\quad \overrightarrow{\theta}\in\overrightarrow{\Theta},s\in\mathbf{N},f\in E,A\in\mathscr{E},$$

$$\widetilde{p}(\overrightarrow{\theta};s,f,s+t,A)=\int_E\widetilde{p}(\theta_s;f,\mathrm{d}f_{s+1})\cdots\int_E\widetilde{p}(\theta_{s+t-1};f_{s+t-1},\mathrm{d}f_{s+t})\mathbf{1}_A(f_{s+t}),$$

$$\overrightarrow{\theta}\in\overrightarrow{\Theta},s,t\in\mathbf{N},\quad f\in E,A\in\mathscr{E},$$

则 $\widetilde{p}(\theta;f,A)$ 是一个 R.M.K. 且 $\widetilde{p}(\overrightarrow{\theta};s,f,s+t,A)$ 是一个 RMTF.

(2) 若 $\widetilde{p}(\theta;f,A)(\theta\in\Theta,f\in E,A\in\mathscr{E})$ 是一个 R.M.K., 则 $K(\theta;x,A)\overset{\text{def}}{=\!=}\widetilde{p}(\theta;\mathbf{1}_{\{x\}},A)(\theta\in\Theta,x\in\mathscr{X},A\in\mathscr{E})$ 是一个 RMG.

附注 1.2

$$\widetilde{p}(\theta_s;f,A)=\widetilde{p}(\overrightarrow{\theta};s,f,s+1,A),$$
$$K(\theta;x,A)=\widetilde{p}(\theta;\mathbf{1}_{\{x\}},A),\quad K(\theta_s;x,A)=\widetilde{p}(\overrightarrow{\theta};s,\mathbf{1}_{\{x\}},s+1,A).$$

命题 1.1 的证 (1) 因 $\widetilde{p}(\theta;\mathbf{1}_{\{x\}},A)=K(\theta;x,A)$, 易证, 对任意实数 $\lambda,(\theta,x)\in\{K(\cdot;\cdot,A)<\lambda\}$ 等价于 $(\theta,\mathbf{1}_{\{x\}})\in\{\widetilde{p}(\cdot;\cdot,A)<\lambda\}$ (对任意固定的 $A\in\mathscr{E}$). 由 $\mu_f(A)$ 的定义还有

$$\{\mathbf{1}_{\{x\}}:x\in \mathrm{G}\}=\{f\in E:\mu_f(\mathrm{G})=1,\mu_f(\mathrm{G}^c)=0\}.$$

若 $\{(\theta,x):K(\theta;x,A)<\lambda\}=B\times \mathrm{G}(B\in\mathscr{B},\mathrm{G}\in\mathscr{A})$, 则

$$\begin{aligned}&\{(\theta,\mathbf{1}_{\{x\}}):\widetilde{p}(\theta;\mathbf{1}_{\{x\}},A)<\lambda\}=B\times\{\mathbf{1}_{\{x\}},x\in \mathrm{G}\}\\&=B\times\{f\in E:\mu_f(\mathrm{G})=1,\mu_f(\mathrm{G}^c)=0\}\in\mathscr{B}\times\mathscr{E}.\end{aligned}$$

但 $\{(\theta,x):K(\theta;x,A)<\lambda\}$ 总属于 $\mathscr{B}\times\mathscr{A}=\sigma(B\times \mathrm{G}:B\in\mathscr{B},\mathrm{G}\in\mathscr{A})$, 因此由单调类定理有

$$\{(\theta,\mathbf{1}_{\{x\}}):\widetilde{p}(\theta;\mathbf{1}_{\{x\}},A)<\lambda\}\in\mathscr{B}\times\mathscr{E}.$$

即对任意固定的 $A\in\mathscr{E},\widetilde{p}(\theta;\mathbf{1}_{\{x\}},A)$ 总是 $(\theta,\mathbf{1}_{\{x\}})$ 的 $\mathscr{B}\times\mathscr{E}-$ 可测函数. 对于任意固定的 $\theta\in\Theta,x\in\mathscr{X},\widetilde{p}(\theta;\mathbf{1}_{\{x\}},A)$ 作为 A 的函数显然是一个概率测度.

由 $\mu_f(A)$ 的定义有

$$\{f\in E:\mu_f(\mathscr{X})=n\}=\left\{f=\sum_{i=1}^n\mathbf{1}_{\{x_i\}}:(x_1,\cdots,x_n)\in\mathscr{X}^n\right\},$$

因此, 对任意有界的可测函数 $G(g)$,

$$\begin{aligned}&\left\{(\theta,f)\in\Theta\times E:\mu_f(\mathscr{X})=n,\int_E\widetilde{p}(\theta;f,\mathrm{d}g)G(g)<\lambda\right\}\\&=\left\{(\theta,f)\in\Theta\times E:f=\sum_{i=1}^n\mathbf{1}_{\{x_i\}},(x_1,\cdots,x_n)\in\mathscr{X}^n,\right.\\&\left.\int_E\left(\mathop{*}_{x\in S_n(f)}K(\theta;x,\mathrm{d}g)\right)^{f(x)*}G(g)<\lambda\right\}\end{aligned}$$

$$= \left\{ \left(\theta, \sum_{i=1}^{n} \mathbf{1}_{\{x_i\}}\right) : \theta \in \Theta, (x_1, \cdots, x_n) \in \mathscr{X}^n, \int_E (\mathop{*}_{i=1}^{n} K(\theta; x_i, \mathrm{d}g)) G(g) < \lambda \right\}$$

$$= \left\{ \left(\theta, \sum_{i=1}^{n} \mathbf{1}_{\{x_i\}}\right) : \theta \in \Theta, (x_1, \cdots, x_n) \in \mathscr{X}^n, \int_E \widetilde{p}(\theta; \mathbf{1}_{\{x_1\}}, \mathrm{d}g_1) \cdots \right.$$

$$\left. \int_E \widetilde{p}(\theta; \mathbf{1}_{\{x_n\}}, \mathrm{d}g_n) G(g_1 + \cdots + g_n) < \lambda \right\} \quad (\forall n \geqslant 1), (\mathrm{H})$$

但是作为 $(\theta, \mathbf{1}_{\{x\}})$ 的函数, $\int_E \widetilde{p}(\theta; \mathbf{1}_{\{x\}}, \mathrm{d}g) G(g)$ 是 $\mathscr{B} \times \mathscr{E}-$ 可测的, 所以

$$\int_E \widetilde{p}(\theta; \mathbf{1}_{\{x_1\}}, \mathrm{d}g_1) \cdots \int_E \widetilde{p}(\theta; \mathbf{1}_{\{x_n\}}, \mathrm{d}g_n) G(g_1 + \cdots + g_n)$$

作为 $(\theta, \mathbf{1}_{\{x_1\}}, \cdots, \mathbf{1}_{\{x_n\}})$ 的函数是 $\mathscr{B} \times \mathscr{E}^n-$ 可测的. 若

$$\left\{ \int_E \widetilde{p}(\theta; \mathbf{1}_{\{x_1\}}, \mathrm{d}g_1) \cdots \int_E \widetilde{p}(\theta; \mathbf{1}_{\{x_n\}}, \mathrm{d}g_n) G(g_1 + \cdots + g_n) < \lambda \right\}$$
$$= B \times A_1 \times \cdots \times A_n \quad (B \in \mathscr{B}, A_i \in \mathscr{E}),$$

则由方程 (H) 有

$$\left\{ (\theta, f) \in \Theta \times E : \mu_f(\mathscr{X}) = n, \int_E \widetilde{p}(\theta; f, \mathrm{d}g) G(g) < \lambda \right\}$$
$$= \left\{ \left(\theta, \sum_{i=1}^{n} \mathbf{1}_{\{x_i\}}\right) : (\theta, \mathbf{1}_{\{x_1\}}, \cdots, \mathbf{1}_{\{x_n\}}) \in B \times A_1 \times \cdots \times A_n \right\}$$
$$\in \mathscr{B} \times \mathscr{E} \quad (\forall n \geqslant 1).$$

由单调类定理有

$$\left\{ (\theta, f) \in \Theta \times E : \mu_f(\mathscr{X}) = n, \int_E \widetilde{p}(\theta; f, \mathrm{d}g) G(g) < \lambda \right\} \in \mathscr{B} \times \mathscr{E} \quad (\forall n \geqslant 1),$$

因此 $\int_E \widetilde{p}(\theta; f, \mathrm{d}g) G(g)$ 作为 (θ, f) 在 $\Theta \times E$ 中的函数是 $\mathscr{B} \times \mathscr{E}-$ 可测的.

显然, 对一切固定的 $(\theta, f) \in \Theta \times E, \widetilde{p}(\theta; f, A)$ 作为 A 的函数是一个概率测度, 故 $\widetilde{p}(\theta; f, A)$ 是一个 R.M.K., $\widetilde{p}(\overrightarrow{\theta}; s, f, s+t, A)$ 显然是一个 RMTF.

(2) 因为 $\widetilde{p}(\theta; f, A)$ 作为 (θ, f) 的函数是 $\mathscr{B} \times \mathscr{E}-$ 可测的, 且

$$(\theta, \mathbf{1}_{\{x\}}) : \theta \times \mathscr{X} \mapsto \Theta \times E$$

是一个 $\mathscr{B} \times \mathscr{A}-$ 可测映射, 因此由 Doob 定理, 对任意固定的 $A \in \mathscr{E}, K(\theta; s, A) \stackrel{\mathrm{def}}{=\!=} \widetilde{p}(\theta; \mathbf{1}_{\{x\}}, A)$ 作为 (θ, x) 的函数是 $\mathscr{B} \times \mathscr{A}-$ 可测的.

定义 1.4 称一个随机马尔可夫转移函数 (RMTF)$\widetilde{p}(\overrightarrow{\theta};s,f,s+t,A)$ 是随机马尔可夫分支转移函数 (RMBTF), 如果

$$\widetilde{p}(\overrightarrow{\theta};s,f,s+1,\cdot)=\begin{cases}\mathbf{1}.(\widetilde{0}), & f=\widetilde{0},\\ \underset{x\in S_n(f)}{*}K(\theta_s;x,\cdot)^{f(x)*}, & f\neq\widetilde{0},\end{cases} \tag{1.8}$$

$$\widetilde{p}(\overrightarrow{\theta};s,x,s+1,A)\stackrel{\text{def}}{=\!=}\widetilde{p}(\overrightarrow{\theta};s,\mathbf{1}_{\{x\}},s+1,A)=K(\theta_s;x,A)$$
$$(\overrightarrow{\theta}=(\theta_s,s\in\mathbf{Z}),s\geqslant 0,x\in\mathscr{X},f\in E,A\in\mathscr{E}).$$

称 $K(\theta;x,A)$ 为 $\widetilde{p}(\overrightarrow{\theta};s,f,s+t,A)$ 的随机马尔可夫生成元 (RMG).

假设 $\beta(s,x,n)$ 是具有分布 $\{q_k(s,x,n),k\geqslant 0\}$ 的非负整数值的随机变量 (对任意 $s\geqslant 0,x\in\mathscr{X},n\geqslant 0,\beta(s,x,0)\equiv 0$), 若 RMTF$p(\overrightarrow{\theta};s,f,s+t,A)$ 满足

$$p(\theta;s,f,s+1,\cdot)=\begin{cases}\mathbf{1}.(\widetilde{0}), & f=\widetilde{0},\\ \underset{x\in S_u(f)}{*}\sum_{k=0}^{\infty}q_k(s,x,f(x))K(\theta_s;x,\cdot)^{k*}, & f\neq\widetilde{0},\end{cases} \tag{1.9}$$

则称 p 是一个 β 控制的随机马尔可夫分支转移函数 ($\beta-$RMBTF), 称 β 是控制函数, 而称 $K(\theta;s,A)$ 是 $p(\overrightarrow{\theta};s,f,s+t,A)$ 的随机马尔可夫生成元 (RMG).

附注 1.3 RMBTF 必是具有 $\beta(s,x,n)\equiv n$ 的 $\beta-$RMBTF.

附注 1.4 任意给定 RMG $K(\theta;x,A)(\theta\in\Theta,x\in\mathscr{X},A\in\mathscr{E})$, 定义

$$\widetilde{p}(\theta;f,A)=\underset{x\in S_u(f)}{*}K(\theta;x,A)^{f(x)*},\quad \theta\in\Theta,f\in E,A\in\mathscr{E}, \tag{1.10}$$

$$p(\theta;f,A)=\underset{x\in S_u(f)}{*}\sum_{k=0}^{\infty}q_k(s,x,f(x))K(\theta;x,A)^{k*},\quad \theta\in\Theta,f\in E,A\in\mathscr{E}, \tag{1.11}$$

则由命题 1.1, $\widetilde{p}(\theta;f,A)$ 和 $p(\theta;f,A)$ 都是 R.M.K. 设 $\widetilde{p}(\overrightarrow{\theta};s,f,s+t,A)$ 如命题 1.1 所定义, 则它是一个 RMBTF. 类似地, 用 $p(\theta;f,A)$ 定义 $p(\overrightarrow{\theta};s,f,s+t,A),p(\overrightarrow{\theta};s,f,s+t,A)$ 是一个 $\beta-$RMBTF, 因此 RMBTF 和 $\beta-$RMBTF 总是存在的.

定义 1.5 令 $\overrightarrow{X}=\{X_n,n\in\mathbf{N}\}$ 和 $\overrightarrow{\xi}=\{\xi_m,m\in\mathbf{Z}\}$ 分别为定义在概率空间 $(\Omega,\mathscr{F},P)$ 上取值于 D 和 Θ 的随机变量序列, 此处 $(D,\mathscr{D})$ 和 $(\Theta,\mathscr{B})$ 是两个抽象可测空间. 令 $p(\theta,f,A)(\theta\in\Theta,f\in D,A\in\mathscr{D})$ 是一个随机马尔可

夫核. 若对一切 $A\in\mathscr{D}, B\in\mathscr{B}$ 和 $n\in\mathbf{N}$, 有

$$P(X_{n+1}\in A,\xi_{n+1}\in B|\overrightarrow{X}_0^n,\overrightarrow{\xi}_{-\infty}^n)=p(\xi_n;X_n,A)P(\xi_{n+1}\in B|\overrightarrow{\xi}_{-\infty}^n),\quad(1.12)$$

此处

$$\overrightarrow{X}_k^l=\{X_j,k-1<j<l+1\},\quad 0\leqslant k\leqslant l\leqslant\infty,$$
$$\overrightarrow{\xi}_k^l=\{\xi_j,k-1<j<l+1\},\quad -\infty\leqslant k\leqslant l\leqslant\infty,$$

则称 $(\overrightarrow{X},\overrightarrow{\xi})$ 是一个具有 R.M.K. $p(\theta;f,A)$ (或具有如命题 1.1 中所定义的 RMTF $p(\overrightarrow{\theta};s,f,s+t,A)$) 依时的随机环境中的马尔可夫链 (MCTRE), 并称 $\overrightarrow{X}$ 是本原链, $\overrightarrow{\xi}$ 是随机环境.

附注 1.5 在命题 1.1 中, 用 $K(\theta;x,A)$ 构造了 R.M.K. $p(\theta;f,A)$, 所以需要 $\theta\in\Theta,f\in E,A\in\mathscr{E},x\in\mathscr{X}$. 在定义 1.5 中用 R.M.K. $p(\theta;f,A)$ 构造 RMTF $p(\overrightarrow{\theta};s,f,s+t,A)$, 所以不需要定义域是 $\overrightarrow{\theta}\in\overrightarrow{\Theta},s,t\in\mathbf{N},f\in E,A\in\mathscr{E}$. 可以把 $(E,\mathscr{E})$ 代之以任意抽象可测空间 $(D,\mathscr{D})$

命题 1.2 令 $p(\theta;f,A)(\theta\in\Theta,f\in D,A\in\mathscr{D})$ 是一个 R.M.K.. 则下列陈述等价:

(1) $(\overrightarrow{X},\overrightarrow{\xi})$ 是一个具有 R.M.K. $p(\theta;f,A)$ 的 MCTRE;

(2) (1.12) 式成立;

(3) 对一切 $n\in\mathbf{N},A\in\mathscr{D}$,

$$P(X_{n+1}\in A|\overrightarrow{X}_0^n,\overrightarrow{\xi})=p(\xi_n;X_n,A),\quad(1.13)$$
$$P(X_0\in A|\overrightarrow{\xi})=P(X_0\in A|\overrightarrow{\xi}_{-\infty}^0);\quad(1.14)$$

(4) 对一切 $A\in\mathscr{D},B\in\overrightarrow{\mathscr{B}}_{n+1}^{\infty}$ 和 $n\in\mathbf{N}$,

$$P(X_{n+1}\in A,\overrightarrow{\xi}_{n+1}^{\infty}\in B|\overrightarrow{X}_0^n,\overrightarrow{\xi}_{-\infty}^n)=p(\xi_n;X_n,A)P(\overrightarrow{\xi}_{n+1}^{\infty}\in B|\overrightarrow{\xi}_{-\infty}^n).\quad(1.15)$$

证明参见文献 [50] 中定理 1.1.

定理 1.1 令 $p(\theta;f,A)(\theta\in\Theta,f\in D,A\in\mathscr{D})$ 是一个 R.M.K..

$$p(\overrightarrow{\theta};s,f,s+t,A)=\int_E p(\theta_s;f,\mathrm{d}g_{s+1})\cdots\int_E p(\theta_{s+t-1};g_{s+t-1},\mathrm{d}g_{s+t})\mathbf{1}_A(g_{s+t}),$$

$\overline{m}$ 是 $\overrightarrow{\mathscr{B}}$ 上的概率测度, ν 是 $\mathscr{D}$ 上的概率测度, 则存在一个概率空间 $(\Omega, \mathscr{F}, P)$ 和 MCTRE $(\overrightarrow{X}, \overrightarrow{\xi})$, 它定义在 $(\Omega, \mathscr{F}, P)$ 上且具有 R.M.K. $p(\theta, f, A)$, 而且 $X_n(\xi_m)$ 取值于 D (相应的 Θ), 使得

(1)

$$P((\overrightarrow{X}, \overrightarrow{\xi}) \in C) = \int_D \nu(\mathrm{d}f) \int_{\overrightarrow{\Theta}} \overline{m}(\mathrm{d}\overrightarrow{\theta}) \int_{\overrightarrow{D}} P^f_{\overrightarrow{\theta}}(\mathrm{d}\overrightarrow{f}) \mathbf{1}_C(\overrightarrow{f}, \overrightarrow{\theta}), \qquad (1.16)$$

此处 $\overrightarrow{D} = \prod_{i=0}^{\infty} D_i (D_i \equiv D)$ 是乘积空间, $\overrightarrow{\mathscr{D}} = \prod_{i=0}^{\infty} \mathscr{D}_i (\mathscr{D}_i \equiv \mathscr{D}), C \in \overrightarrow{\mathscr{D}} \times \overrightarrow{\mathscr{B}}, P^f_{\overrightarrow{\theta}}$ 是 $(\overrightarrow{D}, \overrightarrow{\mathscr{D}})$ 上满足下列条件的概率:

$$P^f_{\overrightarrow{\theta}}\left(\prod_{n=0}^{t} A_n \prod_{m=t+1}^{\infty} D_m\right) = \delta(f, A_0) \int_D p(\theta_0; f, \mathrm{d}f_1) \int_D p(\theta_1; f_1, \mathrm{d}f_2) \cdots \int_D p(\theta_{t-1}; f_{t-1}, \mathrm{d}f_t) \prod_{n=1}^{t} \mathbf{1}_{A_n}(f_n), \qquad (1.17)$$

此处 $f \in D, \overrightarrow{\theta} \in \overrightarrow{\Theta}, A_n \in \mathscr{D}, t \geqslant 0$ 且 $\delta(f, A_0)$ 等于 0 或 1, 由 $f \notin A_0$ 或 $f \in A_0$ 而定;

(2) $\overrightarrow{X}$ 的 $P-$ 边缘分布为

$$P \circ (\overrightarrow{X})^{-1}(A) = \int_D \nu(\mathrm{d}f) \int_{\overrightarrow{\Theta}} \overline{m}(\mathrm{d}\theta) P^f_{\overrightarrow{\theta}}(A), \quad A \in \overrightarrow{\mathscr{D}}; \qquad (1.18)$$

(3) $\overrightarrow{\xi}$ 的 $P-$ 边缘分布为

$$P \circ (\overrightarrow{\xi})^{-1}(B) = \overline{m}(B), \quad B \in \overrightarrow{\mathscr{B}}; \qquad (1.19)$$

(4) $\{(X_n, T^n \overrightarrow{\xi}), n \in \mathbf{N}\}$ 是一个取值于 $\nu \times \overrightarrow{\Theta}$, 具有初始分布 $\nu \times \overline{m}$ 和转移函数

$$P(n, (f, \overrightarrow{\theta}), F) = \int_D p(\overrightarrow{\theta}; 0, f, n, \mathrm{d}g) \mathbf{1}_{(F)_g}(T^n \overrightarrow{\theta}) \qquad (1.20)$$

的经典的时齐马尔可夫链, 此处 $n \geqslant 1, f \in D, \overrightarrow{\theta} \in \overrightarrow{\Theta}, F \in \mathscr{D} \times \overrightarrow{\mathscr{B}}$, 而 $(F)_g \equiv \{\overrightarrow{\theta} \in \overrightarrow{\Theta} : (g, \overrightarrow{\theta}) \in F\}$ 是 F 在 g 处的截口集.

证 令

$$\Omega = \overrightarrow{D} \times \overrightarrow{\Theta}, \quad \mathscr{F} = \overrightarrow{\mathscr{D}} \times \overrightarrow{\mathscr{B}}, \quad X(\overrightarrow{f}, \overrightarrow{\theta}) = \overrightarrow{f}, \quad \overrightarrow{\xi}(\overrightarrow{f}, \overrightarrow{\theta}) = \overrightarrow{\theta}$$

当 $\omega = (\overrightarrow{f}, \overrightarrow{\theta}) \in \Omega, X_n$ 或 ξ_n 是 $\overrightarrow{X}$ 或 $\overrightarrow{\xi}$ 的第 n 个坐标. 对任意 $C \in \mathscr{F} = \overrightarrow{\mathscr{D}} \times \overrightarrow{\mathscr{B}}$, 定义 $P(C)$ 为 (1.16) 式右边的量.

易证 $(\overrightarrow{X}, \overrightarrow{\xi})$ 是 MCTRE 且有 R.M.K. $p(\theta; f, A)$, X_n 或 ξ_m 取值于 D 或 Θ (参见文献 [127] 中定理 1.1). (1.16) 式由定义立即可得.

(1.18) 和 (1.19) 式可由 (1.16) 式立即得到.

最后证明 $\{(X_n, T^n\xi), n \in \mathbf{N}\}$ 是一个经典的时齐马尔可夫链, 它以方程 (1.20) 定义的 $P(n, (f, \overrightarrow{\theta}), F)$ 为转移函数.

事实上, 由概率测度 P 的定义有

$$\begin{aligned} & P\left(\bigcap_{i=0}^{n}\{X_i \in A_i, T^i\overrightarrow{\xi} \in B_i\}\right) \\ & = \int_D \nu(\mathrm{d}f)\int_{\overrightarrow{\Theta}} \overline{m}(\mathrm{d}\,\overrightarrow{\theta})P^f_{\overrightarrow{\theta}}\left(\prod_{i=0}^{n} A_i \prod_{j=n+1}^{\infty} D_j\right)\prod_{i=0}^{n}\mathbf{1}_{B_i}(T^i\overrightarrow{\theta}). \end{aligned} \tag{1.21}$$

由定义 (参见 (1.20) 式) 易证 $P(n, (f, \overrightarrow{\theta}), F)$ 是一个转移函数, 且对任意有界可测函数 $G(f, \overrightarrow{\theta})$, 有

$$\int_{D\times\overrightarrow{\Theta}} P(n, (f, \overrightarrow{\theta}), \mathrm{d}(g, \tau))G(g, \tau) = \int_D p(\overrightarrow{\theta}; 0, f, n, \mathrm{d}g)G(g, T^n\overrightarrow{\theta}). \tag{1.22}$$

令 $P((f, \overrightarrow{\theta}), F) = P(1, (f, \overrightarrow{\theta}), F)$, 由 (1.22) 和 (1.20) 式得

$$\begin{aligned} & \int_{D\times\overrightarrow{\Theta}} P((f, \overrightarrow{\theta}), \mathrm{d}(g_1, \tau_1))\int_{D\times\overrightarrow{\Theta}} P((g_1, \tau_1), \mathrm{d}(g_2, \tau_2))\prod_{i=1}^{2}\mathbf{1}_{A_i}(g_i)\mathbf{1}_{B_i}(\tau_i) \\ & = \int_D p(\overrightarrow{\theta}; 0, f, 1, \mathrm{d}g_1)\int_D p(T\overrightarrow{\theta}; 0, g_1, 1, \mathrm{d}g_2)\mathbf{1}_{(A_2\times B_2)}(g_2, T^2\overrightarrow{\theta}) \\ & \quad \cdot\mathbf{1}_{A_1}(g_1)\mathbf{1}_{B_1}(T\overrightarrow{\theta}) \\ & = \int_D p(\theta_0; f, \mathrm{d}g_1)\int_D p(\theta_1; g_1, \mathrm{d}g_2)\prod_{i=1}^{2}\mathbf{1}_{A_i}(g_i)\mathbf{1}_{B_i}(T^i\overrightarrow{\theta}) \\ & = P^f_{\overrightarrow{\theta}}\left(\prod_{i=1}^{2} A_i \prod_{j=3}^{\infty} D_i\right)\prod_{i=1}^{2}\mathbf{1}_{B_i}(T^i\overrightarrow{\theta}). \end{aligned}$$

用归纳法可证

$$\begin{aligned} & \int_{D\times\overrightarrow{\Theta}} P((f, \overrightarrow{\theta}), \mathrm{d}(g_1, \tau_1))\int_{D\times\overrightarrow{\Theta}} P((g_1, \tau_1), \mathrm{d}(g_2, \tau_2)) \\ & \quad \cdots\int_{D\times\overrightarrow{\Theta}} P((g_{n-1}, \tau_{n-1}), \mathrm{d}(g_n, \tau_n))\prod_{i=1}^{n}\mathbf{1}_{A_i}(g_i)\mathbf{1}_{B_i}(\tau_i) \\ & = P^f_{\overrightarrow{\theta}}\left(\prod_{i=1}^{n} A_i \prod_{j=n+1}^{\infty} D_i\right)\prod_{i=1}^{n}\mathbf{1}_{B_i}(T^i\overrightarrow{\theta}). \end{aligned} \tag{1.23}$$

由 (1.23) 和 (1.21) 式可证 $\{(X_n, T^n\overrightarrow{\xi}), n \in \mathbf{N}\}$ 是一个经典的时齐马尔可夫链, 它具有初始分布 $\nu \times \overrightarrow{m}$ 和转移函数 $P(n, (f, \overrightarrow{\theta}), F)$. 定理证毕.

定义 1.6 若 $(\overrightarrow{X}, \overrightarrow{\xi})$ 是一个定义在概率空间 $(\Omega, \mathscr{F}, P)$ 上且有满足 (1.8) 式的 RMTF $\widetilde{p}(\overrightarrow{\theta}; s, f, s+t, A)(\overrightarrow{\theta} \in \overrightarrow{\Theta}, s, t \in \mathbf{N}, f \in \mathscr{E}, A \in \mathscr{E})$ 的 MCTRE, 则称 $(\overrightarrow{X}, \overrightarrow{\xi})$ 是一个具有 RMBTF $\widetilde{p}(\overrightarrow{\theta}; s, f, s+t, A)$ 或具有 RMG $K(\theta; x, A)$ 的随机环境中的马尔可夫分支链 (MBTRE) $(\theta \in \Theta, x \in E, A \in \mathscr{E})$. 若 $(\overrightarrow{X}, \overrightarrow{\xi})$ 是一个定义在概率空间 $(\Omega, \mathscr{F}, P)$ 上, 且有满足 (1.9) 式的 RMTF $p(\overrightarrow{\theta}; s, f, s+t, A)$, 则称 $(\overrightarrow{X}, \overrightarrow{\xi})$ 是一个具有 RMBTF $p(\overrightarrow{\theta}; s, f, s+t, A)$ 和具有 RMG $K(\theta; x, A)$ 的随机环境中的 β 控制的马尔可夫分支链 ($\beta-$MBTRE).

定理 1.2 对任意 RMG $K(\theta; x, A)(\theta \in \Theta, x \in \mathscr{X}, A \in \mathscr{E})$, 恒存在一个 MBTRE, 它具有 RMG $K(\theta; x, A)$ 和满足 (1.8) 式的 RMBTF $\widetilde{p}(\overrightarrow{\theta}; s, f, s+t, A)$, 并存在另一个 $\beta-$MBTRE, 它具有 RMG $K(\theta; x, A)$ 和满足 (1.9) 式的 RMBTF $p(\overrightarrow{\theta}; s, f, s+t, A)$.

证明由定理 1.1 和命题 1.1 立得.

§2 矩母泛函和分支性

本节中恒设 $K(\theta; x, A)(\theta \in \Theta, x \in \mathscr{X}, A \in \mathscr{E})$ 是一个 RMG 且 $\widetilde{p}(\overrightarrow{\theta}; s, f, s+t, A)$ 或 $p(\overrightarrow{\theta}; s, f, s+t, A)(\overrightarrow{\theta} \in \overrightarrow{\Theta}, s, t \in \mathbf{N}, f \in E, A \in \mathscr{E})$ 是 RMBTF 或 $\beta-$RMBTF.

定义 2.1 设 $(\overrightarrow{X}, \overrightarrow{\xi})$ 是一个 MBTRE, 具有 RMBTF $\widetilde{p}(\theta; s, f, s+t, A)$ 和 RMG $K(\theta; x, A)$, 或者 $(\overrightarrow{X}, \overrightarrow{\xi})$ 是一个 $\beta-$MBTRE, 具有 $\beta-$RMBTF $p(\overrightarrow{\theta}; s, f, s+t, A)$ 和 RMG $K(\theta; x, A)$. 定义

$$\varphi(\theta; x, h) \stackrel{\text{def}}{=\!=} \int_E K(\theta; x, \mathrm{d}g)\mathrm{e}^{-\langle h, g\rangle}, \tag{2.1}$$

$$\widetilde{\Phi}(\overrightarrow{\theta}; s, f, s+t, h) = \int_E \widetilde{p}(\overrightarrow{\theta}; s, f, s+t, \mathrm{d}g)\mathrm{e}^{-\langle h, g\rangle}, \tag{2.2}$$

$$\Phi(\overrightarrow{\theta}; s, f, s+t, h) = \int_E p(\overrightarrow{\theta}; s, f, s+t, \mathrm{d}g)\mathrm{e}^{-\langle h, g\rangle}, \tag{2.3}$$

$$\widetilde{\Phi}(\overrightarrow{\theta}; s, x, s+t, h) = \widetilde{\Phi}(\overrightarrow{\theta}; s, \mathbf{1}_{\{x\}}, s+t, h), \tag{2.4}$$

$$\Phi(\overrightarrow{\theta}; s, x, s+t, h) = \Phi(\overrightarrow{\theta}; s, \mathbf{1}_{\{x\}}, s+t, h), \tag{2.5}$$

此处 $\overrightarrow{\theta} \in \overrightarrow{\Theta}, s, t \in \mathbf{N}, f \in E, x \in \mathscr{X}, h \in H$. 称 $\varphi(\theta; x, h)$ 为 $K(\theta; x, A)$ 或

$(\overrightarrow{X}, \overrightarrow{\xi})$ 的单矩母泛函 (SGF), 而称 $\widetilde{\Phi}(\overrightarrow{\theta}; s, f, s+t, h)(\Phi(\overrightarrow{\theta}; s, f, s+t, h))$ 为 $\widetilde{p}(\overrightarrow{\theta}; s, f, s+t, A)(p(\overrightarrow{\theta}, s, f, s+t, A))$ 的矩母泛函 (GF). 有时也称 $\widetilde{\Phi}(\overrightarrow{\theta}; s, f, s+t, h)(\Phi(\overrightarrow{\theta}; s, f, s+t, h))$ 为对应的 MBTRE(β−MBTRE)$(\overrightarrow{X}, \overrightarrow{\xi})$ 的矩母泛函.

令

$$\alpha_\theta(h) = -\log\varphi(\theta; \cdot, h), \quad \theta \in \Theta, h \in H. \tag{2.6}$$

命题 2.1 令 $(\overrightarrow{X}, \overrightarrow{\xi})$ 为一个 MBTRE, 它具有 SGF $\varphi(\theta; x, h)$, GF $\widetilde{\Phi}(\theta; s, f, s+t, h)$ 和 RMBTF $\widetilde{p}(\overrightarrow{\theta}; s, f, s+t, A), \alpha_\theta(h)$ 如 (2.6) 式所定义, 则

$$\begin{aligned}\widetilde{\Phi}(\xi; s, X_s, s+1, h) &= \boldsymbol{E}(\mathrm{e}^{-\langle h, X_{s+1}\rangle} | X_s, \xi) = \mathrm{e}^{-\langle \alpha_{\xi_s(h)}, X_s\rangle} \\ &= \begin{cases} 1, & X_s = \widetilde{0}, \\ \displaystyle\prod_{x \in S_u(X_s)} \varphi(\xi_s; x, h)^{X_s(x)}, & X_s \neq \widetilde{0}, \end{cases}\end{aligned} \tag{2.7}$$

此处 $s \in \mathbf{N}, h \in H$. 此外还有

$$\begin{aligned}\widetilde{\Phi}(\overrightarrow{\xi}; s, X_s, s+t, h) &= \boldsymbol{E}(\mathrm{e}^{-\langle h, X_{s+t}\rangle} | X_s, \overrightarrow{\xi}) \\ &= \widetilde{\Phi}(\overrightarrow{\xi}; s, X_s, s+1, (\alpha_{\xi_{s+1}} \circ \cdots \circ \alpha_{\xi_{s+t-1}})(h)),\end{aligned} \tag{2.8}$$

此处 $s \in \mathbf{N}, t \geqslant 1, h \in H$.

证 由 $K(\theta; x, A), \varphi(\theta; x, h), \widetilde{p}(\overrightarrow{\theta}; s, f, s+t, A)$ 和 $\widetilde{\Phi}(\overrightarrow{\theta}; s, f, s+t, h)$ 的定义及命题 1.2, 恒有

$$\widetilde{\Phi}(\overrightarrow{\xi}; s, X_s, s+t, h) = \int_E \widetilde{p}(\overrightarrow{\xi}; s, X_s, s+t, \mathrm{d}g)\mathrm{e}^{-\langle h, g\rangle} = \boldsymbol{E}(\mathrm{e}^{-\langle h, X_{s+t}\rangle} | \overrightarrow{\xi}, X_s),$$

$$\begin{aligned}\widetilde{\Phi}(\overrightarrow{\xi}; s, X_s, s+1, h) &= \int_E \mathrm{d}\Big[\mathop{*}_{x \in S_u(X_s)} K(\xi_s; x, \cdot)^{X_s(x)*}\Big]\mathrm{e}^{-\langle h, \cdot\rangle} \\ &= \prod_{x \in S_u(X_s)} \prod_{i=1}^{X_s(x)} \int_E K(\xi_s; x, \mathrm{d}g_{x,i})\mathrm{e}^{-\langle h, g_{x,i}\rangle} \\ &= \prod_{x \in S_u(X_s)} \varphi(\xi_s; x, h)^{X_s(x)} = \mathrm{e}^{-\langle \alpha_{\xi_s}(h), X_s\rangle},\end{aligned}$$

$$\begin{aligned}\widetilde{\Phi}(\overrightarrow{\xi}; s, X_s, s+2, h) &= \boldsymbol{E}(\mathrm{e}^{-\langle h, X_{s+2}\rangle} | \overrightarrow{\xi}, X_s) \\ &= \boldsymbol{E}(\boldsymbol{E}(\mathrm{e}^{-\langle h, X_{s+2}\rangle} | \overrightarrow{\xi}, \overrightarrow{X}_0^{s+1}) | \overrightarrow{\xi}, \overrightarrow{X}_0^{s}) \\ &= \boldsymbol{E}(\widetilde{\Phi}(\overrightarrow{\xi}; s+1, X_{s+1}, s+2, h) | \overrightarrow{\xi}, X_s)\end{aligned}$$

$$
\begin{aligned}
&= \boldsymbol{E}\left(\prod_{x\in S_u(X_{s+1})} \varphi(\xi_{s+1};x,h)^{X_{s+1}(x)}|\overrightarrow{\xi},X_s\right)\\
&= \boldsymbol{E}\left(\prod_{x\in S_u(X_{s+1})} \mathrm{e}^{-\alpha_{\xi_{s+1}}(h)(x)\cdot X_{s+1}(x)}|\overrightarrow{\xi},X_s\right)\\
&= \boldsymbol{E}(\mathrm{e}^{-\langle\alpha(\xi_{s+1})(h),X_{s+1}\rangle}|\overrightarrow{\xi},X_s)\\
&= \widetilde{\varPhi}(\overrightarrow{\xi};s,X_s,s+1,\alpha_{\xi_{s+1}}(h)).
\end{aligned}
$$

用归纳法可证 (2.8) 式对一切 $s\geqslant 0, t\geqslant 1$ 和 $h\in H$ 皆成立. 证毕.

下面讨论 $\widetilde{\varPhi}(\overrightarrow{\theta};s,f,s+t,h)$ 和 $\widetilde{p}(\overrightarrow{\theta};s,f,s+t,A)$ 的分支性质.

命题 2.2 (分支性质)　令 $\widetilde{\varPhi}(\overrightarrow{\theta};s,f,s+t,h)$ 为满足 (1.8) 式的 RMBTF $\widetilde{p}(\overrightarrow{\theta};s,f,s+t,A)$ 的 GF, 则

$$
\widetilde{\varPhi}(\overrightarrow{\theta};s,f,s+t,h)=\prod_{x\in S_u(f)}\widetilde{\varPhi}(\overrightarrow{\theta};s,x,s+t,h)^{f(x)} \tag{2.9}
$$

对一切 $\overrightarrow{\theta}\in\overrightarrow{\Theta}, s,t\in\mathbf{N}, f\in E$ 和 $h\in H$ 皆成立.

证　由 (2.8)、(1.8) 式和 $\widetilde{\varPhi}(\overrightarrow{\xi};s,X_s,s+t,h),\alpha_\theta(h)$ 及 $\widetilde{p}(\overrightarrow{\xi};s,X_s,s+t,A)$ 的定义, 有

$$
\begin{aligned}
&\widetilde{\varPhi}(\overrightarrow{\theta};s,f,s+t,h)\\
&= \widetilde{\varPhi}(\overrightarrow{\theta};s,f,s+1,\alpha_{\theta_{s+1}}\circ\alpha_{\theta_{s+2}}\circ\cdots\circ\alpha_{\theta_{s+t-1}}(h))\\
&= \int_E \mathrm{d}\Big[\mathop{*}_{x\in S_u(f)}\widetilde{p}(\overrightarrow{\theta};s,x,s+1,\cdot)^{f(x)*}\Big]\mathrm{e}^{-\langle\alpha_{\theta_{s+1}}\circ\cdots\circ\alpha_{\theta_{s+t-1}}(h),\cdot\rangle}\\
&= \prod_{x\in S_u(f)}\prod_{i=1}^{f(x)}\int_E \widetilde{p}(\overrightarrow{\theta};s,x,s+1,\mathrm{d}g_{x,i})\mathrm{e}^{-\langle\alpha_{\theta_{s+1}}\circ\cdots\circ\alpha_{\theta_{s+t-1}}(h),g_{x,i}\rangle}\\
&= \prod_{x\in S_u(f)}\widetilde{\varPhi}(\overrightarrow{\theta};s,x,s+1,\alpha_{\theta_{s+1}}\circ\cdots\circ\alpha_{\theta_{s+t-1}}(h))^{f(x)}\\
&= \prod_{x\in S_u(f)}\widetilde{\varPhi}(\overrightarrow{\theta};s,x,s+t,h)^{f(x)}
\end{aligned}
$$

对一切 $\overrightarrow{\theta}\in\overrightarrow{\Theta}, s\geqslant 0, t\geqslant 1, f\in E$ 和 $h\in H$ 皆成立. (2.9) 式得证.

命题 2.3　设 $\nu_1,\cdots,\nu_n$ 皆为 $(E,\mathscr{E})$ 上的有限测度, $J(f,A)$ 是 $E\times\mathscr{E}$ 上的有界函数, 且 $J(\cdot,A)$ 对固定的 $A\in\mathscr{E}$ 是 $\mathscr{E}-$ 可测的, $J(f,\cdot)$ 对固定的

$f \in E$ 是 $\mathscr{E}$ 上的有限测度, 满足

$$J\left(\sum_{i=1}^{n} f_i, \cdot\right) = \mathop{*}_{i=1}^{n} J(f_i, \cdot)$$

对一切 $f_i \in E (1 \leqslant i \leqslant n)$ 皆成立. 令

$$\eta_i(\cdot) = \int \nu_i(\mathrm{d}f) J(f, \cdot),$$

则

$$\int \left(\mathop{*}_{i=1}^{n} \nu_i\right)(\mathrm{d}f) J(f, \cdot) = \mathop{*}_{i=1}^{n} \eta_i(\cdot). \tag{2.10}$$

证 对任意有界 $\mathscr{E}$– 可测函数 $G(g)$, 有

$$\begin{aligned}
&\int_E \left(\mathop{*}_{i=1}^{n} \nu_i\right)(\mathrm{d}f) \int_E J(f, \mathrm{d}g) G(g) \\
=& \int_E \nu_1(\mathrm{d}f_1) \cdots \int_E \nu_n(\mathrm{d}f_n) \int J\left(\sum_{i=1}^{n} f_i, \mathrm{d}g\right) G(g) \\
=& \int_E \nu_1(\mathrm{d}f_1) \cdots \int_E \nu_n(\mathrm{d}f_n) \int_E \left(\mathop{*}_{i=1}^{n} J(f_i)\right)(\mathrm{d}g) G(g) \\
=& \int_E \nu_1(\mathrm{d}f_1) \cdots \int_E \nu_n(\mathrm{d}f_n) \int_E J(f_1, \mathrm{d}g_1) \cdots \int_E J(f_n, \mathrm{d}g_n) G(g_1 + \cdots + g_n) \\
=& \int \eta_1(\mathrm{d}g_1) \cdots \int \eta_n(\mathrm{d}g_n) G(g_1 + \cdots + g_n) \\
=& \int \left(\mathop{*}_{i=1}^{n} \eta_i\right)(\mathrm{d}g) G(g).
\end{aligned}$$

证毕.

命题 2.4 (分支性质) 令 $\widetilde{p}(\theta; s, f, s+t, A)$ 是满足 (1.8) 式的 RMBTF, 则

$$\widetilde{p}(\overrightarrow{\theta}; s, f, s+t, \cdot) = \mathop{*}_{x \in S_u(f)} \widetilde{p}(\theta; s, x, s+t, \cdot)^{f(x)*} \quad (\overrightarrow{\theta} \in \overrightarrow{\Theta}, s \geqslant 0, t \geqslant 1, f \in E). \tag{2.11}$$

证 由 (1.8) 式易证

$$\widetilde{p}\left(\overrightarrow{\theta}; s, \sum_{i=1}^{n} g_i, s+1, \cdot\right) = \mathop{*}_{i=1}^{n} \widetilde{p}(\overrightarrow{\theta}; s, g_i, s+1, \cdot). \tag{2.12}$$

事实上, 令

$$B_i = S_u(g_i), \quad C_1 = B_1, \quad C_j = B_j - \bigcup_{i=1}^{j-1} B_i, \quad 2 \leqslant j \leqslant n,$$

则

$$\widetilde{p}\left(\overrightarrow{\theta}; s, \sum_{i=1}^{n} g_i, s+1, \cdot\right) = \mathop{*}_{x \in \bigcup\limits_{i=1}^{n} C_i} K(\theta_s; x, \cdot)^{\left(\sum\limits_{j=1}^{n} g_j(x)\right)*}$$
$$= \mathop{*}_{i=1}^{n} \mathop{*}_{x \in C_i} \mathop{*}_{j=1}^{n} K(\theta_s; x, \cdot)^{g_j(x)*} = \mathop{*}_{i=1}^{n} \widetilde{p}(\overrightarrow{\theta}; s, g_i, s+1, \cdot).$$

固定 $\overrightarrow{\theta}$ 和 s, 令

$$\nu_x(\cdot) = \widetilde{p}(\overrightarrow{\theta}; s, x, s+1, \cdot), \quad J(g, A) = \widetilde{p}(\overrightarrow{\theta}; s+1, g, s+2, A),$$

则由命题 2.3, 有

$$\widetilde{p}(\overrightarrow{\theta}; s, f, s+2, \cdot) = \int_E \left(\mathop{*}_{x \in S_u(f)} \nu_x^{f(x)*}\right)(\mathrm{d}g) J(g, \cdot)$$
$$= \mathop{*}_{x \in S_u(f)} \left[\int_E \nu_x(\mathrm{d}g) J(g, \cdot)\right]^{f(x)*}$$
$$= \mathop{*}_{x \in S_u(f)} \widetilde{p}(\overrightarrow{\theta}; s, x, s+2, \cdot)^{f(x)*}.$$

用归纳法可证 (2.11) 式成立. 命题证毕.

附注 2.1　易见命题 2.2 可作为命题 2.4 的推论.

§3　矩

本节中恒设 $(\overrightarrow{X}, \overrightarrow{\xi})$ 是一个 β–MBTRE, 它具有 RMG $K(\theta; x, A)$ 和满足 (1.9) 式的 β–RMBTF $p(\overrightarrow{\theta}; s, f, s+t, A)$. $\widetilde{p}(\overrightarrow{\theta}; s, f, s+t, A)$ 是满足 (1.8) 式的对应的 RMBTF. $\Phi(\overrightarrow{\theta}; s, f, s+t, h)$ 和 $\widetilde{\Phi}(\overrightarrow{\theta}; s, f, s+t, h)$ 分别是 p 和 $\widetilde{p}$ 的 GF, $\varphi(\theta; x, h)$ 是 SGF.

定义 3.1　称

$$m(\overrightarrow{\theta}; s, f, t, A) \stackrel{\text{def}}{=\!=} \int_E p(\overrightarrow{\theta}; s, f, t, \mathrm{d}g) \mu_g(A) \tag{3.1}$$

为在 $\overrightarrow{\xi}=\overrightarrow{\theta}$ 和 $X_s=f$ 的条件下, 时刻 t, 质点类型属于 A 的质点总数的条件期望, 此处 $\overrightarrow{\theta}\in\overrightarrow{\Theta}, 0\leqslant s\leqslant t, f\in E, A\in\mathscr{A}$, 并称

$$\widetilde{m}(\overrightarrow{\theta};s,f,t,A)\overset{\text{def}}{=\!=}\int_E\widetilde{p}(\theta;s,f,t,\mathrm{d}g)\mu_g(A)\tag{3.2}$$

为相应的条件期望. 记

$$m(\overrightarrow{\theta};s,\mathbf{1}_{\{x\}},t,A)=m(\overrightarrow{\theta};s,x,t,A),\text{对 }\widetilde{m}\text{ 亦有类似的简记.}$$

由 (1.6)—(1.9) 式易见

(1) $m(\overrightarrow{\theta};s,f,t,\cdot)$ 和 $\widetilde{m}(\overrightarrow{\theta};s,f,t,\cdot)$ 是 $\mathscr{A}$ 上的测度 (可能无穷);

(2) $m(\cdot;s,\cdot,t,A)$ 和 $\widetilde{m}(\overrightarrow{\theta};s,\cdot,t,A)$ 是 $\sigma(\Theta(n),s\leqslant n<t)\times\mathscr{E}-$ 可测函数;

(3) $m(\overrightarrow{\theta};s,x,t,A)$ 和 $\widetilde{m}(\overrightarrow{\theta};s,x,t,A)$ 是 x 的 $\mathscr{A}-$ 可测的函数;

(4)

$$m(\overrightarrow{\theta};s,f,t,A)=\int_E p(\overrightarrow{\theta};s,f,u,\mathrm{d}g)m(\theta;u,g,t,A),$$
$$\widetilde{m}(\overrightarrow{\theta};s,f,t,A)=\int_E \widetilde{p}(\overrightarrow{\theta};s,f,u,\mathrm{d}g)\widetilde{m}(\overrightarrow{\theta};u,g,t,A),$$

此处 $\overrightarrow{\theta}\in\overrightarrow{\Theta},0\leqslant s\leqslant u\leqslant t,f\in E,A\in\mathscr{A}$;

(5)

$$\widetilde{m}(\theta;s,x,s+1,A)=\int_E K(\theta_s;x,\mathrm{d}g)\mu_g(A).$$

命题 3.1 对任意 $\beta-\mathrm{MBTRE}(\overrightarrow{X},\overrightarrow{\xi})$, 恒有

$$m(\overrightarrow{\theta};s,f,s+1,A)=\sum_{x\in S_u(f)}\boldsymbol{E}(\beta(s,x,f(x)))\widetilde{m}(\theta;s,x,s+1,A)\tag{3.3}$$

$$\widetilde{m}(\overrightarrow{\theta};s,f,s+t,A)=\sum_{x\in S_u(f)}f(x)\widetilde{m}(\overrightarrow{\theta};s,x,s+t,A),\tag{3.4}$$

$$m(\overrightarrow{\theta};s,x,s+1,A)=\boldsymbol{E}(\beta(s,x,1))\widetilde{m}(\overrightarrow{\theta},s,x,s+1,A),\tag{3.5}$$

此处 $\overrightarrow{\theta}\in\overrightarrow{\Theta},s,t\in\mathbf{N},x\in\mathscr{X},A\in\mathscr{A},f\in E$.

证 由 (1.6)、(1.7) 和 (1.9) 式, 并注意 $\displaystyle\sum_{k=0}^{\infty}q_k(s,x,f(x))\widetilde{p}(\overrightarrow{\theta};s,x,s+1,\cdot)^{k*}$

是概率测度可得

$$
\begin{aligned}
&m(\overrightarrow{\theta};s,f,s+1,A)\\
=&\int_E p(\overrightarrow{\theta};s,f,s+1,\mathrm{d}g)\mu_g(A)\\
\xlongequal{(1.9),(1.6)}&\int_E\cdots\int_E\prod_{x\in S_u(f)}\left(\sum_{k=0}^{\infty}q_k(s,x,f(x))\widetilde{p}(\overrightarrow{\theta};s,x,s+1,\mathrm{d}g_x)^{k*}\right)\\
&\cdot\mu_{\sum\limits_{x\in S_u(f)}g_x}(A)\\
=&\sum_{x\in S_u(f)}\int_E\sum_{k=0}^{\infty}q_k(s,x,f(x))\widetilde{p}(\overrightarrow{\theta};s,x,s+1,\mathrm{d}g_x)^{k*}\mu_{g_x}(A)\\
=&\sum_{x\in S_u(f)}\sum_{k=0}^{\infty}q_k(s,x,f(x))\int_E\cdots\int_E\widetilde{p}(\overrightarrow{\theta};s,x,s+1,\mathrm{d}g_{x(1)})\\
&\cdots\widetilde{p}(\overrightarrow{\theta};s,x,s+1,dg_{x(k)})\mu_{\sum\limits_{i=1}^{k}g_{x(i)}}(A)\\
=&\sum_{x\in S_u(f)}\sum_{k=0}^{\infty}q_k(s,x,f(x))k\int_E\widetilde{p}(\theta;s,x,s+1,\mathrm{d}g)\mu_g(A)\\
=&\sum_{x\in S(f)}\boldsymbol{E}(\beta(s,x,f(x)))\widetilde{m}(\overrightarrow{\theta};s,x,s+1,A).
\end{aligned}
$$

(3.3) 式证毕. (3.4) 式由命题 2.4 可得, (3.5) 式可由 (3.3) 式直接推出.

命题 3.2 如果控制函数 $\beta(s,x,n)$ 满足 $\boldsymbol{E}(\beta(s,x,n))=na(s,x)$, 此处 $a(s,x)$ 是 (s,x) 的非负实值函数, 且对任意固定的 $s\geqslant 0$ 还是 x 的 $\mathscr{A}$ 可测函数, 则

$$
\begin{aligned}
m(\overrightarrow{\theta};s,x_0,s+t,A)=&\int_{\mathscr{X}}\widetilde{m}(\overrightarrow{\theta};s,x_0,s+1,\mathrm{d}x_1)\\
&\cdots\int_{\mathscr{X}}\widetilde{m}(\overrightarrow{\theta};s+t-2,x_{t-2},s+t-1,\mathrm{d}x_{t-1})\\
&\cdot\int_A\widetilde{m}(\overrightarrow{\theta};s+t-1,x_{t-1},s+t,\mathrm{d}x_t)\cdot\prod_{k=0}^{t-1}a(s+k,x_k),\\
&s\geqslant 0,\quad t\geqslant 1,\quad x_0\in\mathscr{X},\quad A\in\mathscr{A}.
\end{aligned}
\tag{3.6}
$$

证 由 (3.5) 式易见 (3.6) 式对 $t=1$ 成立.

假定 (3.6) 式对一切 $\overrightarrow{\theta}\in\overrightarrow{\Theta},s\geqslant 0,1\leqslant t\leqslant r,x_0\in\mathscr{X},A\in\mathscr{A}$ 成立, 则由

(3.3) 式得

$$
\begin{aligned}
&m(\overrightarrow{\theta};s,x_0,s+r+1,A)\\
=&\int_E p(\overrightarrow{\theta};s,x_0,s+r,\mathrm{d}g)m(\overrightarrow{\theta};s+r,g,s+r+1,A)\\
\overset{(3.3)}{=}&\int_E p(\overrightarrow{\theta};s,x_0,s+r,\mathrm{d}g)\sum_{y\in S_u(g)}\boldsymbol{E}(\beta(s+r,y,g(y)))\\
&\cdot\widetilde{m}(\overrightarrow{\theta};s+r,y,s+r+1,A)\\
=&\int_E p(\overrightarrow{\theta};s,x_0,s+r,\mathrm{d}g)\int_{\mathscr{X}}\mu_g(\mathrm{d}y)[a(s+r,y)\widetilde{m}(\overrightarrow{\theta};s+r,y,s+r+1,A)]\\
=&\int_{\mathscr{X}}\left(\int_E p(\overrightarrow{\theta};s,x_0,s+r,\mathrm{d}g)\mu_g(\mathrm{d}y)\right)[a(s+r,y)\\
&\cdot\widetilde{m}(\overrightarrow{\theta};s+r,y,s+r+1,A)]\\
=&\int_{\mathscr{X}} m(\overrightarrow{\theta};s,x_0,s+r,\mathrm{d}y)[a(s+r,y)\widetilde{m}(\overrightarrow{\theta};s+r,y,s+r+1,A)]\\
=&\cdots\\
=&\int_{\mathscr{X}}\widetilde{m}(\overrightarrow{\theta};s,x_0,s+1,\mathrm{d}x_1)\cdots\\
&\cdot\int_{\mathscr{X}}\widetilde{m}(\overrightarrow{\theta};s+r,x_r,s+r+1,\mathrm{d}x_{r+1})\mathbf{1}_A(x_r+1)\prod_{k=0}^{r}a(s+k,x_k).
\end{aligned}
$$

命题证毕.

命题 3.3 在命题 3.2 的条件下, 如果

$$\sup_{x\in\mathscr{X},t\geqslant 0}a(t,x)\widetilde{m}(\overrightarrow{\theta};t,x,t+1,\mathscr{X})=C<\infty,$$

则

$$m(\overrightarrow{\theta};s,f,s+t,\mathscr{X})\leqslant C^t\mu_f(\mathscr{X})<\infty,\tag{3.7}$$

$$m(\overrightarrow{\theta};s,f,s+t,A)=-\left(\frac{\partial}{\partial u}\varPhi(\overrightarrow{\theta};s,f,s+t,u\mathbf{1}_A)\right)_{u=0},\tag{3.8}$$

$$\widetilde{m}(\overrightarrow{\theta};s,f,s+t,A)=-\left(\frac{\partial}{\partial u}\widetilde{\varPhi}(\overrightarrow{\theta};s,f,s+t,u\mathbf{1}_A)\right)_{u=0},\tag{3.9}$$

此处 $\overrightarrow{\theta}\in\overrightarrow{\varTheta},s\geqslant 0,f\in E,t\geqslant 1,A\in\mathscr{A}$.

证

$$
\begin{aligned}
& m(\overrightarrow{\theta}; s, f, s+t, \mathscr{X}) \\
= & \int_E p(\overrightarrow{\theta}; s, f, s+t-1, \mathrm{d}g) m(\overrightarrow{\theta}; s+t-1, g, s+t, \mathscr{X}) \\
\overset{(3.3)}{=} & \int_E p(\overrightarrow{\theta}; s, f, s+t-1, \mathrm{d}g) \\
& \cdot \sum_{x \in S_u(g)} \boldsymbol{E}(\beta(s+t-1, x, g(x))) \widetilde{m}(\overrightarrow{\theta}; s+t-1, x, s+t, \mathscr{X}) \\
= & \int_E p(\overrightarrow{\theta}; s, f, s+t-1, \mathrm{d}g) \\
& \cdot \sum_{x \in S_u(g)} a(s+t-1, x) g(x) \widetilde{m}(\overrightarrow{\theta}; s+t-1, x, s+t, \mathscr{X}) \\
= & \int_E p(\overrightarrow{\theta}; s, f, s+t-1, \mathrm{d}g) \\
& \cdot \int_{\mathscr{X}} \mu_g(\mathrm{d}x) a(s+t-1, x) \widetilde{m}(\overrightarrow{\theta}; s+t-1, x, s+t, \mathscr{X}) \\
\leqslant & c \int_E p(\overrightarrow{\theta}; s, f, s+t-1, \mathrm{d}g) \mu_g(\mathscr{X}) \\
= & c m(\overrightarrow{\theta}; s, f, s+t-1, \mathscr{X}) \\
\leqslant & \cdots \\
\leqslant & c^{t-1} m(\overrightarrow{\theta}; s, f, s+1, \mathscr{X}) \\
= & c^{t-1} \sum_{x \in S_u(f)} a(s, x) f(x) \widetilde{m}(\overrightarrow{\theta}; s, x, s+1, \mathscr{X}) \\
= & c^{t-1} \int_{\mathscr{X}} \mu_f(\mathrm{d}x) a(s, x) \widetilde{m}(\overrightarrow{\theta}; s, x, s+1, \mathscr{X}) \\
\leqslant & c^t \mu_f(\mathscr{X}).
\end{aligned}
$$

因为

$$
\begin{aligned}
\Phi(\overrightarrow{\theta}; s, f, s+t, u\mathbf{1}_A) &= \int_E p(\overrightarrow{\theta}; s, f, s+t, \mathrm{d}g) \mathrm{e}^{-u\langle \mathbf{1}_A, g\rangle} \\
&= \int_E p(\overrightarrow{\theta}; s, f, s+t, \mathrm{d}g) \mathrm{e}^{-u\mu_g(A)}, \\
m(\overrightarrow{\theta}; s, f, s+t, A) &= \int_E p(\overrightarrow{\theta}; s, f, s+t, \mathrm{d}g) \mu_g(A) < \infty,
\end{aligned}
$$

所以

$$\left(\frac{\partial}{\partial u}\Phi(\overrightarrow{\theta};s,f,s+t,u\mathbf{1}_A)\right)_{u=0}=\int_E p(\overrightarrow{\theta};s,f,s+t,\mathrm{d}g)\frac{\partial}{\partial u}(\mathrm{e}^{-u\mu_g(A)})_{u=0}$$
$$=-\int p(\overrightarrow{\theta};s,f,s+t,\mathrm{d}g)\mu_g(A)$$
$$=-m(\overrightarrow{\theta};s,f,s+t,A).$$

命题证毕.

定义 3.2 称

$$m_2(\overrightarrow{\theta};s,f,t,A):=\int_E p(\overrightarrow{\theta};s,f,t,\mathrm{d}g)\mu_g(A)^2 \tag{3.10}$$

为在条件 $\overrightarrow{\xi}=\overrightarrow{\theta}$ 和 $X_s=f$ 下, 时刻 t, 质点类型属于 A 的所有质点的总数的 2 阶条件矩, 此处 $\overrightarrow{\theta}\in\overrightarrow{\Theta},0\leqslant s\leqslant t,f\in E,A\in\mathscr{A}$, 而称

$$\widetilde{m_2}(\overrightarrow{\theta};s,f,t,A):=\int_E \widetilde{p}(\overrightarrow{\theta};s,f,t,\mathrm{d}g)\mu_g(A)^2 \tag{3.11}$$

为相应的原始 2 阶条件矩. 如前一样, 也记

$$m_2(\overrightarrow{\theta};s,\mathbf{1}_{\{x\}},t,A)=m_2(\overrightarrow{\theta};s,x,t,A),$$
$$\widetilde{m}_2(\overrightarrow{\theta};s,\mathbf{1}_{\{x\}},t,A)=\widetilde{m}_2(\overrightarrow{\theta};s,x,t,A).$$

命题 3.4 对任意 β–MBTRE $(\overrightarrow{X},\overrightarrow{\xi})$, 恒有

(1)

$$m_2(\overrightarrow{\theta};s,f,t,A)=\int_E p(\overrightarrow{\theta};s,f,u,\mathrm{d}g)m_2(\overrightarrow{\theta};u,g,t,A), \tag{3.12}$$

此处 $\overrightarrow{\theta}\in\overrightarrow{\Theta},0\leqslant s\leqslant u\leqslant t,f\in E,A\in\mathscr{A}$;

(2)

$$\begin{aligned}&m_2(\overrightarrow{\theta};s,f,s+1,A)\\=&\sum_{x\in S_u(f)}[\boldsymbol{E}(\beta(s,x,f(x)))\cdot\widetilde{m}_2(\overrightarrow{\theta},s,x,s+1,A)]\\&+[\boldsymbol{E}(\beta(s,x,f(x))^2-\beta(s,x,f(x)))\widetilde{m}(\overrightarrow{\theta},s,x,s+1,A)^2]\\&+\sum_{\substack{x\neq y\\x,y\in S_u(f)}}[\boldsymbol{E}(\beta(s,x,f(x)))\widetilde{m}(\overrightarrow{\theta};s,x,s+1,A)\boldsymbol{E}(\beta(s,y,f(y)))\\&\cdot\widetilde{m}(\overrightarrow{\theta};s,y,s+1,A)],\end{aligned}$$

此处 $s\geqslant 0,f\in E,A\in\mathscr{X}$.

证 (1) 由随机 Kolmogorov-Chapmann 方程式立得.

(2)

$$
\begin{aligned}
& m_2(\overrightarrow{\theta}; s, f, s+1, A) \\
= & \int_E p(\overrightarrow{\theta}; s, f, s+1, \mathrm{d}g)\mu_g(A)^2 \\
\xlongequal{(1.6),(1.9)} & \int_E \cdots \int_E \prod_{x \in S_n(f)} \left(\sum_{k=0}^{\infty} q_k(s, x, f(x)) \widetilde{p}(\overrightarrow{\theta}; s, x, s+1, \mathrm{d}g_x)^{k*} \right) \\
& \cdot \left(\mu_{\sum\limits_{x \in S_u(f)} g_x}(A) \right)^2 \\
= & \int_E \cdots \int_E \prod_{x \in S_u(f)} \left(\sum_{k=0}^{\infty} q_k(s, x, f(x)) \widetilde{p}(\theta; s, x, s+1, \mathrm{d}g_x)^{k*} \right) \\
& \cdot \left(\sum_{x \in S_u(f)} \mu_{g_x}(A)^2 + \sum_{\substack{x \neq y \\ x, y \in S_u(f)}} \mu_{g_x}(A) \mu_{g_y}(A) \right) \\
\xlongequal{(1.6)} & \sum_{x \in S_u(f)} \sum_{k=0}^{\infty} q_k(s, x, f(x)) \int_E \cdots \int_E \widetilde{p}(\overrightarrow{\theta}; s, x, s+1, \mathrm{d}g_{x(1)}) \cdots \\
& \cdot \widetilde{p}(\overrightarrow{\theta}; s, x, s+1, \mathrm{d}g_{x(k)}) \cdot \left(\mu_{\sum\limits_{i=1}^{k} g_{x(i)}}(A) \right)^2 \\
& + \sum_{\substack{x \neq y, \\ x, y \in S_u(f)}} \left[\sum_{k=0}^{\infty} q_k(s, x, f(x)) \cdot k \cdot \widetilde{m}(\overrightarrow{\theta}; s, x, s+1, A) \right] \\
& \cdot \left[\sum_{k=0}^{\infty} q_k(s, y, f(y)) \cdot k \cdot \widetilde{m}(\overrightarrow{\theta}; s, y, s+1, A) \right] \\
= & \sum_{x \in S_u(f)} \sum_{k=0}^{\infty} q_k(s, x, f(x)) (k \widetilde{m}_2(\overrightarrow{\theta}; s, x, s+1, A) \\
& + k(k-1) \widetilde{m}(\overrightarrow{\theta}; s, x, s+1, A)^2) \\
& + \sum_{\substack{x \neq y \\ x, y \in S_u(f)}} \boldsymbol{E}(\beta(s, x, f(x))) \widetilde{m}(\overrightarrow{\theta}; s, x, s+1, A) \\
& \cdot \boldsymbol{E}(\beta(s, y, f(y))) \widetilde{m}(\overrightarrow{\theta}; s, y, s+1, A) \\
= & \sum_{x \in S_u(f)} [\boldsymbol{E}(\beta(s, x, f(x))) \widetilde{m}_2(\overrightarrow{\theta}; s, x, s+1, A) \\
& + \boldsymbol{E}(\beta(s, x, f(x))^2 - \beta(s, x, f(x))) \widetilde{m}(\overrightarrow{\theta}; s, x, s+1, A)^2]
\end{aligned}
$$

$$+\sum_{\substack{x\neq y\\ x,y\in S_u(f)}} \boldsymbol{E}(\beta(s,x,f(x)))\widetilde{m}(\overrightarrow{\theta};s,x,s+1,A)$$
$$\cdot\ \boldsymbol{E}(\beta(s,y,f(y)))\widetilde{m}(\overrightarrow{\theta};s,y,s+1,A).$$

命题证毕.

§4 灭绝概率

如不特别声明, 本节沿用第 3 节的符号. 恒设 $\overrightarrow{\xi}$ 的 $P-$ 边缘分布为 $\overline{m}$, 即 $P\circ(\xi)^{-1}=\overline{m}$.

定义 4.1 在条件 $\overrightarrow{\xi}=\overrightarrow{\theta}$ 和 $X_s=f$ 下, β–MBCRE 的条件灭绝概率定义为

$$\gamma(\overrightarrow{\theta};s,f)\overset{\text{def}}{=\!=}\lim_{t\to\infty}p(\overrightarrow{\theta};s,f,t,\{\widetilde{0}\})=\lim_{t\to\infty}P(X_t=\widetilde{0}|X_s=f,\overrightarrow{\xi}=\overrightarrow{\theta}),\quad(4.1)$$

此处 $s\geqslant 0, f\in E, \overrightarrow{\theta}\in\overrightarrow{\Theta}$. 若

$$\overline{m}(\{\overrightarrow{\theta}\in\overrightarrow{\Theta}:\gamma(\theta;s,f)=1\})=1\qquad(4.2)$$

对任意 $s\geqslant 0, f\in E$, 则称 β–MBTRE $(\overrightarrow{X},\overrightarrow{\xi})$ 是灭绝的.

附注 4.1 由随机 Kolmogorov-Chapmann 方程

$$\begin{aligned}p(\overrightarrow{\theta};s,f,s+t+u,\{\widetilde{0}\})&\geqslant p(\overrightarrow{\theta};s,f,s+t,\{\widetilde{0}\})p(\overrightarrow{\theta};s+t,\widetilde{0},s+t+u,\{0\})\\&=p(\overrightarrow{\theta};s,f,s+t,\{\widetilde{0}\}),\end{aligned}$$

所以 $\gamma(\overrightarrow{\theta};s,f)$ 恒存在.

因为对任意 $(E,\mathscr{E})$ 上有限测度 $\nu_1,\cdots,\nu_n$, 由 (1.6) 式有

$$(\nu_1*\cdots*\nu_n)(\{\widetilde{0}\})=\prod_{i=1}^n\nu_i(\{\widetilde{0}\}),\qquad(4.3)$$

所以, 由 (4.3) 式和 (2.11) 式有

$$\widetilde{p}(\overrightarrow{\theta},s,f,t,\{\widetilde{0}\})=\begin{cases}1, & f=\widetilde{0},\\ \displaystyle\prod_{x\in S_u(f)}\widetilde{p}(\overrightarrow{\theta};s,x,t,\{\widetilde{0}\})^{f(x)}, & f\neq\widetilde{0}.\end{cases}\qquad(4.4)$$

令

$$\widetilde{\gamma}(\overrightarrow{\theta};s,f)=\lim_{t\to\infty}\widetilde{p}(\overrightarrow{\theta};s,f,t,\{\widetilde{0}\}),$$

$$\widetilde{\gamma}(\overrightarrow{\theta};s,x)=\widetilde{\gamma}(\overrightarrow{\theta};s,\mathbf{1}_{\{x\}}),\quad \gamma(\overrightarrow{\theta};s,x)=\gamma(\overrightarrow{\theta};s,\mathbf{1}_{\{x\}}),$$

则

$$\widetilde{\gamma}(\overrightarrow{\theta};s,f)=\prod_{x\in S_u(f)}\widetilde{\gamma}(\overrightarrow{\theta};s,x)^{f(x)}. \tag{4.5}$$

命题 4.1

$$\widetilde{\gamma}(\overrightarrow{\theta};s,f)=1\Leftrightarrow\widetilde{\gamma}(\overrightarrow{\theta};s,x)=1,\quad \forall x\in S_u(f). \tag{4.6}$$

证 由 (4.5) 式立得.

定理 4.1 对任意固定的 $\overrightarrow{\theta}\in\overrightarrow{\Theta},\gamma(\overrightarrow{\theta};s,f)$ 是下列方程的最小解:

$$M(\overrightarrow{\theta}):\quad \alpha(\overrightarrow{\theta};s,f)=\int_E p(\overrightarrow{\theta};s,f,t,\mathrm{d}g)\alpha(\overrightarrow{\theta};t,g), \tag{4.7}$$

$1\geqslant\alpha\geqslant 0,\alpha(\overrightarrow{\theta};s,\widetilde{0})\equiv 1,\alpha(\cdot;s,\cdot)$ 关于 $\overrightarrow{\mathscr{B}}\times\mathscr{E}-$ 可测 $(0\leqslant s\leqslant t,f\in E)$.

证 因为 $0\leqslant p(\overrightarrow{\theta};s,f,t,A)\leqslant 1,p(\cdot;s,\cdot,t,A)$ 是 $\overrightarrow{\mathscr{B}}\times\mathscr{E}-$ 可测的, 所以 $\gamma(\cdot;s,\cdot)$ 也是 $\overrightarrow{\mathscr{B}}\times\mathscr{E}-$ 可测的. 显然 $1\geqslant\gamma\geqslant 0,\gamma(\overrightarrow{\theta};s,\widetilde{0})\equiv 1$. 但

$$p(\overrightarrow{\theta};s,f,t+u,\{\widetilde{0}\})=\int_E p(\overrightarrow{\theta};s,f,t,\mathrm{d}g)p(\overrightarrow{\theta};t,g,t+u,\{\widetilde{0}\}),$$

由有界收敛定理且在上述方程中令 $u\to\infty$, 得到

$$\gamma(\overrightarrow{\theta};s,f)=\int_E p(\overrightarrow{\theta};s,f,t,\mathrm{d}g)\gamma(\overrightarrow{\theta};t,g).$$

所以证明了 $\gamma(\overrightarrow{\theta};s,f)$ 是方程 (4.7) 的一个解.

假定 $\gamma_1(\overrightarrow{\theta};s,f)$ 也是方程 (4.7) 的一个解, 则

$$\begin{aligned}\gamma_1(\overrightarrow{\theta};s,f)&=\int_E p(\overrightarrow{\theta};s,f,t,\mathrm{d}g)\gamma_1(\overrightarrow{\theta};t,g)\\&\geqslant p(\overrightarrow{\theta};s,f,t,\{\widetilde{0}\})\gamma_1(\overrightarrow{\theta};t,\widetilde{0})\\&=p(\overrightarrow{\theta};s,f,t,\{\widetilde{0}\}).\end{aligned}$$

在上述方程式中令 $t\to\infty$ 得到

$$\gamma_1(\overrightarrow{\theta};s,f)\geqslant\gamma(\overrightarrow{\theta};s,f).$$

定理证毕.

定理 4.2 β–MBTRE $(\overrightarrow{X},\overrightarrow{\xi})$ 是灭绝的当且仅当对 $\overline{m}$ – a.s.$\overrightarrow{\theta}$, 方程 $M(\overrightarrow{\theta})$ 只有常数解.

证 由定理 4.1 立得.

定理 4.3 对任意固定的 $\overrightarrow{\theta}\in\overrightarrow{\Theta},\widetilde{\gamma}(\theta;s,f)$ 是下列方程的最小解:

$$\widetilde{M}(\overrightarrow{\theta}):\quad \alpha(\overrightarrow{\theta};s,f)=\int_E\widetilde{p}(\overrightarrow{\theta};s,f,t,\mathrm{d}g)\alpha(\overrightarrow{\theta};t,g),\tag{4.8}$$

$1\geqslant\alpha\geqslant 0,\alpha(\overrightarrow{\theta};s,\widetilde{0})\equiv 1,\alpha(\cdot;s,\cdot)$ 关于 $\overrightarrow{\mathscr{B}}\times\widetilde{\mathscr{E}}$– 可测 $(0\leqslant s\leqslant t,f\in E)$.

可以用与定理 4.1 相同的方法证明定理 4.3.

定理 4.4 MBTRE$(\overrightarrow{X},\overrightarrow{\xi})$ 是灭绝的当且仅当对 $\overline{m}$–a.s. $\overrightarrow{\theta}$, 方程 $\widetilde{M}(\overrightarrow{\theta})$ 只有常数解.

证 由定理 4.3 立得.

定理 4.5 对任意固定的 $\overrightarrow{\theta}\in\overrightarrow{\Theta},\widetilde{\gamma}(\theta;s,x)$ 是下列方程的最小解:

$$\widetilde{M}_1(\overrightarrow{\theta}):\alpha(\overrightarrow{\theta};s,x)=\int_E\widetilde{p}(\overrightarrow{\theta};s,x,t,g)\prod_{y\in S_u(g)}\alpha(\overrightarrow{\theta};t,y)^{g(y)},\tag{4.9}$$

$0\leqslant\alpha\leqslant 1,\alpha(\cdot;s,\cdot)$ 关于 $\overrightarrow{\mathscr{B}}\times\mathscr{A}$– 可测 $(0\leqslant s\leqslant t,x\in\mathscr{X})$.

证 首先, 用命题 1.1 中 (1) 的证明方法可以证明: $\alpha(\cdot;s,\cdot)$ 是 $\overrightarrow{\mathscr{B}}\times\mathscr{E}$–可测的蕴涵了 $\prod\limits_{y\in S_u(g)}\alpha(\overrightarrow{\theta};s,y)^{g(y)}$ 作为 $(\overrightarrow{\theta},g)$ 的函数是 $\overrightarrow{\mathscr{B}}\times\mathscr{E}$– 可测的.

现在证明 $\widetilde{\gamma}(\overrightarrow{\theta};s,x)$ 是方程 $\widetilde{M}_1(\overrightarrow{\theta})$ 的一个解. 由 RKC 方程和 (2.11) 及 (4.3) 式得

$$\widetilde{p}(\overrightarrow{\theta};s,x,t+u,\{\widetilde{0}\})=\int_E\widetilde{p}(\overrightarrow{\theta};s,x,t,\mathrm{d}g)\prod_{y\in S_u(g)}\widetilde{p}(\overrightarrow{\theta},t,y,t+u,\{\widetilde{0}\})^{g(y)}.$$

在上式中令 $u\to\infty$ 得到

$$\widetilde{\gamma}(\overrightarrow{\theta};s,x)=\int_E\widetilde{p}(\overrightarrow{\theta};s,x,t,\mathrm{d}g)\prod_{y\in S_u(g)}\widetilde{\gamma}(\overrightarrow{\theta};t,y)^{g(y)}.$$

因为 $\widetilde{\gamma}(\overrightarrow{\theta};s,f)$ 作为 $(\overrightarrow{\theta},f)\in\overrightarrow{\Theta}\times E$ 的函数是 $\overrightarrow{\mathscr{B}}\times\mathscr{E}$– 可测的, 所以用与命题 1.1 中 (2) 相同的方法, 可以证明 $\widetilde{\gamma}(\overrightarrow{\theta};s,x):=\widetilde{\gamma}(\overrightarrow{\theta};s,\mathbf{1}_{\{x\}})$ 作为

$(\overrightarrow{\theta}, x) \in \overrightarrow{\Theta} \times \mathscr{X}$ 的函数是 $\overrightarrow{\mathscr{B}} \times \mathscr{A}-$ 可测的. 对任意固定的 $\overrightarrow{\theta} \in \overrightarrow{\Theta}, \widetilde{\gamma}(\overrightarrow{\theta}; s, x)$ 是方程 $\widetilde{M}_1(\overrightarrow{\theta})$ 的一个解.

最后证明对任意固定的 $\overrightarrow{\theta} \in \overrightarrow{\Theta}, \widetilde{\gamma}(\overrightarrow{\theta}; s, x)$ 是方程 $\widetilde{M}_1(\overrightarrow{\theta})$ 的最小解. 设 $\overline{\gamma}_1(\overrightarrow{\theta}; s, x)$ 也是方程 $\widetilde{M}_1(\overrightarrow{\theta})$ 的一个解, 则

$$\overline{\gamma}_1(\overrightarrow{\theta}; s, x) = \int_E \widetilde{p}(\overrightarrow{\theta}; s, x, t, \mathrm{d}g) \prod_{y \in S_u(g)} \overline{\gamma}_1(\overrightarrow{\theta}; t, y)^{g(y)} \geqslant \widetilde{p}(\overrightarrow{\theta}; s, x, t, \{\widetilde{0}\}),$$

令 $t \to \infty$, 有

$$\overline{\gamma}_1(\overrightarrow{\theta}; s, x) \geqslant \widetilde{\gamma}(\overrightarrow{\theta}; s, x).$$

定理证毕.

定理 4.6　设 $\beta-$MBTRE $(\overrightarrow{X}, \overrightarrow{\xi})$ 满足 $\boldsymbol{E}(\beta(s, x, n)) = a(s, x)n$ 和

$$a(s, x)\widetilde{m}(\overrightarrow{\theta}; s, x, s+1, \mathscr{X}) \leqslant 1 \quad (\forall s \in \mathbf{N}, x \in \mathscr{X}, \overrightarrow{\theta} \in \overrightarrow{\Theta}), \tag{4.10}$$

若

$$\begin{aligned}
&\inf_{\substack{s \geqslant 0, \overrightarrow{\theta} \in \overrightarrow{\Theta} \\ \mu_g(\mathscr{X}) \leqslant K}} p(\overrightarrow{\theta}; s, g, s+1, \{\widetilde{0}\}) \\
\equiv &\inf_{\substack{s \geqslant 0, \overrightarrow{\theta} \in \overrightarrow{\Theta} \\ \mu_g(\mathscr{X}) \leqslant K}} \prod_{y \in S_u(g)} \sum_{k \geqslant 0} q_k(s, y, g(y)) \widetilde{p}(\overrightarrow{\theta}; s, y, s+1, \{\widetilde{0}\})^k \\
\geqslant &\varepsilon_K > 0, \quad \forall K \geqslant 1,
\end{aligned} \tag{4.11}$$

则 $\beta-$MBTRE $(\overrightarrow{X}, \overrightarrow{\xi})$ 是灭绝的.

证　若 $(\overrightarrow{X}, \overrightarrow{\xi})$ 不灭绝, 则存在 $s \geqslant 0, f \in E, f \neq \{\widetilde{0}\}$ 和 Θ 的一个子集 $\Gamma, \overline{m}(\Gamma) > 0$, 使得对所有 $\overrightarrow{\theta} \in \Gamma$, 当 $t \uparrow \infty$ 时, $p(\overrightarrow{\theta}; s, f, s+t, E - \{\widetilde{0}\})$ 单调递减收敛到一个正数 $a > 0$.

由 $a(s, x)\widetilde{m}(\overrightarrow{\theta}; s, x, s+1, \mathscr{X}) \leqslant 1$ 和命题 3.3, 有

$$m(\theta, s, f, s+t, \mathscr{X}) \leqslant \mu_f(\mathscr{X}) < \infty. \tag{4.12}$$

由 (4.12) 式和 Chebyshev 不等式得

$$p(\overrightarrow{\theta}; s, f, s+t, \{g : \mu_g(\mathscr{X}) > K\}) \leqslant \frac{m(\overrightarrow{\theta}; s, f, s+t, \mathscr{X})}{K} \leqslant \frac{\mu_f(\mathscr{X})}{K}. \tag{4.13}$$

但

$$p(\overrightarrow{\theta}; s, f, s+u, E - \{\widetilde{0}\}) = \prod_{t=0}^{u-1} \frac{p(\overrightarrow{\theta}; s, f, s+t+1, E - \{\widetilde{0}\})}{p(\overrightarrow{\theta}; s, f, s+t, E - \{\widetilde{0}\})}, \tag{4.14}$$

所以由 $a>0$, 有

$$\lim_{t\to\infty}\frac{p(\overrightarrow{\theta};s,f,s+t+1,E-\{\widetilde{0}\})}{p(\overrightarrow{\theta};s,f,s+t,E-\{\widetilde{0}\})}=1. \tag{4.15}$$

由 (4.11) 式和 $p(\overrightarrow{\theta};s+t,\widetilde{0},s+t+1,E-\{\widetilde{0}\})=0$ 有

$$\begin{aligned}&\frac{p(\overrightarrow{\theta};s,f,s+t+1,E-\{\widetilde{0}\})}{p(\overrightarrow{\theta};s,f,s+t,E-\{\widetilde{0}\})}\\&=\int_{E-\{\widetilde{0}\}}p(\overrightarrow{\theta};s,f,s+t,\mathrm{d}g)p(\overrightarrow{\theta};s+t,g,s+t+1,E-\{\widetilde{0}\})\\&\quad\div(p(\overrightarrow{\theta};s,f,s+t,\{\mu_g(\mathscr{X})>K\})+p(\overrightarrow{\theta};s,f,s+t,\{0<\mu_g(\mathscr{X})\leqslant K\}))\\&\leqslant[p(\overrightarrow{\theta};s,f,s+t,\{\mu_g(\mathscr{X})>K\})+(1-\mathscr{E}_K)p(\overrightarrow{\theta};s,f,s\\&\quad+t,\{0<\mu_g(\mathscr{X})\leqslant K\})]\div[p(\overrightarrow{\theta};s,f,s+t,\{\mu_g(\mathscr{X})>K\})\\&\quad+p(\overrightarrow{\theta};s,f,s+t,\{0<\mu_g(\mathscr{X})\leqslant K\})].\end{aligned} \tag{4.16}$$

由 (4.13) 式, 可以选择一个数 K, 使得

$$p(\overrightarrow{\theta};s,f,s+t,\{0<\mu_g(\mathscr{X})\leqslant K\})\geqslant 1/2,\quad \forall t\geqslant 1. \tag{4.17}$$

由 (4.16) 式和 (4.17) 式, 得

$$\begin{aligned}\frac{p(\overrightarrow{\theta};s,f,s+t+1,E-\{\widetilde{0}\})}{p(\overrightarrow{\theta};s,f,s+t,E-\{\widetilde{0}\})}&\leqslant\frac{p(\overrightarrow{\theta};s,f,s+t,E-\{\widetilde{0}\})-\frac{1}{2}\mathscr{E}_K}{p(\overrightarrow{\theta};s,f,s+t,E-\{\widetilde{0}\})}\\&\leqslant 1-\frac{1}{2}\mathscr{E}_K,\quad\forall t\geqslant 1.\end{aligned}$$

这与 (4.15) 式矛盾. 定理证毕.

推论 4.1 若 $(\overrightarrow{X},\overrightarrow{\xi})$ 是一个 MBTRE, 具有满足下列条件的 RMBTF $\widetilde{p}(\theta;s,f,s+t,A)$:

$$\widetilde{m}(\theta;s,x,s+1,\mathscr{X})\leqslant 1,\quad \forall\overrightarrow{\theta}\in\overrightarrow{\Theta},s\geqslant 0,x\in\mathscr{X}, \tag{4.18}$$

$$\inf_{\substack{s\geqslant 0,\overrightarrow{\theta}\in\overrightarrow{\Theta}\\ \mu_g(\mathscr{X})\leqslant K}}\widetilde{p}(\overrightarrow{\theta};s,g,s+1,\{\widetilde{0}\})\geqslant\mathscr{E}_K>0,\quad\forall K\geqslant 1, \tag{4.19}$$

则 $(\overrightarrow{X},\overrightarrow{\xi})$ 是灭绝的.

证 由定理 4.6 立得.

§5 两极分化和增殖率

定义 5.1 设 $(\overrightarrow{X}, \overrightarrow{\xi})$ 是一个 β–MBTRE,

$$\delta(\overrightarrow{\theta}; s, f) = P\left(\lim_{t\to\infty} \mu_{X_t}(\mathscr{X}) = \infty | X_s = f, \overrightarrow{\xi} = \overrightarrow{\theta}\right),$$

若

$$\eta(\overrightarrow{\theta}; s, f) \overset{\text{def}}{=\!=} \gamma(\overrightarrow{\theta}; s, f) + \delta(\overrightarrow{\theta}; s, f) = 1 \tag{5.1}$$

对 $\overline{m}$ – a.s.$\overrightarrow{\theta}$ 和所有 $s \geqslant 1, f \in E$, 则称 $(\overrightarrow{X}, \overrightarrow{\xi})$ 两极分化.

附注 5.1

$$\begin{aligned}\gamma(\overrightarrow{\theta}; s, f) &= \lim_{t\to\infty} p(\overrightarrow{\theta}; s, f, t, \{\widetilde{0}\}) \\ &= P\left(\lim_{t\to\infty} X_t = \widetilde{0} | X_s = f, \overrightarrow{\xi} = \overrightarrow{\theta}\right) \\ &= P\left(\lim_{t\to\infty} \mu_{X_t}(\mathscr{X}) = 0 | X_s = f, \overrightarrow{\xi} = \overrightarrow{\theta}\right),\end{aligned}$$

所以

$$\eta(\overrightarrow{\theta}; s, f) = P\left(\lim_{t\to\infty} \mu_{X_t}(\mathscr{X}) = 0 \text{ 或 } \infty | X_s = f, \overrightarrow{\xi} = \overrightarrow{\theta}\right). \tag{5.2}$$

两极分化的概率意义是质点总数最终为 0 或无穷多.

定理 5.1 概率空间 $(\Omega, \mathscr{F}, P)$ 上的 β–MBTRE $(\overrightarrow{X}, \overrightarrow{\xi})$ 两极分化的充要条件是

$$P\left(\bigcap_{s=1}^{\infty}\bigcup_{t=s}^{\infty}\{\mu_{X_t}(\mathscr{X}) = a\} | X_s = f, \overrightarrow{\xi} = \overrightarrow{\theta}\right) = 0 \tag{5.3}$$

对 $\overline{m}$ – a.s.$\overrightarrow{\theta} \in \overrightarrow{\Theta}$ 和所有的 a 和 $s \geqslant 1, f \in E$ 成立.

证 充分性. 因为 $\mu_{X_t}(\mathscr{X})$ 是非负整数值随机变量,

$$1 - \eta(\overrightarrow{\theta}; s, f) = P\left(\lim_{t\to\infty} \mu_{X_t}(\mathscr{X}) \neq 0, \lim_{t\to\infty} \mu_{X_t}(\mathscr{X}) \neq \infty | X_s = f, \overrightarrow{\xi} = \overrightarrow{\theta}\right), \tag{5.4}$$

$$
\begin{aligned}
&\left\{\lim_{t\to\infty}\mu_{X_t}(\mathscr{X})\neq 0\right\}\\
&\subset\bigcap_{t=1}^{\infty}\{\mu_{X_t}(\mathscr{X})\neq 0\}\\
&\subset\left\{\liminf_{t\to\infty}\mu_{X_t}(\mathscr{X})>0\right\}\\
&=\bigcup_{a=1}^{\infty}\left\{\liminf_{t\to\infty}\mu_{X_t}(\mathscr{X})=a\right\}\bigcup\left\{\lim_{t\to\infty}\mu_{X_t}(\mathscr{X})=\infty\right\}\\
&\subset\bigcup_{a=1}^{\infty}\bigcap_{s=1}^{\infty}\bigcup_{t=s}^{\infty}\{\mu_{X_t}(\mathscr{X})=a\}\bigcup\left\{\lim_{t\to\infty}\mu_{X_t}(\mathscr{X})=\infty\right\},
\end{aligned}\tag{5.5}
$$

所以, 由 (5.3)—(5.5) 式有

$$
0\leqslant 1-\eta(\overrightarrow{\theta};s,f)\leqslant P\left(\bigcup_{a=1}^{\infty}\bigcap_{s=1}^{\infty}\bigcup_{t=s}^{\infty}\{\mu_{X_t}(\mathscr{X})=a\}|X_s=f,\overrightarrow{\xi}=\overrightarrow{\theta}\right)=0
$$

对 $\overline{m}-\text{a.s.}\overrightarrow{\theta}\in\overrightarrow{\Theta}$ 和一切 $s\geqslant 1, f\in E$ 成立.

必要性. 如果 (5.3) 式不成立, 则存在一个正整数 a 和满足 $\overline{m}(\overrightarrow{\Theta}_0)>0$ 的 Θ_0, 使得

$$
P\left(\bigcap_{s=1}^{\infty}\bigcup_{t=s}^{\infty}\{\mu_{X_t}(\mathscr{X})=a\}|X_s=f,\overrightarrow{\xi}\in\overrightarrow{\theta}\right)>0
$$

对某个 f 和一切 $\overrightarrow{\theta}\in\overrightarrow{\Theta}_0$ 成立. 但

$$
\left\{\lim_{t\to\infty}\mu_{X_t}(\mathscr{X})=0\right\}\bigcup\left\{\lim_{t\to\infty}\mu_{X_t}(\mathscr{X})=\infty\right\}\subset\Omega-\left(\bigcap_{s=1}^{\infty}\bigcup_{t=s}^{\infty}\{\mu_{X_t}(\mathscr{X})=a\}\right),
$$

所以

$$
P\left(\lim_{t\to\infty}\mu_{X_t}(\mathscr{X})=0\text{ 或 }\lim_{t\to\infty}\mu_{X_t}(\mathscr{X})=\infty|X_s=f,\overrightarrow{\xi}=\overrightarrow{\theta}\right)<1
$$

对某些 $s\geqslant 0, f\in E$ 和一切 $\overrightarrow{\theta}\in\overrightarrow{\Theta}_0$ 成立. 这意味着 $(\overrightarrow{X},\overrightarrow{\xi})$ 不是两极分化的. 证毕.

定理 5.2 设 $(\overrightarrow{X},\overrightarrow{\xi})$ 是一个 β–MBTRE, 具有 RMBTF $p(\overrightarrow{\theta};s,f,t,A)$, $a(s,x),\widetilde{m}(\overrightarrow{\theta};s,x,t,A)$ 和 $m(\overrightarrow{\theta};s,f,t,A)$ (如命题 3.2 定义). 若

$$
a_0\overset{\text{def}}{=\!=}\inf_{\substack{S\geqslant 1,x\in\mathscr{X}\\ \overrightarrow{\theta}\in\overrightarrow{\Theta}}}a(s,x)\widetilde{m}(\overrightarrow{\theta};s,x,s+1,\mathscr{X})>1,\tag{5.6}
$$

则对任意 $f \neq \widetilde{0}, E > 0$ 和 $\delta \in (1, a_0 - E)$, 有

$$\lim_{t\to\infty} \frac{1}{\delta^{t-1}\mu_f(\mathscr{X})} \int_{\{g:\mu_g(\mathscr{X})>\delta^t\mu_f(\mathscr{X})\}} p(\overrightarrow{\theta}; s, f, s+t, \mathrm{d}g)\mu_g(\mathscr{X}) = \infty. \quad (5.7)$$

证 由命题 3.1 和 3.2 及方程 (5.6), 有

$$\begin{aligned}
m(\overrightarrow{\theta}; s, f, s+t, \mathscr{X}) &= \int_E p(\overrightarrow{\theta}; s, f, s+t-1, \mathrm{d}g) m(\overrightarrow{\theta}; s+t-1, g, s+t, \mathscr{X}) \\
&= \int_E p(\overrightarrow{\theta}; s, f, s+t-1, \mathrm{d}g) \sum_{y\in S_u(g)} a(s+t-1, y)g(y) \\
&\quad \cdot \widetilde{m}(\overrightarrow{\theta}; s+t-1, y, s+t, \mathscr{X}) \\
&\geqslant a_0 \int_E p(\overrightarrow{\theta}; s, f, s+t-1, \mathrm{d}g)\mu_g(\mathscr{X}) \\
&= a_0 m(\overrightarrow{\theta}; s, f, s+t-1, \mathscr{X}) \\
&\geqslant \cdots \geqslant a_0^t \mu_f(\mathscr{X}),
\end{aligned} \quad (5.8)$$

并且

$$\begin{aligned}
&m(\overrightarrow{\theta}; s, f, s+t, \mathscr{X}) \\
\leqslant\ & \delta^t \mu_f(\mathscr{X}) p(\overrightarrow{\theta}; s, f, s+t, \{g : \mu_g(\mathscr{X}) \leqslant \delta^t \mu_f(\mathscr{X})\}) \\
&+ \int_{\{g:\mu_g(\mathscr{X})>\delta^t\mu_f(\mathscr{X})\}} p(\overrightarrow{\theta}; s, f, s+t, \mathrm{d}g)\mu_g(\mathscr{X}).
\end{aligned} \quad (5.9)$$

由 (5.8) 式和 (5.9) 式, 有

$$\begin{aligned}
&\int_{\{g:\mu_g(\mathscr{X})>\delta^t\mu_f(\mathscr{X})\}} p(\overrightarrow{\theta}; s, f, s+t, \mathrm{d}g)\mu_g(\mathscr{X}) \\
\geqslant\ & (a_0^t - \delta^t)\mu_f(\mathscr{X}) \\
=\ & (a_0 - \delta)(a_0^{t-1} + a_0^{t-2}\delta + \cdots + \delta^{t-1})\mu_f(\mathscr{X}) \\
\geqslant\ & Et\delta^{t-1}\mu_f(\mathscr{X}).
\end{aligned} \quad (5.10)$$

(5.7) 式由 (5.10) 式立得.

附注 5.2 定理 5.2 表明, 如果 (5.6) 式满足, 则当 $t \to \infty$ 时, $m(\overrightarrow{\theta}; s, f, s+t, \mathscr{X})$ 以指数速度趋于无穷大.

§6 特例

定义 6.1 称 $(p(\theta; i, j), \theta \in \Theta, i, j \in \mathbf{N})$ 是一个随机转移矩阵 (R.T.M.),

如果 $p(\theta;i,j)\geqslant 0,\sum\limits_{j\in\mathbf{N}}p(\theta;i,j)=1$ 对所有 $\theta\in\Theta$ 和 $i,j\in\mathbf{N}$ 成立, 而且对任意 $i,j\in\mathbf{N},p(\cdot;i,j)\mathscr{B}-$ 可测. 称 $(K(\theta;j),\theta\in\Theta,j\in\mathbf{N})$ 是一个随机分布(RD), 如果 $K(\theta,j)\geqslant 0,\sum\limits_{j\in\mathbf{N}}K(\theta;j)=1$ 对所有 $\theta\in\Theta$ 和 $j\in\mathbf{N}$ 成立, 而且对任意 $j\in\mathbf{N},K(\cdot,j)$ 关于 $\mathscr{B}-$ 可测.

本节讨论根据下列 3 种标准的 $\beta-$MBTRE $(\overrightarrow{X},\overrightarrow{\xi})$ 或对应的 $\beta-$RMBTF $p(\overrightarrow{\theta};s,f,s+t,A)$ 分类:

(A) $\mathscr{X}$, 质点类型集合.

在本章中, 一般的 $\mathscr{X}$ 是 $\mathbf{R}^d$ 的一个 Borel 子集. 下面是几种特例:

(A_1) $\mathscr{X}=\{x_0\}\subset\mathbf{R}^d$ 是单点集.

设 2^A 是 A 的所有子集. 在这种情形, $(E,\mathscr{E})$ 为 $(\mathbf{N},2^{\mathbf{N}})$,R.M.K. $p(\theta;f,A)$ 为一个 R.T.M. $(p(\theta;i,j),\theta\in\Theta,i,j\in\mathbf{N})$, 从而 RMG $K(\theta;x,A)$ 为一个 RD $(K_1(\theta\ j)=K(\theta;x_0,\{j\}),\theta\in\Theta,j\in\mathbf{N})$, 以及 SGF $\varphi(\theta;x,h)$ 为级数

$$\varphi(\theta;s)=\sum_{j\in\mathbf{N}}K_1(\theta;j)s^j,\quad s\in\mathbf{R}^1,|s|\leqslant 1.$$

分支性质 (1.9) 式成为

$$p(\overrightarrow{\theta};s,i,s+1,j)=\sum_{k=0}^{\infty}q_k(s,x_0,i)\sum_{\sum\limits_{m=1}^{k}j_m=j}\prod_{m=1}^{k}K_1(\theta_s;j_m),\qquad(1.9\text{–}A_1)$$

(A_2) $\mathscr{X}=\{x_1,\cdots,x_r)\subset\mathbf{R}^d$ 不是单点集而是有限集.

在这种情形, $(E,\mathscr{E})$ 为 $(\mathbf{N}^r,2^{\mathbf{N}^r})$, R.M.K. $p(\theta;f,A)$ 为 R.T.M. $(p(\theta;\overline{u},\overline{v}),\theta\in\Theta,\overline{u},\overline{v}\in\mathbf{N}^r)$, SGF $\varphi(\theta;x,h)$ 为级数

$$\varphi(\theta;e_i,\overline{s})=\sum_{\overline{v}\in\mathbf{N}^r}p(\theta;e_i,\overline{v})(\overline{s})^{\overline{v}},$$

此处

$$\overline{s}=(s_1,\cdots,s_r)'\in\mathbf{R}^r,\quad\overline{v}=(v_1,\cdots,v_r)'\in\mathbf{N}^r,$$
$$(\overline{s})^{\overline{v}}=\prod_{i=1}^{r}s_i^{v_i},\quad e_i=(\overbrace{0,\cdots,0}^{i-1},1,0,\cdots,0)'\in\mathbf{N}^r.$$

分支性质 (1.9) 式成为

$$
\begin{aligned}
&p(\overrightarrow{\theta};s,\overline{u},s+1,\overline{v})\\
&=\sum_{\sum\limits_{i=1}^{r}v_i=\overline{v}}\prod_{i=1}^{r}p(\overrightarrow{\theta};s,u_ie_i,s+1,\overline{v}_i)\\
&=\sum_{\sum\limits_{i=1}^{r}\overline{v}_i=\overline{v}}\prod_{i=1}^{r}\sum_{k=0}^{\infty}q_k(s,x_i,u_i)\sum_{\sum\limits_{m=1}^{k}\overline{v}_{i,m}=\overline{v}_i}\prod_{m=1}^{k}p(\theta_s;e_i,\overline{v}_{i,m}),
\end{aligned}
\qquad (1.9\text{–}A_2)
$$

此处 $\overrightarrow{\theta}\in\overrightarrow{\Theta},s\in\mathbf{N},\overline{u},\overline{v},\overline{v}_i,\overline{v}_{i,m}\in\mathbf{N}^r,u_i\in\mathbf{N},\overline{u}=(u_1,\cdots,u_r)'$.

(A_3) $\mathscr{X}=\mathbf{Z}^d$ 是 $\mathbf{R}^d$ 的可数集.

在这种情形, 因为 $E=\{f:\mathscr{X}\mapsto\mathbf{N},S_u(f)$ 是有限集$\}$, 所以 E 只包含可数个函数, 从而可以写

$$E=\{f_i,i\in\mathbf{N}\},\quad \mathscr{E}=2^E.$$

R.M.K. $p(\theta;f,A)$ 为 R.T.M. $(p(\theta;f_i,f_j),\theta\in\Theta,f_i,f_j\in E)$,SGF $\varphi(\theta;x,h)$ 为

$$\varphi(\theta;x,h)=\sum_{j\in\mathbf{N}}p(\theta;\mathbf{1}_{\{x\}},f_j)\mathrm{e}^{-\langle h,f_j\rangle}.$$

分支性质 (1.9) 式为

$$
\begin{aligned}
p(\overrightarrow{\theta};s,f_i,s+1,f_j)&=\sum_{\sum\limits_{x\in S_u(f_i)}g_x=f_j}\prod_{x\in S_u(f_i)}p(\overrightarrow{\theta};s,f_i(x)\mathbf{1}_{\{x\}},s+1,g_x)\\
&=\sum_{\sum\limits_{x\in S_u(f_i)}g_x=f_j}\prod_{x\in S_u(f_i)}\sum_{k=0}^{\infty}g_k(s,x,f_i(x))\sum_{\sum\limits_{m=1}^{k}g_{x,m}=g_x}\prod_{m=1}^{k}p(\theta_s;\mathbf{1}_{\{x\}},g_{x,m}).
\end{aligned}
\qquad (1.9\text{–}A_3)
$$

(B) 随机环境 $\overrightarrow{\xi}=\{\xi_n,n\in\mathbf{Z}\}$.

(B_1) $\xi_n\equiv\theta_0$ 对所有 $n\in\mathbf{Z}$.

在这种情形, β–MBTRE $(\overrightarrow{X},\overrightarrow{\xi})$ 不依赖于 $\overrightarrow{\xi}$, 从而 $\overrightarrow{X}=\{X_n,n\in\mathbf{N}\}$ 是一个 β 控制马尔可夫分支链, RMBTF $p(\overrightarrow{\theta};s,f,s+t,A)$, 不依赖于 $\overrightarrow{\theta}$,

$$p(s,f,s+1,\cdot)=\mathop{*}_{x\in S_u(f)}\sum_{k=0}^{\infty}q_k(s,x,f(x))p(s,\mathbf{1}_{\{x\}},s+1,\cdot)^{k*},\qquad (1.9\text{–}B_1)$$

$$(s\in\mathbf{N},f\in E).$$

(B$_2$) $\overrightarrow{\xi} = \{\xi_n, n \in \mathbf{Z}\}$ 是经典的时齐马尔可夫链, 具有马尔可夫核 $\psi(\theta, B)(\theta \in \Theta, B \in \mathscr{B})$, 则双链 $\{(X_n, \xi_n) : n \in \mathbf{N}\}$ 也是一个经典的时齐马尔可夫链, 具有马尔可夫核

$$J((f,\theta), A \times B) = p(\theta; f, A)\psi(\theta; B), \quad f \in E, \theta \in \Theta, A \in \mathscr{E}, B \in \mathscr{B}.$$

证明由命题 1.2 立得.

(B$_3$) $\overrightarrow{\xi} = \{\xi_n, n \in \mathbf{Z}\}$ 是平稳过程.

这是一种重要的情形, 许多理论问题需要这个条件.

(C) 控制函数 $\beta(s, x, n)$ (或相应的分布 $\{q_k(s, x, n), k \in \mathbf{N}\}$).

(C$_1$)

$$\beta(s, x, n) \equiv n \quad (\text{即 } q_n(s, x, n) \equiv 1).$$

这意味着质点是自然的分支.

(C$_2$) $\beta(s, x, n)$ 不依赖于参数 ω, 即

$$q_{\beta(s,x,n)}(s, x, n) \equiv 1.$$

这意味着质点由一个确定的控制函数 $\beta(s, x, n)$ 来分支.

(C$_3$) $\boldsymbol{E}(\beta(s, x, n)) = a(s, x)n, a(s, x)$ 是一个确定的可测函数.

这意味着质点由一个 "平均" 线性控制函数来分支, 本章中, 我们已经讨论过这种情形.

附注 6.1 若 (A$_1$) 和 (B$_1$) 及 (C$_1$) 都满足, 则链 $\{X_n, n \in \mathbf{N}\}$ 是最简单的马尔可夫分支链, 也称为 Galton–Watson 链.

第十章

依时依空的随机环境中的马尔可夫链

§1 依时依空的随机环境中的马尔可夫链的构造

设 $(\mathscr{X},\mathscr{A})$、$(\Gamma,\mathscr{D})$ 是两个抽象的可测空间, Θ 是由 $\mathscr{X}$ 到 Γ 的一族 $\mathscr{A}/\mathscr{D}$ 可测的函数, $\mathscr{B}$ 是 Θ 上的 σ 代数.

如前几章一样, 用 $\mathbf{Z}$ 表示整数集, $\mathbf{N}\overset{\text{def}}{=\!=}\mathbf{Z}_+$ 表示非负整数集. $(\Omega,\mathscr{F},P)$ 是完备的概率空间. 令

$$\overrightarrow{X}=\{X_n,n\in\mathbf{N}\}\text{ 和 }\overrightarrow{\xi}=\{\xi_{m,x},m\in\mathbf{Z},x\in\mathscr{X}\}$$

是 Ω 上的分别取值于 $\mathscr{X}$ 和 Γ 的随机变量.

再记

$$\begin{aligned}&\xi_n=\{\xi_{n,x},x\in\mathscr{X}\},\quad \xi_{(x)}=\{\xi_{m,x},m\in\mathbf{Z}\},\\&\overrightarrow{X}_k^n=\{X_m,k-1<m<n+1\},\quad 0\leqslant k\leqslant n\leqslant\infty,\\&\overrightarrow{\xi}_k^n=\{\xi_m,k-1<m<n+1\},\quad -\infty\leqslant k\leqslant n\leqslant\infty,\end{aligned}$$

易见:

$$\overrightarrow{\xi}=\overrightarrow{\xi}_{-\infty}^{\infty},\quad \overrightarrow{X}=\overrightarrow{X}_0^{\infty}.$$

仍如前几章一样, 引进乘积空间与乘积 σ 代数如下:

$$\overrightarrow{\Theta}=\Theta^{\mathbf{Z}},\quad \overrightarrow{\mathscr{B}}=\mathscr{B}^{\mathbf{Z}},$$
$$\overrightarrow{\mathscr{B}}_k^n=\prod_{k-1<m<n+1}\mathscr{B}_m,\ \mathscr{B}_m\equiv\mathscr{B}=\Theta\bigcap\mathscr{D}^{\mathscr{X}},-\infty\leqslant k\leqslant n\leqslant\infty.$$

在第九章定义 1.1 中曾引进过随机马尔可夫核 (R.M.K.)$p(\cdot;\cdot,\cdot)$ 的概念, 当时 p 的定义域是 $\Theta\times D\times\mathscr{D}$. 由于现在的随机马尔可夫核的定义域与第九章中的定义域不同, 为避免混淆, 我们把本章特定的定义域下的随机马尔可夫核的定义再复习一下.

定义 1.1 设 $p(\cdot;\cdot,\cdot):\Gamma\times\mathscr{X}\times\mathscr{A}\mapsto[0,1]$, 称 p 是随机环境 Γ 中的一个随机马尔可夫核, 如果对任何固定的 $A\in\mathscr{A},p(\cdot;\cdot,A)$ 是 $\mathscr{D}\times\mathscr{A}$ 可测函数 (注意, 现在的 $\mathscr{D}$ 是 Γ 上的 σ 代数, $\mathscr{A}$ 是 $\mathscr{X}$ 上的 σ 代数 ·); 对任何固定的 $\gamma\in\Gamma,x\in\mathscr{X},p(\gamma;x,\cdot)$ 是 $\mathscr{A}$ 上的概率测度. 记随机环境 Γ 上的全体随机马尔可夫核为 RMK–Γ.

如无混淆, "随机环境 Γ 上" 一词可略去.

定义 1.2 设 $(\Omega,\mathscr{F},P)$、$(\Gamma,\mathscr{D})$、$(\mathscr{X},\mathscr{A})$、$(\Theta,\mathscr{B})$、$\overrightarrow{X}$、$\overrightarrow{\xi}$、$\overrightarrow{X}_k^n$ 和 $\overrightarrow{\xi}_k^n$ 如前所定义. $p\in\text{RMK}-\Gamma$. 若下述条件 (M) 成立:

$$\begin{aligned}(\text{M})\quad &P(X_{n+1}\in A,\xi_{n+1}\in B|\overrightarrow{X}_0^n,\overrightarrow{\xi}_{-\infty}^n)\\&=p(\xi_{n,X_n};X_n,A)P(\xi_{n+1}\in B|\overrightarrow{\xi}_{-\infty}^n),\end{aligned}$$

其中 $n\in\mathbf{N},A\in\mathscr{A},B\in\mathscr{B}$, 则称 $(\overrightarrow{X},\overrightarrow{\xi})$ 是一个依时依空的随机环境中的以 p 为随机马尔可夫核的马尔可夫链 (简记为 MCSTRE with $p\in\text{RMK}-\Gamma$).

如果 $(\overrightarrow{X},\overrightarrow{\xi}_0^\infty)$ 满足下述条件 (M^+):

$$\begin{aligned}(\text{M}^+)\quad &P(X_{n+1}\in A,\xi_{n+1}\in B|\overrightarrow{X}_0^n,\overrightarrow{\xi}_0^n)\\&=p(\xi_{n,X_n};X_n,A)P(\xi_{n+1}\in B|\overrightarrow{\xi}_0^n),\end{aligned}$$

其中 $n\in\mathbf{N},A\in\mathscr{A},B\in\mathscr{B}$, 则称 $(\overrightarrow{X},\overrightarrow{\xi}_0^\infty)$ 是一个正向依时依空的随机环境中的以 p 为随机马尔可夫核的马尔可夫链 (简记为 MCSTRE(+) with $p\in\text{RMK}-\Gamma$).

如无混淆, MCSTRE with $p\in\text{RMK}-\Gamma$ (相应地 MCSTRE(+) with $p\in\text{RMK}-\Gamma$) 简记为 MCSTRE (相应地 MCSTRE(+)).

特别地, 在定义 1.2 中, 若 $\xi_{n,x}$ 不依赖 x (对每个 $n \in \mathbf{Z}$), 则其定义的 MCSTRE 化为 MCTRE; 若 $\xi_{n,x}$ 不依赖 x (对每个 $n \in \mathbf{N}$), 则其定义的 MCSTRE(+) 化为 MCTRE(+). 类似地, 若 $\xi_{n,x}$ 不依于 $n \in \mathbf{Z}$ (对每个 $x \in \mathscr{X}$), 则称此类 MCSTRE $(\overrightarrow{X}, \overrightarrow{\xi})$ 为 MCSRE, 若 $\xi_{n,x}$ 不依赖 $n \in \mathbf{N}$ (对每个 $x \in \mathscr{X}$), 则称此类 MCSTRE(+)$(\overrightarrow{X}, \overrightarrow{\xi}{}_0^\infty)$ 为 MCSRE(+).

附注 1.1 Cogburn 在文献 [49]—[52] 中所研究的随机环境中的马尔可夫链 (MCRE) 实为定义 1.2 中的 MCTRE, 而 Zeitouni 在 [310] 中研究的随机环境中的马尔可夫链 (他主要研究随机环境中的随机徘徊), 其随机环境仅依赖空间.

附注 1.2 对每个 $p \in \mathrm{RMK} - \varGamma$, 每个 $\theta \in \varTheta, A \in \mathscr{A}, p(\theta(x); x, A)$ 是 x 的 $\mathscr{A}$ 可测函数.

注意: $\varTheta$ 中的每个 θ 都是 $\mathscr{A}/\mathscr{D}$ 可测函数, 用复合函数的可测性定理即知附注 1.2 成立.

利用单调类定理易证: 条件 (M) 等价于下列条件 $(\widetilde{\mathrm{M}})$:

$$
\begin{aligned}
(\widetilde{\mathrm{M}}) \quad & P\left(X_{n+1} \in A, \bigcap_{i=1}^{k} \{\xi_{n+1,x_i} \in D_i\} \middle| \overrightarrow{X}_0^n, \overrightarrow{\xi}{}_{-\infty}^n\right) \\
&= p(\xi_{n,X_n}; X_n, A) P\left(\bigcap_{i=1}^{k} \{\xi_{n+1,x_i} \in D_i\} \middle| \overrightarrow{\xi}{}_{-\infty}^n\right)
\end{aligned}
$$

其中 $n \in \mathbf{N}, k \geqslant 1, \{x_1, \cdots, x_k\} \subset \mathscr{X}, \{D_1, \cdots, D_k\} \subset \mathscr{D}, A \in \mathscr{A}$.

类似地, 条件 (M^+) 等价于下列条件 $(\widetilde{\mathrm{M}}^+)$:

$$
\begin{aligned}
(\widetilde{\mathrm{M}}^+) \quad & P\left(X_{n+1} \in A, \bigcap_{i=1}^{k} \{\xi_{n+1,x_i} \in D_i\} \middle| \overrightarrow{X}_0^n, \overrightarrow{\xi}{}_0^n\right) \\
&= p(\xi_{n,X_n}; X_n, A) P\left(\bigcap_{i=1}^{k} \{\xi_{n+1,x_i} \in D_i\} \middle| \overrightarrow{\xi}{}_0^n\right),
\end{aligned}
$$

其中 $n \in \mathbf{N}, k \geqslant 1, \{x_1, \cdots, x_k\} \subset \mathscr{X}, \{D_1, \cdots, D_k\} \subset \mathscr{D}, A \in \mathscr{A}$.

附注 1.3 MCSTRE 与 MCSTRE(+) 是两个不同的概念. $(\overrightarrow{X}, \overrightarrow{\xi})$ 是一个 MCSTRE, 而 $(\overrightarrow{X}, \overrightarrow{\xi}{}_0^\infty)$ 可以不是 MCSTRE(+), 而当 $(\overrightarrow{X}, \overrightarrow{\xi}{}_0^\infty)$ 是一个 MCSTRE(+) 时, $(\overrightarrow{X}, \overrightarrow{\xi})$ 可以不是 MCSTRE.

令 $\mathscr{X}=\Gamma=\Theta=\{-1,1\}$, η 和 τ 是两个相互独立且具有公共分布的随机变量. 再令 $P(\eta=-1)=P(\eta=1)=\dfrac{1}{2}$.

(1) 取

$$X_n=\begin{cases}\eta, & \text{当 } n \text{ 为偶整数},\\ \tau, & \text{当 } n \text{ 为奇整数},\end{cases}$$

$$\xi_{n,x}=\xi_{-n,x}=X_{n+1},\ \text{对一切 } n\in\mathbf{N}, x\in\mathscr{X},$$

$$p(\gamma;x,A)=\delta(\gamma,A),\ \text{对一切 } \gamma\in\Gamma, x\in\mathscr{X}, A\in\mathscr{A},$$

则 $(\overrightarrow{X},\overrightarrow{\xi})$ 是一个 MCSTRE with $p\in\mathrm{RMK}-\Gamma$, 但 $(\overrightarrow{X}_0^\infty,\overrightarrow{\xi}_0^\infty)$ 不是一个 MCSTRE(+) with $p\in\mathrm{RMK}-\Gamma$;

(2) 取 $X_0=\eta, X_n\equiv 1\ (\forall n\geqslant 1), \xi_{m,x}=\tau(\forall m>0, x\in\mathscr{X}), \xi_{m,x}=\eta+\tau\ (\forall m<0, x\in\mathscr{X}), \xi_{0,x}\equiv 1(\forall x\in\mathscr{X}), p(\gamma;x,A)=\delta(1,A)(\forall\gamma\in\Gamma, x\in\mathscr{X}, A\in\mathscr{A})$, 则 $(\overrightarrow{X}_0^\infty,\overrightarrow{\xi}_0^\infty)$ 是一个 MCSTRE(+) with $p\in\mathrm{RMK}-\Gamma$, 而 $(\overrightarrow{X},\overrightarrow{\xi})$ 不是一个 MCSTRE with $p\in\mathrm{RMK}-\Gamma$.

下面给出 MCSTRE 的构造定理.

仍设 $(\mathscr{X},\mathscr{A})$、$(\Gamma,\mathscr{D})$ 和 $(\Theta,\mathscr{B})$ 如前所定义 $\overrightarrow{\mathscr{X}}=\mathscr{X}^{\mathbf{N}}, \overrightarrow{\mathscr{A}}=\mathscr{A}^{\mathbf{N}}, \overrightarrow{\Theta}=\Theta^{\mathbf{Z}}, \overrightarrow{\mathscr{B}}=\mathscr{B}^{\mathbf{Z}}$. Φ 是可测空间 $(\mathscr{X}\times\overrightarrow{\Theta},\mathscr{A}\times\overrightarrow{\mathscr{B}})$ 上的概率测度, $p\in\mathrm{RMK}-\Gamma$. $\mathscr{X},\overrightarrow{\mathscr{X}},\overrightarrow{\Theta}$ 中之元素分别用 $x, \overrightarrow{x}=(x_n,n\in\mathbf{N}), \overrightarrow{\theta}=(\theta_n,n\in\mathbf{Z})$ 表示.

注意: 每个 $\theta_n\in\Theta$, 都是由 $(\mathscr{X},\mathscr{A})$ 到 $(\Gamma,\mathscr{D})$ 的 $\mathscr{A}/\mathscr{D}$ 可测函数. 有时我们记 $\theta_n(x)$ 为 $\theta_{n,x}$.

定理 1.1 设 $(\mathscr{X},\mathscr{A})$、$(\Gamma,\mathscr{D})$、$(\Theta,\mathscr{B})$、$\Phi$、$p$ 如前所定义. 再令 $\overline{m}(B)=\Phi(\mathscr{X}\times B)(B\in\mathscr{B})$. 则存在概率空间 $(\Omega,\mathscr{F},P)$ 及其上的 MCSTRE $(\overrightarrow{X},\overrightarrow{\xi})$, 它取值于 $\overrightarrow{\mathscr{X}}\times\overrightarrow{\Theta}$, 且以 p 为 R.M.K., 使得

$$P((\overrightarrow{X},\overrightarrow{\xi})\in C)=\int_{\mathscr{X}\times\overrightarrow{\Theta}}\Phi(\mathrm{d}x,\mathrm{d}\overrightarrow{\theta})\int_{\overrightarrow{\mathscr{X}}}P^x_{\overrightarrow{\theta}}(\mathrm{d}\overrightarrow{x})\mathbf{1}_C(\overrightarrow{x},\overrightarrow{\theta}),\tag{1.1}$$

其中 $\mathbf{1}_C$ 是 C 上的示性函数, $C\in\overrightarrow{\mathscr{A}}\times\overrightarrow{\mathscr{B}}$, $P^x_{\overrightarrow{\theta}}(\cdot)$ 是 $\overrightarrow{\mathscr{A}}$ 上的满足下列条件的概率测度:

$$\begin{aligned}&P^x_{\overrightarrow{\theta}}(\{\overrightarrow{x}\in\overrightarrow{\mathscr{X}}:x_0\in A_0,x_1\in A_1,\cdots,x_n\in A_n\})\\=&\int_{A_0}\delta(x,\mathrm{d}x_0)\int_{A_1}p(\theta_{0,x_0};x_0,\mathrm{d}x_1)\cdots\int_{A_n}p(\theta_{n-1,x_{n-1}};x_{n-1},\mathrm{d}x_n),\end{aligned}\tag{1.2}$$

其中 $\overrightarrow{\theta}=\{\theta_n,n\in\mathbf{Z}\}\in\overrightarrow{\Theta}, \theta_n=\{\theta_{n,x},x\in\mathscr{X}\}, x\in\mathscr{X}, x_i\in\mathscr{X}, \theta_{i,x_i}\in\Gamma$, $A_i\in\mathscr{A}(1\leqslant i\leqslant n)$, $P(A)$ 是 $\mathscr{A}\times\overrightarrow{\mathscr{B}}$ 的可测函数 (对任意固定的 $A\in\overrightarrow{\mathscr{A}}$), 这

是因为 θ_n 是由 $\mathscr{X}$ 到 Γ 的 $\mathscr{A}/\mathscr{D}$ 可测函数且 $p(\circ;\cdot,A)$ 是关于 $\mathscr{D}\times\mathscr{A}$ 的可测函数.

此外, 还有:

(1) $\overrightarrow{X}$ 的 P 边缘分布为

$$(P\circ\overrightarrow{X})(A)=\int_{\mathscr{X}\times\overrightarrow{\Theta}}\Phi(\mathrm{d}x,\mathrm{d}\overrightarrow{\theta})P^{x}_{\overrightarrow{\theta}}(A),\quad A\in\overrightarrow{\mathscr{A}};\tag{1.3}$$

(2) $\overrightarrow{\xi}$ 的 P 边缘分布为

$$(P\circ\overrightarrow{\xi})(B)=\Phi(\mathscr{X}\times B)=\overline{m}(B),\quad B\in\overrightarrow{\mathscr{B}}.\tag{1.4}$$

证 令

$$\begin{aligned}&L(\overrightarrow{\mathscr{X}}:A_0,\cdots,A_n)\stackrel{\text{def}}{=\!=}\{\overrightarrow{x}\in\overrightarrow{\mathscr{X}}:x_i\in A_i,0\leqslant i\leqslant n\},\\&L(\overrightarrow{\Theta}:B_{j,y_j},\cdots,B_{k,y_k})\stackrel{\text{def}}{=\!=}\{\overrightarrow{\theta}\in\overrightarrow{\Theta}:\theta_m(y_m)\in B_{m,y_m},j\leqslant m\leqslant k\}\end{aligned}$$

分别为 $\overrightarrow{\mathscr{A}}$ 和 $\overrightarrow{\mathscr{B}}$ 中之柱集, 其中 $A_i\in\mathscr{A},0\leqslant i\leqslant n,B_{m,y_m}\in\mathscr{D},y_m\in\mathscr{X},j\leqslant m\leqslant k$.

令 $\Omega=\overrightarrow{\mathscr{X}}\times\overrightarrow{\Theta},\mathscr{F}=\overrightarrow{\mathscr{A}}\times\overrightarrow{\mathscr{B}}$,

且
$$P(C)=\int_{\mathscr{X}\times\overrightarrow{\Theta}}\Phi(\mathrm{d}x,\mathrm{d}\overrightarrow{\theta})P^{x}_{\overrightarrow{\theta}}(\mathrm{d}\overrightarrow{x})\mathbf{1}_C(\overrightarrow{x},\overrightarrow{\theta}),C\in\overrightarrow{\mathscr{A}}\times\overrightarrow{\mathscr{B}}.\tag{1.5}$$

对任何 $\omega=(\overrightarrow{x},\overrightarrow{\theta})\in\Omega$, 令

$$\overrightarrow{X}(\omega)=\overrightarrow{x},\quad\overrightarrow{\xi}(\omega)=\overrightarrow{\theta},$$

则得到一个概率空间 $(\Omega,\mathscr{F},P)$ 及其上的取值于 $\overrightarrow{\mathscr{X}}\times\overrightarrow{\Theta}$ 中的随机元 $(\overrightarrow{X},\overrightarrow{\xi})$.

下面证明: $(\overrightarrow{X},\overrightarrow{\xi})$ 是一个 MCSTRE with $p\in\mathrm{RMK}-\Gamma$.

事实上,对任何 $\{A_0,A_1,\cdots,A_n,A_{n+1}\}\subset\mathscr{A},\{B_{j,y_j},\cdots,B_{k,y_k},B_{n+1,y}\}\subset\mathscr{D}$, $(j\leqslant k\leqslant n)$, 由 (1.5) 式和 (1.2) 式有

$$\begin{aligned}&\int_{L(\overrightarrow{\mathscr{X}}:A_0,\cdots,A_n)\times L(\overrightarrow{\Theta}:B_{j,y_j},\cdots,B_{k,y_k})}P(\mathrm{d}\overrightarrow{x},\mathrm{d}\overrightarrow{\theta})\\&\quad\cdot[p(\xi_{n,X_n};X_n,A_{n+1})P(\xi_{n+1,y}\in B_{n+1,y}|\overrightarrow{\xi}{}^{n}_{-\infty})]\\&\stackrel{(1.5)}{=\!=}\int_{\mathscr{X}\times\overrightarrow{\Theta}}\Phi(\mathrm{d}x,\mathrm{d}\overrightarrow{\theta})\int_{\overrightarrow{\mathscr{X}}}P^{x}_{\overrightarrow{\theta}}(\mathrm{d}\overrightarrow{x})[p(\theta_n(x_n);x_n,A_{n+1})\\&\quad\cdot\overline{m}(L(\overrightarrow{\Theta}:B_{n+1,y})|\overrightarrow{\mathscr{B}}{}^{n}_{-\infty})\mathbf{1}_{L(\overrightarrow{\mathscr{X}}:A_0,\cdots,A_n)\times L(\overrightarrow{\Theta}:B_{j,y_j},\cdots,B_{k,y_k})}]\end{aligned}$$

$$\overset{1.2}{=\!=}\int_{\mathscr{X}\times\overrightarrow{\Theta}}\Phi(\mathrm{d}x,\mathrm{d}\overrightarrow{\theta})[P_{\overrightarrow{\theta}}^{x}(L(\overrightarrow{\mathscr{X}}:A_0,\cdots,A_{n+1}))$$
$$\cdot\,\overline{m}(L(\overrightarrow{\Theta}:B_{j,y_j},\cdots,B_{k,y_k},B_{n+1})|\overrightarrow{\mathscr{B}}_{-\infty}^{n})]$$
$$=\int_{\mathscr{X}\times\overrightarrow{\Theta}}\Phi(\mathrm{d}x,\mathrm{d}\overrightarrow{\theta})\int_{\overrightarrow{\mathscr{X}}}P_{\overrightarrow{\theta}}^{x}(\mathrm{d}\overrightarrow{x})\mathbf{1}_{L(\overrightarrow{\mathscr{X}}:A_0,\cdots,A_{n+1})\times L(\overrightarrow{\Theta}:B_{j,y_j},\cdots,B_{k,y_k},B_{n+1})}$$
$$=P(L(\overrightarrow{\mathscr{X}}:A_0,\cdots,A_{n+1})\times L(\overrightarrow{\Theta}:B_{j,y_j},\cdots,B_{k,y_k},B_{n+1})).\tag{1.6}$$

由 (1.6) 式并用单调类定理可知 ($\widetilde{\mathrm{M}}$) 成立, 从而 $(\overrightarrow{X},\overrightarrow{\xi})$ 是一个 MCSTRE with $p\in \mathrm{RMK}-\varGamma$.

(1.3) 式和 (1.4) 式的成立是显然的. 定理证毕.

仍设 T 是由 $\overrightarrow{\theta}$ 到 $\overrightarrow{\Theta}$ 的推移算子, 即对任何 $\overrightarrow{\theta}=(\theta_n,n\in\mathbf{Z}),(T\overrightarrow{\theta})_n=\theta_{n+1},(n\in\mathbf{Z})$, 再令

$$p_n(\overrightarrow{\theta};x_0,A)=\int_{\mathscr{X}}p(\theta_{0,x_0};x_0,\mathrm{d}x_1)\cdots\int_{\mathscr{X}}p(\theta_{n-2,x_{n-2}};x_{n-2},\mathrm{d}x_{n-1})$$
$$\cdot p(\theta_{n-1,x_{n-1}};x_{n-1},A),\tag{1.7}$$

其中 $n\geqslant 1,\overrightarrow{\theta}\in\overrightarrow{\Theta},x_0\in\mathscr{X},A\in\mathscr{A}$, 再令 $F\in\mathscr{A}\times\overrightarrow{\mathscr{B}},(F)_y=\{\overrightarrow{\theta}\in\overrightarrow{\Theta}:(y,\overrightarrow{\theta})\in F\}$ 是 F 在 y 的截口集,

$$\widehat{P}(n,(x_0,\overrightarrow{\theta}),F)=\int_{\mathscr{X}}p_n(\overrightarrow{\theta};x_0,\mathrm{d}y)\mathbf{1}_{(F)_y}(T^n\overrightarrow{\theta}),\tag{1.8}$$
$$\widehat{P}((x_0,\overrightarrow{\theta}),F)=\widehat{P}(1,(x_0,\overrightarrow{\theta}),F).$$

易见:

$\widehat{P}(n,(x_0,\overrightarrow{\theta}),F)$ 是可测空间 $(\mathscr{X}\times\overrightarrow{\Theta},\mathscr{A}\times\overrightarrow{\mathscr{B}})$ 上的经典的 n 步转移函数, 而 $p_n(\overrightarrow{\theta};x_0,A)=P(X_n\in A|X_0=x_0,\overrightarrow{\xi}=\overrightarrow{\theta})$.

定理 1.2 *沿用上述符号. 再记 $\widehat{X}=\{(X_n,T^n\overrightarrow{\xi}),n\in\mathbf{N}\}$, 则 $\widehat{X}$ 是 $(\varOmega,\mathscr{F},P)$ 上的、以 $(\mathscr{X}\times\overrightarrow{\Theta},\mathscr{A}\times\overrightarrow{\mathscr{B}})$ 为状态空间、以 $P(n,(x,\overrightarrow{\theta}),F)$ 为转移函数、以 $\varPhi$ 为初始分布的经典的马尔可夫链, 称之为相应于 $(\overrightarrow{X},\overrightarrow{\xi})$ 的绕积马尔可夫链 (SKPMC).*

证 由 P 的定义 (见 (1.5) 式), 对任何 $n\geqslant 0,A_i\in\mathscr{A},B_i\in\overrightarrow{\mathscr{B}}\ (0\leqslant i\leqslant n)$,

有

$$P\left(\bigcap_{i=0}^{n}\{X_i\in A_i,T^i\overrightarrow{\xi}\in B_i\}\right)$$

$$=\int_{\mathscr{X}\times\overrightarrow{\Theta}}\Phi(\mathrm{d}x,\mathrm{d}\overrightarrow{\theta})P_{\overrightarrow{\theta}}^{x}(L(\overrightarrow{\mathscr{X}}:A_0,\cdots,A_n))\prod_{i=0}^{n}\mathbf{1}_{B_i}(T^i\overrightarrow{\theta}). \tag{1.9}$$

对 n 作归纳法可证:

$$\left(\int_{\mathscr{X}\times\overrightarrow{\Theta}}\widehat{P}((x,\overrightarrow{\theta}),\mathrm{d}(y_1,\overrightarrow{\theta}_1))\int_{\mathscr{X}\times\overrightarrow{\Theta}}\widehat{P}((y_1,\overrightarrow{\theta}_1),\mathrm{d}(y_2,\overrightarrow{\theta}_2))\cdots\right.$$

$$\left.\int_{\mathscr{X}\times\overrightarrow{\Theta}}\widehat{P}((y_{n-1},\overrightarrow{\theta}_{n-1}),\mathrm{d}(y_n,\overrightarrow{\theta}_n))\prod_{i=1}^{n}\mathbf{1}_{A_i}(y_i)\mathbf{1}_{B_i}(\overrightarrow{\theta}_i)\right)$$

$$=P_{\overrightarrow{\theta}}^{x}(L(\overrightarrow{\mathscr{X}}:A_1,\cdots,A_n))\prod_{i=1}^{n}\mathbf{1}_{B_i}(T^i\overrightarrow{\theta}), \tag{1.10}$$

$(n\geqslant 1,x\in\mathscr{X},\overrightarrow{\theta}\in\overrightarrow{\Theta},A_i\in\mathscr{A},B_i\in\overrightarrow{\mathscr{B}},1\leqslant i\leqslant n)$.

由 (1.9) 式和 (1.10) 式立即可得定理 1.2 成立.

附注 1.4 给定 $(\mathscr{X},\mathscr{A})$、$(\Gamma,\mathscr{D})$、$(\Theta,\mathscr{B})$、$p$ 如定理 1.1 中所定义. 若取 $\overrightarrow{\Theta}=\Theta^{\mathbf{N}},\overrightarrow{\mathscr{B}}=\mathscr{B}^{\mathbf{N}},\overrightarrow{\mathscr{X}}=\mathscr{X}^{\mathbf{N}},\overrightarrow{\mathscr{A}}=\mathscr{A}^{\mathbf{N}}$, Φ 是 $\mathscr{A}\times\overrightarrow{\mathscr{B}}$ 上的概率测度, $\overline{m}(B)=\Phi(\mathscr{X}\times\mathscr{B})$, 则亦存在概率空间 $(\Omega,\mathscr{F},P)$ 及其上的取值于 $\overrightarrow{\mathscr{X}}\times\overrightarrow{\Theta}$ 的以 Φ 为初始分布、以 p 为 R.M.K. 的且满足 (1.1)—(1.4) 式的 MCSTRE(+) $(\overrightarrow{X}_0^\infty,\overrightarrow{\xi}_0^\infty)$.

下面再给出 n 个与 (M) $((\mathrm{M}^+))$ 等价的条件.

$$(\mathrm{M}_0)\quad P(X_{n+1}\in A|\overrightarrow{X}_0^n,\overrightarrow{\xi})=p(\xi_{n,X_n};X_n,A);$$

$$(\mathrm{M}_1)\quad P(X_0\in A|\overrightarrow{\xi})=P(X_0\in A|\overrightarrow{\xi}_{-\infty}^0);$$

$$(\mathrm{M}_2)\quad P(X_{n+1}\in A,\overrightarrow{\xi}_{n+1}^\infty\in G|\overrightarrow{X}_0^n,\overrightarrow{\xi}_{-\infty}^n)$$

$$=p(\xi_{n,X_n};X_n,A)P(\overrightarrow{\xi}_{n+1}^\infty\in G|\overrightarrow{\xi}_{-\infty}^n).$$

类似地, 在 (M_0)、(M_1)、(M_2) 中分别以 $\overrightarrow{\xi}_0^\infty$ 代 $\overrightarrow{\xi}$, 以 ξ_0 代 $\overrightarrow{\xi}_{-\infty}^0$, 以 $\overrightarrow{\xi}_0^n$ 代 $\overrightarrow{\xi}_{-\infty}^n$, 则分别得到条件 (M_0^+)、(M_1^+)、(M_2^+).

定理 1.3 恒有

$$(\mathrm{M})\Longleftrightarrow(\mathrm{M}_0)\text{ 和 }(\mathrm{M}_1)\Longleftrightarrow(\mathrm{M}_2).$$

为证定理 1.3, 先证明如下引理.

引理 1.1 若条件 (M) 成立, 则下列方程式均成立:

(1)
$$P(\xi_{n+1}\in B_1,\cdots,\xi_{n+m}\in B_m|\overrightarrow{X}_0^n,\overrightarrow{\xi}_{-\infty}^n)$$
$$=P(\xi_{n+1}\in B_1,\cdots,\xi_{n+m}\in B_m|\overrightarrow{\xi}_{-\infty}^n);\tag{1.11}$$

(2)
$$P(X_{n+1}\in A,\xi_{n+1}\in B_1,\cdots,\xi_{n+m}\in B_m|\overrightarrow{X}_0^n,\overrightarrow{\xi}_{-\infty}^n)$$
$$=p(\xi_{n,X_n};X_n,A)P(\xi_{n+1}\in B_1,\cdots,\xi_{n+m}\in B_n|\overrightarrow{X}_0^n,\overrightarrow{\xi}_{-\infty}^n),\tag{1.12}$$
$$A\in\mathscr{A},n\geqslant 0,B_i\in\mathscr{B},m\geqslant 1.$$

证 在 (M) 中取 $A=\mathscr{X}$, 可得方程式 (1) 对 $m=1$ 成立. 对 $m=1$ 的情形在 (M) 中用方程式 (1) 可得方程式 (2) 对 $m=1$ 亦成立.

下面用归纳法来证明方程式 (1) 和 (2) 对任意正整数 m 都成立. 假定它们对 m 成立. 用单调类定理可证:

$$\begin{aligned}&\boldsymbol{E}(f(\xi_{n+1},\cdots,\xi_{n+m})\mathbf{1}_{\{X_{n+1}\in A\}}|\overrightarrow{X}_0^n,\overrightarrow{\xi}_{-\infty}^n)\\&=p(\xi_{n,X_n};X_n,A)\boldsymbol{E}(f(\xi_{n+1},\cdots,\xi_{n+m})|\overrightarrow{X}_0^n,\overrightarrow{\xi}_{-\infty}^n)\\&=p(\xi_{n,X_n};X_n,A)\boldsymbol{E}(f(\xi_{n+1},\cdots,\xi_{n+m})|\overrightarrow{\xi}_{-\infty}^n),\end{aligned}\tag{1.13}$$

此处 f 是任一有界可测函数.

下面证明方程式 (1) 和 (2) 对 $m+1$ 亦成立. 事实上, 由 (1.11)、(1.12)、(1.13) 式对 m 成立可推出:

$$\begin{aligned}&P(X_{n+1}\in A,\xi_{n+1}\in B_1,\cdots,\xi_{n+m+1}\in B_{m+1}|\overrightarrow{X}_0^n,\overrightarrow{\xi}_{-\infty}^n)\\&=\boldsymbol{E}[\mathbf{1}_{\{X_{n+1}\in A\}}\mathbf{1}_{\{\xi_{n+1}\in B_1,\cdots,\xi_{n+m}\in B_m\}}\cdot P(\xi_{n+m+1}\in B_{m+1}|\overrightarrow{\xi}_{-\infty}^{n+m})|\overrightarrow{X}_0^n,\overrightarrow{\xi}_{-\infty}^n]\\&=p(\xi_{n,X_n};X_n,A)\boldsymbol{E}[\mathbf{1}_{\{\xi_{n+1}\in B_1,\cdots,\xi_{n+m}\in B_m\}}\cdot P(\xi_{n+m+1}\in B_{m+1}|\overrightarrow{\xi}_{-\infty}^{n+m})|\overrightarrow{\xi}_{-\infty}^n]\\&=p(\xi_{n,X_n};X_n,A)P\left(\bigcap_{i=1}^{m+1}\{\xi_{n+i}\in B_i\}|\overrightarrow{\xi}_{-\infty}^n\right).\end{aligned}\tag{1.14}$$

(注意: 上述方程式中第二个等式用 (1.11)—(1.13) 式对 m 成立而得, 而第一个和第三个等式由条件期望的基本性而来.) 至此, 引理 1.1 得证.

现在证明定理 1.3.

第一步: (M) $\Longrightarrow$ (M_2).

用引理 1.1 和单调类定理立即可证 (M) $\Longrightarrow$ (M_2).

第二步: (M_2) $\Longrightarrow$ (M_0) 和 (M_1).

设 (M_2) 成立. 由于 (M_2) $\Longrightarrow$ (M), 所以由引理 1.1 和单调类定理可证: X_{n+1} 和 $\overrightarrow{\xi}\,_{n+1}^{\infty}$ 关于 σ 代数 $\sigma(\overrightarrow{X}_0^n, \overrightarrow{\xi}\,_{-\infty}^{n})$, 条件独立.

在 (M_2) 中取 $G = \Theta^{[n+1,\infty)}$, 有

$$
\begin{aligned}
&p(\xi_{n,X_n}; X_n, A) = P(X_{n+1} \in A | \overrightarrow{X}_0^n, \overrightarrow{\xi}\,_{-\infty}^{n}) \\
&= P(X_{n+1} \in A | \overrightarrow{X}_0^n, \overrightarrow{\xi}).
\end{aligned}
$$

此即 (M_0) 成立.

在 (M_2) 中取 $A = \mathscr{X}, n = 0$, 有

$$
P(\overrightarrow{\xi}\,_1^{\infty} \in G | X_0, \overrightarrow{\xi}\,_{-\infty}^{0}) = P(\overrightarrow{\xi}\,_1^{\infty} \in G | \overrightarrow{\xi}\,_{-\infty}^{0}),
$$

这意味着 X_0 与 $\overrightarrow{\xi}\,_1^{\infty}$ 关于 σ 代数 $\sigma(\overrightarrow{\xi}\,_{-\infty}^{0})$ 条件独立, 此即 (M_1) 成立.

第三步: (M_0) 和 (M_1) $\Longrightarrow$ (M).

设 (M_0) 成立. 由 (M_0) 和单调类定理易证: 对任何 $k < n$ 和任何由 $\Theta^{(-\infty,n-1]} \times \mathscr{X}$ 到 $\mathbf{R}$ 的有界可测函数 f, 均有

$$
\begin{aligned}
&\boldsymbol{E}(f(\cdots, \xi_{-1}, \xi_0, \xi_1, \cdots, \xi_{n-1} X_{k+1}) | \overrightarrow{X}_0^k, \overrightarrow{\xi}\,_{-\infty}^{n+1}) \\
&= \boldsymbol{E}(f(\cdots, \xi_{-1}, \xi_0, \xi_1, \cdots, \xi_{n-1}, X_{k+1}) | \overrightarrow{X}_0^k, \overrightarrow{\xi}\,_{-\infty}^{n}).
\end{aligned} \tag{1.15}
$$

由 (M_0)、(1.15) 式和单调类定理易证:

$$
\begin{aligned}
&P(X_0 \in A_0, \cdots, X_n \in A_n | X_0, \overrightarrow{\xi}\,_{-\infty}^{n+1}) \\
&= P(X_0 \in A_0, \cdots, X_n \in A_n | X_0, \overrightarrow{\xi}\,_{-\infty}^{n}).
\end{aligned} \tag{1.16}
$$

对于任何分别由 $\Theta^{(-\infty,n]}$ 和 $\mathscr{X}$ 到 $\mathbf{R}$ 的有界可测函数 g 和 h, 用 (M_1) 易证:

$$
\begin{aligned}
&\boldsymbol{E}(g(\cdots, \xi_{-1}, \xi_0, \xi_1, \cdots, \xi_n) h(X_0) | \overrightarrow{\xi}\,_{-\infty}^{n+1}) \\
&= \boldsymbol{E}(g(\cdots, \xi_{-1}, \xi_0, \xi_1, \cdots, \xi_n) h(X_0) | \overrightarrow{\xi}\,_{-\infty}^{n}).
\end{aligned} \tag{1.17}
$$

由 (1.17) 式并再次应用单调类定理可证: 对任何由 $\Theta^{(-\infty,n]} \times \mathscr{X}$ 到 $\mathbf{R}$ 的有界可测函数 f, 恒有

$$
\begin{aligned}
&\boldsymbol{E}(f(\cdots, \xi_{-1}, \xi_0, \xi_1, \cdots, \xi_n, X_0) | \overrightarrow{\xi}\,_{-\infty}^{n+1}) \\
&= \boldsymbol{E}(f(\cdots, \xi_{-1}, \xi_0, \xi_1, \cdots, \xi_n, X_0) | \overrightarrow{\xi}\,_{-\infty}^{n}).
\end{aligned} \tag{1.18}
$$

(1.18) 式意味着先对 $\sigma(X_0, \overrightarrow{\xi}\,_{-\infty}^{n})$ 取条件期望然后再对 $\sigma(\overrightarrow{\xi}\,_{-\infty}^{n+1})$ 取条件期望得到一个 $\sigma(\overrightarrow{\xi}\,_{-\infty}^{n})$ 可测的函数.

视 (1.16) 式右边为 (1.18) 式中之函数 $f(\cdots,\xi_{-1},\xi_0,\xi_1,\cdots,\xi_n,X_0)$, 再在 (1.16) 式两边对 $\sigma(\overrightarrow{\xi}_{-\infty}^{n+1})$ 取条件期望得:

$$P(X_0\in A_0,\cdots,X_n\in A_n\big|\overrightarrow{\xi}_{-\infty}^{n+1})=P(X_0\in A_0,\cdots,X_n\in A_n\big|\overrightarrow{\xi}_{-\infty}^{n}).\quad(1.19)$$

(1.19) 式说明 $\{X_0,\cdots,X_n\}$ 与 ξ_{n+1} 关于 $\sigma(\overrightarrow{\xi}_{-\infty}^{n})$ 条件独立. 所以, 对任何 $B\in\mathscr{B},n\in\mathbf{Z}$, 恒有:

$$P(\xi_{n+1}\in B\big|\overrightarrow{X}_0^n,\overrightarrow{\xi}_{-\infty}^{n})=P(\xi_{n+1}\in B|\overrightarrow{\xi}_{-\infty}^{n}).\qquad(1.20)$$

由 (1.20) 式和 (M_0) 得:

$$\begin{aligned}&P(X_{n+1}\in A,\xi_{n+1}\in B|\overrightarrow{X}_0^n,\overrightarrow{\xi}_{-\infty}^{n})\\=&\boldsymbol{E}(\mathbf{1}_{\{\xi_{n+1}\in B\}}P(X_{n+1}\in A\big|\overrightarrow{X}_0^n,\overrightarrow{\xi})\big|\overrightarrow{X}_0^n,\overrightarrow{\xi}_{-\infty}^{n})\\=&p(\xi_{n,X_n};X_n,A)P(\xi_{n+1}\in B|\overrightarrow{\xi}_{-\infty}^{n})\end{aligned}$$

此即 (M) 成立. 定理证毕.

对于 (M_0^+)、(M_1^+)、(M_2^+) 亦有类似的等价定理.

定理 1.4 恒有:

$$(\mathrm{M}^+)\Longleftrightarrow(\mathrm{M}_0^+)\text{ 和 }(\mathrm{M}_1^+)\Longleftrightarrow(\mathrm{M}_2^+).$$

证明完全类似于定理 1.3.

下面给出一类特殊的 MCSTRE—— 依时依空的随机环境中的随机徘徊, 简记为 RWSTRE.

定义 1.3 设 $(\mathscr{X},\mathscr{A})$、$(\Gamma,\mathscr{D})$、$(\Theta,\mathscr{B})$、$(\overrightarrow{\Theta},\overrightarrow{\mathscr{B}})$、$\Phi$、$\overline{m}$ 如定理 1.1 中所定义. $(\Omega,\mathscr{F},P)$ 亦如定理 1.1 中所构造. $(\overrightarrow{X},\overrightarrow{\xi})$ 为定理 1.1 中的 MCSTRE with $p\in\mathrm{RMK}-\Gamma$. 若 $\mathscr{X}=\mathbf{Z}^d$ (d 是正整数), Γ 是 $\mathscr{X}$ 上的全体离散的概率分布, 其上的 σ 代数 $\mathscr{D}$ 是由弱收敛拓扑所产生的 Borel σ 代数. 对任一 $\gamma\in\Gamma,\gamma(y)$ 表示离散分布 γ 在 y 的质量 ($y\in\mathscr{X}$). 如果下述条件成立:

$$p(\xi_{n,x};x,\{y\})=\xi_{n,x}(y-x),\quad P-\text{a.s. on }\Omega,$$

其中 $n\in\mathbf{Z},x,y\in\mathscr{X}$, 则称 $(\overrightarrow{X},\overrightarrow{\xi})$ 是一个依时依空的随机环境中的随机徘徊 (RWSTRE).

有时简记 $p(\xi_{n,x};x,\{y\})=p(\xi_{n,x};x,y)$.

附注 1.5 若定义 1.3 中的 RWSTRE $(\overrightarrow{X}, \overrightarrow{\xi})$ 的 $\xi_{n,x}$ 不依赖于 $n \in \mathbf{Z}$, 则称 $(\overrightarrow{X}, \overrightarrow{\xi})$ 是依空的随机环境中的随机徘徊 (RWSRE). Zeitouni 在 [310] 中系统地研究了 RWSRE. 他的研究对 RWSRE $(\overrightarrow{X}, \overrightarrow{\xi})$ 所加的基本条件是:

(1) $\xi_{n,x} \overset{\text{def}}{=\!=} \xi_x^*$ 不依赖 $n \in \mathbf{Z}$;

(2) 随机环境 ξ^* 的 P 边缘分布

$$m^* \overset{\text{def}}{=\!=} P \circ (\xi^*)^{-1}$$

对推移算子族 $\{T^{I_k}, 1 \leqslant k \leqslant d\}$ 是平稳的遍历的, 其中 I_k 是第 k 条坐标轴上的单位向量, $\xi^* = \{\xi_x^*, x \in \mathscr{X}\}, (T^{I_k}\xi^*)_x = \xi_{x+I_k}^*$.

附注 1.6 由于对每个固定的 $n \in \mathbf{Z}, x \in \mathscr{X}, \xi_{n,x}$ 是一个 $\mathscr{X}$ 上的随机离散分布, 所以, 我们亦可考虑 $\{\xi_{n,x}, n \in \mathbf{Z}, x \in \mathscr{X}\}$ 是一族由 $(\Omega, \mathscr{F}, P)$ 到于 $(\Gamma, \mathscr{D})$ 的随机元.

附注 1.7 设 $(\overrightarrow{X}, \overrightarrow{\xi})$ 是定义 1.3 中的 RWSTRE. 记

$$\begin{aligned} &q_k(n,x) = p(\xi_{n,x}; x, x+I_k), r_k(n,x) = p(\xi_{n,x}; x, x-I_k), \\ &q(n,x) = q_1(n,x), r(n,x) = r_1(n,x) \quad (n \in \mathbf{Z}, x \in \mathscr{X}, 1 \leqslant k \leqslant d). \end{aligned}$$

若 $0 < q_k(n,x), r_k(n,x) < 1, \sum_{k=1}^{d}(q_k(n,x) + r_k(n,x)) = 1$ $(\forall n \in \mathbf{Z}, x \in \mathscr{X}, \omega \in \Omega)$, 且 $\{\xi_{n,x}, n \in \mathbf{Z}, x \in \mathscr{X}\}$ 是独立同分布的, 其公共分布为 μ, 则称 RWSTRE $\{\overrightarrow{X}, \overrightarrow{\xi}\}$ 是一个简单的 RWSTRE$-\mu$.

注意: 对每个 $1 \leqslant k \leqslant d$, $\{q_k(n,x), n \in \mathbf{Z}, x \in \mathscr{X}\}$ 是一族由 $(\Omega, \mathscr{F}, P)$ 到 (0,1) 的独立同分布的随机变量, $\{r_k(n,x), n \in \mathbf{Z}, x \in \mathscr{X}\}$ 亦有同样性质.

附注 1.8 若 $(\overrightarrow{X}, \overrightarrow{\xi})$ 是附注 1.7 中所定义的简单的 RWSTRE$-\mu$, 且 $d = 1$, 则称 $(\overrightarrow{X}, \overrightarrow{\xi})$ 是 Bernoulli RWSTRE. Berard 在 [20] 中所研究的 RWSTRE, 正是此处所谓的 Bernoulli RWSTRE.

易证: 对 Bernoulli RWSTRE, 有

$$P(q(n,x) \in A) = \mu(\{\gamma \in \Gamma : \gamma(1) \in A\}), \quad A \in \mathscr{B}[0,1].$$

命题 1.1 对 RWSTRE $(\overrightarrow{X}, \overrightarrow{\xi}), \{X_n, n \in \mathbf{N}\}$ 的有限维分布为

$$\begin{aligned} P\left(\bigcap_{i=0}^{n}\{X_i = x_i\}\right) &= \int_{\mathscr{X} \times \overrightarrow{\Theta}} \Phi(\mathrm{d}x, \mathrm{d}\overrightarrow{\theta}) P_{\overrightarrow{\theta}}^{x}(L(\overrightarrow{\mathscr{X}} : x_0, \cdots, x_n)) \\ &= \int_{\overrightarrow{\Theta}} \Phi(\{x_0\}, \mathrm{d}\overrightarrow{\theta}) \prod_{i=0}^{n-1} \theta_{i,x_i}(x_{i+1} - x_i). \end{aligned} \tag{1.21}$$

特别地, 若 $(\overrightarrow{X}, \overrightarrow{\xi})$ 是一个简单的 RWSTRE$-\mu$, 且 $\varPhi = \nu \times \overline{m}$, 则

$$P\left(\bigcap_{i=0}^{n}\{X_i = x_i\}\right) = \nu(\{x_0\})\prod_{i=0}^{n-1}\int_{\varGamma}\mu(\mathrm{d}\theta_{i,x_i})\theta_{i,x_i}(x_{i+1}-x_i)$$
$$= \nu(\{x_0\})\prod_{i=0}^{n-1}\boldsymbol{E}(\xi_{i,x_i}(x_{i+1}-x_i)). \tag{1.22}$$

(注意: $\xi_{n,x}$ 是随机离散分布, $\xi_{n,x}(y)$ 是此随机离散分布在 y 之质量, 是一个实值随机变量.)

如果随机环境 $\overrightarrow{\xi}$ 是一个固定的离散分布 ρ, 即 $\xi_{n,x}(\omega) \equiv \rho$ 不依赖 n, x 和 ω, 则 $(\overrightarrow{X}, \overrightarrow{\xi})$ 是一个经典的随机徘徊, 这时 (1.22) 式变为

$$P\left(\bigcap_{i=0}^{n}\{X_i = x_i\}\right) = \nu(\{x_0\})\prod_{i=0}^{n-1}\rho(x_{i+1}-x_i). \tag{1.23}$$

且 $\{X_n, n \in \mathbf{N}\}$ 有一个与之依分布等价的 $\{\widetilde{X}_n, n \in \mathbf{N}\}$ (即它们的分布一样), 使

$\widetilde{X}_n = \widetilde{X}_0 + \sum\limits_{i=1}^{n}\varepsilon_i$, 且 $\{\widetilde{X}_0, \varepsilon_i, i \geqslant 1\}$ 相互独立, $\widetilde{X}_0$ 的分布为 ν, ε_i 的分布为 $\rho(i \geqslant 1)$.

证 由 RWSTRE 和 RWSTRE$-\mu$ 的定义, 可直接验证此命题成立.

定义 1.4 若 $\mathscr{X} = \mathbf{N}, \mathscr{A}$ 是 $\mathscr{X}$ 中一切子集生成的 σ 代数, $(\varGamma, \mathscr{D}) = (\varTheta, \mathscr{B})$ 是任一抽象可测空间. 记 $\overrightarrow{\mathscr{X}} = \mathscr{X}^{\mathbf{N}}, \overrightarrow{\mathscr{A}} = \mathscr{A}^{\mathbf{N}}, \overrightarrow{\varTheta} = \varTheta^{\mathbf{N}\times\mathbf{N}}, \overrightarrow{\mathscr{B}} = \mathscr{B}^{\mathbf{N}\times\mathbf{N}}$. $p(\gamma) = (p(\gamma; x, y), x, y \in \mathscr{X})$ 是一个随机转移矩阵 (R.T.M.), 而 $p(\gamma; x, A) \overset{\text{def}}{=\!=} \sum\limits_{y\in A} p(\gamma; x, y)$ $(\gamma \in \varGamma, x \in \mathscr{X}, A \in \mathscr{A})$, 显然 $p(\gamma; x, A)$ 是一个随机马尔可夫核 (R.M.K.). 若 $(\overrightarrow{X}, \overrightarrow{\xi})$ 是一个 MCSTRE$-\varGamma$ with $p \in$ RMK$-\varGamma$, 且满足

$$p(\theta_{n,i}; i, j) = \sum_{\sum\limits_{s=1}^{i} j_s = j}\prod_{s=1}^{i} p(\theta_{n,i}; 1, j_s), \tag{1.24}$$

其中 $n, i, j \in \mathbf{N}$, $\overrightarrow{\theta} \overset{\text{def}}{=\!=} (\theta_{n,i}, n, i \in \mathbf{N}) \in \overrightarrow{\varTheta}$, 则称 $(\overrightarrow{X}, \overrightarrow{\xi})$ 是一个依时依空的随机环境中的具有 R.M.K. p 的马尔可夫分支链 (MBSTRE), 并称

$$\varphi(\gamma; s) \overset{\text{def}}{=\!=} \sum_{k=0}^{\infty} p(\gamma; 1, k)s^k \quad (\gamma \in \varGamma, |s| \leqslant 1), \tag{1.25}$$

为 $(\overrightarrow{X}, \overrightarrow{\xi})$ 的随机母函数 (RGF), 而称

$$\mu(\gamma) \stackrel{\text{def}}{=\!=} \{p(\gamma;1,k), k \in \mathbf{N}\} \quad (\gamma \in \Gamma) \tag{1.26}$$

为 $(\overrightarrow{X}, \overrightarrow{\xi})$ 的本原随机分布 (ORD).

易证: 给定 $(\mathscr{X}, \mathscr{A})$、$(\Gamma, \mathscr{D})$、$(\Theta, \mathscr{B})$、$(\overrightarrow{\Theta}, \overrightarrow{\mathscr{B}})$ 如定义 1.4, 再给定一族 ORD $\{\mu(\gamma), \gamma \in \Gamma\}$ 如 (1.25) 式, 必存在一个概率空间 $(\Omega, \mathscr{F}, P)$ 及其上的一个 MBSTRE$-\Gamma(\overrightarrow{X}, \overrightarrow{\xi})$ with $p \in$ RMK $- \Gamma$ 满足 (1.24) 式.

在第八章和第九章中, 我们研究的是: 依时的随机环境中的分支链 (包括有限维的和无穷维的). 而定义 1.4 中介绍的依时依空的随机环境中的分支链, 虽然仅仅是一维的, 但它比仅依时的随机环境中的分支链要复杂. 目前这方面的文献很少.

§2 依时依空的随机环境中具有飘逸的分支链

在 §1 中, 我们既介绍了依时依空的随机环境中随机徘徊, 又介绍了依时依空的随机环境中的分支链. 本节将把二者结合起来, 引进依时依空的随机环境中的具有飘逸的分支链, 简记为 BCDSTRE. 在引进这一模型以前, 先做一些准备工作.

设 $(\Theta, \mathscr{B})$ 是一个抽象的可测空间, $f: \mathbf{Z}^d \mapsto \mathbf{Z}, d \geqslant 1$. 仍如第九章一样, 令

$$\begin{aligned}
&S_u(f) \stackrel{\text{def}}{=\!=} \{x \in \mathbf{Z}^d : f(x) \neq 0\} \text{ 为 } f \text{ 的支撑},\\
&E = \{f : f : \mathbf{Z}^d \mapsto \mathbf{N}, S_u(f) \text{ 是有限集.}\},\\
&\mu_f(A) = \sum_{x \in A \cap S_u(f)} f(x), f \in E, A \subset \mathbf{Z}^d,\\
&\Gamma = \{\mu_f(\cdot) : f \in E\}\\
&0^* \text{ 是 } \mathbf{Z}^d \text{ 上的零函数 (当然 } 0^* \in E).
\end{aligned}$$

对任何正整数 n, 任何非负整数 $r_1, \cdots, r_n$, 任何 $A_i \subset \mathbf{Z}^d, (1 \leqslant i \leqslant n)$, 称

$$\{f \in E : \mu_f(A_i) = r_i, 1 \leqslant i \leqslant n\}$$

为 $\mu-$ 柱集, 全体 $\mu-$ 柱集产生的 σ 代数记之为 $\mathscr{E}$, 于是得一可测空间, 它将取作某随机过程的状态空间. 设

$\overrightarrow{\xi} = \{\xi_{n,x}, n \in \mathbf{Z}, x \in \mathbf{Z}^d\}$ 是完备概率空间 $(\Omega, \mathscr{F}, P)$ 上的以 $(\Theta, \mathscr{B})$ 为状态空间的随机场, 仍记

$$\xi_n = \{\xi_{n,x}, x \in \mathbf{Z}^d\}, \xi_{(x)} = \{\xi_{n,x}, n \in \mathbf{Z}\}, \quad n \in \mathbf{Z}, x \in \mathbf{Z}^d,$$
$$\overrightarrow{\xi}_k^n = \{\xi_i, k-1 < i < n+1\}, \quad -\infty \leqslant k \leqslant n \leqslant \infty.$$

考虑下述模型的分支链: 分支系统中的质点可以作随机徘徊 (飘逸), 而且一个位置可以被多个质点所占据. 令

$\eta(n,u,i)$ 是时刻 n 处于位置 u 的众多质点中的第 i 个质点在时刻 $n+1$ 时所飘逸到的位置,

$$W(n,u,i;x) = \mathbf{1}_{\{\eta(n,u,i)=x\}}.$$

$Y(n,u,i)$ 是时刻 n 处于位置 u 的第 i 个质点在时刻 $n+1$ 分裂出的质点的个数, $X_{n,u}$ 是时刻 n 在位置 u 的质点的个数 $(n \in \mathbf{N}, x, u \in \mathbf{Z}^d, i \geqslant 1)$.

定义 2.1 对任何 $n \in \mathbf{N}, x \in \mathbf{Z}^d$, 令

$$X_{n+1,x} = \sum_{u \in \mathbf{Z}^d} \sum_{i=1}^{X_{n,u}} W(n,u,i;x) Y(n,u,i), \tag{2.1}$$

$$Y = \{Y(n,u,i), n \in \mathbf{N}, u \in \mathbf{Z}^d, i \geqslant 1\}, \tag{2.2}$$

$$\Gamma = \{\eta(n,u,i), n \in \mathbf{N}, u \in \mathbf{Z}^d, i \geqslant 1\}. \tag{2.3}$$

若 $\{X_{0,x}, Y(n,u,i), \eta(m,v,j), x,u,v \in \mathbf{Z}^d, i,j \geqslant 1\}$ 关于 P 相互独立, Y 是一族 i.i.d. 随机变量, 其公共分布为

$$P(Y(n,u,i)=k) = b(k) \geqslant 0, \quad \sum_{k \geqslant 0} b(k) = 1.$$

Γ 是一族满足下列条件的随机变量:

$$P(\eta(n,u,i)=x) = q(x-u), \quad \sum_{v \in \mathbf{Z}^d} q(v) = 1,$$

则称 $\overrightarrow{X} = \{X_{n,x}, n \in \mathbf{N}, x \in \mathbf{Z}^d\}$ 是一个经典的 (确定性环境的) 具有飘逸的分支链 (简记为 BCD).

记 $\overrightarrow{\Theta} = \Theta^{\mathbf{Z} \times \mathbf{Z}^d}, \overrightarrow{\mathscr{B}} = \mathscr{B}^{\mathbf{Z} \times \mathbf{Z}^d}$.

下面我们将引进 BCDSTRE 的概念.

定义 2.2 设 $\overrightarrow{\xi}=\{\xi_{n,x},n\in\mathbf{N},x\in\mathbf{Z}^d\}$ 如前面所定义, $\overrightarrow{X}=\{X_{n,u},n\in\mathbf{N},u\in\mathbf{Z}^d\}$ 如 (2.1) 式所定义, Y 和 Γ 分别如 (2.2) 和 (2.3) 式所定义. $W=\{W(n,u,i;x),n\in\mathbf{N},x,u\in\mathbf{Z}^d,i\geqslant 1\},X_n\overset{\text{def}}{=\!=}\{X_{n,u},u\in\mathbf{Z}^d\},n\in\mathbf{N}$.

若 X_0 与 $\overrightarrow{\xi}_1^\infty$ 关于 $\overrightarrow{\xi}_{-\infty}^0$ 条件独立, 且

(1) $\{X_{0,x},Y(n,u,i),\eta(m,v,j),m,n\in\mathbf{N},x,u,v\in\mathbf{Z}^d,i,j\geqslant 1\}$ 关于 $\overrightarrow{\xi}$ 条件独立, 即对 $P(\cdot|\overrightarrow{\xi})$ 相互独立;

(2) $P(Y(n,u,i)=k|\overrightarrow{\xi})\overset{\text{def}}{=\!=}b(\xi_{n,u};k),$ (2.4)

其中, $n,k\in\mathbf{N},u\in\mathbf{Z}^d,i\geqslant 1;b(\theta;k)$ 是 θ 的非负 $\mathscr{B}$ 可测函数 (对任何 $k\geqslant 0$), 且 $\sum\limits_{k\geqslant 0}b(\theta;k)\equiv 1$;

(3) $P(\eta(n,u,i)=X|\overrightarrow{\xi})=q\ \ (\xi_{n,u};x-u),$ (2.5)

其中 $q(\theta;v)$ 对任何固定的 $v\in\mathbf{Z}^d$ 是 θ 的非负 $\mathscr{B}$ 可测函数, 且 $\sum\limits_{v\in\mathbf{Z}^d}q(\theta;v)\equiv 1$, 则称 $(\overrightarrow{X},\overrightarrow{\xi})$ 是一个依时依空的随机环境中的具有飘逸的分支链 (BCD-STRE), 而称 $\overrightarrow{\xi}$ 为时空随机环境, $\overrightarrow{X}$ 为本原链, $b(\theta)=(b(\theta;k),k\in\mathbf{N})$ 为随机分支律 (分布), $q(\theta)=(q(\theta;v),v\in\mathbf{Z}^d)$ 为随机飘逸 (随机徘徊) 律 (分布).

定义 2.3 设 $\overrightarrow{\xi},\overrightarrow{X},Y,\Gamma,W,b(\theta),q(\theta)$ 如定义 2.2 中定义. 称

$$\varphi(\theta;s)\overset{\text{def}}{=\!=}\sum_{k=0}^{\infty}b(\theta;k)s^k\quad(\theta\in\Theta,|s|\leqslant 1),\tag{2.6}$$

为随机分支母函数 (RBGF), 而称

$$\psi_{n+1,x}(s;f,\overrightarrow{\theta})=\sum_{k=0}^{\infty}P(X_{n+1,x}=k|\overrightarrow{\xi}=\overrightarrow{\theta},X_n=f)s^k$$
$$(n\in\mathbf{N},x\in\mathbf{Z}^d,\overrightarrow{\theta}\in\overrightarrow{\Theta},f\in E,|s|\leqslant 1)\tag{2.7}$$

为局部的随机转移母函数 (LRTGF).

命题 2.1 对 LRTGF $\psi_{n+1,x}(s;f,\overrightarrow{\theta})$, 恒有:

$$\psi_{n+1,x}(s;f,\overrightarrow{\theta})=\prod_{v\in S_u(f)}[1-q(\theta_{n,v};x-v)+q(\theta_{n,v};x-v)\cdot\varphi(\theta_{n,v};s)]^{f(v)}$$
$$(n\in\mathbf{N},x\in\mathbf{Z}^d,f\in E,\overrightarrow{\theta}=(\theta_{n,v},n\in\mathbf{Z},v\in\mathbf{Z}^d).\tag{2.8}$$

证 由定义 2.2 中 (1) 设定的独立性和 $X_{n+1,v}$ 的独立性有:

$$
\begin{aligned}
&\psi_{n+1,x}(s;f,\overrightarrow{\theta})\\
=&\sum_{k=0}^{\infty}P(X_{n+1,x}=k|X_n=f,\overrightarrow{\xi}=\overrightarrow{\theta})s^k\\
=&\sum_{k=0}^{\infty}P\left(\sum_{v\in\mathbf{Z}^d}\sum_{i=1}^{f(v)}W(n,v,i;x)Y(n,v,i)=k|\overrightarrow{\xi}=\overrightarrow{\theta}\right)s^k\\
=&\sum_{k=0}^{\infty}P\left(\sum_{v\in S_u(f)}\sum_{i=1}^{f(v)}W(n,v,i;x)Y(n,v,i)=k|\overrightarrow{\xi}=\overrightarrow{\theta}\right)s^k\\
=&\prod_{v\in S_u(f)}\prod_{i=1}^{f(v)}\sum_{k=0}^{\infty}P(W(n,v,i;x)Y(n,v,i)=k|\overrightarrow{\xi}=\overrightarrow{\theta})s^k.
\end{aligned}\tag{2.9}
$$

但是

$$
\begin{aligned}
&\sum_{k=0}^{\infty}P(W(n,v,i;x)Y(n,v,i)=k|\overrightarrow{\xi}=\overrightarrow{\theta})s^k\\
=&\sum_{k=1}^{\infty}P(W(n,v,i;x)=1,Y(n,v,i)=k|\overrightarrow{\xi}=\overrightarrow{\theta})s^k\\
&+P(\{W(n,v,i;x)=0\}\bigcup\{Y(n,v,i)=0\}|\overrightarrow{\xi}=\overrightarrow{\theta})\\
=&\sum_{k=1}^{\infty}q(\theta_{n,v};x-u)b(\theta_{n,v};k)s^k+1\\
&-[P(W(n,v,i;x)\neq 0|\overrightarrow{\xi}=\overrightarrow{\theta})\cdot P(Y(n,v,i)\neq 0|\overrightarrow{\xi}=\overrightarrow{\theta})]\\
=&\sum_{k=1}^{\infty}q(\theta_{n,v};x-u)b(\theta_{n,v};k)s^k+1\\
&-[q(\theta_{n,v};x-u)(1-b(\theta_{n,v};0))]\\
=&\,q(\theta_{n,v};x-u)\varphi(\theta_{n,v};s)+1-q(\theta_{n,v};x-u).
\end{aligned}\tag{2.10}
$$

由 (2.9) 和 (2.10) 式得知命题 2.1 成立.

附注 2.1 如果定义 2.1 中的 $W(n,u,i;x)\equiv\delta_{u,x}$, 即没有飘逸, 则定义 2.1 中之 $\{X_{n,0},n\in\mathbf{N}\}$ 就是最简单的分支链 ——Galton–Watson 分支链, 类似地, 定义 2.2 中的 $\{X_{n,0},n\in\mathbf{N}\}$ 就变为 §1 中所定义的依时依空的随机环境 $\overrightarrow{\xi}$ 中的分支链.

附注 2.2 在定义 2.1 中, 若 $Y(n,u,i)\equiv 1, X_{0,0^*}\equiv 1, X_{0,x}=0$ (对一切 $x\neq 0^*$), 此处 0^* 表示 $\mathbf{Z}^d$ 中之零点, 即没有分支, 而且在初始时刻 0 只有一个质点在零点 0^*, 从而在 0^* 点之质点数非 0 即 1.

再令 $A_{n,x}=\{X_{n,x}=1\}$ $(n\in\mathbf{N}, x\in\mathbf{Z}^d)$, 则 $\eta_n \stackrel{\text{def}}{=\!=} \sum\limits_{x\in\mathbf{Z}^d} x\mathbf{1}_{A_{n,x}}$ 是时刻 n 质点所处的位置. 易证:

$$A_{n,x}\bigcap A_{n,y}=\varnothing\ (\text{当 } x\neq y),\ \bigcup_{x\in\mathbf{Z}^d} A_{n,x}\equiv\Omega.$$

由 $\{\eta(n,u,i), n\in\mathbf{N}, u\in\mathbf{Z}^d, i\geqslant 1\}$ 关于 P 相互独立,

$$\begin{aligned}
&P(\eta_{n+1}=x|\eta_n=u,\eta_{n-1}=u_{n-1},\cdots,\eta_0=u_0)\\
=&P(\eta_{n+1}=x|\eta_n=u)=P(\eta(n,u,1)=x)\\
=&q(x-u)\quad(n\in\mathbf{N}, x,u\in\mathbf{Z}^d).
\end{aligned}$$

这意味着 $\{\eta_n, n\in\mathbf{N}\}$ 是一个经典的, 时齐的空齐的马尔可夫链, 即它是一个经典的随机徘徊.

类似地, 若 $Y(n,u,i), X_{n,u}$ 仍满足前述条件, 但 $\{\eta(n,u,i), n\in\mathbf{N}, u\in\mathbf{Z}^d, i\geqslant 1\}$ 关于 $P(\cdot|\vec{\xi})$ 相互独立, 则

$$\begin{aligned}
&P(\eta_{n+1}=x|\eta_n=u,\eta_{n-1}=u_{n-1},\cdots,\eta_0=u_0,\vec{\xi})\\
=&P(\eta_{n+1}=x|\eta_n=u,\vec{\xi})\\
=&P(\eta(n,u,1)=x-u|\vec{\xi})\\
=&q(\xi_{n,u};x-u),
\end{aligned}$$

即

$\{\eta_n, n\in\mathbf{N}\}$ 是一个依时依空的随机环境 $\vec{\xi}$ 中的以 $q(\theta;v)$ 为飘逸律的随机徘徊.

附注 2.3 沿用定义 2.2 中之符号. 再记 $\Theta^*=\Theta^{\mathbf{Z}^d}, \mathscr{B}^*=\mathscr{B}^{\mathbf{Z}^d}$. 则 $\{\xi_n, n\in\mathbf{Z}\}$ 可视为一列 $(\Omega,\mathscr{F},P)$ 上的以 $(\Theta^*,\mathscr{B}^*)$ 为状态空间的随机元, 而 X_n 可视为在时刻 n 质点在 $\mathbf{Z}^d$ 上的分布, 即 $(\Omega,\mathscr{F},P)$ 上的 $\mathbf{N}^{\mathbf{Z}^d}$ 值的随机元 $(n\in\mathbf{N})$.

附注 2.4 定义 2.1 与定义 2.2 中的 E 是一个可数集.

事实上

$$
\begin{aligned}
E &= \{f : f : \mathbf{Z}^d \mapsto \mathbf{N}, S_u(f) < \infty\} \\
&= \bigcup_{n=0}^{\infty} \{f : f : \mathbf{Z}^d \mapsto \mathbf{N}, \#S_u(f) = n\} \\
&= \bigcup_{n=0}^{\infty} \bigcup_{\{x_1,\cdots,x_n\}\subset \mathbf{Z}^d, x_i\neq x_j (i\neq j)} \{f : f : \mathbf{Z}^d \mapsto \mathbf{N}, S_u(f) = \{x_1, \cdots, x_n\}\},
\end{aligned}
$$

所以 E 是可数集.

若 $\mu_1, \cdots, \mu_n$ 是 $\mathscr{E}$ 上的有限测度, 仍记 $\mu_1 * \cdots * \mu_n$ 为其卷积 $\mu_1^{k*} = \overbrace{\mu_1 * \cdots * \mu_1}^{k\text{ 个}}$.

下面要证明 BCDSTRE $(\overrightarrow{X}, \overrightarrow{\xi})$ 的某种意义下的马尔可夫性.

定理 2.1 设 $(\overrightarrow{X}, \overrightarrow{\xi})$ 是定义 2.2 中所定义的 BCDSTRE, $b(\theta)$ 和 $q(\theta)$ 分别为其随机分支律和随机飘逸律, 则 $(\{X_n, n \in \mathbf{N}\}, \{\xi_n, n \in \mathbf{Z}\})$ 是一个 MCTRE, 其随机转移矩阵 (R.T.M.) 为 $p(\theta^*) = (p(\theta^*; f, g), f, g \in E), \theta^* \in \Theta^* = \Theta^{\mathbf{Z}^d}$, 满足:

$$
\begin{aligned}
&P(X_{n+1} = g | \overrightarrow{\xi} = \overrightarrow{\theta}, X_n = f) = p(\theta_n; f, g) \\
&= \sum_{\substack{x_{v,i}\in \mathbf{Z}^d \\ v\in S_u(f) \\ 1\leqslant i\leqslant f(v)}} \left[\prod_{x\in \mathbf{Z}^d} (b(\theta_{n,v}))^{(\#\{A_{v,i}(x)\})*}(g(x)) \right] \\
&\quad \cdot \left[\prod_{v\in S_u(f)} \prod_{i=1}^{f(v)} q(\theta_{n,v}; x_{v,i} - v) \right],
\end{aligned} \tag{2.11}
$$

其中 $n \in \mathbf{N}, f, g \in E, \overrightarrow{\theta} = (\theta_{n,v}, n \in \mathbf{Z}, v \in \mathbf{Z}^d) \in \overrightarrow{\Theta}, \theta_n = (\theta_{n,v}, v \in \mathbf{Z}^d) \in \Theta^* = \Theta^{\mathbf{Z}^d}, A_{v,i}(x) = \{x_{v,i} \in A : x_{v,i} = x\}, A = \{x_{v,i} : v \in S_u(f), 1 \leqslant i \leqslant f(v)\}$.

证 由于 BCDSTRE $(\overrightarrow{X}, \overrightarrow{\xi})$ 的定义中就要求 X_0 与 $\overrightarrow{\xi}_1^\infty$ 关于 $\overrightarrow{\xi}_{-\infty}^0$ 条件独立, 即

$$
P(X_0 = f | \overrightarrow{\xi}) = P(X_0 = f | \overrightarrow{\xi}_{-\infty}^\infty) = P(X_0 = f | \overrightarrow{\xi}_{-\infty}^0),
$$

亦即第三章定理 1.1 中的条件 $(\mathrm{M_T}[d])^i$ 满足, 若还能证 (2.11) 式成立, 则由 (2.1) 式中 $X_{n+1,u}$ 的定义可知第三章定理 1.1 中的条件 $(\mathrm{M_T}[d])^h$ 成立, 从而

由第三章定理 1.1 知 $(\overrightarrow{X}, \overrightarrow{\xi})$ 是一个 MCTRE. 下面证明 (2.11) 式成立. 事实上

$$
\begin{aligned}
&P(X_{n+1}=g|X_n=f, \overrightarrow{\xi}=\overrightarrow{\theta})\\
=&\sum_{\substack{x_{v,i}\in\mathbf{Z}^d\\1\leqslant i\leqslant f(v)\\v\in S_u(f)}} P\left(X_{n+1}=g, \bigcap_{v\in S_u(f)}\bigcap_{i=1}^{f(v)}\{W(n,v,i;x_{v,i})=1\}|X_n=f, \overrightarrow{\xi}=\overrightarrow{\theta}\right)\\
=&\sum_{\substack{x_{v,i}\in\mathbf{Z}^d\\1\leqslant i\leqslant f(v)\\v\in S_u(f)}} P\Bigg(\bigcap_{x\in\mathbf{Z}^d}\left\{\sum_{\substack{x_{v,i}\in A\\x_{v,i}=x}} Y(n,v,i)=g(x)\right\}\\
&\cdot\bigcap_{v\in S_u(f)}\bigcap_{i=1}^{f(v)}\{\eta(n,v,i)=x_{v,i}\}|\overrightarrow{\xi}=\overrightarrow{\theta}\Bigg)\\
=&\sum_{\substack{x_{v,i}\in\mathbf{Z}^d\\1\leqslant i\leqslant f(v)\\v\in S_u(f)}}\left[\prod_{x\in\mathbf{Z}^d} P\left(\sum_{\substack{x_{v,i}\in A\\x_{v,i}=x}} Y(n,v,i)=g(x)|\overrightarrow{\xi}=\overrightarrow{\theta}\right)\right]\\
&\cdot\left[\prod_{v\in S_u(f)}\prod_{i=1}^{f(v)} P(\eta(n,v,i)=x_{v,i}|\overrightarrow{\xi}=\overrightarrow{\theta})\right]\\
=&\sum_{\substack{x_{v,i}\in\mathbf{Z}^d\\1\leqslant i\leqslant f(v)\\v\in S_u(f)}}\left[\prod_{x\in\mathbf{Z}^d}(b(\theta_{n,v}))^{(\#A_{v,i}(x))}(g(x))\right]\\
&\cdot\left[\prod_{v\in S_u(f)}\prod_{i=1}^{f(v)} q(\theta_{n,v};x_{v,i}-v)\right].
\end{aligned}
$$

(2.11) 式得证, 定理证毕

作为这一节的结束, 最后研究 BCDSTRE $(\overrightarrow{X}, \overrightarrow{\xi})$ 的矩. 仍设 $b(\theta)$ 和 $q(\theta)$ 为它的随机分支律与随机飘逸律, $\varphi(\theta;s)\overset{\text{def}}{=}\sum\limits_{k\geqslant 0} b(\theta;k)s^k$, $B(\theta)\overset{\text{def}}{=}\sum\limits_{k\geqslant 1} b(\theta;k)k$ $=\varphi'(\theta;1), B_2(\theta)=\varphi''(\theta;1)\cdot p(\theta^*)=(p(\theta^*;f,g),f,g\in E)$ 是 $(\overrightarrow{X}, \overrightarrow{\xi})$ 的 R.T.M. $(\theta\in\Theta,\theta^*\in\Theta^*=\Theta^{\mathbf{Z}^d})$.

定义 2.4 称

$$m(\overrightarrow{\theta};n,f,n+1,x)\overset{\text{def}}{=\!=}\sum_{k=0}^{\infty}P(X_{n+1,x}=k|X_n=f,\overrightarrow{\xi}=\overrightarrow{\theta})k$$

为在 $X_n=f$ 及 $\overrightarrow{\xi}=\overrightarrow{\theta}$ 条件下, 在位置 x 的局部条件期望 ($\overrightarrow{\theta}\in\overrightarrow{\Theta},n\geqslant 0,f\in E,x\in\mathbf{Z}^d$).

命题 2.2 对上述 BCDSTRE $(\overrightarrow{X},\overrightarrow{\xi})$, 恒有

$$m(\overrightarrow{\theta};n,f,n+1,x)=\sum_{v\in S_u(f)}f(v)q(\theta_{n,v};x-v)B(\theta_{n,v})$$
$$(\overrightarrow{\theta}=(\theta_{n,v},n\in\mathbf{Z},v\in\mathbf{Z}^d),n\in\mathbf{N},f\in E,x\in\mathbf{Z}^d). \tag{2.12}$$

证 令 $\beta(s;\theta,v,x)=1-q(\theta;x-v)+q(\theta;x-v)\varphi(\theta;s)$, 则

$$\psi_{n+1,x}(s;f,\overrightarrow{\theta})=\prod_{v\in S_u(f)}\beta(s;\theta_{n,v},v,x)^{f(v)},$$

但是

$$\beta(1;\theta,v,x)\equiv 1,\beta'(1;\theta,v,x)=q(\theta;x-v)\varphi'(\theta;1),$$

所以

$$\begin{aligned}
&m(\overrightarrow{\theta};n,f,n+1,x)=\psi'_{n+1,x}(1;\overrightarrow{\theta},f)\\
&=\sum_{v\in S_u(f)}\left[f(v)\beta'(1;\theta_{n,v},v,x)\beta(1;\theta_{n,v},v,x)^{f(v)-1}\right]\\
&\quad\cdot\prod_{\omega\in S_u(f)-\{v\}}\beta(1;\theta_{n,\omega},\omega,x)^{f(\omega)}\\
&=\sum_{v\in S_u(f)}f(v)B(\theta_{n,v})q(\theta_{n,v};x-v).
\end{aligned}$$

定义 2.5 对任意 $\overrightarrow{\theta}\in\overrightarrow{\Theta},f_m,f_{n+m}\in E,n,m\in\mathbf{N}$, 定义

$$\begin{aligned}
&p(\overrightarrow{\theta};m,f_m,m+n,f_{m+n})\\
&=\sum_{f_{m+1}\in E}\cdots\sum_{f_{m+n-1}\in E}\prod_{i=m}^{m+n-1}p(\theta_i;f_i,f_{i+1}),
\end{aligned}\tag{2.13}$$

易证

$$p(\overrightarrow{\theta};m,f,m+n,g)=P(X_{m+n}=g|X_m=f,\overrightarrow{\xi}=\overrightarrow{\theta})$$
$$(\overrightarrow{\theta}=(\theta_i,i\in\mathbf{Z})\in\overrightarrow{\Theta},\theta_i\in\Theta^{\mathbf{Z}^d},m,n\in\mathbf{N},f_i,f,g\in E) \tag{2.14}$$

是概率测度 $P(\cdot|\overrightarrow{\xi}=\overrightarrow{\theta})$ 下的非时齐的马尔可夫链 $\{X_n, n\in\mathbf{N}\}$ 下的 n 步转移概率. 简记

$$p^{(n)}(\overrightarrow{\theta};f,g)\overset{\text{def}}{=\!=}p(\overrightarrow{\theta};0,f,n,g). \tag{2.15}$$

定义 2.6 称

$$m_\mu(\overrightarrow{\theta};s,f,t,A)\overset{\text{def}}{=\!=}\sum_{g\in E}p(\overrightarrow{\theta};s,f,t,g)\mu_g(A) \tag{2.16}$$

为在 $\overrightarrow{\xi}=\overrightarrow{\theta}$ 和 $X_s=f$ 的条件下, 在时刻 t 处于区域 A 的质点总数的条件期望. 此处 $\overrightarrow{\theta}\in\overrightarrow{\Theta}, 0\leqslant s\leqslant t, s,t\in\mathbf{N}, f\in E, A\subset\mathbf{Z}^d$.

简记 $m_\mu(\overrightarrow{\theta};s,f,t,\{x\})=m_\mu(\overrightarrow{\theta};s,f,t,x)$,

$$m_\mu(\overrightarrow{\theta};s,\mathbf{1}_{\{x\}},t,A)=m_\mu(\overrightarrow{\theta};s,x,t,A).$$

命题 2.3 对 BCDSTRE $(\overrightarrow{X},\overrightarrow{\xi})$, 恒有:

(1) $m_\mu(\overrightarrow{\theta};s,f,s+t,\cdot)$ 是 $\mathbf{Z}^d$ 上的测度;

(2) $m_\mu(\overrightarrow{\theta};s,f,s+1,x)=m(\overrightarrow{\theta};s,f,s+1,x)$;

(3) $m_\mu(\overrightarrow{\theta};s,f,s+t+u,A)$

$$=\sum_{g\in E}p(\overrightarrow{\theta};s,f,s+t,g)m_\mu(\overrightarrow{\theta};s+t,g,s+t+u,A),$$

其中 $s,t,u\in\mathbf{N}, \overrightarrow{\theta}\in\overrightarrow{\Theta}, f\in E, A\subset\mathbf{Z}^d$.

证 (1) 由 m_μ 的定义立即可得.

(2) 令 $A_k(x)=\{g\in E: g(x)=k\}, x\in\mathbf{Z}^d, k\in\mathbf{N}$, 则

$$\begin{aligned}
m_\mu(\overrightarrow{\theta};s,f,s+1,x)&=\sum_{g\in E}p(\overrightarrow{\theta};s,f,s+1,g)g(x)\\
&=\sum_{k=0}^{\infty}\sum_{g\in A_k(x)}P(X_{s+1}=g|X_s=f,\overrightarrow{\xi}=\overrightarrow{\theta})g(x)\\
&=\sum_{k=0}^{\infty}P(X_{s+1}\in A_k(x)|X_s=f,\overrightarrow{\xi}=\overrightarrow{\theta})k\\
&=\sum_{k=0}^{\infty}P(X_{s+1,x}=k|X_s=f,\overrightarrow{\xi}=\overrightarrow{\theta})k\\
&=m(\overrightarrow{\theta};s,f,s+1,x).
\end{aligned}$$

(3) 可由 $p(\overrightarrow{\theta};s,f,t,g)$ 满足随机 Kolmogrov–Chapmann 方程式立即可得. 命题证毕.

利用命题 2.2 和 2.3, 可以由 BCDSTRE $(\overrightarrow{X},\overrightarrow{\xi})$ 的随机分支律 $b(\theta)$ 和随机飘逸律 $q(\theta)$ 计算 $(\overrightarrow{X},\overrightarrow{\xi})$ 的各种矩.

定义 2.7 对 BCDSTRE $(\overrightarrow{X},\overrightarrow{\xi})$, 称

$$m_2(\overrightarrow{\theta};n,f,n+1,x)\overset{\text{def}}{=\!=}\sum_{k=0}^{\infty}P(X_{n+1,x}=k|X_n=f,\overrightarrow{\xi}=\overrightarrow{\theta})k^2$$

为 $\overrightarrow{X}$ 在条件 $X_n=f$ 和 $\overrightarrow{\xi}=\overrightarrow{\theta}$ 下、在时刻 $n+1$ 在点 x 的局部条件二阶矩, 其中 $\overrightarrow{\theta}\in\overrightarrow{\Theta},n\in\mathbf{N},f\in E,x\in\mathbf{Z}^d$. 而称

$$m_{2,\mu}(\overrightarrow{\theta};s,f,t,A)\overset{\text{def}}{=\!=}\sum_{g\in E}p(\overrightarrow{\theta};s,f,t,g)\mu_g(A)^2$$

为 $\overrightarrow{X}$ 在条件 $X_s=f$ 和 $\overrightarrow{\xi}=\overrightarrow{\theta}$ 下、在时刻 t 在区域 A 的质点总数的条件二阶矩, 其中 $\overrightarrow{\theta}\in\overrightarrow{\Theta},s\leqslant t,s,t\in\mathbf{N},f\in E,A\subset\mathbf{Z}^d$.

命题 2.4 对 BCDSTRE $(\overrightarrow{X},\overrightarrow{\xi})$, 恒有:

$$\begin{aligned}(1)\quad & m_2(\overrightarrow{\theta};n,f,n+1,x)=m(\overrightarrow{\theta};n,f,n+1,x)\\ &+\sum_{v\in S_u(f)}\Bigg[f(v)(f(v)-1)(q(\theta_{n,v};x-v)B(\theta_{n,v}))^2\\ &+f(v)q(\theta_{n,v};x-v)B_2(\theta_{n,v})\\ &+\sum_{w\in S_u(f)-\{v\}}f(v)f(w)q(\theta_{n,v};x-v)q(\theta_{n,w};x-w)B(\theta_{n,v})B(\theta_{n,w})\Bigg];\end{aligned}$$

(2) $m_{2,\mu}(\overrightarrow{\theta};s,f,s+t,\cdot)$ 是 $\mathbf{Z}^d$ 上的测度;

(3) $m_{2,\mu}(\overrightarrow{\theta};n,f,n+1,x)=m_2(\overrightarrow{\theta};n,f,n+1,x)$;

(4) $m_{2,\mu}(\overrightarrow{\theta};s,f,s+t+u,A)$

$$=\sum_{g\in E}p(\overrightarrow{\theta};s,f,s+t,g)m_{2,\mu}(\overrightarrow{\theta};s+t,g,s+t+u,A),$$

其中 $\overrightarrow{\theta}\in\overrightarrow{\Theta},s,t,u\in\mathbf{N},f\in E,A\subset\mathbf{Z}^d,x\in\mathbf{Z}^d$.

证 (1) 令 $\beta(s;\theta,v,x)=1-q(\theta;x-v)+q(\theta;x-v)\varphi(\theta;s)$ 如前所定义, 我们已经证明:

$$\psi_{n+1,x}(s;f,\overrightarrow{\theta})=\prod_{v\in S_u(f)}\beta(s;\theta_{n,v},v,x)^{f(v)},$$

和

$$\frac{\mathrm{d}}{\mathrm{d}s}\psi_{n+1,x}(s;f,\overrightarrow{\theta})=\sum_{v\in S_u(f)}f(v)\beta(s;\theta_{n,v},v,x)^{f(v)-1}\beta'(s;\theta_{n,v},v,x)\cdot\prod_{w\in S_u(f)-\{v\}}\beta(s;\theta_{n,w},w,x)^{f(w)}.$$

因此, 由 $\beta(1;\theta,v,x)\equiv 1$ 和 $\beta'(1;\theta,v,x)=q(\theta;x-v)B(\theta)$ 有

$$\begin{aligned}
&\left[\frac{\mathrm{d}^2}{\mathrm{d}s^2}\psi_{n+1,x}(s;f,\overrightarrow{\theta})\right]_{s=1}\\
=&\sum_{v\in S_u(f)}f(v)(f(v)-1)\beta'(1;\theta_{n,v},v,x)^2\\
&+\sum_{v\in S_u(f)}f(v)\beta''(1;\theta_{n,v},v,x)\\
&+\sum_{v\in S_u(f)}\left[\frac{\mathrm{d}}{\mathrm{d}s}\prod_{w\in S_u(f)-\{v\}}\beta(s;\theta_{n,w},w,x)^{f(w)}\right]_{s=1}\cdot[f(v)\beta'(1;\theta_{n,v},v,x)]\\
=&\sum_{v\in S_u(f)}f(v)(f(v)-1)\beta'(1;\theta_{n,v},v,x)^2\\
&+\sum_{v\in S_u(f)}f(v)\beta''(1;\theta_{n,v},v,x)\\
&+\sum_{v\in S(f)}[f(v)\beta'(1;\theta_{n,v},v,x)]\cdot\left[\sum_{w\in S_u(f)-\{v\}}f(w)B(\theta_{n,w})q(\theta_{n,w};x-w)\right]\\
=&\sum_{v\in S_u(f)}[f(v)(f(v)-1)(q(\theta_{n,v};x-v)B(\theta_{n,v}))^2\\
&+f(v)q(\theta_{n,v};x-v)B_2(\theta_{n,v})+(f(v)q(\theta_{n,v};x-v)B(\theta_{n,v})\\
&\cdot\sum_{w\in S_u(f)-\{v\}}f(w)q(\theta_{n,w};x-w)B(\theta_{n,w}))],
\end{aligned}$$

结论 (1) 得证.

仿命题 2.3 的方法可证明本命题之结论 (2)—(4).

§3 依时依空的随机环境中的随机徘徊的中心极限定理

在 §1 和 §2 中, 我们都提到过依时依空的随机环境中的随机徘徊 (RWSTRE). 在这一节中, 我们要研究一类特殊的 RWSTRE 的中心极限定理. 先把这类特殊的 RWSTRE 的模型介绍一下.

给定完备概率空间 $(\Omega, \mathscr{F}, P)$. 设随机环境 $\overrightarrow{\xi} = \{\xi_{n,x}, n \in \mathbf{N}, x \in \mathbf{Z}\}$ 是一个随机场, $\xi_{n,x}$ 取值于 $[0,1]$, $\{\xi_{n,x}; n \in \mathbf{N}, x \in \mathbf{Z}\}$ 独立同分布, 而且

$$P(\xi_{0,0}=0) = P(\xi_{0,0}=1) = 0, \quad \boldsymbol{E}(\xi_{0,0}) = \frac{1}{2},$$

此处 $\boldsymbol{E}$ 表示关于 P 的期望算子. 记 $P_{\overrightarrow{\xi}}(\cdot) = P(\cdot|\overrightarrow{\xi})$. 若记 $\Theta = [0,1]$, $\mathscr{B}$ 为 Θ 上的 Borel σ 代数, $\overrightarrow{\Theta} = \Theta^{\mathbf{N}\times\mathbf{Z}}$, $\overrightarrow{\mathscr{B}} = \mathscr{B}^{\mathbf{N}\times\mathbf{Z}}$, 则可视 $\overrightarrow{\xi}$ 为 $(\Omega, \mathscr{F}, P)$ 到 $(\overrightarrow{\Theta}, \overrightarrow{\mathscr{B}})$ 的随机元. 仍记 $\overline{m} \overset{\text{def}}{=\!=} P \circ (\overrightarrow{\xi})^{-1}$ 为 $\overrightarrow{\xi}$ 的 P 分布, 并记 $P_{\overrightarrow{\theta}}(\cdot) = P(\cdot|\overrightarrow{\xi} = \overrightarrow{\theta})$, 其中 $\overrightarrow{\theta} = (\theta_{n,x}, n \in \mathbf{N}, x \in \mathbf{Z}) \in \overrightarrow{\Theta}, \theta_{n,x} \in \Theta$. 再设随机变量序列 $\overrightarrow{X} = \{X_n, n \in \mathbf{N}\}$ 取值于 $\mathbf{Z}$, 且满足:

$$\begin{cases} X_0 \equiv 0, \\ P_{\overrightarrow{\theta}}(X_{n+1} = x+1 | X_n = x) = \theta_{n,x}, \\ P_{\overrightarrow{\theta}}(X_{n+1} = x-1 | X_n = x) = 1 - \theta_{n,x}, \end{cases} \tag{3.1}$$

$n \in \mathbf{N}, x \in \mathbf{Z}, \overrightarrow{\theta} = (\theta_{n,x}, n \in \mathbf{N}, x \in \mathbf{Z}) \in \overrightarrow{\Theta}$.

易见 $(\overrightarrow{X}, \overrightarrow{\xi})$ 是 $(\Omega, \mathscr{F}, P)$ 上的以 $p(\theta) \overset{\text{def}}{=\!=} (p(\theta; x, y), x, y \in \mathbf{Z})$ 为 R.T.M. 的 MCSTRE(+), 其中 $p(\theta; x, x+1) = \theta, p(\theta; x, x-1) = 1-\theta, p(\theta; x, y) = 0(|x-y| > 1$ 或 $x = y)$. 不仅如此, $(\overrightarrow{X}, \overrightarrow{\xi})$ 还是 §1 和 §2 中所定义的 Bernoulli RWSTRE(+).

本节的主要结果如下.

定理 3.1 对 $\overline{m}$ - a.s. $\overrightarrow{\theta}$, 当 $n \to \infty$ 时, $P_{\overrightarrow{\theta}}\left(\dfrac{X_n}{\sqrt{n}} \leqslant \lambda\right)$ 收敛到标准正态分布 $N(0,1)$. 这就是 Bernoulli RWSTRE(+) 的几乎处处中心极限定理.

为了证明定理 3.1, 需要做一些准备工作, 其中最主要的准备是研究下述序列的性质: 令

$$c_n \overset{\text{def}}{=\!=} \boldsymbol{E}_m \left[\sum_{a=-n}^{n} \left(P_{\overrightarrow{\theta}}(X_n = a)\right)^2 \right], \quad n \in \mathbf{N}. \tag{3.2}$$

仍如前所约定, $\boldsymbol{E}_m$ 是关于 $\overline{m}$ 的期望算子. 再令

$$H(s) = \sum_{n=0}^{\infty} c_n s^n, \quad s \in [0,1) \tag{3.3}$$

为 $\{c_n\}$ 之母函数. 注意: 由于 $|c_n| \leqslant 1$, 所以 (3.3) 式中定义的母函数 $H(s)$ 在 $[0,1)$ 是收敛的. 为了证明定理 3.1, 我们并不需要对每个 c_n 进行估计, 而只需对序列 $\{c_n\}$ 的整体性质即对其母函数 $H(s)$ 进行估计.

再记

$$u \stackrel{\text{def}}{=\!=} 4\boldsymbol{E}(\xi_{0,0}^2) \quad (\boldsymbol{E} \text{ 是关于 } P \text{ 之期望算子}). \tag{3.4}$$

注意: 由于本节假设了 $P(\xi_{0,0}=0)=P(\xi_{0,0}=1)=0, \boldsymbol{E}(\xi_{0,0})=\dfrac{1}{2}$, 所以 $\boldsymbol{E}(\xi_{0,0}^2)<\boldsymbol{E}(\xi_{0,0})=\dfrac{1}{2}$, 从而

$$u<2. \tag{3.5}$$

再令

$$G(s)=1-\frac{s}{2}-\sqrt{1-s}, \quad s\in[0,1). \tag{3.6}$$

命题 3.1　$H(s)$ 和 $G(s)$ 有下述关系:

$$H(s)=\left(1-\frac{us}{2}\right)^{-1}\left(1-(2-u)\left(1-\frac{us}{2}\right)^{-1}G(s)\right)^{-1}, \quad s\in[0,1). \tag{3.7}$$

证　对任意的整数对 $e=(x,y)\in\mathbf{Z}^2$ 和时刻 $i\geqslant 1$, 记

$$p_{\overrightarrow{\theta}}(e,i) \stackrel{\text{def}}{=\!=} P_{\overrightarrow{\theta}}(X_i=y|X_{i-1}=x). \tag{3.8}$$

对任何 $n\in\mathbf{N}, a\in\mathbf{Z}$, 令

$$V_{n,a} \stackrel{\text{def}}{=\!=} \{(x_0,\cdots,x_n)\in\mathbf{Z}^{n+1}: x_0=0, |x_i-x_{i-1}|=1, x_n=a\} \tag{3.9}$$

为始于 0 终于 a 有 n 个长为 1 的边的 $\mathbf{Z}$ 中的轨道的全体构成的集合, 对每一条轨道 $V=(x_0,\cdots,x_n)\in V_{n,a}$, $(V(1),\cdots,V(n))$ 表示 V 的相继的边构成的序列, 即 $V(i)=(x_{i-1},x_i)$.

由于 $\overrightarrow{X}=\{X_n, n\in\mathbf{N}\}$ 是概率空间 $(\Omega,\mathscr{F},P_{\overrightarrow{\theta}})$ 上的经典的非时齐的马尔可夫链, 且 $X_0=0$, 所以

$$\begin{aligned}
P_{\overrightarrow{\theta}}(X_n=a) &= \sum_{\substack{x_j\in\mathbf{Z},1\leqslant j<n\\ x_0=0,x_n=a}}\left(\prod_{i=1}^n P_{\overrightarrow{\theta}}(X_i=x_i|X_{i-1}=x_{i-1})\right)\\
&= \sum_{V\in V_{n,a}}\prod_{i=1}^n p_{\overrightarrow{\theta}}(V(i),i).
\end{aligned} \tag{3.10}$$

把 (3.10) 式代入 c_n 之定义 (3.2) 式得:

$$c_n=\boldsymbol{E}_m\left[\sum_{a=-n}^{n}\sum_{V_1,V_2\in V_{n,a}}\left(\prod_{i=1}^n p_{\overrightarrow{\theta}}(V_1(i),i)\right)\left(\prod_{i=1}^n p_{\overrightarrow{\theta}}(V_2(i),i)\right)\right]. \tag{3.11}$$

为估计 (3.11) 式右方, 必须对一切 $a \in \{-n, -n+1, \cdots, n\}$ 和一切 $V_1, V_2 \in V_{n,a}$, 计算期望:

$$\boldsymbol{E}_m \left(\prod_{i=1}^{n} p_{\overrightarrow{\theta}}(V_1(i), i) p_{\overrightarrow{\theta}}(V_2(i), i) \right). \tag{3.12}$$

由于转移概率 $P_{\overrightarrow{\theta}}(X_{i+1} = y | X_i = x)$ 对不同的时刻 i 关于概率测度 $\overline{m}$ 是相互独立的 (注意上述转移概率作为 $\overrightarrow{\theta}$ 的函数是 $(\overrightarrow{\Theta}, \overrightarrow{\mathscr{B}}, \overline{m})$ 上的取值于 [0,1] 的随机变量), 再注意 $p_{\overrightarrow{\theta}}(V(i), i)$ 之定义和 (3.1) 式及 $\{\xi_{n,x}, n \in \mathbf{N}, x \in \mathbf{Z}^d\}$ 是 i.i.d. 随机场知: 二维随机变量族:

$$\{(p_{\overrightarrow{\theta}}(V_1(i), i), p_{\overrightarrow{\theta}}(V_2(i), i)), \quad 1 \leqslant i \leqslant n\}$$

关于 $\overline{m}$ 是相互独立的. 所以 (3.12) 式中的期望等于

$$\prod_{i=1}^{n} \boldsymbol{E}_m (p_{\overrightarrow{\theta}}(V_1(i), i) p_{\overrightarrow{\theta}}(V_2(i), i)). \tag{3.13}$$

对于每一个 $1 \leqslant i \leqslant n$, 我们分三种情况来计算乘积 (3.13) 式中的每一项.

情况 1. 两个边 $V_1(i)$ 和 $V_2(i)$ 始于不同的顶点.

对于这种情况, 仿上, 可知 $p_{\overrightarrow{\theta}}(V_1(i), i)$ 与 $p_{\overrightarrow{\theta}}(V_2(i), i)$ 关于 $\overline{m}$ 是相互独立的, 所以若令 $V_k(i) = (x_k(i-1), x_k(i))$, 则

$$p_{\overrightarrow{\theta}}(V_k(i), i) \text{ 不是 } \theta_{i-1, x_k(i-1)} \text{ 就是 } 1 - \theta_{i-1, x_k(i-1)},$$

而

$$\boldsymbol{E}_m(\theta_{n,x}) = \boldsymbol{E}(\xi_{n,x}) = \boldsymbol{E}(\xi_{0,0}) = \frac{1}{2} \quad (\forall n \in \mathbf{N}, x \in \mathbf{Z}),$$

所以

$$\begin{aligned} &\boldsymbol{E}_m (p_{\overrightarrow{\theta}}(V_1(i), i) p_{\overrightarrow{\theta}}(V_2(i), i)) \\ =& \boldsymbol{E}_m (p_{\overrightarrow{\theta}}(V_1(i), i)) \boldsymbol{E}_m (p_{\overrightarrow{\theta}}(V_2(i), i)) = \frac{1}{4}. \end{aligned} \tag{3.14}$$

情况 2. 两个边 $V_1(i)$ 与 $V_2(i)$ 相等.

令 $V_1(i) = V_2(i) = (x, y)$, 则

$$p_{\overrightarrow{\theta}}(V_k(i), i) = \begin{cases} \theta_{i-1,x}, & \text{当 } y = x+1, \\ 1 - \theta_{i-1,x}, & \text{当 } y = x-1. \end{cases} \tag{3.15}$$

由于 $\{\theta_{n,x}, n \in \mathbf{N}, x \in \mathbf{Z}\}$ 是 $(\overrightarrow{\Theta}, \overrightarrow{\mathscr{B}}, \overline{m})$ 上的 i.i.d. 随机场, 且 $\boldsymbol{E}_m(\theta_{n,x}) = \boldsymbol{E}(\xi_{n,x}) = \dfrac{1}{2}$, 所以

$$\boldsymbol{E}_m(\theta_{i-1,x}^2) = \boldsymbol{E}_m((1-\theta_{i-1,x})^2) = \boldsymbol{E}_m(\theta_{0,0}^2). \tag{3.16}$$

由 (3.15)、(3.16) 式得

$$\boldsymbol{E}_m(p_{\overrightarrow{\theta}}(V_1(i), i)p_{\overrightarrow{\theta}}(V_2(i), i)) = \boldsymbol{E}_m(\theta_{0,0}^2). \tag{3.17}$$

情况 3. 两个边 $V_1(i), V_2(i)$ 均始于 x, 但终点不同. 这时必有 $p_{\overrightarrow{\theta}}(V_1(i), i)p_{\overrightarrow{\theta}}(V_2(i), i) = \theta_{i-1,x}(1-\theta_{i-1,x})$, 从而

$$\begin{aligned}&\boldsymbol{E}_m(p_{\overrightarrow{\theta}}(V_1(i), i)p_{\overrightarrow{\theta}}(V_2(i), i)) \\ =& \boldsymbol{E}_m(\theta_{i-1,x}(1-\theta_{i-1,x})) = \frac{1}{2} - \boldsymbol{E}_m(\theta_{0,0}^2).\end{aligned} \tag{3.18}$$

令轨道 V_1 与 V_2 都具有 n 条边, 再令 $f(V_1, V_2)$ 是 V_1, V_2 中相等的边的条数, 即

$$f(V_1, V_2) = \#\{i \in \{1, 2, \cdots, n\} : V_1(i) = V_2(i)\}$$

再令 $g(V_1, V_2)$ 为 V_1 与 V_2 中边不同但起点相同的边的条数, 即

$$\begin{aligned}g(V_1, V_2) = \#\{i \in \{1, \cdots, n\} : V_1(i) \neq V_2(i), \text{ 但 } V_1(i) \text{ 与 } V_2(i) \\ \text{且有公共的起点.}\}.\end{aligned}$$

应用这些符号, 将 (3.14)、(3.17)、(3.18) 式代入 (3.11) 式得:

$$\begin{aligned}c_n = \sum_{a=-n}^{n} \sum_{V_1, V_2 \in V_{n,a}} \Bigg[&\boldsymbol{E}_m(\theta_{0,0}^2)^{f(V_1,V_2)} \cdot \left(\frac{1}{2} - \boldsymbol{E}_m(\theta_{0,0}^2)\right)^{g(V_1,V_2)} \\ &\cdot \left(\frac{1}{4}\right)^{n-f(V_1V_2)-g(V_1,V_2)}\Bigg].\end{aligned} \tag{3.19}$$

下面试图用两个相互独立的经典的 (即环境非随机的) 对称的 Bernoulli 随机徘徊 (亦称简单的随机徘徊) 来表述公式 (3.19) 式. 设 $Y^{(1)}, Y^{(2)}$ 是两个始于 0 的相互独立的对称的 Bernoulli 随机徘徊, 即

$$Y^{(k)}(0) = 0, \quad Y^{(k)}(i) = \sum_{j=1}^{i} \varepsilon^{(k)}(j), \quad i \geqslant 1, \quad \{\varepsilon^{(k)}(j), j \geqslant 1\}$$

相互独立同分布: $\overline{m}(\varepsilon^{(k)}(j) = 1) = \overline{m}(\varepsilon^{(k)}(j) = -1) = \dfrac{1}{2}$. $Y^{(1)}$ 与 $Y^{(2)}$ 关于 $\overline{m}$ 相互独立.

显然 $Y^{(k)}$ 的长为 n 的终于 a 的 (现已设 $Y^{(k)}(0)=0$, 即其轨道永远始于 0) 轨道的全体即前述集合 $V_{n,a}$. 而对每个 $V_i \in V_{n,a}$, 恒有

$$\overline{m}((Y^{(k)}(0), Y^{(k)}(1), \cdots, Y^{(k)}(n)) = V_i) = \left(\frac{1}{2}\right)^n. \tag{3.20}$$

记 $W^{(k)} = (Y^{(k)}(0), Y^{(k)}(1), \cdots, Y^{(k)}(n))$. 若注意 $u = 4\boldsymbol{E}_m(\theta_{0,0}^2)$, 则 (3.19) 式化为

$$\begin{aligned}
c_n &= \sum_{a=-n}^{n} \sum_{V_1, V_2 \in V_{n,a}} u^{f(V_1,V_2)}(2-u)^{g(V_1,V_2)} \left(\frac{1}{4}\right)^n \\
&= \sum_{a=-n}^{n} \sum_{V_1, V_2 \in V_{n,a}} u^{f(V_1,V_2)}(2-u)^{g(V_1,V_2)} \overline{m}(W^{(1)} = V_1, W^{(2)} = V_2) \\
&= \sum_{a=-n}^{n} \boldsymbol{E}_m(u^{f(W^{(1)},W^{(2)})}(2-u)^{g(W^{(1)},W^{(2)})} \mathbf{1}_{\{W^{(1)}(n)=W^{(2)}(n)=a\}}) \\
&= \boldsymbol{E}_m(u^{f(W^{(1)},W^{(2)})}(2-u)^{g(W^{(1)},W^{(2)})} \mathbf{1}_{\{W^{(1)}(n)=W^{(2)}(n)\}}).
\end{aligned} \tag{3.21}$$

注意 $g(W^{(1)}, W^{(2)})$ 和 $f(W^{(1)}, W^{(2)})$ 仅依赖于 $W \overset{\text{def}}{=\!=} W^{(1)} - W^{(2)}$. 事实上, 若称 W 的轨道

$$W = (W(0), W(1), \cdots, W(n)) = (x(0), x(1), \cdots, x(n))$$

中的片断

$$(x(i), x(i+1), \cdots, x(i+k))$$

是一个始于 0 的游弋 (excusion), 如果 $x(i) = x(i+k) = 0$, 而 $x(s) \neq 0$ $(i < s < i+k)$. 这时称 k 为此游弋的长度或 W 在此游弋中所花费的时间. 易证: $g(W^{(1)}, W^{(2)})$ 是 W 中始于 0 的游弋的个数, 而 $n - f(W^{(1)}, W^{(2)})$ 是 W 中的全体游弋所总共花费的总时刻. 例如 (注意: $W(i+1)$ 只能取值 $W(i), W(i)+2$ 或 $W(i)-2$) 取 $n=8, W$ 有下列一条轨道:

$$(0, 2, 2, 0, 0, -2, -4, -2, 0).$$

其中始于 0 的游弋为两个: $(0,2,2,0)$, $(0,-2,-4,-2,0)$, 它们总共花费的时间为 3+4=7, $W^{(1)}$ 与 $W^{(2)}$ 恰有一条边相等 $(W^{(1)}(3), W^{(1)}(4)) = (W^{(2)}(3), W^{(2)}(4))$, 由 W 恰有 2 个游弋, 故 $W^{(1)}$ 与 $W^{(2)}$ 中恰有 2 个对应的边其起点同而终点异, 所以 $f(W^{(1)}, W^{(2)}) = 1, g(W^{(1)}, W^{(2)}) = 2, n - f(W^{(1)}, W^{(2)}) = 8 - 1 = 7$ 是 W 的全体游弋总共花费的时间.

令

$$J(k)=\overline{m}(W(0)=0,W(1)\neq 0,\cdots,W(k-1)\neq 0,W(k)=0)\quad (k\geqslant 2),$$

$$\pi(n,l,m)=\overline{m}\ (\{W \text{ 中恰有 } l \text{ 个游弋, 且这些游弋共花费的时间为 } m,\ W(0)=W(n)=0\}).$$

以此代入 (3.21) 式并注意前一段的说明有

$$c_n=\sum_{0\leqslant l\leqslant m\leqslant n}\pi(n,l,m)u^{n-m}(2-u)^l. \tag{3.22}$$

把 $W=(W(0),W(1),\cdots,W(n))$ 分为两类集合: 一类是所有的始于 0 的游弋; 第二类是始于 0 且落于 0 的片断.

注意 $\pi(n,l,m)$ 中 n 是 W 的轨道的长度, l 是其轨道中始于 0 的游弋的个数, m 是这些游弋所花的总时间, 第二类的片断的个数恰为 $f(W^{(1)},W^{(2)})=n-m$. 利用 W 的马尔可夫性并注意 $W(0)\equiv 0$ 和 $J(k)$ 之定义及第二类片断中的转移概率 $\overline{m}(W(i+1)=0|W(i)=0)=\overline{m}(\varepsilon_{i+1}^{(2)}-\varepsilon_{i+1}^{(1)}=0)=\overline{m}(\varepsilon_{i+1}^{(2)}=\varepsilon_{i+1}^{(1)}=1)+\overline{m}(\varepsilon_{i+1}^{(2)}=-1=\varepsilon_{i+1}^{(1)})=\dfrac{1}{4}+\dfrac{1}{4}=\dfrac{1}{2}$, 则由 (3.22) 式,

$$\pi(l,m,n)=\sum_{d_1+\cdots+d_l=m,d_i\geqslant 2}J(d_1)\cdots J(d_l)\binom{n-m+l}{l}\left(\frac{1}{2}\right)^{n-m}, \tag{3.23}$$

其中 $\binom{k}{i}$ 表示 k 个元素取 i 个的组合数, 并约定 $\sum\limits_{\varnothing}=0$, 当 $l=0$ 时 $d_1+\cdots+d_l$ 约定为 0.

注意
$$\pi(n,0,0)=\left(\frac{1}{2}\right)^n. \tag{3.24}$$

由 (3.22)、(3.23) 式得

$$H(s)=\sum_{n\geqslant 0}c_ns^n=\sum_{n\geqslant 0}\sum_{0\leqslant l\leqslant m\leqslant n}\pi(n,l,m)u^{n-m}(2-u)^ls^n. \tag{3.25}$$

由上述级数是非负项的, 变换求和次序得

$$H(s)=\sum_{l\geqslant 0}(2-u)^l\sum_{m\geqslant l}\sum_{d_1+\cdots+d_l=m,d_i\geqslant 2}\cdot\left[J(d_1)\cdots J(d_l)\sum_{n\geqslant m}\binom{n-m+l}{l}\left(\frac{1}{2}\right)^{n-m}u^{n-m}s^n\right]. \tag{3.26}$$

由于对任何 $t \in [0,1)$ 有

$$\sum_{r\geqslant 0}\binom{r+l}{l}t^r = (1-t)^{-(l+1)}$$

对 $t = us/2$ 同上述恒等式得

$$H(s) = \left(1-\frac{us}{2}\right)^{-1}\sum_{l\geqslant 0}\left[(2-u)^l\left(1-\frac{us}{2}\right)^{-l}\right] \cdot\left[\sum_{m\geqslant l}\ \sum_{d_1+\cdots+d_l=m, d_i\geqslant 2} J(d_1)\cdots J(d_l)s^m\right], \tag{3.27}$$

其中 $s \in [0,1)$, 从而由 (3.5) 式知 $t = \dfrac{us}{2} \in [0,1)$.

定义 $\{J(k), k \geqslant 2\}$ 的母函数

$$G_J(s) \overset{\text{def}}{=\!=} \sum_{k\geqslant 2} J(k)s^k, \quad s \in [0,1). \tag{3.28}$$

注意 $J(k) \in [0,1)$ 知 (3.28) 式右方级数收敛.

以 (3.28) 代入 (3.27) 式得:

$$H(s) = \left(1-\frac{us}{2}\right)^{-1}\sum_{l\geqslant 0}(2-u)^l\left(1-\frac{us}{2}\right)^{-l}G_J(s)^l. \tag{3.29}$$

所以, 当条件 (A): $(2-u)\left(1-\dfrac{us}{2}\right)^{-1}G_J(s) < 1 \quad (s \in [0,1))$ 成立时, (3.29) 式化为:

$$H(s) = \left(1-\frac{us}{2}\right)^{-1}\left(1-(2-u)\left(1-\frac{us}{2}\right)^{-1}G_J(s)\right)^{-1}. \tag{3.30}$$

因此, 为了证明命题 3.1, 只需说明条件 (A) 成立且 $G_J(s)$ 等于 (3.6) 式中所定义的 $G(s) \overset{\text{def}}{=\!=} 1-\dfrac{s}{2}-\sqrt{1-s}$. 而这一事实由经典的对称的 Bernoulli 随机徘徊的游弋的精确表达式立即可知 $G_J(s) = G(s) = 1-\dfrac{s}{2}-\sqrt{1-s} \quad (s \in [0,1))$, 特别地 $G_J(s) < \dfrac{1}{2}(s \in [0,1))$, 从而 $(2-u)\left(1-\dfrac{us}{2}\right)^{-1}G_J(s) < 1, (s \in [0,1))$, 故条件 (A) 亦成立, (3.30) 式是对的 (参见文献 [91]P.273). 至此, 命题 3.1 证毕.

知道 $\{c_n, n \in \mathbf{N}\}$ 的母函数 $H(s)$ 的分析表达式后, 我们可以得出 $\{c_n\}$ 的部分和的渐近表达式.

推论 3.1 $H(s) \sim B(u)(1-s)^{-\frac{1}{2}}$ (当 $s \uparrow 1$). 其中 $B(u) > 0$ 不依赖于 s.

$$H(s) \sim F(s)\ (\text{当}\ s \uparrow 1), \text{意即}\ \lim_{s\uparrow 1} \frac{H(s)}{F(s)} = 1.$$

用推论 3.1 及幂级数的 Tauberian 定理 (参见文献 [91]Vol.2,P.447 定理 5) 有如下推论.

推论 3.2 $(c_0 + c_1 + \cdots + c_n) \sim A(u)n^{\frac{1}{2}}$ (当 $n \uparrow \infty$), 其中 $A(u) > 0$ 不依赖 n.

下面用命题 3.1 及其推论证明定理 3.1.

我们用矩方法证明定理 3.1. 众所周知, 只需证明对任何 $h \geqslant 0$, 下述条件 (U_h) 成立,

$$(\mathrm{U}_h): \lim_{n\to\infty} \boldsymbol{E}_{\overrightarrow{\theta}} \left(\left(\frac{X_n}{\sqrt{n}} \right)^h \right) = \mu(h), \quad \overline{m} - \text{a.s. } \overrightarrow{\theta}, \tag{3.31}$$

其中 $\boldsymbol{E}_{\overrightarrow{\theta}}$ 是关于 $P_{\overrightarrow{\theta}}$ 的期望算子, $\mu(h)$ 是标准正态分布的 h 阶矩, 则定理 3.1 成立 (参见文献 [91]).

下面用归纳法证明 (U_h) 对一切非负整数 h 都成立.

显然 (U_0) 成立. 固定一个 $h \geqslant 1$. 设 (U_k) 对 $k = 0, 1, \cdots, h-1$ 成立.

记 $X_{n+1} = X_n + \Delta X_n$, 并把 X_{n+1}^h 展开可得:

$$\begin{aligned} \boldsymbol{E}_{\overrightarrow{\theta}}(X_{n+1}^h) &= \boldsymbol{E}_{\overrightarrow{\theta}}((X_n + \Delta X_n)^h) \\ &= \sum_{k=0}^{h} \binom{h}{k} \boldsymbol{E}_{\overrightarrow{\theta}}(X_n^k (\Delta X_n)^{h-k}). \end{aligned} \tag{3.32}$$

注意 $X_0 = 0$ 可把 (3.32) 式整理为

$$\begin{aligned} \boldsymbol{E}_{\overrightarrow{\theta}}(X_{n+1}^h) &= \sum_{i=0}^{n} [\boldsymbol{E}_{\overrightarrow{\theta}}(X_{i+1}^h) - \boldsymbol{E}_{\overrightarrow{\theta}}(X_i^h)] \\ &\overset{(3.32)}{=\!=} \sum_{k=0}^{h-1} \binom{h}{k} \sum_{i=0}^{n} \boldsymbol{E}_{\overrightarrow{\theta}}(X_i^k (\Delta X_i)^{h-k}). \end{aligned} \tag{3.33}$$

首先估计 (3.33) 式右方 $k \leqslant h-3$ 诸项对 $\boldsymbol{E}_{\overrightarrow{\theta}}(X_{n+1}^h)$ 的贡献. 令

$$l = \begin{cases} h-2, & \text{当 } h \text{ 是偶数}, \\ h-1, & \text{当 } h \text{ 是奇数}, \end{cases}$$

则 l 恒为一个严格大于 k 之偶数. 注意 $|\Delta X_i| \leqslant 1$, 再用 Hölder 不等式可证

$$|\boldsymbol{E}_{\overrightarrow{\theta}}(X_i^k(\Delta X_i)^{h-k})| \leqslant (\boldsymbol{E}_{\overrightarrow{\theta}}(|X_i|^l))^{\frac{k}{l}}. \tag{3.34}$$

因为 l 是偶数, 所以 $|X_i|^l = X_i^l$. 注意 $l \leqslant h-1$, 由归纳法假设知 (U_l) 成立, 再注意 (3.34) 式及 $k \leqslant h-3$ 有:

$$\begin{aligned}
&i^{-\left(\frac{h}{2}-1\right)}|\boldsymbol{E}_{\overrightarrow{\theta}}(X_i^k(\Delta X_i)^{h-k})| \\
\leqslant\ & i^{-\left(\frac{h}{2}-1\right)}(\boldsymbol{E}_{\overrightarrow{\theta}}(X_i^l))^{\frac{k}{l}} \\
=\ & \left(\boldsymbol{E}_{\overrightarrow{\theta}}\left(\left(\frac{X_i}{\sqrt{i}}\right)^l\right)\right)^{\frac{k}{l}} \cdot i^{-\frac{h}{2}+1+\frac{k}{2}} \\
\leqslant\ & \left(\boldsymbol{E}_{\overrightarrow{\theta}}\left(\left(\frac{X_i}{\sqrt{i}}\right)^l\right)\right)^{\frac{k}{l}} i^{-\frac{1}{2}} \to 0, \quad (\text{当 } i \to \infty).
\end{aligned} \tag{3.35}$$

(注意 (3.35) 式右方的第一个因子当 $i \to \infty$ 时趋于 $\mu(l)^{\frac{k}{l}}$.)

由 (3.35) 式可知: (3.33) 式中把 $k \leqslant h-3$ 所对应的诸项加起来对 $\boldsymbol{E}_{\overrightarrow{\theta}} X_{n+1}^h$ 之贡献为 $0\left(n^{\frac{h}{2}}\right)$ (对 $\overline{m}-\text{a.s.}\overrightarrow{\theta}$). 事实上,

$$\begin{aligned}
& n^{-\frac{h}{2}}\sum_{k=0}^{h-3}\binom{h}{k}\sum_{i=0}^{n}\boldsymbol{E}_{\overrightarrow{\theta}}(X_i^k(\Delta X_i)^{h-k}) \\
\leqslant\ & \sum_{k=0}^{h-3}\binom{h}{k}\frac{1}{n}\sum_{i=0}^{n} i^{-\left(\frac{h}{2}-1\right)}\boldsymbol{E}_{\overrightarrow{\theta}}(X_i^k(\Delta X_i)^{h-k}) \\
\to\ & 0, \quad (\text{当 } n \to \infty).
\end{aligned} \tag{3.36}$$

现在研究 (3.33) 式中对应于 $k = h-2$ 那一项. 由于 $|\Delta X_i| = 1$, 从而 $(\Delta X_i)^2 = 1$. 由归纳法假设有

$$\lim_{i \to \infty} i^{-\left(\frac{h}{2}-1\right)}\boldsymbol{E}_{\overrightarrow{\theta}}(X_i^{h-2}) = \mu(h-2), \quad \overline{m}-\text{a.s.}\overrightarrow{\theta}. \tag{3.37}$$

当 h 是奇数时 $\mu(h-2) = 0$, (3.33) 式中对应于 $k = h-2$ 那一项除以 $n^{\frac{h}{2}}$ (注意 $(\Delta X_i)^2 = 1$) 为

$$\binom{h}{h-2}\frac{1}{n}\sum_{i=0}^{n}\boldsymbol{E}_{\overrightarrow{\theta}}(X_i^{h-2})n^{-\frac{h}{2}+1} \to 0, \quad \overline{m}-\text{a.s. }\overrightarrow{\theta}.$$

当 h 是偶数时, $\mu(h-2) > 0$, 且 (3.33) 式中对应于 $k = h-2$ 那一项除以 $n^{\frac{h}{2}}$ 当 $n \to \infty$ 时极限为

$$\binom{h}{h-2}\mu(h-2)\frac{2}{h} = \mu(h), \quad \overline{m}-\text{a.s.}\overrightarrow{\theta}.$$

所以, 无论 h 是奇数或偶数, (3.33) 式中对应于 $k=h-2$ 那一项除以 $n^{\frac{h}{2}}$ 当 $n\to\infty$ 时, 对 $\overline{m}-\text{a.s.}\overrightarrow{\theta}$, 其极限皆为 $\mu(h)$.

总之, 无论 h 是奇数还是偶数恒有:

$$\lim_{n\to\infty} n^{-\frac{h}{2}}\sum_{k=0}^{h-2}\binom{h}{k}\sum_{i=0}^{n}\boldsymbol{E}_{\overrightarrow{\theta}}(X_i^k(\Delta X_i)^{h-k})=\mu(h), \tag{3.38}$$

$(\overline{m}-\text{a.s.}\overrightarrow{\theta}\,)$

下一步要证明

$$\lim_{n\to\infty} n^{-\frac{h}{2}}\sum_{k=0}^{n}\boldsymbol{E}_{\overrightarrow{\theta}}(X_k^{h-1}(\Delta X_k))=0,\quad \overline{m}-\text{a.s.}\overrightarrow{\theta}\,. \tag{3.39}$$

若能证明 (3.39) 式则由 (3.33)、(3.38)、(3.39) 式得知:

$$\lim_{n\to\infty} n^{-\frac{h}{2}}\boldsymbol{E}_{\overrightarrow{\theta}}(X_n^h)=\mu(h),\quad \overline{m}-\text{a.s.}\overrightarrow{\theta}\,.$$

此即 (U_h) 成立. 归纳法完成. 所以对一切非负整数 $h\geqslant 0$, 都有

$$\lim_{n\to\infty} n^{-\frac{h}{2}}\boldsymbol{E}_{\overrightarrow{\theta}}(X_n^h)=\mu(h),\quad \overline{m}-\text{a.s.}\ \overrightarrow{\theta}, \tag{3.40}$$

从而定理 3.1 成立.

我们用鞅方法证明 (3.39) 式 (关于鞅的基本概念及性质, 请参阅文献 [115] 第九章.). 令

$$M_n\overset{\text{def}}{=\!=}\sum_{k=0}^{n}\boldsymbol{E}_{\overrightarrow{\theta}}(X_k^{h-1}(\Delta X_k))\quad (n\geqslant 0), \tag{3.41}$$

再定义 $(\overrightarrow{\Theta},\overrightarrow{\mathscr{B}})$ 上的子 σ 代数列

$$\mathscr{F}_n=\sigma(\theta_{i,x},0\leqslant i\leqslant n,x\in\mathbf{Z})\quad (n\geqslant 0), \tag{3.42}$$

注意 $\theta_{i,x}$ 是 $\overrightarrow{\Theta}$ 到 Θ 的坐标算子. 要证 $\{M_n,\mathscr{F}_n,n\geqslant 0\}$ 是概率空间 $(\overrightarrow{\Theta},\overrightarrow{\mathscr{B}},\overline{m})$ 上的实值鞅. 首先注意, 由 (3.1) 式知: 对一切 $k\geqslant 0$, $\boldsymbol{E}_{\overrightarrow{\theta}}(X_k^{h-1}(\Delta X_k))$ 是 $\mathscr{F}_k$ 可测的, 从而 M_n 关于 $\mathscr{F}_n$ 可测 (对一切 $n\geqslant 0$).

易证: 对一切 $k\geqslant 1$,

$$\boldsymbol{E}_m(\boldsymbol{E}_{\overrightarrow{\theta}}(X_k^{h-1}(\Delta X_k))|\mathscr{F}_{k-1})=0,\quad \overline{m}-\text{a.s.}\overrightarrow{\theta}\,. \tag{3.43}$$

事实上, 由于 $\{X_n, n \geqslant 0\}$ 是概率空间 $(\Omega, \mathscr{F}, P_{\overrightarrow{\theta}})$ 上的经典的马尔可夫链, 故

$$\boldsymbol{E}_{\overrightarrow{\theta}}(X_k^{h-1}(\Delta X_k)) = \sum_{a=-k}^{k} P_{\overrightarrow{\theta}}(X_k = a) a^{h-1} d_{k,\overrightarrow{\theta}}(a), \tag{3.44}$$

其中

$$d_{k,\overrightarrow{\theta}}(a) = \boldsymbol{E}_{\overrightarrow{\theta}}(\Delta X_k | X_k = a) \overset{(3.1)}{=\!=} 2\theta_{k,a} - 1$$

是随机徘徊 $\{X_n\}$ 在时刻 k 处于状态 a 的条件下关于概率测度 $P_{\overrightarrow{\theta}}$ 的平均偏倚.

仍由 (3.1) 式知: (3.44) 式右方每个 $P_{\overrightarrow{\theta}}(X_k = a)$ 均 $\mathscr{F}_{k-1}$ 可测且 $d_{k,\overrightarrow{\theta}}(a)$ 都与 $\mathscr{F}_{k-1}$ 独立, $\boldsymbol{E}_{\overline{m}}(d_{k,\overrightarrow{\theta}}(a)) = 0$, 故 (3.43) 式成立. 所以由文献 [115] 第九章定理 1.1 知 $\{M_n, \mathscr{F}_n, n \geqslant 0\}$ 是实值鞅.

下面证明:

$$\lim_{n\to\infty} n^{-\frac{h}{2}} M_n = 0, \quad \overline{m} - \text{a.s.}\, \overrightarrow{\theta}. \tag{3.45}$$

利用鞅的大数定律 (参见文献 [91]Vol.2,P.243 定理 3), 为证 (3.45) 式, 只需证明:

$$\sum_{n=1}^{\infty} n^{-h} \boldsymbol{E}_m[(\boldsymbol{E}_{\overrightarrow{\theta}}(X_n^{h-1}(\Delta X_n)))^2] < \infty. \tag{3.46}$$

由 (3.44) 式有

$$\begin{aligned} &(\boldsymbol{E}_{\overrightarrow{\theta}}(X_n^{h-1}(\Delta X_n)))^2 \\ =& \sum_{a_1,a_2=-n}^{n} P_{\overrightarrow{\theta}}(X_n = a_1) P_{\overrightarrow{\theta}}(X_n = a_2) a_1^{h-1} a_2^{h-1} d_{n,\overrightarrow{\theta}}(a_1) d_{n,\overrightarrow{\theta}}(a_2). \end{aligned} \tag{3.47}$$

把上式对概率测度 $\overline{m}$ 取期望, 因为 $a_1 \neq a_2$ 时 $d_{n,\overrightarrow{\theta}}(a_1)$ 与 $d_{n,\overrightarrow{\theta}}(a_2)$ 关于 $\overline{m}$ 独立且 $\boldsymbol{E}_m(d_{n,\overrightarrow{\theta}}(a_i)) = 0$, 所以

$$\begin{aligned} &\boldsymbol{E}_m[(\boldsymbol{E}_{\overrightarrow{\theta}}(X_n^{h-1}(\Delta X_n)))^2] \\ =& \boldsymbol{E}_m\left[\sum_{a=-n}^{n} P_{\overrightarrow{\theta}}(X_n = a)^2 a^{2h-2} d_{n,\overrightarrow{\theta}}(a)^2\right]. \end{aligned} \tag{3.48}$$

固定 $\varepsilon > 0$, 并把 (3.48) 式右方之 $\sum_{a=-n}^{n}$ 分成两部分: $\sum_{|a|\leqslant n^{\frac{1}{2}+\varepsilon}}$ 和 $\sum_{|a|>n^{\frac{1}{2}+\varepsilon}}$.

先估计第一部分. 由于 $|\Delta X_n| \leqslant 1$, 从而 $d_{n,\overrightarrow{\theta}}(a)^2 \leqslant 1$. 所以

$$\begin{aligned}
&\boldsymbol{E}_m\left[\sum_{|a|\leqslant n^{\frac{1}{2}+\varepsilon}} P_\theta(X_n=a)^2 a^{2h-2} d_{n,\overrightarrow{\theta}}(a)^2\right]\\
&\leqslant n^{h-1+(2h-2)\varepsilon}\boldsymbol{E}_m\left[\sum_{|a|\leqslant n^{\frac{1}{2}+\varepsilon}} P_{\overrightarrow{\theta}}(X_n=a)^2\right]\\
&\leqslant n^{h-1+(2h-2)\varepsilon}c_n.
\end{aligned}\tag{3.49}$$

现在估计 (3.48) 式的第二部分. 若令 $\{R_n, n\in\mathbf{N}\}$ 是 $(\overrightarrow{\Theta}, \overrightarrow{\mathscr{B}}, \overline{m})$ 上的经典的取值于 $\mathbf{Z}$ 的对称的始于 0 的 Bernoulli 随机徘徊, 则

$$\boldsymbol{E}_m(P_{\overrightarrow{\theta}}(X_n=a)) = \overline{m}(R_n=a).\tag{3.50}$$

再注意 $P_{\overrightarrow{\theta}}(X_n=a)^2 \leqslant P_{\overrightarrow{\theta}}(X_n=a), |X_n|\leqslant n$ 及 $d_{n,\overrightarrow{\theta}}(a)^2\leqslant 1$ 由 (3.50) 式可知 (3.48) 式的第二部分小于等于

$$\begin{aligned}
\boldsymbol{E}_m\left[\sum_{|a|>n^{\frac{1}{2}+\varepsilon}} P_{\overrightarrow{\theta}}(X_n=a)a^{2h-2}\right] &\leqslant \boldsymbol{E}_m\int_{|X_n|>n^{\frac{1}{2}+\varepsilon}} X_n^{2h-2}\,\mathrm{d}P_{\overrightarrow{\theta}}\\
&\leqslant n^{2h-2}\boldsymbol{E}_m(P_{\overrightarrow{\theta}}(|X_n|>n^{\frac{1}{2}+\varepsilon}))\\
&= n^{2h-2}\overline{m}(|R_n|>n^{\frac{1}{2}+\varepsilon}).
\end{aligned}\tag{3.51}$$

由文献 [67]P.109 定理 3.7.1 关于随机徘徊的尾概率的估计有

$$\overline{m}(|R_n|>n^{\frac{1}{2}+\varepsilon}) \leqslant \exp(-n^{\delta(\varepsilon)}) \quad (\text{当 } n \text{ 充分大}),\tag{3.52}$$

此处 $\delta(\varepsilon)>0$.

把上面的对 (3.48) 式的两部分的估计 (即 (3.49)、(3.52)、(3.51) 式) 代入 (3.48) 式, 为证级数 (3.46) 式收敛, 又只需证明:

$$\sum_{n=1}^{\infty} n^{-1+(2h-2)\varepsilon}c_n < \infty.\tag{3.53}$$

令

$$C_n = \sum_{i=0}^{n} c_i,\tag{3.54}$$

由 Abel 变换有

$$\sum_{i=1}^{n} i^{-1+(2h-2)\varepsilon} c_i = \sum_{i=1}^{n-1} C_i \left[i^{-1+(2h-2)\varepsilon} - (i+1)^{-1+(2h-2)\varepsilon} \right] + C_n n^{-1+(2h-2)\varepsilon} - C_0. \tag{3.55}$$

由推论 3.2, $C_n \sim An^{\frac{1}{2}}$, 所以, 对充分小的 ε, 级数 (3.53) 式收敛. 定理 3.1 证毕.

附注 3.1 定理 3.1 是 Berard 于 2004 年在文献 [20] 首先证明的.

§4 依时依空的随机环境中的随机徘徊的不变原理简介

在第五章中, 我们研究过依时的随机环境中的马尔可夫链的不变原理. 现在我们简单地介绍一下依时依空的随机环境中的不变原理. 其结果来自文献 [246]Rassoul-Agha 和 Seppalainen 的工作.

设 $r \geqslant 2$ 为整数, $\{e_i, i=1,\cdots,r\}$ 是 $\mathbf{R}^r$ 中的标准正交基.

令 $\mathscr{P}$ 是 $\mathbf{Z}^r$ 上的全体离散分布, 在其上赋以常规的拓扑, $\mathscr{E}$ 是其上的 Borel σ 代数. 再令

Ω 由全体转移矩阵 $\omega = (\pi_{x,y}, x, y \in \mathbf{Z}^r)$ 组成, 即 $\omega_x \stackrel{\text{def}}{=\!=} (\pi_{x,y}, y \in \mathbf{Z}^r) \in \mathscr{P}$ $(\forall x \in \mathbf{Z}^r)$, 令 $\{T_Z, Z \in \mathbf{Z}^r\}$ 是从 Ω 到 Ω 的自然的推移算子族, 即对任何 $\omega = (\pi_{x,y}) \in \Omega, (T_Z\omega)_{x,y} \stackrel{\text{def}}{=\!=} \pi_{x+z,y+z} \cdot \mathscr{F} \stackrel{\text{def}}{=\!=} \mathscr{E}^{\mathbf{Z}^r}$ 是乘积 σ 代数, 取 μ 是 $\mathscr{E}$ 上的概率测度, $P \stackrel{\text{def}}{=\!=} \mu^{\mathbf{Z}^r}$ 是乘积概率测度, 遂得概率空间 $(\Omega, \mathscr{F}, P)$. 因此, $\{\omega_x, x \in \mathbf{Z}^r\}$ 是 $(\Omega, \mathscr{F}, P)$ 上的一族 i.i.d. 的取值于 $\mathscr{P}$ 的随机元, 且其公共的 P 分布为 $\mu = P \circ \omega_x^{-1}$ $(\forall x \in \mathbf{Z}^r)$.

再设 P 是 T 不变的, 即对 $P-$a.s. $\omega = (\pi_{x,y})$, 有 $\pi_{u+x,u+y}(\omega) = \pi_{x,y}(T_u\omega)$ $(\forall u, x, y \in \mathbf{Z}^r)$.

定义一个依时依空的随机环境 $\overrightarrow{\xi} = \{\xi_{n,\nu}, n \in \mathbf{Z}, \nu \in \mathbf{Z}^{r-1}\}$ 如下:

$$\xi_{n,\nu}(\omega) = \omega_{(n,\nu)}, \qquad \text{当 } \omega = (\pi_{x,y}, x, y \in \mathbf{Z}^r), \quad n \in \mathbf{Z},$$

$\nu \in \mathbf{Z}^{r-1}$. 注意: 当 $x = (n,\nu) \in \mathbf{Z}^r$ 时, $\omega_{(n,\nu)} \stackrel{\text{def}}{=\!=} \omega_x \stackrel{\text{def}}{=\!=} (\pi_{x,y}, y \in \mathbf{Z}^r) \in \mathscr{P}$. 由此看出, 我们把空间 $\mathbf{Z}^r$ 分解成 $\mathbf{Z}$ 与 $\mathbf{Z}^{r-1}$, 视前者为时间轴, 视后者为空间轴, 从而定义出了依时依空的随机环境 $\overrightarrow{\xi}$. 这里 $\omega_{(n,\nu)} = \omega_x = (\pi_{x,y}, y \in \mathbf{Z}^r)$.

对任意固定的 $\omega \in \Omega, z \in \mathbf{Z}^r$, 定义可测空间 $(\overrightarrow{\mathscr{X}} = \mathscr{X}^{\mathbf{N}}, \overrightarrow{\mathscr{A}} = \mathscr{A}^{\mathbf{N}})$ 上的

满足下述条件的概率测度 P_z^ω:

$$P_z^\omega((x_0,x_1,\cdots,x_{n+1})\times\mathscr{X}^{\mathbf{N}-\{0,1,\cdots,n+1\}})$$
$$=\delta(z,x_0)\prod_{i=0}^{n}\pi_{x_i,x_{i+1}}(\omega)\quad(\text{视 } \pi_{x,y}(\cdot) \text{ 为 } \omega \text{ 之坐标算子}),$$

其中 $\mathscr{X}=\mathbf{Z}^r,\mathscr{A}$ 是 $\mathscr{X}$ 中全体子集所构成的 σ 代数.

对于每个 $\overrightarrow{x}=(x(0),x(1),\cdots,x(n),\cdots)$, 定义 $X_n(\overrightarrow{x})=x(n)$, 则 $\overrightarrow{X}=(X_0,X_1,\cdots)$ 是概率空间 $(\overrightarrow{\mathscr{X}},\overrightarrow{\mathscr{A}},P_z^\omega)$ 上的经典的时齐的马尔可夫链且满足:

$$P_z^\omega(X_0=z)=1,\quad P_z^\omega(X_{n+1}=y|X_n=x)=\pi_{x,y}(\omega).$$

条件 1 设对 $P-\text{a.s. }\omega=(\pi_{x,y}(\omega),x,y\in\mathbf{Z}^r)$ 有 $\pi_{0,e_1+u}=0$, 当 $u\notin U\stackrel{\text{def}}{=}\{x\in\mathbf{Z}^r,<x,e_1>=0\}$, 其中 $<\cdot,\cdot>$ 表示 $\mathbf{R}^r$ 中的内积.

再定义 $(\Omega\times\overrightarrow{\mathscr{X}},\mathscr{F}\times\overrightarrow{\mathscr{A}})$ 上的概率测度 P_z 如下:

$$P_z(B)=\int_\Omega P(\mathrm{d}\omega)\int_{\overrightarrow{\mathscr{X}}}P_z^\omega(\mathrm{d}\overrightarrow{x})\mathbf{1}_B(\omega,\overrightarrow{x}),\quad B\in\mathscr{F}\times\overrightarrow{\mathscr{A}}.$$

显然, 可以考虑 X_n 为 $(\Omega\times\overrightarrow{\mathscr{X}},\mathscr{F}\times\mathscr{A},P_z)$ 上的随机变量: $X_n(\omega,\overrightarrow{x})=X_n(\overrightarrow{x})$ 不依赖 ω, 则由 P 对 T 的不变性及 $\{X_n(\overrightarrow{x}),n\in\mathbf{N}\}$ 对概率测度 P_z^ω 的时齐性可知: $\{X_n(\omega,\overrightarrow{x}),n\in\mathbf{N}\}$ 是概率空间 $(\Omega\times\overrightarrow{\mathscr{X}},\mathscr{F}\times\overrightarrow{\mathscr{A}},P_z)$ 上的经典的时齐且空齐的马尔可夫链, 其转移矩阵为 $(\boldsymbol{E}(\pi_{x,y}(\omega)),x,y\in\mathbf{Z}^r)$, 其中 $\boldsymbol{E}$ 是关于 P 的期望算子.

由 P 对 T 的不变性及条件 1 得知: 存在 $\overrightarrow{V}=\{V_n,n\in\mathbf{N}\}$ 使

$\overrightarrow{X}\stackrel{d}{=}\overrightarrow{V}$ (其中 $\stackrel{d}{=}$ 表示两个随机过程依分布相等), 且 V_n 可分解为

$V_n=ne_1+Y_n,\overrightarrow{Y}=\{Y_n,n\in\mathbf{N}\}$ 是概率空间 $(\Omega\times\overrightarrow{\mathscr{X}},\mathscr{F}\times\overrightarrow{\mathscr{A}},P_z)$ 上的经典的时齐且空齐的马尔可夫链. $\overrightarrow{Y}$ 从 z 出发, 以 U 为状态空间, 以

$$(p(x,x+u)=p(0,u)\stackrel{\text{def}}{=}(\boldsymbol{E}(\pi_{0,e_1+u}),x,u\in U)$$

为转移矩阵.

条件 2 设 $\{p(0,u),u\in U\}$ 之一阶矩存在, 并记

$$m_1=e_1+\sum_{u\in U}up(0,u).$$

条件 3 设 $\{p(0,u),u\in U\}$ 的二阶矩存在, 并记

$$\sum=\sum_{u\in U}(e_1+u-m_1)(e_1+u-m_1)'p(0,u),$$

此处 e_1, u, m_1 都是 r 维列向量, $(e_1+u-m_1)'$ 表示 (e_1+u-m_1) 之转置 (是 r 维行向量), 从而 Σ 是 $r\times r$ 维矩阵.

条件 4 (Me 条件) 设

$$\sum_{u\in U}|u|^2\boldsymbol{E}(\pi_{0,e_1+u})<\infty, P\left(\sup_{u\in U}\pi_{0,e_1+u}<1\right)>0.$$

令

$$B_n(t)=\frac{X_{[nt]}-[nt]m_1}{\sqrt{n}},\quad \overline{B}_n(t)=\frac{X_{[nt]}-\boldsymbol{E}_0^\omega(X_{[nt]})}{\sqrt{n}},$$

此处 $[nt]$ 表示不大于 nt 之整数, $\boldsymbol{E}_0^\omega$ 表示对 P_0^ω 之期望算子, $n\in\mathbf{N}, t\in[0,\infty)$.

对任一闭区间 $I\subset[0,\infty)$, 记 $D_{\mathbf{R}^r}(I)$ 为定义在 I 上的取值于 $\mathbf{R}^r$ 的右连续的且具有左极限的函数的全体, 在其上赋以 Skorohod 拓扑 (定义见附注 5.1).

令 $\mathscr{B}(I)$ 为 I 上的全体 Borel 集构成的 σ 代数. 对每个 $n\geqslant 1, \omega\in\Omega$, 令 $Q_n^\omega, \overline{Q_n^\omega}$ 分别为 $B_n(\cdot)$ 和 $\overline{B}_n(\cdot)$ 关于 P_0^ω 的分布:

$$Q_n^\omega=P_0^\omega\circ B_n(\cdot)^{-1},\quad \overline{Q_n^\omega}=P_0^\omega\circ\overline{B}_n(\cdot)^{-1}.$$

定理 4.1 设 $r\geqslant 2, \{\overrightarrow{X}, \overrightarrow{\xi}\}, P, P_z, \Sigma, Q_n^\omega$ 和 $\overline{Q_n^\omega}$ 如上所定义. 再设条件 1—条件 4 均成立, 则对 Q_n^ω 来说, P−a.s. 不变原理成立, 即对 P−a.s. ω, 有

$$Q_n^\omega\overset{\mathrm{w}}{\Longrightarrow}W(0,\Sigma)\quad(\text{当 } n\to\infty),$$

其中 $\overset{\mathrm{w}}{\Longrightarrow}$ 表示弱收敛, $W(0,\Sigma)$ 是期望为 0、协方差矩阵为 Σ 的 Brown 运动之分布 (即 r 维 Wiener 测度, 未必标准, 因 Σ 是一般的协方差矩阵).

此外, 还有

$$\frac{1}{\sqrt{n}}\max_{k\leqslant n}|\boldsymbol{E}_0^\omega(X_k)-km_1|\to 0,\quad P-\text{a.s. }\omega,$$

所以对 $P-$a.s. ω, 也有

$$\overline{Q_n^\omega}\overset{\mathrm{w}}{\Longrightarrow}W(0,\Sigma)\quad(\text{当 } n\to\infty).$$

证明可参见文献 [246].

§5 依空的随机环境中的随机徘徊 (RWSRE)

作为本章的结尾, 我们在 §5 中简单介绍一下 Zeitouni 在文献 [310] 中的工作. 文献 [310] 系统地研究了 $\mathbf{Z}^d(d\geqslant 1)$ 上的依空的随机环境中的随机徘徊的诸多问题, 例如大数定律、中心极限定理、大偏差原理等.

§5.1 文献 [310] 中的 RWSRE 的模型

1. 随机环境的概率空间

令 $\{e_1, \cdots, e_d\}$ 是 $\mathbf{R}^d$ 中的一组标准正交基. 对任意 $\nu \in \mathbf{R}^d, N_\nu \overset{\text{def}}{=\!=} \{\nu + e_i, \nu, \nu - e_i, 1 \leqslant i \leqslant d\}$ 是 ν 的 "最近邻域", 再令 $\mathrm{Me}(N_\nu)$ 是 $\mathbf{Z}^d$ 上的全部以 N_ν 为支撑的离散的概率分布. $\mathrm{Me}(N_\nu)$ 中的每个元素 ω_ν 是满足下述条件之映射:

$\omega_\nu : \mathbf{Z}^d \longmapsto [0, 1]$, 且

(a) $\omega_\nu(u) \geqslant 0 \quad (\forall u \in \mathbf{Z}^d)$;

(b) $\omega_\nu(u) = 0 \quad (\forall u \notin N_\nu)$;

(c) $\displaystyle\sum_{u \in N_\nu} \omega_\nu(u) = 1$.

称每个 ω_ν 为在 ν 的 "转移律".

在 $\mathrm{Me}(N_\nu)$ 中赋以概率测度的弱收敛拓扑, 于是 $\mathrm{Me}(N_\nu)$ 成一个 Polish 空间 (即完备可分距离空间), 从而在

$$\widetilde{\Omega} \overset{\text{def}}{=\!=} \prod_{\nu \in \mathbf{Z}^d} \mathrm{Me}(N_\nu)$$

上亦有 Polish 结构. 令 $\widetilde{\mathscr{F}}$ 为 $\widetilde{\Omega}$ 中的全部 Borel 集构造的 σ 代数, P 是 $\widetilde{\mathscr{F}}$ 上的一个概率测度. 于是得一概率空间 $(\widetilde{\Omega}, \widetilde{\mathscr{F}}, P)$, 称之为 "随机环境概率空间". $\widetilde{\Omega}$ 中每一个元素 $\omega = (\omega_\nu, \nu \in \mathbf{Z}^d)$ 称为一个 (随机) 环境.

2. RWSRE $\{X_n, n \in \mathbf{N}\}$ 的定义

对每个 $\omega \in \widetilde{\Omega}$, 在 $(\widetilde{\Omega}, \widetilde{\mathscr{F}}, P_\omega)$ 上定义一个时齐的马尔可夫链 $\{X_n, n \in \mathbf{N}\}$ 满足:

$$P_\omega(X_{n+1} = u | X_n = \nu) = \omega_\nu(u) \quad (n \in \mathbf{N}, \nu, u \in \mathbf{Z}^d, \omega \in \widetilde{\Omega}),$$

其中 P_ω 是 $\widetilde{\mathscr{F}}$ 的依赖于随机环境 ω 的概率测度.

下面说明此处的 RWSRE 与定义 1.2 或第二章定义 4.1 中的 MCSTRE 的关系.

在第二章定义 4.1 中, 若取 $\mathscr{X} = \mathbf{Z}^d, \mathscr{A}$ 为 $\mathscr{X}$ 中一切子集所构成的 σ 代数, Γ 为 $\mathbf{Z}^d$ 上的一切离散的概率分布, $\mathscr{D}$ 为 Γ 中的弱拓扑生成之 Borel σ 代数, $\Theta = \displaystyle\prod_{\nu \in \mathbf{Z}^d} \mathrm{Me}(N_\nu) = \widetilde{\Omega}, \mathscr{B} = \widetilde{\mathscr{F}}$.

再令

$\Omega' = \mathscr{X}^{\mathbf{N}}, \mathscr{F}' = \mathscr{A}^{\mathbf{N}}$, 且对每个 $a \in \mathbf{Z}^d, \omega \in \widetilde{\Omega}$, 定义 $\mathscr{F}'$ 上的概率 P_ω^a 满足:

$$\begin{aligned} & P_\omega^a(\{\overrightarrow{x} = (x_0, x_1, \cdots) \in \Omega' : x_i = a_i, 0 \leqslant i \leqslant n\}) \\ & = \delta(a, a_0) \prod_{i=0}^{n-1} \omega_{a_i}(a_{i+1}), \end{aligned} \tag{5.1}$$

令

$\Omega = \widetilde{\Omega} \times \Omega', \mathscr{F} = \widetilde{\mathscr{F}} \times \mathscr{F}', P^a = P \otimes P_\omega^a$ 为 $\mathscr{F}$ 上的满足下列条件的概率测度:

$$P^a(F \times G) = \int_F P(\mathrm{d}\omega) P_\omega^a(G) \quad (F \in \widetilde{\mathscr{F}}, G \in \mathscr{F}'). \tag{5.2}$$

定义 $X_n(\omega, \overrightarrow{x}) = x_n, \xi_x(\omega) = \omega(x)$ (对一切 $n \in \mathbf{N}, \omega \in \widetilde{\Omega}, \overrightarrow{x} = (x_0, x_1, \cdots) \in \Omega', x \in \mathbf{Z}^d), p(\omega_x; x, y) = \omega_x(y)$ (对一切 $\omega \in \widetilde{\Omega}, x, y \in \mathbf{Z}^d$). 记 $\overrightarrow{X} = \{X_n, n \in \mathbf{N}\}, \overrightarrow{\xi} = \{\xi_x, x \in \mathbf{Z}^d\}$, 则 $(\overrightarrow{X}, \overrightarrow{\xi})$ 是定义 1.2 中所定义的以 $\delta(a, \cdot)$ 为初始分布以 $p(\gamma) \overset{\text{def}}{=\!=} (p(\gamma; x, y), x, y \in \mathbf{Z}^d)$ 为 R.T.M. 的 MCSRE, 其赖以定义的概率空间是 $(\Omega, \mathscr{F}, P^a)$. 而且 $\{\overrightarrow{X}, \overrightarrow{\xi})$ 也是附注 1.5 中所定义的 RWSRE.

一般地, 若 μ 是 $\mathbf{Z}^d$ 上的任一离散的概率分布 (不必限定它是在点 a 的退化分布), 定义

$$\begin{aligned} & P_\omega^\mu(\{\overrightarrow{x} = (x_0, x_1, \cdots) \in \Omega' : x_i = a_i, 0 \leqslant i \leqslant n\}) \\ & = \mu(a_0) \prod_{i=0}^{n-1} \omega_{a_i}(a_{i+1}), \end{aligned} \tag{5.3}$$

类似于 (5.2) 式可定义 $P^\mu = P \otimes P_\omega^\mu$. 这时 $(\overrightarrow{X}, \overrightarrow{\xi})$ 是概率空间 $(\Omega, \mathscr{F}, P^\mu)$ 上的以 μ 为初始分布的以 $p(\gamma)$ 为 R.T.M. 的 MCSRE, 也是 RWSRE.

附注 5.1 文献 [310] 中的 $(\Omega, \mathscr{F})$ 就是此处的 $(\widetilde{\Omega}, \widetilde{\mathscr{F}})$.

附注 5.2 对每个固定的 $\omega \in \widetilde{\Omega}, (\omega_\nu(u), \nu, u \in \mathbf{Z}^d)$ 是转移矩阵 (T.M.).

附注 5.3 P^a 按定义是 $(\Omega = \widetilde{\Omega} \times \Omega', \mathscr{F} = \widetilde{\mathscr{F}} \times \mathscr{F}')$ 上的概率测度, 但是, 在 [310] 中 P^a 有时也理解为 $\mathscr{F}'$ 上的边缘分布, 即有时亦视 $P^a(G)$ 为

$$P^a(\widetilde{\Omega} \times G) = \int_{\widetilde{\Omega}} P(\mathrm{d}\omega) P_\omega^a(G), \quad G \in \mathscr{F}'. \tag{5.4}$$

所以, 在无需强调且不会误解的情况下, 本节亦赋符号 P^a 有上述两重意义.

一般文献称 P^a 和 P^a_ω 为 $\overrightarrow{X}=\{X_n, n\in\mathbf{N}\}$ 的 annealed law 和 quenched law, 前者是后者对随机环境 ω 的概率平均 (参见 (5.2) 式).

附注 5.4 $\overrightarrow{X}$ 是概率空间 $(\Omega',\mathscr{F}',P^a_\omega)$ 上的时齐的马尔可夫链, 而在 $(\Omega',\mathscr{F}',P^a)$ 上都不一定是马尔可夫链 (此处 P^a 自然理解为 $\mathscr{F}'$ 上的边缘分布. 以下均作如此理解.).

在本节中, $\boldsymbol{E}^a_\omega,\boldsymbol{E}^a,\boldsymbol{E}_\omega,\boldsymbol{E}_P$ 分别表示关于 $P^a_\omega,P^a,P_\omega,P$ 的期望算子.

这一节, 我们仅介绍 $d=1$ 这一简单情况的有关结果, 即假定 $(\overrightarrow{X},\overrightarrow{\xi})$ 是 $\mathbf{Z}$ 上的 RWSRE.

§5.2 状态分类及强大数定律

由于下面讨论的 RWSRE $(\overrightarrow{X},\overrightarrow{\xi})$ 之 X_n 取值于 $\mathbf{Z}^1=\mathbf{Z}$, 而对任何 $\nu\in\mathbf{Z}$, 其最近邻域 $N_\nu=\{\nu-1,\nu,\nu+1\}$, 从而 $\mathrm{Me}(N_\nu)$ 可以等同于一个三维的单形 (simplex). 所以只需下述三族量: $\omega^+_\nu\overset{\text{def}}{=\!=}\omega_\nu(\nu+1),\omega^-_\nu\overset{\text{def}}{=\!=}\omega_\nu(\nu-1),\omega^0_\nu\overset{\text{def}}{=\!=}\omega_\nu(\nu)$ 即可表述 $\mathrm{Me}(N_\nu)$ 中之全部测度. 记 $\rho_\nu\overset{\text{def}}{=\!=}\omega^-_\nu/\omega^+_\nu$.

再令 θ 是由 $\widetilde{\Omega}$ 到 $\widetilde{\Omega}$ 的推移算子, 即对任何 $\omega\in\widetilde{\Omega},(\theta\omega)_\nu=\omega_{\nu+1}(\nu\in\mathbf{Z})$. 以前诸章, 我们用 T 表示推移算子.

在这一节中, 恒设 $(\widetilde{\Omega},\widetilde{\mathscr{F}},P,\theta)$ 是一个 "遍历系统", 即 θ 是关于 P 的保测变换且其不变集的 P 测度非 0 即 1, 亦即 $\{\omega_n,n\in\mathbf{Z}\}$ 是 $(\widetilde{\Omega},\widetilde{\mathscr{F}},P)$ 上的以 θ 为保测变换的遍历的严平稳过程, 简称 P 是遍历的平稳的. 这些概念在第三章中已经介绍过了, 不熟悉平稳过程的读者可参看文献 [115] 第十章. (ω_n 是 $\widetilde{\Omega}$ 上的坐标算子.)

假设 (A)

(A1) P 是遍历的平稳的;

(A2) $\boldsymbol{E}_P(\log\rho_0)$ 是有定义的 (可为 $\pm\infty$);

(A3) $P(\omega^+_0+\omega^-_0>0)=1$.

定理 5.1 假设 (A) 成立, 则

(a) $\boldsymbol{E}_P(\log\rho_0)<0\Rightarrow\lim\limits_{n\to\infty}X_n=\infty, P^0-\text{a.s. }\omega$;

(b) $\boldsymbol{E}_P(\log\rho_0)>0\Rightarrow\lim\limits_{n\to\infty}X_n=-\infty, P^0-\text{a.s. }\omega$;

(c) $\boldsymbol{E}_P(\log\rho_0)=0\Rightarrow$

$$-\infty=\liminf_{n\to\infty}X_n<\limsup_{n\to\infty}X_n=\infty,\quad P^0-\text{a.s. }\omega.$$

证明请见文献 [310] 定理 2.1.2.

附注 5.5 上面 (a) 或 (b) 的结论蕴含了 $\overrightarrow{X}$ 是 P^0 – a.s. 暂留的, 而 (c) 的结论则蕴含了 $\overrightarrow{X}$ 是 P^0 – a.s. 常返的.

为了表述强大数定律, 先给出下列符号:

$$\overline{S}=\sum_{i=1}^{\infty}\frac{1}{\omega_{-1}^{+}}\prod_{j=0}^{i-1}\rho_{-j}+\frac{1}{\omega_0^{+}}, \tag{5.5}$$

$$\overline{F}=\sum_{i=1}^{\infty}\frac{1}{\omega_i^{-1}}\prod_{j=0}^{i-1}\rho_j^{-1}+\frac{1}{\omega_0^{-}}. \tag{5.6}$$

定理 5.2 (SLLN) 设 (A) 成立, 则

(a) $\boldsymbol{E}_P(\overline{S})<\infty\Rightarrow\lim\limits_{n\to\infty}\dfrac{X_n}{n}=\boldsymbol{E}_P(\overline{S})^{-1}, P^0-\text{a.s. }\omega;$

(b) $\boldsymbol{E}_P(\overline{F})<\infty\Rightarrow\lim\limits_{n\to\infty}\dfrac{X_n}{n}=-\boldsymbol{E}_P(\overline{F})^{-1}, P^0-\text{a.s. }\omega;$

(c) $\boldsymbol{E}_P(\overline{S})=\boldsymbol{E}_P(\overline{F})=\infty\Rightarrow\lim\limits_{n\to\infty}\dfrac{X_n}{n}=0, P^0-\text{a.s. }\omega.$

附注 5.6 若 P 还是 i.i.d. 的 (这是 $\{\omega_n, n\in\mathbf{Z}\}$ 是 $(\widetilde{\Omega},\widetilde{\mathscr{F}},P)$ 上的 i.i.d. 的随机变量列的简称, 正如 $\{\omega_n, n\in\mathbf{Z}\}$ 是遍历的严平稳过程简称 P 是遍历的平稳的一样, 其中 ω_n 是 $\widetilde{\Omega}$ 上的坐标算子.), 则定理 5.2 中的 (a)—(c) 变为

(a′) $\boldsymbol{E}_P(\rho_0)<1\Rightarrow\lim\limits_{n\to\infty}\dfrac{X_n}{n}=\dfrac{1-\boldsymbol{E}_P(\rho_0)}{\boldsymbol{E}_P\left(\dfrac{1}{\omega_0^{+}}\right)}, P^0-\text{a.s. }\omega;$

(b′) $\boldsymbol{E}_P\left(\dfrac{1}{\rho_0}\right)<1\Rightarrow\lim\limits_{n\to\infty}\dfrac{X_n}{n}=\dfrac{1-\boldsymbol{E}_P(\rho_0^{-1})}{\boldsymbol{E}_P\left(\dfrac{1}{\omega_0^{-1}}\right)}, P^0-\text{a.s. }\omega;$

(c′) $\dfrac{1}{\boldsymbol{E}_P(\rho_0)}\leqslant 1\leqslant\boldsymbol{E}_P(\rho_0^{-1})\Rightarrow\lim\limits_{n\to\infty}\dfrac{X_n}{n}=0, P^0-\text{a.s. }\omega.$

证明请见文献 [310] 定理 2.1.9.

§5.3 中心极限定理

首先, 引进几个符号.

令 $T_0=0, T_n=\min\{k: X_k=n\}(n\geqslant 1)$ 是 $\overrightarrow{X}$ 初达 n 的时刻, $\tau_0=0, \tau_n=T_n-T_{n-1}(n\geqslant 1)$.

类似地, 定义 $T_{-n}=\min\{k: X_k=-n\}, \tau_{-n}=T_{-n}-T_{-n+1}(n\geqslant 1)$. 再定义

$$\widetilde{\omega}(n)=\theta^{X_n}\omega\quad(\omega\in\widetilde{\Omega}, n\in\mathbf{N}). \tag{5.7}$$

易证: 对任意固定的 $\omega \in \widetilde{\Omega}, n \in \mathbf{N}, \widetilde{\omega}(n)$ 是 $\overrightarrow{\mathscr{A}}/\widetilde{\mathscr{F}}$ 可测的, 且无论对概率测度 P_ω^0 或 $P^0, \{\widetilde{\omega}(n), n \in \mathbf{N}\}$ 都是以 $\widetilde{\Omega}$ 为状态空间、以下面的 $M(\omega, A)$ 为马尔可夫核的经典的马尔可夫链:

$$M(\omega, A) \stackrel{\text{def}}{=\!=} \omega_0^+ \delta(\theta\omega, A) + \omega_0^- \delta(\theta^{-1}\omega, A) + \omega_0^0 \delta(\omega, A) \quad (\omega \in \widetilde{\Omega}, A \in \widetilde{\mathscr{F}}), \tag{5.8}$$

其中 $\delta(\omega, A) = \mathbf{1}_A(\omega)$ 是 A 上的示性函数.

证明亦可参见文献 [310] 引理 2.1.18.

再令

$$Q(B) = \boldsymbol{E}^0 \left(\sum_{i=0}^{T_1 - 1} \mathbf{1}_{\{\widetilde{\omega}(i) \in B\}} \right), \tag{5.9}$$

$$\widetilde{Q}(B) = \frac{Q(B)}{Q(\widetilde{\Omega})} = \frac{Q(B)}{\boldsymbol{E}^0(T_1)}, \tag{5.10}$$

$B \in \widetilde{\mathscr{F}}, \boldsymbol{E}^0$ 如前所约定是关于 P^0 的期望算子.

用文献 [310] 中引理 2.1.12, 易证在假设 (A) 下, 若还有 $\boldsymbol{E}_P(\overline{S}) < \infty$, 则 $\widetilde{Q}(\cdot)$ 是概率测度且 $\boldsymbol{E}^0(T_1) < \infty$.

定理 5.3 (CLT) *在假设 (A) 下, 若还存在 $\varepsilon > 0$, 使*

$$\boldsymbol{E}_Q(\overline{S}(\omega)^{2+\varepsilon} + \overline{S}(\theta^{-1}\omega)^{2+\varepsilon}) < \infty, \tag{5.11}$$

$$\sum_{n=1}^{\infty} \sqrt{\boldsymbol{E}_P([\boldsymbol{E}_P(\nu_P \overline{S}(\omega) - 1 | \sigma(\omega_i, i \leqslant -n))])} < \infty, \tag{5.12}$$

其中 $\boldsymbol{E}_Q$ 表示对测度 Q 之积分算子, $\nu_P = \boldsymbol{E}_P(\overline{S}(\omega))^{-1}, \sigma(\omega_i, i \in \Gamma)$ 表示由 $\{\omega_i, i \in \Gamma\}$ 所产生之 σ 代数.

再令

$$\sigma_{P,1}^2 = \nu_P^2 \boldsymbol{E}_Q(\omega_0^+(\overline{S}(\omega) - 1)^2 + \omega_0^-(\overline{S}(\theta^{-1}\omega) + 1)^2 + \omega_0^0),$$

$$\sigma_{P,2}^2 = \boldsymbol{E}_P((\nu_P \overline{S}(\omega) - 1)^2) + 2\sum_{n=1}^{\infty} \boldsymbol{E}_P((\nu_P \overline{S}(\omega) - 1)(\nu_P \overline{S}(\theta^n \omega) - 1)),$$

$$\sigma_P^2 = \sigma_{P,1}^2 + \sigma_{P,2}^2,$$

则有

$$\lim_{n \to \infty} P^0 \left(\frac{X_n - n\nu_P}{\sigma_P \sqrt{n}} \leqslant x \right) = \Phi(x),$$

其中 $\Phi(x)$ 是标准正态分布.

证明请参见文献 [310] 定理 2.2.1.

§5.4 大偏差原理

在 §5.2 中, 我们曾经指出过 annealed law P^0 和 quenched law P_ω^0 有着根本的不同, 例如 $\overrightarrow{X}=\{X_n,n\in\mathbf{N}\}$ 关于 P^0 并不一定是经典的马尔可夫链, 但它关于 P_ω^0 却是经典的时齐的马尔可夫链. 因此有必要分别研究 annealed 大偏差原理与 quenched 大偏差原理.

首先回忆一下大偏差原理的一些基本概念. 本节令 $\mathscr{E}$ 是完备的正则的拓扑空间 (其定义可参见文献 [115] 第一章).

定义 5.1 称函数 $I:\mathscr{E}\mapsto[0,\infty]$ 是一个 "速率函数", 如果 I 是下半连续的, 特别地, 称速率函数 I 是 "好的速率函数", 如果 I 的水平集 $\{I=\alpha\}$ (对一切 $\alpha\in[0,\infty]$) 都是紧集.

定义 5.2 称 $\mathscr{E}$ 值随机变量列 $\{Z_n\}$ 满足速度为 n 的以 I 为速率函数的 quenched 大偏差原理 ($q-$LDP), 如果对 $\mathscr{E}$ 的任何 Borel 集 A, 均有

$$\begin{aligned}-I(A^0)&\leqslant\liminf_{n\to\infty}\frac{1}{n}\log P_\omega^0(Z_n\in A)\\&\leqslant\limsup_{n\to\infty}\frac{1}{n}\log P_\omega^0(Z_n\in A)\leqslant -I(\overline{A}),\quad P-\text{a.s. }\omega,\qquad(5.13)\end{aligned}$$

此处 A^0 和 $\overline{A}$ 分别表示 A 之开核与闭包, 而对任何 $F\in\mathscr{E},I(F)\overset{\text{def}}{=\!=}\inf\limits_{\alpha\in F}I(\alpha)$.

定义 5.3 称 $\mathscr{E}$ 值随机变量列 $\{Z_n\}$ 服从速度为 n 的以 I 为速率函数的 annealed 大偏差原理 (a–LDP), 如果对 $\mathscr{E}$ 中任一 Borel 集 A, 均有

$$\begin{aligned}-I(A^0)&\leqslant\liminf_{n\to\infty}\frac{1}{n}\log P^0(Z_n\in A)\\&\leqslant\limsup_{n\to\infty}\frac{1}{n}\log P^0(Z_n\in A)\leqslant -I(\overline{A}),\quad P-\text{a.s. }\omega,\qquad(5.14)\end{aligned}$$

定义 5.4 称 q–LDP (相应地 a–LDP) 是弱的, 如果 (5.13) 式 (相应地 (5.14) 式) 中的上界仅当 $\overline{A}$ 是紧集才成立.

假设 (B)

(B1) P 是遍历的平稳的;

(B2) 存在 $\varepsilon>0$, 使 $P(\omega_0^+\overline{\in}(0,\varepsilon))=P(\omega_0^-\overline{\in}(0,\varepsilon))=1$;

(B3) $P(\omega_0^++\omega_0^->0)=1, P(\omega_0^0>0,\omega_0^+\omega_0^-=0)=0$, 且 $P(\omega_0^+=0)P(\omega_0^-=0)=0$.

再定义两个从 $\widetilde{\Omega}$ 到 $\widetilde{\Omega}$ 的变换 F 和 Inv 如下:

$$(F(\omega))_k^+ = \omega_k^-, (F(\omega))_k^- = \omega_k^+ \quad (\forall \omega \in \widetilde{\Omega}, k \in \mathbf{Z}),$$
$$(Inv(\omega))_k = F(\omega)_{-k} \quad (\forall \omega \in \widetilde{\Omega}, k \in \mathbf{Z}).$$

定理 5.4 在假设 (B) 下, 有:

(1) 随机变量列 $\{T_n/n, n \geqslant 1\}$ 满足速度为 n 的以下述 $I_P^{\tau,q}(u)$ 为凸的速率函数的弱的 q–LDP, 其中

$$I_P^{\tau,q}(u) = \sup_{\lambda \in \mathbf{R}} G(\lambda, P, u),$$
$$G(\lambda, P, u) = \lambda u - \boldsymbol{E}_P(\log \varphi(\lambda, \omega)),$$
$$\varphi(\lambda, \omega) = \boldsymbol{E}_\omega^0(\mathrm{e}^{\lambda \tau_1} \mathbf{1}_{\{\tau_1 < \infty\}}), \quad \tau_1 = T_1 - T_0 = T_1;$$

(2) 若再假定 $\boldsymbol{E}_P(\log \rho_0) \leqslant 0$, 则随机变量列 $\{X_n/n, n \geqslant 1\}$ 满足速度为 n 的以下述 $I_P^q(v)$ 为好的凸的速率函数的弱的 q–LDP, 其中

$$I_P^q(v) = \begin{cases} v I_P^{\tau,q}\left(\dfrac{1}{v}\right), & 0 < v \leqslant 1, \\ |v| \left(I_P^{\tau,q}\left(\dfrac{1}{|v|}\right) - \boldsymbol{E}_P(\log \rho_0) \right), & -1 \leqslant v < 0, \end{cases}$$
$$I_P^q(0) \stackrel{\text{def}}{=\!=} \lim_{v \downarrow 0} I_P^{\tau,q}\left(\frac{1}{v}\right);$$

(3) 若 $\boldsymbol{E}_P(\log \rho_0) > 0$, 定义 $P^{Inv} = P \circ (Inv)^{-1}$ 为 Inv 的 P 分布, 则 $\boldsymbol{E}_{P^{Inv}}(\log \rho_0) < 0$, 且随机变量列 $\{X_n/n, n \geqslant 1\}$ 满足速度为 n 的以 $I_P^q(v) = I_{P^{Inv}}^q(-v)$ 为好的凸的速率函数的 q–LDP.

证明请参见文献 [310] 定理 2.3.12.

为了研究 a–LDP, 引进:

假设 (C)

(C1) P 是遍历的平稳的;

(C2) 存在 $\varepsilon > 0$, 使 $\min(\omega_0^+, \omega_0^-) > \varepsilon, P-\text{a.s. } \omega$;

(C3) 令 $M_1(\widetilde{\Omega})$ 是 $\widetilde{\Omega}$ 上的全体概率测度, 在其上赋以弱收敛拓扑,

$$R_n(\omega) \stackrel{\text{def}}{=\!=} \frac{1}{n} \sum_{i=0}^{n-1} \delta_{\theta^i \omega} \quad (\delta_\omega \text{表示 } M_1(\widetilde{\Omega}) \text{ 中的在 } \omega \text{ 之退化分布})$$

是经验过程, 它取值于 $M_1(\widetilde{\Omega})$, 再令

$$h(\cdot|P) : M_1(\widetilde{\Omega}) \mapsto [0, \infty)$$

定义如下

$$H(Q|P)=\begin{cases}\lim\limits_{N\to\infty}\dfrac{1}{N}H(Q_N|P_N), & \text{当 } Q \text{ 是平稳的},\\ \infty, & \text{反之},\end{cases}$$

其中 Q_N 和 P_N 分别为 Q 和 P 在前 N 个坐标 $\{\omega_i, 0\leqslant i<N\}$ 上的局限，而 $h(\cdot|\cdot)$ 是下面定义的相关熵:

$$h(\mu|\nu)=\begin{cases}\log\left(\dfrac{\mathrm{d}\mu}{\mathrm{d}\nu}(x)\right)\mu(\mathrm{d}x), & \text{当 } \mu\ll\nu,\\ \infty, & \text{反之},\end{cases}$$

$\mu,\nu\in M_1(\widetilde{\Omega})$. 假定 $\{R_n, n\geqslant 1\}$ 在概率测度 P 下满足速度为 n 的以 $h(\cdot|P)$ 为好的凸的速率函数的过程水平的大偏差原理 (Process level LDP);

(C4) P 局部等价于其边缘分布之乘积, 即 $P_N\sim\otimes^N P_1(\forall N\geqslant 1)$, $\otimes^N P_1\stackrel{\text{def}}{=\!=}\underbrace{P_1\otimes P_1\cdots\otimes P_1}_{N\text{ 重}}$, 此外, 对 $M_1(\widetilde{\Omega})$ 中的任一平稳概率测度 η, 都存在 $M_1(\widetilde{\Omega})$ 中的遍历的平稳的概率测度列 $\{\eta^n, n\geqslant 1\}$ 弱收敛到 η, 而且 $h(\eta^n|P)\to h(\eta|P)$ (当 $n\to\infty$);

(C5) P 是极端的, 即它局部等价于它的边缘分布之乘积, 而且还满足: 若令

$$\begin{aligned}\rho_{\min}&=\inf\{\rho: P(\rho_0<\rho)>0\},\\ \rho_{\max}&=\sup\{\rho: P(\rho_0>\rho)>0\},\\ \omega^0_{\max}&=\sup\{\alpha: P(\omega^0_0>\alpha)>0\},\end{aligned}$$

则或者 $\rho_{\min}\leqslant 1$ 且 $\rho_{\max}\geqslant 1$, 或者当 $\rho_{\min}>1$ 时有 $P(\rho_0<\rho_{\min}+\delta, \omega^0_0>\omega^0_{\max}-\delta)>0(\forall\delta>0)$, 或者当 $\rho_{\max}<1$ 时有 $P(\rho_0>\rho_{\max}-\delta, \omega^0_0>\omega^0_{\max}-\delta)>0(\forall\delta>0)$.

定理 5.5 (a−LDP) 在假设 (C) 下, 随机变量列 $\{T_n/n, n\geqslant 1\}$ 满足速度为 n 的以下述 $I_P^{\tau,a}(\cdot)$ 为速率函数的弱的 a−LDP, 此外 $\{X_n/n, n\geqslant 1\}$ 还满足速度为 n 的以下述 $I_P^a(\cdot)$ 为好的凸的速率函数的 a−LDP, 其中

$$\begin{aligned}I_P^{\tau,a}(u)&=\inf_{\eta\in M_1^{e,\varepsilon}(\widetilde{\Omega})}\left[I_\eta^{\tau,q}(u)+h(\eta|P)\right],\\ I_P^a(v)&=\inf_{\eta\in M_1^{e,\varepsilon}(\widetilde{\Omega})}\left[I_\eta^q(v)+|v|h(\eta|P)\right],\end{aligned}$$

$M_1^{e,\varepsilon}(\widetilde{\Omega})$ 是 $\widetilde{\Omega}$ 上的其中 ε 满足 (B2) 的那些概率测度的全体.

证明请参见文献 [310] 定理 2.3.34.

Zeitouni 在文献 [310] 中还系统地研究了 $\mathbf{Z}^d(d>1)$ 的 RWSRE 的各种极限定理, 诸如强大数定律、中心极限定理、LDP 等. 在此书中不再一一介绍了, 有兴趣的读者, 请阅读文献 [310].

附注 5.7 (Skorokhod 拓扑)

设 $D[0,1]$ 是定义在 $[0,1]$ 上的右连续且有左极限的实值函数的全体. 我们要在 $D[0,1]$ 上引进 Skorokhod 距离拓扑.

令 $\Lambda \stackrel{\text{def}}{=\!=} \{\lambda : \lambda : [0,1] \mapsto [0,1]$, 连续且严格增.$\}$, 显然 $\lambda(0)=0, \lambda(1)=1(\forall \lambda \in \Lambda)$.

$$\Lambda_0 \stackrel{\text{def}}{=\!=} \left\{\lambda \in \Lambda : \|\lambda\| \stackrel{\text{def}}{=\!=} \sup_{0 \leqslant s \neq t \leqslant 1} \left|\log \frac{\lambda(s)-\lambda(t)}{s-t}\right| < \infty\right\}$$

对任何 $x(\cdot), y(\cdot) \in D[0,1]$, 可定义三个距离:

$$\rho(x,y) = \sup_{0 \leqslant t \leqslant 1} |x(t)-y(t)|, (\text{一致距离});$$

$$d(x,y) = \inf\{\varepsilon > 0 : \text{存在 } \lambda \in \Lambda, \text{ 使 } \sup_{0 \leqslant t \leqslant 1} |\lambda(t)-t| < \varepsilon, \sup_{0 \leqslant t \leqslant 1} |x(t)-y(\lambda(t))| < \varepsilon.\}$$

$$d_0(x,y) = \inf\{\varepsilon > 0 : \text{存在 } \lambda \in \Lambda_0, \text{使 } \|\lambda\| \leqslant \varepsilon, \sup_{0 \leqslant t \leqslant 1} |x(t)-y(\lambda(t))| \leqslant \varepsilon\}.$$

可以证明: ρ, d, d_0 都是 $D[0,1]$ 上的距离, 但

(1) $(D[0,1], \rho)$ 是完备距离空间 (未必可分);

(2) $(D[0,1], d)$ 是可分距离空间 (未必完备);

(3) $(D[0,1], d_0)$ 是完备可分距离空间, 一般称之为 Polish 空间;

(4) d 和 d_0 在 $D[0,1]$ 上所产生的距离拓扑是一样的, 即 "$d(x_n,x) \to 0 \Leftrightarrow d_0(x_n,x) \to 0$". d 和 d_0 所产生的公共拓扑称之为 Skorokhod 拓扑.

证明请参见文献 [219] 第四章 §5.

参考文献

[1] Afanasev V. I., A limit theorem for a critical branching process in a random environment. (Russian) Diskret. Mat. 1993, 5, 45–58.

[2] Afanasev V. I., A new limit theorem for a critical branching process in a random environment. (Russian) Diskret. Mat. 1997, 9(3), 52–67; translation in Discrete Math. Appl. 1997, 7, 497–513.

[3] Afanasev V. I., A functional limit theorem for the logarithm of a moderately subcritical branching process in a random environment. (Russian) Diskret. Mat. 1998, 10, 131–147; translation in Discrete Math. Appl. 1998, 8, 421–438.

[4] Afanasev V. I., Limit theorems for a moderately subcritical branching process in a random environment. (Russian) Diskret. Mat. 1998, 10, 141–157; translation in Discrete Math. Appl. 1998, 8, 35–52.

[5] Afanasev V. I., On the maximum of a critical branching process in a random environment. (Russian) Diskret. Mat. 1999, 11, 86–102; translation in Discrete Math. Appl. 1999, 9, 267–284.

[6] Afanasev V. I., On the time of reaching a fixed level by a critical branching process in a random environment. (Russian) Diskret. Mat. 1999, 11, 33–47; translation in Discrete Math. Appl. 1999, 9, 627–643.

[7] Afanasev V. I., On the time of attaining a maximum by a critical branching process in a random environment and by a stopped random walk. (Russian) Diskret. Mat. 2000, 12, 31–50; translation in Discrete Math. Appl. 2000, 10, 243–264.

[8] Afanasev V. I., A functional limit theorem for a critical branching process in

a random environment. (Russian) Diskret. Mat. 2001, 13, 73–91; translation in Discrete Math. Appl. 2001, 11, 587–606.

[9] Afanasyev V. I., On the maximum of a subcritical branching process in a random environment Stochastic Process. Appl. 2001, 93, 87–107.

[10] Afanasev V. I., On the ratio between the maximum and total number of particles in a critical branching process in a random environment. (Russian) Teor. Veroyatnost. i Primenen. 2003, 48, 435–452; translation in Theory Probab. Appl. 2004, 48, 384–399.

[11] Afanasyev V. I.; Geiger, J.; Kersting, G.; Vatutin, V. A., Criticality for branching processes in random environment. Ann. Probab. 2005, 33, 645–673.

[12] Agresti A., On the extinction times of varying and random environment branching processes. J. Appl. Probability, 1975, 12, 39–46.

[13] Albeverio S.; Kozlov, M. V., On the recurrence and transience of state–dependent branching process in a random environment. (Russian)Teor. Veroyatnost. i Primenen. 2003, 48, 641–660; translation in Theory Probab. Appl. 2004, 48, 575–591.

[14] Alili S., Asymptotic behaviour for random walks in random environments. J. Appl. Probab., 1999, 36, 334–349.

[15] Anshelevich V. V. Khanin. K. M. and Sinai, Y. G., Symmetric random walks in random environments. Commun. Math. Phys., 1982, 85, 449–470.

[16] Arthreya. K. B. and Karlin S., Branching processes with random environment, Proceedings Amer. Math. Soc., 1970, 76, 865–870.

[17] Athery K B, Karlin S., On branching processes with random environment, I. Extinction probabilities. Ann. Math. Siatist, 42, 1971, 1499–1520.

[18] Arthreya K. B. and Karlin S., On branching processes in random environments 1: , extinction probability, Ann. Math. Statis., 1972, 42, 1499–1520. 2, limit theorems, Ann. Math. Statis., 1972, 42, 1843–1858.

[19] Arthreya K. B. and Ney P. E., Branching processes, 1972, Springer–Verlag, New York.

[20] Berard J., The almost sure central limit theorem for one–dimentional nearest–neighbour random walks in space–time random environment, J. Appl. Probab., 2004, 41, 83–92.

[21] Bertion J. Levy processes. Cambridge: Cambridge university Press. 1996.

[22] Ball F.; Milne, R. K.; Yeo, G. F., Continuous–time Markov chains in a random

environment, with applications to ion channel modelling. Adv. in Appl. Probab. 1994, 86, 919–946.

[23] Barlow M. T., Random walks on supercritical percolation clusters. Ann. Probab., 2004, 32, 3024–3084.

[24] Barma M. and Dhar, D., Directed difusion in a percolation network. J. Phys. C: Solid State Phys., 1983, 16, 1451–1458.

[25] Bensoussan A. Lions, J. L. and Papanicolaou, G., Asymptotic analysis for periodic structures. North Holland, Amsterdam, 1978.

[26] Berger N. Gantert, N. and Peres, Y., The speed of biased random walk on percolation clusters. Probab. Theory Relat. Fields, 2003, 126, 221–242.

[27] Barbour A. D., Second order limit theorems for the Markov branching process in random environments. Stochastic Processes Appl. 1976, 4, 33–40.

[28] Berestova N. A., Asymptotic behavior of the probability of nonextinction for a cricical branching process in a Markovian random environment. (Russian) Dokl. Akad. Nank SSSR, 1982, 267, 18–22.

[29] Billingsley P. Convergence of probability measure. New York: John Wiley and Sons, 1968.

[30] Blumenthal R. M., Getoor R K. Markov processes and potential theory. New York: Academic Press, 1968.

[31] Boivin D., Weak convergence for reversible random walks in random environment. Ann. Probab., 1993, 21, 1427–1440.

[32] Boivin D. and Depauw, J., Spectral homogeneization of reversible random walks on Z^d in a random environment. Stochastic Process. Appl., 2003, 104, 29–56.

[33] Bolthausen E. and Goldsheid, I., Recurrence and transience of random walks in random environments on a strip. Commun. Math. Phys., 2000, 214, 429–447.

[34] Bolthausen E. and Sznitman, A. S., On the static and dynamic points of view for certain random walks in random environment. Methods and Applications of Analysis, 2002, 9, 345–376.

[35] Bolthausen E. and Sznitman, A. S., Ten lectures on random media. DMV Seminar, Band 32, Birkhauser, Basel, 2002.

[36] Bolthausen E. and Sznitman, A. S. and Zeitouni, O., Cut points and difusive random walks in random environment. Ann. I. H. Poincare, PR 2003, 39, 527–555.

[37] Bouchaud J. P., Weak ergodicity breaking and aging in disordered systems. J. Phys, I. France, 1992, 2, 1705–1713.

[38] Bramson M., Zeitouni, O. and Zerner, M. P. W., Shortest spanning trees and a counterexample for random walks in random environments. Preprint.

[39] Bremont J., On some random walks on Z in random medium. Ann. Probab., 2002, 30, 1266–1312.

[40] Bricmont J. and Kupiainen, A., Random walks in asymmetric random environments Comm. Math. Phys., 1991, 142, 345–420.

[41] Bourgin Ri. D., Cogburn, R., On determining absorption probabilities for Markov chains in random environments. Adv. in Appl. Probab. 1981, 13, 369–387.

[42] Borovkov K., A note on diffusion–type approximation to branching processes in random environments. Teor. Veroyatnost. i Primenen. 2002, 47, 183–188; translation in Theory Probab. Appl. 2003, 47, 132–138.

[43] Borovkov K. A.; Vatutin, V. A., Reduced critical branching processes in random environment. Stochastic Process. Appl. 1997, 71, 225–240.

[44] Burkholder D. L., A geometrical characterization of Banach space in which martingale difference sequences are unconditional. Ann. Probab., 9, 1987,997–1011.

[45] Chacon R. V., Ornstein D. S., A general ergodic theorem. Minois J. Math., 4, 1960, 153–160.

[46] Chattery S. D., Martingale convergence and the Radon–Nikodym theorem in Banach space. Math. Scand., 22, 1968, 21–41.

[47] 陈木法, 郑小谷. q 过程的唯一性准则. 中国科学 (A), 1982, 12, 288–308.

[48] Chung K. L, Markov Chains with Stationary Transition Probabilities, 2nd. New York Springer, 1967.

[49] Cogburn R., Markov chains in random environments. The case of Markovian environments. Ann. Probab., 1980, 8, 908–916.

[50] Cogburn R., The ergodic theory of Markov chains in random environments. Z. Wahrsch. Verw. Gebiete, 1984, 66, 109–128.

[51] Cogburn R., On direct convergence and periodicity for transition probabilities of Markov chains in random environments. Ann. Probab., 18, 1990, 18, 642–654.

[52] Cogburn R., On the central limit theorem for Markov chains in random environments. Ann. Probab., 1991, 19, 587–604.

[53] Cohn H., A martingale approach to supercritical branching processes. Ann. Probab., 1985, 13, 1179–1191.

[54] Cohn H., On the growth of the multitype to supercritical branching processes in a random environment. Ann. Probab., 1989, 17, 1118–1123.

[55] Cohn H., On the growth of the multitype supercritical branching process in a random environment. Ann. Probab. 1989, 17, 1118–1123.

[56] Comets F.; Menshikov M. V.; Popov, S. Yu., One–dimensional branching random walk in a random environment a classification. I Brazilian School in Probability (Rio de Janeiro, 1997). Markov Process. Related Fields 1998, 4, 465–477.

[57] Comets F., Gantert, N. and Zeitouni, O., Quenched, annealed and functional large deviations for one–dimensional random walk in random environment. Probab. Theory Relat. Fields, 2000, 118, 65–114.

[58] Comets F. and Zeitouni, O., Gaussian uctuations for random walks in random mixing environments. To appear in Israel J. Math.

[59] Comets F. and Zeitouni, O., A law of large numbers for random walks in mixing environments. Ann. Probab., 2004, 32, 880–914.

[60] Coffey J., Tanny, D., A necessary and sufficient condition for noncertain extinction of a branching process in a random environment (BPRE). Stochastic Process. Appl. 1984, 16, 189–197.

[61] Dawson D., Fleischmann, K, On spatially homogeneous branching processes in a random environment. Math. Nachr. 113(1983), 249–257.

[62] Dawson D., Li, Y., Mueller, C., The support of measure–valued branching processes in a random environment, Ann. Probab. 1995, 23, 1692–1718.

[63] Dekking F. M, Subcritical branching processes in a two–state random environment in a percolation problem on trees. J. Appl. Probab. 1987, 24, 798–808.

[64] Dellasheric C., Capacites et processus stochastiques. New York: Springer. 1972.

[65] De Masi. A., Ferrari, P. A., Goldstein, S. and Wick, W. D., An invariance principle for reversible Markov processes. Applications to random motion in random environment, J. Statist. Phys., 1989, 55, 787–855.

[66] Dembo A., Gantert N. and Zeitouni O., Large deviations for random walk in random environment with holding times. Ann. Prob., 2004, 32, 996–1029.

[67] Dembo A., Zeitouni O., *Large Deviations Techniques and Applications* (Appl, Math. 38) Springer, New York. 1998.

[68] Diestel J, Uhl J J Jr. Vector measure. Mathematical Surveys and Monographs, 15, AMS, Providence, Rhode Island, 1977.

[69] Dion J. P., Esty W. W., Estimation problems in branching processes with random environments. Ann. Statist., 1979, 7, no. 3. 680–685.

[70] DOBRUSHIN R. L., Central limit theorem for nonstationary Markov chains. I. II. *Theory Probab. Appl.*, 1956, 1, 65–80, 329–383.

[71] Donsker M., An invariance principle for certain probability limit theorems, Memoris of Amer. Math. Soc., 6, 1951.

[72] Doob J, L. Stochastic Processes. John Wiley and Sons, 1953.

[73] Лынкин Е. Б., Оснований Теории Марковских дроцессов. Москва: Государставеиное Издателъство Фиэико—Математическон Литературы, 1959. (Denkin E. B., Basic theory of Markov processes. Moscow: Mathematical and Physical Press, 1959. (in Russian))

[74] Лынкин Е. Б., Марковские Процессы. Москва: Государставеиное Иэдателъство Фиэико—Матиматнческой Лит сратуры, 1963. (Denkin E. B., Markov processes. Moscow: Mathematical and Physical Press, 1963. (in Russian))

[75] Лынкин Е. Б., Юшкевич А А. Строго марковские продессы Теор. и еёпрни. 1956, 1, 149–156. (Denkin E. B., Ushkaivich A A. Strong Markov processes, Probability Theory and its Applications, 1956, 1, 149–156. (in Russian))

[76] Ben Hollander, F,; Menshikov, M. V,; Popov, S. Yu., A note on transience versus recurrence for a branching random walk in random environment. J. Statist. Phys. 1999, 95, 587–614.

[77] Dion J. P., Epps, T. W., Stock prices as branching processes in random environments: estimation. Comm. Statist Simulation Comput, 1999, 28, 957–975.

[78] D'Souza J. C.; Hambly, B. M., On the survival probability of a branching process in a random environment. Adv. in Appl. Probab. 1997, 29, 38–55.

[79] Dyakonova E. E., Transition phenomena for branching processes in a random environment. Proceedings of the XVI Seminar on Stability Problems for Stochastic Modds Part II (Eger, 1994). J. Math. Sci. 1996, 78, 48–53.

[80] Dyakonova E. E., A branching process with migration in a random environment. (Russian) Diskret. Mat. 1997, 9, 30–42; translation in Discrete Math. Appl. 1997, 7, 33–45.

[81] Dyakonova E. E., Geiger, J.; Vatutin, V. A., On the survival probability and

a functional limit theorem for branching processes in random environment. Markov Process. Related Fields 2004, 10, 289–306.

[82] Dyakonova E. E., The asymptotics of the probability of nonextinction of a multidimensional branching process in a random environment. (Russian) Diskret. Mat. 1999, 11, 113–128; translation in Discrete Math. Appl. 1999, 9, 119–136.

[83] Economou A., Generalized product–form stationary distributions for Markov chains in random environments with queueing applications. Adv. in Appl. Probab. 2005, 37, 185–211.

[84] Economou A., Stationary distributions of discrete–time Markov chains in random environment: exact computations and bounds. Stoch. Models, 2004, 20, 103–127.

[85] Enriquez N. and Sabot, C., Edge oriented reinforced random walks and RWRE C. R., Math., Acad. Sci. Paris, 2002, 335, 941–946.

[86] Esty W., Durham, S., On the survival of branching processes in random environments. Math. Biosci. 1979, 43, 181–186.

[87] Fair weather, D. W., Shimi, I. N., A multi–type branching process with imigraction and random environment. Math. Biosci. 1972, 13, 299–324.

[88] Fairweather, D. W., Shimi, I. N., The critical multitype branching process in random environment. Math. Biosci. 1971, 12, 293–302.

[89] Fang D., Wang, H., Population–size–dependent branching processes with independent stationary random environments. Chinese J. Appl. Probab. Statist. 1999, 15, 345–350.

[90] Furstenberg, H. and Kerstan, H., Products of random matrices, Ann. of Math. Statist. 1960, 31, 457–469.

[91] Feller W., An introduction to probability theory and its applications (Vol 1, 2), New York: John Wiley and Sons, 1968 (Vol. 1), 1971 (Vol. 2)

[92] Foguel S. R., The Ergodic Theory of Markov Processes. Princeton: Van Nostrand 1969

[93] Ganiert and Zeitouni, O., Quenched sub–exponential tail estimates for onedimensional random walk in random environment. Comm. Math. Phys., 1998, 194, 177–190.

[94] Geiger J., Kersting, G., The survival probability of a critical branching process in random environment. Teor. Veroyatnost. i Primenen. 2000, 45. 607–615; translation in Theory Probab. Appl. 2002, 45, 518–526.

[95] Getoor P. K., Markov processes, Ray processes and right processes. Lecture Notes in Math., 440, Springer–Verlag, 1975.

[96] Гихман И. И., Скороход А. В., Введение в теорию случаиных процессоз иэдательство Москва: Наука, 1965.

[97] Goergen L., Limit velocity and zero–one laws for difusions in random environment. Preprint.

[98] Golosov A. O., On limiting distributions for a random walk in a critical random environment. Russian Math. Surveys, 1986, 41, 199–200.

[99] Greven A. and den Hollander, F., Large deviations for a random walk in random environment. Ann. Probab., 1994, 22, 1381–1428.

[100] Greven A., The coupled branching process in random environment. Ann. Probab. 1985, 13, 1133–1147.

[101] Greven A., den Hollander, F., Branching random walk in random environment phase transitions for local and global growth rates. Probab. Theory Related Fields 1992, 91, 195–249.

[102] Grey D. R., Zhunwei, Lu, Extinction probabilities of branching processes in random environments. Selected Proceedings of the Sheffield Symposium on Applied Probability (Sheffield, 1989), 205–211, IMS Lecture Notes Monogr. Ser, 18, Inst. Math. Statist., Hayward, CA, 1991.

[103] Grey D. R., Lu, Zhun Wei, The fractional linear probability generating function in the random environment branching process. J. Appl. Probab. 1994, 31, 38–47.

[104] Guivarc'h Y., Le Page, E., Liu Q., Normalisation d'un processes de branchement critique dans un environnement alatoire (French) [Normalization of a critical branching process in a random environment] C. R. Math. Acad. Sci. Paris 2003, 337, 603–608.

[105] Grimmett G., Kesten, H. and Zhang, Y., Random walk on the infnite cluster of the percolation model. Probab. Theory Relat. Fields, 1993, 96, 33–44.

[106] Hajnai J., On products of non–negative maiices, Math. proc. Cambridge phi. Soc., 1976, 79, 521–530.

[107] Halmos P. R., Measure theory. New York: D. Van Nostrand Company INC. 1950.

[108] Hambly B., On the limiting distribution of a supercritical branching process in a random environment. J. Appl. Probab. 1992, 29, 499–518.

[109] Harrington D. P.; Fleming, T. R., Statistical properties of estimators for continuous time Markov branching processes with varying and random environments. Math. Biosci. 1982, 58, 111–122.

[110] Harrington D. P.; Fleming, T. R., Estimation for branching processes with varying and random environments. Math. Biosci. 1978, 39, 255–271.

[111] Harris T. E., The theory of branching processes. New York: Springer–Verlag, 1963.

[112] Hille E., Functional analysis and semi–groups. Amer. Math. Soc. Colloquium Publications, 31, 1948.

[113] 侯振挺. Q 过程的唯一性准则. 中国科学, 1974, 2, 115–130.

[114] Holzheimer J., φ–branching processes in a random environment. Zastos. Mat. 1984, 18, 351–358.

[115] 胡迪鹤. 随机过程论 —— 基础, 理论, 应用. 2 版. 武汉: 武汉大学出版社, 2005.

[116] 胡迪鹤. 分析概率论. 2 版. 北京: 科学出版社, 1997.

[117] 胡迪鹤. 一般状态马氏过程分析理论. 武汉: 湖北教育出版社, 1985.

[118] 胡迪鹤. 可数状态的马尔可夫过程论. 武汉: 武汉大学出版社, 1983.

[119] 胡迪鹤, 甘师信. 近代鞅论. 武汉: 武汉大学出版社, 1993.

[120] 胡迪鹤, 等. 随机分形引论. 武汉: 武汉大学出版社, 1996.

[121] 胡迪鹤. 高等概率论及其应用. 北京: 高等教育出版社, 2009.

[122] Hu Dihe., The construction of Markov processes in random environments and the equivalence theorems, Science in China (Series A), 2004, 47, 481–496.

[123] Hu Dihe., The existence and uniqueness of q–processes in random environments, Science in China (Series A), 2004, 47, 641–658.

[124] 胡迪鹤. 随机环境中的 Markov 过程的构造及等价定理. 中国科学, A 辑, 2004, 34, 268–282.

[125] 胡迪鹤. 随机环境中的 q– 过程的存在唯一性. 中国科学, A 辑, 2004, 34, 625–640.

[126] Hu Dihe., The existence and moments of cononical branching chain in random environment, Acta Math. Sci. 2004, 24(B)3, 499–506.

[127] Hu Dihe., From p–m chains to Markov chains in random environments, Chin. Ann. Math. 2004, 26(A), 65–78.

[128] Hu Dihe., The necessary and sufficient conditions of various self–similar sets and their dimension, Stochastic Processes and their Applications, 2000, 90, 243–262.

[129] Hu Dihe, Probability properties and fractal properties of statistically recursive sets, Science in China (series A), 2001, 44, 742–761.

[130] Hu Dihe. Liu Luqin, Gau Fuqin, Summary of Recent Research Accomplishments in Markov processes and Markov Fields at Wuhan University, Contemporary Math (U.S.A.) 1991,, 118, 149–168.

[131] Hu Dihe, Double conditional expectation, . Wuhan Uni. J. 2004, 9(6), 851–857.

[132] Hu Dihe., The classification. and period of states for Markov chains in random environments, Acta Math. Sci. 2005, 25(B)1, 23–29.

[133] Hu Dihe, The decomposition of state space for Markov chains in random environments, Acta Math. Sci. 2005, 25(B), 555–568.

[134] 胡迪鹤. 随机环境中的无穷维的控制的 Markov 分支链. 中国科学, A 辑, 2005, 35, 1288–1313.

[135] Hu Dihe, Zhang Shulin, The Laplace functionals and moments for Markov branching chains in random environments. Wuhan Uni. J., 2005, 10, 485–492.

[136] Hu Dihe, Hu Xiaoyu, The equivalence forms of random Kolmogorov farward(backward)equations, Wuhan Uni. J., 2005, 10, 808–812.

[137] 胡迪鹤, 等. 随机矩阵的随机调和函数. 武汉大学学报, 2005, 51, 1–6.

[138] Hu Dihe, Infinitely dimensional control Markov branching chains in random environments, Science in China (Series A), 2006, 49(!), 27–53. (有中译本)

[139] Hu Dihe, The Construction of Multitype Canonical Markov Branching Chiains In Random Environments, Acta Math. Sci., 2006, 26(B), 431–442.

[140] Di He Hu, Zheng Yan Xiao, The Invariance Principle for p–theta Chain, Acta Math. Sinica, (English Series) 2007, 23, 41–56.

[141] Hu Dihe, Qiu Yu Feng, The Analytical Properties for Homogeneous Random Transition Functions, Acta Math. Sci., 2007, 27(B), 180–192.

[142] Hu Dihe, Zhong Xiaomin, The random shift set and random sub-self-simi; lar set, Acta Math. Sci., 2007, 27(B), 267–273.

[143] Hu Dihe, Zhong Xiaomin The Dimension for Random Sub-Self-Similar Set, Acta Math. Sci., 2007, 27(B), 561–573.

[144] 胡迪鹤, 孙春香. 随机环境中的分支过程的模型及存在性. 武汉大学学报 (理学版), 2007, 53, 1–4.

[145] 胡迪鹤, 吕文华. 分支随机转移矩阵的几个分析性质. 武汉大学学报 (理学版), 2007, 53, 5–8.

[146] 胡迪鹤, 田红霞. 分支随机 Q 过程的唯一性. 武汉大学学报 (理学版), 2007, 53, 9–12.

[147] Hu Dihe, Zhang Shulin, The Ergodicity for Bi–Immigration Birth and Death Processes in Random Environment, Acta Math. Sci., 2008, 28(B), 43–53.

[148] Hu Dihe, Hu Xiaoyu, The Construction of Denumerable q-Processes in Random Environments–The Existence and Uniqueness, Acta Math. Sci., 2008, 28(B), 225–235.

[149] Hu Dihe, HuXiaoyu. The Construction of Denumerable q-Processes in Random Environments Satisfying(F) or (B), Acta Math. Sci., 2008, 28(B), 975–988.

[150] Hu Dihe, Hu Xiaoyu, On Markov Chains in Space-Time Random Environments, ActaMath. Sci., 2009, 29(B), 1–10.

[151] 胡迪鹤. 不变原理及其在分枝过程中的应用. 北京大学学报, 1964. 10, 1–26.

[152] 胡迪鹤. 可数的马尔可夫过程的构造理论. 北京大学学报, 1965, 11, 111–143.

[153] 胡迪鹤. 抽象空间中 q– 过程的构造理论. 数学学报, 1966, 16, 150–165.

[154] 胡迪鹤. 度量空间中转移函数的强连续性, Feller 性及强马尔可夫性. 数学学报, 1977, 20, 298–300.

[155] 胡迪鹤. 马尔可夫链的泛函的极限分布. 武汉大学学报, 1977, 23, 63–79.

[156] 胡迪鹤. 随机调控无穷维分枝过程论. 武汉大学学报, 1978, 24, 1–11.

[157] 胡迪鹤. 随机调控无穷维分枝过程 (Ⅱ). 武汉大学学报, 1979, 24, 8–16.

[158] 胡迪鹤. 抽象空间中 q– 过程的构造理论 (Ⅱ). 数学学报, 1978, 21, 190–192.

[159] 胡迪鹤. 非时齐的可数状态的 Q– 过程的存在唯一性. 数学学报, 1978, 21, 285–287.

[160] 胡迪鹤. 论纯间断的马尔可夫过程 (I). 武汉大学学报, 1978, 24, 1–18.

[161] 胡迪鹤. 论纯间断的马尔可夫过程 (Ⅱ). 武汉大学学报, 1979, 25, 15–38.

[162] 胡迪鹤. 关于某些随机阵的调和函数. 数学学报, 1979, 22, 276–290.

[163] 胡迪鹤. 抽象空间中非时齐马氏过程的分析理论 (I). 数学学报, 1979, 22, 420–437.

[164] 胡迪鹤. 抽象空间中非时齐马氏过程的分析理论 (Ⅱ). 数学学报, 1979, 22, 530–545.

[165] 胡迪鹤. 抽象空间中非时齐马氏过程的分析理论 (Ⅲ). 数学学报, 1979, 22, 643–651.

[166] 胡迪鹤. 抽象空间中 q– 过程的唯一性准则. 数学学报, 1980, 23, 750–757.

[167] 胡迪鹤. 随机调控分枝过程的退化概率. 两极分化及增殖速度. 武汉大学学报, 1981, 27, 53–67.

[168] 胡迪鹤. 抽象空间中马氏过程的强遍历性及收敛速度. 数学学报, 1984, 27, 293–304.

[169] 胡迪鹤. 抽象空间中的 $q-$ 过程的遍历位势. 数学学报, 1984, 27, 469–481.

[170] 胡迪鹤. 马氏场的遍历性及耦合, 数学学报, 35, 505–515, 1992.

[171] 胡晓予, 胡迪鹤. 常返的随机徘徊中的零集的维数. 数学年刊, 1995, 16(A), 435–440.

[172] Hu Xiaoyu, Hu Dihe, The Dimensions of the zero sets of a recurrent random walk, Chinese J. of Contemparary Math. 1995, 16, 275–282.

[173] Hu Dihe., The relation among various Markov chains, Wuhan Univ. J. 2001, 6, 543–548.

[174] Hu Dihe., Fractals generated bystatistical contraction operators, Wuhan Univ. J., 2001, 7, 274–280.

[175] Hu Dihe., I. I. D. statistical contraction operators and statistically self-similar sets, Chin. Ann. Math., 2002, 23(B), 461–468.

[176] Hu Dihe., The structure and approximation of A. S. self-similar sets, Acta Math. Sci. 2003, 23(B), 201–207.

[177] 胡迪鹤. 随机环境中的生灭过程的基本概念及存在性. 武汉大学学报 (理学版), 2003, 49, 1–5.

[178] Hu Dihe., Hu Xiaoyu, The branching chain with drift in space time random environment(1), model, Markov property, moments (to appear in Acta Math. Sci).

[179] Hughes B. D., Random walks and random environments, volume 2. Clarendon Press, Oxford, 1996.

[180] Ibragimov I A, Rozanov Y. A., Gaussian random processes. Translared by Aries A. B. New York: Springer–Verlag, 1978.

[181] Iosifescu M., Smith–Wilkinson branching processes with random environment and dependence with complete connections. Branching processes (Varna, 1993), 118–121, Lecture Notes in Statist, 99, Springer, New York, 1995.

[182] 伊藤清. 随机过程. 刘璋温, 译. 上海: 上海科学技术出版社, 1961.

[183] Ito K, Mckean H. P. Jr. Diffusion processes and their sample path. New York: Academic Press, 1965.

[184] Jagers P., Lu, Z, Branching processes with deteriorating random environments, J. Appl. Probab. 2002, 39, 395–401.

[185] Jagers P., Klebaner, F., Branching processes in near–critical random environments. Stochastic methods and their applications. J. Appl. Probab. 2004,

41, 17–23.

[186] Kalikow S., Generalized random walks in random environments, Ann. Probab., 1981, 9, 753–768.

[187] Kalinkin A. V., Markov branching processes with interaction. Russian Math Surveys, 244–304.

[188] Kaplan N., A theorem on compositions of random probability generating functions and applications to branching processes with random environments. J. Appl. Probability, 1972, 9, 1–12.

[189] Kaplan N., Some results about multidimensional branching processes with random environments, Ann. Probab., 1974, 2, 441–455.

[190] Kaplan N., A note on the supercritical branching processes with random environments. Ann. Probab., 1974, 2, 509–514.

[191] Kelley J. L., General topology. New York: Springer–Verlag, 1955.

[192] Kendall D. G., Some analytical properties of continuos stationary Markov transition functions. Tran. Amer. Math. Soc., 1955, 78, 529–540.

[193] Kesten H., A renewal theorem for random walk in a random environment. Proc. Symposia Pure Math., 1977, 31, 66–77.

[194] Kesten H., The limit distribution of Sinai's random walk in random environment. Phys. A, 1986, 138(1–2): 299–309.

[195] Kesten H., Kozlov, M. V. and Spitzer, F., A limit law for random walk in a random environment, Compositio Mathematica, 1975, 10, 145–168.

[196] E. S. Key. Recurrence and transience criteria for random walk in a random environment. Ann. Probab., 1984, 12, 529–560.

[197] Kifer Y., Limit theorems for random transformations and processes in random environments. Tran. Amer. Math. Soci., 1998, 350, 1481–1518.

[198] Kingman J F C. The ergodic theory of subadditve stochastic processes. J. Royal Stat. Soc. B, 30, 499–520.

[199] Kingman J.F.C., Subadditive proesses. Lecture Notes Math. 539, New York: Springer–Verlag, 1976.

[200] Kirkpatrick S., Classical transport in random media: scaling and efective-medium theories. Phys. Rev. Letters, 1971, 27, 1722–1725.

[201] Komorowski T. and Krupa, G., On the existence of invariant measure for Lagrangian velocity in compressible environments, J. Statist. Phys., 2002, 106, 635–651.

[202] Komorowski, T. and Krupa, G., On stationarity of Lagrangian observations of passive tracer velocity in a compressible environment. Ann. Appl. Probab., 2004, 14, 1666–1697.

[203] Kozlov S. M., The method of averaging and walks in inhomogeneous environments. Russian Math. Surveys, 1985, 40, 73–145.

[204] Kozlov M. V., The asymptotic behavior of the probability of non–extinction of critical branching processes in a random environment. (Russian) Teor. Verojatnost. i Primenen. 1976, 21, 813–825.

[205] Kozlov M. V., A conditional functional limit theorem for a critical branching process in a random environment. (Russian) Dokl. Akad. Nauk 1995, 344, 12–15.

[206] Kuhlbusch D., On weighted branching processes in random environment. Stochastic Process. Appl. 2004, 109, 113–144.

[207] Lawler G. F., Weak convergence of a random walk in a random environment. Comm. Math. Phys., 1982, 87, 81–87.

[208] Lebedev E. A., Limit theorems for critical branching processes in a random environment. (Russian) Analytical methods of probability theory (Russian), 1979, 155, pp. 133–136, "Naukova Dumka", Kiev.

[209] Li W., Guo, X., A strong law of large numbers for Markov chains in random environments. (Chinese) Acta Sci. Natur. Univ. Sunyatseni, 2003, 9, 15–19.

[210] Li Y., Recurrence and invariant measure of Markov chains in double infinite random environments, Sci. in China (Ser. A) 2001, 44, 1294–1299.

[211] Li Y., Instability and extinction of single birth chains in random environments, Acta, Math. Sin. 2002, 45, 371–378. (Ch.)

[212] Li Y., Transience and invariant functions for Markov chains in doubly infinity random environments, Chinese Ann. Math. 2003, 24, 515–520. (Ch.)

[213] Li Ying Qiu and Liu Quansheng., Age dependent branching processes in random environments. Science in China (Series A), 2008, 51, 1807–1830.

[214] Li Y., The recurrence and invariant measures for Markov chains in bi–infnite environments, Science in China (Series A), 2001, 31, 702–707.

[215] Li Y., Yan, X., Li, M., Strong ergodicity of Markov chains in random environments. Natur. Sci. J., Xiangtan Univ., 2003, 25, 126–130.

[216] Lin Z. and Lu C., Limit theory of mixing dependent random variables. Beijing: Science Press, 1997.

[217] Lindvall T., Almost sure convergence of branching processes in varying and random environments. Ann. Probab., 1974, 2, 344–346.

[218] Liu Q., On the survival probability of a branching process in a random environment. Ann. Inst. H. Poincar Probab, Statist. 1996, 32, 1–10.

[219] 陆传荣, 林正炎, 等. 概率论极限理论引论. 北京: 高等教育出版社, 1989.

[220] Loeve M., Probability theory(4th edition). NewYork Snrincer, Verlag 1977.

[221] Lu Z., Branching processes in random environments. (Chinese) Chinese J. Appl. Probab. Statist. 1998, 14, 313–325.

[222] Lu Z., Lagers, P., A note on the asymptotic behaviour of the extinction probability in supercritical population–size–dependent branching pecesses with independent and identically distributed random variables, J. Appl. Prob., 2004, 41, 176–196.

[223] Ma S., Bisexual Galton–Watson branching processes in random environments. Acta Math. Appl. Sin. Engl. Ser. 2006, 22, 419–428.

[224] Machado, F. P., Popov, S., Yu, One–dimensional branching random walks in a Markovian random environment. J. Appl. Probab. 2000, 37, 1157–1163.

[225] Machado, F. P., Popov, S. Yu., Branching random walk in random environment on trees. Stochastic Process. Appl., 2003, 106, 95–106.

[226] Mathieu P. and Piatnitski, A., Quenched invariance principles for random walks on percolation clusters. Preprint.

[227] Menshikov M. V., Martingale approach for Markov processes in random environment and branching Maxkov chains. Resenhas 1997, 3, 159–171.

[228] Meyer P. A., Probability and potential. Hermann, 1996.

[229] Meyer P. A., Processus de Markov., Lecture Notes Math. 26, New York: Springer–Verlag, 1967.

[230] Nakagawa T., On the moments of the extinction times for branching processes with random environments, Res. Rep. Nagaoka Tech. College 1973, 9, 45–47

[231] Nakagawa T., On the geometric growth of controlled branching processes in a random environment. Ball. Gen. Ed. Dokkyo Univ. School Medicine, 1990, 13, 53–54

[232] Nakagawa T., The $L^\alpha(1 < \alpha \leqslant 2)$ convergence of a controlled branching process in a random environment. Bull. Gen. Ed. Dokkyo Univ. School Medicine 1994, 17, 17–24.

[233] Nanthi K., Estimation of the criticality parameter of a supercritical branching process with random environments. J. Appl. Probab. 1979, 16, 890–896.

[234] Nawrotzki K., Discrete open system on Markov chains in a random environment, I, II. J. Inform. Process, Cgbernet, 1981, 17, 569–599; 1982, 18, 83–98.

[235] Neveu J., Discrete parameter martingales. Translated by Speed T. P., Amsterdam: North Hollard Publishing Company, 1976.

[236] Olla S., Central limit theorems for tagged particles and for diffusions in random environment. In Milieux Alfeatoires, Panoramas et Synthfeses, Numfero 12, Societe Mathemafique de France. 2001.

[237] Orey S., Markov chains with stochastically stationary transition probabilities, Ann, Probab, 1991, 19, 907–928.

[238] Osada H., Homogenization of difusion processes with random stationary coefcients. In Probability Theory and Mathematical Statistics, Tbilisi, 1982. Lecture Notes in Math., volume 1021, pages 507–517. Springer, Berlin, 1983.

[239] Pakes A. G., Heyde, C. C., Optimal estimation of the criticality parameter of a supercritical branching process having random environments. J. Appl. Probab. 1982, 19, 415–420.

[240] Peligrad M., An invariant principle for φ–mixing sequence. Ann. Probab., 1985, 13, 1304–1313.

[241] Pisztora, A. and Povel T., Large deviation principle for random walk in a quenched random environment in the low speed regime. Ann. Probab., 1999, 27, 1389–1413.

[242] Pisztora A., Povel T. and Zeitouni O., Precise large deviation estimates for onedimentsional random walk in random environment. Probab. Theory Relat. Fields, 1999, 113, 191–219.

[243] 钱敏, 侯振挺, 等. 可逆马尔可夫过程. 长沙: 湖南科学技术出版社, 1979.

[244] 卢准炜. 随机环境中的分枝过程. 应用概率统计, 1998, 14: 315–325.

[245] Raffety D. C., Random environment branching processes with equal environmental extersion probabilities. J. Appl. Probability, 1973, 10, 659–665.

[246] Rassoul–Agha F. and Seppalainen T., An almost sure invariance principle for random walks in a space–time random environment, Probab. Th. Rel. Fields, (to appear).

[247] Rassoul–Agha F., The point of view of the particle on the law of large numbers for random walks in a mixing random environment. Ann. Probab., 2003, 31, 1441–1463.

[248] Ray D., Resolvents, Transitions and Strongly Msrkovian processes. Ann. Math., 70, 1959, 43–72.

[249] Reuter G. E. H., Denumerable Markov processes and the associated contraction semigroup. L., Acta Math., 97, 1957, 1–46.

[250] Reuter G. E. H., Denumerable Markov processes (II). (III). J. London Math. Soc., 34, 1959, 81–91; 37, 1962, 63–73.

[251] Revesz P., Random walk in random and non–random environments. World Scientic, Singapore, 1990.

[252] Riesz F, Nagy B Sz., Functional Analysis. 1956.

[253] Richart C E. General theory of Banach algebras. New York: Robert E. Krieger Publishing Co. Inc., 1974.

[254] Rockafeller R. T., Convex analysis. New York: Princeton University Press, 1972.

[255] Rosenkranz G., Diffusion approximation of controlled branching processes with random environments. Stochastic Anal. Appl. 1985, 3, 363–377.

[256] Rozanov Yu A., Stationary random processes. SanFrancisco: Holden–day, 1967.

[257] Savits T. H., Branching Markov processes in a random environment. Indiana Univ. Math. J. 1971/72, 21, 907–923.

[258] Seneta E., Non–negative matrices and Markov chains, New York: Springer, 1981.

[259] Smith W. U., and Wilkinson, W., On branching processes in random environment, Ann. Math. Statist., 1969, 40: 814–827.

[260] Shen L., Asymptotic properties of certain anisotropic walks in random media. Ann. Appl. Probab., 2002, 12, 477–510.

[261] 许宝騄. 欧氏空间上纯间断的时齐马尔可夫过程的概率转移函数的可微性. 北京大学学报 (自然科学), 1958, 4, No. 3, 257–269.

[262] Sidoravicius V. and Sznitman, A. S., Quenched invariance principles for walks on clusters of percolation or among random conductances. Probab. Theor. Relat. Fields, 2004, 129, 219–244.

[263] Smith W. L., Wilkinson W. E., On branching processes in random environments. Ann. Math. Statist. 1969, 40, 814–827.

[264] Smith W. L., Necessary conditions for almost sure extinction of a branching process with random environment. Ann. Math. Statist 1968, 39, 2136–2140.

[265] Sinai Y. G., The limiting behaviour of a one–dimetional random walk in a random medium, Theory Probab. Appl., 1982, 27, 256–268.

[266] Solomon F., Random walks in a random environment. Ann. Probab., 1975, 3, 1–31.

[267] Sznatiman A. S., Slowdown estimates and central limit theorem for random walk in random environment, J. Eur. Math. Soc., 2000, 2, 93–143.

[268] Sznitman A. S. and Zerner, M. P. W., A law of large numbers for random walks in random environment. Ann. Probab., 1999, 27, 1851–1869.

[269] Tanny D., Normalizing constants for branching processes in random environments (B.P.R.E.). Stochastic Processes Appl. 1977, 78, 6, 201–211.

[270] Tanny D., Limit theorems for branching processes in a random environment. Ann. Probab., 1977, 5, 100–116.

[271] Tanny D., A necessary and sufficient condition for a branching process in a random environment to grow like the product of its means. Stochastic Process. Appl. 1988, 28, 123–139.

[272] Tanny D., On multitype branching processes in a random environment. Adv. in Appl. Probab. 1981, 13, 464–497.

[273] Tanny D., On multitype branching processes in a random environment. Adv. Appl. Probab., 13, 1981, 464–499.

[274] Taylor R. L., Stochastic convergence of weighted sums of random elements in linear space. Lecture Notes in Math., 672, Springer–Verlag, 1978.

[275] Temkin D. E., One–dimensional random walks in a two–component chain. Soviet Math. Dokl., 1972, 13, 1172–1176.

[276] Varadhan S. R. S., Large deviations for random walks in a random environment. Comm. Pure Appl. Math., 2003, 56, 1222–1245.

[277] Varadhan S. R. S., Random walks in a random environment. Proc. Indian Acad. Sci. Math. Sci, 2004, 114, 309–318.

[278] Vatutin Vladimin, Dyakonova, Elena Yaglom type limit theorem for branching processes in random environment. Mathematics and computer science. III, 375–385, Trends Math., Birkhauser, Basel, 2004.

[279] Vatutin V. A.; Dyakonova, E. E., Galton–Watson branching processes in a random environment. I. Limit theorems. (Russian) Teor. Veroyatnost. i Primenen. 2003, 48, 274–300; translation in Theory Probab. Appl. 2004, 48, 314–336.

[280] Vatutin V. A., Dyakonova, E. E., Critical branching processes in a random environment: probabilities of extinction at a fixed time. (Russian) Diskret. Mat. 1997, 9, 100–126.

[281] Volkov S., Branching random walk in random environment: fully quenched case. Markov Process. Related Fields 2001, 7, 349–353.

[282] Walters P., An introducion to ergodic theory. New York: Springer–Verlag, 1981.

[283] Wang H., Extinction of population–size–dependent branching processes in random environments. J. Appl. Probab. 1999, 36, 146–154.

[284] Wang H., An exponential estimate for the probability to a small cylindrical set for a Markov chain in a random environment. (Chinese) Acta Sci. Natur. Univ. Norm. Hunan. 1995, 18, 6–9.

[285] Wang H., Dai, Y., Population–size–dependent branching processes in Markovian random environments. Chinese Sci. Bull. 1998, 43, 635–638.

[286] Wang Ha., Branching random walks in random environments. (Chinese) Chinese J. Appl. Probab. Statist. 199, 13, 259–263.

[287] Wang H., Extinction probability for branching processes in independent random environments. (Chinese) Acta Sci. Natur. Univ. Norm. Hunan. 1997, 20, 22–25.

[288] Wang H., Multispecies branching random walks in random environments. (Chinese) Kexue Tongbao (Chinese) 1995, 40, 586–589.

[289] Wang H., Multitype branching random walks in random environments. (Chinese) Chinese J. Appl. Probab. Statist. 1997, 13, 165–170.

[290] 王梓坤. 生灭过程与马尔可夫链. 北京: 科学出版社, 1980.

[291] 王梓坤. 随机过程论. 北京: 科学出版社, 1978.

[292] 王梓坤, 杨向群. The birth and death processes and Markov chains. New York: Springer–Verlag, 1992.

[293] Wider D V., The Laplace transform. New York: Princeton University Press, 1946.

[294] 吴智泉, 王向忱. 巴氏空间上的概率论. 长春: 吉林大学出版社, 1990.

[295] Weissner E. W., Multitype branching processes in random environments. J. Appl. Probability, 1971, 8, 17–31.

[296] Wilkinson W. E., On calculating extinction probabilites for branching processes in random environments. J. Appl. Probability 1969, 6, 478–492.

[297] 肖争艳, 胡迪鹤. 随机环境中多维分枝链的增长率及灭绝概率. 数学进展, 2006, 35, 685–698.

[298] 肖争艳, 胡迪鹤. 绕积马氏链的状态分类. 数学物理学报, 2003, 23A(3), 306–313.

[299] 薛乃华, 肖争艳, 胡迪鹤. 绕积Markov链的不变测度及遍历极限. 武汉大学学报, 2001, 47, 17–21.

[300] 施仁杰, 卢科学. 时间序列分析引论. 西安: 西安电子科技大学出版社, 1988.

[301] Yanev G. P., Yanev, N. M., Extinction of controlled branching processes in random environments. Math. Balkanica (N.S.) 1990, 4, 368–380.

[302] Yanev N., Controlled branching processes in a random environment. (Russian) Math. Balkanica, 1977, 7, 137–156.

[303] Yarovaya E. B., Alternation of higher moments in a model of a branching diffusion process in a random environment. (Russian) Vestnik Moskov. Univ. Ser. I Mat. Mekh. 1990, no. 4, 79–82; translation in Moscow Univ. Math. Bull. 1990, 45, 49–51.

[304] 杨向群. 可列马尔科夫过程构造论. 长沙: 湖南科学技术出版社, 1980.

[305] 严士健, 王隽骧, 刘秀芳. 概率论基础. 北京: 科学出版社, 1982.

[306] 严加安. 鞅与随机积分引论. 上海: 上海科学技术出版社, 1981.

[307] Yosida K., Functional analysis (sixth edition). New York: Springer–Verlag, 1980.

[308] Zerner M. P. W., Lyapunov exponents and quenched large deviation for multidimensional random walk in random environment. Ann. Probab., 1998, 26, 1446–1476.

[309] Zerner M. P. W., Velocity and Lyapounov exponents of some random walks in random environment. Ann. Inst. Henri Poincare, Probabilites et Statistiques, 2000, 36, 737–748.

[310] Zeitouni O., Random walks in random environment, Lecture Notes in Math. 2004, 1837, 189–312, Springer–Verlag, Berlin.

索引

郑重声明

策划编辑　王丽萍
责任编辑　边晓娜
封面设计　王凌波
版式设计　马敬茹
责任校对　刘　莉
责任印制　朱学忠